Berkeley Physik Kurs

Band 5

STATISTISCHE PHYSIK

Berkeley Physik Kurs

Band 5

Band 1 Mechanik

Band 2 Elektrizität und Magnetismus

Band 3 Schwingungen und Wellen

Band 4 Quantenphysik

Band 5 Statistische Physik

Frederick Reif

STATISTISCHE PHYSIK

Mit 158 Bildern

V

Springer Fachmedien Wiesbaden GmbH

Originalausgabe

Frederick Reif
Statistical Physics
Berkeley Physics Course – Volume 5

Published by McGraw-Hill Book Company, a Division of McGraw-Hill, Inc., in 1965

Die Herausgabe der Originalausgabe des „Berkeley Physik Kurs" wurde durch eine finanzielle Unterstützung der National Science Foundation an Educational Services Incorporated ermöglicht.

Deutsche Ausgabe

Wissenschaftlicher Beirat:
Prof. Dr. *Karl-Heinz Althoff* Physikalisches Institut der Universität Bonn
Prof. Dr. *Ulrich Hauser,* I. Physikalisches Institut der Universität Köln
Prof. Dr. *Christoph Schmelzer,* GSI Gesellschaft für Schwerionenforschung, Darmstadt

Übersetzung aus dem Englischen: Prof. Dr. *Ferdinand Cap,* Innsbruck

Wissenschaftliche Redaktion:
Dr. *Klaus Richter,* I. Physikalisches Institut der Universität Köln

Verlagsredaktion: *Alfred Schubert*

1977

Ursprünglich erschienen bei Friedr. Vieweg & Sohn Verlagsgesellschaft mbH, Braunschweig/Wiesbaden 1977
Softcover reprint of the hardcover 1st edition 1977

Satz: Friedr. Vieweg & Sohn, Braunschweig

Umschlaggestaltung: Peter Morys, Wolfenbüttel

ISBN 978-3-528-08355-7 ISBN 978-3-663-13925-6 (eBook)
DOI 10.1007/978-3-663-13925-6

Vorwort zum Berkeley Physik Kurs

Dieser Kurs ist ein zweijähriger Physiklehrgang für Studenten mit naturwissenschaftlich-technischen Hauptfächern. Es war das Ziel der Autoren, die Physik so weit wie möglich aus der Sicht des Physikers darzustellen, der auf dem jeweiligen Gebiet forschend arbeitet. Wir haben versucht, einen Kurs zu gestalten, der die Grundsätze der Physik klar und deutlich herausstellt. Insbesondere sollten die Studenten frühzeitig mit den Ideen der speziellen Relativitätstheorie, der Quantenmechanik und statistischen Physik vertraut gemacht werden, dies aber so, daß alle Studenten mit den in der Sekundarstufe II erworbenen Physikkenntnissen angesprochen werden. Eine Vorlesung über Höhere Mathematik sollte gleichzeitig mit diesem Kurs gehört werden.

In den letzten Jahren wurden in den USA verschiedene neue Physiklehrgänge für Colleges geplant und entwickelt. Angesichts der Neuentwicklung in Naturwissenschaft und Technik und der steigenden Bedeutung der Wissenschaft im Primar- und Sekundarbereich der Schulen erkannten viele Physiker die Notwendigkeit neuer Physikkurse. Der Berkeley Physik Kurs wurde durch ein Gespräch zwischen *Philip Morrison*, der jetzt am Massachusetts Institute of Technology tätig ist, und *C. Kittel* Ende 1961 begründet. Wir wurden dann durch *John Mays* und seine Kollegen von der National Science Foundation und durch *Walter C. Michels*, dem damaligen Vorsitzenden der Commission on College Physics, unterstützt und ermutigt. Ein provisorisches Komitee unter dem Vorsitz von *C. Kittel* führte den Kurs durch das Anfangsstadium.

Ursprünglich gehörten dem Komitee *Luis Alvarez, William B. Fretter, Charles Kittel, Walter D. Knight, Philip Morrison, Edward M. Purcell, Malvin A. Ruderman* und *Jerrold R. Zacharias* an. Auf der ersten Sitzung im Mai 1962 in Berkeley entstand in groben Zügen der Plan für einen völlig neuen Lehrgang in Physik. Wegen dringender anderweitiger Verpflichtungen einiger Komiteemitglieder war es nötig, das Komitee im Januar 1964 neu zu bilden; es besteht jetzt aus den Unterzeichnern dieses Vorworts. Auf Beiträge von Autoren, die dem Komitee nicht angehören, nehmen die Vorworte zu den einzelnen Bänden Bezug.

Die von uns entwickelte Rohkonzeption und unsere Begeisterung dafür hatten einen maßgeblichen Einfluß auf das Endprodukt. Diese Konzeption umfaßte die Themen und Lernziele, von denen wir glaubten, sie sollten und könnten allen Studenten naturwissenschaftlicher und technischer Studienrichtungen in den ersten Semestern vermittelt werden. Es war aber niemals unsere Absicht, einen Kurs zu entwickeln, der nur besonders begabte oder weit fortgeschrittene Studenten anspricht. Wir beabsichtigen, die Grundlagen der Physik aus einer unvorbelasteten Gesamtsicht darzustellen; Teile des Kurses werden daher vielleicht dem Dozenten gleichermaßen neu erscheinen wie dem Studenten.

Die fünf Bände des Berkeley Physik Kurses sind

1. Mechanik (*Kittel, Knight, Ruderman*)
2. Elektrizität und Magnetismus (*Purcell*)
3. Schwingungen und Wellen (*Crawford*)
4. Quantenphysik (*Wichmann*)
5. Statistische Physik (*Reif*)

Bei der Erarbeitung des Manuskriptes war jedem Autor freigestellt, den für sein Thema geeigneten Stil und die ihm passend erscheinenden Methoden zu wählen.

In Vorbereitung zu dem vorliegenden Kurs stellte *Alan M. Portis* ein neues physikalisches Einführungspraktikum zusammen, das nun unter der Bezeichnung Berkeley Physics Laboratory (Berkeley Physik Praktikum) läuft. Da der Physik Kurs sich im wesentlichen mit den Grundprinzipien der Physik befaßt, werden manche Lehrer der Ansicht sein, er befasse sich nicht ausreichend mit experimenteller Physik; das Laborpraktikum ermöglicht jedoch die Durchführung eines reichhaltigen Programms an Experimenten, das das theoretisch-experimentelle Gleichgewicht des gesamten Lehrgangs garantieren soll.

Die Finanzierung des Kurses wurde von der National Science Foundation ermöglicht, beträchtliche indirekte Unterstützung kam aber auch von der University of California. Die Geldmittel wurden von Educational Services Incorporated (ESI), einer gemeinnützigen Organisation zur Curriculumentwicklung, verwaltet. Im besonderen sind wir *Gilbert Oakley, James Aldrich* und *William Jones* von ESI für ihre tatkräftige und verständnisvolle Unterstützung verpflichtet. ESI hat eigens in Berkeley ein Büro eingerichtet, das unter der kompetenten Führung von Mrs. *Minty R. Maloney* steht und bei der Entwicklung des Lehrgangs und des Laborpraktikums eine große Hilfe ist.

Zwischen der University of California und unserem Programm bestand keine offizielle Verbindung, doch ist uns von dieser Seite verschiedentlich wertvolle Hilfe gewährt worden. Dafür danken wir den Direktoren des Physik Departments, *August C. Helmholz* und *Burton J. Moyer*; den wissenschaftlichen und nichtwissenschaftlichen Mitarbeitern des Departments; *Donald Coney* und vielen anderen von unserer Universität. *Abraham Olshen* half uns sehr bei der Bewältigung organisatorischer Probleme in der Anlaufzeit.

Hinweise auf Fehler und Verbesserungsvorschläge nehmen wir immer gern entgegen.

Eugene D. Commins
Frank S. Crawford, Jr.
Walter D. Knight
Philip Morrison
Alan M. Portis
Edward M. Purcell
Frederick Reif
Malvin A. Ruderman
Eyvind H. Wichmann
Charles Kittel, Vorsitzender

Berkeley, California

Vorwort zu Band 5 Statistische Physik

Dieser letzte Band des Berkeley Physik Kurses ist der Untersuchung *makroskopischer* Systeme gewidmet, die sich aus vielen Atomen oder Molekülen zusammensetzen; er stellt somit eine Einführung in die statistische Mechanik, die Kinetik, die Thermodynamik und die Theorie der Wärme dar. Ich habe diese Themen nicht nach konventioneller Art und auch nicht ihrer historischen Entwicklung nach behandelt sondern versucht, eine modernere Auffassung zu vertreten und so systematisch und einfach wie möglich dem Leser zu zeigen, wie die Grundbegriffe der Atomtheorie zu Ergebnissen führen, die als begriffsmäßiges Ganzes eine Beschreibung und Vorhersage der Eigenschaften makroskopischer Systeme ermöglichen.

Bei der Zusammenstellung dieses Werkes war ich immer bemüht, das Interesse der Leser im Auge zu behalten, die durch keine früheren Kenntnisse des Themas selbst belastet sind, sich zum ersten Mal mit diesem Gebiet befassen, aber auf physikalischen Grundkenntnissen und einem Studium der Atomeigenschaften aufbauen können. Die Reihenfolge der Einzelthemen wurde daher so gewählt, wie ein Student sie vielleicht bei einem selbständigen Studium der makroskopischen Systeme der Reihe nach entdecken mag. Um die Behandlung der Einzelthemen einheitlich zu gestalten, habe ich den gesamten Überlegungen ein einzelnes Prinzip zugrundegelegt und dieses immer wieder betont, nämlich die Tendenz eines isolierten Systems, den Zustand größter Zufälligkeit anzustreben. Obwohl hauptsächlich einfache Systeme untersucht werden, wurden dabei Methoden angewandt, die in vielen Bereichen verwendbar sind und leicht allgemeineren Gegebenheiten angepaßt werden können. Vor allem habe ich versucht, das physikalische Verständnis zu fördern, d.h. die Fähigkeit, wichtige Beziehungen einfach darzustellen, und sie schnell und von Grund auf zu erfassen. Daher wurden bestimmte physikalische Theorien ausführlich diskutiert, ohne jedoch den Leser mit mathematischen Formalismen zu belasten. Mit Hilfe einfacher Beispiele werden abstrakte allgemeine Begriffe verständlich gemacht und wichtige Größen numerisch abgeschätzt – kurz, ich habe versucht, eine Verbindung zwischen Theorie und Praxis, also Beobachtung und Versuch, herzustellen.

Der Themenkreis dieses Buches mußte sehr überlegt ausgewählt werden. Es war meine Absicht, vor allem jene Grundbegriffe zu behandeln, die sowohl für Studenten der Physik als auch der Chemie, Biologie und Technik nützlich sind. Die Hinweise für Dozenten und Studenten bieten eine Zusammenfassung des Aufbaus und Inhalts dieses Buches sowie Ratschläge für Dozenten und Studenten. Der etwas unkonventionelle Aufbau, der die Beziehung zwischen dem makroskopischen und mikroskopischen, d.h. atomaren Standpunkt der Beschreibung betonen und hervorheben soll, bedeutet nicht unbedingt ein Aufgeben aller jener Vorteile, die ein traditionellerer Aufbau mit sich bringt. Die folgenden wesentlichen Punkte möchte ich herausgreifen:

1. Der Leser, der Kapitel 7 durchgearbeitet hat, wird, selbst wenn er Kapitel 6 ausgelassen hat, mit den Grundbegriffen und grundlegenden Anwendungsmöglichkeiten der klassischen Thermodynamik genauso vertraut sein, als hätte er dieses Gebiet nach traditionellen Richtlinien studiert. Außerdem wird er sich natürlich noch ein tieferes Verständnis der Entropie und ein recht umfangreiches Wissen über die statistische Physik angeeignet haben.
2. Ich habe die Tatsache betont, daß die statistische Theorie zu gewissen Ergebnissen führt, die inhaltlich rein makroskopisch und vollkommen unabhängig von irgendwelchen Modellen sind, die man über den atomaren Aufbau der untersuchten Systeme aufgestellt hat. Die Allgemeingültigkeit und Modell-Unabhängigkeit der klassischen thermodynamischen Gesetze ist damit explizit aufgezeigt worden.
3. Obwohl eine Behandlung nach historischen Richtlinien selten eine logische und einleuchtende Einführung in ein Gebiet geben kann, ist es doch interessant und lehrreich, die Entwicklung der wissenschaftlichen Ideen zu verfolgen. Aus diesem Grunde habe ich einschlägige Bemerkungen, Literaturhinweise und Bilder hervorragender Wissenschaftler in dieses Buch aufgenommen, um dem Leser hiermit einen Einblick in die geschichtliche Entwicklung dieses Gebietes zu bieten.

Das Studium dieses Bandes und das Verständnis seines Inhalts setzen neben einigen Kenntnissen der klassischen Mechanik und des Elektromagnetismus lediglich eine gewisse Vertrautheit mit den einfachsten Begriffen atomarer Zusammenhänge und mit den folgenden Begriffen aus der Quantentheorie, und zwar in ihrer einfachsten Form voraus: die Bedeutung von Quantenzuständen und Energieniveaus, die Heisenbergsche Unschärferelation, die de-Broglie-Wellenlänge, der Begriff des Spins und das Problem eines freibeweglichen Teilchens in einem Behälter. Hinsichtlich der mathematischen Hilfsmittel ist nicht mehr erforderlich als Vertrautheit mit einfachen Ableitungen und Integralen und eine Kenntnis der Taylorreihen. Jeder Student, der mit den wesentlichen Gebieten der vorangegangenen Bände des Berkeley Physik Kurses (insbesondere Band 4) halbwegs vertraut ist, bringt natürlich sämtliche Voraussetzungen für den vorliegenden Band mit. Dieses Buch kann außerdem ebensogut den Abschluß irgend eines anderen modernen Einführungskurses in die Physik bilden, sowie für jeden vergleichbaren Kurs für Studenten des vierten oder höheren Semester.

Wie ich eingangs erwähnte, war es vor allem mein Bestreben, das Wesentliche eines doch recht schwierigen Faches so darzulegen, daß es für Studenten unterer Semester einfach, einheitlich und leicht verständlich wird. Dieses Ziel ist zwar erstrebenswert, aber recht schwierig zu erreichen. Tatsächlich war die Zusammenstellung dieses Buches und alle damit verbundenen Arbeiten eine anstrengende Aufgabe, die mich sehr viel Zeit kostete und mich recht erschöpfte. Es wäre mir daher eine Genugtuung, zu wissen, daß ich mein Ziel insoweit erreicht habe, daß dieses Buch brauchbar erscheint.

Frederick Reif

Hinweise für Dozenten und Studenten

Aufbau des Buches

Dieses Buch setzt sich aus den folgenden drei Hauptteilen zusammen:

Teil A: Einführung und Grundbegriffe (Kapitel 1 und 2)

Kapitel 1 (Eigenschaften makroskopischer Systeme) gibt eine qualitativ gehaltene Einleitung und Einführung in die grundlegenden physikalischen Vorstellungen, die in diesem Buch behandelt werden. Dem Studenten sollen die charakteristischen Eigenschaften makroskopischer Systeme nahegebracht sowie gewisse Richtlinien für seine Überlegungen geboten werden.

Kapitel 2 (Grundbegriffe der Wahrscheinlichkeitstheorie) ist etwas mathematischer gehalten. Der Leser soll hier mit den Grundbegriffen der Wahrscheinlichkeitstheorie vertraut gemacht werden. Dabei werden keinerlei Kenntnisse der Wahrscheinlichkeitsbegriffe vorausgesetzt. Der Begriff des Kollektivs wird besonders herausgestellt. Sämtliche Beispiele sind so aufgebaut, daß physikalisch signifikante Situationen einleuchtend dargestellt werden können. Obwohl der Stoff vor allem im Hinblick auf Anwendungen in den folgenden Kapiteln gebracht wird, soll der Leser auch anderweitig die hier diskutierten Wahrscheinlichkeitsbegriffe anwenden können.

Für die ersten beiden Kapitel sollte nicht zuviel Zeit zum Durcharbeiten aufgewendet werden. Einige Studenten haben vielleicht ohnehin die nötigen Grundkenntnisse, um den Stoff dieser Kapitel verstehen zu können. Ich würde aber trotzdem auch diesen Lesern raten, diese Kapitel *nicht* zu übergehen, sondern sie als nützliche Wiederholung anzusehen.

Teil B: Die theoretischen Grundlagen (Kapitel 3, 4 und 5)

Sie bilden den Hauptteil des Buches. Die logische und quantitative Entwicklung des Stoffes beginnt eigentlich mit Kapitel 3. (So betrachtet könnten die beiden ersten Kapitel tatsächlich übergangen werden, was jedoch pädagogisch unratsam wäre.)

Kapitel 3 (Statistische Beschreibung von Teilchensystemen) bespricht, wie ein Vielteilchensystem mit statistischen Begriffen beschrieben werden kann. Es werden die grundlegenden Postulate der statistischen Theorie aufgestellt. Gegen Ende dieses Kapitels sollte dem Leser klargeworden sein, wie stark das quantitative Verständnis makroskopischer Systeme auf Überlegungen basiert, bei denen die Anzahl der für ein System realisierbaren Zustände bestimmt werden muß. Die volle Bedeutung derartiger Betrachtungen wird er aber vielleicht noch nicht begriffen haben.

Kapitel 4 (Thermische Wechselwirkung) ist der eigentliche Kern des Buches. Es beginnt mit der noch ganz harmlosen Untersuchung der Wechselwirkung zweier Systeme allein durch Wärmeaustausch. Die Untersuchungen führen jedoch sehr bald weiter: zu den Grundbegriffen Entropie, absolute Temperatur, kanonische Verteilung (bzw. Boltzmannfaktor). Ein Student wird gegen Ende dieses Kapitels bereits in der Lage sein, rein praktische Aufgaben zu lösen, also zum Beispiel die paramagnetischen Eigenschaften eines Stoffes oder den Druck eines idealen Gases aus bestimmten Grundangaben zu berechnen.

Kapitel 5 (Mikroskopische Theorien und makroskopische Messungen) bringt die theoretischen Vorstellungen mit praktischen Problemen in Zusammenhang; es wird zum Beispiel besprochen, wie atomare Größen von makroskopisch bestimmbaren abhängen, und wie man experimentell solche Größen wie die absolute Temperatur oder die Entropie bestimmen kann.

Bildet dieses Buch die Grundlage einer Vorlesung, und wird die Zeit etwas knapp, dann kann das Thema ohne allzuviele Gewissenbisse mit diesem Kapitel abgeschlossen werden. Der Student sollte bis zu diesem Kapitel genügend Kenntnisse über die absolute Temperatur, die Entropie und den Boltzmannfaktor erworben haben – d.h., ihm sollten die fundamentalsten Begriffe der statistischen Mechanik und der Thermodynamik vertraut sein. (Das einzige bislang noch nicht behandelte thermodynamische Ergebnis ist die Tatsache, daß die Entropie sich bei quasistatischen adiabatischen Prozessen nicht ändert.) Ich würde denken, daß damit das Minimum der hier besprochenen Themen behandelt worden ist.

Teil C: Ausarbeitung der Theorie (Kapitel 6, 7 und 8)

Dieser Teil besteht aus drei insofern unabhängigen Kapiteln, als sie einzeln behandelt werden können, und sich nicht erst gegenseitig die Voraussetzungen liefern. Außerdem ist es durchaus möglich, nur die ersten paar Abschnitte des Kapitels zu behandeln, und dann gleich auf das nächste überzugehen. Es kann also ganz auf die Wünsche des Dozenten oder die Interessen der Studenten eingegangen werden. Von diesen drei Kapiteln ist Kapitel 7 als Ergänzung der Theorie am wichtigsten, denn hier wird die Diskussion der thermodynamischen Gesetze vervollständigt. Dieses Kapitel wird sich auch als besonders nützlich für Studenten der Chemie und Biologie erweisen.

Kapitel 6 (Die kanonische Verteilung in der klassischen Näherung) geht auf einige wichtige Anwendungen der kanonischen Verteilung ein, Näherungen klassischer Begriffe werden in die statistische Beschreibung einbezogen.

Die Maxwellsche Geschwindigkeitsverteilung von Gasmolekülen und der Gleichverteilungssatz sind die Hauptthemen dieses Kapitels. Beispiele für Anwendungen der Theorie werden ebenfalls gebracht. Unter anderem werden Molekularstrahlen, Isotopentrennung und die spezifische Wärme von Festkörpern behandelt.

Kapitel 7 (Allgemeine thermodynamische Wechselwirkung) zeigt zu Anfang, daß die Entropie in einem adiabatischen und quasistatisch ablaufenden Prozeß unverändert bleibt. Damit ist die Diskussion der Hauptsätze der Thermodynamik und anderer thermodynamischer Gesetze abgeschlossen, und die thermodynamischen Gesetze werden in ihrer allgemeinsten Form nochmals zusammengestellt. Im weiteren Verlauf dieses Kapitels werden einige wichtige Anwendungen dieser Gesetze besprochen: Allgemeine Gleichgewichtsbedingungen einschließlich der Eigenschaften der Gibbschen freien Energie (des Gibbschen Potentials), das Gleichgewicht zwischen Phasen und die Konsequenzen dieser Gesetze im Hinblick auf Wärmekraftmaschinen und biologische Organismen.

Kapitel 8 (Die kinetische Theorie von Transportprozessen) bespricht die Nichtgleichgewichtseigenschaften von Systemen. Die Transportprozesse in einem verdünnten Gas werden durch einfache Argumente auf der Grundlage der mittleren freien Weglänge diskutiert; es wird die Viskosität, die Wärmeleitfähigkeit, die Selbstdiffusion, und die elektrische Leitfähigkeit behandelt.

Damit sind die wesentlichen Teile dieses Buches beschrieben. In dem Physikkurs, der in Berkeley gelesen wird, behandelt man den Hauptteil dieses Buches in etwa acht Wochen im letzten Viertel einer physikalischen Einführungsvorlesung.

Aus dem hier beschriebenen Aufbau des Buches ist wohl zu ersehen, daß die bei der Behandlung des Themas selbst verfolgten Richtlinien zwar unkonventionell, jedoch durch eine streng logische Struktur ausgezeichnet sind. Diese logische Entwicklung des Themas mag vielleicht dem Studenten eher natürlich und einleuchtend erscheinen als einem Dozenten. Ersterer wird ohne irgendwelche vorgefaßte Meinungen an das Thema herangehen, während letzterer auf eingefahrenen Pfaden denkt, da er eine konventionelle Behandlung des Themas gewohnt ist. Es wäre daher gut, wollte ein Dozent den hier gebrachten Stoff selbst erneut durchdenken. Sollte die Macht der Gewohnheit ihn dazu verleiten, gewisse traditionelle Gesichtspunkte hereinzubringen, dann wäre das unklug, da dadurch die logische Entwicklung des Buches gestört und die Studenten eher verwirrt werden, was nicht zum Verständnis des Stoffes beiträgt.

Weitere Teile des Buches

Anhang: Die vier Abschnitte des Anhangs bringen am Rande liegende Probleme. Die Gaußverteilung und die Poissonverteilung werden eingehender besprochen, da sie für die verschiedensten Gebiete von Bedeutung sind, und auch unerläßlich für den Laborteil des Berkeley Physik Kurses sind.

Mathematischer Anhang: Hier werden einige mathematische Probleme zusammengefaßt und besprochen, die im Text oder auch in den Aufgaben angewendet werden können, und sich in jeder Beziehung als nützlich erweisen.

Zusammenfassung der Definitionen: Am Ende jedes Kapitels werden die wichtigsten Definitionen nochmals zusammengestellt, um das Nachschlagen zu erleichtern.

Übungen: Die Übungen sind ein sehr wichtiger Teil des Buches. Ich habe etwa 160 verschiedene Probleme zur Diskussion gestellt, um dem Leser ein weites Feld von Möglichkeiten zu bieten und ihn auf diesem Wege zu eigenen Überlegungen anzuregen. Obwohl wir von keinem Studenten erwarten, daß er alle Übungen in diesem Buch löst, sollte er doch einen Großteil davon durchdenken und lösen, da sonst der praktische Nutzen dieses Buches wohl sehr gering wäre. Die mit Stern bezeichneten Übungen sind etwas schwieriger. Die **Ergänzenden Übungen** bieten im wesentlichen eine Wiederholung des Stoffes aus dem Anhang.

Lösungen der Übungen: Die Lösungen der meisten Übungen wurden diesen angefügt, um eine Verwendung des Buches bei einem selbständigen Studium zu erleichtern. Außerdem ist es meiner Meinung nach pädagogisch vorteilhaft, wenn man die Lösung eines Problems sofort selbst überprüfen kann. Ich würde jedoch dem Leser raten, die Übungen zuerst zu lösen und erst danach die Lösung nachzusehen. Damit werden dem Studenten seine eigenen Fehlerquellen klar, was ihn vielleicht zu weiterem Nachdenken anregt und ihn hoffentlich hindert, sich ungerechtfertigt auf seinen Lorbeeren auszuruhen. (Ich habe mich zwar bemüht, die Richtigkeit der hier angegebenen Lösungen zu überprüfen, kann aber nicht garantieren, daß tatsächlich keine Fehler vorkommen. Ich wäre dankbar, wenn man mich von Fehlern benachrichtigt, die sich doch noch eingeschlichen haben könnten.)

Zusätzlicher Stoff: Bemerkungen, Erläuterungen und Ähnliches sind in kleinerem Druck in den Text eingefügt, um diese zusätzlichen Erläuterungen auch optisch von dem logisch aufgebauten Hauptstoff des Buches zu trennen. Dieses zusätzliche Material sollte beim erstmaligen Durcharbeiten des Buches nicht überschlagen werden, bei erneutem Durchlesen kann man es jedoch getrost auslassen.

Ratschläge für den Studenten

Lernen ist ein aktiver Vorgang. Bloßes Lesen oder Auswendiglernen führt kaum zum Ziel. Sie sollten den Stoff dieses Buches so behandeln, als entdeckten sie ihn für sich selbst, d.h., sie sollten den Text nur als Richtlinie für ihre Überlegungen verwenden und sich nicht daran festklammern. Aufgabe der Naturwissenschaften ist es nämlich, neue Überlegungen anzustellen, mit denen dann die beobachtbare Welt beschrieben, ihr Verhalten vorausgesagt werden kann. Sie werden aber niemals zu neuen Gedankengängen kommen können, wenn Sie nicht das Denken selbst üben. Streben Sie nach Verständnis, versuchen Sie neue Beziehungen zu finden und Einfachheit dort zu sehen, wo Sie vorher keine erkennen konnten. Vor allem sollten Sie nicht einfach Formeln auswendig lernen — denn Sie sollen denken lernen. Die *einzigen* Beziehungen, die Sie vielleicht auswendig können sollten, sind die wichtigen Beziehungen am Ende eines jeden Kapitels. Falls Sie nicht imstande sind, aus diesen Beziehungen andere wichtige Formeln im Kopf abzuleiten, und zwar in etwa zwanzig Sekunden oder weniger, dann haben Sie den Stoff nicht richtig verstanden.

Schließlich und endlich ist es viel wichtiger, einige Grundbegriffe und Theorien zu verstehen, als sich nur die verschiedensten Tatsachen und Formeln anzueignen, da einem damit der wahre Zusammenhang entgeht. Wenn im Text einige einfache Beispiele, wie das Spin-System oder das ideale Gas, scheinbar zu eingehend behandelt wurden, dann geschah das mit Absicht. Es trifft besonders auf dem Gebiet der statistischen Physik und der Thermodynamik zu, daß gewisse zuerst belanglos erscheinende Feststellungen zu bemerkenswerten Ergebnissen führen, die in ganz unerwartetem Maße allgemeingültig sind. Andererseits werden Sie oft feststellen, daß bestimmte Probleme leicht zu einem begriffsmäßigen Paradoxon führen oder ganz hoffnungslos komplizierte Berechnungen nach sich ziehen; in diesen Fällen wird eine Untersuchung einfacher Beispiele Ihnen es vielleicht ermöglichen, die begriffsmäßigen Schwierigkeiten zu beseitigen und neue Berechnungsmethoden oder Näherungen einzuführen. Ich würde Ihnen daher zum Schluß raten, die einfachen Grundideen eingehendst zu überlegen und zu versuchen, sie wirklich zu verstehen, und danach Probleme zu behandeln, die sich aus ihren eigenen Fragen ergeben, sowie die in diesem Buch gestellten Übungen zu lösen. Einzig und allein auf diese Weise können Sie prüfen, ob Sie auch alles tatsächlich verstanden haben, und nur so können Sie selbständiges Denken lernen.

Hinweis zum Internationalen Einheitensystem [1])

Die meisten elektrotechnischen und viele Physiklehrbücher verwenden heute das rational eingeführte MKSA-System, auch Internationales Einheitensystem SI [2]) genannt.

Die nachstehende Tabelle enthält einen Teil der MKSA- bzw. SI-Einheiten sowie die äquivalenten Werte im Gaußschen CGS-System.

Größe	Symbol	Einheit im rationalen SI-System	äquivalente Werte im Gaußschen CGS-System
Abstand	s	Meter (m)	10^2 cm
Kraft	**F**	Newton (N)	10^5 dyn
Arbeit, Energie	W	Joule (J)	10^7 erg
Ladung	Q	Coulomb (C)	$2{,}998 \cdot 10^9$ esE
Stromstärke	I	Ampere (A)	$2{,}998 \cdot 10^9$ esE/s
elektr. Potential elektr. Spannung	V U	Volt (V)	(1/299,8) statvolt
elektr. Feld	**E**	V/m	(1/29980) statvolt/cm
Widerstand	R	Ohm (Ω)	$1{,}139 \cdot 10^{-12}$ s/cm
magn. Induktion	**B**	Tesla (T)	10^4 Gauß (G)
magn. Fluß	Φ	Weber (Wb)	10^8 G cm^2
magn. Feldstärke	**H**	A/m	$4\pi \cdot 10^{-3}$ Oersted (Oe)

Das MKSA- bzw. SI-System eignet sich gut für die Elektrotechnik. Wenn man in ihm aber die physikalischen Grundlagen der Felder und der Materie ausdrücken will, stößt man auf einen entscheidenden Nachteil. Die Maxwellschen Gleichungen für die Felder im Vakuum sind in diesem System bezüglich der elektrischen und magnetischen Feldgrößen nur dann symmetrisch, wenn **H** an die Stelle von **B** tritt. Andererseits hatten wir in Band 2 gezeigt, daß **B** und nicht **H** das grundlegende magnetische Feld in der Materie darstellt. Das ist keine Frage der Definition oder der Einheitenwahl sondern eine Naturgegebenheit, die

---

1) Aus: Berkeley Physik Kurs, Band 2, Elektrizität und Magnetismus (gekürzt).

2) A.d.Ü.: Das SI-System ist entsprechend dem „Gesetz über Einheiten im Meßwesen" vom 2. Juli 1969 und der „Ausführungsverordnung zum Gesetz über Einheiten im Meßwesen" vom 26. Juni 1970 für das gesamte Meßwesen in der Bundesrepublik Deutschland vorgeschrieben. Der Vorteil dieses Einheitensystems liegt darin, daß alle Einheiten kohärent sind.

Das diesem Buch zugrunde liegende CGS-System wurde beibehalten (an wichtigen Stellen wurde jedoch auf die SI-Einheit verwiesen), da nur so die bewährte methodische und didaktische Konzeption des Buches unangetastet bleiben konnte.

das Fehlen magnetischer Ladungen reflektiert. Deshalb führt das MKSA- bzw. SI-System entweder zu einer Verschleierung der grundlegenden elektromagnetischen Symmetrie des Vakuums oder der wesentlichen Asymmetrie der Quellen. Das war einer der Gründe, warum wir in diesem Buch dem Gaußschen CGS-System den Vorzug gaben. Der andere Grund liegt darin, daß noch immer die meisten Physiker das Gaußsche CGS-System – gelegentlich ergänzt durch die praktischen Einheiten – verwenden.

Physikalische Konstanten

Näherungswerte physikalischer Konstanten und wichtige numerische Größen sind auf dem vorderen und hinteren Vorsatz dieses Bandes abgedruckt. Weitere und genauere Werte physikalischer Konstanten enthält *Physics Today*, S. 48–49, Februar 1964 [1].

Zeichen und Symbole

Im allgemeinen haben wir uns an die in der physikalischen Literatur gebräuchlichen Symbole und Abkürzungen gehalten, die meisten von ihnen sind ohnehin durch internationale Übereinkunft festgelegt. In einigen wenigen Fällen haben wir aus didaktischen Gründen andere Bezeichnungen gewählt.

Das Symbol $\sum_{j=1}^{n}$ oder $\sum_{j}$ gibt an, daß der rechts von Σ stehende Ausdruck über alle j von j = 1 bis j = n summiert werden soll. Die Schreibweise $\sum_{i,j}$ gibt eine Doppelsummation über alle i und j an. $\sum'_{i,j}$ oder $\sum_{i,j \atop i \neq j}$ bedeutet schließlich eine Summation über alle Werte von i und j mit Ausnahme von i = j.

Größenordnung

Unter dem Hinweis auf die Größenordnung versteht man gewöhnlich „etwa innerhalb eines Faktors 10". Häufige Größenordnungsabschätzungen kennzeichnen die Arbeits- und Sprechweise des Physikers, ein sehr nützlicher Berufsbrauch, der allerdings dem Studienanfänger enorme Schwierigkeiten bereitet. Wir stellen beispielsweise fest, daß 10^4 die Größenordnung der Zahlen 5500 und 25000 ist. In CGS-Einheiten ist die Größenordnung der Elektronenmasse 10^{-27} g, ihr genauer Wert hingegen $(0{,}910\,72 \pm 0{,}000\,02) \cdot 10^{-27}$ g.

Oft begegnen wir auch der Feststellung, daß eine Lösung bis auf Glieder der Ordnung x^2 oder E genau ist, welche Größen dies auch immer sein mögen. Man schreibt dafür auch $O(x^2)$ bzw. $O(E)$. Diese Aussage meint, daß Glieder mit höheren Potenzen (z.B. x^3 oder E^2), die in der vollständigen Lösung auftreten, unter gewissen Umständen im Vergleich zu den in der Näherungslösung vorhandenen Gliedern vernachlässigt sind.

Das griechische Alphabet

A	α	Alpha
B	β	Beta
Γ	γ	Gamma
Δ	δ	Delta
E	ϵ	Epsilon
Z	ζ	Zeta
H	η	Eta
Θ	θ ϑ	Theta
I	ι	Jota
K	κ	Kappa
Λ	λ	Lambda
M	μ	My
N	ν	Ny
Ξ	ξ	Xi
O	o	Omikron
Π	π	Pi
P	ρ	Rho
Σ	σ	Sigma
T	τ	Tau
Υ	υ	Ypsilon
Φ	ϕ φ	Phi
X	χ	Chi
Ψ	ψ	Psi
Ω	ω	Omega

Griechische Buchstaben, die nur sehr selten als Symbole Verwendung finden, sind grau unterlegt; meist sind sie lateinischen Buchstaben so ähnlich, daß sie sich als Symbole nicht eignen.

[1] A.d.Ü.: Siehe auch H. Ebert, Physikalisches Taschenbuch, Verlag Friedr. Vieweg + Sohn, Braunschweig, 1976, und B. M. Jaworski / A. A. Detlaf, Physik griffbereit, Verlag Friedr. Vieweg + Sohn, Braunschweig, 1972.

Mathematische Zeichen

$=$	ist gleich
$\equiv$	ist (durch Definition) identisch gleich
$\approx$	ist angenähert gleich
$\propto$	ist proportional zu
$\neq$	ist ungleich
$>$	ist größer als
$\gg$	ist viel größer als
$\ggg$	ist sehr sehr viel größer als
$\geqslant$	ist größer oder gleich
$\gtrsim$	ist größer oder angenähert gleich
$<$	ist kleiner als
$\ll$	ist viel kleiner als
$\lll$	ist sehr sehr viel kleiner als
$\leqslant$	ist kleiner oder gleich
$\lesssim$	ist kleiner oder angenähert gleich
exp u	e^u
ln u	logarithmus naturalis von u (auf der Basis e)

Inhaltsverzeichnis

1. Eigenschaften makroskopischer Systeme

Daß ich erkenne, was die Welt
Im Innersten zusammenhält,
Schau' alle Wirkenskraft und Samen,
Und tu' nicht mehr in Worten kramen.

Goethe, *Faust* [1])

Unsere gesamte Sinneswelt besteht aus Dingen, die *makroskopisch*, d.h. sehr groß im Vergleich zu atomaren Dimensionen sind, die also aus einer großen Zahl von Atomen oder Molekülen bestehen. Diese makroskopische Welt ist ungeheuer vielfältig und kompliziert; sie enthält Gase, Flüssigkeiten, feste Körper, sowie biologische Organismen der verschiedensten Arten und Zusammensetzungen. Dementsprechend entwickelten sich auch verschiedene Forschungsgebiete: Physik, Chemie, Biologie und andere Zweige der Naturwissenschaft. In diesem Buch haben wir uns die interessante Aufgabe gestellt, ein wenig in die Probleme makroskopischer Systeme und ihrer grundlegenden Eigenschaften einzudringen. Besonders möchten wir uns der Frage widmen, inwiefern die wenigen umfassenden Theorien der Atomphysik und die darin enthaltenen Begriffe zum Verständnis makroskopischer Systeme, vor allem ihres beobachteten Verhaltens, führen können. Wir wollen untersuchen, wie die Größen, die die direkt meßbaren Eigenschaften solcher Systeme beschreiben, voneinander abhängen, und wie diese Größen aus den atomaren Charakteristiken der Systeme abgeleitet werden können.

In der ersten Hälfte dieses Jahrhunderts brachten die Forschungen in den Naturwissenschaften grundlegende Erkenntnisse über die Struktur der Materie im *mikroskopischen* Bereich, also in Dimensionen atomarer Größenordnungen (10^{-8} cm). Die Atomtheorie wurde quantitativ detailliert entwickelt und durch umfangreiches experimentelles Beweismaterial gestützt. Wir wissen, daß alle Stoffe aus Molekülen bestehen, die aus einzelnen Atomen zusammengesetzt sind, die ihrerseits aus dem Kern und den Hüllenelektronen bestehen. Wir kennen außerdem die Quantengesetze, die das Verhalten atomarer Teilchen bestimmen. Also sollten wir in der Lage sein, diese Kenntnisse bei der Untersuchung der Eigenschaften makroskopischer Systeme zu verwerten.

Diese Hoffnung besteht insofern zu Recht, als ja jedes makroskopische System aus sehr vielen Atomen besteht. Auch sind die Gesetze der Quantenmechanik, mit deren Hilfe das dynamische Verhalten von Elementarteilchen beschrieben werden kann, gut bekannt und begründet. Die elektromagnetischen Kräfte, die die Wechselwirkungen zwischen diesen Elementarteilchen verursachen, sind ebenfalls eingehendst erforscht. Wir brauchen nur diese Kräfte zu berücksichtigen, da die Gravitationskräfte zwischen Elementarteilchen verglichen mit elektromagnetischen Kräften im allgemeinen vernachlässigbar klein sind. Außerdem ist es üblicherweise nicht nötig, die Kernkräfte zu berücksichtigen, da die Atomkerne bei den meisten gewöhnlichen physikalischen Systemen und in allen chemischen und biologischen Systemen nicht zerstört werden[1]). Die Kenntnis der Gesetze der mikroskopischen Systeme sollte also prinzipiell genügen, um die Eigenschaften eines beliebigen makroskopischen Systems aus der Kenntnis seiner mikroskopischen Bestandteile ableiten zu können.

Es ist jedoch ziemlich irreführend, wenn wir uns mit dieser optimistischen Feststellung zufriedengeben. Ein typisches makroskopisches System enthält etwa 10^{25} Atome, die miteinander in Wechselwirkung stehen. Wir möchten nun die Eigenschaften eines solchen Systems aufgrund möglichst weniger fundamentaler Begriffe verstehen und voraussagen. Zwar wissen wir, daß die elektromagnetischen und quantenmechanischen Gesetze alle Atome des Systems vollkommen beschreiben, gleichgültig, ob dieses System ein fester Körper, eine Flüssigkeit oder ein Mensch ist. Dieses Wissen ist jedoch für die angestrebte wissenschaftliche Vorhersage vollkommen nutzlos, wenn uns nicht Methoden zur Verfügung stehen, mit denen die ungeheuer komplizierten Probleme solcher Systeme gelöst werden können. Schwierigkeiten dieser Art können nicht einfach durch größere und bessere elektronische Rechenanlagen aus der Welt geschafft werden. Selbst der leistungsfähigste Computer der Zukunft wird nicht näherungsweise fähig sein, Berechnungen über 10^{25} miteinander in Wechselwirkung stehende Teilchen anzustellen. Außerdem werden wir auch aus kilometerlangen Lochstreifen eines Computers schwerlich nur die geringste Information über das Wesentliche eines Problems erhalten, wenn wir nicht die richtigen Fragen stellen. Wir müssen uns klar darüber sein, daß diese komplizierten Probleme auch andere Fragen aufwerfen als nur die nach quantitativen Details. In vielen Fällen können sich nämlich in keiner Weise vorhergesehene, wichtige qualitative Aspekte ergeben. Betrachten wir beispielsweise ein Gas, das aus gleichartigen, einfachen Atomen besteht (z.B. aus Heliumatomen), die durch einfache, bekannte Kräfte miteinander in Wechselwirkung stehen. Aus dem mikroskopischen Informationsmaterial ist aber keineswegs zu ersehen, daß ein solches Gas ganz plötzlich zum flüssigen Zustand kondensieren kann – und trotzdem geschieht genau das. Ein noch viel eindringlicheres Beispiel stellt jeder biologische Organismus dar. Wenn wir lediglich auf unserem Wissen über die atomare Struktur aufbauen, würden wir wohl kaum vermuten, daß ein paar einfache Atome, die sich zu bestimmten Molekültypen verbinden, Systeme bilden können die biologisch wachsen und sich fortpflanzen!

---

1) Aus Fausts Eröffnungsmonolog; Goethe, Faust I. Teil, 1. Akt, 1. Szene, Zeilen 382–385

1) Gravitations- und Kernkräfte können jedoch bei gewissen astrophysikalischen Problemen von Bedeutung sein.

Um zum Verständnis makroskopischer Systeme zu gelangen, die aus einer großen Anzahl von Teilchen bestehen, ist es vor allem nötig, neue Theorien zu formulieren, die auch angesichts solcher komplizierten Probleme nicht versagen. Diese neuen Theorien, die letzten Endes auf den bereits bekannten fundamentalen Gesetzen der mikroskopischen Physik beruhen, sollten uns den folgenden Zielen näherbringen: Die Parameter zu erkennen, die für die Beschreibung makroskopischer Systeme am brauchbarsten sind, die wesentlichen Eigenschaften und Gesetzmäßigkeiten solcher Systeme leicht aufzeigen zu können, und schließlich sollten sie uns relativ einfache Methoden liefern, mit denen wir die Eigenschaften solcher Systeme quantitativ voraussagen können.

Die Erarbeitung neuer Begriffe und Methoden, mit denen diese Ziele erreicht werden können, ist offensichtlich eine große intellektuelle Herausforderung, auch wenn die Grundgesetze der mikroskopischen Physik als bekannt vorausgesetzt werden. So überrascht es uns nicht, daß dem Studium komplizierter Systeme, die aus vielen Atomen bestehen, auch in den fortgeschrittensten Forschungsgebieten der Physik große Aufmerksamkeit gewidmet wird. Andererseits ist es jedoch bemerkenswert, welch einfache Schlußfolgerungen genügen, um zu einem weitgehenden Verständnis makroskopischer Systeme zu gelangen. Wie wir noch sehen werden, ist es gerade die große Anzahl der Teilchen in solchen Systemen, die es erlaubt, statistische Methoden besonders wirkungsvoll zu verwenden.

Es ist nun aber keineswegs klar, wie wir unser Ziel – das Verständnis makroskopischer Systeme – erreichen können. Tatsächlich mag ihre scheinbare Kompliziertheit sogar entmutigend wirken. Wenn wir uns nun auf unsere Entdeckungsreise begeben, wollen wir deshalb lieber dem alten wissenschaftlichen Schema folgen und zuerst einige einfache Beispiele untersuchen. In diesem Stadium sollte unsere Phantasie nicht durch eine zu strenge oder zu kritische Betrachtungsweise gelähmt werden. Wir wollen in diesem Kapitel nämlich erst einmal die wesentlichen Eigenschaften, die für makroskopische Systeme charakteristisch sind, erkennen lernen, und die Hauptprobleme qualitativ betrachten, sowie auch ein Gefühl für typische Größenordnungen bekommen. Diese einleitenden Untersuchungen sollten uns dann geeignete Methoden nahelegen, mit denen die Probleme makroskopischer Systeme in quantitativer Hinsicht systematisch behandelt werden können.

1.1. Schwankungserscheinungen

Das einfachste Beispiel für ein aus vielen Teilchen bestehendes System ist ein Gas aus gleichartigen Molekülen, z.B. aus Argon(Ar)- oder Stickstoff(N)-Molekülen. Ist das Gas *verdünnt* (d.h., ist die Anzahl der Moleküle pro Volumeneinheit klein), dann ist die durchschnittliche Entfernung zwischen den Molekülen groß, ihre Wechselwirkung dementsprechend gering. Das Gas wird als *ideal* bezeichnet, wenn es so weit verdünnt ist, daß die Wechselwirkung zwischen seinen Molekülen fast vernachlässigbar klein ist [1]). Ein ideales Gas stellt also einen besonders einfachen Fall dar. Jedes seiner Moleküle bewegt sich die meiste Zeit wie ein freies Teilchen, d.h., es wird nicht durch die Gegenwart anderer Teilchen oder durch die Wände des Behälters beeinflußt; nur selten kommt es anderen Molekülen oder den Wänden genügend nahe, um mit ihnen in Wechselwirkung treten zu können (oder zu *kollidieren*). Ist das Gas ausreichend verdünnt, ist außerdem der mittlere Abstand seiner Moleküle sehr viel größer als die durchschnittliche de Broglie-Wellenlänge eines Moleküls. In diesem Fall brauchen quantenmechanische Effekte nicht in Betracht gezogen zu werden, und es ist zulässig, die Moleküle als Einzelteilchen zu behandeln, die sich auf klassischen Bahnen bewegen [2]).

Betrachten wir als Beispiel ein ideales Gas, von dem N Moleküle in einem Behälter eingeschlossen sind. Zur Vereinfachung der Situation für unsere Untersuchung nehmen wir an, daß dieses System *isoliert* ist (d.h., daß es mit keinem anderen System in Wechselwirkung steht) und daß es für einen längeren Zeitraum sich selbst überlassen blieb, also nicht irgend wie gestört wurde (*abgeschlossenes System*). Wir stellen uns nun vor, wir könnten die Gasmoleküle beobachten, indem wir sie mit einer geeigneten Kamera filmen – selbstverständlich ohne ihre Bewegung dadurch zu beeinflussen. Aufeinanderfolgende Bilder des Films würden dann die Lage der einzelnen Moleküle zu bestimmten Zeitpunkten darstellen, die sich durch das geringe Zeitintervall Δt unterscheiden. Wir könnten dann entweder die einzelnen Bilder untersuchen, oder auch den Film mit einem Projektor ablaufen lassen.

Im letzteren Fall bietet sich uns das Bild der dauernd bewegten Gasmoleküle: Ein beliebiges Molekül bewegt sich geradlinig, bis es mit einem anderen Molekül oder mit einer Wand des Behälters zusammenstößt, worauf es sich weiter entlang einer anderen Geraden bewegt, bis es wieder zu einer Kollision kommt, usw. Jedes Molekül bewegt sich streng nach den Bewegungsgesetzen der Mechanik. Trotzdem wird das Bild ziemlich chaotisch erscheinen, denn wenn sich N Moleküle in dem Behälter bewegen und dauernd miteinander zusammenstoßen, so ergibt das ein recht kompliziertes Problem – es sei denn, N ist sehr klein.

---

1) Die Wechselwirkung wird dann als „fast" vernachlässigbar klein angesehen, wenn die gesamte potentielle Energie der Wechselwirkung zwischen den Molekülen gegenüber deren gesamter kinetischer Energie zwar vernachlässigbar klein ist, zumindest aber so groß ist, daß zwischen den Molekülen überhaupt eine Wechselwirkung und somit auch ein Austausch von Energie möglich ist.

2) Die Gültigkeit der klassischen Näherungsmethode wird in Abschnitt 6.3 eingehender untersucht.

Interessieren wir uns einmal eingehender für die Lage und räumliche Verteilung der Moleküle. Der Behälter ist in unserem Beispiel durch eine gedachte Trennwand in zwei gleichgroße Teile unterteilt (Bild 1.1). Bezeichnen wir die Anzahl der Moleküle im linken Teil mit N′, die im rechten mit N″, so ist natürlich

$$N' + N'' = N, \qquad (1.1)$$

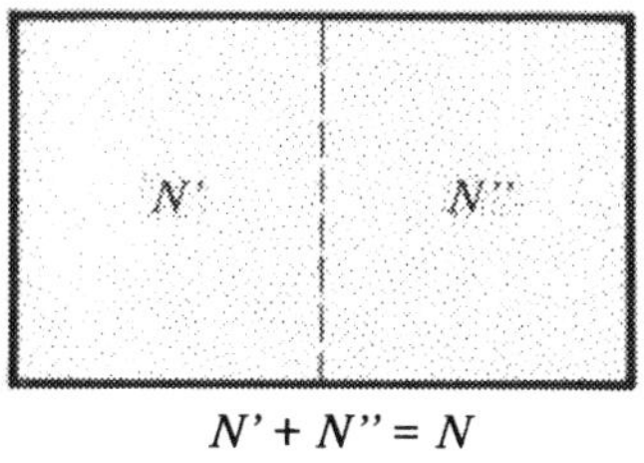

Bild 1.1. Behälter mit N Molekülen eines idealen Gases, der durch eine gedachte Trennwand in zwei gleiche Teile geteilt ist. Die Anzahl der Moleküle in der linken Hälfte ist mit N′, die der Moleküle in der rechten Hälfte mit N″ bezeichnet.

der Gesamtzahl der Moleküle in dem Behälter. Ist nun N groß, so ergibt sich *gewöhnlich:* $N' \approx N''$, jeder Teil des Behälters enthält etwa die Hälfte der Moleküle. Wir müssen aber betonen, daß diese Feststellung nur näherungsweise gilt. Da ja die Moleküle sich im Behälter bewegen, untereinander oder mit den Wänden kollidieren, werden einige den linken Teil des Behälters verlassen, andere sich hineinbewegen. Die Anzahl N′ der Moleküle im linken Teil wird also dauernd variieren (siehe Bilder 1.3 bis 1.6). *Normalerweise* sind diese Schwankungen so klein, daß sich N′ nur wenig von N/2 unterscheidet. Nichts steht jedoch der Möglichkeit im Wege, daß sich einmal alle Moleküle im linken Teil des Behälters befinden (daß also N′ = N, während N″ = 0 ist). Das *könnte* tatsächlich geschehen – wie groß ist aber die Wahrscheinlichkeit dafür, daß es *wirklich* passiert?

Untersuchen wir diese Frage näher. Wir fragen uns zunächst, wieviele Verteilungsmöglichkeiten es bei zwei Hälften des Behälters für die Moleküle gibt. Die betreffende Art der Verteilung der Moleküle auf die beiden Teile nennen wir *Konfiguration.* Ein einziges Molekül kann in dem Behälter also in zwei möglichen Konfigurationen auftreten: Es kann sich entweder im rechten oder im linken Teil des Behälters befinden. Da die zwei Hälften das gleiche Volumen besitzen und auch sonst äquivalent sind, ist die Wahrscheinlichkeit für beide Fälle gleich groß[1]). Ist die Gesamtzahl der Moleküle beispielsweise 2, so kann sich jedes der beiden Moleküle in jeder der beiden Hälften aufhalten. Die Anzahl der möglichen Konfigurationen (die Gesamtzahl der verschiedenen Verteilungsmöglichkeiten für zwei Moleküle und zwei Behälterteile) ist also insgesamt $2 \cdot 2 = 2^2 = 4$, da für jede mögliche Konfiguration des ersten Moleküls zwei mögliche Konfigurationen für das zweite existieren (Bild 1.2). Sind 3 Moleküle vorhanden, dann ist die Summe ihrer möglichen Konfigurationen $2 \cdot 2 \cdot 2 = 2^3 = 8$, da für jede der 2^2 möglichen Konfigurationen der ersten beiden Moleküle zwei mögliche Konfigurationen des dritten Moleküls existieren. Analog ist für den allgemeinen Fall von N Molekülen in 2 Hälften die Summe der möglichen Konfigurationen gleich $2 \cdot 2 \cdot \ldots \cdot 2 = 2^N$. In Tabelle 1.1 sind die Konfigurationen für N = 4 explizit dargestellt.

[1]) Wir nehmen an, daß die Wahrscheinlichkeit für die Anwesenheit eines bestimmten Moleküls in dem einen oder anderen Teil des Behälters nicht durch die Anwesenheit einer beliebigen Anzahl anderer Moleküle beeinflußt wird. Das stimmt auch, solange das Gesamtvolumen aller Moleküle verglichen mit dem Volumen des Behälters sehr klein ist.

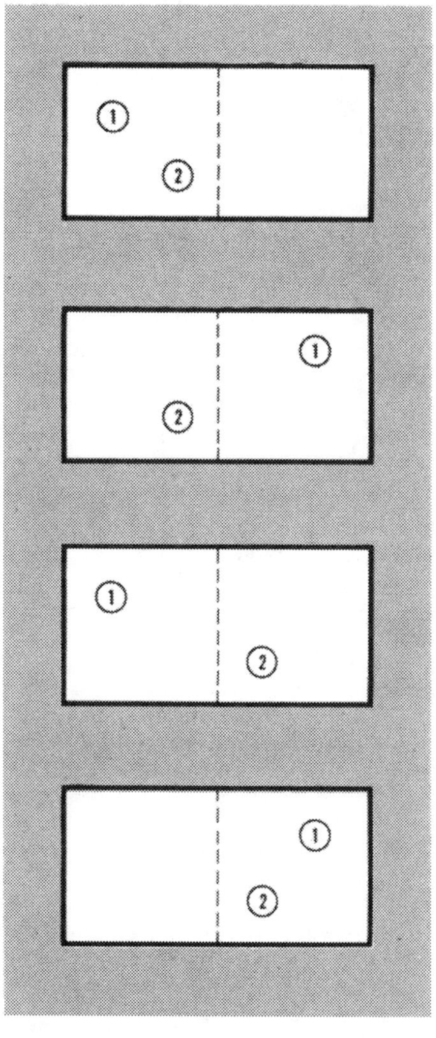

Bild 1.2. Schematische Darstellung der vier verschiedenen Möglichkeiten, nach denen zwei Moleküle auf die zwei Hälften des Behälters aufgeteilt sein können.

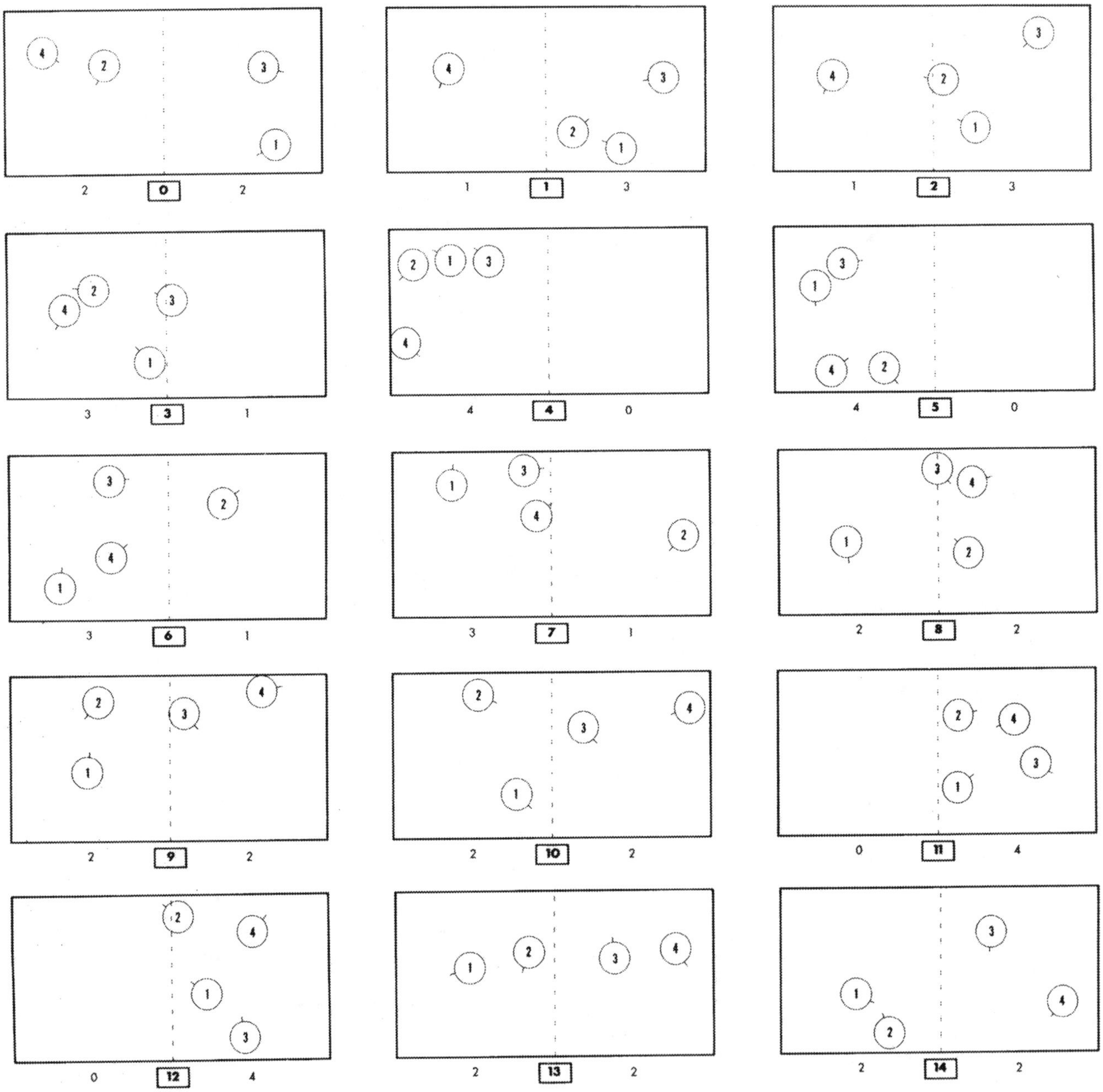

Bild 1.3. Nach Computerangaben hergestellte Bilder von 4 Teilchen in einem Behälter. Diese fünfzehn aufeinanderfolgenden Bilder (numeriert durch j = 0, 1, 2, ... , 14) wurden herausgegriffen, nachdem die Berechnungen mit angenommenen Anfangsbedingungen schon längere Zeit gelaufen waren. Die Anzahl der Teilchen in jeder Hälfte ist direkt unter der betreffenden Hälfte angegeben. Der kurze, radial aus jedem Teilchen herausragende Strich weist in die Richtung der Geschwindigkeit des Partikels.

Computererzeugte Bilder

Diese und die folgende Seite sowie spätere Abschnitte zeigen Bilder, die nach Angaben von Hochleistungs-Digital-Computern hergestellt wurden. In jedem Fall wurden nach den Gesetzen der klassischen Mechanik die Bewegungsabläufe von verschiedenen Teilchen in einem Behälter berechnet. Die Teilchen wurden durch Scheiben dargestellt, die sich in zwei Dimensionen bewegen können. Die Kräfte zwischen zwei beliebigen Teilchen sowie zwischen Teilchen und Wänden sind ähnlich denen angenommen, die zwischen „harten" Körpern wirken (d.h., die Kräfte werden null, wenn die Körper sich nicht berühren, und unendlich groß, wenn sie sich berühren). Alle auftretenden Stöße sind deshalb als elastisch anzusehen. Dem Computer werden bestimmte Anfangspositionen und Geschwindigkeiten für die Teilchen vorgegeben. Dann wird die Aufgabe gestellt, die

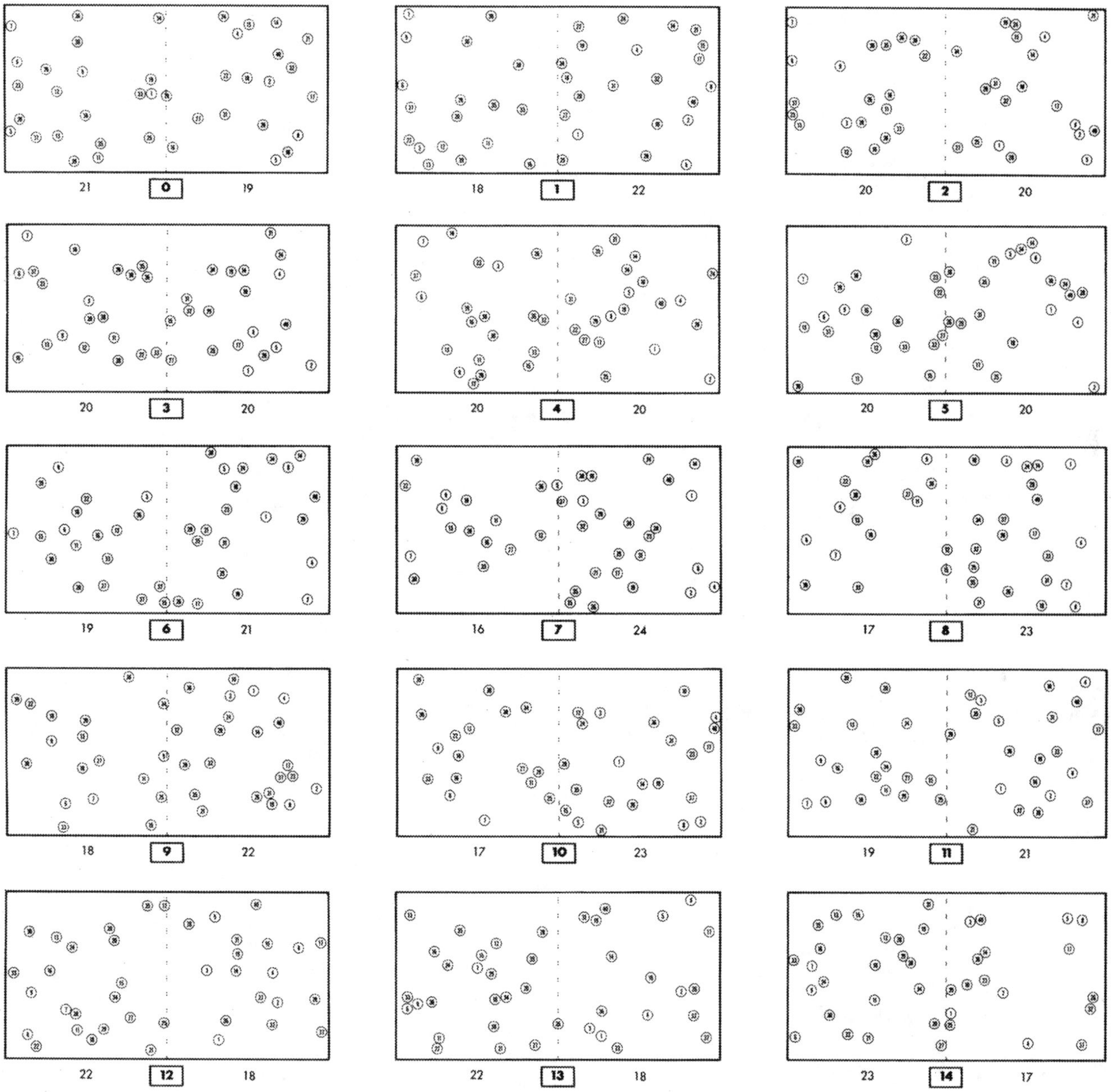

Bild 1.4. Nach Computerangaben hergestellte Bilder von 40 Teilchen in einem Behälter. Diese 15 aufeinanderfolgenden Bilder (numeriert durch j = 0, 1, 2, ... , 14) wurden herausgegriffen, nachdem die Berechnungen mit angenommenen Anfangsbedingungen schon längere Zeit gelaufen waren. Die Anzahl der Teilchen in jeder Hälfte ist direkt unter dieser angegeben. Die Geschwindigkeiten der Teilchen wurden in der Darstellung nicht berücksichtigt.

Bewegungsgleichungen dieser Teilchen numerisch für alle folgenden (oder früheren) Zeitpunkte zu lösen. Weiterhin soll der Computer dann mittels eines Kathodenstrahloszillographen die Positionen der Moleküle für die aufeinanderfolgenden Zeitpunkte $t = j\,\Delta t_0$ bildlich darstellen, wobei Δt_0 ein kleines festgesetztes Zeitintervall darstellt, und $j = 1, 2, 3, \ldots$ ist. Filmt man den Schirm des Oszillographen, dann enthält dieser Film die hier dargestellten Einzelbilder. Das Zeitintervall Δt_0 muß lang genug sein, so daß mehrere Molekülzusammenstöße zwischen den durch die Bilder wiedergegebenen Zeitpunkten stattfinden können. Der Computer wird also zu detailierter Simulierung eines Gedankenexperimentes verwendet, das die dynamische Wechselwirkung zwischen zahlreichen Teilchen zum Thema hat.

Die Herstellung aller dieser Computer-Bilder wurde durch die großzügige Mithilfe von Dr. *B. J. Alder* vom Lawrence Radiation Laboratory, Livermore, ermöglicht.

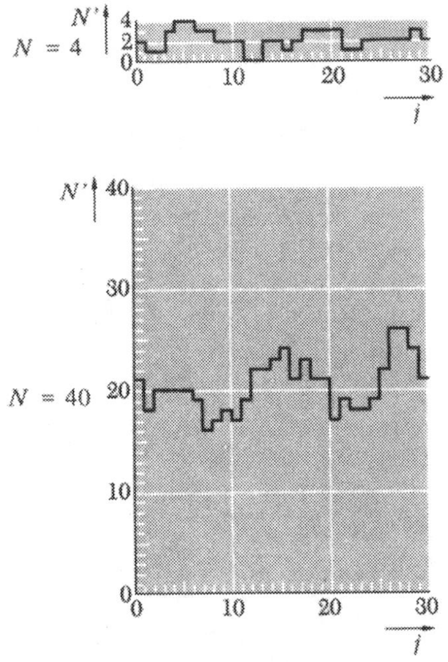

Bild 1.5. Anzahl N' der Teilchen in der linken Hälfte des Behälters als Funktion der Bildnummer j oder der Zeit $t = j\Delta t_0$. Die Anzahl N' im j-ten Bild ist durch eine horizontale Gerade von j bis j + 1 dargestellt. Die beiden Bilder sind graphische Darstellungen der Situation aus Bild 1.3 für N = 4 Teilchen und aus Bild 1.4 für N = 40 Teilchen, doch sie enthalten Informationsmaterial, das aus mehr als der gezeigten Anzahl von Einzelbildern gewonnen wurde.

Tabelle 1.1. 16 verschiedene Möglichkeiten, nach denen sich N = 4 Moleküle (mit 1, 2, 3, 4 bezeichnet) auf zwei Hälften eines Behälters verteilen können. L bedeutet, daß das betreffende Molekül sich in der linken Hälfte befindet, R, daß es in der rechten ist. Die Anzahl der Moleküle in einer der Hälften ist unter N' bzw. N'' angegeben. Das Symbol C(N') bezeichnet die Anzahl der möglichen Konfigurationen der Moleküle, wenn in der linken Hälfte des Behälters N' Moleküle sind.

1	2	3	4	N'	N''	C(N')
L	L	L	L	4	0	1
L	L	L	R	3	1	
L	L	R	L	3	1	4
L	R	L	L	3	1	
R	L	L	L	3	1	
L	L	R	R	2	2	
L	R	L	R	2	2	
L	R	R	L	2	2	6
R	L	L	R	2	2	
R	L	R	L	2	2	
R	R	L	L	2	2	
L	R	R	R	1	3	
R	L	R	R	1	3	4
R	R	L	R	1	3	
R	R	R	L	1	3	
R	R	R	R	0	4	1

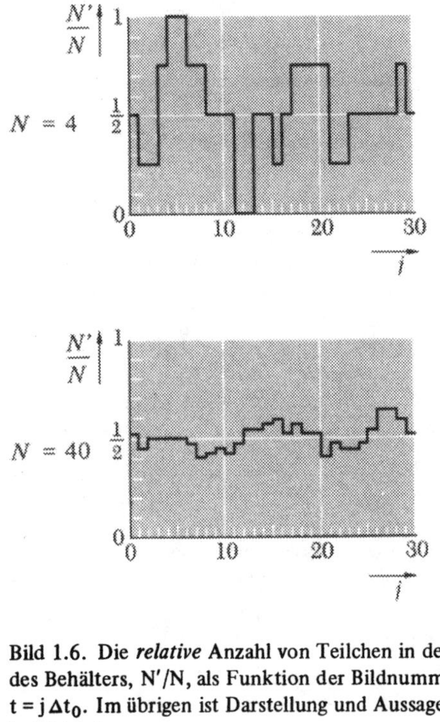

Bild 1.6. Die *relative* Anzahl von Teilchen in der linken Hälfte des Behälters, N'/N, als Funktion der Bildnummer j oder der Zeit $t = j\Delta t_0$. Im übrigen ist Darstellung und Aussage die gleiche wie in Bild 1.5.

Beachten Sie bitte, daß nur eine Verteilungsmöglichkeit realisiert ist, wenn sich von N Molekülen alle N in der linken Hälfte des Behälters befinden. Das ist nur eine einzige, besondere Konfiguration von den 2^N möglichen Konfigurationen der Moleküle. Sie erwarten also, daß von einer großen Anzahl von Filmbildern im Durchschnitt nur eines von 2^N Bildern alle Moleküle in der linken Hälfte zeigt. Wenn wir mit P_N den Bruchteil der Bilder bezeichnen, die alle N Moleküle in der linken Hälfte des Behälters zeigen, wenn also P_N die relative Häufigkeit oder *Wahrscheinlichkeit* dieser Sonderverteilung darstellt, dann gilt

$$P_N = \frac{1}{2^N} \tag{1.2}$$

Ein analoger Fall ist natürlich der, bei dem sich in der linken Hälfte null Moleküle befinden. Er ist ebenfalls ein Sonderfall, da diese Konfiguration wiederum nur eine von 2^N möglichen Konfigurationen ist. Die Wahrscheinlichkeit P_0 für den Fall „kein Molekül links" muß also auch durch

$$P_0 = \frac{1}{2^N} \tag{1.3}$$

gegeben sein.

Wie formulieren wir das nun allgemein? Wenn N′ der N Moleküle eines Gases in der linken Hälfte des Behälters sind, dann bezeichnen wir mit C(N′) die Anzahl der möglichen Konfigurationen der Moleküle in diesem Fall. [C(N′) ist also die Anzahl der Verteilungsarten, bei denen sich N′ Moleküle in der linken Hälfte befinden.] Da die Gesamtzahl der möglichen Konfigurationen der Moleküle 2^N ist, werden wir erwarten, daß im Durchschnitt über eine große Anzahl von Bildern jeweils C(N′) unter 2^N Bildern diese Verteilung (N′ Moleküle in der linken Hälfte) aufweisen. Ist $P_{N'}$ der Bruchteil der Bilder, die N′ Moleküle in der linken Hälfte zeigen, ist also $P_{N'}$ die relative Häufigkeit oder Wahrscheinlichkeit dieser Verteilung, dann gilt

$$P_{N'} = \frac{C(N')}{2^N}\,. \qquad (1.4)$$

Beispiel:

Betrachten wir den Sonderfall von nur vier Gasmolekülen in einem Behälter. In Tabelle 1.1 ist die Anzahl C(N′) der möglichen Konfigurationen jeder Art angeführt. Stellen wir uns vor, die Bewegungen dieser Moleküle seien gefilmt worden, und zwar soll der Film möglichst viele Einzelbilder haben. Wir wissen nun, daß in diesem Fall der Bruchteil $P_{N'}$ der Bilder, auf denen sich N′ Moleküle in der linken Hälfte befinden, durch

$$P_4 = P_0 = \frac{1}{16}\,,$$

$$P_3 = P_1 = \frac{4}{16} = \frac{1}{4}\,, \qquad (1.4a)$$

$$P_2 = \frac{6}{16} = \frac{3}{8}$$

gegeben ist. (In der rechten Hälfte des Behälters befinden sich natürlich N″ = N − N′ Moleküle.)

Wie wir gesehen haben, ist der Fall N′ = N (oder auch N′ = 0) nur die Verwirklichung einer einzigen möglichen Konfiguration der Moleküle. Wenn also, allgemeiner ausgedrückt, N groß ist, dann ist $C(N') \ll 2^N$, sobald N′ gegen N oder gegen null geht. Anders ausgedrückt: Ein Fall, bei dem die Moleküle so uneinheitlich verteilt sind, daß $N' \gg N/2$ (oder $N' \ll N/2$) ist, entspricht relativ wenigen Konfigurationen. Eine solche Verteilung, die nur auf besondere Art und Weise erreicht werden kann, ist ein Sonderfall und wird als relativ *geordnet* oder *nichtzufällig* bezeichnet; nach Gl. (1.4) kommt eine solche Verteilung auch recht selten vor. Sind jedoch die Moleküle ziemlich gleichmäßig verteilt, so daß $N' \approx N''$ ist, dann entspricht das einer Vielzahl möglicher Konfigurationen. Wie Tabelle 1.1 zeigt, ist C(N′) tatsächlich dann am größten, wenn N′ = N″ = N/2. Eine solche Verteilung, die auf viele Arten verwirklicht werden kann, nennen wir *zufällig* oder *ungeordnet;* nach Gl. (1.4) kommt sie relativ häufig vor. Fassen wir zusammen: Je zufälliger oder gleichförmiger die Moleküle eines Gases verteilt sind, um so häufiger kommt diese Verteilung vor. Vom physikalischen Standpunkt betrachtet ist das sehr einleuchtend: Soll sich ein Großteil der Moleküle in einer Hälfte des Behälters konzentrieren, dann müssen sich diese Moleküle in ganz bestimmter Weise bewegen. Ebenso müssen sie ganz bestimmte Bewegungen ausführen, wenn sie in diesem Teil des Behälters bleiben sollen.

Diese Ausführungen können auch quantitative Aussagen darstellen, wenn wir mit Gl. (1.4) die tatsächliche Wahrscheinlichkeit für einen Fall ausrechnen, nach der sich N′ Moleküle (N′ kann beliebig festgesetzt werden) in der linken Hälfte des Behälters befinden. Wir werden die dazu nötige Berechnung der Zahl C(N′) der Molekülkonfigurationen für den allgemeinen Fall erst im nächsten Kapitel behandeln. Es hat sich jedoch herausgestellt, daß die Untersuchung des Extremfalls und seiner Häufigkeit gar nicht schwierig und sehr instruktiv ist. Wie ja Gl. (1.2) besagt, würde eine solche Verteilung im Durchschnitt nur einmal unter 2^N Bildern des Films zu sehen sein.

Um einen Begriff von den Größenordnungen zu bekommen, wollen wir im folgenden einige spezifische Beispiele untersuchen. Besteht das Gas in dem Behälter aus nur vier Molekülen, dann werden wir im Durchschnitt auf einem von 16 Bildern des Films alle vier Moleküle in der linken Hälfte des Behälters vorfinden. Eine derartige Verteilungsschwankung tritt also mit mäßiger Häufigkeit auf. Besteht aber das Gas aus 80 Molekülen, dann zeigt im Durchschnitt nur eins von 2^{80} Bildern alle Moleküle links. Um nur die geringste Chance zu haben, eine solche Verteilung tatsächlich verwirklicht zu sehen, müßten wir, auch wenn wir eine Million Bilder pro Sekunde aufnehmen, den Film viel länger laufen lassen, als das Universum besteht![1] Betrachten wir schließlich ein realistischeres Beispiel: Der Behälter hat ein Volumen von 1 cm^3 und enthält Luft unter Normaldruck und Zimmertemperatur. In einem solchen Behälter befinden sich dann etwa $2{,}5 \cdot 10^{19}$ Moleküle (siehe Gl. (1.27)). Eine Verteilungsschwankung, durch die alle diese Moleküle in die linke Hälfte des Behälters befördert würden, kommt durchschnittlich nur einmal in

$$2^{2{,}5 \cdot 10^{19}} \approx 10^{7{,}5 \cdot 10^{18}}$$

Fällen vor. (Die Anzahl der nötigen Einzelbilder eines Filmes ist so phantastisch hoch, daß wir einen solchen Film nicht einmal in unvorstellbar viel längeren Zeiträumen, als sie das Alter des Universums darstellt, drehen könnten.) Verteilungsschwankungen, bei denen zwar nicht alle, aber doch die überwiegende Mehrheit der Moleküle im linken Teil zu finden ist, sind ein klein wenig häufiger, die absolute Häufigkeit aber ist noch immer unvorstellbar klein. Allgemein können wir daraus schließen: *Ist die Gesamtzahl der Teilchen sehr groß, dann kommen Verteilungsschwankungen, die zu einer verhältnismäßig uneinheitlichen Molekülverteilung führen, so gut wie nie vor.*

---

1) Das Jahr hat $3{,}15 \cdot 10^7$ s, und das Alter des Universums entspricht größenordnungsmäßig 10^{10} a.

Fassen wir unsere bisherigen Aussagen über ein isoliertes, längere Zeit ungestörtes ideales Gas nochmals zusammen. Die Zahl N′ der Moleküle in einer Hälfte des Behälters schwankt zeitlich um den konstanten Wert N/2, der am häufigsten vorkommt. Die Häufigkeit eines bestimmten Wertes von N′ nimmt rapide ab, je mehr sich N′ von N/2 unterscheidet, je größer also die Differenz $|\Delta N|$ ist, wobei

$$\Delta N \equiv N' - \frac{1}{2} N. \tag{1.5}$$

Ist N groß, weisen tatsächlich nur Werte von N′, für die $|\Delta N| \ll N$ ist, eine signifikante Häufigkeit auf. Positive Werte von ΔN sind gleich häufig wie negative. Bild 1.7 zeigt diese Zeitabhängigkeit von N′.

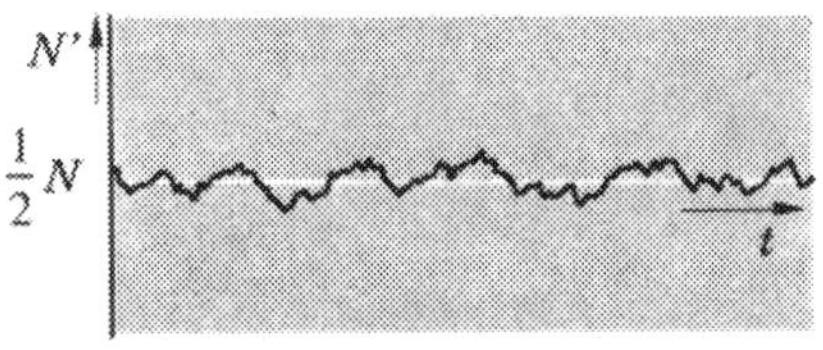

Bild 1.7. Schematische Darstellung der Schwankung von N′ der Anzahl der Moleküle in der einen Hälfte eines Behälters, als Funktion der Zeit t. Die Gesamtzahl der Moleküle ist gleich N.

Ein Gas kann am genauesten beschrieben werden, wenn sein *mikroskopischer Zustand* oder *Mikrozustand* zu jedem Zeitpunkt festgestellt werden kann, d.h., wenn wir möglichst viel über die Gasmoleküle zu diesem Zeitpunkt wissen (z.B. über Ort und Geschwindigkeit eines jeden Moleküls). Vom mikroskopischen Standpunkt aus gesehen erscheint unser hypothetischer Film von den Bewegungen der Gasmoleküle reichlich komplex, da sich auf jedem Bild die individuellen Moleküle an einem anderen Ort befinden. Durch die individuelle Molekularbewegung verändert sich so der mikroskopische Zustand eines Gases auf höchst komplizierte Weise. Vom makroskopischen Standpunkt aus sind wir nicht im mindesten am Verhalten eines jeden einzelnen Moleküls interessiert, sondern wir wollen das Gas viel weniger detailliert beschreiben. Den *makroskopischen Zustand* oder *Makrozustand* eines Gases können wir daher zu jedem Zeitpunkt recht genau beschreiben, indem wir nur die *Anzahl* der Moleküle angeben, die sich zu diesem Zeitpunkt in einem Teil des Behälters befinden [1]). Aus der makroskopischen Sicht ist das isolierte, ungestörte Gas ein sehr einfacher Fall, da sich der makroskopische Zustand normalerweise nicht mit der Zeit ändert. Nehmen wir an, wir haben das Gas vom Zeitpunkt t_1 und ebenso vom Zeitpunkt t_2 an jeweils eine gewisse Zeitspanne Δt lang gefilmt. Aus makroskopischer Sicht sind diese beiden Filme normalerweise nicht unterscheidbar. In beiden Fällen wird die Anzahl N′ der Teilchen im linken Teil des Behälters um den gleichen Wert N/2 schwanken, und auch die Größenordnung dieser Schwankungen wird üblicherweise für beide Fälle gleich sein. Mit Ausnahme sehr seltener Vorgänge (die im nächsten Abschnitt behandelt werden) ist der Makrozustand eines Gases zeitlich konstant: Es ist gleichgültig, welche Zeitspanne wir für unsere Beobachtung des Gases herausgreifen. Besonders der Wert, um den N′ schwankt (genauer: sein *Mittelwert*) wird keine Änderung mit der Zeit aufweisen. Ändert sich der makroskopische Zustand eines aus vielen Teilchen bestehenden Systems (wie unser Gas) nicht mit der Zeit, dann sagen wir, dieses System befindet sich im *Gleichgewicht.*

Bemerkung:

Wir müssen den Begriff des Mittelwertes über Zeitabschnitte noch näher definieren. N′(t) ist die Anzahl der zur Zeit t in der linken Hälfte des Behälters befindlichen Moleküle. Der zeitliche Mittelwert von N′ für eine beliebige Zeit t (gemittelt über das Zeitintervall Δt) wird dann mit $[\bar{N}'(t)]_{\Delta t}$ bezeichnet und ist durch

$$[\bar{N}'(t)]_{\Delta t} \equiv \frac{1}{\Delta t} \int_t^{t+\Delta t} N'(t')\,dt' \tag{1.6}$$

gegeben. Das kann analog auf unseren Film angewendet werden. Das erste Bild des Films fällt mit der Anfangszeit t zusammen (der Film erstreckt sich über die Gesamtzeitspanne Δt und enthält $g = \Delta t/\Delta t_0$ Bilder), d.h., die aufeinanderfolgenden Bilder entsprechen den Zeiten $t_1 = t$, $t_2 = t + \Delta t_0$, $t_3 = t + 2\Delta t_0, \ldots$ $t_g = t + (g-1)\Delta t_0$, und die Definitionsgleichung (1.6) sieht dann folgendermaßen aus:

$$[\bar{N}'(t)]_{\Delta t} = \frac{1}{g} \cdot [N'(t_1) + N'(t_2) + \ldots + N'(t_g)].$$

Soll das Zeitintervall Δt nicht explizit einbezogen werden, dann bedeutet $\bar{N}'(t)$ das Mittel über ein entsprechend gewähltes Zeitintervall Δt, das relativ lang sein sollte. In unserem Beispiel ist $\bar{N}'$ im Gleichgewichtszustand des Gases praktisch konstant und ungefähr N/2.

1.2. Irreversibilität und Annäherung an das Gleichgewicht

Ein isoliertes Gasvolumen enthalte eine große Anzahl von Molekülen (N). Sind die im Gleichgewichtszustand auftretenden Verteilungsschwankungen dadurch charakterisiert, daß N′ nur wenig um seinen wahrscheinlichsten Wert N/2 schwankt, unter welchen Bedingungen ist dann eine Verteilung zu erwarten, bei der N′ sich erheblich von N/2 unterscheidet? Solche Verteilungen können auf zwei verschiedene Arten entstehen, die wir nun einzeln näher besprechen wollen.

[1]) Genauer gesagt, wir können uns den Behälter in viele gleichgroße Zellen unterteilt denken, deren jede groß genug ist, um im Normalfall viele Moleküle zu enthalten. Den makroskopischen Zustand eines Gases können wir dann beschreiben, indem wir die Anzahl der in einer solchen Zelle befindlichen Moleküle angeben.

1.2.1. Selten auftretende große Schwankungen

Obwohl N′ in einem im Gleichgewicht befindlichen Gas sich normalerweise nur sehr wenig von N/2 unterscheidet, können doch Werte von N′ auftreten, die erheblich von N/2 verschieden sind, was aber nur sehr selten geschieht. Beobachten wir ein Gas lange genug, so können wir vielleicht doch einmal zu einem bestimmten Zeitpunkt t eine sehr große Abweichung von N′ von seinem Mittelwert N/2 feststellen.

Nehmen wir an: Im Gleichgewicht ist tatsächlich eine solche große spontane Schwankung aufgetreten, d.h., N′ hat in einem bestimmten Zeitpunkt t_1 den Wert N'_1 angenommen, der sehr viel größer als N/2 ist. Was können wir dann über das wahrscheinliche Verhalten von N′ nach diesem Vorfall aussagen? Der betreffende Wert N'_1 entspricht einer Verteilung der Moleküle, die in dem Maße uneinheitlich ist, als die Differenz $|N'_1 - N/2|$ groß ist, und kommt im Gleichgewicht sehr selten vor. Es ist dann sehr wahrscheinlich, daß der Wert N'_1 als das Resultat einer Verteilungsschwankung aufgetreten ist, die im Diagramm durch eine Zacke (vgl. die Zacke X in Bild 1.8) dargestellt wird. Das Maximum dieser Zacke ist ungefähr gleich N'_1. Das ist folgendermaßen zu begründen: Ein Wert N'_1 *könnte* auch das Resultat einer Schwankung sein, deren Maximum größer als N'_1 ist (siehe Zacke Y in Bild 1.8). Das Auftreten einer so großen Schwankung ist aber noch viel unwahrscheinlicher als das dann ohnehin schon seltene Auftreten einer kleineren Schwankung wie X. Daraus können wir schließen, daß es tatsächlich am wahrscheinlichsten ist, daß das Maximum von N′ beim Zeitpunkt t_1 liegt, wo $N' = N'_1$ (vgl. das Maximum X). Das allgemeine Verhalten von N′ als Funktion der Zeit ist dann aus Bild 1.8 zu ersehen. Nach dem dem Maximum entsprechenden Zeitpunkt wird N′ wieder abnehmen, wobei dieser Abnahme kleine Schwankungen überlagert sind, bis wiederum der normale Gleichgewichtszustand hergestellt ist, wo N′ sich nicht mehr ändert, sondern nur mehr um den konstanten Mittelwert N/2 schwankt. Die ungefähre Zeitspanne, die vergeht, bis eine große Schwankung ($N' = N'_1$) wieder zum Gleichgewichtszustand ($N' \approx N/2$) abgeklungen ist, nennt man die *Relaxationszeit* für das Abklingen dieser Schwankung. Beachten Sie, daß unter vielen

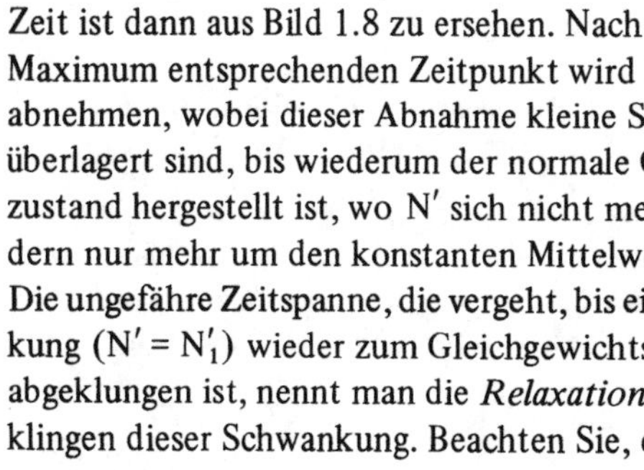

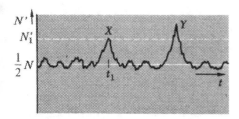

Bild 1.8. Schematische Darstellung seltener Fälle, in denen die Anzahl N′ der Moleküle in einer Hälfte eines Behälters große Schwankungen um ihren Gleichgewichtswert N/2 aufweist.

Filmstreifen, die jeweils einer Zeitspanne Δt entsprechen, ein solcher Filmstreifen, der das Gas in einem Zustand nahe dem Zeitpunkt t_1 (wo eine größere Schwankung auftritt) zeigt, nur sehr selten vorkommt. Ein solcher Filmstreifen kommt nun zwar sehr selten vor, aber er ist leicht von anderen zu unterscheiden, da er einen Zustand zeigt, der eine zeitliche Änderung aufweist [1]).

Unsere Aussagen können also folgendermaßen zusammengefaßt werden: Nimmt N′ einen Wert N'_1 an, der sich erheblich von seinem Mittelwert N/2 unterscheidet, dann ändert sich N′ danach beinahe [2]) immer so, daß es sich wieder dem Gleichgewichtswert N/2 nähert. Oder, etwas physikalischer ausgedrückt: Der Wert N'_1 entspricht einer so ungleichförmigen Verteilung der Moleküle, daß diese sich auf ganz spezielle Weise bewegen müßten, damit diese Verteilung erhalten bleibt. Die dauernde Bewegung der Moleküle bewirkt jedoch fast immer eine so gute Durchmischung der Moleküle, daß sie so gleichförmig (oder zufällig) wie möglich über den ganzen Behälter verteilt werden (siehe Bilder 1.15 bis 1.20).

Bemerkungen:

Beachten Sie, daß die Aussagen dieses Abschnittes gleichermaßen auf positive wie negative große Schwankungen ($N'_1 - N/2$) anwendbar sind. Ist die Abweichung positiv, dann entspricht der Wert N'_1 beinahe immer dem Maximum einer Schwankung von N′ (vgl. die Zacke X in Bild 1.8). Ist die Schwankung negativ, dann entspricht N'_1 fast immer dem Minimum einer Schwankung von N′. Die Beweisführung für die Aussagen dieses Abschnitts ist für beide Fälle nahezu gleich.

Beachten Sie ferner, daß die Aussagen dieses Abschnitts gleichermaßen für beide Richtungen der Zeitachse gelten, d.h., es ist irrelevant, ob der Film über die Bewegungen der Gasmoleküle vorwärts oder rückwärts abgespielt wird. Entspricht N'_1 einem Maximum wie bei der Zacke X zur Zeit t_1, dann nimmt N′ in beiden Fällen ($t > t_1$ und $t < t_1$) ab.

1.2.2. Eigens herbeigeführte Anfangszustände

Obwohl eine nichtzufällige Verteilung, bei der N′ sich erheblich von N/2 unterscheidet, als Resultat einer spontanen Schwankung des Gases auftreten kann, kommen so große Schwankungen doch so selten vor, daß sie in der Praxis kaum je festzustellen sind. (Denken Sie an die numerischen Überlegungen nach Gl. (1.2) oder Gl. (1.3)! Die meisten makroskopischen Systeme, mit denen wir zu tun haben, sind jedoch nicht sehr lange Zeit isoliert und ungestört gewesen und befinden sich daher nicht im

1) Das widerspricht nicht der Feststellung, daß das Gas sich auf längere Sicht im Gleichgewichtszustand befindet, d.h., wenn es über sehr lange Zeit beobachtet wird – auch wenn in dieser Zeit mehrere große Schwankungen N'_1 auftreten.

2) Wir verwenden die Einschränkung „beinahe", weil ja N'_1 nicht immer einem Maximum wie X entsprechen muß, sondern auch sehr selten am aufsteigenden Teil einer Zacke wie Y liegen kann. In diesem Fall wird N′ nach Erreichen des Wertes N'_1 zuerst weiter zunehmen, sich also vom Gleichgewichtswert N/2 entfernen.

Gleichgewichtszustand. Nichtzufällige Verteilungszustände kommen daher ziemlich oft vor, sind jedoch *nicht* das Resultat von spontanen Schwankungen eines im Gleichgewicht befindlichen Systems, sondern werden durch äußere Einwirkungen verursacht, die nicht allzu lange zurückliegen. Tatsächlich ist es gar nicht schwierig, ein System durch einen äußeren Eingriff in einen nichtzufälligen Zustand zu bringen.

Beispiele:

Ist eine Wand eines Behälters beweglich, dann bezeichnen wir sie als *Kolben*. Man kann mittels eines solchen Kolbens (Bild 1.9) alle Gasmoleküle in die linke Hälfte des Behälters drücken. Wird der Kolben plötzlich wieder in die Ausgangslage gebracht, dann befinden sich unmittelbar danach alle Moleküle noch im linken Teil des Behälters. Auf diese Art wurde eine extrem ungleichmäßige Verteilung der Moleküle erreicht.

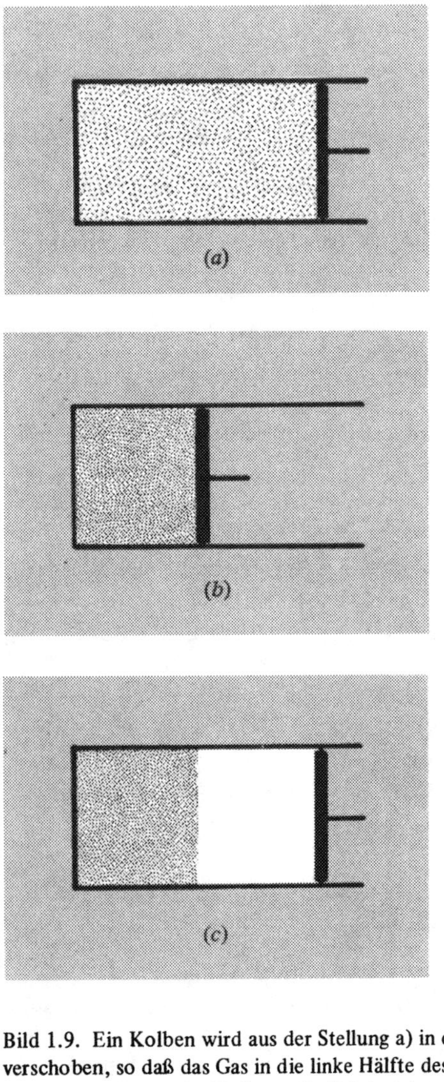

Bild 1.9. Ein Kolben wird aus der Stellung a) in die Stellung b) verschoben, so daß das Gas in die linke Hälfte des Behälters gedrückt wird. Kehrt der Kolben plötzlich in seine Ausgangslage c) zurück, dann befinden sich unmittelbar danach noch alle Moleküle in der linken Hälfte, während die rechte leer ist.

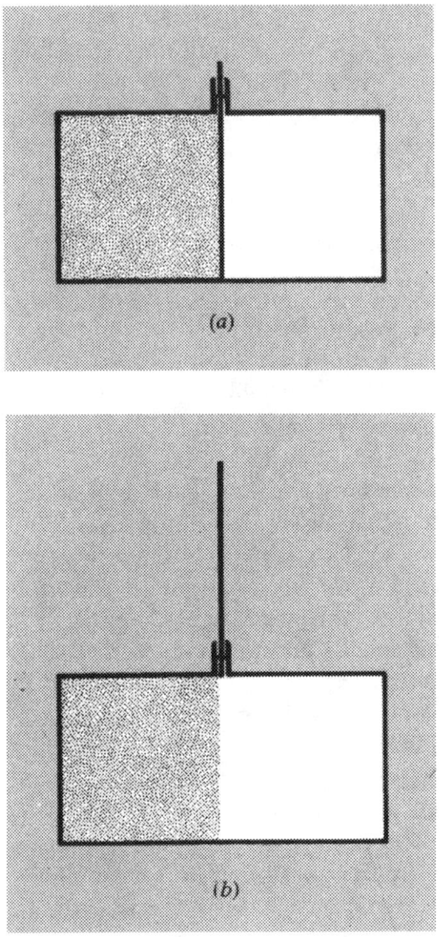

Bild 1.10. Wird die Trennwand a) plötzlich entfernt, dann befinden sich unmittelbar danach alle Moleküle in der linken Hälfte des Behälters b).

Ein analoges Beispiel: Ein Behälter ist durch eine bewegliche Trennwand in zwei gleiche Teile geteilt (Bild 1.10). Seine linke Hälfte ist mit N Gasmolekülen gefüllt, seine rechte Hälfte ist leer. Ist das Gas unter diesen Bedingungen im Gleichgewicht, dann ist seine Molekülverteilung im linken Teil des Behälters im wesentlichen gleichförmig. Die Trennwand wird nun plötzlich entfernt. Unmittelbar danach sind die Moleküle immer noch gleichmäßig über die linke Hälfte des Behälters verteilt. Nach den neuen Bedingungen, die eine freie Verteilung der Moleküle über den ganzen Behälter erlauben würden, ist diese Verteilung jedoch extrem ungleichförmig.

Nehmen wir an, ein isoliertes System befindet sich in einem extrem nichtzufälligen Zustand, d.h., die Moleküle des Gases befinden sich im wesentlichen im linken Teil des Behälters (N' unterscheidet sich also erheblich von $N/2$). Dann ist es eigentlich unwesentlich, ob das System durch eine sehr seltene spontane Schwankung oder durch eine vorangegangene äußere Einwirkung in diesen Zustand gebracht wurde. Das folgende Verhalten des Systems wird also dem gleichen, das wir bei der Untersuchung über das Abklingen großer Gleichgewichtsschwankungen bereits

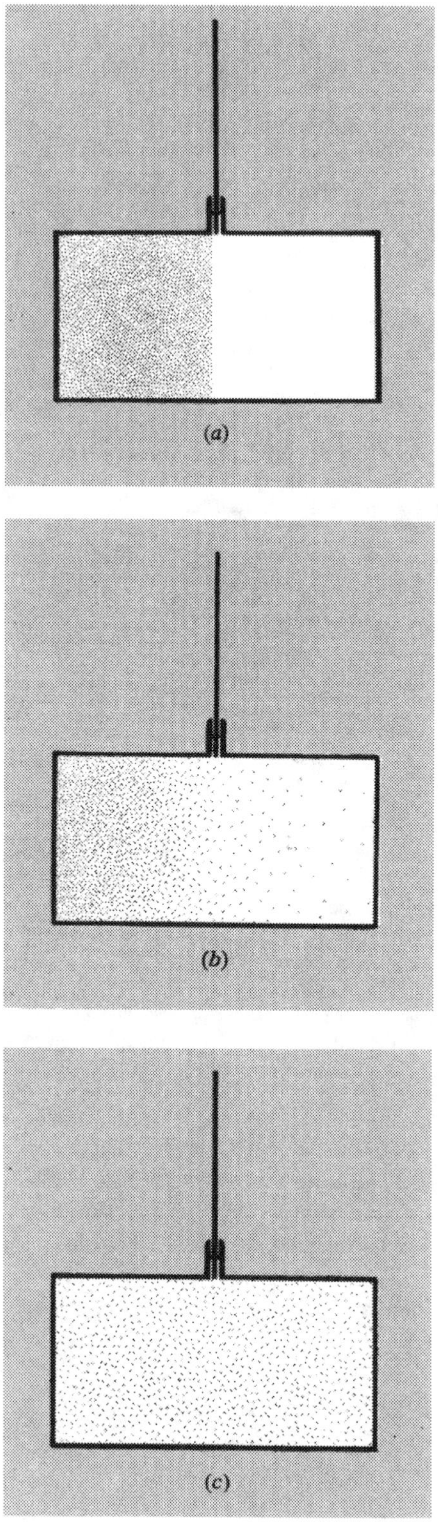

Bild 1.11. Der gleiche Behälter wie in Bild 1.10 ist hier in folgenden Zeitpunkten dargestellt:

a) unmittelbar nach Entfernung der Trennwand,
b) kurze Zeit danach,
c) lange Zeit danach.

Ein rückwärts abgespielter Film würde die Bilder in der umgekehrten Reihenfolge c), b), a) zeigen.

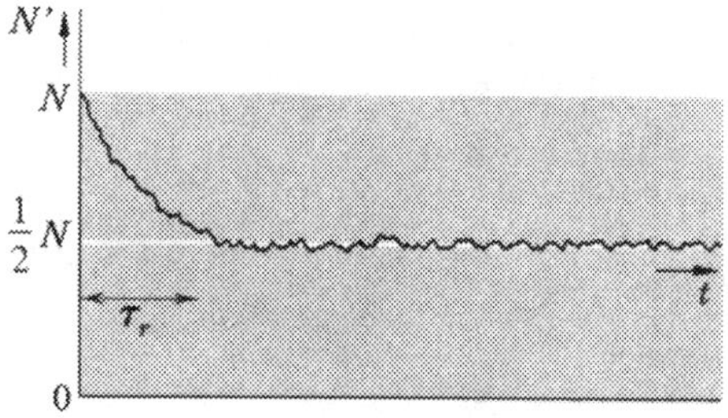

Bild 1.12. Schematische Darstellung der Variation von N' (Anzahl der Moleküle in der linken Hälfte des Behälters von Bild 1.11) mit der Zeit t, beginnend mit einem Zeitpunkt unmittelbar nach Entfernung der Trennwand. τ_r ist die Relaxationszeit.

besprachen – und seine Vorgeschichte hat auf dieses Verhalten keinerlei Einfluß. Kurzum, die zeitliche Zustandsänderung eines Systems zielt fast immer auf eine möglichst zufällige Verteilung, da fast alle Möglichkeiten, nach denen sich die Moleküle des Systems bewegen können, in einer in höherem Grade zufälligen Verteilung resultieren. Wurde die zufälligste Verteilung einmal erreicht, dann weist das System keine weiteren Änderungstendenzen mehr auf: Es hat den optimalen Gleichgewichtszustand erreicht. Bild 1.11 z.B. zeigt schematisch, was nach plötzlicher Entfernung der Trennwand (vgl. Bild 1.10) geschieht. Die Anzahl N' der in der linken Hälfte befindlichen Moleküle ändert sich (ihr Anfangswert ist N' = N, was einer äußerst ungleichförmigen Verteilung der Moleküle entspricht) solange, bis schließlich der Gleichgewichtszustand erreicht wird, in dem $N' \approx N/2$ ist (was einer im wesentlichen einheitlichen Molekülverteilung entspricht (Bilder 1.12 und 1.18).

Die wichtigste Feststellung, zu der wir im Laufe dieses Abschnitts gelangt sind, lautet also folgendermaßen:

> Besitzt ein isoliertes System eine im wesentlichen nichtzufällige Verteilung, dann ist seine zeitliche Zustandsänderung so gerichtet (mit Ausnahme überlagerter Schwankungen, die aber selten groß sind), daß endlich der in höchstem Grade zufällige Zustand erreicht wird, in dem sich das System in Gleichgewicht befindet. (1.7)

Diese Feststellung sagt aber *nichts* über die *Relaxationszeit* aus, über diejenige Zeitspanne also, die vergeht, bis das System annähernd den Endzustand oder Gleichgewichtszustand erreicht hat. Die tatsächliche Größe der Relaxationszeit hängt streng von den Details des betreffenden Systems ab; sie kann von der Größenordnung Mikrosekunden oder Jahrhunderte sein.

Beispiel:

Befassen wir uns wieder mit dem durch eine Trennwand in zwei gleiche Teile geteilten Behälter in Bild 1.10 und zwar mit der gleichen Ausgangssituation: Links befinden sich N Gasmole-

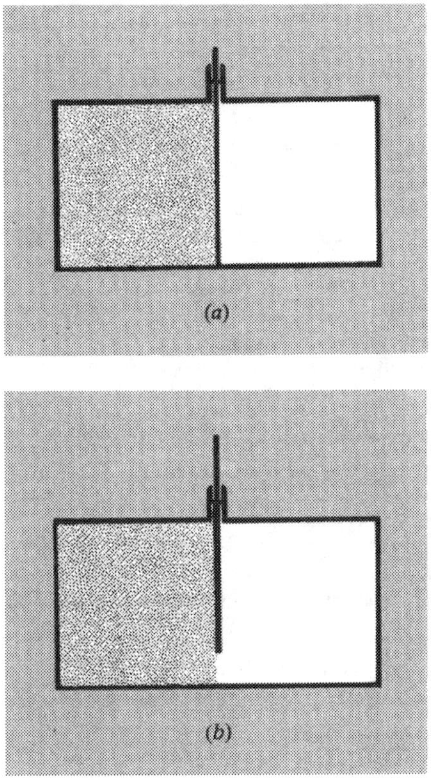

Bild 1.13. Die Trennwand in a) wird plötzlich nur teilweise, wie in b) gezeigt, entfernt.

küle, während die rechte Hälfte des Behälters leer ist. Die Trennwand wird nun wiederum plötzlich herausgezogen, doch nicht ganz so weit wie bei dem früheren Versuch in Bild 1.10, sondern nur ein Stück (Bild 1.13). Bei beiden Versuchen ändert sich die unmittelbar nach Herausziehen der Trennwand noch nichtzufällige ($N' = N$) Verteilung zeitlich so, daß die Moleküle schließlich im wesentlichen einheitlich ($N' \approx N/2$) über den gesamten Behälter verteilt sind. Bei dem Versuch in Bild 1.13 wird es jedoch länger dauern, bis der Gleichgewichtszustand wieder erreicht ist als bei dem Versuch in Bild 1.10.

1.2.3. Irreversibilität

Die Feststellung (1.7) besagt, daß ein isoliertes makroskopisches System, das sich zeitlich ändert, dies in einer ganz bestimmten Richtung tun wird: Es wird immer eine in höherem Grade zufällige Verteilung – verglichen mit der augenblicklichen – anstreben. Einen solchen Änderungsprozeß konnten wir beobachten, indem wir das System filmten. Lassen wir diesen Film in ungekehrter Richtung durch den Projektor laufen, dann können wir auf der Leinwand den Ablauf des Prozesses in *zeitlicher Umkehr* verfolgen. Das ist natürlich ein ganz außergewöhnlicher Anblick, denn wir würden ein System sehen, das, von einer zufälligen Verteilung ausgehend, eine viel weniger zufällige anstrebt, etwas, was wir in Wirklichkeit so gut wie nie beobachten könnten. Wir können also bloß aus dem, was wir auf der Leinwand sehen, schließen, daß der Film rückwärts läuft.

Beispiel:

Nehmen wir an, wir filmen den Prozeß, der nach der plötzlichen Entfernung der Trennwand in Bild 1.10 abläuft. Der vorwärts abgespielte Film zeigt eine Ausbreitung des Gases (wie Bild 1.11), bis es sich im wesentlichen gleichförmig über den ganzen Behälter verteilt hat. Das ist nichts Ungewöhnliches. Der rückwärts abgespielte Film hingegen zeigt, wie sich das anfänglich gleichmäßig verteilte Gas plötzlich in die linke Hälfte zurückzieht, bis schließlich der rechte Teil des Behälters leer ist. Ein derartiger Prozeß wird in Wirklichkeit tatsächlich nie beobachtet. Das bedeutet noch nicht, daß dieser Prozeß nicht möglich ist, er ist nur sehr unwahrscheinlich. Nur wenn sich alle Moleküle auf ganz bestimmte Weise bewegen, könnte das, was der verkehrt abgespielte Film zeigt, *tatsächlich* geschehen¹). Es ist jedoch *äußerst* unwahrscheinlich, daß sich jemals alle Moleküle auf diese besondere Weise bewegen; es ist das tatsächlich genau so unwahrscheinlich wie das Auftreten einer Schwankung $N' = N$ in einem in Gleichgewicht befindlichen System (wenn das Gas gleichförmig über den ganzen Behälter verteilt ist).

Ein Prozeß wird als *irreversibel* bezeichnet, wenn seine zeitliche Umkehr (d.h. der Prozeßablauf, der bei verkehrtem Abspielen eines Filmes zu sehen ist) tatsächlich fast nie vorkommt. Alle makroskopischen Systeme, die sich nicht im Gleichgewicht befinden, streben diesen jedoch an, also eine in höchstem Grade zufällige Verteilung. Alle diese Systeme verhalten sich also irreversibel. Da wir es im täglichen Leben dauernd mit Systemen zu tun haben, die sich nicht im Gleichgewicht befinden, verstehen wir nun, warum die Zeit eine eindeutige Richtung zu haben scheint – wodurch wir klar zwischen Vergangenheit und Zukunft unterscheiden können. Üblicherweise wird also ein Mensch geboren, wächst auf, stirbt schließlich. Niemals können wir die zeitliche Umkehr dieses Prozesses beobachten (sie ist zwar ganz phantastisch unwahrscheinlich, im Prinzip jedoch möglich): Jemand steht aus dem Grabe auf, wird immer jünger und verschwindet schließlich im Mutterleib.

Wir sollten beachten, daß die Bewegungsgesetze, denen die Teilchen eines Systems unterliegen, an sich nichts enthalten, das der Zeit eine bestimmte Richtung vorschreibt. Filmen wir nämlich das isolierte Gas im Gleichgewichtszustand (siehe Bild 1.4), dann können wir auf keine Weise feststellen, ob der Film vorwärts oder rückwärts abgespielt wird (*Prinzip der mikroskopischen Reversibilität*). Ebenso können wir in Bild 1.5, das die Zeitabhängigkeit von N', der Anzahl der Moleküle im linken Teil, darstellt, der Zeitachse keine bestimmte Richtung zuordnen. Eine bevorzugte Richtung der Zeit ergibt sich nur dann, wenn

¹) Sehen wir uns einmal die Situation zu einer Zeit t_1 an, nachdem die Moleküle sich bereits gleichförmig über den ganzen Behälter verteilt haben. Nehmen wir nun an, daß jedes Molekül zu irgend einem späteren Zeitpunkt t_2 wiederum genau die gleiche Lage und die gleiche, jedoch umgekehrt gerichtete Geschwindigkeit hat wie zum Zeitpunkt t_1: Jedes Molekül verfolgt dann mit fortschreitender Zeit seinen Weg zurück. Das Gas zieht sich dadurch wieder in die linke Hälfte des Behälters zurück.

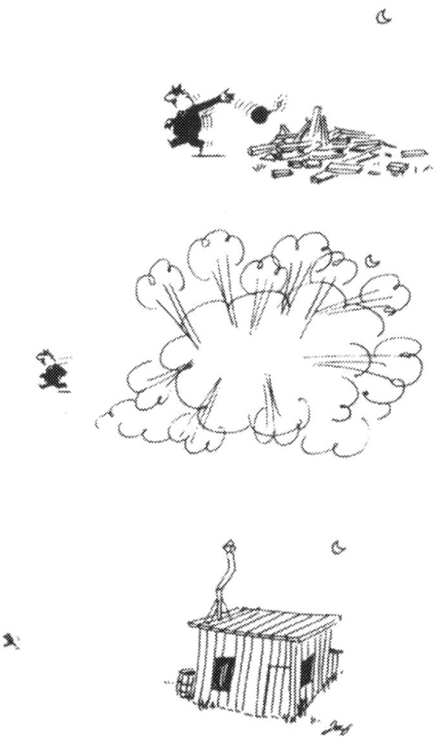

Bild 1.14. Diese Bildfolge wirkt nur deshalb so komisch, weil sie die Umkehr eines irreversiblen Prozesses darstellt. Diese Reihenfolge der Ereignisse *könnte* vorkommen – ist jedoch außerordentlich unwahrscheinlich. (***Wiedergegeben mit Sondergenehmigung der Saturday Evening Post und James Frankfort, © 1965 The Curtis Publishing Company.***)

wir es mit einem isolierten makroskopischen System zu tun haben, von dem wir *wissen*, daß es sich zu einem bestimmten Zeitpunkt t_1 in einem ganz besonderen, nichtzufälligen Zustand befindet. War das System lange Zeit ungestört, hat es also diesen Zustand durch eine sehr seltene spontane Schwankung erlangt, dann ist die Richtung der Zeitachse irrelevant. Wie wir bereits in Zusammenhang mit der Zacke X in Bild 1.8 zeigten, wird das System dann in jedem Fall – bei Fortschreiten oder Rücklauf der Zeit – den im höchsten Grade zufälligen Zustand anstreben. In diesem Fall ist also auch nicht zu erkennen, ob der Film vom Zeitpunkt t_1 an vorwärts oder rückwärts abgespielt wird. Die einzige andere mögliche Ursache für einen besonderen, nichtzufälligen Zustand des Systems zum Zeitpunkt t_1 ist eine vorangegangene Reaktion mit einem anderen System. In diesem Fall wird der Zeit eine bestimmte Richtung zugeordnet, denn wir wissen, daß das System, bevor es ungestört belassen wurde, zu einem Zeitpunkt *vor* t_1 mit einem anderen System in Wechselwirkung stand.

Zum Abschluß sollten wir darauf hinweisen, daß die Irreversibilität spontan auftretender Prozesse eine gewisse Abstufung besitzt. Je mehr Teilchen das System enthält, um so ausgeprägter wird die Irreversibilität, da dann ein geordneter Zustand gegenüber einem zufälligen immer unwahrscheinlicher wird.

Beispiel:

Untersuchen wir einmal das Verhalten eines einzigen Moleküls in einem Behälter. Das Molekül bewegt sich darin und kollidiert elastisch mit den Wänden des Behälters. Filmt man dieses System, dann kann beim Abspielen des Films aus dem Bild auf der Leinwand auf keine Weise festgestellt werden, ob der Film vorwärts oder rückwärts abläuft.

Betrachten wir nun einen Behälter, der N Moleküle eines idealen Gases enthält. Zeigt ein Film von diesem Gas einen Prozeß, bei dem die anfänglich über den ganzen Behälter gleichförmig verteilten Moleküle sich alle in die linke Hälfte zurückziehen, dann können wir daraus schließen: Ist $N = 4$, dann kann dieser Prozeß tatsächlich auch als Resultat einer spontanen Schwankung relativ oft auftreten. (Im Durchschnitt würde jeweils 1 von je 16 Bildern des Films alle Moleküle in der linken Hälfte des Behälters zeigen.) Wir können also nicht mit genügender Sicherheit feststellen, ob der Film vorwärts oder rückwärts abgespielt wird (Bild 1.15). Ist aber $N = 40$, dann würde dieser Prozeß tatsächlich sehr selten vorkommen, wenn er Resultat einer spontanen Schwankung sein soll. (Im Durchschnitt würde nur 1 von $2^N = 2^{40} \approx 10^{12}$ Bildern des Films alle Moleküle im linken Teil des Behälters zeigen.) Es ist viel wahrscheinlicher, daß der Film rückwärts abgespielt wird und das Resultat einer vorangegangenen äußeren Einwirkung darstellt, wie es zum Beispiel die Entfernung einer Trennwand ist, die vorher alle Moleküle im linken Teil des Behälters zurückgehalten hat (siehe Bild 1.17). Im Fall eines gewöhnlichen Gases, für das $N \approx 10^{20}$ ist, werden die auf der Leinwand dargestellten spontanen Schwankungen in Wirklichkeit so gut wie nie vorkommen. Wir können dann mit sehr großer Sicherheit behaupten, daß der Film rückwärts abgespielt wird.

1.3. Weitere Erläuterungen

Indem wir den einfachen Fall eines aus N Molekülen bestehenden idealen Gases eingehend untersuchten, haben wir uns mit allen wesentlichen Problemen auseinandergesetzt, die bei den aus sehr vielen Teilchen bestehenden Systemen auftreten. Tatsächlich ist der restliche Teil dieses Buches nur mehr einer systematischen Ausarbeitung und Verfeinerung der Vorstellungen gewidmet, die wir bereits diskutierten. Zuerst zeigen wir die universelle Gültigkeit der grundlegenden Feststellungen, die wir in den vorangegangenen Abschnitten eingeführt haben, indem wir uns kurz mit einigen weiteren Beispielen für makroskopische Systeme befassen.

1.3.1. Das ideale System mit N Spins

Betrachten wir ein System aus N Teilchen; jedes Teilchen hat einen „Spin $\frac{1}{2}$" und ein dementsprechendes magnetisches Moment μ_0. Die Teilchen können Elektronen sein, Atome mit einem ungepaarten Elektron oder Nukleonen, z.B. Protonen. Der Begriff *Spin* muß entsprechend der Terminologie der Quantenmechanik aufgefaßt werden. Die Aussage, daß ein Teilchen den Spin $\frac{1}{2}$ besitzt, bedeutet dann: Bei der Messung einer Komponente des Spin-Dreh-

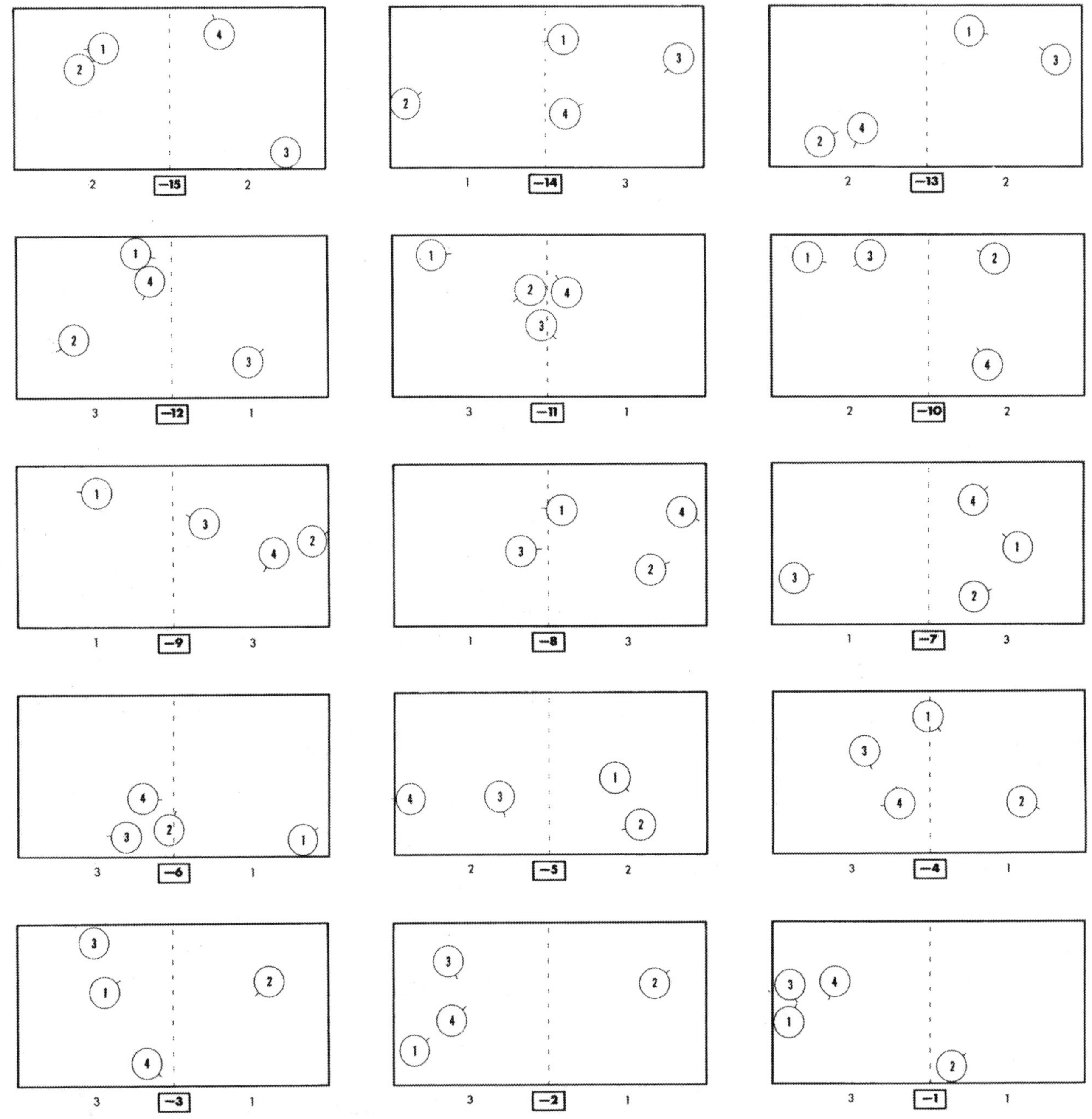

Bild 1.15. Rekonstruktion einer Reihe früherer möglicher Konfigurationen für Bild 1.16. Die Verteilungen in den obigen Bildern wurden berechnet, indem einfach die Richtungen der Teilchengeschwindigkeiten im ersten Bild auf der nebenstehenden Seite (j = 0) umgekehrt wurden. Die Ausgangslage ist durch eben dieses Bild j = 0 dargestellt. Die folgende Entwicklung des Systems mit der Zeit ist dann aus der Bildfolge j = 0, -1, -2, ... , -15 zu ersehen. Der kurze, radial aus jedem Teilchen herausragende Strich weist in die Richtung der Geschwindigkeit des Partikels.

Wird nun die Geschwindigkeit eines jeden Teilchens auf der linken Seite umgekehrt, dann wird die Reihenfolge j = -15, -14, ... , -1, 0, 1, ... , 14 der Bilder von beiden Seiten einen möglichen, zeitlichen Bewegungsablauf der Teilchen wiedergegeben. Dieser Bewegungsablauf geht durch seine Konstruktion von einer ganz besonderen Anfangssituation aus, nämlich von der in Bild j = -15 dargestellten, und führt in Bild j = 0 zu einer Schwankung, bei der sich alle Teilchen in der linken Hälft des Behälters befinden.

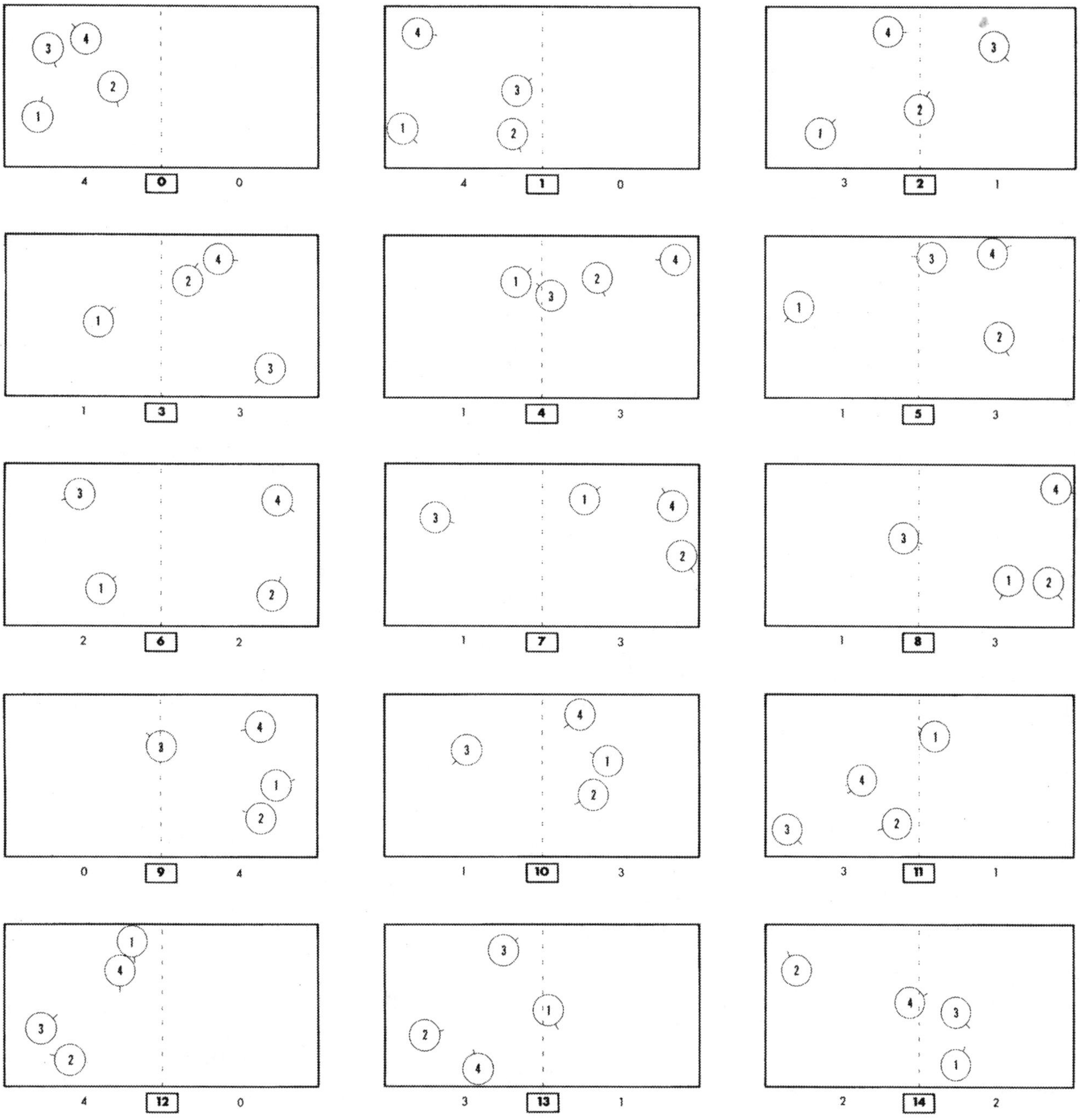

Bild 1.16. Computer-Bilder von 4 Teilchen in einem Behälter. Die Ausgangssituation für den hier dargestellten Bewegungsablauf ist der Sonderfall, bei dem alle Teilchen sich in der linken Hälfte des Behälters befinden, und zwar in den in Bild j = 0 wiedergegebenen Positionen. Für jedes Teilchen wurde eine beliebige Geschwindigkeit angenommen. Die sich daraus ergebende zeitliche Entwicklung des Systems ist durch die Bildfolge j = 0, 1, 2, ... , 14 dargestellt. Die Anzahl der Teilchen in einer Hälfte des Behälters ist unmittelbar unter diesen angegeben. Der kurze, radial aus jedem Teilchen herausragende Strich weist in die Richtung der Geschwindigkeit des Teilchens.

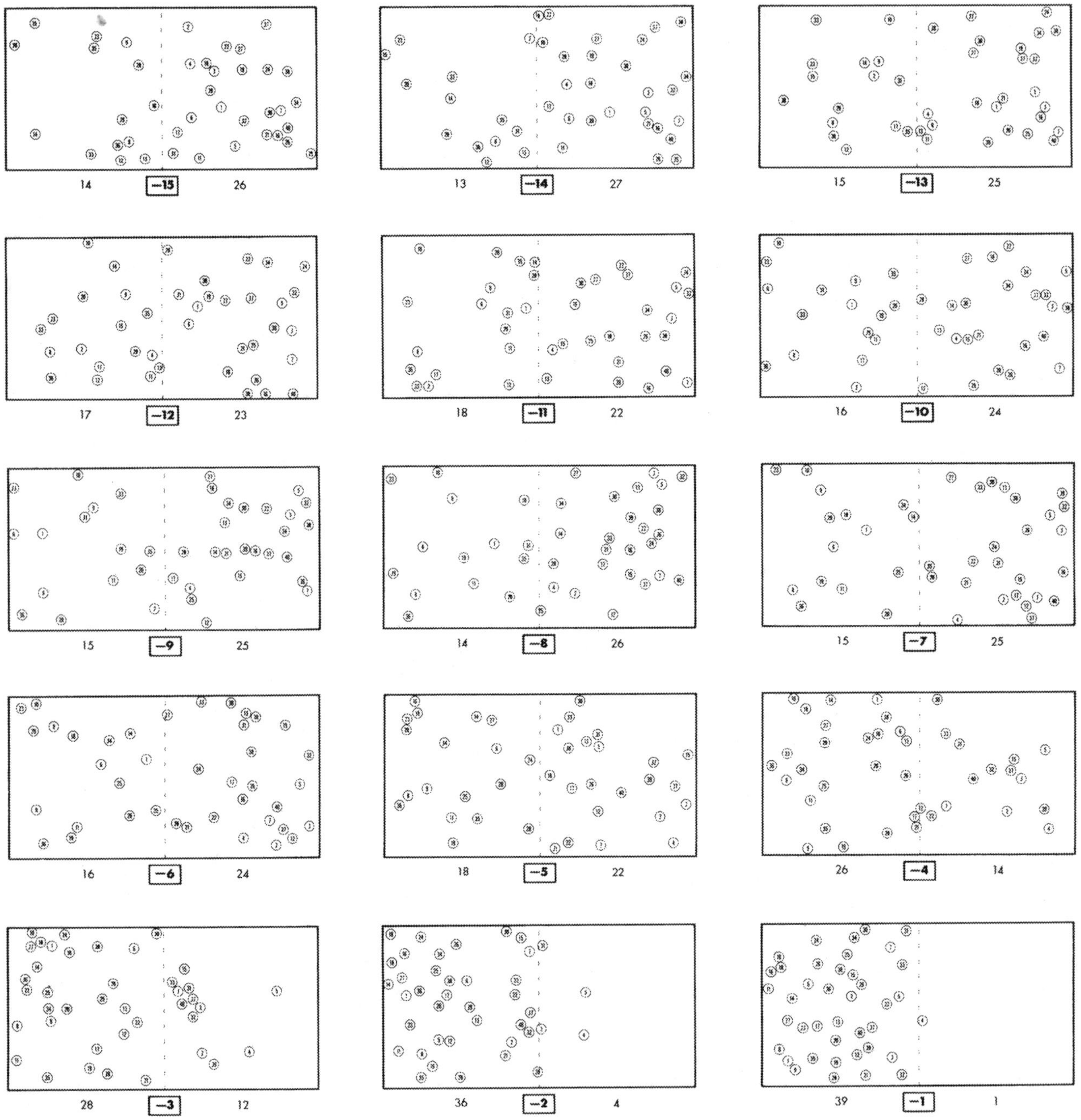

Bild 1.17. Rekonstruktion einer Reihe früherer möglicher Konfigurationen für Bild 1.18. Die Verteilungen in den obigen Bildern wurden berechnet, indem einfach die Richtungen aller angenommenen Teilchengeschwindigkeiten des Bildes j = 0 umgekehrt wurden. Die Ausgangssituation ist wieder die auf diesem Bild gezeigte Verteilung, bei der sich alle Teilchen in der linken Hälfte des Behälters befinden. Die folgende Entwicklung des Systems mit der Zeit ist dann aus der Bildfolge j = 0, −1, −2, ... , −15 zu ersehen. Die Teilchengeschwindigkeiten wurden nicht dargestellt.

Wird nun die Geschwindigkeit eines jeden Teilchens auf der nebenstehenden Seite in ihrer Richtung umgekehrt, dann wird die Reihenfolge j = −15, −14, ... , −1, 0, 1, ... , 14 der Bilder von beiden Seiten eine mögliche Variante des zeitlichen Bewegungsablaufs der Teilchen wiedergegeben. Dieser Bewegungsablauf geht durch seine Konstruktion von einer ganz besonderen Anfangssituation aus, nämlich von der in Bild j = −15 dargestellten, und führt in Bild j = 0 zu einer Schwankung, bei der sich alle Teilchen in der linken Hälfte des Behälters befinden.

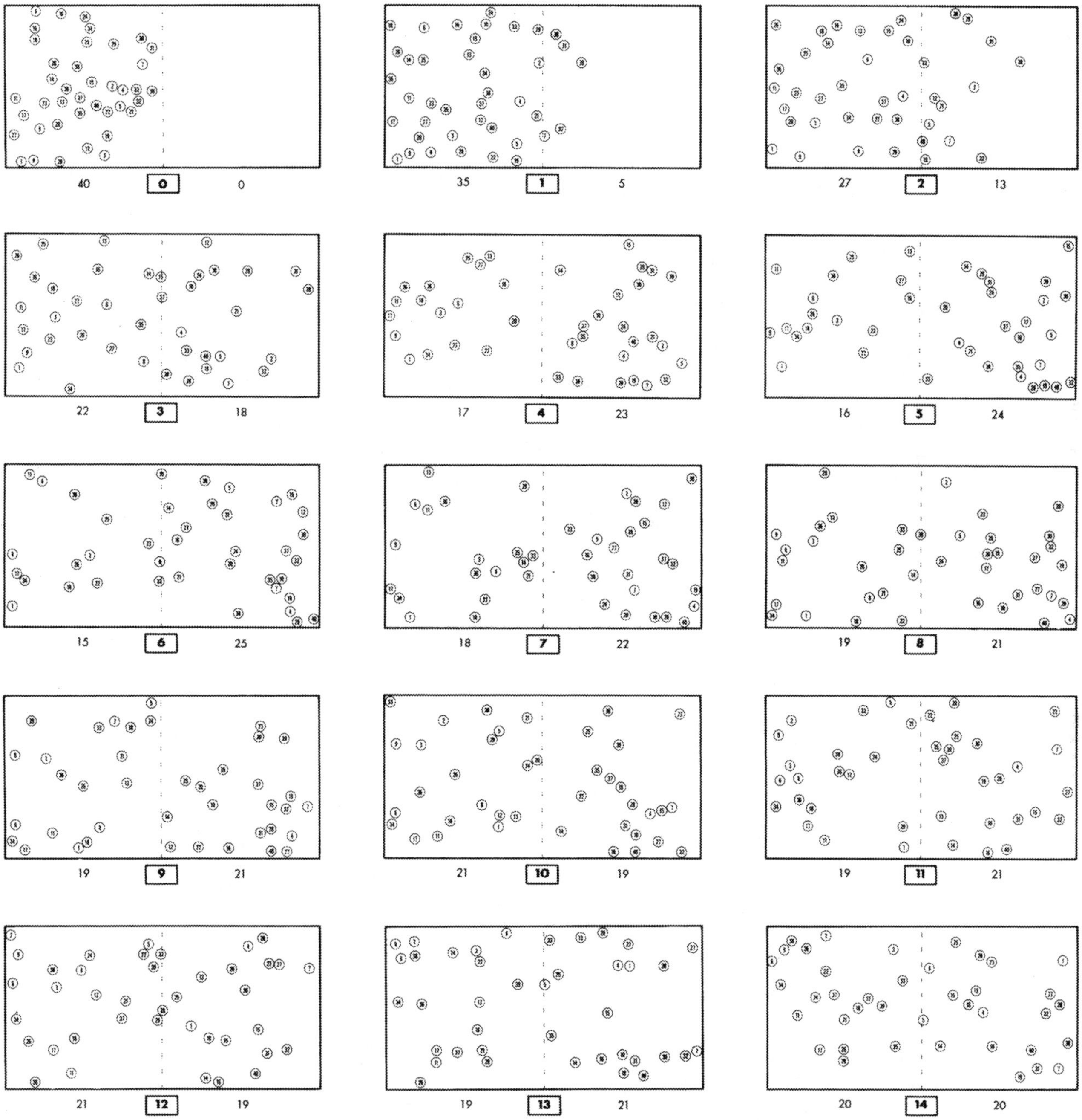

Bild 1.18. Computer-Bilder von 40 Teilchen in einem Behälter. Die Ausgangssituation für die hier dargestellte Bildfolge ist der Sonderfall, bei dem sich alle Teilchen in der linken Hälfte des Behälters befinden, und zwar in den in Bild j = 0 wiedergegebenen Positionen. Für jedes Teilchen wurde eine beliebige Geschwindigkeit angenommen. Die sich daraus ergebende zeitliche Entwicklung des Systems ist durch die Bildfolge j = 0, 1, 2, ... , 14 dargestellt. Die Anzahl der Teilchen in einer Hälfte des Behälters ist unmittelbar unter dieser angegeben. Die Teilchengeschwindigkeiten wurden nicht dargestellt.

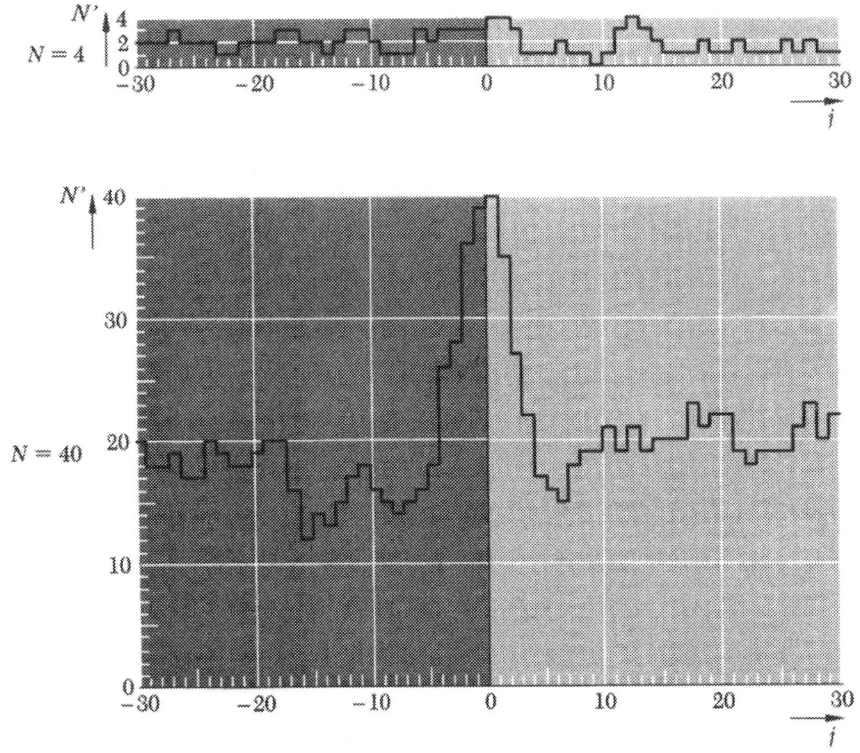

Bild 1.19

Anzahl N' der Teilchen in der linken Hälfte des Behälters als Funktion der Bildnummer j oder der Zeit $t = j\,\Delta t_0$. Die Anzahl N' im j-ten Bild ist durch eine horizontale Gerade von j bis j + 1 dargestellt. Die beiden Bilder sind graphische Darstellungen der Situation in den Bildern 1.15 und 1.16 für N = 4 Teilchen, und in den Bildern 1.17 und 1.18 für N = 40 Teilchen, sie enthalten jedoch Informationsmaterial, das aus einer größeren als der gezeigten Anzahl von Einzelbildern gewonnen wurde. Der rechte Teil beider graphischer Darstellungen zeigt die Annäherung des Systems an den Gleichgewichtszustand. Im ganzen gesehen zeigt jede der beiden Darstellungen eine der seltenen Schwankungen, die im Gleichgewichtszustand auftreten können.

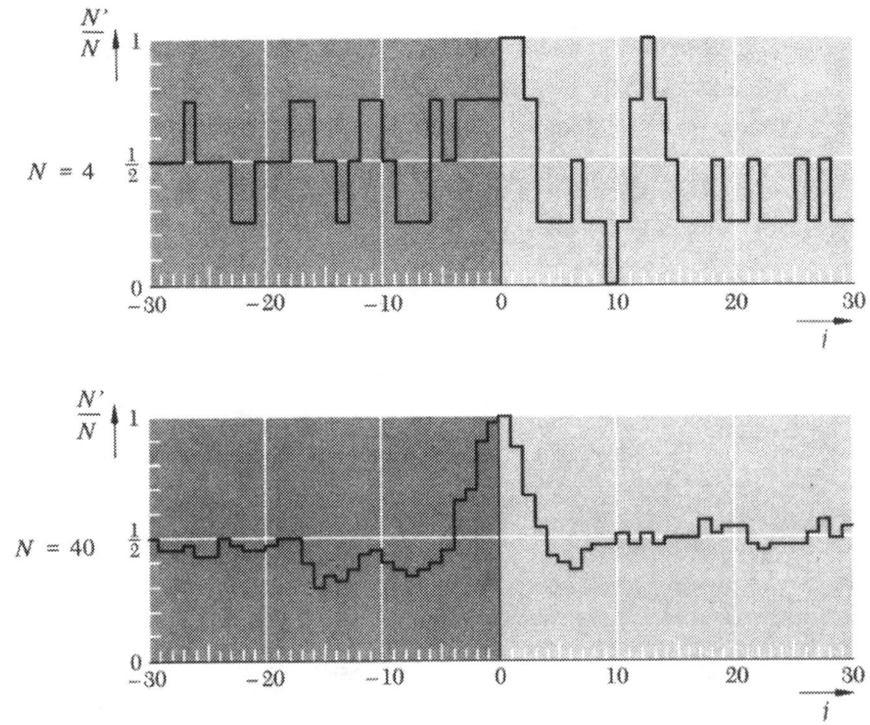

Bild 1.20

Die *relative* Anzahl von Teilchen in der linken Hälfte des Behälters, N'/N, als Funktion der Bildnummer j oder der Zeit $t = j\,\Delta t_0$. Im übrigen ist Darstellung und Aussage die gleiche wie in Bild 1.19.

momentes des Teilchens (entlang einer bestimmten Richtung) sind nur zwei diskrete Ergebnisse möglich. Die gemessene Komponente hat entweder den Wert $+\frac{1}{2}\,\hbar$ oder den Wert $-\frac{1}{2}\,\hbar$ ($\hbar$ ist das Plancksche Wirkungsquantum h dividiert durch 2π), d.h., der Vektor des Spins verläuft entweder parallel oder antiparallel zur bestimmten Richtung. Die entsprechende Komponente des magnetischen Moments des Teilchens in dieser speziellen Richtung kann dann entweder $+\mu_0$ oder $-\mu_0$ sein, das magnetische Moment kann also ebenfalls entweder parallel oder antiparallel zu der bestimmten Richtung liegen. Der Einfachheit halber wollen wir diese beiden Möglichkeiten der

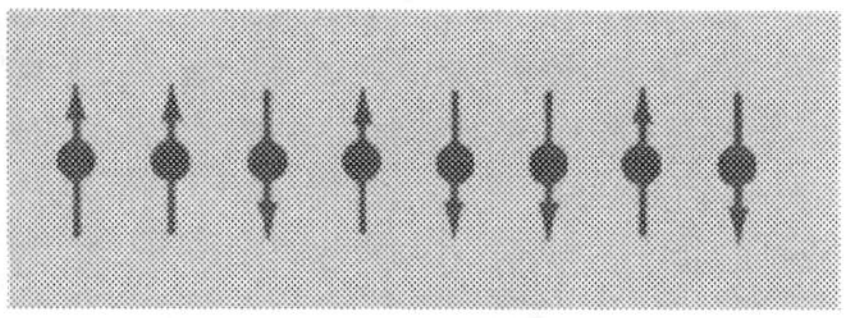

Bild 1.21. Einfaches System, das sich aus Teilchen zusammensetzt, die alle einen Spin $\frac{1}{2}$ besitzen. Jeder Spinvektor kann entweder hinauf oder hinunter zeigen.

Orientierung mit „hinauf" bzw. „hinunter" bezeichnen (Bild 1.21)[1]).

Das System aus N Teilchen mit dem Spin $\frac{1}{2}$ ist also sehr gut mit einer Gruppe von N Stabmagneten vergleichbar, deren magnetische Momente μ_0 hinauf oder hinunter gerichtet sein können. Zur Vereinfachung des Beispiels nehmen wir an, daß die Teilchen ihre Lage im wesentlichen nicht ändern, so als ob sie Atome wären, die in den Raumgitterpunkten eines festen Körpers liegen[2]). Wir bezeichnen das Spin-System als *ideal,* wenn die Wechselwirkung zwischen den einzelnen Spins praktisch null ist. (Das ist dann der Fall, wenn der mittlere Abstand der Teilchen mit Spin so groß ist, daß das von einem Moment erzeugte Magnetfeld am Ort eines anderen Moments praktisch vernachlässigbar schwach ist.)

Das ideale System von N Spins wurde vollständig mit Hilfe der Terminologie der Quantenmechanik beschrieben, in jeder anderen Hinsicht ist es jedoch analog zum idealen Gas mit N Molekülen. Beim Gas fliegt jedes Molekül umher und stößt mitunter mit anderen Molekülen zusammen – weshalb es sich einmal in der rechten, einmal in der linken Hälfte des Behälters befinden kann. Beim Spin-System reagiert jedes magnetische Moment ein wenig mit den anderen magnetischen Momenten, was zur Folge hat, daß sich seine Orientierung mitunter ändert. Jedes magnetische Moment kann also einmal nach oben, einmal nach unten ausgerichtet sein. Im Fall des isolierten idealen Gases im Gleichgewicht ist jedes Molekül mit der gleichen Wahrscheinlichkeit in der linken oder rechten Hälfte anzutreffen. Analog gilt für das isolierte Spin-System im Gleichgewicht (kein äußeres Magnetfeld ist wirksam), daß jedes magnetische Moment mit gleich hoher Wahrscheinlichkeit nach oben oder nach unten orientiert ist. Bezeichnen wir die Anzahl der Spins, die nach oben gerichtet sind, mit N′, und die der Spins, die nach unten orientiert sind, mit N″. Im Gleichgewicht wird der zufälligste Zustand ($N' \approx N'' \approx N/2$) also am häufigsten sein, während Schwankungen, während denen sich N′ erheblich von N/2 unterscheidet, nur sehr selten vorkommen. Tatsächlich werden nichtzufällige Verteilungen, bei denen N′ sich erheblich von N/2 unterscheidet, fast immer – wenn N groß ist – das Resultat vorangegangener Wechselwirkung zwischen dem isolierten Spin-System und einem anderen System sein.

[1]) Das magnetische Moment eines Teilchens kann antiparallel zum Drehimpuls seines Spins orientiert sein. (Das ist normalerweise der Fall, wenn das Teilchen negativ geladen ist.) Das heißt also, daß der Vektor des magnetischen Moments nach unten gerichtet ist, während der Spin nach oben gerichtet ist, und umgekehrt.

[2]) Sind die Teilchen im Raum frei beweglich, dann kann ihre Translationsbewegung getrennt von der Orientierung ihres Spins behandelt werden.

1.3.2. Energieverteilung in idealen Gasen

Betrachten wir wiederum das isolierte ideale Gas von N Molekülen. Wir haben für diesen Fall allgemein festgestellt, daß der zeitunabhängige Gleichgewichtszustand, den das System nach einer genügend langen Zeitspanne erreicht, der zufälligsten Verteilung der Moleküle entspricht. In den früheren Stadien unserer Untersuchung widmeten wir hauptsächlich der Lage der Moleküle die meiste Aufmerksamkeit. Wir haben aus diesen Untersuchungen geschlossen, daß der Gleichgewichtszustand eines Gases dann erreicht ist, wenn seine Moleküle in höchstem Grade zufällig im Raum, d.h. im wesentlichen gleichförmig über das gesamte Volumen des betreffenden Behälters verteilt sind. Was können wir jedoch über die Geschwindigkeiten der Moleküle aussagen? Hier ist es vorteilhaft, sich an jenes Grundgesetz der Mechanik zu erinnern, nach dem die Gesamtenergie W des Gases konstant sein muß, da das Gas ein isoliertes System darstellt. Diese Gesamtenergie W ist gleich der Summe der Energien der einzelnen Gasmoleküle, da die potentielle Energie intermolekularer Wechselwirkung vernachlässigbar klein ist. Der springende Punkt ist nun: Wie ist diese konstante Gesamtenergie des Gases auf die einzelnen Moleküle aufgeteilt? (Besteht ein Molekül nur aus einem Atom, dann ist seine Energie W_M allein durch seine kinetische Energie $W_M = mv^2/2$ dargestellt, wobei m seine Masse, **v** seine Geschwindigkeit ist.) Es ist natürlich möglich, daß eine Gruppe von Molekülen sehr hohe Einzelenergien besitzt, während die Energien der Moleküle einer anderen Gruppe sehr niedrig sind. Eine solche Energieverteilung ist jedoch ein Sonderfall und kann auch nicht lange bestehen, da die Moleküle ja andauernd miteinander kollidieren und so Energie austauschen. Der schließlich erreichte zeitunabhängige Gleichgewichtszustand entspricht also wiederum der zufälligsten Verteilung der Gesamtenergie des Gases auf alle Moleküle. Jedes Molekül hat dann im Mittel die gleiche Energie und demzufolge auch die gleiche Geschwindigkeit[1]). Außerdem wird, da es keine bevorzugte Raum-

[1]) Das bedeutet natürlich *nicht,* daß zu einem bestimmten Zeitpunkt alle Moleküle die gleiche Geschwindigkeit besitzen. Die Energie eines jeden Moleküls schwankt mit der Zeit ganz erheblich auf Grund seiner Zusammenstöße mit anderen Molekülen. Wird aber ein bestimmtes Molekül über ein genügend langes Zeitintervall Δt beobachtet, dann ist seine über dieses Zeitintervall gemittelte Energie ebensogroß wie die eines jeden anderen Moleküls.

richtung gibt, die zufälligste Energieverteilung dann gegeben sein, wenn die Wahrscheinlichkeit für alle Richtungen des Geschwindigkeitsvektors eines jeden Moleküls gleich groß ist.

1.3.3. Ein Pendel schwingt in einem Gas

Ein Pendel wird in einem Behälter, der mit einem idealen Gas gefüllt ist, in Schwingung versetzt (Bild 1.22). Ohne die Gasfüllung schwingt das Pendel ewig und ohne Amplitudenverminderung weiter. (Reibungseffekte, die sich an der Aufhängung des Pendels ergeben können, wollen wir hier außer acht lassen.) Ist jedoch ein Gas vorhanden, dann sieht die Sache ganz anders aus. Die Moleküle des Gases stoßen dauernd mit der Pendelkugel zusammen. Bei jedem Zusammenstoß wird Energie vom Pendel auf ein Molekül oder umgekehrt übertragen. Was bewirken nun schließlich diese Zusammenstöße? Diese Frage läßt sich durch eine allgemeine Überlegung lösen, ohne daß wir auf die Zusammenstöße im einzelnen eingehen[1]. Die Energie W_b (Summe der kinetischen und der potentiellen Energie) des Pendelkörpers plus Gesamtenergie W_g aller Gasmoleküle muß konstant sein, da das ganze System als isoliert anzusehen ist (wenn man die Erde einbezieht, die die Schwerkraft liefert). Wird die Energie des Pendelkörpers auf die Gasmoleküle übertragen, dann könnte sie, statt auf das Pendel allein konzentriert zu bleiben, auf verschiedenste Weise auf die vielen Moleküle verteilt werden. Daraus ergibt sich eine in höherem Maße zufällige Energieverteilung. Da ein isoliertes System immer die zufälligste Verteilung anstrebt, überträgt das Pendel allmählich fast seine gesamte Energie auf die Gasmoleküle, seine Amplitude vermindert sich stetig. Das ist nun wieder ein typischer irreversibler Prozeß. Nach Erreichen des Endzustands, der Gleichgewichtsverteilung, hängt das Pendel vertikal herab und führt nur noch sehr kleine Schwingungen um diese Lage aus.

Ein weiterer interessanter Aspekt sollte noch erwähnt werden. Im Anfangszustand (nichtzufällige Energieverteilung), in dem das Pendel noch viel Energie besitzt, kann diese Energie makroskopisch zur Verrichtung von Arbeit ausgenützt werden. Wir können den Pendelkörper z.B. auf einen Nagel aufschlagen lassen, so daß es diesen ein bestimmtes Stück weit in einen Holzblock einschlägt (Bild 1.23). Ist aber einmal das Gleichgewicht erreicht, so ist zwar die Energie des Pendels nicht verlorengegangen (sie wurde nur auf die vielen Gasmoleküle aufgeteilt), es

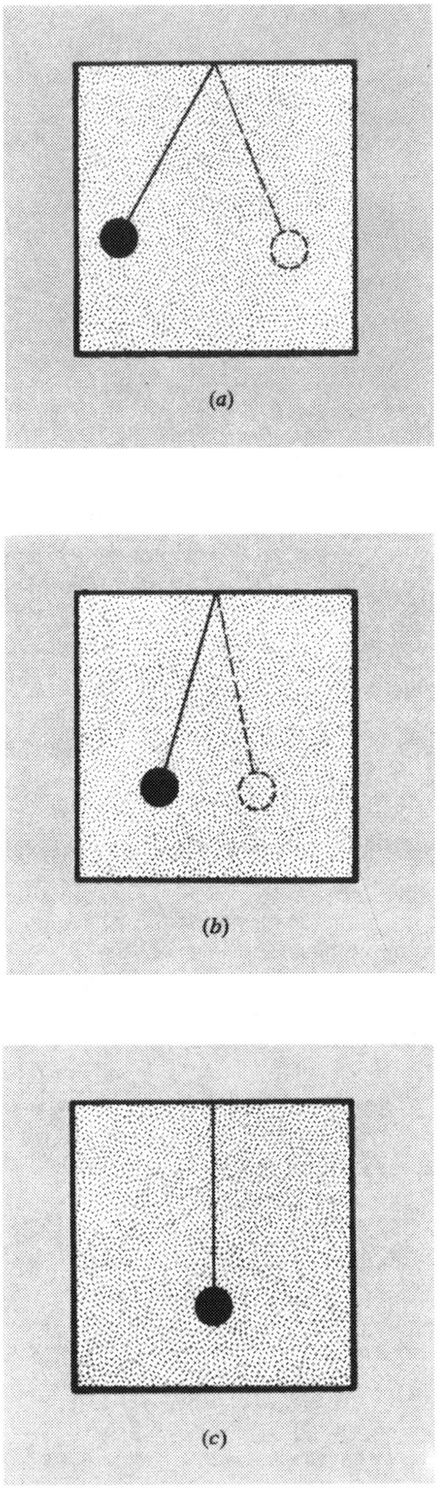

Bild 1.22. Schwingen eines Pendels in einem Gas. Die Bilder zeigen der Reihe nach das Pendel

a) kurz nach dem Zeitpunkt, in dem es in Schwingung versetzt wurde,
b) einige Zeit danach und
c) nach sehr langer Zeit.

Ein rückwärts abgespielter Film würde die Bilder in der umgekehrten Reihenfolge c), b), a) zeigen.

[1] Bei einer eingehenderen Analyse müssen wir berücksichtigen, daß der Pendelkörper pro Zeiteinheit öfter mit Molekülen zusammenstößt, die in seiner Bewegungsrichtung liegen, als mit Molekülen auf der entgegengesetzten Seite: Zusammenstöße, durch die das Pendel Energie an ein Molekül verliert, sind also häufiger, als solche, durch die es von einem Molekül Energie gewinnt.

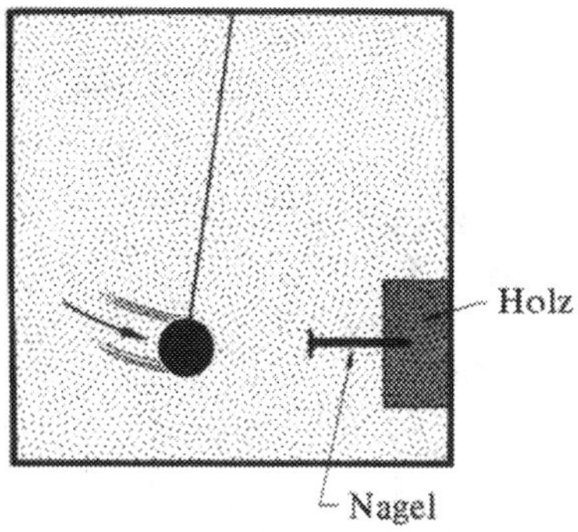

Bild 1.23. Versuchsanordnung, bei der ein Pendelkörper Arbeit verrichtet, indem er auf einen Nagel schlägt.

existiert jedoch keine einfache Möglichkeit mehr, diese Energie zur Arbeit (wie zum Einschlagen eines Nagels) heranzuziehen. Das bedeutet, wir brauchen eine Methode, mit der wir die Einzelenergien der sich in verschiedene Richtung bewegenden Moleküle wieder so zusammenfassen, daß sie über einen bestimmten Weg in *eine* bestimmte Richtung eine Kraft ausüben können.

1.4. Eigenschaften des Gleichgewichts

1.4.1. Der Gleichgewichtszustand als der einfachste Zustand

Wie die Überlegungen der bisherigen Abschnitte zeigen, ist der Gleichgewichtszustand eines makroskopischen Systems ein besonders einfacher Fall. Die Gründe hierfür sind folgende:

1. Der Makrozustand eines in Gleichgewicht befindlichen Systems ist zeitunabhängig, wenn wir von stets vorhandenen kleinen Schwankungen absehen. Ganz allgemein kann der Makrozustand eines Systems durch bestimmte *makroskopische Parameter* beschrieben werden, also durch Parameter, die die Eigenschaften des Systems im Großen charakterisieren. (Die Zahl N′ der in der linken Hälfte befindlichen Moleküle ist zum Beispiel ein solcher makroskopischer Parameter.) Befindet sich das System im Gleichgewicht, dann bleiben die Mittelwerte aller seiner makroskopischen Parameter zeitlich konstant, obwohl die Parameter selbst Schwankungen um ihren Mittelwert aufweisen können, die jedoch im allgemeinen sehr gering sind. Der Gleichgewichtszustand eines Systems wird daher einfacher zu behandeln sein als der allgemeinere Fall in dem sich ein System nicht im Gleichgewicht befindet, seine makroskopischen Parameter sich also mit der Zeit ändern.
2. Der Makrozustand eines Systems im Gleichgewicht ist, von Schwankungen abgesehen, unter den betreffenden Bedingungen der in höchstmöglichem Maße zufällige Makrozustand des Systems. Das in Gleichgewicht befindliche System ist somit eindeutig charakterisiert. Im besonderen hat das folgende Konsequenzen:

a) Der Gleichgewichts-Makrozustand eines Systems ist von dessen Vergangenheit nicht beeinflußt. Betrachten wir zum Beispiel das isolierte System von N Gasmolekülen in einem Behälter. Diese Moleküle können ursprünglich durch eine Trennwand in einer Hälfte oder in einem Viertel des Behältervolumens zusammengedrängt gewesen sein (in beiden Fällen muß jedoch die Gesamtenergie der Moleküle gleich groß sein). Ist nun nach Entfernen der Trennwand wieder der Gleichgewichtszustand erreicht, dann ist der Makrozustand des Gases für beide Fälle der gleiche, er entspricht einfach der gleichförmigen Verteilung der Moleküle über den gesamten Behälter.

b) Der Gleichgewichts-Makrozustand eines Systems kann vollkommen durch einige wenige makroskopische Parameter definiert werden. Nehmen wir zum Beispiel wieder N identische Gasmoleküle in einem Behälter als isoliertes System an. Das Volumen des Behälters ist V und die konstante Gesamtenergie aller Moleküle W. Ist das Gas im Gleichgewicht, befindet es sich also im zufälligsten Zustand, dann müssen seine Moleküle über das ganze Volumen V gleichförmig verteilt sein und müssen auch im Durchschnitt den gleichen Anteil an der Gesamtenergie W haben. Daher genügt es, die makroskopischen Parameter W und V zu kennen, um aussagen zu können, daß im Mittel die Anzahl $\overline{N}_s$ der Moleküle in einem Teil V_s des Behälters durch $\overline{N}_s = N(V_s/V)$ gegeben sein muß, und die auf ein Molekül im Durchschnitt entfallende Energie $\overline{W}_M = W/N$ ist. Die Situation ist natürlich sehr viel komplizierter, wenn sich das Gas nicht im Gleichgewicht befindet. Die Moleküle sind dann im allgemeinen sehr ungleichförmig verteilt, und es genügt nicht mehr, die Gesamtzahl N der Moleküle im Behälter zu kennen, um die durchschnittliche Anzahl $\overline{N}_s$ der Moleküle in einem bestimmten Teil V_s des Gesamtvolumens zu bestimmen.

1.4.2. Beobachtbarkeit von Schwankungen

Betrachten wir nun einen makroskopischen Parameter, der ein aus vielen Teilchen bestehendes System beschreibt. Ist die Anzahl der Teilchen des Systems sehr groß, dann sind die relativen Schwankungen des Parameters im allgemeinen sehr klein. Tatsächlich sind solche Schwankungen oft gegenüber dem Mittelwert des Parameters durchaus vernachlässigbar. Aus diesem Grunde wird uns die Existenz solcher Schwankungen im Falle großer makroskopischer Systeme im allgemeinen gar nicht bewußt. Ist jedoch das betrachtete makroskopische System relativ klein oder sind unsere Beobachtungsmethoden sehr empfindlich, dann können diese immer vorhandenen Schwankungen sehr gut festgestellt werden, ja sie können sich sogar als von großer praktischer Bedeutung erweisen. Einige Beispiele mögen diese Behauptungen erläutern.

1.4.3. Dichteschwankungen in einem Gas

Ein ideales Gas befindet sich im Gleichgewichtszustand. Eine große Zahl, N, seiner Moleküle sei in einem Behälter des Volumens V enthalten. Wir interessieren uns hier speziell für die Zahl N_S, die die Anzahl der in einem bestimmten Teilvolumen V_S des Behälters enthaltenen Moleküle. Diese Zahl N_S schwankt zeitlich um den Mittelwert

$$\overline{N}_S = \frac{V_S}{V} N,$$

wobei die Amplitude der Schwankung zu einem bestimmten Zeitpunkt durch

$$\Delta N_S = N_S - \overline{N}_S$$

gegeben ist. Betrachten wir die linke Hälfte des Behälters als das Teilvolumen V_S, dann ist $V_S = V/2$ und $\overline{N}_S = N/2$. Ist nun V_S groß, so ist auch die mittlere Zahl der Moleküle, $\overline{N}_S$, groß. Nach unseren Feststellungen in Abschnitt 1.1 werden dann die einzigen einigermaßen häufig auftretenden Schwankungen die sein, die so klein sind, daß $|\Delta N_S| \ll \overline{N}_S$.

Wir müssen jedoch ganz andere Aspekte berücksichtigen, wenn wir zum Beispiel die Streuung von Licht an einer bestimmten Substanz untersuchen. In diesem Fall interessieren wir uns dafür, was in einem Volumenelement V_S vor sich geht, dessen lineare Dimension von der Größenordnung der betreffenden Wellenlänge ist. (Da die Wellenlänge des sichtbaren Lichts – um $5 \cdot 10^{-5}$ cm – gegenüber atomaren Dimensionen immer noch sehr groß ist, sehen wir ein solches kleines Volumenelement als makroskopisch an.) Ist die Anzahl der Moleküle in jedem solchen Volumenelement gleich groß (das ist bei einem Stoff wie Glas etwa ziemlich genau der Fall), dann ist die betrachtete Substanz räumlich gleichförmig und wird einen Lichtstrahl nur brechen, nicht aber streuen. Im Falle des idealen Gases ist jedoch die mittlere Anzahl $\overline{N}_S$ der Moleküle, die sich in einem so kleinen Volumen wie V_S befinden, ziemlich klein, und Schwankungen ΔN_S der Zahl N_S der Moleküle in V_S können gegenüber $\overline{N}_S$ nicht mehr vernachlässigt werden. Das Gas wird daher Licht in beträchtlichem Maße streuen. Der Himmel ist nur deshalb nicht schwarz, weil das Sonnenlicht durch die Moleküle der Atmosphäre gestreut wird. Die blaue Farbe des Himmels ist also ein sichtbarer Beweis für die Bedeutung solcher Dichteschwankungen.

1.4.4. Schwingungen eines Torsionspendels

Ein dünner Faden mit einem Spiegel in der Mitte ist zwischen zwei festen Punkten ausgespannt (oder auch unter Einfluß der Schwerkraft an einem Punkt aufgehängt) (Bild 1.24). Wird nun der Spiegel um einen kleinen Winkel gedreht, dann entsteht aus der Torsion des Fadens ein Richtmoment, das die Ruhelage wieder herzustellen sucht. Läßt man den Spiegel wieder los, so führt er kleine Drehschwingungen aus und stellt somit ein sogenanntes *Torsionspendel* dar. Da die Richtkraft eines dünnen Fadens sehr klein gehalten werden kann und da ein vom Spiegel reflektierter Lichtstrahl zur Feststellung kleiner Drehungen des Spiegels sehr geeignet ist, wird ein Torsionsfaden allgemein zur genauen Messung geringer Drehmomente verwendet. Denken wir zum Beispiel

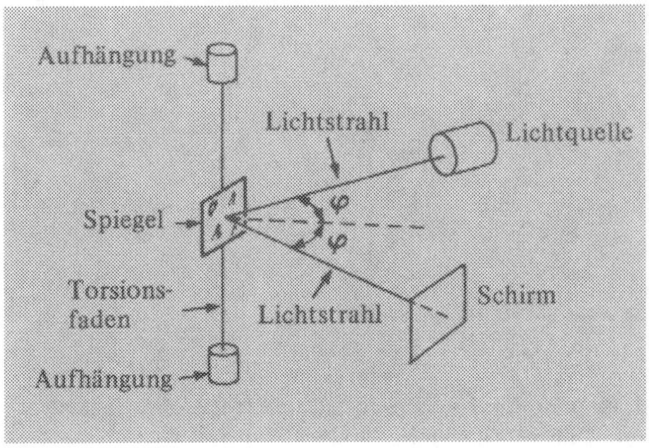

Bild 1.24. Torsionspendel, bestehend aus einem an einem dünnen Faden aufgehängten Spiegel. Mittels eines vom Spiegel reflektierten Lichtstrahls kann der Winkel φ festgestellt werden, um den sich der Spiegel gedreht hat.

daran, daß *Cavendish* ein Torsionspendel zur Bestimmung der universellen Gravitationskonstante verwendete, und *Coulomb* ein Torsionspendel zur Messung der elektrostatischen Kräfte zwischen geladenen Körpern benutzte.

Befindet sich ein empfindliches Torsionspendel im Gleichgewicht, also in der Ruhelage, dann steht der Spiegel jedoch nicht vollständig still, sondern er führt willkürliche Drehschwingungen um seine mittlere Gleichgewichtslage aus. (Das entspricht ganz analog dem Fall des gewöhnlichen Pendels, siehe Abschnitt 1.3, das im Gleichgewicht kleine Schwankungen um seine Vertikallage ausführt.) Diese Schwingungen werden im allgemeinen durch zufällige Stöße der umgebenden Luftmoleküle gegen den Spiegel verursacht.

(Die Schwingungen des Spiegels ändern sich, verschwinden aber auch dann nicht, wenn alle Moleküle des umgebenden Gases verschwunden sind. Dann besteht die Gesamtenergie des Torsionspendels immer noch aus zwei Komponenten: aus der Energie W_ω, die der Winkelgeschwindigkeit des als Ganzes gedrehten Spiegels entspricht, und der Energie W_i, die sich aus der Eigenbewegung der Atome des Spiegels und des Fadens ergibt. Die Atome der Stoffe, aus denen Spiegel und Torsionsfaden bestehen, können frei um ihre Position schwingen. Obwohl die Gesamtenergie $W_\omega + W_i$ des Torsionspendels konstant sein muß, können Schwankungen in der Verteilung der Gesamtenergie auf W_ω und W_i auftreten. Jede Schwankung, durch die W_ω auf Kosten der Eigenbewegung der Atome zunimmt, bewirkt also eine Zunahme der Winkelgeschwindigkeit des Spiegels und umgekehrt.)

1.4.5. Brownsche Bewegung eines Teilchens

Wir beobachten unter dem Mikroskop in einem Flüssigkeitstropfen kleine feste Partikel von etwa 10^{-4} cm Durchmesser. Dabei stellen wir fest, daß diese Teilchen nicht in Ruhe sind, sondern sich auf ganz willkürliche Weise umherbewegen (Bild 1.25). Dieses Phänomen wird *Brownsche Bewegung* genannt, da es im vorigen Jahrhundert erstmals von dem englischen Botaniker *Brown* beobachtet wurde. Er erkannte nicht die Ursache dieser Bewegung. Erst *Einstein* konnte 1905 die richtige Erklärung liefern: Dieses Phänomen resultiert aus zufallsbedingten Schwankungen um den Gleichgewichtszustand. Jedes feste Teilchen unterliegt einer ständig schwankenden Kraft, die die Resultierende aus vielen zufälligen Zusammenstößen der Flüssigkeitsmoleküle ist. Da das Teilchen

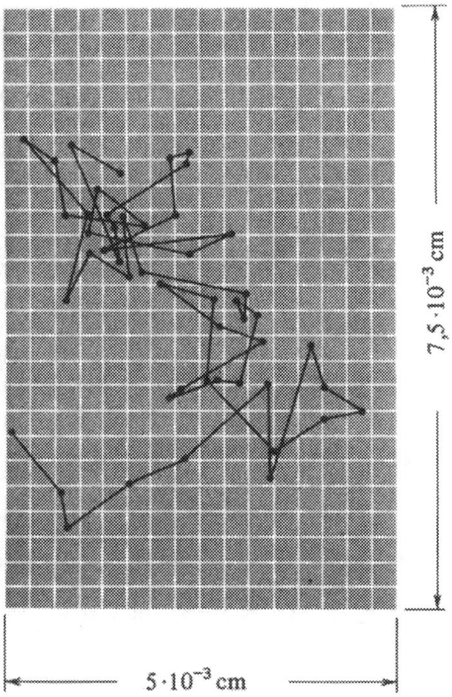

Bild 1.25. Brownsche Bewegung eines festen Teilchens (Durchmesser 10^{-4} cm) das in Wasser suspendiert ist. Seine Bewegung kann unter dem Mikroskop beobachtet werden. Die in die horizontale Bildebene des Mikroskops projizierte dreidimensionale Bewegung eines solchen Teilchens ist in diesem Diagramm dargestellt. Die geraden Linien verbinden die aufeinanderfolgenden Positionen des betreffenden Teilchens, die jeweils nach einem Zeitintervall von 30 s festgestellt wurden. [Die Angaben stammen von *J. Perrin, Atoms* (Atome), p. 115 (D. Van Nostrand Company, Inc., Princeton, N. J., 1916).]

klein ist, ist auch die Anzahl der Moleküle, mit denen es pro Zeiteinheit zusammenstößt, gering und schwankt daher auch stark. Außerdem ist die Masse des Teilchens so gering, daß jeder Stoß es merklich beeinflußt. Die daraus resultierende willkürliche Bewegung des Teilchens erreicht daher durchaus beobachtbare Größen.

1.4.6. Spannungsschwankungen entlang eines Widerstands

Wird ein elektrischer Widerstand R zwischen die Eingangskontakte eines empfindlichen elektronischen Verstärkers geschaltet (Bild 1.26), dann können wir bei der Ausgangsspannung des Verstärkers willkürliche Schwankungen feststellen. Die Hauptursache hierfür (sehen wir von dem im Verstärker selbst entstehenden

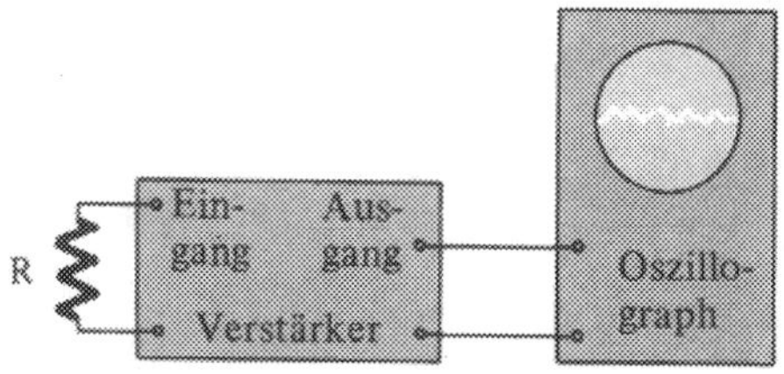

Bild 1.26. Ein Widerstand R ist zwischen die Eingangskontakte eines empfindlichen Verstärkers geschaltet, dessen Ausgangssignale durch einen Oszillographen bildlich dargestellt werden.

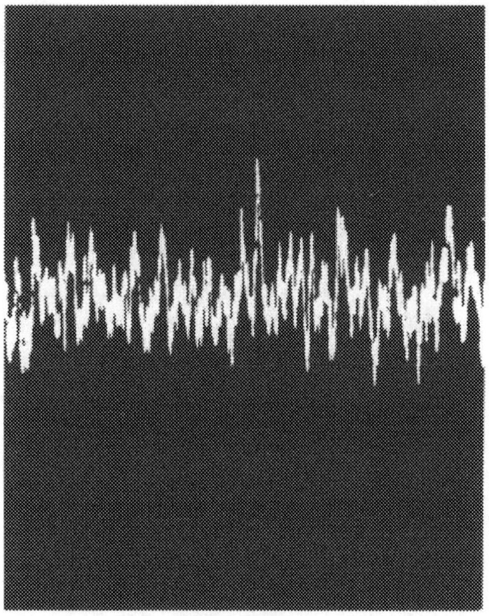

Bild 1.27. Photographie der dem Rauschen entsprechenden Ausgangsspannung nach dem Bild, das der Oszillograph in der Versuchsanordnung von Bild 1.26 liefert. (*Wiedergabe des Bildes mit freundlicher Genehmigung von Dr. F. W. Wright junior, University of California, Berkeley.*)

Rauschen ab) ist die willkürliche Brownsche Bewegung der Elektronen im Widerstand. Diese Bewegung ist zum Beispiel so gerichtet, daß die Anzahl der Elektronen in der einen Hälfte des Widerstands größer wird als in der anderen. Dann baut die entstehende Ladungsdifferenz ein elektrisches Feld und damit eine Potentialdifferenz zwischen den beiden Enden des Widerstands auf. Schwankungen dieser Potentialdifferenz verursachen dann die Spannungsschwankungen, die das elektronische Instrument verstärkt (Bild 1.27).

Die Existenz von Schwankungen kann von großer praktischer Bedeutung sein. Das trifft besonders dann zu, wenn wir kleine Effekte oder Signale messen wollen, da diese durch die immer vorhandenen inneren Schwankungen im Meßgerät verdeckt werden können. (Diese Schwankungen bezeichnet man als *Rauschen* – ihr Vorhandensein kann Messungen sehr erschweren.) Zum Beispiel treten Schwierigkeiten auf, wenn wir mit einem Torsionsfaden ein Drehmoment messen wollen, das so klein ist, daß der ihm entsprechende Drehwinkel des Spiegels geringer als die Eigendrehschwingungen des Spiegels ist. Ganz analog ist es nur schwer möglich, bei dem mit dem Verstärker verbundenen Widerstand die an seinen Enden angelegte Spannung zu messen, wenn sie kleiner als die Spannungsschwankungen ist, die immer im Widerstand vorhanden sind[1]).

[1]) Genauer gesagt kann eine Spannungsmessung etwa ab 1 μV und weniger schwierig werden. Indem wir aber die Meßergebnisse über eine genügend lange Zeit mitteln, ist es möglich, die angelegte Spannung, die nicht zeitlich schwankt, von den zufälligen Spannungsschwankungen zu unterscheiden.

1.5. Wärme und Temperatur

Nichtisolierte makroskopische Systeme können miteinander in Wechselwirkung stehen und Energie austauschen, wenn beispielsweise ein System an einem anderen makroskopisch erkennbare Arbeit verrichtet. In Bild 1.28 übt zum Beispiel die zusammengedrückte Feder A′ eine Kraft auf den Kolben aus, der dann das Gas A zusammendrückt. Analog wird in Bild 1.29 durch das komprimierte Gas A′ eine Kraft auf den Kolben und damit auf das Gas A ausgeübt. Gibt der Kolben der einwirkenden Kraft nach und verschiebt sich um eine makroskopisch feststellbare Strecke, dann hat die von A′ ausgeübte Kraft Arbeit[1] an dem System A verrichtet.

Andererseits ist es jedoch sehr gut möglich, daß zwei makroskopische Systeme in Wechselwirkung stehen, die Bedingungen aber derart sind, daß keine makroskopische Arbeit verrichtet werden kann. Diese Art der Wechselwirkung, die wir *thermische Wechselwirkung* nennen wollen, besteht darin, daß Energie von dem einen auf das andere System nur im atomaren Bereich übertragen wird. Die solcherart übertragene Energie wird als *Wärme* bezeichnet. Wird zum Beispiel bei der Versuchsanordnung in Bild 1.29 der Kolben fixiert, so daß er einer Kraft nicht mehr durch Zurückweichen nachgeben kann, dann kann das eine System keine makroskopische Arbeit mehr an dem anderen verrichten, obwohl auf den Kolben eine Kraft einwirkt. Andererseits stehen aber die Atome des Systems A dauernd in Wechselwirkung miteinander, bzw. stoßen zusammen, tauschen also untereinander Energie aus[2]. Das gleiche gilt für die Atome des Systems A′. An der Kolbenfläche, der Grenze zwischen den beiden Gasen A und A′, stehen die A-Atome in Wechselwirkung

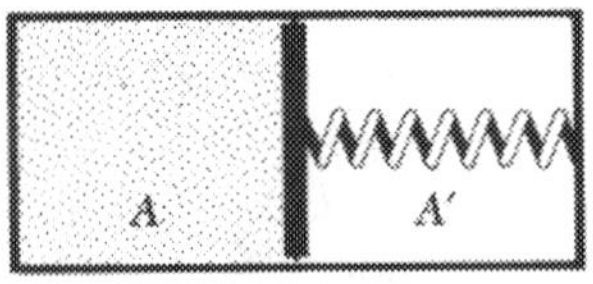

Bild 1.28. Die zusammengedrückte Feder A′ verrichtet am Gas A Arbeit, wenn sich der Kolben um eine bestimmte makroskopische Strecke verschiebt.

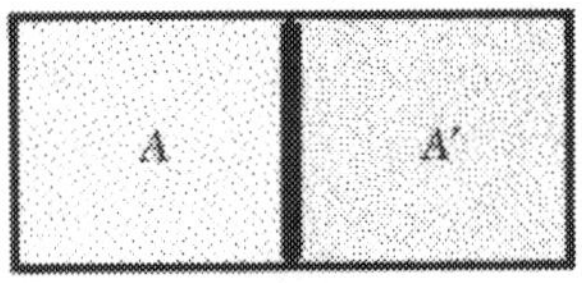

Bild 1.29. Das komprimierte Gas A′ verrichtet an dem Gas A Arbeit, wenn sich der Kolben um eine bestimmte makroskopische Strecke verschiebt.

1) Das Wort *Arbeit* wird hier im üblichen mechanischen Sinne gebraucht, ist also als das Produkt aus Kraft und Weg, über den die Kraft wirkt, definiert.

2) Bestehen die Gasmoleküle aus mehr als einem Atom, dann ist erstens ein Energieaustausch durch Zusammenstoß zwischen den verschiedenen Molekülen möglich, und zweitens kann die Energie eines einzelnen Moleküls durch Wechselwirkung seiner Atome zwischen diesen ausgetauscht werden.

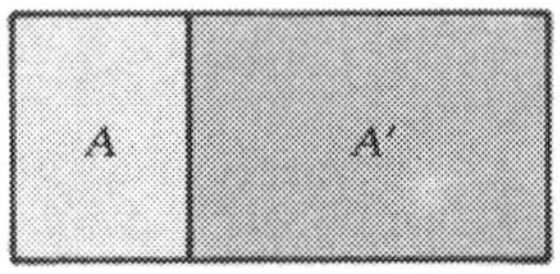

Bild 1.30
Schematische Darstellung zweier beliebiger Systeme A und A′, die in thermischem Kontakt miteinander sind.

mit den Atomen des Kolbens, diese wiederum sind untereinander und mit den Atomen von A′ in Wechselwirkung begriffen. Also kann Energie von A auf A′ (oder von A′ auf A) durch sukzessive Wechselwirkung der entsprechenden Atome der Systeme übertragen werden.

Betrachten wir nun zwei beliebige Systeme A und A′, die miteinander in thermischer Wechselwirkung stehen (Bild 1.30). Diese zwei Systeme können durch die erwähnten Gase A und A′ dargestellt sein, A könnte aber auch ein Kupferwürfel sein, der in einen mit Wasser gefüllten Behälter – System A′ – eingetaucht ist. Wir bezeichnen nun im folgenden die Energie des Systems A (d.h. die Gesamtenergie, also kinetische plus potentielle Energie aller Atome in A) mit W, und mit W′ die Energie des Systems A′. Da das aus A und A′ zusammengesetzte System $A^* = A + A'$ isoliert sein soll, muß für die Gesamtenergie

$$W + W' = \text{const.}^{1)} \tag{1.8}$$

gelten. Wie ist aber diese Gesamtenergie auf die Systeme A und A′ verteilt? Nehmen wir an, die Systeme A und A′ sind miteinander im Gleichgewicht bzw. das aus ihnen zusammengesetzte System A* befindet sich im Gleichgewicht. Abgesehen von kleinen Schwankungen muß dann dieser Gleichgewichtszustand von A* der zufälligsten Energieverteilung in diesem System entsprechen.

Besprechen wir zuerst einen einfachen Fall: A und A′ sind zwei aus den gleichen Molekülen eines idealen Gases bestehende Systeme (A und A′ können zum Beispiel beide aus Stickstoffmolekülen, N_2, bestehen). In diesem Fall ist natürlich der zufälligste Zustand des zusammengesetzten Systems A* dann gegeben, wenn seine Gesamtenergie W + W′ gleichförmig auf alle identischen Moleküle von A* aufgeteilt ist. Jedes Molekül von A und von A′ sollte dann im Mittel die gleiche Energie besitzen. Genauer gesagt, die mittlere Energie $\overline{W}_M$ eines A-Moleküls sollte ebenso groß wie die mittlere Energie $\overline{W}'_M$ eines Moleküls des Gases A′ sein; für den Gleichgewichtszustand gilt also

$$\overline{W}_M = \overline{W}'_M. \tag{1.9}$$

1) Bei der Versuchsanordnung in Bild 1.29 nehmen wir zur Vereinfachung an, daß die zum System gehörenden Behälterwände und der Kolben so dünn sind, daß die Energien ihrer Moleküle verglichen mit den Energien der beiden Gase vernachlässigbar klein sind.

Sind vom Gas A jedoch N_A Moleküle, von A′ dagegen $N_{A'}$ Moleküle vorhanden, dann gilt selbstverständlich

$$\overline{W}_M = \frac{W}{N_A} \quad \text{und} \quad \overline{W}'_M = \frac{W'}{N_{A'}} \qquad (1.10)$$

Daher kann Bedingung (1.9) auch in der folgenden Form geschrieben werden:

$$\frac{W}{N_A} = \frac{W'}{N_{A'}}$$

Angenommen, die Gase A und A′ sind anfangs getrennt voneinander im Gleichgewicht (Bild 1.31). In diesem Fall bezeichnen wir ihre Energien mit W_i und W'_i. Die beiden separaten Systeme A und A′ sollen nun miteinander in Kontakt gebracht werden, so daß sie durch thermische Wechselwirkung Energie austauschen können. Es gibt zwei Möglichkeiten:

1. Die Anfangsenergien W_i und W'_i besitzen üblicherweise Werte, die ausschließen, daß die anfängliche mittlere Energie $\overline{W}_{Mi} = W_i/N_A$ eines Moleküls von A gleich der anfänglichen mittleren Energie $\overline{W}'_{Mi} = W'_i/N_{A'}$ eines Moleküls von A′ ist. Für den Normalfall gilt also

$$\overline{W}_{Mi} \neq \overline{W}'_{Mi}. \qquad (1.11)$$

In diesem Fall ist die Energieverteilung im zusammengesetzten System A* anfangs in hohem Maße nichtzufällig und wird mit der Zeit nicht konstant sein. Die

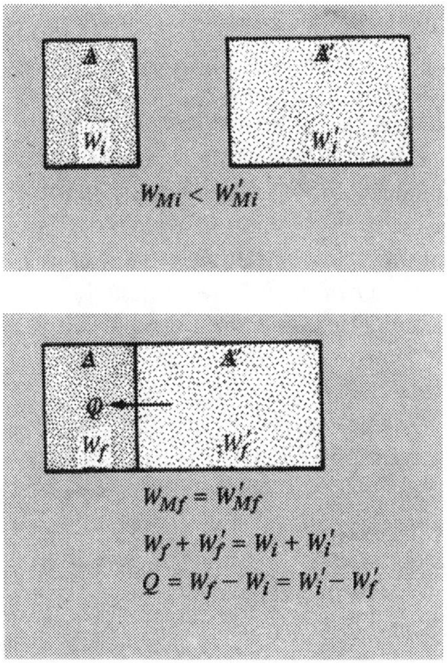

Bild 1.31. Die aus gleichartigen Molekülen zusammengesetzten zwei Gasmengen A und A′ sind anfangs voneinander getrennt a). Sie werden dann b) in thermischen Kontakt gebracht, sie tauschen also Wärme aus, bis sie miteinander in Gleichgewicht sind. Die Energie eines Gases ist mit W, die mittlere Energie eines Moleküls mit $\overline{W}_M$ bezeichnet.

Systeme A und A′ tauschen jedoch Energie aus, bis sie schließlich den Gleichgewichtszustand erreichen (der der zufälligsten Energieverteilung entspricht), in dem dann die mittlere Energie eines Moleküls für beide Systeme die gleiche ist. Für die Energien W_f und W'_f der Systeme A und A′ im Endzustand muß dann

$$\overline{W}_{Mf} = \overline{W}'_{Mf} \quad \text{oder} \quad \frac{W_f}{N_A} = \frac{W'_f}{N_{A'}} \qquad (1.12)$$

gelten. In dem zum End- oder Gleichgewichtszustand führenden Ausgleichsprozeß gewinnt also das System mit dem kleineren Anfangswert der mittleren Energie eines Moleküls Energie von dem System mit dem höheren Anfangswert der mittleren Energie eines Moleküls. Natürlich bleibt dabei die Gesamtenergie des zusammengesetzten Systems A* konstant, da dieses isoliert ist.

Also gilt

$$W'_f + W_f = W'_i + W_i.$$

Daher ist

$$\Delta W + \Delta W' = 0, \qquad (1.13)$$

oder

$$Q + Q' = 0, \qquad (1.14)$$

wobei

$$Q = \Delta W = W_f - W_i$$

und

$$Q' = \Delta W' = W'_f - W'_i \qquad (1.15)$$

gilt.

Die Größe Q bezeichnet man als die während der Wechselwirkung *von* A *absorbierte Wärme:* Sie wird als der Energiezuwachs von A definiert, der aus der thermischen Wechselwirkung resultiert. Für die von A′ absorbierte Wärme Q′ gilt eine analoge Definition.

Es ist zu berücksichtigen, daß die von einem System absorbierte Wärme $Q = \Delta W$ ein positives oder ein negatives Vorzeichen haben kann. Bei jedem thermischen Ausgleichsprozeß zwischen zwei Systemen muß ein System Energie verlieren, wenn das andere Energie gewinnt; in Gl. (1.14) ist also entweder Q positiv und Q′ negativ, oder umgekehrt. Das System, das Energie gewinnt, indem es einen positiven Wärmebetrag absorbiert, wird als das *kältere* der beiden bezeichnet. Analog ist per definitionem das System das *wärmere* oder *heißere,* das Energie verliert, indem es einen negativen Betrag von Wärme absorbiert (bzw. indem es einen positiven Wärmebetrag abgibt).

2. Ein Sonderfall wäre gegeben, wenn die Anfangsenergien W_i und W'_i der Systeme A und A′ zufällig solche Werte

hätten, daß die mittlere Energie eines Moleküls in A gleich der eines Moleküls von A′ ist; zufällig könnte also

$$\overline{W}_{Mi} = \overline{W}'_{Mi} \qquad (1.16)$$

gelten. Geraten unter dieser Bedingung A und A′ thermisch in Kontakt, dann stellt sich automatisch der zufälligste Zustand von A* ein. Die Systeme verbleiben also im Gleichgewicht; es findet zwischen ihnen kein Energietransport (bzw. kein Wärmeaustausch) statt.

Temperatur

Betrachten wir nun allgemein den Fall einer thermischen Wechselwirkung zwischen zwei Systemen A und A′. Diese beiden Systeme können durch verschiedene Gase verkörpert sein, deren Moleküle verschiedene Massen haben oder aus einer anderen Sorte Atome bestehen; ein System oder beide können eine Flüssigkeit oder ein fester Körper sein. Obwohl immer noch das Gesetz von der Erhaltung der Energie (1.8) gilt, wird es nun schwieriger, den Gleichgewichtszustand, der der zufälligsten Verteilung der Energie auf alle Atome des zusammengesetzten Systems A + A′ entspricht, zu definieren. Qualitativ müßten jedoch die meisten unserer obigen Aussagen (die für zwei gleichartige Gase galten) weiterhin anwendbar sein. Wir würden dann folgendes erwarten (wir werden das später noch explizit darlegen): Jedes System, z.B. A, ist durch einen Parameter T (allgemein als seine *absolute Temperatur* bezeichnet) charakterisiert, der der mittleren Energie eines Atoms dieses Systems proportional ist. Für den Gleichgewichtszustand, der ja der zufälligsten Energieverteilung entspricht, muß dann analog zu Gl. (1.9) die folgende Bedingung gelten:

$$T = T'. \qquad (1.17)$$

Es ist nicht möglich, den Begriff der absoluten Temperatur genauer zu definieren, bevor nicht genau festgelegt wurde, was unter dem Grad der Zufälligkeit (der die Energieverteilung im Falle nicht gleichartiger Atome charakterisiert) zu verstehen ist. Hingegen bereitet es keinerlei Schwierigkeiten, den Begriff Temperatur (*nicht* „absolute Temperatur") einzuführen, wenn wir darunter eine mit einem bestimmten Thermometer gemessene Temperatur verstehen. Als *Thermometer* bezeichnen wir ein beliebiges kleines makroskopisches System M, das so beschaffen ist, daß sich nur einer seiner makroskopischen Parameter ändert, wenn M Wärme absorbiert oder abgibt. Dieser Parameter wird *thermometrischer Parameter* des betreffenden Thermometers genannt und mit dem griechischen Buchstaben ϑ bezeichnet. Das bekannte Quecksilber- oder Alkoholthermometer ist ein gutes Beispiel für ein Thermometer. In diesem Fall ist es die Länge l der Flüssigkeitssäule in der Glaskapillare des Thermometers, die sich ändert, wenn sich die Energie der Flüssigkeit als Resultat eines Wärmetransportes ändert (Bild 1.32).

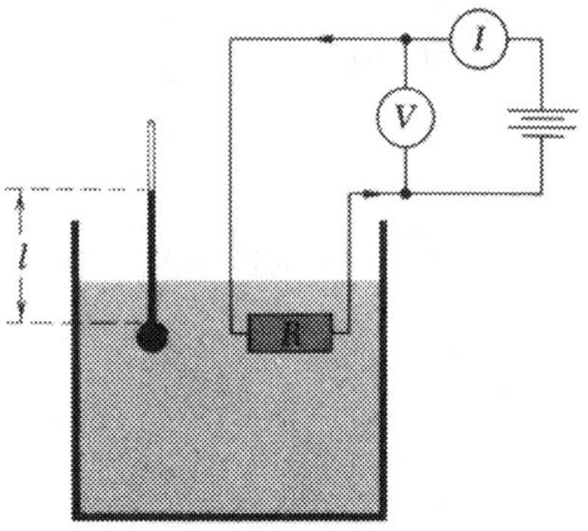

Bild 1.32. Zwei verschiedene Arten von Thermometern sind in thermischem Kontakt mit einem System, das aus einem mit einer Flüssigkeit gefüllten Behälter besteht. Das eine Thermometer ist ein Quecksilberthermometer, dessen thermometrischer Parameter die Länge l der Quecksilbersäule in der Glaskapillare ist. Das andere Thermometer ist ein elektrischer Widerstand R, der zum Beispiel aus Platindraht oder aus Kohle sein kann; sein thermometrischer Parameter ist sein elektrischer Widerstand R, der gemessen wird, indem man einen schwachen Strom I durch den Widerstand fließen läßt und mit einem Voltmeter V die Spannung U an seinen Endpunkten mißt.

Der thermometrische Parameter ϑ eines Flüssigkeitsthermometers ist also die Länge l. Wird das Thermometer M mit einem anderen System A in thermischen Kontakt gebracht, dann wird sein thermometrischer Parameter ϑ nach Erreichen des Gleichgewichtszustandes einen bestimmten Wert ϑ_A angenommen haben. Dieser Wert ϑ_A ist *die Temperatur des Systems* A *bezogen auf das betreffende Thermometer* M[1]).

Die folgenden Überlegungen mögen zeigen, wie brauchbar ein Thermometer ist, obwohl es nur Relativmessungen ermöglicht. Ein Thermometer M wird zuerst mit einem System A, dann mit einem System B in thermischen Kontakt gebracht. In beiden Fällen wird gewartet, bis das Thermometer das Gleichgewicht erreicht hat, es zeigt dann die betreffende Temperatur ϑ_A bzw. ϑ_B an. Für das Ergebnis gibt es zwei Möglichkeiten: Entweder ist $\vartheta_A \neq \vartheta_B$ oder $\vartheta_A = \vartheta_B$. Aus Versuchen weiß man (wir werden das später auch theoretisch beweisen), daß im Falle $\vartheta_A \neq \vartheta_B$ die Systeme A und B Wärme austauschen, wenn sie in thermischem Kontakt miteinander sind. Ist jedoch $\vartheta_A = \vartheta_B$, dann wird auch bei thermischem Kontakt keine Wärme zwischen den beiden Systemen ausgetauscht. Die auf ein bestimmtes Thermometer bezogene Temperatur ϑ eines Systems ist demnach ein zur Charak-

1) Das System A sollte viel größer als das Thermometer M dimensioniert sein, so daß es durch einen Energieaustausch (Energieverlust oder Energiegewinn) mit dem Thermometer möglichst geringfügig gestört wird. Ferner ist zu beachten, daß nach unserer Definition die durch ein Flüssigkeitsthermometer gemessene Temperatur eine Länge ist und daher die Dimension cm haben wird.

terisierung eines Systems sehr nützlicher Parameter. Kennen wir nämlich die Temperatur, dann können wir voraussagen, daß zwei in thermischem Kontakt befindliche Systeme nur dann Wärme austauschen werden, wenn ihre Temperaturen verschieden sind.

1.6. Charakteristische Größenordnungen

Die letzten Abschnitte zeigten im Überblick, wie das Verhalten makroskopischer Systeme über das ihrer Bestandteile, der Atome oder Moleküle, untersucht werden kann. Unsere Betrachtungen blieben jedoch im großen und ganzen qualitativ. Zur Vervollständigung dieser Einführung sollten wir aber auch versuchen, von den typischen Größenordnungen eine Vorstellung zu bekommen. Es ist zum Beispiel interessant zu wissen, wie schnell sich ein Molekül im Durchschnitt bewegt, oder wie oft es mit anderen Molekülen zusammenstößt. Um eine Antwort auf diese Fragen zu finden, wollen wir wiederum den einfachen Fall des idealen Gases untersuchen.

1.6.1. Der Druck eines idealen Gases

Ist ein bestimmtes Gasvolumen in einem Behälter eingeschlossen, dann wirkt durch die unzähligen Stöße der Moleküle auf die Wand des Behälters auf ein Flächenelement einer Wand eine bestimmte resultierende Kraft. Die auf die Flächeneinheit wirkende Kraft wird als der *Druck* p des Gases bezeichnet. Der durchschnittliche Druck $\bar{p}$, den das Gas auf die Wände ausübt, ist leicht zu messen – z.B. mit einem Manometer (Bild 1.33). Der Gasdruck sollte aus molekularen Größen berechnet werden können; ebenso sollte es möglich sein, aus dem gemessenen Gasdruck molekulare Größen abzuleiten und ihren Zahlenwert zu bestimmen. Beginnen wir also mit

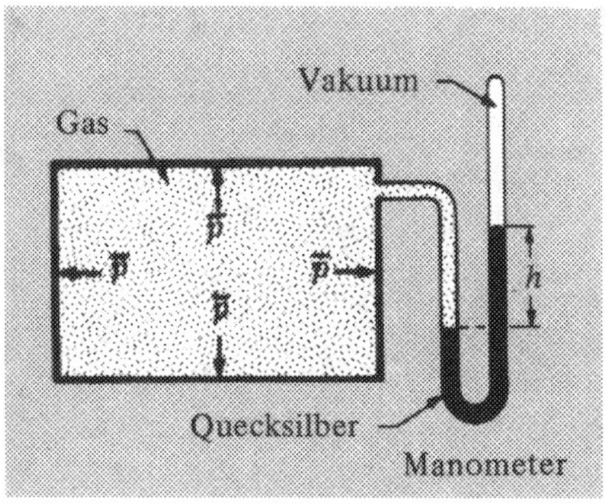

Bild 1.33. Der mittlere Druck $\bar{p}$ eines Gases wird mit einem Manometer bestimmt, das aus einem mit Quecksilber gefüllten U-förmigen Rohr besteht. Damit mechanisches Gleichgewicht bestehen kann, muß sich die Quecksilbersäule so einstellen, daß die Differenz ihrer beiden Niveaus h die Höhe einer Quecksilbersäule ist, deren Quotient aus Gewicht und Querschnitt gleich dem vom Gas ausgeübten Druck ist.

einer einfachen Näherungsberechnung des Drucks, den ein ideales Gas ausübt.

Betrachten wir N Moleküle eines idealen Gases. Die Masse eines Moleküls sei m. Das Gas soll im Gleichgewichtszustand sein, und sich in einem quaderförmigen Behälter des Volumens V befinden. Die Anzahl der Moleküle pro Volumeneinheit ist ganz einfach durch n = N/V gegeben. Die Kanten des Behälters verlaufen parallel zu der x-, y- bzw. z-Achse eines kartesischen Koordinatensystems (Bild 1.34).

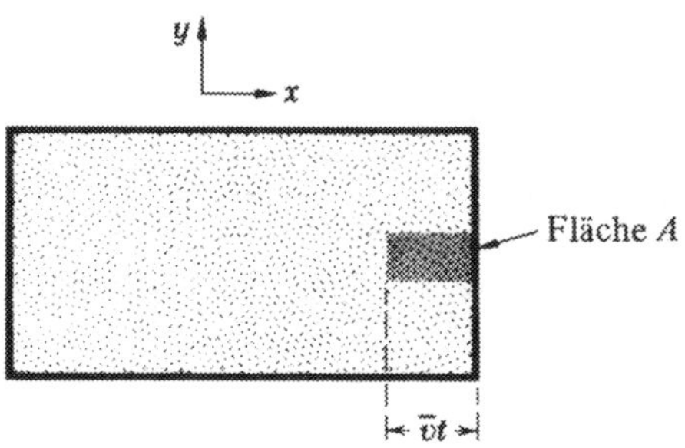

Bild 1.34. Darstellung zur Erklärung der Zusammenstöße der Gasmoleküle mit einer Fläche A der Behälterwand. (Die z-Achse zeigt aus der Bildebene heraus.)

Beschäftigen wir uns zuerst mit einer Wand, z.B. der rechten, die senkrecht zur x-Achse steht. Wieviele Moleküle treffen innerhalb eines kurzen Zeitintervalls t auf ein Flächenelement A dieser Wand? Zu einem bestimmten Zeitpunkt haben aber nicht alle Moleküle die gleiche Geschwindigkeit. Da wir uns jedoch mit Näherungsergebnissen zufriedengeben, können wir unsere Berechnungen vereinfachen, indem wir für alle Moleküle die gleiche Geschwindigkeit annehmen, nämlich ihre Durchschnittsgeschwindigkeit $\bar{v}$. Die Moleküle bewegen sich jedoch vollkommen ungeordnet durcheinander. Im Durchschnitt wird dann die Hauptbewegungskomponente von einem Drittel der Moleküle (oder bezogen auf eine Volumeneinheit, von n/3) in Richtung einer der kartesischen Achsen x, y oder z fallen. Von den n/3 Molekülen pro Volumeneinheit, die sich im wesentlichen in Richtung der x-Achse bewegen, wird die Hälfte (oder n/6 pro Volumeneinheit) sich in die +x-Richtung, also zur Fläche A hinbewegen, während die andere Hälfte sich in der −x-Richtung von A entfernt. Jedes Molekül, dessen Hauptkomponente der Bewegung in die +x-Richtung fällt, legt während der Zeitspanne t eine Strecke $\bar{v}t$ in der +x-Richtung zurück. Befindet sich dieses Molekül innerhalb einer Entfernung $\bar{v}t$ von der Wandfläche A, dann wird es innerhalb der Zeitspanne t auf diese Fläche auftreffen. Ist das Molekül hingegen weiter als $\bar{v}t$ von der Fläche A entfernt, dann kann es innerhalb der gegebenen Zeitspanne die Wand nicht erreichen, trifft also nicht auf A auf[1]). Die durchschnittliche Anzahl der Moleküle, die während des Zeitintervalls t die Fläche A trifft, ist ganz einfach gleich der durchschnittlichen Anzahl der Moleküle, deren Hauptbewegungskomponente in die +x-Richtung fällt, und die sich innerhalb eines Zylinders der Grundfläche A und der Höhe $\bar{v}t$ befinden. Wir erhalten die gesuchte Zahl also, indem wir n/6 (die Anzahl der Moleküle pro Volumeneinheit, die im Durchschnitt eine Hauptbewegungskomponente in +x-Richtung haben) mit dem Volumen $A\bar{v}t$ des Zylinders multiplizieren:

$$\frac{n}{6} \cdot A\bar{v}t.$$

Dividieren wir dieses Ergebnis durch die Fläche A und die Zeit t, dann erhalten wir ein Näherungsergebnis für $\mathfrak{J}_0$, das ist die durchschnittliche Anzahl der Moleküle, die pro Zeiteinheit auf eine Flächeneinheit auftreffen ($\mathfrak{J}_0$ wird auch als *molekulare Flußdichte* bezeichnet). Es gilt also

$$\boxed{\mathfrak{J}_0 \approx \frac{1}{6} n\bar{v}.} \tag{1.18}$$

Berechnen wir nun die Kraft, die im Mittel durch die Stöße der Moleküle auf eine Flächeneinheit der Wand ausgeübt wird. Trifft eines der Moleküle, deren Hauptbewegungskomponente in die +x-Richtung fällt, die Wand, so bleibt seine kinetische Energie $m\bar{v}^2/2$ unverändert. (Das muß zumindest im Durchschnitt stimmen, da das Gas im Gleichgewicht ist.) Der *Betrag* des Impulses dieses Moleküls wird dann im Mittel ebenfalls gleich bleiben; das Molekül, das sich mit dem Impuls $m\bar{v}$ in der +x-Richtung der Wand nähert, wird also nach seinem Aufprall auf die Wand den Impuls $-m\bar{v}$ in der +x-Richtung besitzen. Die +x-Komponente seines Impulses hat sich dann durch den Aufprall auf die Wand um den Betrag $-m\bar{v} - m\bar{v} = -2m\bar{v}$ geändert. Aus dem Gesetz der Erhaltung des Impulses folgt dann, daß die Wand durch den Stoß einen Impulsbetrag von $+2m\bar{v}$ (mit der Richtung +x) übertragen bekommt. Nach dem zweiten Newtonschen Gesetz ist aber die im Mittel durch die Moleküle auf die Wand ausgeübte Kraft gleichzusetzen mit der Impulsänderung, die die Wand als Folge der Molekülstöße erfährt. Die auf eine Flächeneinheit der Wand wirkende Kraft (bzw. der mittlere Druck $\bar{p}$ an der Wand) ist dann einfach durch die folgende Multiplikation zu erhalten:

$$\bar{p} = \begin{bmatrix} \text{Impuls } 2\,m\bar{v}\text{, den die} \\ \text{Wand im Mittel durch} \\ \text{einen Molekülstoß} \\ \text{gewinnt} \end{bmatrix} \times \begin{bmatrix} \text{durchschnittliche An-} \\ \text{zahl der Stöße pro} \\ \text{Zeiteinheit auf die} \\ \text{Flächeneinheit} \end{bmatrix}$$

Es ist daher

$$\bar{p} \approx 2m\bar{v} \cdot \mathfrak{J}_0 = 2m\bar{v} \cdot \frac{1}{6} n\bar{v}$$

bzw.

$$\boxed{\bar{p} \approx \frac{1}{3} n m \overline{v^2}.} \tag{1.19}$$

Wie zu erwarten, nimmt der Druck zu, wenn erstens n vergrößert wird, so daß mehr Moleküle mit den Wänden kollidieren, und zweitens wenn $\bar{v}$ erhöht wird, so daß die Moleküle öfter mit den Wänden kollidieren und auch pro Stoß mehr Impuls verlieren.

Da die mittlere kinetische Energie eines Moleküls, $\overline{W_M^{(k)}}$, näherungsweise durch[1])

$$\overline{W_M^{(k)}} \approx \frac{1}{2} m\bar{v}^2 \tag{1.20}$$

gegeben ist, kann Gl. (1.19) auch in der folgenden Form angegeben werden:

$$\bar{p} \approx \frac{2}{3} n\, \overline{W_M^{(k)}}. \tag{1.21}$$

Es ist zu beachten, daß die Gln. (1.19) und (1.21) nur von der Anzahl der Moleküle pro Volumeneinheit abhängen, nicht aber von der Art dieser Moleküle. Sie gelten daher gleichermaßen für die verschiedensten Gase, ob diese nun aus He-, Ne-, O_2-, N_2- oder CH_4-Molekülen bestehen. Der mittlere Druck eines idealen Gases, das in einem Behälter bestimmten Volumens eingeschlossen ist, bietet eine sehr einfache Möglichkeit zur Bestimmung der mittleren kinetischen Energie eines Moleküls dieses Gases.

1.6.2. Numerische Abschätzungen

Bevor wir uns numerischen Abschätzungen zuwenden, wird es gut sein, wenn wir einige wichtige Definitionen wiederholen. Die Masse m eines Atoms oder Moleküls wird üblicherweise durch eine Masseneinheit m_0 ausgedrückt. In Übereinstimmung mit den geltenden internationalen Bestimmungen (der 1960 eingeführten *vereinheitlichten Atomgewichtstabelle*) wird zur Definition die-

1) Da das Zeitintervall t beliebig kurz angenommen werden kann (es muß viel kürzer als die durchschnittliche Zeitspanne zwischen den Kollisionen der Moleküle untereinander sein), brauchen Zusammenstöße des betreffenden Moleküls mit anderen Molekülen während der Zeitspanne t nicht in Betracht gezogen zu werden, da sie sehr unwahrscheinlich sind.

1) Wir lassen hier den Unterschied zwischen $\overline{v^2}$, dem Mittel eines Quadrats, und $\bar{v}^2$, dem Quadrat eines Mittels, außer acht.

ser Masseneinheit m_0 die Masse m_C des Kohlenstoffisotops ^{12}C verwendet[1]):

$$m_0 = \frac{m_C}{12} \tag{1.22}$$

Die Masse eines ^{12}C Atoms entspricht also genau 12 Masseneinheiten. Die Masse eines H-Atoms entspricht *ungefähr* einer Masseneinheit.

Das Verhältnis der Masse m eines Atoms (oder Moleküls) zu der Masseneinheit m_0 wird *Atomgewicht* (bzw. *Molekulargewicht*) genannt und mit μ bezeichnet. Es gilt

$$\mu = \frac{m}{m_0}. \tag{1.23}$$

Das Atomgewicht von ^{12}C ist also definitionsgemäß gleich 12.

Eine makroskopisch verwendbare Anzahl von Atomen (oder Molekülen) ist die Zahl N_A von Atomen der Masse m_0, die einer Gesamtmasse von 1 g entspricht; N_A ist also durch

$$N_A = \frac{1}{m_0}. \tag{1.24}$$

definiert. Diese Definition kann aber auch in der folgenden Form geschrieben werden:

$$N_A = \frac{m}{m m_0} = \frac{\mu}{m}. \tag{1.25}$$

In dieser Beziehung wurde Gl. (1.23) verwendet. Die Zahl N_A ist also gleich der Anzahl von Molekülen (mit dem Molekulargewicht μ) deren Gesamtmasse μ Gramm beträgt. N_A ist die sogenannte *Avogadrosche Zahl*[2]).

Ein Mol einer bestimmten Art von Molekülen (oder Atomen) ist als die Menge definiert, die aus N_A Molekülen (bzw. Atomen) des betreffenden Elements besteht. Ein Mol von Molekülen des Molekulargewichts μ hat daher eine Gesamtmasse von μ Gramm.

Der numerische Wert der Avogadroschen Zahl wurde experimentell zu

$$N_A = (6{,}02252 \pm 0{,}00009) \cdot 10^{23}\,\text{Moleküle/mol} \tag{1.26}$$

bestimmt (siehe auch Tabelle der numerischen Konstanten am Ende des Buches).

[1]) Wie wir wissen, wird ein bestimmtes Isotop als ein Atom X definiert, das sich von anderen Atomen X nur durch die Masse seines Kerns unterscheidet; das Symbol ^nX besagt, daß das Atom n Nukleonen (Protonen + Neutronen) besitzt. Atome, deren Kerne verschieden viele Neutronen aber gleich viele Protonen enthalten, haben die gleichen chemischen Eigenschaften, da sie die gleiche Anzahl von Hüllenelektronen besitzen.

[2]) Diese Zahl wird in der Literatur teilweise auch als Loschmidtsche Zahl N_L bezeichnet.

Wir wollen nun die Gln. (1.19) bzw. (1.21) für den Gasdruck dazu verwenden, molekulare Größen für Stickstoff (N_2), den Hauptbestandteil der Luft, näherungsweise zu bestimmen. Bei Zimmertemperatur und Normaldruck (10^6 dyn/cm^2) hat ein Liter (10^3 cm^3) Stickstoff (N_2) eine Masse von etwa 1,15 g, wie experimentell nachzuprüfen ist. Da das Atomgewicht eines N-Atoms ungefähr 14 ist, ist das Molekulargewicht eines N_2 Moleküls gleich $2 \cdot 14 = 28$. Daraus folgt, daß 28 g von N_2 aus $N_A = 6{,}02 \cdot 10^{23}$ Stickstoffmoleküle enthalten. Die Gesamtzahl N der Moleküle in dem Versuchsvolumen ist dann

$$\begin{aligned} N &= 6.02 \cdot 10^{23} \cdot \frac{1{,}15}{28}\ \text{Moleküle} \\ &= 2{,}47 \cdot 10^{22}\ \text{Moleküle}, \end{aligned}$$

so daß

$$\begin{aligned} n &= \frac{N}{V} = \frac{2{,}47 \cdot 10^{22}}{10^3}\ \text{Moleküle/cm}^3 \\ &\approx 2{,}5 \cdot 10^{19}\ \text{Moleküle/cm}^3. \end{aligned} \tag{1.27}$$

Aus Gl. (1.21) folgt dann, daß die mittlere kinetische Energie eines N_2 Moleküls durch

$$\begin{aligned} \overline{W_M^{(k)}} &\approx \frac{3}{2}\frac{p}{n} = \frac{3}{2}\frac{10^6}{2{,}5 \cdot 10^{19}}\ \text{erg} \\ &\approx 6{,}0 \cdot 10^{-14}\ \text{erg} \end{aligned} \tag{1.28}$$

bestimmt ist.

Da N_A Stickstoffmoleküle die Masse 28 g haben (N_A ist wieder die Avogadrosche Zahl), ist die Masse m eines einzelnen N_2 Moleküls gleich

$$m = \frac{28}{6{,}02 \cdot 10^{23}}\,\text{g} = 4{,}65 \cdot 10^{-23}\ \text{g}. \tag{1.29}$$

Aus Gl. (1.20) ergibt sich daher

$$\overline{v^2} \approx \frac{2\,\overline{W_M^{(k)}}}{m} \approx \frac{2 \cdot 6{,}0 \cdot 10^{-14}}{4{,}65 \cdot 10^{-23}}\,(\text{cm/s})^2 = 2{,}6 \cdot 10^9\ (\text{cm/s})^2$$

oder

$$\overline{v} \approx 5{,}1 \cdot 10^4\ \text{cm/s}. \tag{1.30}$$

1.6.3. Mittlere freie Weglänge

Betrachten wir ein Molekül eines Gases zu einem beliebigen Zeitpunkt, dann ist es interessant, die Strecke l abzuschätzen, die dieses Molekül im Durchschnitt noch zurücklegen kann, bevor es mit einem anderen Molekül des Gases zusammenstößt. Diese Strecke l bezeichnet man als die *mittlere freie Weglänge* des Moleküls. Zur Vereinfachung wollen wir annehmen: Jedes Molekül ist kugelförmig, und die Kräfte zwischen zwei beliebigen Molekülen sind denen ähnlich, die zwei harte Kugeln mit dem Radius r aufeinander ausüben. Das bedeutet, daß die Moleküle keine Kraft aufeinander ausüben, solange der Abstand a ihrer Mittelpunkte größer als 2r ist, daß zwischen ihnen jedoch außerordentlich große Kräfte wirken (i.e., daß sie *zusammenstoßen*) wenn $a < 2r$. Bild 1.35 zeigt die Begegnung zweier solcher Moleküle, wobei das Molekül A' ruht, während das Molekül A sich ihm mit der Relativgeschwindigkeit **v** nähert. In dem

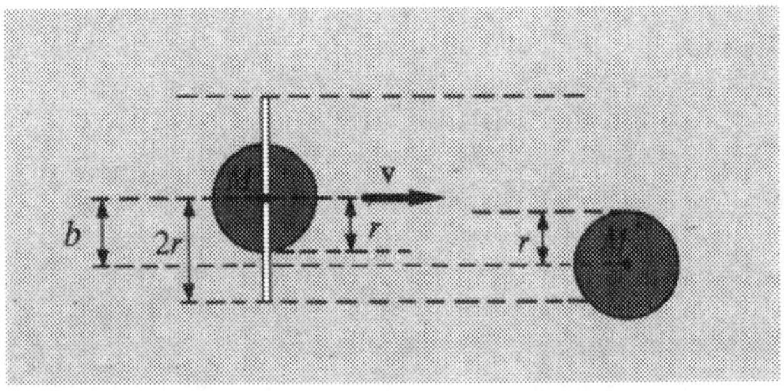

Bild 1.35. Schematische Darstellung der Bewegung zwischen zwei festen Kugeln des Radius r.

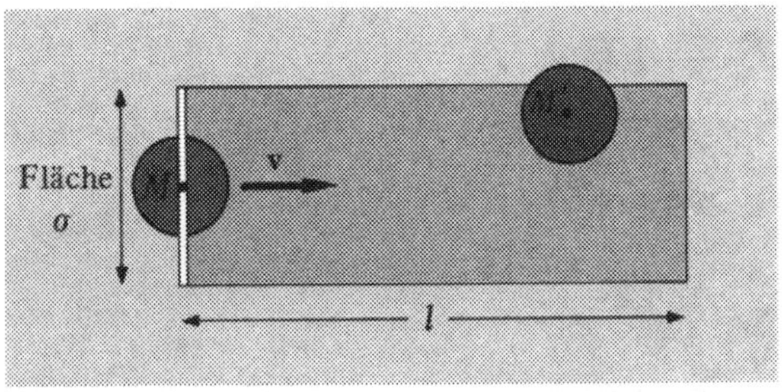

Bild 1.36. Schematische Darstellung des Stoßes, den ein bestimmtes Molekül M erfährt, wenn es einem anderen Molekül M' begegnet, dessen Mittelpunkt innerhalb des Volumens liegt, das von der Fläche σ einer imaginären von M mitgeführten Scheibe durchstrichen wird.

dargestellten Fall werden sich die Moleküle also einander nähern, bis die Entfernung ihrer Mittelpunkte gleich b ist, wenn sie nicht abgelenkt werden. Daraus ist klar zu ersehen, daß die Moleküle nur dann zusammenstoßen können, wenn $b < 2r$, niemals aber, wenn $b > 2r$. Um diese Beziehung geometrisch darzustellen, stellen wir uns vor, daß das Molekül M eine Scheibe mit sich trägt, die senkrecht zur Bewegungsrichtung des Moleküls (d.h. senkrecht zu **v**) steht (Bild 1.36). Molekül und Scheibe sind konzentrisch; der Radius der Scheibe ist 2r. Die beiden Moleküle stoßen nur dann zusammen, wenn der Mittelpunkt des Moleküls M innerhalb des Volumens liegt, das die von M getragene Scheibe durchstreicht.

Die Fläche σ dieser gedachten Scheibe, die ein Molekül mit sich trägt, ist durch

$$\sigma = \pi(2r)^2 = 4\pi r^2 \qquad (1.31)$$

gegeben, und wird als *Gesamtstreuquerschnitt* für Molekül-Molekülstöße bezeichnet. Hat das Molekül einen Weg l zurückgelegt, dann ist das von der Scheibe durchstrichene Volumen gleich σl. Dieses Volumen enthält nun im Durchschnitt nur ein anderes Molekül, d.h. es soll

$$(\sigma l)\,n \approx 1$$

gelten, wobei n die Zahl der Moleküle pro Volumeneinheit ist. Die Strecke l ist dann der Weg, den das Molekül im Durchschnitt zurücklegen kann, bevor es mit einem anderen zusammenstößt. Also ist l die gesuchte mittlere freie Weglänge:

$$\boxed{l \approx \frac{1}{n\sigma}.} \qquad (1.32)$$

Es ist klar, daß die mittlere freie Weglänge groß sein wird, wenn erstens n klein ist, so daß eben nur wenige andere Moleküle vorhanden sind, mit denen ein gegebenes Molekül zusammenstoßen kann, und zweitens wenn der Molekülradius so klein ist, daß die Moleküle einander schon sehr nahe kommen müssen, bevor sie zusammenstoßen können.

Um eine Vorstellung von den Größenordnungen zu bekommen, wollen wir uns wieder unserem Beispiel von vorhin zuwenden: Stickstoff (N_2) bei Zimmertemperatur und Normaldruck. Der Radius eines Moleküls ist von der Größenordnung 10^{-8} cm, d.h.

$$r \approx 10^{-8}\ \text{cm}.$$

Aus Gl. (1.31) ergibt sich dann für den Querschnitt die Beziehung

$$\sigma = 4\pi r^2 \approx 12 \cdot 10^{-16}\ \text{cm}^2.$$

Setzen wir für n den Wert aus Gl. (1.27) ein, dann ergibt Beziehung (1.32)

$$l \approx \frac{1}{n\sigma} \approx \frac{1}{2{,}5 \cdot 10^{19} \cdot 12 \cdot 10^{-16}}\ \text{cm}.$$

oder

$$l \approx 3 \cdot 10^{-5}\ \text{cm}. \qquad (1.33)$$

Beachten Sie, daß $l \gg r$, d.h., die mittlere freie Weglänge ist sehr viel größer als der Radius eines Moleküls. Die Moleküle sind demzufolge sehr selten in Wechselwirkung miteinander, selten genug, um das Gas als ideal behandeln zu können. Andererseits ist jedoch die mittlere freie Weglänge verglichen mit den linearen Abmessungen des 1-ℓ-Behälters sehr gering.

1.7. Wichtige Probleme aus der makroskopischen Physik

Die Betrachtungsweise dieses Kapitels war zwar im wesentlichen qualitativ, doch gut geeignet, uns mit den bedeutendsten Eigenschaften makroskopischer Systeme vertraut zu machen. Der Einblick in diese Probleme ermöglicht uns, eine Vorstellung von den Fragen zu gewinnen, die wir letztlich untersuchen und verstehen wollen.

1.7.1. Grundbegriffe

Unsere erste Aufgabe wird natürlich sein, aus den qualitativen Aussagen klar definierte Theorien abzuleiten, die quantitative Voraussagen ermöglichen müssen. Beispielsweise haben wir erkannt, daß bestimmte Zustände eines makroskopischen Systems wahrscheinlicher (bzw. in höherem Grade zufällig) sind als andere. Wie wird aber einem bestimmten Makrozustand eines Systems eine Wahrscheinlichkeit zugeordnet, und wie können wir den Zufälligkeitsgrad dieses Zustands bestimmen? Das sind äußerst wichtige Fragen. Wir haben in einem früheren Abschnitt festgestellt, daß der zeitunabhängige Gleichgewichtszustand dem in höchstem Grade zufälligen Zustand des betreffenden Systems gleichzusetzen ist. Wir sehen uns also wiederum vor das Problem gestellt, die Zufälligkeit für einen allgemeinen Fall streng zu definieren. Das hat uns schon einmal Schwierigkeiten bereitet, als wir den Fall zweier beliebiger Systeme untersuchten, die in thermischem Kontakt miteinander stehen. Wir vermuteten, daß der Gleichgewichtszustand (der maximaler Zufälligkeit entspricht) bedingt, daß ein Parameter T (der ein grobes Maß für die mittlere Energie pro Atom in einem System ist) für beide Systeme den gleichen Wert hat. Da wir jedoch Zufälligkeit nicht für den allgemeinen Fall definieren konnten, war es uns nicht möglich, für diesen Parameter T (den wir „absolute Temperatur" nannten) eine eindeutige Definition zu geben. Das Problem ist also im Grunde das folgende: Wie können wir mit Hilfe der Wahrscheinlichkeitstheorie zu einer systematischen Beschreibung makroskopischer Systeme gelangen und damit Begriffe wie Zufälligkeit oder absolute Temperatur definieren?

Als wir das Beispiel mit dem Pendel in Abschnitt 1.3 diskutierten, erkannten wir, daß es nicht ganz so einfach ist, einen gleichförmig auf viele Moleküle verteilten Energiebetrag in einen weniger gleichförmigen, also auch weniger zufällig verteilten Energiebetrag umzuwandeln, so daß eine makroskopische Kraft über eine makroskopische Strecke wirkt, d.h. makroskopisch Arbeit verrichtet wird. Dieses Beispiel zeigt sehr gut, wie wichtig derartige Probleme sind. In welchem Ausmaß können wir tatsächlichen Energie, die zufällig auf viele Moleküle einer Substanz (z.B. Kohle oder Benzin) verteilt ist, in eine Form bringen, die einer weniger zufallsbedingten Verteilung entspricht – in eine Form, die diese Energie makroskopisch verwendbar macht, so daß etwa ein Kolben gegen eine andere Kraft bewegt werden kann? Welcher Nutzeffekt kann bei den Dampfmaschinen und Benzinmotoren, die die industrielle Revolution verursachten, erreicht werden? Oder – in welchem Ausmaß ist es möglich, die Energie, die extrem zufällig auf viele Moleküle bestimmter chemischer Verbindungen verteilt ist, weniger zufällig zu verteilen, so daß sie Muskelkontraktionen oder die Synthese komplizierter Kettenmoleküle (z.B. Proteine) bewirkt? Anders ausgedrückt: In welchem Ausmaß kann chemische Energie für biologische Prozesse verwendet werden? Haben wir einmal den Begriff der Zufälligkeit definiert und verstanden, dann können wir damit zu wichtigen Aussagen über diese Probleme gelangen.

1.7.2. Eigenschaften von Systemen im Gleichgewicht

Da sich im Gleichgewicht befindliche makroskopische Systeme einen besonders einfachen Fall darstellen, sollten sie auch für quantitative Untersuchungen am besten geeignet sein. Tatsächlich gibt es viele höchst interessante und bedeutende Gleichgewichtssituationen. Wir berühren im folgenden einige der Fragen, die eine eingehendere Diskussion verdienen.

Eines der einfachsten Systeme wird durch eine homogene Substanz dargestellt; die entsprechenden Gleichgewichtseigenschaften sollten daher wohl berechnet werden können. Eine bestimmte Flüssigkeit (in gasförmigem oder flüssigen Zustand) ist zum Beispiel bei einer bestimmten Temperatur im Gleichgewicht. Wie hängt dann der Druck, den sie ausübt, von ihrer Temperatur und ihrem Volumen ab? Oder nehmen wir an, ein Stoff enthalte Eisenatome in bestimmter Konzentration. Jedes der Eisenatome hat ein bestimmtes magnetisches Moment. Befindet sich dieser Stoff bei einer bestimmten Temperatur in einem Magnetfeld gegebener Stärke, wie groß ist dann seine Magnetisierung oder das resultierende magnetische Moment pro Volumeneinheit? Wie hängt die Größe der Magnetisierung von der Temperatur und dem Magnetfeld ab? Oder: Eine kleine Wärmemenge wird einem bestimmten Stoff zugeführt (der Stoff kann fest, flüssig oder gasförmig sein). Um welchen Betrag wird seine Temperatur zunehmen?

Wir müssen uns aber keineswegs mit Fragen über makroskopische Parameter eines Systems im Gleichgewichtszustand begnügen – wir können auch das Verhalten seiner Bestandteile, der Atome, untersuchen. Zum Beispiel wird das Gas in einem Behälter auf einer bestimmten Temperatur gehalten. Die Moleküle des Gases haben nicht alle die gleiche Geschwindigkeit, und wir können fragen, welcher Bruchteil der Moleküle eine Geschwindigkeit besitzt, die in einen festgesetzten Bereich fällt. Hat der Behälter ein ganz kleines Loch, dann werden einige der Moleküle durch dieses Loch in das umgebende Vakuum entweichen (Bild 1.37), und wir können ihre Geschwindigkeit direkt messen. Das gibt uns dann die Möglichkeit, die Theorie

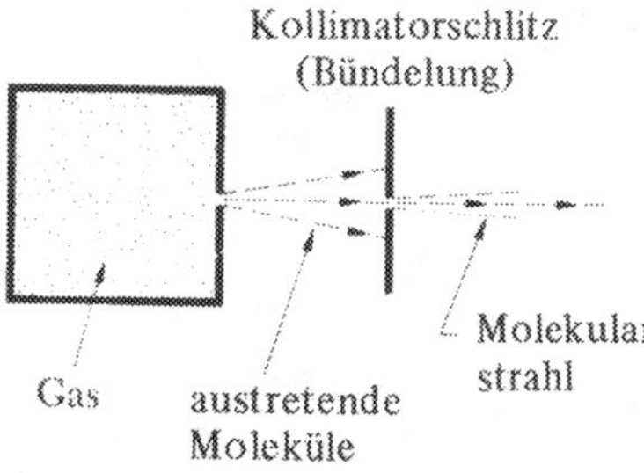

Bild 1.37. Ein mit Gas gefüllter Behälter hat ein winziges Loch, durch das einige der Moleküle in das umgebende Vakuum entweichen können. Durch Bündelung dieser austretenden Moleküle mittels eines oder mehrerer Schlitze erhält man einen scharf begrenzten Molekularstrahl. Die Geschwindigkeitsverteilung bei den Molekülen dieses Strahls ist der Geschwindigkeitsverteilung der Moleküle im Behälter sehr ähnlich. Derartige Molekularstrahlen bieten eine ausgezeichnete Möglichkeit, praktisch isolierte Atome oder Moleküle zu untersuchen; einige der grundlegenden Versuche der modernen Physik basieren auf der Verwendung von Molekularstrahlen.

mit den experimentellen Ergebnissen zu vergleichen. Oder betrachten wir den Fall eines leeren Behälters, dessen Wände eine konstante, nicht zu niedrige Temperatur haben. Da die Atome der Wände elektromagnetische Strahlung emittieren, ist der Behälter eigentlich von Strahlung erfüllt (bzw. mit Photonen gefüllt); zwischen den Wänden und dem Inneren des Behälters herrscht Strahlungsgleichgewicht. Welche Energiemenge aus dieser elektromagnetischen Strahlung fällt in einen bestimmten Frequenzbereich? Hat der Behälter wiederum eine winzige Öffnung, dann wird ein Teil der Strahlung durch dieses Loch fallen, und wir können mit einem Spektrometer den auf einen kleinen Frequenzbereich entfallenden Energiebetrag messen und so theoretische Voraussagen mit experimentellen Ergebnissen vergleichen. Dieses letzte Problem und seine Lösung sind wirklich wichtige Voraussetzungen für das Verständnis der Wärmestrahlung eines Körpers, sei das nun die Sonne oder der Leuchtfaden einer Glühlampe.

Auch ein anderer Fall verdient noch größte Aufmerksamkeit: Situationen, bei denen chemische Reaktionen zwischen verschiedenen Arten von Molekülen möglich sind. Ein konkretes Beispiel dafür ist ein mit Kohlendioxid (CO_2) gefüllter Behälter mit dem Volumen V. Es können sich dann aus CO_2 Molekülen Kohlenmonoxid (CO) und Sauerstoff (O_2) Moleküle bilden, und umgekehrt. Diese chemische Reaktion wird

$$2CO_2 \rightleftharpoons 2CO + O_2 \qquad (1.34)$$

geschrieben. Erhöhen wir die Temperatur des Behälters, dann dissoziieren einige der CO_2-Moleküle in CO- und O_2-Moleküle. Im Behälter ist dann ein Gasgemisch aus CO_2, CO und O_2, die miteinander im Gleichgewicht sind. Aus einfachen Grundangaben möchten wir nun gern die relative Anzahl der CO_2-, CO- bzw. O_2-Moleküle, die jeweils bei einer bestimmten Temperatur miteinander im Gleichgewicht sind, berechnen können.

Aber auch ein einfacher Stoff, der nur aus einer einzigen Art von Molekülen besteht, konfrontiert uns mit interessanten Problemen. Jeder solche Stoffe kann in einer bestimmten Form auftreten, die man *Phase* nennt, z.B. kann er gasförmig, flüssig oder fest sein. Wasser beispielsweise kann in den Aggregatzuständen Wasserdampf, flüssiges Wasser und Eis vorkommen. Jede solche Phase des Wassers besteht aus den gleichen Molekülen (nämlich H_2O), aber die Moleküle sind anders angeordnet. In der Gasphase sind die Moleküle relativ weit voneinander entfernt und bewegen sich daher, unbeeinflußt voneinander, ziemlich willkürlich durcheinander. Im festen Zustand andererseits sind die Moleküle sehr regelmäßig angeordnet, und zwar an bestimmten Punkten eines Kristallgitters. Sie bewegen sich nicht umher, sie können lediglich kleine Schwingungen um diese Gitterpunkte ausführen. Die flüssige Phase ist gewissermaßen ein Kompromiß zwischen der gasförmigen und der festen, denn hier sind die Moleküle weder so willkürlich verteilt wie in der gasförmigen Phase, noch sind sie so regelmäßig angeordnet wie bei der festen. Die Moleküle sind in dieser Phase eng gepackt und beeinflussen sich gegenseitig stark, doch können sie sich auch auf längeren Strecken aneinander vorbeibewegen. Experimentelle Nachweise für diese speziellen Molekularanordnungen in den verschiedenen Phasen stammen größtenteils aus Streuexperimenten mit Röntgenstrahlen.

Es ist bekannt, daß ein Stoff bei einer sehr genau bestimmbaren Temperatur von einer Phase in die andere übergeht, wobei er entweder Wärme abgibt oder absorbiert. Wasser zum Beispiel geht vom festen Zustand, Eis, in den flüssigen Zustand bei 0 °C über, und bei 100 °C (das gilt für den Normaldruck von 1 atm) geht es vom flüssigen in den gasförmigen Zustand, Wasserdampf, über. Unter bestimmten Umständen können daher zwei Phasen nebeneinander existieren, doch müssen sie miteinander im Gleichgewicht sein (z.B. Eis und Wasser im flüssigen Zustand bei 0 °C). Besitzen wir eine gute Theorie über Systeme im Gleichgewichtszustand, dann sollten wir damit etwas über die Druck- und Temperaturbedingungen aussagen können, unter denen zwei Phasen im Gleichgewicht nebeneinander existieren können. Auch sollte es eine solche Theorie ermöglichen, den Schmelzpunkt (das ist die Temperatur, bei der ein Stoff vom festen in den flüssigen Zustand übergeht) eines Stoffes zu bestimmen, sowie die Temperatur, bei der der betreffende Stoff verdampft, also vom flüssigen in den gaförmigen Zustand übergeht (Bild 1.38).

Das sind alles in Wirklichkeit recht komplizierte, doch sehr interessante Probleme. Der Begriff der Ordnung bzw. der Grad der Zufälligkeit bildet ein weiteres Problem von höchster Wichtigkeit. Wird die absolute Temperatur (d.h. die mittlere Energie eines Atoms) eines Stoffes erhöht, dann geht er zuerst von dem geordnetsten (bzw. am geringsten zufälligen) festen Zustand in den mittelmäßig geordneten flüssigen über; wird die Temperatur weiter erhöht, dann geht der Stoff von diesem flüssigen in den gasförmigen Zustand über, den in höchstem Maße zufälligen oder ungeordnetsten Aggregatzustand. Es fällt auf, daß dieser Übergang von einem Grad der Ordnung zum nächsten sehr plötzlich und bei streng definierten

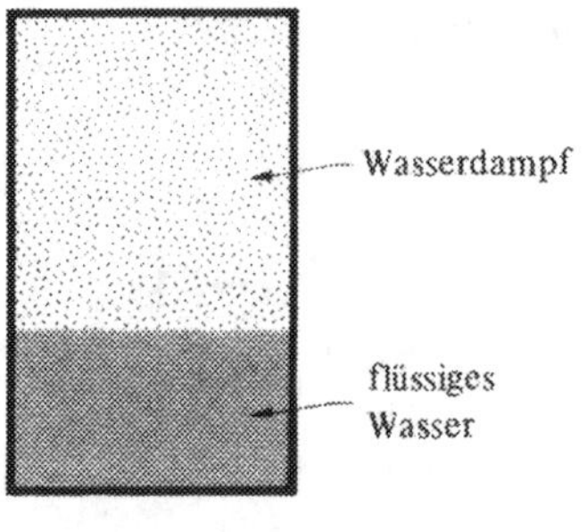

Bild 1.38
Flüssiges Wasser in Gasform, als Wasserdampf, sind hier bei einer bestimmten Temperatur miteinander in Gleichgewicht. Der Dampfdruck hat dann einen ganz bestimmten, nur von der Temperatur abhängigen Wert.

Temperaturen vor sich geht. Der Grund hierfür liegt im wesentlichen in einer Art kritischer Instabilität, die alle Moleküle des Stoffes betrifft. Angenommen, die absolute Temperatur eines festen Körpers ist hoch genug, so daß die Moleküle – da ja ihre mittlere Energie relativ hoch ist – um ihre normalen Gitterpunkte schwingen können, und zwar so stark, daß die Amplituden dieser Schwingungen eine mit den intermolekularen Abständen vergleichbare Größe erreichen. Stellen wir uns weiter vor, daß durch eine Art Schwankung einige benachbarte Moleküle gleichzeitig ihre normalen Gitterpositionen verlassen; dadurch wird den umliegenden Molekülen ihrerseits ein Verlassen ihrer normalen Gitterpositionen erleichtert, usw. Im ganzen gesehen, ähnelt dieser Prozeß ein wenig an das Zusammenfallen eines Kartenhauses, d.h., die strenge Ordnung der Moleküle im festen Zustand beginnt sich ziemlich gleichzeitig aufzulösen, und der feste Körper geht in den flüssigen Zustand über. Diese Instabilität, die das Schmelzen eines festen Körpers einleitet, betrifft *alle* Moleküle des betreffenden Stoffes gleichermaßen, weshalb man in diesem Fall auch von einem *Kollektivphänomen* spricht. Eine Gesamtanalyse der simultanen Wechselwirkungsprozesse aller Moleküle ist die Vorbedingung für die Aufstellung einer Theorie der Kollektivphänomene aus der Sicht einer ins Einzelne gehenden Darlegungsweise. Aus diesem Grunde wird dieses Problem zwar immer interessant und anregend, aber auch recht kompliziert sein.

1.7.3. Systeme, die nicht im Gleichgewicht sind

Normalerweise ist es viel schwieriger, sich mit einem System zu befassen, das sich nicht im Gleichgewicht befindet, als mit Systemen, die im Gleichgewicht sind. Man sieht sich dann nämlich vor das Problem gestellt, zeitlich variable Prozesse darzustellen und zu untersuchen, wie groß ihre zeitliche Änderung tatsächlich ist. Haben wir uns mit solchen Problemen zu befassen, wird es immer erforderlich sein, den Wirkungsgrad der molekularen Wechselwirkungsprozesse eingehendst zu analysieren. Außer in so relativ einfachen Fällen wie etwa stark verdünnten Gasen wird eine solche Analyse recht kompliziert sein.

Einige typische Probleme dieser Art sind die folgenden. Betrachten wir zum Beispiel die chemische Reaktion (1.34). Eine gewisse Menge CO_2 wird bei einer bestimmten nicht zu niedrigen Temperatur in den Behälter gebracht. Wie lange dauert es dann, bis die Gleichgewichtskonzentration von CO erreicht ist? Das heißt, wir interessieren uns für die *Geschwindigkeit,* mit der die chemische Reaktion (1.34) von links nach rechts abläuft.

Ein weiteres Beispiel: Zwei große Körper seien durch einen Stab miteinander verbunden (Bild 1.39). Sie haben

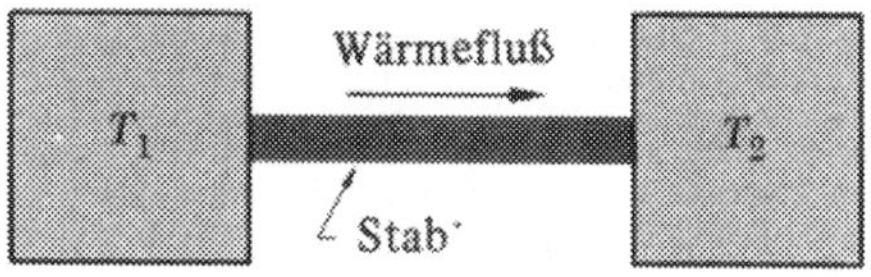

Bild 1.39. Zwei Körper verschiedener Temperatur sind durch einen Stab verbunden, über den die Wärme von dem einen auf den anderen Körper übergehen kann.

verschiedene Temperaturen, T_1 bzw. T_2. Da dieses System sich nicht im Gleichgewicht befindet, wird durch den Verbindungstab Wärme von dem einen zum anderen Körper fließen. Interessant ist nun wieder die Wirksamkeit dieses Energietransports entlang des Stabes; anders ausgedrückt: Welche Zeit vergeht, bis eine bestimmte Wärmemenge von dem einen Körper auf den anderen übergegangen ist? Das hängt von einer Materialeigenschaft des Stabes, seiner *Wärmeleitfähigkeit,* ab. In einem Kupferstab zum Beispiel kann ein Wärmestrom viel leichter fließen als in einem Stab aus rostfreiem Stahl. Aufgabe und Ziel einer theoretischen Darlegung wird sein, die Wärmeleitfähigkeit genau zu definieren und diesen Parameter aus Grundangaben zu berechnen.

1.7.4. Schlußbemerkung

Im letzten Abschnitt wurde ein Überblick über die verschiedensten Probleme gegeben, damit wir eine Vorstellung von der Vielfältigkeit der makroskopischen Naturphänomene bekommen, die auf Grund fundamentaler mikroskopischer Betrachtungen qualitativ behandelt werden können. Aber selbst in all den folgenden Kapiteln wird es nicht möglich sein, die Behandlung aller dieser Probleme zu diskutieren. Tatsächlich werden bei einigen der erwähnten Phänomene (etwa Phasenumwandlungen wie Schmelzen oder Verdampfen) und ihrer Berechnung Probleme auftreten, die auch heute noch nicht vollkommen gelöst sind und deshalb Gegenstand intensiver Forschung sind. Andererseits stehen uns jetzt die nötigen Voraussetzungen zur Verfügung, um die qualitativen Betrachtungen dieses Kapitels über die Eigenschaften makroskopischer Systeme systematischer und nach quantitativen Gesichtspunkten weiterführen zu können. Im Laufe dieser quantitativen Untersuchungen werden unsere grundlegendsten Fragen im wesentlichen beantwortet werden.

1.8. Zusammenfassung der Definitionen

Isoliertes System: ein System, das nicht mit anderen Systemen in Wechselwirkung steht;

ideales Gas: ein Gas, bei dem die Wechselwirkung seiner Moleküle untereinander praktisch vernachlässigt werden kann (d.h., die Wechselwirkung der Moleküle ist zwar groß genug, daß Energie zwischen den Molekülen ausgetauscht werden kann, in jeder anderen Hinsicht ist sie jedoch vernachlässigbar);

ideales Spin-System: ein System mit Spins, deren gegenseitige Beeinflussung praktisch vernachlässigbar ist (d.h., die Beeinflussung ist zwar stark genug, daß Energie zwischen den einzelnen Spins ausgetauscht werden kann, in jeder anderen Hinsicht ist sie jedoch vernachlässigbar);

mikroskopisch: sehr klein, d.h. von atomaren Größenordnungen oder noch kleiner;

makroskopisch: verglichen mit atomaren Dimensionen sehr groß;

mikroskopischer Zustand (oder Mikrozustand): der Zustand eines Systems, der durch eine möglichst vollständige, den Gesetzen der Mechanik entsprechende Beschreibung aller Atome detailliert charakterisiert ist;

makroskopischer Zustand (oder Makrozustand): derjenige Zustand eines Systems, der, ohne Berücksichtigung mikroskopischer Details, vollständig durch die Angabe jener Größen charakterisiert ist, die durch makroskopische Messungen bestimmt werden können;

makroskopischer Parameter: ein Parameter, der durch Messungen größeren Maßstabs bestimmt wird und der zur Beschreibung des makroskopischen Zustands eines Systems dient;

Gleichgewicht: ein makroskopischer Zustand, der sich, abgesehen von zufallsbedingten Schwankungen, zeitlich nicht ändert;

Relaxationszeit: die Zeit, die ein System annähernd benötigt, um den Gleichgewichtszustand zu erreichen, wenn es sich anfangs in einem vom Gleichgewicht weitgehend verschiedenen Zustand befand;

irreversibler Prozeß: ein Prozeß, dessen zeitlich verkehrter Ablauf (der Ablauf, den ein verkehrt abgespielter Film zeigen würde) tatsächlich fast nie vorkommt;

thermische Wechselwirkung: eine Wechselwirkung, bei der keine makroskopische Arbeit verrichtet wird;

Wärme: eine Energieübertragung im atomaren Bereich, die keine makroskopische Arbeit einschließt;

Thermometer: ein kleines makroskopisches System, das so beschaffen ist, daß sich nur einer seiner makroskopischen Parameter ändert, wenn das System Wärme aufnimmt oder abgibt;

thermometrischer Parameter: der einzige variable makroskopische Parameter eines Thermometers;

Temperatur eines Systems relativ zu einem bestimmten Thermometer: der Wert, den der thermometrische Parameter des Thermometers annimmt, wenn dieses in thermischen Kontakt mit dem System gebracht wird, und nachdem sich zwischen Thermometer und System thermisches Gleichgewicht eingestellt hat;

mittlere freie Weglänge: die durchschnittliche Wegstrecke, die ein Molekül in einem Gas zurücklegen kann, bevor es mit einem anderen Molekül zusammenstößt.

1.9. Hinweise auf ergänzende Literatur

F. J. Dyson, "What is Heat"? (Was ist Wärme?), *Sci. American* **191**, 58 (Sept. 1954).

R. Furth, "The Limits of Measurement" (Die Grenzen der Meßbarkeit), *Sci. American* **183**, 48 (Juli 1950). Eine Diskussion über die Brownsche Bewegung und andere Schwankungsphänomene.

B. J. Alder und *T. E. Wainwright*, "Molecular Motions" (Molekularbewegung), *Sci. American* **201**, 113 (Okt. 1959). In dieser Arbeit wird die Verwendung moderner Hochleistungscomputer bei der Untersuchung der Molekularbewegung in verschiedenen makroskopischen Systemen besprochen.

1.10. Übungen

1. *Gleichgewichtsschwankungen in einem Spin-System.* Gegeben ist ein ideales System mit 5 Spins. Es wirkt keinerlei äußeres Magnetfeld ein. Dieses Spin-System werde nun im Gleichgewichtszustand gefilmt. Auf wievielen Bildern würden n Spinvektoren nach oben zeigen? Für n ist der Reihe nach 0, 1, 2, 3, 4 und 5 einzusetzen.

   Lösung: $\frac{1}{32}, \frac{5}{32}, \frac{10}{32}, \frac{10}{32}, \frac{5}{32}, \frac{1}{32}$.

2. *Diffusion bei Flüssigkeiten.* Ein Tropfen einer gefärbten Flüssigkeit, die die gleiche Dichte wie Wasser hat, wird in ein Glas Wasser gegeben. Das ganze System wird auf konstanter Temperatur gehalten und mechanisch ungestört belassen. Der Prozeß, der nach Einbringen des Tropfens abläuft, wird gefilmt. Was zeigt der Film beim Abspielen? Was sieht man, wenn der Film verkehrt abgespielt wird? Ist der Prozeß reversibel oder irreversibel? Beschreiben Sie den Prozeß mittels der Bewegungen der Farbmoleküle.

   Lösung: irreversibel.

3. *Die mikroskopische Erklärung der Reibung.* Einem Holzblock wird ein Stoß versetzt: Er gleitet über den Boden, kommt schließlich langsam zur Ruhe. Ist dieser Prozeß reversibel oder irreversibel? Beschreiben Sie, wie der Prozeß in einem verkehrt abgespielten Film ablaufen würde. Überlegen Sie, was während des Prozesses im mikroskopischen Bereich der Atome und Moleküle geschieht.

4. *Die Annäherung an thermisches Gleichgewicht.* Zwei Gase A und A' sind in eigenen Behältern eingeschlossen. Anfangs ist die mittlere Energie eines Moleküls von A von der mittleren Energie eines Moleküls im Gas A' sehr verschieden. Die beiden Behälter werden nun in Berührung gebracht, so daß Energie in Form von Wärme vom Gas A auf die Moleküle der Behälterwände, von diesen auf das Gas A' übertragen werden kann. Ist der dann ablaufende Prozeß reversibel oder irreversibel? Beschreiben Sie die mikroskopischen Vorgänge, die Sie beobachten würden, wenn Sie den Prozeß filmen und rückwärts abspielen.

5. *Änderung des Gasdrucks mit dem Volumen.* Ein Behälter ist durch eine Trennwand in zwei Teile unterteilt. Der eine Teil hat ein Volumen V_i und ist mit verdünntem Gas gefüllt, der andere Teil ist leer. Die Trennwand wird nun entfernt und die Einstellung des Gleichgewichts abgewartet. Die Moleküle des Gases sind dann gleichförmig über das gesamte Volumen des Behälters, V_f, verteilt.

   a) Hat sich die Gesamtenergie des Gases geändert? Vergleichen Sie anhand Ihrer Lösung die mittlere Energie pro Molekül und die mittlere Geschwindigkeit eines Moleküls im Gleichgewicht vor Entfernung der Trennwand mit den entsprechenden Werten für den Gleichgewichtszustand nach Entfernen der Trennwand.

      Lösung: Gesamtenergie ist unverändert.

   b) Berechnen Sie das Verhältnis zwischen dem Druck, den das Gas im Endzustand ausübt, und seinem Druck am Anfang.

      Lösung: $p_f/p_i = V_i/V_f$.

6. *Anzahl der Gasmoleküle, die auf eine Flächeneinheit treffen.* Berechnen Sie für Stickstoff (N_2) unter Normaldruck und bei Zimmertemperatur die mittlere Anzahl von N_2-Molekülen, die pro Sekunde auf 1 cm^2 der Behälterwände auftrifft. Die Zahlenwerte sind dem Text zu entnehmen.

   Lösung: $2{,}1 \cdot 10^{23}$ Moleküle $s^{-1} cm^{-2}$.

7. *Ausströmgeschwindigkeit.* Eine 1-ℓ-Glaskugel enthält N_2 bei Zimmertemperatur und Normaldruck. Die Glaskugel, die in Zusammenhang mit einem anderen Experiment verwendet werden soll, befindet sich in einer großen evakuierten Kammer. Leider hat diese Glaskugel ein winziges Loch mit einem Radius von etwa 10^{-5} cm, was dem Experimentator unbekannt ist. Wir aber wollen die Bedeutung, die einem Loch dieser Größe zukommt, abschätzen, indem wir die Zeit bestimmen, in der 1 % der N_2-Moleküle in das umgebende Vakuum ausströmen.

   Lösung: ≈ 45 Tage.

8. *Mittlere Zeitspanne zwischen molekularen Zusammenstößen.* Für Stickstoff bei Zimmertemperatur und Normaldruck ist die Zeitspanne zu bestimmen, die einem N_2-Molekül im Mittel noch bleibt, bevor es mit einem anderen Molekül zusammenstößt. Verwenden Sie dabei die im Text angegebenen Zahlenwerte.

   Lösung: $6 \cdot 10^{-10}$ s.

9. *Gleichgewicht zwischen Atomen verschiedener Masse.* Untersuchen wir den Zusammenstoß zwischen zwei verschiedenen Atomen mit den Massen m_1 und m_2. Die Geschwindigkeiten dieser Atome vor dem Zusammenstoß wollen wir mit v_1 bzw. v_2 bezeichnen; ihre Geschwindigkeiten nach dem Zusammenstoß mit v'_1 bzw. v'_2. Es ist nun interessant festzustellen, welcher Energiebetrag durch den Zusammenstoß von dem einen auf das andere Atom übertragen wird.

   a) Beweisen Sie anhand der Erhaltungssätze für Impuls und Energie, daß

   $$v_1 + v'_1 = v_2 + v'_2. \qquad (1)$$

   Anleitung: Es erweist sich als günstig, die Beziehung $v'^2 - v^2 = (v' + v)(v' - v)$ zu verwenden.

   b) Verwenden Sie den Impulserhaltungssatz und Gl. (1), um v'_2 zu eliminieren, so daß Sie für v'_1 einen expliziten Ausdruck aus v_1 und v_2 erhalten.

   c) Zeigen Sie, daß die durch den Zusammenstoß verursachte Energieänderung $\Delta W_{M1} = \frac{1}{2} m_1 (v_1'^2 - v_1^2)$ des Atoms 1 durch

   $$\Delta W_{M1} = \frac{4 m_1 m_2}{(m_1 + m_2)^2} \left[-(W_{M1} - W_{M2}) + \frac{1}{2}(m_1 - m_2)\, v_1 \cdot v_2 \right] \qquad (2)$$

   gegeben ist, womit $\overline{W_{M1}} \equiv \frac{1}{2} m_1 v_1^2$ bzw. $\overline{W_{M2}} \equiv \frac{1}{2} m_2 v_2^2$ die Anfangsenergien der Atome bezeichnet wurden.

   d) Angenommen, die zwei Atome befinden sich unter anderen Atomen eines Stoffes im Gleichgewichtszustand. Die Bedingung für Gleichgewicht besagt, daß die Energie eines Atoms sich im Mittel nicht ändert, daß also $\overline{\Delta W_{M1}} = 0$ ist. Außerdem werden die Anfangsgeschwindigkeiten aller Atome zufällig gerichtet sein, so daß der Cosinus des Winkels zwischen v_1 und v_2 gleich oft positiv wie negativ sein wird, d.h., der Cosinuswert wird im Mittel verschwinden, so daß $\overline{v_1 \cdot v_2} = 0$. Indem Sie auf beiden Seiten der Gl. (2) mitteln, können Sie zeigen, daß im Gleichgewicht

   $$\overline{W_{M1}} = \overline{W_{M2}} \qquad (3)$$

   gilt.

   Dieses interessante Ergebnis zeigt, daß im Gleichgewichtszustand die mittleren Energien der Atome gleich groß sind, selbst wenn ihre Massen verschieden sind.

10. *Vergleich der Molekülgeschwindigkeiten in einem Gasgemisch.* Ein Behälter enthält ein Gasgemisch, das aus einatomigen Molekülen verschiedener Masse, m_1 und m_2, zusammengesetzt ist.

   a) Angenommen, das Gasgemisch befindet sich im Gleichgewicht. Bestimmen Sie mit Hilfe der Lösung der vorigen Übung das ungefähre Verhältnis zwischen der Durchschnittsgeschwindigkeit $\bar{v}_1$ eines Moleküls der Masse m_1 und der Durchschnittsgeschwindigkeit $\bar{v}_2$ eines Moleküls der Masse m_2.

   Lösung: $\bar{v}_1/\bar{v}_2 = (m_2/m_1)^{1/2}$.

   b) Als konkretes Beispiel für die beiden Molekülsorten wollen wir He (Helium) und Ar (Argon) nehmen; das Atomgewicht ist 4 bzw. 40. Bestimmen Sie das Verhältnis zwischen der Durchschnittsgeschwindigkeit eines He-Atoms und der eines Ar-Atoms.

11. *Druck eines Gasgemisches.* Ein ideales Gas besteht aus zwei Arten von Atomen. Genauer gesagt: In einer Volumeneinheit sind n_1 Atome der Masse m_1 und n_2 Atome der Masse m_2 vorhanden. Das Gas soll sich im Gleichgewichtszustand befinden, so daß die mittlere Energie $\overline{W_M}$ eines Atoms für beide Arten von Atomen gleich ist. Finden Sie eine Näherungsgleichung für den durchschnittlichen Druck $\bar{p}$ den die Gasmischung ausübt. Das Ergebnis ist durch $\overline{W_M}$ auszudrücken.

   Lösung: $\bar{p} = \frac{2}{3}(n_1 + n_2)\overline{W_M}$.

12. *Die Mischung zweier Gase.* Ein Behälter ist durch eine Trennwand in zwei gleiche Teile unterteilt. Der eine Teil enthält 1 mol Helium (He), der andere 1 mol Argon (Ar). Energie in Form von Wärme kann durch die Trennwand von einem Gas auf das andere übergehen. Nach genügend langer Zeit wird sich also zwischen den beiden Gasen Gleichgewicht eingestellt haben. Der mittlere Druck des Heliums ist dann p_1, der des Argons p_2.

   a) Vergleichen Sie die Drücke p_1 und p_2 der beiden Gase.

   b) Was geschieht, wenn die Trennwand entfernt wird? Beschreiben Sie den Prozeßablauf, den ein verkehrt abgespielter Film zeigen würde. Ist der Prozeß reversibel oder irreversibel?

   c) Wie groß ist der mittlere Druck, den das Gasgemisch im Endzustand ausübt?

   Lösung: $\bar{p}_1 = \bar{p}_2$.

13. *Die Auswirkung einer semipermeablen Trennwand („Osmose“).* Eine Glaskugel enthält Argon (Ar) bei Zimmertemperatur und einem Druck von 1 atm. Diese Glaskugel wird nun in eine große Kammer gebracht, die, ebenfalls bei Zimmertemperatur und Normaldruck, Helium enthält. Die Hohlkugel ist aus einem Glas hergestellt, das für die kleinen He-Atome durchlässig ist, für die größeren Ar-Atome jedoch undurchlässig.

   a) Beschreiben Sie den dann ablaufenden Prozeß.

   b) Wie sieht die in höchstem Grade zufällige Verteilung der Moleküle aus, die beim schließlich erreichten Gleichgewichtszustand gegeben ist?

   c) Wie groß ist der mittlere Gasdruck im Inneren der Kugel, nachdem sich Gleichgewicht eingestellt hat?

   Lösung: 2 atm.

14. *Wärmeschwingungen der Atome eines festen Körpers.* Stickstoff (N_2) in einem Behälter befindet sich bei Zimmertemperatur im Gleichgewicht. Nach der Lösung der Übung 9 kann angenommen werden, daß in diesem Fall die mittlere kinetische Energie eines Gasmoleküls ungefähr gleich der

mittleren kinetischen Energie eines Atoms des festen Wandstoffes ist. Jedes Atom eines festen Körpers ist lagemäßig an einen bestimmten Raumgitterpunkt gebunden. Es kann jedoch um diesen Punkt frei schwingen; in guter Näherung sollte es eine einfache harmonische Schwingung ausführen. Seine potentielle Energie ist dann im Mittel gleich seiner kinetischen Energie.

Nehmen wir an, die Wände des Behälters bestehen aus Kupfer, das eine Dichte von 8,9 g/cm^3 und ein Atomgewicht von 63,5 hat.

a) Bestimmen Sie die mittlere Geschwindigkeit, mit der ein Kupferatom um seine Gleichgewichtslage schwingt.
Lösung: $3{,}4 \cdot 10^4$ cm/s.

b) Schätzen Sie den mittleren Abstand der Kupferatome ab. (Nehmen Sie an, daß die Kupferatome an den Eckpunkten eines regelmäßigen kubischen Raumgitters liegen.)
Lösung: $2{,}3 \cdot 10^{-8}$ cm.

c) Greift eine Kraft F an einem Kupferstab mit dem Querschnitt A und der Länge l an, dann ist der Längenzuwachs Δl des Stabes durch die Beziehung

$$F/A = Y(\Delta l/l)$$

gegeben. Die Proportionalitätskonste Y ist der sogenannte *Youngsche Modul.* Er wurde für Kupfer experimentell zu $Y = 1{,}28 \cdot 10^{12}$ dyn/cm^2 bestimmt. Schätzen Sie mit Hilfe dieser Angabe die Richtkraft ab, die auf ein Kupferatom wirkt, wenn es um eine kleine Strecke x aus einer Gleichgewichtslage in festen Körpern entfernt wird.
Lösung: $2{,}9 \cdot 10^4 \cdot x$ dyn/cm^2.

d) Wie groß ist die potentielle Energie eines Atoms, wenn es um einen Betrag x von seiner Gleichgewichtslage entfernt ist? Bestimmen Sie mit diesem Ergebnis den Mittelwert $|x|$ der Amplitude der Schwingung, die ein Kupferatom um seine Gleichgewichtslage ausführt. Vergleichen Sie $|x|$ mit dem Abstand zwischen den Kupferatomen im festen Körper.
Lösung: $2 \cdot 10^{-9}$ cm.

2. Grundbegriffe der Wahrscheinlichkeitstheorie

Die Betrachtungen des ersten Kapitels zeigten, daß wahrscheinlichkeitstheoretische Überlegungen zum Verständnis makroskopischer Systeme, die aus sehr vielen Teilchen bestehen, unerläßlich sind. Es wird daher von Vorteil sein, wenn wir die Grundbegriffe der Wahrscheinlichkeitstheorie nochmals besprechen und untersuchen, wie diese auf einfache und doch wichtige Probleme angewendet werden kann. Tatsächlich wird sich der Inhalt des vorliegenden Kapitels auch in ganz anderen Gebieten als brauchbar erweisen, nicht nur in den uns unmittelbar interessierenden. Zum Beispiel ist die Wahrscheinlichkeitsrechnung ein unentbehrliches Hilfsmittel bei sämtlichen Glücksspielen, im Versicherungswesen (wo die Wahrscheinlichkeit von Krankheit oder Tod der Versicherungsnehmer berechnet werden muß) und bei Stichproben jeder Art, wie etwa bei öffentlichen Meinungsumfragen. In der Biologie ist die Wahrscheinlichkeitsrechnung vor allem in der Genetik von Bedeutung. In der Physik gibt es ebenfalls zahlreiche Anwendungsgebiete: Die Erscheinung des radioaktiven Zerfalls, der Einfall kosmischer Strahlung an der Erdoberfläche, die zufallsgesteuerte Emission von Elektronen von der Glühkathode einer Vakuumröhre – all das wird mit Hilfe der Wahrscheinlichkeitstheorie untersucht. Auch bei der quantenmechanischen Beschreibung von Atomen und Molekülen spielt sie eine wichtige Rolle. Das für uns wesentliche Anwendungsgebiet ist aber unsere Diskussion der makroskopischen Systeme.

2.1. Das statistische Kollektiv

Betrachten wir ein System A, mit dem wir Experimente durchführen und Beobachtungen machen können[1]). In vielen Fällen wird ein bestimmtes Ergebnis eines einzigen Experimentes nicht mit Sicherheit vorausgesagt werden können, entweder weil das an sich nicht möglich ist[2]), oder weil die über das System zur Verfügung stehenden Daten ungenügend sind, so daß aus diesem Grunde eine solche präzise Vorhersage nicht möglich ist. Obwohl es also unmöglich ist, genaue Aussagen über den Ausgang eines einzigen Experiments zu machen, sind wir sehr wohl in der Lage, signifikante Feststellungen über den Ausgang einer großen Anzahl solcher Experimente zu treffen. Wir gewinnen daraus dann eine *statistische* Beschreibung des Systems, d.h. eine Beschreibung, die auf *Wahrscheinlichkeitsbegriffen* basiert. Um eine derartige Beschreibung zu erhalten, gehen wir folgendermaßen vor:

1) Unter Beobachtung verstehen wir ein Experiment, dessen Ergebnis das Resultat einer Beobachtung darstellt. Es ist daher nicht nötig, zwischen Beobachtungen und Experimenten einen Unterschied zu machen.

2) Das ist zum Beispiel in der Quantenmechanik der Fall, wo das Ergebnis einer Messung in einem mikroskopischen System gewöhnlich nicht mit Sicherheit vorausgesagt werden kann.

Wir betrachten nicht mehr ein einziges System A, sondern ein Ensemble (oder *Kollektiv* – ein der üblichen Terminologie eher entsprechender Ausdruck), das aus einer sehr großen Anzahl N „ähnlicher" Systeme besteht. N wird prinzipiell als sehr groß angenommen (d.h. $N \to \infty$). Die Systeme sind dann als „ähnlich" anzusehen, wenn für jedes einzelne System die gleichen Bedingungen gelten wie für das System A. Das heißt, jedes System wird in gleicher Weise wie A auf das Experiment vorbereitet, und an jedem System wird das gleiche Experiment wie am System A ausgeführt. Wir fragen dann: In welchem Bruchteil der Fälle wird das Experiment ein bestimmtes Ergebnis liefern? Also werden wir einen Weg finden müssen, alle möglichen einander ausschließenden Ergebnisse des Experiments zu zählen. (Die Gesamtanzahl der möglichen Ergebnisse kann endlich oder unendlich sein.) Ein bestimmtes Ergebnis des Experimentes wird mit r bezeichnet, und N_r Systeme der N Systeme des Kollektivs sollen dieses Ergebnis aufweisen. Dann ist

$$P_r = \frac{N_r}{N} \quad (\text{für } N \to \infty) \qquad (2.1)$$

die *Wahrscheinlichkeit für das Auftreten des Ergebnisses* r. Je größer N ist, um so eher wird eine Wiederholung des gleichen Experiments mit dem gleichen Kollektiv wiederum den gleichen Bruch N_r/N ergeben. Die Definition (2.1) wird dann eindeutig, wenn im Grenzfall N beliebig groß wird.

Die obigen Feststellungen zeigten, wie wir die Wahrscheinlichkeit für ein bestimmtes mögliches Ergebnis eines Experiments an einem System bestimmen können, indem wir das Experiment an einer großen Anzahl N ähnlicher Systeme wiederholen[1]). Obwohl das Ergebnis eines Experiments an einem einzigen System nicht vorhergesagt werden kann, ist es also möglich, mit Hilfe einer *statistischen* Theorie die *Wahrscheinlichkeit* vorauszusagen, mit der jedes der möglichen Ergebnisse des Experiments auftreten wird. Die vorausgesagten Wahrscheinlichkeiten können dann mit den experimentell (aus einem Kollektiv ähnlicher Systeme) gewonnenen Resultaten verglichen werden.

Eine Reihe von Beispielen mag die statistische Darstellungsweise erläutern.

Knobeln oder Würfeln:

Beim Werfen einer Münze gibt es nur zwei mögliche Ergebnisse dieses Experiments, nämlich „Kopf" oder „Zahl", je nachdem ob die Münze mit der Zahl oder mit dem eingeprägten Kopf oder

1) Wenn der untersuchte Zustand des Systems zeitunabhängig ist, dann können wir auch ein und dasselbe Experiment N mal mit dem *einen* betreffenden System ausführen, wobei das System jedoch jedesmal, wenn das Experiment begonnen wird, den gleichen Anfangszustand aufweisen muß.

Wappen nach oben zu liegen kommt [1]). Prinzipiell könnten wir das Ergebnis dieses Versuchs vollkommen voraussagen, wenn wir nur genau wissen, wie die Münze geworfen wird, und welche Kräfte auf sie wirken, wenn sie auf den Tisch aufprallt. Wir brauchen dann nur die betreffenden komplizierten Berechnungen nach den Gesetzen der klassischen Mechanik auszuführen. In der Praxis steht uns aber so detailliertes Informationsmaterial über das Werfen einer Münze nicht zur Verfügung. Deshalb können wir auch nicht das Ergebnis eines bestimmten Wurfes eindeutig voraussagen. (Selbst wenn das benötigte Informationsmaterial vollständig zur Verfügung steht, und die betreffenden Berechnungen durchgeführt werden können, ist normalerweise niemand an präzisen Voraussagen interessiert, wenn diese nur auf so kompliziertem Wege zu erhalten sind.) In der statistischen Darstellungsweise bereitet das Experiment aber keinerlei Schwierigkeiten mehr. Wir betrachten ein Kollektiv, das aus einer großen Anzahl $\mathcal{N}$ ähnlicher Münzen besteht. Werden diese Münzen auf gleiche Weise geworfen, und stellen wir fest, in wie vielen Fällen „Kopf" und in wie vielen „Zahl" das Ergebnis ist [2]), dann ergibt sich daraus die experimentell bestimmte Wahrscheinlichkeit p, „Kopf" zu erhalten, bzw. die Wahrscheinlichkeit q, „Zahl" zu erhalten. Mit einer statistischen Theorie sollten wir diese Wahrscheinlichkeiten voraussagen können. Fällt zum Beispiel der Schwerpunkt der Münze mit ihrem geometrischen Mittelpunkt zusammen, dann könnte diese Theorie auf der Symmetrie beruhen, d.h. auf dem Argument, daß nach den Gesetzen der Mechanik in keiner Weise zwischen Kopf und Zahl unterschieden werden kann. In diesem Fall sollte die Hälfte der experimentellen Ergebnisse „Kopf", die andere Hälfte „Zahl" lauten, so daß also $p = q = 1/2$. Ein Vergleich mit dem Experiment kann die Theorie bestätigen oder auch nicht. Erhalten wir zum Beispiel öfter „Kopf" als „Zahl", dann müßten wir daraus schließen, daß es nicht gerechtfertigt ist, eine Theorie auf der Annahme aufzubauen, daß Schwerpunkt und geometrischer Mittelpunkt der Münze zusammenfallen.

Untersuchen wir nun den etwas komplizierten Fall eines Experiments, bei dem ein Satz von N Münzen geworfen wird (Bild 2.1). Da beim Werfen jeder einzelnen Münze zwei Ergebnisse möglich sind, werden beim Werfen eines Satzes von N Münzen $2 \cdot 2 \cdot 2 \ldots \cdot 2 = 2^N$ Ergebnisse möglich sein, von denen eines tatsächlich auftritt [3]). Eine statistische Darstellung des Experiments bedingt dann wiederum, daß wir statt eines einzigen Satzes von N Münzen ein Kollektiv von $\mathcal{N}$ solchen Sätzen von N Münzen betrachten müssen, wobei jeder Münzensatz auf die gleiche Weise geworfen werden muß. Interessant ist es zu untersuchen, mit welcher Wahrscheinlichkeit ein bestimmtes der 2^N möglichen Ergebnisse im Kollektiv auftritt. Eine weitere, aber weniger ins Detail gehende Frage ist auch: Mit welcher Wahrscheinlichkeit tritt ein Ergebnis in dem Kollektiv auf, bei dem n der Münzen „Kopf" zeigen, die anderen, $(N - n)$, „Zahl".

Ein analoges Problem ist natürlich der Wurf eines Satzes von N Würfeln. Der einzige Unterschied besteht darin, daß bei jedem Wurf mit nur einem der Würfel 6 Ergebnisse möglich sind, je nachdem welche der sechs Würfelflächen nach oben zu liegen kommt.

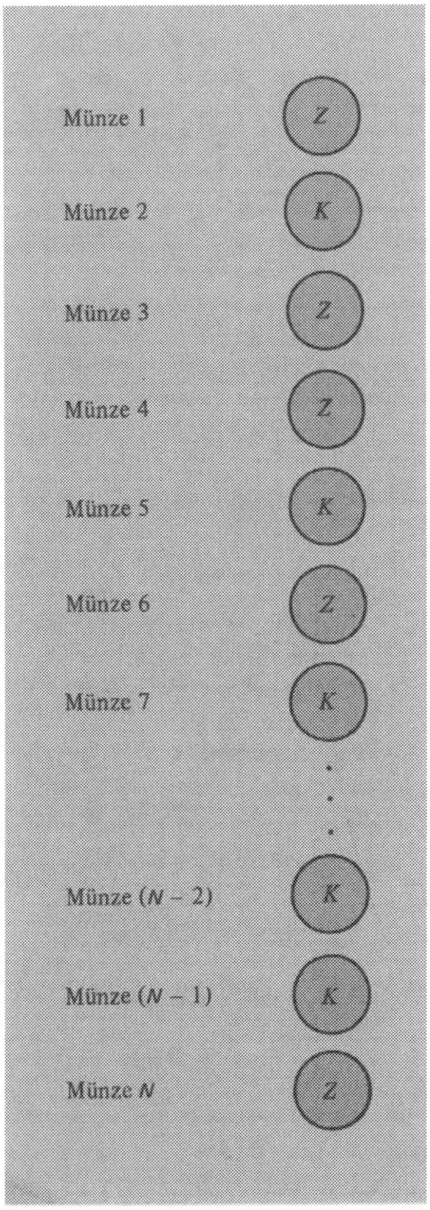

Bild 2.1. Um Wahrscheinlichkeitsaussagen über den Wurf einer *einzigen* Münze machen zu können, untersuchen wir ein Kollektiv, das aus $\mathcal{N}$ solchen Münzen besteht. Die Abbildung zeigt schematisch ein solches Kollektiv, nachdem jede einzelne Münze geworfen wurde. Der Buchstabe „K" bedeutet, daß die betreffende Münze „Kopf" zeigt, das Symbol „Z", daß sie „Zahl" zeigt.

Oft ist es vorteilhafter, die Bezeichnung *Ereignis* für das Ergebnis eines Experiments oder das Resultat einer Beobachtung zu verwenden. Es muß beachtet werden, daß die Wahrscheinlichkeit, mit der ein Ereignis auftritt, weitgehendst von dem Informationsmaterial abhängt, das über das betreffende System zur Verfügung steht. Tatsächlich wird durch dieses Informationsmaterial die zu betrachtende Art des statistischen Kollektivs festge-

---

1) Den recht unwahrscheinlichen Fall, daß die Münze auf ihrer Kante stehen bleibt, berücksichtigen wir nicht.

2) Wir könnten aber auch die gleiche Münze $\mathcal{N}$ mal hintereinander werfen und zählen, wie oft Kopf bzw. Zahl oben liegen.

3) Für den Sonderfall $N = 4$ sind die $2^4 = 16$ möglichen Ergebnisse explizit in Tabelle 1.1 (Seite 6) angeführt, wenn wir unter L das Ergebnis Kopf, unter R das Ergebnis Zahl verstehen.

legt, da das Kollektiv ausschließlich aus solchen Systemen bestehen muß, die alle die Bedingungen befriedigen, die das betrachtete System erfüllt.

Beispiel:

Wir interessieren uns für das folgende Problem: Mit welcher Wahrscheinlichkeit befindet sich eine in den Vereinigten Staaten wohnhafte Person im Alter von 23 bis 24 Jahren im Krankenhaus? Wir betrachten in diesem Fall ein Kollektiv, das aus einer großen Anzahl von in den Vereinigten Staaten wohnhaften Personen besteht, und wir müssen den Bruchteil von Personen bestimmen, die irgendwann im Alter von 23 bis 24 Jahren im Krankenhaus sind. Angenommen, die betreffenden Personen sollten weiblichen Geschlechts sein. Die Lösung des Problems ändert sich dann entsprechend, da wir nun ein Kollektiv von *Frauen* betrachten, die in den Vereinigten Staaten wohnen, und von dem wir wissen wollen, welcher Bruchteil von ihnen sich zu irgendeiner Zeit im Alter von 23 bis 24 Jahren im Krankenhaus befindet. (Tatsächlich werden sich zahlreiche Frauen dieser Altersgruppe beispielsweise wegen einer Entbindung im Krankenhaus befinden, was für Männer natürlich nicht zutreffen würde.)

Anwendung auf Systeme, die aus vielen Teilchen bestehen

Wir betrachten im folgenden wieder ein makroskopisches System, das aus einer großen Anzahl von Teilchen besteht. Das System kann zum Beispiel durch ein ideales Gas mit N Molekülen, ein System mit N Spins, eine Flüssigkeit oder ein Stück Kupfer dargestellt werden. In keinem dieser Fälle ist es möglich, das Verhalten eines jeden Teilchens des Systems vorauszusagen[1]; das ist auch uninteressant. Wir bedienen uns daher einer statistischen Beschreibung des betreffenden Systems A. Es wird also nicht das einzelne System A betrachtet, sondern ein Kollektiv, das sich aus einer großen Anzahl N solcher Systeme, die A ähnlich sind, zusammensetzt (Bild 2.2). Um für den Zeitpunkt t zu einer statistischen Aussage über das System zu gelangen, beobachten wir die N Systeme zur Zeit t. Aus dem Beobachtungsmaterial können wir die Wahrscheinlichkeit $P_r(t)$ bestimmen, mit der die Beobachtung zur Zeit t ein bestimmtes Ergebnis r liefert. Das ist am besten zu veranschaulichen, wenn wir jedes System des Kollektivs filmen. Die N so erhaltenen Filme zeigen die Ergebnisse aller Beobachtungen der Systeme des Kollektivs. Das Verhalten eines dieser Systeme, etwa des Systems mit der Nummer k, als Funktion der Zeit ist dann aus dem k-ten Film zu ersehen (oder aus den Bildern einer Zeile in Bild 2.3). Wahrscheinlichkeitsaussagen über das betreffende System zu einem bestimmten Zeitpunkt t hingegen sind durch die zu diesem Zeitpunkt t aufgenommenen Einzelbilder der Filme gegeben (wir werden dazu bei einer Reihe jeweils

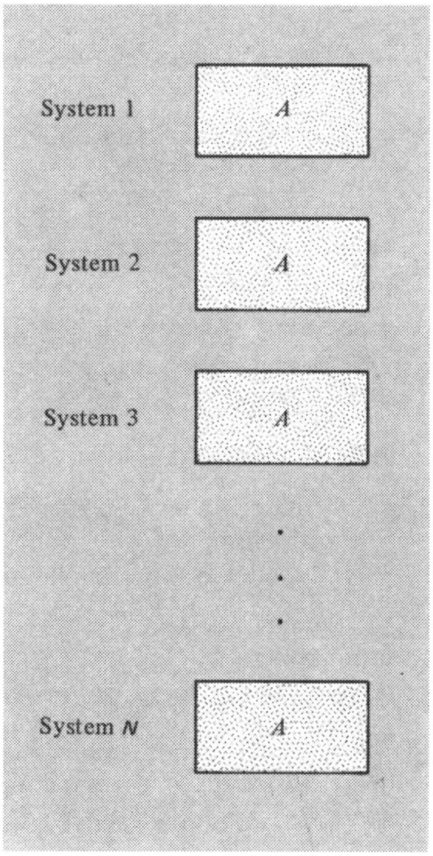

Bild 2.2. Statistische Beschreibung eines Systems A, das aus einem mit Gas gefüllten Behälter besteht. Das Bild zeigt schematisch ein statistisches Kollektiv von N solchen Systemen, die dem betrachteten System A sehr ähnlich sind.

untereinander stehender Bilder in Bild 2.3 den Bruchteil der Systeme auszählen, die in diesem Zeitpunkt ein bestimmtes Ergebnis aufweisen).

Ein statistisches Kollektiv von Systemen wird als *zeitunabhängig* bezeichnet, wenn zu jedem Zeitpunkt die Anzahl der Systeme, die ein bestimmtes Ereignis aufweisen, gleich groß ist (oder analog ausgedrückt, wenn die Wahrscheinlichkeit für das Auftreten eines bestimmten Ereignisses in diesem Kollektiv zeitunabhängig ist). Die statistische Darstellungsweise liefert somit eine sehr gute Definition für das Gleichgewicht: *Ein isoliertes makroskopisches System befindet sich im Gleichgewicht, wenn ein statistisches Kollektiv solcher Systeme zeitunabhängig ist.*

Beispiel:

Wir betrachten N Moleküle eines idealen Gases. Zu einem Ausgangszeitpunkt t_0 (unmittelbar nach der Entfernung einer Trennwand) sind alle Moleküle dieses Gases in der linken Hälfte eines Behälters. Wie müssen wir vorgehen, um eine statistische Beschreibung der Vorgänge zu den folgenden Zeitpunkten zu erlangen? Wir brauchen lediglich ein Kollektiv zu betrachten, das aus einer großen Anzahl N solcher Gasbehälter besteht, wobei in jedem

---

1) In einer strengen quantenmechanischen Darstellung eines Systems sind nichtstatistische Voraussagen prinzipiell unmöglich. In einer klassischen Beschreibung ist eine eindeutige Voraussage über ein System nur dann möglich, wenn Ort und Geschwindigkeit eines jeden Teilchens zu einem bestimmten Zeitpunkt bekannt sind, was wiederum nie der Fall ist.

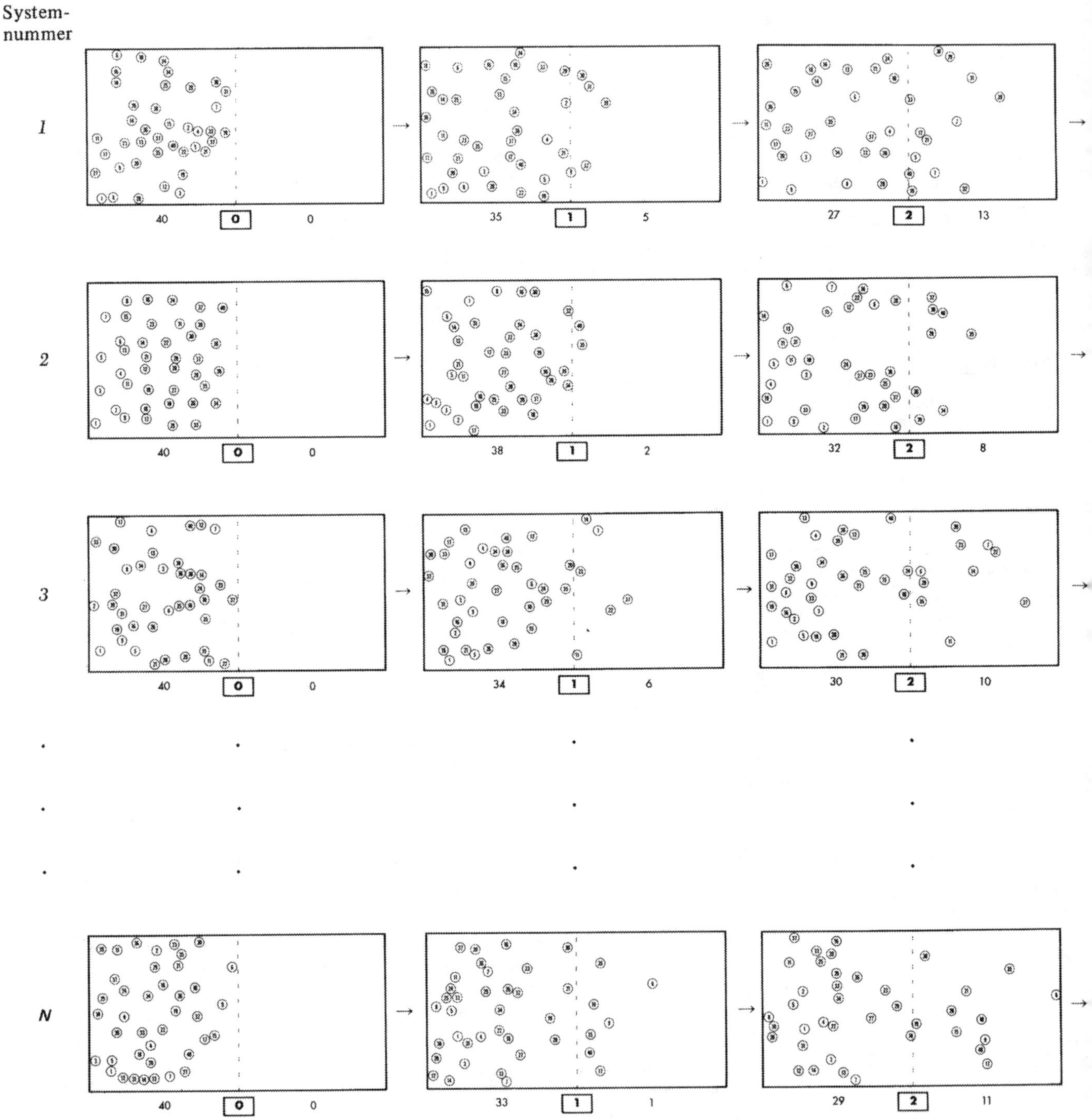

Bild 2.3. Diese mit einem Computer hergestellten Bilder zeigen ein statistisches Kollektiv von Systemen. Hier ist ein Kollektiv dargestellt, das aus 40 Teilchen (Systemen) in einem Behälter besteht. Über dieses Kollektiv ist lediglich bekannt, daß sich an einem Ausgangszeitpunkt, der dem Bild $j = 0$ entspricht, alle Teilchen in der linken Hälfte des Behälters befinden, über ihre Lagen und Geschwindigkeiten ist sonst nichts angegeben.

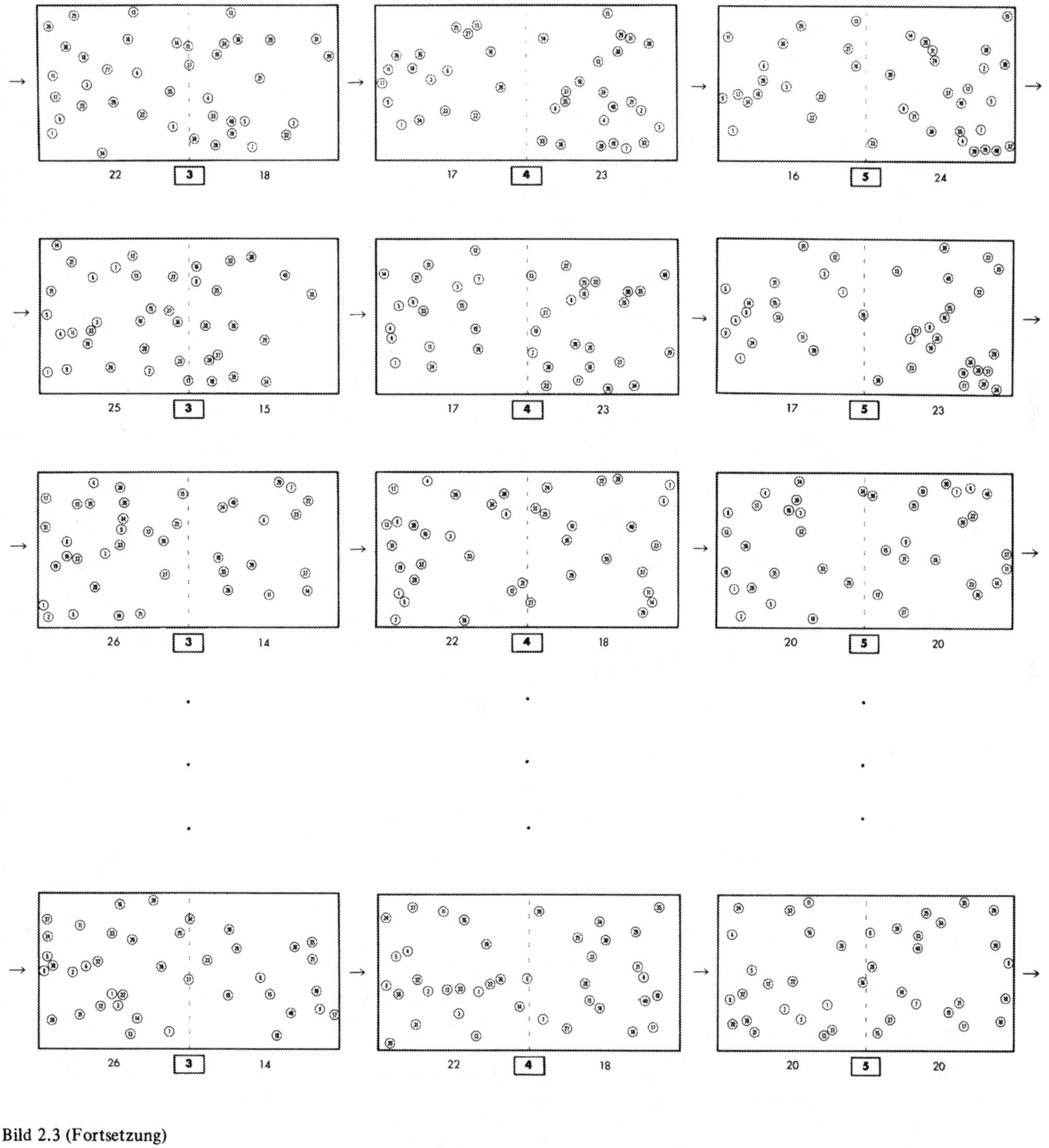

Bild 2.3 (Fortsetzung)

Die zeitliche Entwicklung des k-ten Systems des Kollektivs können Sie verfolgen, wenn Sie die diesem System entsprechende Reihe von Einzelbildern j = 0, 1, 2, betrachten. Eine statistische Aussage über ein System für einen Zeitpunkt, der dem j-ten Bild entspricht, erhalten wir, wenn wir die untereinander stehenden j-ten Bilder aller Systeme betrachten und die für die Bestimmung von Wahrscheinlichkeiten nötigen Auszählungen vornehmen.

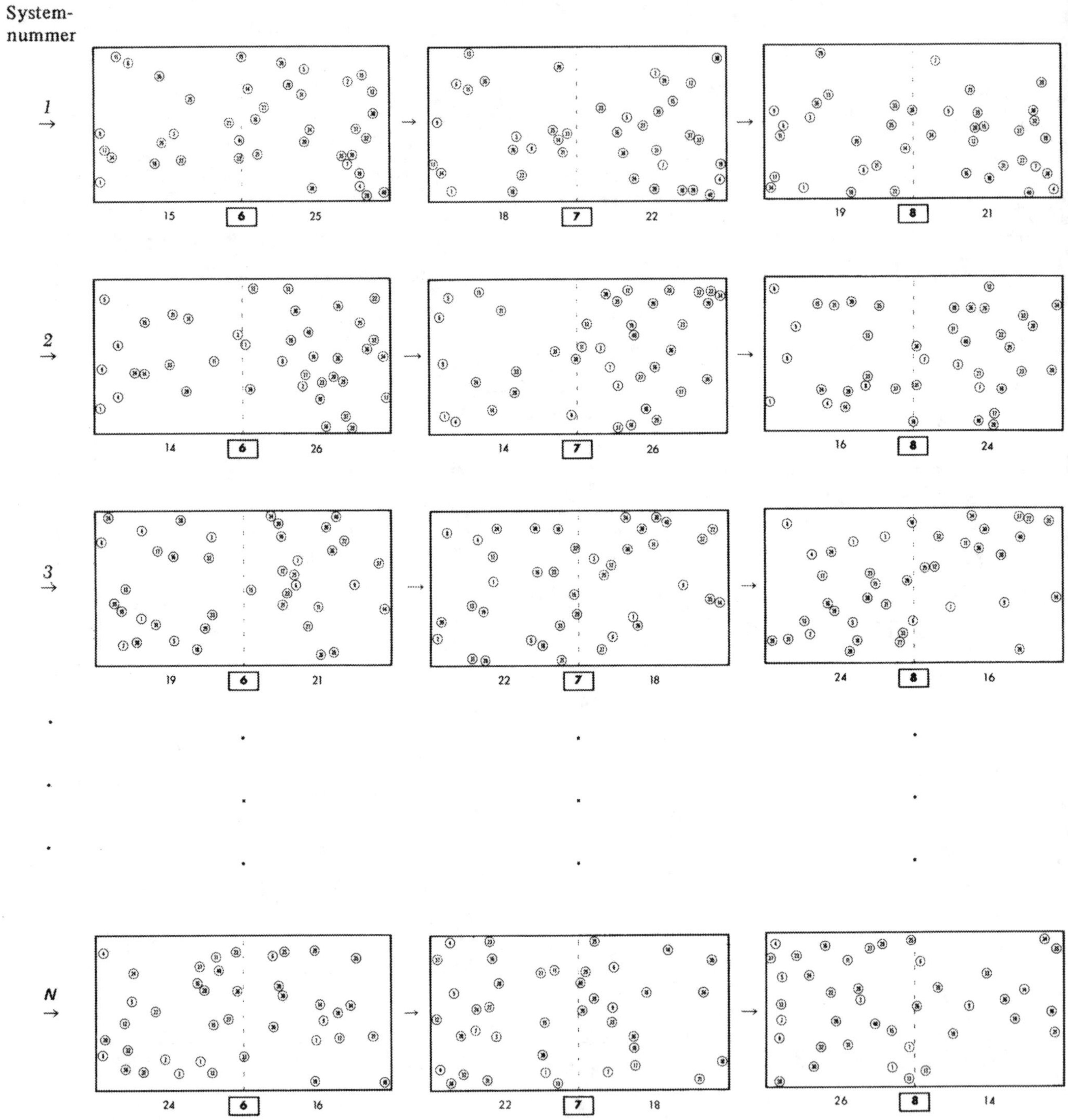

Bild 2.4 (Fortsetzung von Bild 2.3)
Das Kollektiv ist inzwischen zeitunabhängig geworden, d.h., die einzelnen Systeme haben den Gleichgewichtszustand erreicht.

Behälter im Zeitpunkt t_0 sämtliche Gasmoleküle in der linken Hälfte konzentriert sein müssen. Ein derartiges Kollektiv ist in Bild 2.3 schematisch dargestellt. Wir können dann an diesem Kollektiv zu jedem Zeitpunkt $t > t_0$ verschiedene Untersuchungen ausführen. Zum Beispiel ist eine interessante Frage: Welche Wahrscheinlichkeit $p(t)$ hat ein in der linken Hälfte des Behälters befindliches beliebiges Molekül und wie groß ist die Wahrscheinlichkeit $q(t)$, daß es sich in der rechten Hälfte befindet? Oder: Wie groß ist die Wahrscheinlichkeit $P(n, t)$, daß zu einem beliebigen Zeitpunkt t sich n der N Moleküle in der linken Hälfte des Behälters befinden? Für den Ausgangszeitpunkt t_0 wissen wir, daß $p(t_0) = 1$ und $q(t_0) = 0$ ist. [Ganz analog wird $P(N, t_0) = 1$ und $P(n, t_0) = 0$ für $n \neq N$ sein.] Mit fortschreitender Zeit ändern sich alle diese Wahrscheinlichkeiten, bis die Moleküle alle gleichförmig über den gesamten Behälter verteilt sind und also $p = q = 1/2$ ist. Danach ändern sich die Wahrscheinlichkeiten nicht mehr mit der

Zeit, das System hat den Gleichgewichtszustand erreicht (Bild 2.4)[1]. Dieser zeitunabhängige Zustand stellt natürlich einen besonders einfachen Fall dar. Die Probleme eines Gasvolumens von N Molekülen oder eines Satzes von N Münzen sind dann tatsächlich analog zu behandeln. Es ist zum Beispiel die Wahrscheinlichkeit p, mit der sich ein bestimmtes Molekül in der linken Hälfte des Behälters befindet, gleich groß wie die Wahrscheinlichkeit p, daß eine aufgeworfene Münze Kopf zeigt. Ganz analog ist die Wahrscheinlichkeit q, mit der sich ein bestimmtes Molekül in der rechten Hälfte befindet, gleich groß wie die Wahrscheinlichkeit q, daß eine Münze Zahl zeigt. Auch im Fall der Münzen sind diese Wahrscheinlichkeiten zeitunabhängig, so daß $p = q = \frac{1}{2}$.

Bemerkung:

In Gl. (1.4) berechneten wir Wahrscheinlichkeiten für ein einziges System. Dieses Vorgehen ist normalerweise nur gerechtfertigt, wenn das System im Gleichgewicht ist. Da ein Kollektiv solcher Systeme zeitunabhängig ist, sind viele aufeinanderfolgende Beobachtungen einer großen Anzahl gleichzeitiger Beobachtungen der vielen Systeme des Kollektivs gleichzusetzen. Filmen wir also ein einziges System über eine Zeitspanne Δt, und schneiden den Film in N lange Teilstücke, jedes Filmstück entspricht einer Zeitspanne $\Delta t_1 \equiv \Delta t/N$ (die so lang sein muß, daß das Verhalten des Systems in einem Filmstück unabhängig von seinem Verhalten in einem anschließenden Filmstück ist), dann ist dieser Satz von N Filmstreifen von einem einzigen System durch nichts von einem Satz von N Filmstreifen zu unterscheiden, die während der Zeitspanne Δt_1 von allen Systemen des Kollektivs aufgenommen wurden.

2.2. Einfache Beziehungen zwischen Wahrscheinlichkeiten

Für Wahrscheinlichkeiten gelten einige einfachen Beziehungen, die vielleicht selbstverständlich erscheinen, aber sehr wichtig sind. Es wird von Vorteil sein, wenn wir diese Beziehungen aus der Definition (2.1) einer Wahrscheinlichkeit selbst ableiten. Im Laufe der folgenden Diskussion ist die Anzahl N der Systeme eines Kollektivs immer als unendlich groß anzusehen.

Nehmen wir an, daß Experimente mit einem System A eine Anzahl α einander ausschließender Ergebnisse liefern können. Ein jedes solches Ergebnis oder Ereignis werde mit einem Index r bezeichnet; wobei dieser Index r jeder der α Zahlen ($r = 1, 2, 3, \ldots$) oder α selbst entsprechen kann. In einem Kollektiv gleichartiger Systeme findet dann in N_1 der Systeme das Ereignis 1, in N_2 von ihnen das Ereignis 2, ... in N_α von ihnen das Ereignis α statt. Da diese α Ereignisse einander gegenseitig ausschließen und alle Möglichkeiten ausschöpfen, folgt

$$N_1 + N_2 + N_3 + \ldots + N_\alpha = N.$$

[1] Es sollte darauf hingewiesen werden, daß zwar mit fortschreitender Zeit in *einem* bestimmten System willkürliche Schwankungen auftreten, die Wahrscheinlichkeit P im *Kollektiv* jedoch zu jedem beliebigen Zeitpunkt einen eindeutig bestimmbaren Wert besitzt, da die Anzahl N der Systeme des Kollektivs beliebig groß ist. Hiermit wird also wiederum bewiesen, wie anschaulich und einfach eine Betrachtungsweise ist, die auf Kollektiven statt auf einzelnen Systemen basiert.

Dividieren wir diese Gleichung durch N, so erhalten wir

$$P_1 + P_2 + P_3 + \ldots + P_\alpha = 1, \tag{2.2}$$

wobei mit $P_r \equiv N_r/N$ die Wahrscheinlichkeit bezeichnet ist, mit der das Ereignis r auftritt, s. Definition (2.1). Beziehung (2.2), die lediglich besagt, daß die Summe aller möglichen Wahrscheinlichkeiten eins ist, wird als die *Normierung der Wahrscheinlichkeit* bezeichnet. Verwenden wir das in (M.1) definierte Summenzeichen Σ, dann kann diese Beziehung auch folgendermaßen geschrieben werden:

$$\sum_{r=1}^{\alpha} P_r = 1. \tag{2.3}$$

Wie groß ist die Wahrscheinlichkeit dafür, daß *entweder* das Ereignis r *oder* das Ereignis s stattfindet? In N_r Systemen des Kollektivs tritt das Ereignis r, in N_s Systemen das Ereignis s auf. Daher werden $(N_r + N_s)$ Systeme entweder das Ereignis r oder das Ereignis s aufweisen. Die Wahrscheinlichkeit P(r) oder P(s) für das Auftreten einer der beiden Alternativen, Ereignis r oder s, ist dann ganz einfach durch

$$P(\text{r oder s}) = \frac{N_r + N_s}{N}$$

gegeben, so daß

$$\boxed{P(\text{r oder s}) = P_r + P_s.} \tag{2.4}$$

(*Additionstheorem der Wahrscheinlichkeiten*)

Beispiel:

Ein Würfel wird, da er symmetrisch ist, mit gleich großer Wahrscheinlichkeit, nämlich $\frac{1}{6}$, mit einer seiner sechs Flächen nach oben zu liegen kommen. Die Wahrscheinlichkeit dafür, daß der Würfel die Zahl 1 zeigt, ist also $\frac{1}{6}$, ebenso ist die Wahrscheinlichkeit, daß er die Zahl 2 zeigt, $\frac{1}{6}$. Die Wahrscheinlichkeit dafür, daß er entweder die Zahl 1 oder die Zahl 2 zeigt, ist dann nach Gl. (2.4) gleich $\frac{1}{6} + \frac{1}{6} = \frac{1}{3}$. Das ist eigentlich selbstverständlich, da die Ereignisse, bei denen 1 oder 2 auftritt, einem Drittel der sechs möglichen Ereignisse 1, 2, 3, 4, 5 oder 6 entsprechen.

Beziehung (2.4) ist natürlich leicht auf mehr als zwei Alternativereignisse auszudehnen. Die Wahrscheinlichkeit, daß jedes einer Anzahl von Ereignissen auftritt, ist gleich der Summe ihrer Einzelwahrscheinlichkeiten. Wir sehen also, daß die Normierungsbedingung (2.2) nur das naheliegende Ergebnis formuliert, daß die Summe der Wahrscheinlichkeiten auf der linken Seite (also die Wahrscheinlichkeiten für das Auftreten *entweder* von Ereignis 1 *oder* Ereignis 2 *oder... oder* Ereignis α) einfach gleich eins ist (ist eine Wahrscheinlichkeit gleich eins, dann bedeutet das *Gewißheit*), da mit der Aufzählung der α möglichen Alternativen alle möglichen Ereignisse berücksichtigt wurden.

Gesamtwahrscheinlichkeit

Nehmen wir an, ein System kann zwei verschiedene Arten von Ereignissen aufweisen, und zwar α mögliche Ereignisse der Art r (r = 1, 2, 3, ... α) und β mögliche Ereignisse der Art s(s = 1, 2, 3, ... β). P_{rs} ist die Wahrscheinlichkeit für das gemeinsame Auftreten von Ereignis r *und* von Ereignis s. In einem Kollektiv, das aus einer großen Anzahl N gleichartiger Systeme besteht, sind N_{rs} der Systeme durch das gemeinsame Auftreten von einem Ereignis r der ersten Art *und* einem Ereignis s der zweiten Art charakterisiert. Dann gilt $P_{rs} \equiv N_{rs}/N$. Mit P_r bezeichnen wir wie üblich die Wahrscheinlichkeit, mit der ein Ereignis r auftritt (das Auftreten von Ereignissen der Art s bleibt dabei unberücksichtigt). Das heißt also, daß $P_r \equiv N_r/N$, wenn wir in dem vorhin betrachteten Kollektiv Ereignisse der Art s nicht berücksichtigen und in diesem Kollektiv N_r Systeme das Ereignis r aufweisen. Analog bezeichnen wir mit P_s die Wahrscheinlichkeit, mit der ein Ereignis der Art s auftritt (das Auftreten von Ereignissen der Art r wird dabei nicht berücksichtigt).

Ein wichtiger Sonderfall ist dann gegeben, wenn die Wahrscheinlichkeit, mit der ein Ereignis der Art s auftritt, durch das Auftreten oder Nichtauftreten eines Ereignisses der Art r nicht beeinflußt wird. In diesem Falle bezeichnet man die Ereignisse der Art r bzw. s als *statistisch unabhängig* oder *unkorreliert.* Befassen wir uns nun mit den Systemen N_r des Kollektivs, die ein beliebiges Ereignis r aufweisen. Ein Bruchteil P_s dieser Systeme weist dann, gleichgültig welchen speziellen Wert r annimmt, das Ereignis s auf. Die Anzahl N_{rs} der Systeme, die zugleich r und s aufweisen, ist also

$$N_{rs} = N_r P_s.$$

Die Wahrscheinlichkeit für das *gemeinsame* Auftreten von r und s, die *Gesamtwahrscheinlichkeit,* ist demnach

$$P_{rs} = \frac{N_{rs}}{N} = \frac{N_r P_s}{N} = P_r P_s.$$

Daraus ergibt sich der Schluß:

> *Vorausgesetzt,* die Ereignisse r und s sind statistisch unabhängig, dann gilt
>
> $$P_{rs} = P_r P_s. \qquad (2.5)$$

Beachten Sie, daß Beziehung (2.5) nicht gilt, wenn die Ereignisse r und s nicht statistisch unabhängig sind. Dieses Ergebnis (2.5) kann auch allgemein ausgedrückt werden: Die Gesamtwahrscheinlichkeit für mehr als zwei statistisch unabhängige Ereignisse ist gleich dem Produkt ihrer Einzelwahrscheinlichkeiten.

Beispiel:

Wir betrachten ein System A, das aus zwei Würfeln A_1 und A_2 besteht. Das Ergebnis, das der Würfel A_1 zeigt (gleichgültig, welche seiner 6 Flächen nach oben zu liegen kommt) bezeichnen wir als Ereignis der Art r; analog sei ein Ereignis der Art s durch die nach oben zeigende Fläche des Würfels A_2 gegeben. Ein Ereignis für das Gesamtsystem A wird dann durch die nach oben zeigende Fläche des Würfels A_1 und die oben liegende Fläche des Würfels A_2 definiert. Werden die beiden Würfel geworfen, dann hat dieses Experiment $6 \cdot 6 = 36$ mögliche Ergebnisse. Über die Wahrscheinlichkeit der Ergebnisse können wir anhand eines Kollektivs aussagen, das aus einer großen Anzahl N gleichartiger Würfelpaare besteht. Wir müssen auch voraussetzen, daß jeder Würfel symmetrisch ist, so daß er mit gleich großer Wahrscheinlichkeit mit einer bestimmten seiner 6 Flächen nach oben zu liegen kommt. Ist diese Bedingung erfüllt, dann ist die Wahrscheinlichkeit, P_r, mit der eine bestimmte Fläche r nach oben zu liegen kommt, einfach $\frac{1}{6}$. Stehen die Würfel nicht miteinander in Wechselwirkung (sie dürfen also beispielsweise nicht magnetisiert sein, weil sie sonst Kräfte aufeinander ausüben), und werden sie auch nicht auf genau die gleiche Weise geworfen, dann können sie als statistisch unabhängig betrachtet werden. In diesem Fall ist die Gesamtwahrscheinlichkeit P_{rs} dafür, daß der Würfel A_1 ein bestimmtes Ereignis r *und* der Würfel A_2 ein bestimmtes Ereignis s zeigt, einfach durch

$$P_{rs} = P_r P_s = \frac{1}{6} \cdot \frac{1}{6} = \frac{1}{36}$$

gegeben, was sich von selbst versteht, wenn wir bedenken, daß ja das betreffende Ereignis eines von $6 \cdot 6 = 36$ möglichen Ereignissen ist.

2.3. Die Binomialverteilung

Wir sind nun mit den statistischen Methoden hinreichend vertraut, um einige wichtige physikalische Probleme auch quantitativ behandeln zu können. Betrachten wir zum Beispiel ein ideales System von N Spins mit dem Wert $\frac{1}{2}$ und einem zugehörigen magnetischen Moment μ_0. Diese Art von System ist besonders interessant, da ein solches System quantenmechanisch sehr einfach zu beschreiben ist; es wird aus diesem Grund auch oft als Prototyp für kompliziertere Systeme verwendet. Um die Bedingungen allgemeiner zu gestalten, wollen wir annehmen, daß sich das Spin-System in einem äußeren Magnetfeld **B** befindet. Jedes magnetische Moment kann dann entweder „nach oben" (d.h. parallel zum Feld **B**) oder „nach unten" (d.h. antiparallel zum Feld **B**) gerichtet sein. Weiter setzen wir voraus, daß das Spin-System im Gleichgewicht ist. Ein aus N solchen Spin-Systemen bestehendes statistisches Kollektiv ist dann zeitunabhängig. Befassen wir uns mit einem beliebigen Einzelspin. Mit p werde die Wahrschein-

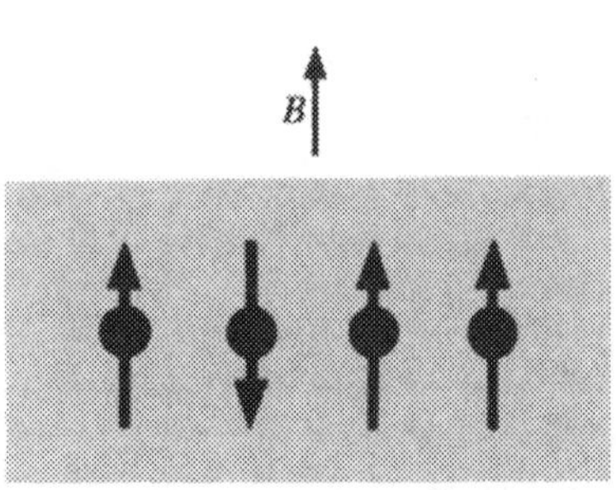

Bild 2.5. Ein aus N Spins $\frac{1}{2}$ bestehendes System, wobei N = 4. Der Pfeil zeigt jeweils in die Richtung des magnetischen Moments, und B gibt die Richtung des äußeren Magnetfelds an.

lichkeit bezeichnet, daß sein magnetisches Moment nach oben gerichtet, und mit q die Wahrscheinlichkeit, daß es nach unten gerichtet ist. Da mit diesen zwei Orientierungen alle Möglichkeiten erschöpft sind, besagt die Normierungsbedingung (2.3) natürlich, daß

$$p + q = 1 \tag{2.6}$$

bzw. daß $q = 1 - p$. Ist kein äußeres Magnetfeld vorhanden ($\mathbf{B} = 0$), ist also keine Raumrichtung irgendwie bevorzugt, dann wird $p = q = \frac{1}{2}$ sein. Ist aber ein Feld wirksam, dann ist es wahrscheinlicher, daß ein magnetisches Moment in Feldrichtung orientiert ist, als daß es gegen das Feld gerichtet ist, so daß dann $p > q$[1]. Da wir ein ideales Spin-System betrachten, ist die Wechselwirkung zwischen den Spins fast vernachlässigbar, so daß ihre Orientierungen statistisch unabhängig sind. Die Wahrscheinlichkeit dafür, daß ein bestimmtes Moment nach oben gerichtet ist, wird also in keiner Weise dadurch beeinflußt, daß irgendein anderes Moment des Systems nach oben oder nach unten gerichtet ist.

Wir bezeichnen im folgenden die Anzahl der magnetischen Momente, die nach oben gerichtet sind, mit n, und die Anzahl der magnetischen Momente, die nach unten gerichtet sind, mit n'. Das Spin-System besitzt insgesamt N magnetische Momente, so daß natürlich

$$n + n' = N \tag{2.7}$$

ist, bzw. $n' = N - n$. Betrachten wir nun die Spin-Systeme im statistischen Kollektiv. Die Anzahl n der nach oben gerichteten Momente ist nicht für jedes System gleich groß, es sind die Werte $n = 0, 1, 2, \dots, N$ möglich. Von Interesse ist nun die folgende Frage: Wie groß ist, für jeden möglichen Wert von n, die Wahrscheinlichkeit P(n), daß n der N magnetischen Momente nach oben gerichtet sind?

Um die Frage nach der Wahrscheinlichkeit P(n) zu lösen, argumentieren wir folgendermaßen: Die Wahrscheinlichkeit, daß ein beliebiges magnetisches Moment nach oben gerichtet ist, ist p, die Wahrscheinlichkeit, daß es nach unten gerichtet ist, ist $q = 1 - p$. Da die magnetischen Momente alle statistisch unabhängig sind, können wir nach Beziehung (2.5) sofort sagen, daß

[die Wahrscheinlichkeit für das Auftreten einer bestimmten Konfiguration, bei der n Momente nach oben und die restlichen n' Momente nach unten gerichtet sind,]

$$= \underbrace{pp \dots p}_{n \text{ Faktoren}} \quad \underbrace{qq \dots q}_{n' \text{ Faktoren}} = p^n q^{n'} \tag{2.8}$$

[1] p und q seien experimentell bestimmte, vorgegebene Größen. In Kapitel 4 wird besprochen, wie man p und q für gegebene Werte von B berechnet, wenn das Spin-System eine bestimmte Temperatur hat.

Tabelle 2.1: In dieser Tabelle T werden alle möglichen Orientierungen von N magnetischen Momenten für den Sonderfall N = 4 aufgeführt. Mit O wurde ein nach oben gerichtetes, mit U ein nach unten gerichtetes Moment bezeichnet. Die Anzahl der jeweils nach unten orientierten Momente ist unter n', die der nach oben gerichteten unter n angegeben. Die letzte Spalte gibt die Zahl $C_N(n)$ der möglichen Konfigurationen an, bei denen n der N Momente nach oben gerichtet sind. (Sie werden feststellen, daß diese Tabelle der Tabelle 1.1 entspricht!)

1	2	3	4	n	n'	$C_N(n)$
O	O	O	O	4	0	1
O	O	O	U	3	1	
O	O	U	O	3	1	4
O	U	O	O	3	1	
U	O	O	O	3	1	
O	O	U	U	2	2	
O	U	O	U	2	2	
O	U	U	O	2	2	
U	O	O	U	2	2	6
U	O	U	O	2	2	
U	U	O	O	2	2	
O	U	U	U	1	3	
U	O	U	U	1	3	4
U	U	O	U	1	3	
U	U	U	O	1	3	
U	U	U	U	0	4	1

ist. Ein Zustand, bei dem n Momente nach oben gerichtet sind, kann jedoch normalerweise auf viele Arten realisiert werden; die Alternativmöglichkeiten für ein Beispiel sind in Tabelle 2.1 angeführt. Wir müssen daher die Bezeichnung $C_N(n)$ einführen, wobei

$C_N(n)$ = die Anzahl eindeutiger Konfigurationen von N Momenten, bei denen eine Anzahl n dieser Momente nach oben (die restlichen n' nach unten) orientiert sind[1]. (2.9)

Die gesuchte Wahrscheinlichkeit P(n) dafür, daß n der N Momente nach oben orientiert sind, ist gleich der Wahrscheinlichkeit, daß entweder die erste, die zweite, ..., oder die letzte der $C_N(n)$ Alternativmöglichkeiten verwirklicht ist. Nach der allgemeinen Gl. (2.4) erhalten wir die Wahrscheinlichkeit P(n), indem wir die Wahrscheinlichkeit (2.8) über die $C_N(n)$ möglichen Konfigurationen, bei denen n' Momente nach oben gerichtet sind,

[1] Man bezeichnet $C_N(n)$ auch manchmal als die Anzahl der Kombinationen von N Objekten, von denen n gleichartig reagieren.

Tabelle 2.2: In dieser Tabelle T' werden alle möglichen Anordnungen von N = 4 gleichartigen Momenten angeführt, von denen n = 2 nach oben gerichtet sind. Zur Vereinfachung der Aufzählung wurden diese zwei Momente mit O_1 bzw. O_2 bezeichnet, obwohl sie sich physikalisch durch nichts unterscheiden. Eintragungen, die sich nur durch die Indizes unterscheiden, sind demnach äquivalent. Derartige Äquivalenzen werden durch gleiche Buchstaben in der letzten Spalte angezeigt. Die Tabelle enthält also n! = 2 mal zu viel Eintragungen, wenn wir nur an physikalisch unterscheidbaren Fällen interessiert sind.

1	2	3	4	
O_1	O_2	U	U	a
O_1	U	O_2	U	b
O_1	U	U	O_2	c
O_2	O_1	U	U	a
U	O_1	O_2	U	d
U	O_1	U	O_2	e
O_2	U	O_1	U	b
U	O_2	O_1	U	d
U	U	O_1	O_2	f
O_2	U	U	O_1	c
U	O_2	U	O_1	e
U	U	O_2	O_1	f

summieren, d.h., indem wir die Wahrscheinlichkeit (2.8) mit $C_N(n)$ multiplizieren. Wir erhalten somit

$$P(n) = C_N(n)\, p^n q^{N-n}. \tag{2.10}$$

In dieser Gleichung wurde $n' = N - n$ eingeführt.

Jetzt müssen wir nur noch die Anzahl der Konfigurationen $C_N(n)$ für den allgemeinen Fall und beliebige N und n berechnen. Zu diesem Zweck wollen wir eine Tabelle T (ähnlich Tabelle 2.1) zusammenstellen, in der wir alle möglichen Konfigurationen der N Momente anführen, und mit O jedes nach oben gerichtete, mit U jedes nach unten gerichtete Moment kennzeichnen. Die Zahl $C_N(n)$ ist dann gleich der Anzahl der eingetragenen Fälle, bei denen n mal der Buchstabe O erscheint. Um feststellen zu können, wie viele solche Fälle vorhanden sind, setzen wir eine Anzahl n von aufwärtsgerichteten Momenten fest, die mit $O_1, O_2, \dots, O_n$ bezeichnet werden sollen. Auf wie viele Arten können diese dann in einer Tabelle T' angeordnet werden? (Siehe Tabelle 2.2, wo das für den Sonderfall N = 4 und n = 2 ausgeführt wurde!)

Der Buchstabe O_1 kann in einer Zeile der Tabelle an N verschiedenen Stellen stehen;

bei jeder der möglichen Plazierungen von O_1 kann O_2 dann an jedem der $(N-1)$ übrigen Stellen stehen;

bei jeder der für jede der möglichen Plazierungen von O_1 und O_2 kann der Buchstabe O_3 an jedem der $(N-2)$ übrigen Plätze stehen;

. . . .

bei jeder der möglichen Plazierungen von $O_1, O_2, \dots, O_{n-1}$ kann der letzte Buchstabe O_n an jeder der $(N-n+1)$ übrigen Stellen stehen.

Die mögliche Anzahl $J_N(n)$ von eindeutigen Eintragungen für Tabelle T' erhalten wir, wenn wir die Anzahlen der möglichen Plazierungen der Buchstaben $O_1, O_2, \dots, O_n$ miteinander multiplizieren, d.h.

$$J_N(n) = N(N-1)(N-2)\dots(N-n+1). \tag{2.11}$$

Das kann viel einfacher mit Hilfe von Fakultäten[1]) geschrieben werden:

$$J_N(n) = \frac{N(N-1)(N-2)\dots(N-n+1)(N-n)\dots 1}{(N-n)\dots 1} = \frac{N!}{(N-n)!} \tag{2.12}$$

In der obigen Aufstellung wurden die Symbole $O_1, O_2, \dots, O_n$ zur Bezeichnung für individuelle Momente verwendet, obwohl die Indizes in Wirklichkeit ganz irrelevant sind, da alle nach oben orientierten Momente äquivalent sind; ein beliebiges O_i bezeichnet also ein nach oben gerichtetes Moment, egal welchen Wert i annimmt. Diejenigen Eintragungen in Tabelle T', die sich lediglich durch eine Permutation ihrer Indizes unterscheiden, entsprechen also physikalisch nichtunterscheidbaren Fällen (siehe z.B. Tabelle 2.2). Da die Anzahl der möglichen Permutationen der n Indizes gleich n! ist, enthält Tabelle T' um n! mal zu viele Eintragungen, wenn nur eindeutige, nichtäquivalente Fälle berücksichtigt werden sollen[2]). Die gesuchte Zahl $C_N(n)$ eindeutiger Konfigurationen von nach oben und nach unten gerichteten Momenten erhalten wir also, indem wir $J_N(n)$ durch n! dividieren:

$$C_N(n) = \frac{J_N(n)}{n!} = \frac{N!}{n!\,(N-n)!}. \tag{2.13}$$

Die gesuchte Wahrscheinlichkeit (2.10) ergibt sich zu

$$\boxed{P(n) = \frac{N!}{n!\,(N-n)!}\, p^n q^{N-n}} \tag{2.14}$$

---

[1]) Nach der Definition der Fakultät gilt $N! = N(N-1)(N-2)\dots(1)$ und $0! = 1$.

[2]) Der erste Index kann jeden der n möglichen Werte annehmen, der zweite Index jeden der restlichen $(n-1)$ möglichen Werte, ..., und der n-te Index den einen restlichen Wert. Die Indizes können daher auf $n(n-1)\dots 1 = n!$ verschiedene Arten angeordnet werden.

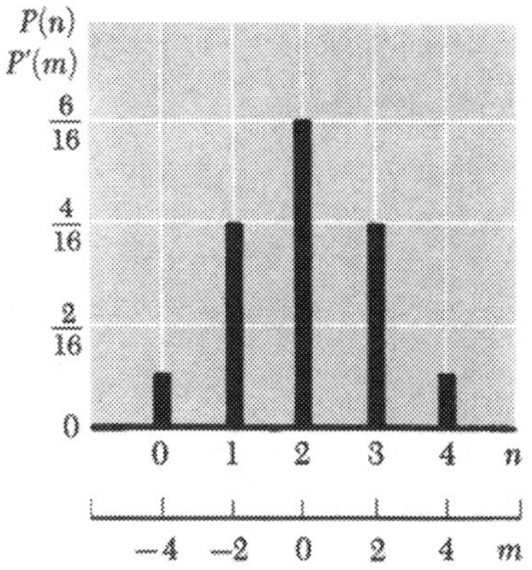

Bild 2.6. Binomialverteilung für N = 4 magnetische Momente, wenn $p = q = \frac{1}{2}$ ist. Aus dieser graphischen Darstellung kann die Wahrscheinlichkeit P(n) dafür abgelesen werden, daß n Momente nach oben gerichtet sind, bzw. die Wahrscheinlichkeit P'(m) dafür, daß das gesamte magnetische Moment in der Aufwärtsrichtung gleich m ist (wenn m in Einheiten von μ_0 ausgedrückt wird).

oder, etwas symmetrischer angeschrieben, durch

$$P(n) = \frac{N!}{n!\,n'!}\,p^n q^{n'}, \quad \text{wobei } n' = N - n. \qquad (2.15)$$

Für den Sonderfall $p = q = \frac{1}{2}$ gilt

$$P(n) = \frac{N!}{n!\,n'!}\left(\frac{1}{2}\right)^N. \qquad (2.16)$$

Für ein gegebenes N ist die Wahrscheinlichkeit P(n) eine Funktion von n, die als *Binomialverteilung* bezeichnet wird (Bild 2.6).

Bemerkung:

Bei der Entwicklung eines Binoms der Form $(p + q)^N$ ist der Koeffizient des Terms $p^n q^{N-n}$ einfach gleich der Anzahl $C_N(n)$ möglicher Terme, die den Faktor p genau n mal und den Faktor q genau (N − n) mal enthalten. Daraus ergibt sich dann eine rein mathematische Beziehung, die als *Binomialtheorem* bekannt ist:

$$(p+q)^N = \sum_{n=0}^{N} \frac{N!}{n!\,(N-n)!}\,p^n q^{N-n}. \qquad (2.17)$$

Ein Vergleich mit Gl. (2.14) zeigt, daß jedes Summenglied rechts genau der Wahrscheinlichkeit P(n) entspricht. Daher stammt auch die Bezeichnung „*Binomialverteilung*". Im übrigen erhält Gl. (2.17) die Form

$$1 = \sum_{n=0}^{N} P(n),$$

da p + q = 1, wenn p und q die uns interessierenden Wahrscheinlichkeiten sind. Das bestätigt wiederum, daß die Summe der Wahrscheinlichkeiten für alle möglichen Werte von n gleich eins sein muß, wie es auch die Normalbedingung (2.3) verlangt.

2.3.1. Diskussion

Um die Beziehung zwischen P(n) und n zu prüfen, wollen wir zuerst das Verhalten des durch Gl. (2.13) gegebenen Koeffizienten $C_N(n)$ untersuchen. Setzen wir n und $N - n = n'$ ein, dann stellen wir fest, daß die Beziehung für $C_N(n)$ symmetrisch wird.

$$C_N(n') = C_N(n). \qquad (2.18)$$

Außerdem gilt

$$C_N(0) = C_N(N) = 1. \qquad (2.19)$$

Wir stellen weiter fest, daß

$$\frac{C_N(n+1)}{C_N(n)} = \frac{n!\,(N-n)!}{(n+1)!\,(N-n-1)!} = \frac{N-n}{n+1}. \qquad (2.20)$$

Wir beginnen mit dem Wert n = 0. Anfangs ist das Verhältnis zweier aufeinanderfolgender Koeffizienten $C_N(n)$ groß, etwa von der Größenordnung von N, darauf nimmt der Wert dieses Bruches gleichförmig mit zunehmendem n ab, bleibt jedoch größer als eins (oder wird bestenfalls gleich eins), solange $n < N/2$. Sobald $n \geqslant N/2$, wird der Wert des Bruches kleiner als eins. Dies zeigt, zusammen mit Gl. (2.19), daß $C_N(n)$ bei $n = N/2$ ein Maximum hat, dessen Wert verglichen mit eins um so größer ist, je größer N ist.

Wie sich die Wahrscheinlichkeit P(n) verhält, ist daraus leicht zu ersehen. Aus Gl. (2.16) folgt, daß, wenn $p = q = \frac{1}{2}$,

$$P(n') = P(n). \qquad (2.21)$$

Dieses Ergebnis muß natürlich gewisse Symmetriebedingungen befriedigen, da es keine bevorzugte Orientierung im Raum gibt, wenn p = q (d.h., wenn kein äußeres Magnetfeld **B** einwirkt). In diesem Fall hat die Wahrscheinlichkeit P(n) bei $n = N/2$ ein Maximum[1]. Ist andererseits $p > q$, so wird der Koeffizient $C_N(n)$ weiterhin ein Maximum von P(n) hervorrufen, dieses Maximum ist aber dann gegen einen Wert $n > N/2$ verschoben. Die Bilder 2.6 und 2.7 zeigen das Verhalten der Wahrscheinlichkeit P(n) für einige einfache Fälle.

Das gesamte magnetische Moment eines Spin-Systems ist eine experimentell sehr leicht zu bestimmende Größe. Bezeichnen wir mit M das gesamte magnetische Moment in der „aufwärts"-Richtung. Da M ganz einfach durch die algebraische Summe der Komponenten in der „aufwärts"-Richtung der magnetischen Momente aller N Spins gegeben ist, folgt

$$M = n\mu_0 - n'\mu_0 = (n - n')\mu_0$$

oder

$$M = m\mu_0 \qquad (2.22)$$

mit

$$m = n - n'. \qquad (2.23)$$

[1]) Das Maximum hat genau den Wert N/2, wenn N geradzahlig ist, bei ungeradem N liegt es rechts und links von diesem Wert.

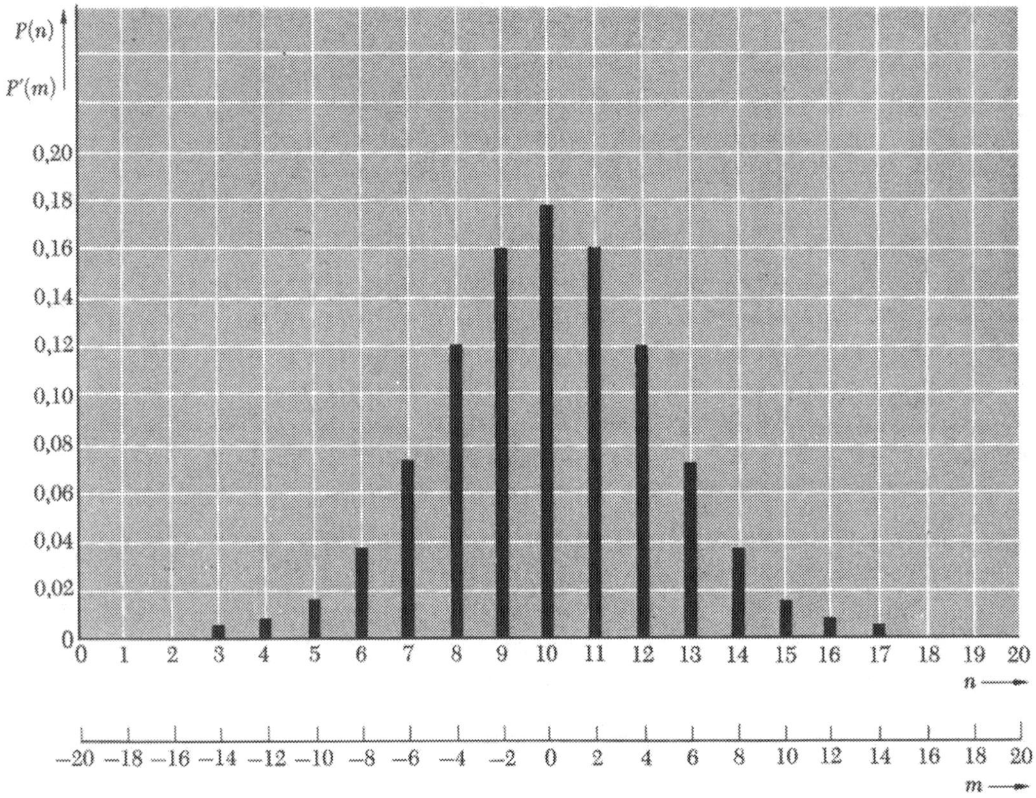

Bild 2.7. Binomialverteilung für N = 20 magnetische Momente, wenn $p = q = \frac{1}{2}$ ist. Aus dieser graphischen Darstellung kann die Wahrscheinlichkeit P(n) dafür abgelesen werden, daß n Momente nach oben gerichtet sind, bzw. die Wahrscheinlichkeit P'(m) dafür, daß das gesamte magnetische Moment in der Aufwärtsrichtung gleich m ist (wenn m in Einheiten von μ_0 ausgedrückt wird).

Mit μ_0 wurde hier der Betrag des magnetischen Moments eines Spins bezeichnet. Nach Gl. (2.22) ist $m = M/\mu_0$ einfach das in Einheiten von μ_0 ausgedrückte gesamte magnetische Moment. Die Beziehung (2.23) kann auch in der Form

$$m = n - n' = n - (N - n) = 2n - N \qquad (2.24)$$

geschrieben werden. Das zeigt übrigens, daß die möglichen Werte von m ungerade sein müssen, wenn N ungerade ist, und gerade, wenn N gerade ist. Nach Gl. (2.24) entspricht ein bestimmter Wert von n einem einzigen Wert von m, und umgekehrt gilt

$$n = \frac{1}{2}(N + m). \qquad (2.25)$$

Die Wahrscheinlichkeit P'(m) dafür, daß m einen bestimmten Wert annimmt, muß dann gleich der Wahrscheinlichkeit P(n) sein, mit der n einen durch Gl. (2.25) gegebenen entsprechenden Wert annimmt. Daher gilt

$$P'(m) = P\left(\frac{N+m}{2}\right). \qquad (2.26)$$

Dieser Ausdruck liefert die Wahrscheinlichkeit für das Auftreten eines beliebigen möglichen Wertes des gesamten magnetischen Moments des Spin-Systems. Für den Sonderfall $p = q = \frac{1}{2}$ ergeben die Beziehungen (2.16) und (2.26) explizit

$$P'(m) = \frac{N!}{\left(\frac{N+m}{2}\right)!\left(\frac{N-m}{2}\right)!}\left(\frac{1}{2}\right)^n.$$

Die wahrscheinlichste Situation ist natürlich bei (oder nahe) dem Wert m = 0 gegeben, wobei M = 0.

2.3.2. Die Allgemeingültigkeit der Binomialverteilung

Obwohl sich unsere Untersuchung mit dem konkreten Fall eines Spin-Systems befaßte, können die daraus folgenden Feststellungen auch abstrakter formuliert werden. Wir haben eigentlich das folgende allgemeine Problem gelöst: Es sind N statistisch unabhängige Ereignisse gegeben. Jedes dieser Ereignisse soll mit einer Wahrscheinlichkeit p auftreten; die Wahrscheinlichkeit, daß es nicht auftritt, ist dann durch q = 1 − p gegeben. Wie groß ist dann die Wahrscheinlichkeit P(n) dafür, daß eine Anzahl n

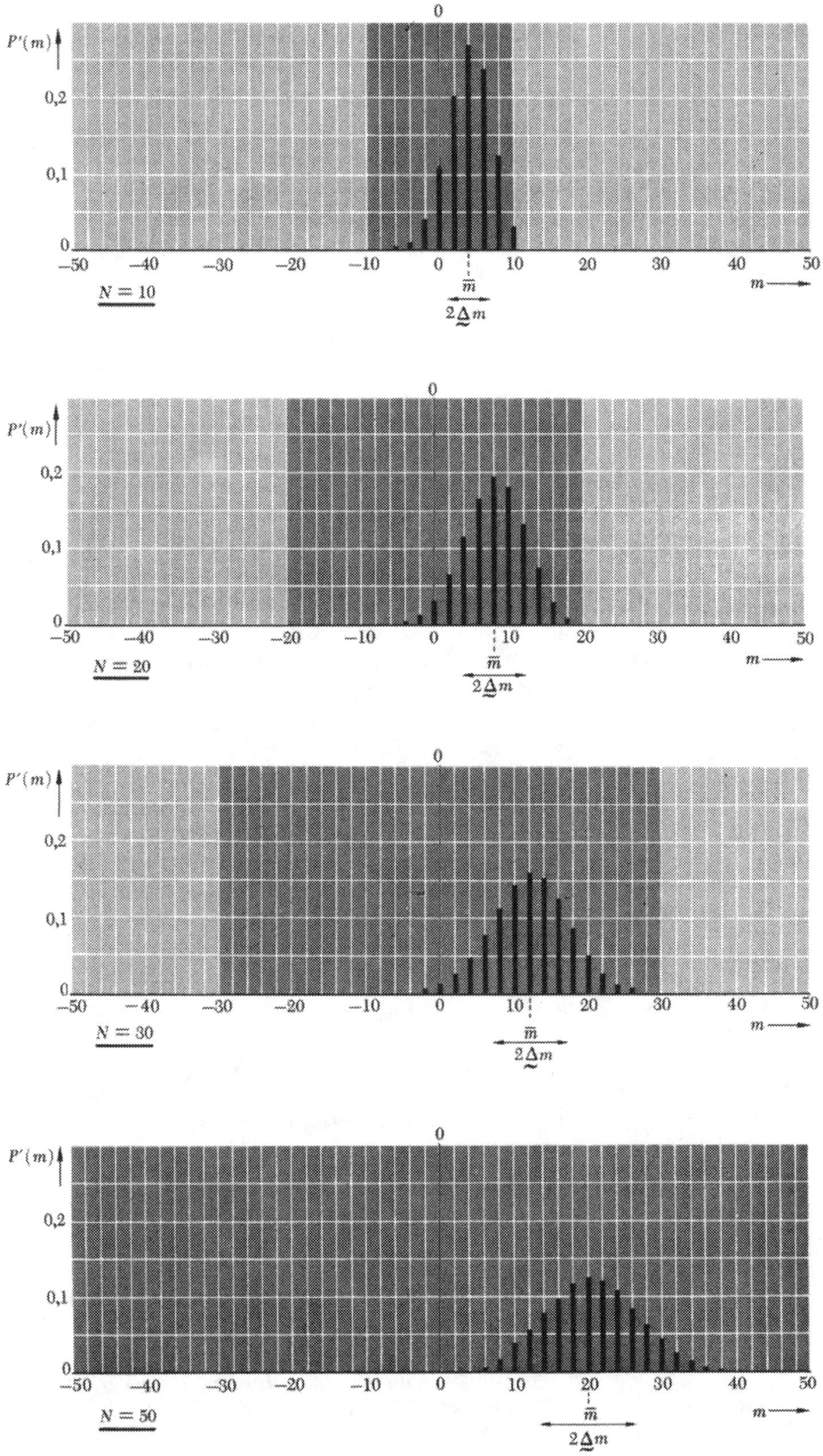

Bild 2.8

Die Wahrscheinlichkeit P′(m) dafür, daß das gesamte magnetische Moment eines aus N Spins $\frac{1}{2}$ bestehenden Systems gleich m ist (in Einheiten von μ_0 ausgedrückt). Wegen der Einwirkung eines äußeren Magnetfeldes ist p = 0,7 und q = 0,3. Die graphischen Darstellungen zeigen P′(m) für vier verschiedene Fälle, nämlich N = 10, N = 20, N = 30 und N = 50.

dieser N Ereignisse auftritt (während die restlichen n′ = N − n nicht auftreten)? Diese Frage ist durch die Binomialverteilung (2.14) sofort zu beantworten. In unserem speziellen Beispiel eines Systems von N unabhängigen Spins bedeutete das Auftreten eines Ereignisses einfach, daß ein Spin nach oben gerichtet war, während das Nichteintreffen eines Ereignisses durch einen nach unten gerichteten Spin dargestellt wurde.

Einige weitere Beispiele mögen zeigen, wie ganz alltägliche Probleme mit der Binomialverteilung sofort gelöst werden können.

Ideales Gas mit N *Molekülen*

Wir betrachten N Moleküle eines idealen Gases, die sich in einem Behälter mit dem Volumen V_0 befinden. Da die Moleküle eines idealen Gases nur in fast vernachlässigbarem Grade miteinander in Wechselwirkung stehen, sind ihre Bewegungen statistisch unabhängig. Der Behälter sei durch eine gedachte Wand in zwei Teile unterteilt, deren Volumina V und V' seien. Es gilt

$$V + V' = V_0. \tag{2.27}$$

Betrachten wir nun ein Kollektiv von vielen solchen Gasbehältern. Mit p wollen wir die Wahrscheinlichkeit bezeichnen, mit der ein bestimmtes Molekül sich im Volumen V befindet, und q sei die Wahrscheinlichkeit, daß es im anderen Teilvolumen V' ist. Ist das Gas im Gleichgewicht, dann sind die Moleküle gleichförmig über den Behälter verteilt, so daß

$$p = \frac{V}{V_0} \quad \text{und} \quad q = \frac{V'}{V_0}. \tag{2.28}$$

Also ist, wie in Gl. (2.6), $p + q = 1$. Wie groß ist dann die Wahrscheinlichkeit P(n) in dem Kollektiv dafür, daß n der N Moleküle im Volumen V zu finden sind (und die restlichen $n' = N - n$ sich im Volumen V' befinden)? Die Lösung gibt wiederum die Binomialverteilung (2.14). Ist $V = V'$, und demnach $p = q = \frac{1}{2}$, dann haben wir hier das Problem von Abschnitt 1.1 explizit gelöst. Wir suchten damals die Wahrscheinlichkeit zu bestimmen, mit der sich N' von N Molekülen in der linken Hälfte des Behälters befinden.

Würfeln oder Knobeln

Wir werfen einen Satz von N Münzen. Das Verhalten dieser Münzen kann als statistisch unabhängig angesehen werden. Mit p werde die Wahrscheinlichkeit dafür bezeichnet, daß eine bestimmte Münze Kopf zeigt, mit q die Wahrscheinlichkeit dafür, daß sie Zahl zeigt. Wegen der Symmetriebedingung können wir annehmen, daß $p = q = \frac{1}{2}$. Wie groß ist dann die Wahrscheinlichkeit P(n) dafür, daß n der N Münzen Kopf zeigen?

Wird ein Satz von N Würfeln geworfen, dann ist das ein sehr ähnlicher Fall. Die Würfel sind wiederum als statistisch unabhängig anzusehen. p sei die Wahrscheinlichkeit dafür, daß ein bestimmter Würfel die Zahl „6" zeigt, und $q = 1 - p$ die Wahrscheinlichkeit dafür, daß das nicht der Fall ist. Da ein Würfel 6 Flächen hat, können wir aus Gründen der Symmetrie annehmen, daß $p = \frac{1}{6}$ und $q = 1 - p = \frac{5}{6}$. Wie groß ist dann die Wahrscheinlichkeit P(n) dafür, daß n der N Würfel die Zahl „6" zeigen? Wiederum ergibt sich die Lösung aus der Binomialverteilung (2.14).

2.4. Mittelwerte

Stellen wir uns vor, eine Variable u eines Systems kann irgendeinen von α möglichen Einzelwerten annehmen:

$$u_1, u_2, \dots, u_\alpha;$$

die diesen Werten zugeordneten Wahrscheinlichkeiten seien

$$P_1, P_2, \dots, P_\alpha.$$

Das bedeutet, daß die Variable u in einem Kollektiv von $\mathcal{N}$ solchen Systemen ($\mathcal{N} \to \infty$) den betreffenden Wert u_r in $\mathcal{N}_r = \mathcal{N} P_r$ dieser Systeme annimmt.

Das System ist statistisch vollkommen beschrieben, wenn die Wahrscheinlichkeiten P_r für alle zu α möglichen Werte u_r der Variablen u angegeben werden. Es ist jedoch oft einfacher, wenn wir uns mit Parametern begnügen, die die Verteilung der möglichen Werte von u in dem Kollektiv weniger vollkommen beschreiben. Unter solchen Parametern verstehen wir bestimmte *Mittel-* oder *Durchschnittswerte.* Das sind uns gut bekannte Begriffe. Das Ergebnis einer Prüfung für eine Gruppe von Studenten kann zum Beispiel vollkommen beschrieben werden, wenn wir (falls die einzelnen Studenten nicht namentlich aufgezählt werden sollen) die Anzahl der Studenten angeben, die eine bestimmte der bei der Prüfung gegebenen Zensuren erhielten. Das Ergebnis kann aber auch weniger eingehend charakterisiert werden, wenn wir die mittlere Note der Studenten berechnen. Diese Durchschnittsnote wird üblicherweise ermittelt, indem wir jede der möglichen Noten mit der Anzahl der Studenten, die diese Note erhielten, multiplizieren, die Ergebnisse addieren und schließlich durch die Gesamtzahl der Studenten dividieren. Ganz analog wird der Mittelwert von u für ein Kollektiv berechnet, indem wir jeden der möglichen Werte u_r mit der Anzahl $\mathcal{N}_r$ der Systeme des Kollektivs multiplizieren, die diesen Wert aufweisen, die Ergebnisse für die α möglichen Werte der Variablen u addieren, und diese Summe durch die Gesamtzahl $\mathcal{N}$ der Systeme in dem Kollektiv dividieren. Der *Mittelwert* von u (oder *Kollektivdurchschnitt* von u), den wir im folgenden mit $\bar{u}$ bezeichnen, ist also *definiert* durch

$$\bar{u} = \frac{\mathcal{N}_1 u_1 + \mathcal{N}_2 u_2 + \dots + \mathcal{N}_\alpha u_\alpha}{\mathcal{N}} = \frac{\sum_{r=1}^{\alpha} \mathcal{N}_r u_r}{\mathcal{N}}. \tag{2.29}$$

Da aber $\mathcal{N}_r/\mathcal{N} = P_r$ die Wahrscheinlichkeit für das Auftreten des Wertes u_r ist, vereinfacht sich die Definition (2.29) zu[1])

$$\boxed{\bar{u} = \sum_{r=1}^{\alpha} P_r u_r.} \tag{2.30}$$

[1]) Der Mittelwert $\bar{u}$ ist zeitabhängig, wenn das Kollektiv zeitabhängig ist, d.h., wenn einige der Wahrscheinlichkeiten P_r zeitabhängig sind. Es ist ferner zu beachten, daß der *Mittelwert* oder *Kollektivdurchschnitt* $\bar{u}$ ein Mittel über alle Systeme des Kollektivs zu einem bestimmten Zeitpunkt darstellt. Dieser Wert ist normalerweise nicht identisch mit dem in Gl. (1.6) definierten zeitlichen Mittelwert für ein einziges System – außer in dem speziellen Fall von zeitunabhängigen Kollektiven, bei denen der zeitliche Durchschnittswert über eine sehr lange Zeitspanne gemittelt wurde.

Ist f(u) eine beliebige Funktion von u, dann gilt ganz analog für den *Mittelwert* von f die folgende Beziehung

$$\boxed{\overline{f(u)} = \sum_{r=1}^{\alpha} P_r\, f(u_r).} \tag{2.31}$$

Diese Definition besagt, daß Mittelwerte offenbar einige sehr einfache Eigenschaften besitzen. Sind zum Beispiel f(u) und g(u) zwei beliebige Funktionen von u, dann gilt

$$\overline{f+g} = \sum_{r=1}^{\alpha} P_r\,[f(u_r) + g(u_r)]$$

$$= \sum_{r=1}^{\alpha} P_r\, f(u_r) + \sum_{r=1}^{\alpha} P_r\, g(u_r)$$

oder

$$\boxed{\overline{f+g} = \overline{f} + \overline{g}.} \tag{2.32}$$

Dieses Ergebnis besagt ganz allgemein, daß der *Mittelwert einer Summe von Termen gleich der Summe der Mittelwerte dieser Terme ist.* Die beiden aufeinanderfolgenden Rechenoperationen – das Bilden einer Summe und die Berechnung eines Mittelwerts – führen also immer zum gleichen Ergebnis, ihre Reihenfolge spielt keine Rolle[1]). Ist c eine beliebige Konstante, dann gilt analog

$$\overline{cf} = \sum_{r=1}^{\alpha} P_r\,[cf(u_r)] = c \sum_{r=1}^{\alpha} P_r\, f(u_r)$$

oder

$$\boxed{\overline{cf} = c\overline{f}\,.} \tag{2.33}$$

Es ist also auch gleichgültig, ob wir zuerst mit einer Konstanten multiplizieren und dann den Mittelwert bilden oder umgekehrt, das Ergebnis ist in beiden Fällen das gleiche. Ist f = 1, dann ergibt sich aus Beziehung (2.33) die selbstverständliche Aussage, daß der Mittelwert einer Konstanten einfach gleich dieser Konstanten ist.

Beispiel:

Betrachten wir ein System von 4 Spins. Es gilt $p = q = \frac{1}{2}$. Die Anzahl der nach oben gerichteten Momente kann dann n = 0, 1, 2, 3, 4 sein. Diese Zahlen treten mit den Wahrscheinlichkeiten P(n) auf, die aus Gl. (2.16) direkt bestimmt werden können und die auch bereits in Gl. (1.4a) auf sehr einfache Weise berechnet wurden. Wie Bild 2.6 zeigt, betragen diese Wahrscheinlichkeiten

$$P(n) = \frac{1}{16}, \frac{4}{16}, \frac{6}{16}, \frac{4}{16}, \frac{1}{16}.$$

Die mittlere Anzahl der nach oben gerichteten Momente ist daher gleich

$$\overline{n} = \sum_{n=0}^{4} P(n)\, n$$

$$= \left(\frac{1}{16}\cdot 0\right) + \left(\frac{4}{16}\cdot 1\right) + \left(\frac{6}{16}\cdot 2\right) + \left(\frac{4}{16}\cdot 3\right) + \left(\frac{1}{16}\cdot 4\right)$$

$$= 2.$$

Dieses Ergebnis ist einfach gleich $Np = 4\cdot\frac{1}{2}$.

Da p = q ist, gibt es keine bevorzugte Raumrichtung. Die mittlere Anzahl der nach oben gerichteten Momente muß daher gleich der mittleren Anzahl der nach unten gerichteten Momente sein, also gilt

$$\overline{n'} = \overline{n} = 2.$$

Dies folgt auch aus Gl. (2.32), nach der wir

$$\overline{n'} = \overline{N - n} = \overline{N} - \overline{n} = 4 - 2 = 2$$

setzen können. Da keine bestimmte Richtung des Raums bevorzugt ist, muß das mittlere magnetische Moment den Wert null haben, wie auch die folgende Beziehung zeigt:

$$\overline{m} = \overline{n - n'} = \overline{n} - \overline{n'} = 2 - 2 = 0.$$

Der Wert von $\overline{m}$ könnte natürlich auch direkt berechnet werden, und zwar mit der Wahrscheinlichkeit P′(m) dafür, daß m seine möglichen Werte (m = −4, −2, 0, 2, 4) annimmt. Somit ergibt sich definitionsgemäß

$$\overline{m} = \sum_{m} P'(m)\, m$$

$$= \left[\frac{1}{16}\cdot(-4)\right] + \left[\frac{4}{16}\cdot(-2)\right] + \left[\frac{6}{16}\cdot 0\right] + \left[\frac{4}{16}\cdot 2\right] + \left[\frac{1}{16}\cdot 4\right]$$

$$= 0.$$

Wir wollen noch eine letzte, aber oft wichtige Eigenschaft von Mittelwerten erwähnen. Beispielsweise haben wir mit zwei Variablen u und v zu tun, die die Werte

$$u_1, u_2, \ldots, u_\alpha$$

bzw.

$$v_1, v_2, \ldots, v_\beta$$

annehmen können. Mit P_r bezeichnen wir die Wahrscheinlichkeit dafür, daß u den Wert u_r, mit P_s die Wahrscheinlichkeit dafür, daß v den Wert v_s annimmt. Vorausgesetzt, die Wahrscheinlichkeit dafür, daß u einen seiner Werte annimmt, ist von dem von v angenommenen Wert unabhängig (d.h., sind die Variablen u und v statistisch unabhängig), dann ist die Gesamtwahrscheinlichkeit P_{rs} dafür, daß u den Wert u_r *und* v den Wert v_s annimmt, einfach durch

$$P_{rs} = P_r \cdot P_s \tag{2.34}$$

1) In der mathematischen Terminologie würde man diese beiden Rechenoperationen als kommutativ bezeichnen.

gegeben. f(u) ist eine beliebige Funktion von u, und g(v) eine Funktion von v. Der Mittelwert des Produktes fg ist dann nach Definition (2.31) ganz allgemein durch

$$\overline{f(u)\,g(v)} = \sum_{r=1}^{\alpha} \sum_{s=1}^{\beta} P_{rs}\, f(u_r)\, g(v_s) \qquad (2.35)$$

gegeben, wobei über alle möglichen Werte u_r und v_s der beiden Variablen summiert wird. Sind die Variablen statistisch unabhängig, so daß Gl. (2.34) gilt, dann nimmt Gl. (2.35) die folgende Form an:

$$\begin{aligned}\overline{fg} &= \sum_r \sum_s P_r\, P_s\, f(u_r)\, g(v_s)\\ &= \sum_r \sum_s [P_r\, f(u_r)]\,[P_s\, g(v_s)]\\ &= \Big[\sum_r P_r\, f(u_r)\Big]\Big[\sum_s P_s\, g(v_s)\Big].\end{aligned}$$

Der erste Faktor auf der rechten Seite ist nun aber der Mittelwert von f, der zweite Faktor der Mittelwert von g; somit ergibt sich:

$$\boxed{\begin{array}{l}\overline{fg} = \overline{f}\,\overline{g}\\ \text{wenn u und v statistisch unabhängig sind}\end{array}} \qquad (2.36)$$

d.h., *der Mittelwert eines Produktes ist gleich dem Produkt der Mittelwerte.*

Streuung

Eine Variable u besitzt mit der entsprechenden Wahrscheinlichkeit P_r einen ihrer möglichen Werte u_r. Für diesen Fall genügen einige wenige Parameter zur allgemeinen Charakterisierung der Verteilungsfunktion der Wahrscheinlichkeiten. Einer dieser Parameter ist der Mittelwert von u, also die in Gl. (2.30) definierte Größe $\overline{u}$. Dieser Parameter ist ein mittlerer Wert von u, um den die Einzelwerte u_r verteilt sind. Es ist oft von Vorteil, die möglichen Werte von u relativ zu ihrem Mittelwert zu bestimmen, indem wir

$$\Delta u = u - \overline{u} \qquad (2.37)$$

definieren: Δu ist die Abweichung von u von seinem Mittelwert $\overline{u}$. Wir stellen fest, daß der Mittelwert dieser Abweichung gleich null wird. Mit Gl. (2.32) ergibt sich nämlich

$$\overline{\Delta u} = \overline{(u - \overline{u})} = \overline{u} - \overline{u} = 0. \qquad (2.38)$$

Weitere Vorteile bietet ein Parameter, der das Ausmaß der Streuung der möglichen Werte von u um ihren Mittelwert $\overline{u}$ angibt. Der Mittelwert von Δu ist selbst kein Maß für diese Streuung, da Δu im Mittel ebenso oft negativ wie positiv ist, so daß sein Mittelwert nach Gl. (2.38) gleich null ist. Die Größe $(\Delta u)^2$ kann jedoch niemals negativ sein. Ihr Mittelwert, der durch

$$\overline{(\Delta u)^2} = \sum_{r=1}^{\alpha} P_r\,(\Delta u_r)^2 = \sum_{r=1}^{\alpha} P_r\,(u_r - \overline{u})^2 \qquad (2.39)$$

definiert ist, wird *Streuung* (oder *Varianz* [1])) von u genannt, und kann ebenfalls nie negativ sein, da jedes einzelne Glied der Summe (2.39) nichtnegativ ist [2]). Es gilt daher

$$\overline{(\Delta u)^2} \geqslant 0. \qquad (2.40)$$

Die Streuung ist nur dann null, wenn *alle* vorkommenden Werte von u_r gleich $\overline{u}$ sind; sie ist um so größer, je höher die Wahrscheinlichkeit ist, daß diese Werte stark von $\overline{u}$ verschieden sind. Die Streuung ist also ein brauchbares Maß für die Entfernung der von u angenommenen Werte vom Mittelwert.

Die Streuung $\overline{(\Delta u)^2}$ hat die gleiche Dimension wie das Quadrat von u. Ein lineares Maß für die Entfernung der möglichen Werte von u von ihrem Mittelwert bietet die Quadratwurzel der Streuung, die Größe

$$\boxed{\underset{\sim}{\Delta u} = [\overline{(\Delta u)^2}]^{1/2},} \qquad (2.41)$$

die die gleiche Dimension wie u selbst besitzt, und als *Standardabweichung* von u bezeichnet wird. Aus Definition (2.39) ist zu ersehen, daß selbst wenige Werte von u, die mit nennenswerter Wahrscheinlichkeit stark von $\overline{u}$ verschieden sind, beträchtlich zu $\underset{\sim}{\Delta u}$ beitragen. Die meisten Werte von u werden daher in einem Bereich der Größenordnung $\underset{\sim}{\Delta u}$ um den Mittelwert $\overline{u}$ liegen.

Beispiel:

Befassen wir uns nochmals mit dem bereits früher besprochenen, System von 4 Spins, für das $p = q = \frac{1}{2}$ gilt. Da $\overline{n} = 2$, ist die mittlere quadratische Abweichung von n definitionsgemäß

$$\begin{aligned}\overline{(\Delta n)^2} &= \sum_n P(n)\,(n-2)^2\\ &= \left[\frac{1}{16}\cdot(-2)^2\right] + \left[\frac{4}{16}\cdot(-1)^2\right] + \left[\frac{6}{16}\cdot 0^2\right]\\ &\quad + \left[\frac{4}{16}\cdot 1^2\right] + \left[\frac{1}{16}\cdot 2^2\right]\\ &= 1.\end{aligned}$$

Die Standardabweichung von n ist daher

$$\underset{\sim}{\Delta n} = \sqrt{1} = 1.$$

---

1) Auch *mittlere quadratische Abweichung* genannt.

2) Sie müssen beachten, daß $\overline{(\Delta u)^2}$ nicht gleich $(\overline{\Delta u})^2$ ist; es ist also ein großer Unterschied, ob Sie zuerst quadrieren und dann den Mittelwert bilden oder umgekehrt.

Die Abweichung für das magnetische Moment ist analog zu berechnen. Da $\overline{m} = 0$ ist, ergibt sich per definitionem

$$\overline{(\Delta m)^2} = \sum_m P'(m)\,(m-0)^2$$

$$= \left[\frac{1}{16}\cdot(-4)^2\right] + \left[\frac{4}{16}\cdot(-2)^2\right] + \left[\frac{6}{16}\cdot 0^2\right] + \left[\frac{4}{16}\cdot 2^2\right] + \left[\frac{1}{16}\cdot 4^2\right]$$

$$= 4,$$

so daß

$$\underset{\sim}{\Delta} m = \sqrt{4} = 2.$$

Überprüfen wir die Konsistenz dieser Ergebnisse: Da $\overline{m} = 0$, während $\overline{n} = \overline{n'} = 2$, gilt für alle Werte von m oder n

$$\Delta m = m = n - n' = n - (4 - n)$$
$$= 2n - 4 = 2(n-2)$$

oder

$$\Delta m = 2(n - \overline{n}) = 2\Delta n$$

und daher

$$\overline{(\Delta m)^2} = 4\overline{(\Delta n)^2},$$

was mit dem Ergebnis der expliziten Berechnung übereinstimmt.

Die statistische Beschreibung der Verteilung der Werte von u in einem Kollektiv ist dann vollkommen gegeben, wenn die Wahrscheinlichkeiten für alle möglichen Werte u_r bekannt sind. Sind dagegen nur einige Mittelwerte wie $\overline{u}$ und $\overline{(\Delta u)^2}$ gegeben, dann ist diese Verteilung nur unvollkommen beschrieben, und die Wahrscheinlichkeiten P_r können auch nicht eindeutig bestimmt werden. Solche Mittelwerte sind jedoch sehr einfach zu berechnen, ohne daß wir die Wahrscheinlichkeiten kennen müßten auch in Fällen, wo die Berechnung dieser Wahrscheinlichkeiten selbst sehr kompliziert ist. Der folgende Abschnitt wird uns dies noch näher erläutern.

2.5. Die Berechnung von Mittelwerten für ein Spin-System

Wir betrachten wieder ein ideales System von N Spins mit dem Wert $\frac{1}{2}$. Da diese Spins statistisch unabhängig sind, können wir verschiedene Mittelwerte sehr einfach für allgemeine Bedingungen berechnen. Bei diesen Berechnungen ist es nicht erforderlich, irgendwelche Wahrscheinlichkeiten [wie etwa die in Gl. (2.14) bestimmte Wahrscheinlichkeit P(n)] zu bestimmen.

Untersuchen wir zuerst eine physikalisch interessante Größe dieses Spin-Systems, nämlich sein gesamtes magnetisches Moment M in der Aufwärtsrichtung. Mit μ_i wird die Komponente des magnetischen Moments des i-ten Spins bezeichnet, die in die Aufwärtsrichtung dieses Spins fällt. Das gesamte magnetische Moment M ist dann einfach gleich der Summe der magnetischen Momente aller Spins:

$$M = \mu_1 + \mu_2 + \ldots + \mu_N$$

oder in vereinfachter Schreibweise

$$M = \sum_{i=1}^{N} \mu_i. \tag{2.42}$$

Berechen wir nun den Mittelwert und die Streuung für das gesamte magnetische Moment.

Zur Bestimmung des Mittelwerts von M brauchen wir lediglich beide Seiten von Gl. (2.42) zu mitteln. Die allgemeine Bedingung (2.32), nach der die Reihenfolge der Rechenoperationen Mitteln und Summieren geändert werden kann, liefert sofort das Ergebnis

$$\overline{M} = \overline{\sum_{i=1}^{N} \mu_i} = \sum_{i=1}^{N} \overline{\mu_i}. \tag{2.43}$$

Die Wahrscheinlichkeit dafür, daß ein bestimmtes magnetisches Moment eine bestimmte Orientierung (nach oben oder unten) aufweist, ist für alle Momente gleich groß; das mittlere magnetische Moment ist daher ebenfalls für alle Spins gleich (also ist $\overline{\mu}_1 = \overline{\mu}_2 = \ldots = \overline{\mu}_N$); es soll mit $\overline{\mu}$ bezeichnet werden. Die Summe in Gl. (2.43) setzt sich demnach aus N gleichen Gliedern zusammen, und Gl. (2.43) vereinfacht sich zu

$$\boxed{\overline{M} = N\overline{\mu}.} \tag{2.44}$$

Dieses Ergebnis versteht sich fast von selbst; es besagt ja auch nur, daß das gesamte mittlere magnetische Moment von N Spins N mal so groß ist wie das mittlere Moment eines einzigen Spins.

Berechnen wir nun die Streuung von M, also die Größe $\overline{(\Delta M)^2}$, wobei

$$\Delta M = M - \overline{M} \tag{2.45}$$

gilt. Subtrahiert man Gl. (2.43) von Gl. (2.42), so ergibt sich

$$M - \overline{M} = \sum_{i=1}^{N} (\mu_i - \overline{\mu})$$

oder

$$\Delta M = \sum_{i=1}^{N} \Delta\mu_i, \tag{2.46}$$

wobei

$$\Delta\mu_i = \mu_i - \overline{\mu}. \tag{2.47}$$

Um $(\Delta M)^2$ zu finden, brauchen wir nur die Summe in Gl. (2.46) mit sich selbst zu multiplizieren:

$$\begin{aligned}(\Delta M)^2 &= (\Delta\mu_1 + \Delta\mu_2 + ... + \Delta\mu_N)\cdot\\ &\quad (\Delta\mu_1 + \Delta\mu_2 + ... + \Delta\mu_N)\\ &= [(\Delta\mu_1)^2 + (\Delta\mu_2)^2 + (\Delta\mu_3)^2 + ... + (\Delta\mu_N)^2] +\\ &\quad + [\Delta\mu_1\Delta\mu_2 + \Delta\mu_1\Delta\mu_3 + ... + \Delta\mu_1\Delta\mu_N +\\ &\quad + \Delta\mu_2\Delta\mu_1 + \Delta\mu_2\Delta\mu_3 + ... + \Delta\mu_N\Delta\mu_{N-1}]\end{aligned}$$

oder

$$(\Delta M)^2 = \sum_{i=1}^{N} (\Delta\mu_i)^2 + \sum_{i=1}^{N}\sum_{\substack{j=1\\ i\neq j}}^{N} (\Delta\mu_i)(\Delta\mu_j). \qquad (2.48)$$

Das erste Glied auf der rechten Seite entspricht all den Quadraten, die aus mit sich selbst multiplizierten Gliedern der Summe (2.46) stammen; das zweite Glied auf der rechten Seite stellt alle Produkte aus *verschiedenen* Gliedern der Summe (2.46) dar. Bestimmen wir den Mittelwert von Gl. (2.48) und verwenden wir wieder die Bedingung (2.32), die eine Änderung der Reihenfolge von Mitteln und Summieren gestattet, dann erhalten wir

$$\overline{(\Delta M)^2} = \sum_{i=1}^{N} \overline{(\Delta\mu_i)^2} + \sum_{i=1}^{N}\sum_{\substack{j=1\\ i\neq j}}^{N} \overline{(\Delta\mu_i)(\Delta\mu_j)}. \qquad (2.49)$$

Alle Produkte der zweiten Summe, wobei $i \neq j$ gilt, beziehen sich auf verschiedene Spins. Da aber verschiedene Spins statistisch unabhängig sind, besagt Bedingung (2.36), daß der Mittelwert eines jeden solchen Produkts gleich dem Produkt der Mittelwerte seiner Faktoren ist:

$$\overline{(\Delta\mu_i)(\Delta\mu_j)} = \overline{(\Delta\mu_i)}\;\overline{(\Delta\mu_j)} = 0 \quad \text{für} \quad i \neq j \qquad (2.50)$$

da

$$\overline{\Delta\mu_i} = \bar{\mu}_i - \bar{\mu} = 0.$$

Kurzum, im Mittel ist jedes Produkt aus verschiedenen Faktoren in Gl. (2.49) gleich null, da ein solches Produkt ebenso oft positiv wie negativ ist. Gl. (2.50) vereinfacht sich daher zu einer Summe quadratischer Glieder (von denen natürlich keines negativ sein kann):

$$\overline{(\Delta M)^2} = \sum_{i=1}^{N} \overline{(\Delta\mu_i)^2} \qquad (2.51)$$

Unsere Beweisführung geht nun ganz ähnliche Wege wie nach Gl. (2.43). Die Wahrscheinlichkeit, daß ein bestimmtes Moment eine bestimmte Orientierung besitzt, ist für alle Momente gleich groß. Die Streuung $\overline{(\Delta\mu_i)^2}$ ist also für alle Spins gleich [d.h., $\overline{(\Delta\mu_1)^2} = \overline{(\Delta\mu_2)^2} = ... = \overline{(\Delta\mu_N)^2}$] und kann einfach mit $\overline{(\Delta\mu)^2}$ bezeichnet werden. Die Summe in Gl. (2.51) setzt sich demnach aus N gleichen Gliedern zusammen, und nimmt folgende einfache Form an:

$$\boxed{\overline{(\Delta M)^2} = N\overline{(\Delta\mu)^2}.} \qquad (2.52)$$

Diese Beziehung besagt lediglich, daß die Streuung des gesamten magnetischen Moments N mal so groß ist wie die Streuung des magnetischen Moments eines einzigen Spins. Gl. (2.52) enthält natürlich auch die Aussage

$$\boxed{\underset{\sim}{\Delta} M = \sqrt{N}\, \underset{\sim}{\Delta}\mu,} \qquad (2.53)$$

wobei

$$\underset{\sim}{\Delta} M = [\overline{(\Delta M)^2}]^{1/2} \quad \text{und} \quad \underset{\sim}{\Delta}\mu = [\overline{(\Delta\mu)^2}]^{1/2}$$

gilt, das ist nach der allgemeinen Definition (2.41) die Standardabweichung des gesamten magnetischen Moments bzw. des magnetischen Moments eines einzelnen Spins.

Die Beziehungen (2.44) und (2.53) stellen explizit die Abhängigkeit von $\overline{M}$ und $\underset{\sim}{\Delta} M$ von der Gesamtanzahl N der Spins in dem System dar. Ist $\bar{\mu} \neq 0$, dann nimmt das gesamte magnetische Moment proportional mit N zu. Die Standardabweichung $\underset{\sim}{\Delta} M$ (das Maß für die Verteilungsbreite der Werte von M um ihren Mittelwert $\overline{M}$) nimmt ebenfalls mit N zu, aber nur proportional $N^{1/2}$. Der Betrag von $\underset{\sim}{\Delta} M$ *relativ* zu $\overline{M}$ nimmt daher porportional zu $N^{-1/2}$ *ab;* tatsächlich besagen Gln. (2.44) und (2.53) einfach, daß für $\bar{\mu} \neq 0$

$$\frac{\underset{\sim}{\Delta} M}{\overline{M}} = \frac{1}{\sqrt{N}} \frac{\underset{\sim}{\Delta}\mu}{\bar{\mu}}\;. \qquad (2.54)$$

In Bild 2.8, S. 49, sind diese charakteristischen Beziehungen dargestellt.

Wir können feststellen, daß die Ergebnisse (2.44) und (2.53) allgemein gültig sind. Die einzigen dafür nötigen Voraussetzungen sind die Summengleichung (2.43) und die statistische Unabhängigkeit der Spins. Alle unsere Betrachtungen würden also gleichermaßen gelten, selbst wenn die Komponente μ_i eines magnetischen Moments viele mögliche Werte annehmen kann. (Das wäre zum Beispiel der Fall, wenn der Spin eines Teilchens größer als $\frac{1}{2}$ ist, so daß mehr als zwei Orientierungen dieses Spins im Raum möglich sind.)

2.5.1. Ein System von Teilchen mit dem Spin $\frac{1}{2}$

Die obigen Ergebnisse sind ohne Schwierigkeiten auf den bekannten Sonderfall anwendbar, bei dem jedes Teilchen den Spin $\frac{1}{2}$ besitzt. Wie schon früher bezeichnen wir mit p die Wahrscheinlichkeit, daß das magnetische Moment eines Spins nach oben orientiert ist, so daß $\mu_i = \mu_0$, und mit $q = 1 - p$ die Wahrscheinlichkeit, daß es nach unten gerichtet ist, so daß $\mu_i = -\mu_0$. Das mittlere Moment in Aufwärtsrichtung ist also gleich

$$\bar{\mu} = p\mu_0 + q(-\mu_0) = (p-q)\mu_0 = (2p-1)\mu_0. \quad (2.55)$$

Das stimmt, da wir für den symmetrischen Fall p = q das erwartete Ergebnis $\bar{\mu} = 0$ erhalten.

Die mittlere quadratische Abweichung für das magnetische Moment eines Spins ist durch

$$\overline{(\Delta\mu)^2} = \overline{(\mu-\bar{\mu})^2} = p(\mu_0-\bar{\mu})^2 + q(-\mu_0-\bar{\mu})^2 \quad (2.56)$$

gegeben. Da aber

$$\mu_0 - \bar{\mu} = \mu_0 - (2p-1)\mu_0 = 2\mu_0(1-p) = 2\mu_0 q$$

und

$$\mu_0 + \bar{\mu} = \mu_0 + (2p-1)\mu_0 = 2\mu_0 p,$$

hat Gl. (2.56) die Form

$$\overline{(\Delta\mu)^2} = p(2\mu_0 q)^2 + q(2\mu_0 p)^2 = 4\mu_0^2 pq(q+p)$$

oder

$$\overline{(\Delta\mu)^2} = 4pq\mu_0^2, \quad (2.57)$$

da p + q = 1 ist.

Die Gln. (2.44) und (2.52) liefern also die folgenden Ergebnisse

$$\boxed{\overline{M} = N(p-q)\mu_0} \quad (2.58)$$

und

$$\boxed{\overline{(\Delta M)^2} = 4Npq\mu_0^2.} \quad (2.59)$$

Die Standardabweichung von M ist daher gleich

$$\boxed{\underset{\sim}{\Delta} M = 2\sqrt{Npq}\,\mu_0.} \quad (2.60)$$

Setzen wir $M = m\mu_0$ (die ganze Zahl $m = M/\mu_0$ stellt das gesamte magnetische Moment in Einheiten von μ_0 dar), dann können die Ergebnisse (2.58) bis (2.60) folgendermaßen umgeformt werden:

$$\bar{m} = N(p-q) = N(2p-1), \quad (2.61)$$

$$\overline{(\Delta m)^2} = 4Npq, \quad (2.62)$$

$$\underset{\sim}{\Delta} m = 2\sqrt{Npq}. \quad (2.63)$$

Diese Beziehungen enthalten schon recht umfangreiche Informationen über die Verteilung der möglichen Werte von M oder m in einem Kollektiv von Spin-Systemen. Wir haben zum Beispiel festgestellt, daß nur jene Werte von m mit nennenswerter Wahrscheinlichkeit auftreten, die nahe $\bar{m}$ liegen und sich auch nicht um viel mehr als $\underset{\sim}{\Delta} m$ von diesem Wert $\bar{m}$ unterscheiden. Bild 2.8, S. 49, zeigt ein spezielles Beispiel.

Beispiel:

Es sind die folgenden Bedingungen gegeben: Unter Einwirkung eines äußeren magnetischen Feldes **B** beträgt die Wahrscheinlichkeit, daß das magnetische Moment eines Spins parallel zu **B** gerichtet ist, p = 0,51, und die Wahrscheinlichkeit, daß ein bestimmtes magnetisches Moment antiparallel zu **B** ist, q = 1 − p = 0,49. Das mittlere gesamte magnetische Moment eines Systems von N Spins ist dann durch

$$\overline{M} = 0{,}02\,N\mu_0$$

gegeben. Die Standardabweichung des gesamten magnetischen Moments liefert Gl. (2.60). Also ist

$$\underset{\sim}{\Delta} M = 2\sqrt{Npq}\,\mu_0 \approx \sqrt{N}\,\mu_0$$

und daher

$$\frac{\underset{\sim}{\Delta} M}{\overline{M}} \approx \frac{\sqrt{N}\,\mu_0}{0{,}02\,N\mu_0} = \frac{50}{\sqrt{N}}.$$

Betrachten wir vorerst einen Fall mit einer relativ geringen Anzahl von Spins, z.B. N = 100. Dann gilt

$$\frac{\underset{\sim}{\Delta} M}{\overline{M}} \approx \frac{50}{\sqrt{100}} = 5,$$

d.h., $\underset{\sim}{\Delta} M > \overline{M}$. Die Streuung der möglichen Werte von M ist also sehr ausgeprägt. Es ist sogar recht wahrscheinlich, daß M Werte annimmt, die sich erheblich von $\overline{M}$ unterscheiden, ja sogar ein anderes Vorzeichen haben (Bild 2.9).

Untersuchen wir jedoch als zweiten Fall ein makroskopisches System von Spins, bei denen N von der Größenordnung der Avogadroschen Zahl ist, $N = 10^{24}$. Es gilt

$$\frac{\underset{\sim}{\Delta} M}{\overline{M}} \approx \frac{50}{\sqrt{10^{24}}} = 5 \cdot 10^{-11}$$

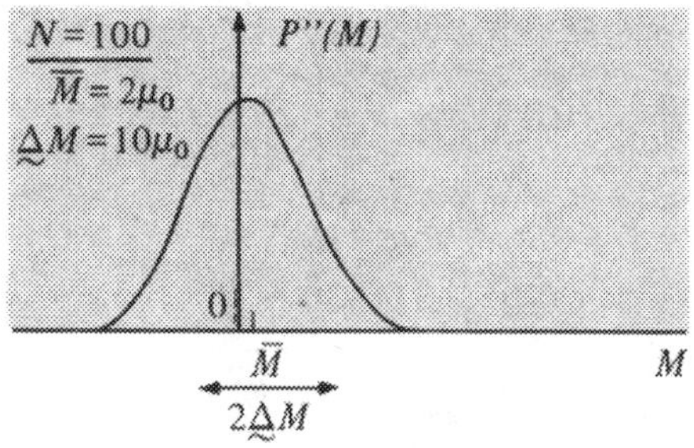

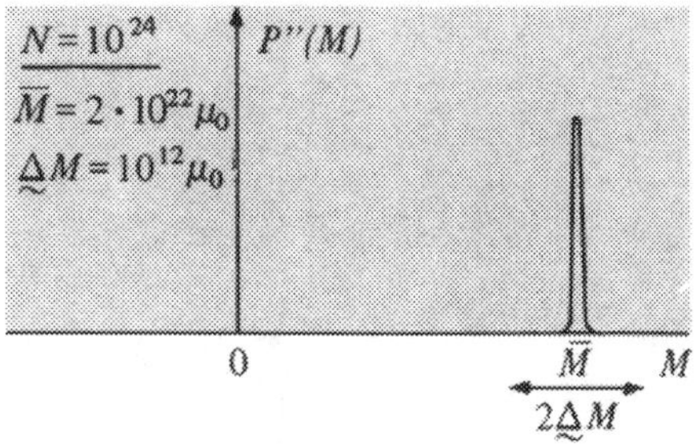

Bild 2.9. Die Wahrscheinlichkeit P''(M) dafür, daß das gesamte magnetische Moment eines Spin-Systems den Wert M hat, für N = 100 und für $N = 10^{24}$. Ein äußeres Magnetfeld bewirkt, daß p = 0,51 und q = 0,49. Die beiden Darstellungen zeigen die Einhüllende der möglichen Werte von P''(M); sie sind nicht im gleichen Maßstab gezeichnet.

d.h., $\underset{\sim}{\Delta} M \ll \overline{M}$. Die Streuung der möglichen Werte von M um das mittlere gesamte magnetische Moment ist also sehr gering. Bestimmen wir das gesamte magnetische Moment des Systems, dann wird unsere Messung fast immer Werte ergeben, die sich nur wenig von $\overline{M}$ unterscheiden. Tatsächlich müßten unsere Messungen so genau sein, daß damit Schwankungen des magnetischen Moments um weniger als den 10^{10}ten Teil des Gesamtwerts festgestellt werden können. Weniger genaue Messungen würden nämlich praktisch immer ein magnetisches Moment ergeben, das gleich dem Mittelwert $\overline{M}$ ist, und die Schwankungen um diesen Wert könnten nicht nachgewiesen werden. Aus diesem Beispiel können wir ganz allgemein schließen, daß in einem makroskopischen System, das aus sehr vielen Teilchen besteht, die *relative* Größenordnung von Schwankungen immer sehr klein sein wird.

2.5.2. Die Molekülverteilung im idealen Gas

N Moleküle eines idealen Gases sind in einem Behälter des Volumens V_0 eingeschlossen. Wir interessieren uns für die Anzahl N'' der Moleküle in einem bestimmten Teilvolumen V'' des Behälters (Bild 2.10). Ist das Gas im Gleichgewicht, dann beträgt die Wahrscheinlichkeit p, mit der sich ein Molekül im Teilvolumen V'' befindet,

$$p = \frac{V''}{V_0}. \tag{2.64}$$

Dies wurde bereits in Gl. (2.28) festgestellt.

Der Mittelwert und die Streuung von N'' können sehr einfach berechnet werden. Wir haben bereits am Ende von Abschnitt 2.3 gezeigt, daß ein ideales Gas analog wie ein Spin-System zu behandeln ist. In beiden Fällen finden wir die Lösung aus der Binomialverteilung. Die gesuchte Information über N'' können wir also aus den Ergebnissen (2.61) und (2.62) erhalten. Mit N' ist die Anzahl der Moleküle im übrigen Volumen $V_0 - V''$ des Behälters bezeichnet und $m = N'' - N'$. Nach Gl. (2.25) folgt daraus

$$N'' = \tfrac{1}{2}(N + m). \tag{2.65}$$

Setzen wir für $\overline{m}$ aus Gl. (2.61) ein, so erhalten wir

$$\overline{N''} = \tfrac{1}{2}(N + \overline{m}) = \tfrac{1}{2} N(1 + p - q)$$

oder

$$\boxed{\overline{N''} = Np} \tag{2.66}$$

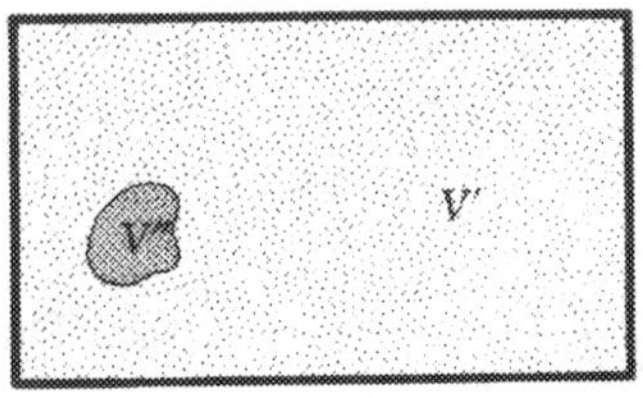

Bild 2.10. Ein Behälter des Volumens V_0 enthält N Moleküle eines idealen Gases. Zu einem bestimmten Zeitpunkt befinden sich N'' der Moleküle in einem Teilvolumen V'', die übrigen $N' = N - N''$ Moleküle im restlichen Volumen $V' = V_0 - V''$.

da ja $q = 1 - p$. Weiterhin erhalten wir aus Gl. (2.65) die Beziehung

$$\Delta N'' = N'' - \overline{N''} = \tfrac{1}{2}(N + m) - \tfrac{1}{2}(N + \overline{m}) = \tfrac{1}{2}(m - \overline{m})$$

oder

$$\Delta N'' = \tfrac{1}{2}\Delta m.$$

Daher ist

$$\overline{(\Delta N'')^2} = \tfrac{1}{4}\overline{(\Delta m)^2}$$

und Gl. (2.62) besagt somit, daß[1])

$$\boxed{\overline{(\Delta N'')^2} = Npq.} \tag{2.67}$$

Die Standardabweichung von N'' ist also

$$\boxed{\underset{\sim}{\Delta} N'' = \sqrt{Npq},} \tag{2.68}$$

so daß

$$\frac{\underset{\sim}{\Delta} N''}{\overline{N''}} = \frac{\sqrt{Npq}}{Np} = \left(\frac{q}{p}\right)^{1/2} \frac{1}{\sqrt{N}}. \tag{2.69}$$

Diese Beziehungen zeigen erneut, daß die Standardabweichung $\underset{\sim}{\Delta} N''$ proportional zu $N^{1/2}$ zunimmt. Der Relativwert $\underset{\sim}{\Delta} N''/\overline{N''}$ der Standardabweichung nimmt daher proportional zu $N^{-1/2}$ *ab,* wird also sehr klein, wenn N groß ist. Ein gutes Beispiel für diese Feststellungen war der Sonderfall in Kapitel 1, wo wir die Anzahl der in einer Hälfte eines Behälters vorhandenen Moleküle untersucht haben. Für diesen Fall besagt Gl. (2.64), daß $p = q = \frac{1}{2}$, wodurch Gl. (2.66) sich auf das naheliegende Ergebnis

$$\overline{N''} = \tfrac{1}{2} N$$

vereinfacht, während

$$\frac{\underset{\sim}{\Delta} N''}{\overline{N''}} = \frac{1}{\sqrt{N}}.$$

Mit diesen Beziehungen können die in Abschnitt 1.1 diskutierten Schwankungen auch nach quantitativen Gesichtspunkten untersucht werden. Die graphischen Darstellungen in den Bildern 1.5 und 1.6 zeigen (für N = 4 und für N = 40), daß die absolute Größe der Schwankungen (dargestellt durch $\underset{\sim}{\Delta} N''/\overline{N''}$) mit zunehmendem N abnimmt. Wenn der Behälter ungefähr ein Mol des Gases enthält, dann hat N die Größenordnung der Avogadroschen Zahl, also $N \approx 10^{24}$. Die relative Größe von Schwankungen $\underset{\sim}{\Delta} N''/\overline{N''} \approx 10^{-12}$ ist dann so klein, daß sie fast immer vernachlässigt werden kann.

[1]) Die Beziehungen (2.66) und (2.67) können mit den Methoden dieses Abschnitts auch direkt abgeleitet werden, d.h., ohne die entsprechenden Ergebnisse für m (siehe Übung 14) zu verwenden.

2.6. Stetige Wahrscheinlichkeitsverteilungen

Wir betrachten ein ideales Spin-System, das sich aus zahlreichen Spins $\frac{1}{2}$ zusammensetzt. Das gesamte magnetische Moment dieses Systems kann dann viele verschiedene Werte annehmen. Nach den Gln. (2.22) und (2.24) gilt nämlich

$$M = m\mu_0 = (2n - N)\mu_0. \qquad (2.70)$$

M kann also jeden einzelnen von (N + 1) Werten haben:

$$M = -N\mu_0, \; -(N-2)\mu_0, \; -(N-4)\mu_0, \; \dots, (N-2)\mu_0, N\mu_0. \qquad (2.71)$$

Die Wahrscheinlichkeit $P''(M)$, daß das gesamte magnetische Moment einen bestimmten Wert M annimmt, ist gleich der Wahrscheinlichkeit für das Auftreten des entsprechenden Wertes von m oder n, d.h. gleich der in Gl. (2.26) definierten Wahrscheinlichkeit $P'(m)$ oder der durch Gl. (2.14) gegebenen Wahrscheinlichkeit $P(n)$.

Daher ist

$$P''(M) = P'(m) = P(n), \qquad (2.72)$$

wobei

$$m = \frac{M}{\mu_0} \quad \text{und} \quad n = \tfrac{1}{2}(N + m).$$

Von einem möglichen Wert zum nächsten wird die Wahrscheinlichkeit $P''(M)$ sich nicht wesentlich ändern, es sei denn, M ist ungefähr gleich einem der möglichen Extremwerte $\pm N\mu_0$ (dann ist $P''(M)$ vernachlässigbar klein); dies bedeutet, daß $|P''(M + 2\mu_0) - P''(M)| \ll P''(M)$. Die Einhüllende der möglichen Werte von $P''(M)$ ist daher eine stetige Kurve (Bild 2.11). Also kann $P''(M)$ als stetige Funktion der kontinuierlichen Variablen M angesehen werden, obwohl nur die diskreten Werte (2.71) von M eine Bedeutung haben.

Angenommen, μ_0 ist vernachlässigbar klein verglichen mit dem kleinsten magnetischen Moment, das bei einer makroskopischen Messung gerade noch von Interesse ist.

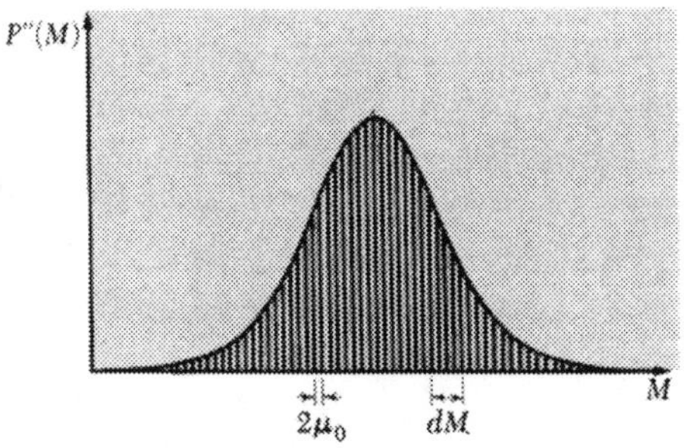

Bild 2.11. Die Wahrscheinlichkeit $P''(M)$ dafür, daß das gesamte magnetische Moment eines Spin-Systems den Wert M hat, wobei N, die Anzahl der Spins, sehr groß ist und das magnetische Moment μ_0 eines Spins relativ klein.

Innerhalb der Genauigkeitsgrenzen der beabsichtigten Messung ist es nicht möglich, festzustellen, daß M nur diskrete Werte annehmen kann, die sich um jeweils $2\mu_0$ unterscheiden. M kann daher tatsächlich als kontinuierliche Variable betrachtet werden. Es ist dann auch sinnvoll, von einem Bereich dM zu sprechen, einem „makroskopisch infinitesimalen" Element, das *makro*skopisch also sehr klein, *mikro*skopisch gesehen jedoch groß ist. (Anders ausgedrückt, dM soll verglichen mit dem kleinsten makroskopisch noch interessanten magnetischen Moment vernachlässigbar klein sein, obwohl es viel größer als μ_0 ist.)[1] Wir interessieren uns nun für folgendes Problem: Wie groß ist die Wahrscheinlichkeit dafür, daß der Wert des gesamten magnetischen Moments des Systems in einem bestimmten kleinen Bereich zwischen M und M + dM liegt? Der Betrag dieser Wahrscheinlichkeit hängt offensichtlich von der Größe dieses Bereichs dM ab, und wird verschwindend klein sein, wenn dM sehr klein wird. Diese Wahrscheinlichkeit wird also einfach proportional dM sein, was folgendermaßen geschrieben werden kann:

$$\left[\begin{array}{l}\text{Wahrscheinlichkeit dafür,}\\ \text{daß der Wert des gesamten}\\ \text{magnetischen Moments}\\ \text{zwischen M und M + dM}\\ \text{liegt}\end{array}\right] = \mathcal{P}(M)\,dM, \qquad (2.73)$$

wobei $\mathcal{P}(M)$ nicht von der Größe von dM abhängt[2]. Die Größe $\mathcal{P}(M)$ nennt man *Wahrscheinlichkeitsdichte;* multipliziert man sie mit dem Infinitesimalbereich dM, dann ergibt sich eine eigentliche Wahrscheinlichkeit (Bild 2.12).

Die Wahrscheinlichkeit (2.73) kann ohne Schwierigkeiten explizit durch die Wahrscheinlichkeit $P''(M)$ dafür ausgedrückt werden, daß das gesamte magnetische Moment den diskreten Wert M annimmt. Da die möglichen Werte von M sich jeweils um $2\mu_0$ unterscheiden, wie Gl. (2.71) zeigt, und da $dM \gg 2\mu_0$ enthält der Bereich zwischen M und M + dM dann $dM/(2\mu_0)$ mögliche Werte von M.

---

[1] Es sollte erwähnt werden, daß sehr viele der in der Physik verwendeten Differentiale makroskopisch infinitesimale Elemente sind. In der Elektrizitätslehre spricht man zum Beispiel oft von der Ladung Q eines Körpers und von einem Ladungszuwachs dQ. Diese Differentialbeschreibung ist korrekt, wenn die Voraussetzung erfüllt ist, daß dQ viel größer als die Elementarladung e, aber verglichen mit der Ladung Q selbst sehr klein ist.

[2] Da die Wahrscheinlichkeit eine stetige Funktion von dM ist, sollte sie in der Nähe eines beliebigen Wertes von M als Taylor-Reihe in Potenzen von dM geschrieben werden können, wenn dM klein ist, und zwar in der Form

$$\text{Wahrscheinlichkeit} = a_0 + a_1\,dM + a_2(dM)^2 + \dots$$

Die Koeffizienten $a_0, a_1, \dots$ hängen von M ab. Hier ist $a_0 = 0$, da die Wahrscheinlichkeit gegen null gehen muß, wenn dM sehr klein wird; Terme höherer Ordnung sind gegenüber dem Hauptterm, der dM proportional ist, vernachlässigbar. Wir kommen so zum Ergebnis (2.73).

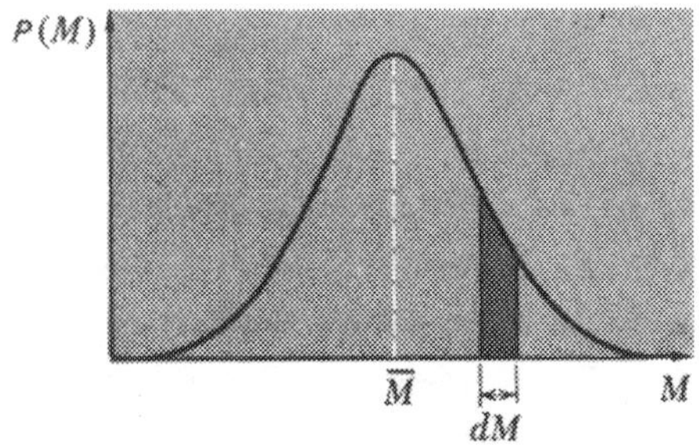

Bild 2.12. Die Verteilungsfunktion der Wahrscheinlichkeiten aus Bild 2.11 ist hier durch die Wahrscheinlichkeitsdichte $P(M)$ dargestellt. Hier ist $P(M)\,dM$ (das ist die Fläche unter der Kurve in dem kleinen Bereich zwischen M und M + dM) die Wahrscheinlichkeit dafür, daß der Wert des gesamten magnetischen Moments in dem Bereich zwischen M und M + dM liegt.

Alle diese Werte treten mit der gleichen Wahrscheinlichkeit $P''(M)$ auf, da die Wahrscheinlichkeit sich in dem kleinen Bereich dM nur sehr wenig ändert. Die Wahrscheinlichkeit dafür, daß das gesamte Moment innerhalb des Bereichs zwischen M und M + dM liegt, ist somit ganz einfach zu bestimmen, indem wir $P''(M)$ über alle Werte von M in diesem Bereich summieren, bzw. indem wir den fast konstanten Wert $P''(M)$ mit $dM/(2\mu_0)$ multiplizieren. Diese Wahrscheinlichkeit ist also wie zu erwarten proportional zu dM. Ihre Gleichung lautet explizit

$$P(M)\,dM = P''(M)\,\frac{dM}{2\,\mu_0}\,. \qquad (2.74)$$

In der Praxis kann die Berechnung von $P''(M)$ mitunter Schwierigkeiten bereiten, wenn nämlich M/μ_0 groß ist, da dann die Binomialverteilung (2.14) große Fakultäten enthält, die ausgerechnet werden müssen. Diese Schwierigkeiten können jedoch durch die Gaußsche Näherungsmethode (siehe Anhang A.1) vermieden werden.

Es gibt viele Probleme, bei denen die interessierende Variable, nennen wir sie u, an sich kontinuierlich ist. Ein Beispiel: u bezeichnet den Winkel zwischen einem Vektor und einer bestimmten Richtung in einer Ebene; dieser Winkel kann dann jeden Wert zwischen 0 und 2π haben. Ganz allgemein kann u jeden Wert in einem bestimmten Bereich annehmen: $a_1 \leqslant u \leqslant a_2$. (Dieser Bereich kann seiner Größe nach unendlich sein, d.h., $a_1 \to -\infty$, oder $a_2 \to \infty$, oder beide Grenzen liegen im Unendlichen.) Zu Wahrscheinlichkeitsaussagen über eine solche Variable können wir auf genau die gleiche Weise gelangen wie im Fall von M. Wir können uns also mit einem beliebigen Infinitesimalbereich zwischen u und u + du befassen, und die Wahrscheinlichkeit bestimmen, mit der die Variable in diesem Bereich liegt. Ist du nur klein genug, dann muß diese Wahrscheinlichkeit wiederum du proportional sein, und kann daher in der Form $P(u)\,du$ geschrieben werden, wobei $P(u)$ eine *Wahrscheinlichkeitsdichte* ist, die nicht von der Größe von du abhängt.

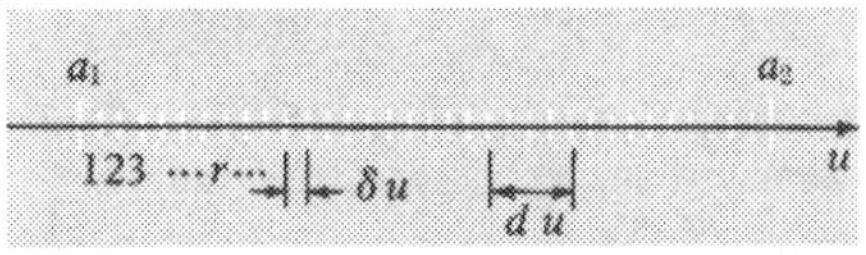

Bild 2.13. Unterteilung des Bereichs einer kontinuierlichen Variablen u in eine Anzahl gleichgroßer, infinitesimaler Intervalle δu. Die Intervalle werden mit einem Index r bezeichnet, der die Werte 1, 2, 3, .. annehmen kann. Die Größe eines makroskopisch infinitesimalen Bereichs du ist ebenfalls angegeben.

Wahrscheinlichkeitsuntersuchungen mit einer kontinuierlichen Variablen u können sehr leicht für den einfacheren Fall umgeformt werden, bei dem die möglichen Werte der Variablen diskret sind, und daher gezählt werden können. Wir müssen dazu nur den Bereich der möglichen Werte von u in beliebig kleine gleichgroße Intervalle δu teilen (Bild 2.13). Jedes Intervall kann mit einem Index r bezeichnet werden. Der Wert von u in diesem Intervall ist u_r, und die Wahrscheinlichkeit, daß u in diesem Intervall liegt, ist P_r oder $P(u_r)$. Auf diese Weise können wir eine abzählbare Gruppe von Werten der Variablen u untersuchen, wobei jeder dieser Werte einem der Infinitesimalintervalle r = 1, 2, 3, ... entspricht. Wir stellen somit fest, daß offenbar Beziehungen, die für Wahrscheinlichkeiten von diskreten Variablen gelten, auch für Wahrscheinlichkeiten kontinuierlicher Variablen gelten. Die Eigenschaften (2.32) und (2.33) von Mittelwerten gelten zum Beispiel ebenso, wenn u eine kontinuierliche Variable ist.

Die bei der Berechnung von Normierungsbedingungen oder Mittelwerten auftretenden Summen sind durch Integrale zu ersetzen, wenn die Variable kontinuierlich ist. Die Normierungsbedingung besagt z.B., daß die Summe der Wahrscheinlichkeiten aller möglichen Werte der Variablen gleich eins sein muß:

$$\sum_r P(u_r) = 1. \qquad (2.75)$$

Ist die Variable aber kontinuierlich, dann können wir zuerst die Summe über die diskreten Intervalle r bilden, für die u_r innerhalb des Bereichs zwischen u und u + du liegt; dadurch erhalten wir die Wahrscheinlichkeit $P(u)\,du$ dafür, daß die Variable innerhalb dieses Bereichs liegt[1]). Dann können wir die Summe (2.75) vervollständigen, indem wir über alle diese möglichen Bereiche du summieren (d.h. integrieren). Gl. (2.75) erhält dann die Form

$$\int_{a_1}^{a_2} P(u)\,du = 1. \qquad (2.76)$$

[1]) Der Bereich du soll hier groß sein verglichen mit dem beliebig kleinen Intervall δu (d.h., $du \gg \delta u$), jedoch klein genug, daß $P(u_r)$ sich im Bereich du nicht wesentlich ändert.

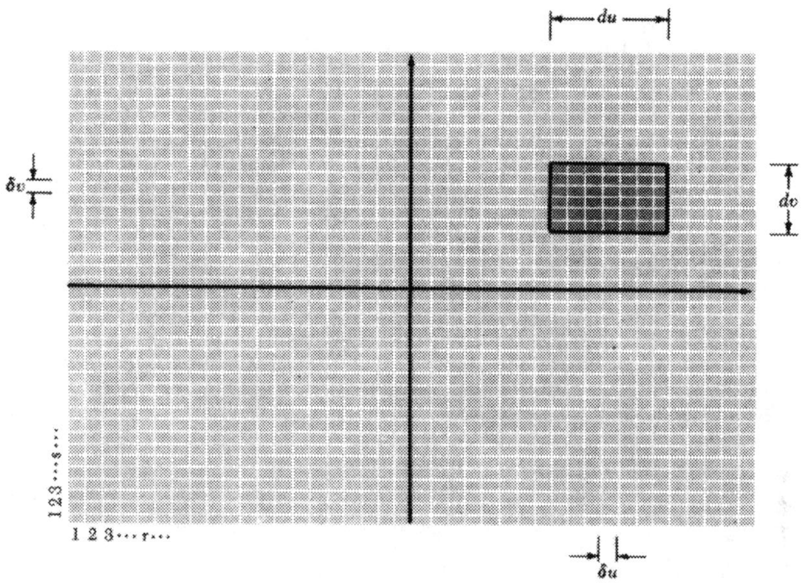

Bild 2.14
Unterteilung des Bereichs der kontinuierlichen Variablen u und v in kleine Intervalle δu und δv, die mit den Indizes r und s bezeichnet werden. Die uv-Ebene ist also in eine Anzahl kleiner Rechtecke unterteilt worden, wobei jedes Rechteck durch einen Index r und einen Index s bezeichnet wird.

Diese äquivalente Formulierung stellt die Normierungsbedingung mittels der Wahrscheinlichkeitsdichte $P(u)$ dar. Die allgemeingültige Definition (2.31) für den Mittelwert einer Funktion f(u) diskreter Variabler lautet

$$\overline{f(u)} = \sum_r P(u_r) f(u_r). \tag{2.77}$$

Im Falle von kontinuierlichen Variablen können wir wiederum zuerst die Summe über alle Intervalle r bilden, für die u_r in dem Bereich zwischen u und u + du liegt; dies entspricht einem Teil der Summe, nämlich $P(u)\,du\,f(u)$. Die Summe wird vervollständigt, indem wir über alle möglichen Bereiche du integrieren. Gl. (2.77) ist also der Beziehung[1])

$$\overline{f(u)} = \int_{a_1}^{a_2} P(u) f(u)\,du \tag{2.78}$$

äquivalent.

Verallgemeinerung für mehrere Variable

Die obigen Feststellungen sind leicht auch auf Probleme mit mehreren Variablen anzuwenden. Angenommen, zwei kontinuierliche Variable u und v sollen untersucht werden (Bild 2.14). Die Gesamtwahrscheinlichkeit dafür, daß die Variable u in dem kleinen Bereich zwischen u und u + du liegt, *und* daß die Variable v in dem kleinen Bereich zwischen v und v + dv liegt, ist dann proportional zu du und dv; sie kann in der Form $P(u, v)\,du\,dv$ geschrieben werden, wobei $P(u, v)$ eine von du und dv unabhängige Wahrscheinlichkeitsdichte ist. Diese Darstellung kann wiederum, falls erforderlich, auf diskrete Wahrscheinlichkeiten angepaßt werden, indem wir die Variable u in sehr kleine Intervalle δu unterteilen (jedes dieser Intervalle wird mit einem Index r bezeichnet), und die Variable v in sehr kleine Intervalle δv (jedes dieser Intervalle wird mit einem Index s bezeichnet). Die Wahrscheinlichkeit P_{rs} dafür, daß die Variablen Werte annehmen, die in einem Rechteck liegen, das durch die beiden Indizes r und s definiert ist, ist dann in dieser Darstellungsweise die beschreibende Größe.

1) Die Wahrscheinlichkeits*dichte* $P(u)$ kann für bestimmte Werte von u unendlich sein. Das verursacht aber keinerlei Schwierigkeiten, solange das Integral $\int_{c_2}^{c_1} P(u)\,du$ (das die Wahrscheinlichkeit dafür angibt, daß der Wert von u innerhalb eines beliebigen Bereichs zwischen c_1 und c_2 liegt) einen endlichen Wert liefert.

2.7. Zusammenfassung der Definitionen

Statistisches Kollektiv: die Gesamtheit einer großen Anzahl von Systemen, die untereinander nicht in Wechselwirkung stehen. Jedes dieser Systeme muß die gleichen Bedingungen befriedigen wie ein bestimmtes System, das gerade untersucht wird;

zeitunabhängiges Kollektiv: ein Kollektiv, in dem die Anzahl der Systeme, die eine bestimmte Eigenschaft aufweisen, zu jedem Zeitpunkt gleich ist;

Ereignis: der Ausgang eines Experiments oder das Ergebnis einer Beobachtung;

Wahrscheinlichkeit: die Wahrscheinlichkeit P_r für das Auftreten eines Ereignisses r in einem System ist im Hinblick auf ein statistisches Kollektiv von N solchen Systemen definiert. Tritt in N_r Systemen des Kollektivs das Ereignis r auf, dann gilt

$$P_r = \frac{N_r}{N} \qquad (N \to \infty);$$

statistische Unabhängigkeit: zwei Ereignisse sind statistisch unabhängig, wenn das Auftreten des einen Ereignisses in keiner Weise vom Auftreten oder Nichtauftreten des anderen Ereignisses beeinflußt wird;

Mittelwert (oder Kollektivdurchschnitt): der Mittelwert von u wird mit $\bar{u}$ bezeichnet und ist durch

$$\bar{u} = \sum_r P_r u_r$$

definiert. Es wird hierbei über alle möglichen Werte u_r der Variablen u summiert, und P_r ist die Wahrscheinlichkeit für das Auftreten eines bestimmten Wertes u_r;

Streuung (oder Varianz, auch mittleres Abweichungsquadrat): die Streuung von u ist durch

$$\overline{(\Delta u)^2} = \sum_r P_r (u_r - \bar{u})^2$$

definiert;

Standardabweichung: die Standardabweichung von u ist durch

$$\underset{\sim}{\Delta} u = [\overline{(\Delta u)^2}]^{1/2}$$

definiert;

Wahrscheinlichkeitsdichte: die Wahrscheinlichkeitsdichte $P(u)$ ist definiert durch die Bedingung, daß $P(u)\,du$ der Ausdruck für die Wahrscheinlichkeit ist, mit der die kontinuierliche Variable u im Bereich zwischen u und u + du liegt.

2.8. Wichtige Beziehungen

Gegeben sind N statistisch unabhängige Ereignisse, deren Eintrittswahrscheinlichkeit jeweils p ist (q = 1 − p ist die Wahrscheinlichkeit, daß das betreffende Ereignis nicht eintritt).

Die Wahrscheinlichkeit, daß n dieser N Ereignisse eintreffen (Binomialverteilung):

$$P(n) = \frac{N!}{n!\,(N-n)!}\, p^n q^{N-n}. \qquad (1)$$

Mittlere Anzahl der eintretenden Ereignisse: $\bar{n} = Np$. (2)

Standardabweichung von n: $\underset{\sim}{\Delta} n = \sqrt{Npq}$. (3)

2.9. Hinweise auf ergänzende Literatur

W. Weaver, "Lady Luck" (Anchor Books, Doubleday & Company, Inc., Garden City, N.Y. 1963). Eine Einführung in die Wahrscheinlichkeitslehre.

F. Mosteller, R. E. K. Rourke und *G. B. Thomas*, "Probability and Statistics" (Addison-Wesley Publishing Company, Reading, Mass., 1961).

F. Reif, „Fundamentals of Statistical and Thermal Physics", Kap. 1 (McGraw-Hill Book Company, New York 1965). Die in dem vorliegenden Buch behandelte Aufgabe „Zufallsspaziergang" ist dem Problem des idealen Spin-Systems analog, sie wird dort ausführlicher behandelt.

H. D. Young, "Statistical Treatment of Experimental Data" (McGraw-Hill Book Company, New York 1962). Ein einfacher Überblick über statistische Methoden, insbesondere, was ihre Anwendung bei der Auswertung von Meßergebnissen betrifft.

W. Feller, "An Introduction to Probability Theory and its Application", 2. Auflage (John Wiley and Sons, New York 1959). Dieses Werk über die Wahrscheinlichkeitstheorie ist schwieriger als die oben erwähnten Bücher, es werden jedoch darin viele konkrete Beispiele behandelt.

2.10. Übungen

1. *Ein einfaches Würfelproblem.* Wie groß ist die Wahrscheinlichkeit, mit drei Würfeln eine Gesamtzahl von 6 Augen oder weniger zu werfen?

   Lösung: $\frac{5}{54} \approx 0{,}092$.

2. *Zufallszahlen.* Es wird willkürlich eine Zahl zwischen 0 und 1 ausgewählt. Wie groß ist die Wahrscheinlichkeit, daß genau 5 der ersten 10 Dezimalstellen Zahlen enthalten, die kleiner als 5 sind?

   Lösung: $\frac{63}{256} \approx 0{,}25$.

3. *Würfeln.* Wir setzen voraus, daß jede Fläche eines Würfels mit gleich großer Wahrscheinlichkeit nach oben zu liegen kommt. Bei einem Spiel werden 5 solcher Würfel geworfen. Wie groß ist die Wahrscheinlichkeit, daß die Zahl 6
   a) von genau einem Würfel,
   Lösung: $\left(\frac{5}{6}\right)^5 \approx 0{,}4$,
   b) von mindestens einem Würfel,
   Lösung: $1 - \left(\frac{5}{6}\right)^5 \approx 0{,}6$,
   c) von genau zwei Würfeln gezeigt wird?
   Lösung: $\frac{1}{3}\left(\frac{5}{6}\right)^4 \approx 0{,}16$.

4. *Überlebenswahrscheinlichkeit.* Russisches Roulette, ein makabres Spiel, das der Autor nicht empfiehlt, besteht darin, daß man in eine der 6 Kammern der Trommel eines Revolvers eine Patrone steckt, die anderen 5 Kammern bleiben leer. Dann dreht man die Trommel mehrmals, setzt den Revolver an den Kopf und drückt ab. Wie groß ist die Wahrscheinlichkeit, daß man noch lebt, nachdem man das Spiel
   a) einmal,
   b) zweimal,
   c) N mal gespielt hat?
   Lösung: $\left(\frac{5}{6}\right)^N$.
   d) Wie groß ist die Wahrscheinlichkeit, daß man sich erschießt, wenn man das N-te Mal abdrückt?
   Lösung: $\left(\frac{5}{6}\right)^{N-1}\left(\frac{1}{6}\right)$.

5. *Zufallsspaziergang.* Ein Mann geht von einem Laternenpfahl in der Mitte der Straße los. Seine Schritte haben die Länge *l*. Mit p bezeichnen wir die Wahrscheinlichkeit dafür, daß ein Schritt nach rechts getan wird, mit q = 1 − p die Wahrscheinlichkeit, daß der Schritt nach links gerichtet ist. Der Mann ist so betrunken, daß er sich nicht an den letzten Schritt erinnern kann, weshalb seine Schritte statistisch unabhängig sind. Der Mann soll N Schritte gemacht haben.
   a) Wie groß ist die Wahrscheinlichkeit P(n), daß n dieser Schritte nach rechts und die übrigen n' = (N − n) Schritte nach links gerichtet sind?
   Lösung: $N!\,[n!\,n'!]^{-1} p^n q^{n'}$.
   b) Wie groß ist die Wahrscheinlichkeit P'(m), daß der Mann sich in einer Entfernung ml vom Laternenpfahl befindet (m = n − n' ist eine ganze Zahl)?

6. *Wahrscheinlichkeit der Rückkehr zum Ausgangspunkt.* Wenn man bei der letzten Aufgabe annimmt, daß p = q ist (ein

Schritt nach rechts ist also gleich wahrscheinlich wie ein Schritt nach links), wie groß ist dann die Wahrscheinlichkeit, daß der Mann nach N Schritten wieder beim Laternenpfahl anlangt,

a) wenn N geradzahlig,

Lösung: $N!\left[\left(\frac{1}{2}N\right)!\right]^{-2}\left(\frac{1}{2}\right)^N$,

b) wenn N ungeradzahlig ist?

Lösung: 0.

7. *Eindimensionale Diffusion eines Atoms.* Entlang einer x-Achse ist ein dünner Kupferdraht gespannt. Durch Beschuß mit schnellen Teilchen werden einige der Cu-Atome in der Nähe von $x = 0$ radioaktiv gemacht. Wird die Temperatur des Drahtes erhöht, dann werden die Atome des Drahtes beweglich, d.h., sie können sich in einen benachbarten Gitterpunkt hineinbewegen, also entweder in einen Gitterpunkt rechts von ihrer Ausgangslage (in die +x-Richtung) oder in einen Gitterpunkt links von ihrer Ausgangslage (in die −x-Richtung). Die Gitterpunkte sind jeweils um die Strecke l voneinander entfernt. Angenommen, eine Zeitspanne Δt muß vergehen, bevor ein Atom in den benachbarten Gitterpunkt übergeht. Diese Zeitspanne Δt ist eine rasch ansteigende Funktion der absoluten Temperatur des Drahtes. Dieser Prozeß, bei dem sich die Atome also durch aufeinanderfolgende Übergänge zwischen Gitterpunkten weiterbewegen, wird *Diffusion* genannt.

Der Draht wird nun zu einem Zeitpunkt $t = 0$ rasch auf eine hohe Temperatur gebracht, und dann auf dieser Temperatur gehalten.

a) $P(x)\,dx$ sei die Wahrscheinlichkeit dafür, daß sich nach einer Zeitspanne t ein radioaktives Atom in einem Bereich zwischen x und $x + dx$ befindet. (Es soll $t \gg \Delta t$ für alle physikalisch sinnvollen Zeiten t gelten, da Δt sehr klein ist, wenn die Temperatur des Drahtes hoch ist.) Stellen Sie $P(x)$ als Funktion von x graphisch in einer Skizze dar, und zwar für die folgenden drei Fälle:

1. kurz nach dem Zeitpunkt $t = 0$;
2. nach einer mittleren Zeitspanne t;
3. nach einer sehr langen Zeitspanne t.

b) Wie groß ist nach einer Zeitspanne t die mittlere Entfernung $\bar{x}$ eines radioaktiven Atoms vom Ursprung?

Lösung: 0.

c) Drücken Sie die Standardabweichung $\underset{\sim}{\Delta} x$ der Entfernung eines radioaktiven Atoms vom Ursprung explizit für eine Zeitspanne t aus.

Lösung: $\left(\frac{t}{\Delta t}\right)^{1/2} l$.

8. *Berechnung der Streuung.* Beweisen Sie anhand der allgemeinen Bedingungen für Mittelwerte, daß die Streuung von u durch die allgemeine Beziehung

$$\overline{(\Delta u)^2} = \overline{(u - \bar{u})^2} = \overline{u^2} - \bar{u}^2 \quad (1)$$

gegeben ist. Mit dem letzten Ausdruck auf der rechten Seite kann die Streuung sehr einfach berechnet werden.

Zeigen Sie ferner, daß Gl. (1) die allgemeingültige Ungleichung

$$\overline{u^2} \geqslant \bar{u}^2 \quad (2)$$

bedingt.

9. *Mittelwerte für einen Einzelspin.* Die Wahrscheinlichkeit, daß die nach oben gerichtete Komponente μ des magnetischen Moments eines Spins $\frac{1}{2}$ gleich μ_0 ist, ist p und $q = 1 - p$ die Wahrscheinlichkeit, daß diese Komponente gleich $-\mu_0$ ist.

a) Berechnen Sie $\bar{\mu}$ und $\overline{\mu^2}$.

Lösung: $\bar{\mu} = (2p - 1)\,\mu_0$, $\overline{\mu^2} = \mu_0^2$

b) Berechnen Sie unter Verwendung von Gl. (1) aus Übung 8 die Größe $\overline{(\Delta\mu)^2}$. Vergleichen Sie Ihr Ergebnis mit dem in Gl. (2.57) im Text angegebenen.

Lösung: $\overline{\mu^2} = \mu_0^2$

10. *Die Ungleichung* $\overline{u^2} \geqslant u^2$. Die Variable u soll mit den entsprechenden Wahrscheinlichkeiten P_r bestimmte mögliche Werte u_r annehmen.

a) Verwenden Sie die Definitionen von $\bar{u}$ und $\overline{u^2}$ sowie die Normierungsbedingung $\sum_r P_r = 1$, um zu beweisen, daß

$$\overline{u^2} - \bar{u}^2 = \frac{1}{2}\sum_r\sum_s P_r P_s (u_r - u_s)^2, \quad (1)$$

wobei jede Summe über alle möglichen Werte der Variablen u gebildet ist.

b) Da kein Glied der Summe (1) je negativ sein kann, zeigen Sie, daß

$$\overline{u^2} \geqslant \bar{u}^2. \quad (2)$$

Das Gleichheitszeichen gilt hier, wenn nur ein einziger Wert von u mit nichtverschwindender Wahrscheinlichkeit auftritt. Das Ergebnis (2) stimmt mit dem in Übung 8 abgeleiteten überein.

11. *Die Ungleichung* $\overline{(u^n)}^2 \leqslant \overline{u^{n+1}u^{n-1}}$. Das Ergebnis (1) der letzten Übung stellt eine Verallgemeinerung dar. Diskutieren wir daher den Ausdruck

$$\sum_r\sum_s P_r P_s u_r^m u_s^m (u_r - u_s)^2, \quad (1)$$

wobei m eine beliebige ganze Zahl ist. Ist m geradzahlig, dann kann der Ausdruck niemals negativ werden; ist m ungerade, dann kann der Ausdruck auch nie negativ sein, vorausgesetzt, alle möglichen Werte von u sind nichtnegativ (bzw. alle nichtpositiv).

a) Führen Sie die Multiplikationen in (1) aus und beweisen Sie damit, daß

$$\overline{(u^n)}^2 \leqslant \overline{u^{n+1}u^{n-1}}, \quad (2)$$

wobei $n = m + 1$. Ist n ungeradzahlig, dann gilt diese Ungleichung immer; ist n geradzahlig, dann gilt sie nur, wenn alle möglichen Werte von u nichtnegativ (bzw. alle nichtpositiv) sind. Das Gleichheitszeichen in (2) gilt nur für den Fall, bei dem ein einziger möglicher Wert von u mit nichtverschwindender Wahrscheinlichkeit auftritt.

b) Zeigen Sie, daß (2) als Sonderfall die Ungleichung

$$\overline{\left(\frac{1}{u}\right)} \geqslant \frac{1}{\bar{u}} \quad (3)$$

bedingt, die gilt, wenn die möglichen Werte von u alle positiv (oder alle negativ) sind. Das Gleichheitszeichen gilt für den Sonderfall, wo nur ein Wert von u mit nichtverschwindender Wahrscheinlichkeit auftritt.

12. *Methode der optimalen Investition.* Der folgende Fall aus der Praxis soll ein Beispiel für die verschiedenen Arten sein, von ein und derselben Größe Mittelwerte zu bilden, und zeigen wie verschieden die Ergebnisse der verschiedenen

Mittelungen sind. Nehmen wir an, jemand will sein Geld investieren, indem er jeden Monatsanfang eine bestimmte Anzahl von Aktien einer Gesellschaft kauft. Der Preis c_r einer Aktie hängt natürlich von dem betreffenden Monat r ab und wird sich von einem Monat zum anderen in kaum vorhersehbarer Weise ändern. Zwei Alternativmethoden für eine regelmäßige Investition könnten hier angewendet werden: Methode A besteht darin, daß man jeden Monat die gleiche Anzahl s von Aktien kauft; bei Methode B kauft man jeden Monat um den gleichen Geldbetrag m Aktien. Nach N Monaten hat man dann um einen Gesamtbetrag M eine Gesamtanzahl S von Aktien erworben. Die günstigste Investitionsmethode ist natürlich die, mit der man für einen möglichst geringen Geldbetrag eine möglichst hohe Anzahl von Aktien bekommt, also die Methode, bei der S/M am größten ist.

a) Finden Sie einen Ausdruck für S/M nach Methode A.

Lösung: $\frac{1}{\overline{c}}$

b) Finden Sie einen Ausdruck für S/M nach Methode B.

Lösung: $\overline{\left(\frac{1}{c}\right)}$

c) Zeigen Sie, daß Methode B die günstigere für eine Investition ist, gleichgültig wie der Aktienpreis von einem Monat zum anderen schwankt.

Anleitung: Verwenden Sie die Ungleichung (3) aus der letzten Übung.

13. *System von Kernen mit dem Spin* 1. Ein Kern habe den Spin 1 (d.h., ein Spindrehmoment $\hbar$). Die Komponente μ des magnetischen Moments entlang einer bestimmten Richtung kann dann *drei* mögliche Werte annehmen, und zwar $+\mu_0$, 0, oder $-\mu_0$. Der Kern sei nicht sphärisch symmetrisch, sondern ein Ellipsoid. Aus diesem Grunde wird der Kern vorzugsweise so orientiert sein, daß seine Hauptachse parallel zu einer ganz bestimmten Richtung relativ zu dem kristallinen Material ist, in welchem der Kern enthalten ist. Also ist p die Wahrscheinlichkeit, daß $\mu = \mu_0$ und p die Wahrscheinlichkeit, daß $\mu = -\mu_0$. Die Wahrscheinlichkeit, daß $\mu = 0$ ist, ist gleich $1 - 2p$.

a) Berechnen Sie $\overline{\mu}$ und $\overline{\mu^2}$.

b) Berechnen Sie $\overline{(\Delta\mu)^2}$.

c) Der betrachtete feste Körper enthält N solcher Kerne, die nur in vernachlässigbarem Ausmaß miteinander in Wechselwirkung stehen. M ist die Gesamtkomponente des magnetischen Moments entlang der gegebenen Richtung für alle Kerne. Berechnen Sie M und seine Standardabweichung $\underset{\sim}{\Delta} M$ aus N, p und μ_0.

Lösung: $\overline{M} = 0$, $\overline{(\Delta M)^2} = 2Np\mu_0^2$.

14. *Direkte Berechnung von* $\overline{n}$ *und* $\overline{(\Delta n)^2}$. Wir betrachten ein ideales System von N identischen Spins $\frac{1}{2}$. Die Anzahl n der nach oben gerichteten magnetischen Momente kann dann in der Form

$$n = u_1 + u_2 + \ldots + u_N \qquad (1)$$

geschrieben werden. Es gilt hierbei $u_i = 1$, wenn das i-te magnetische Moment nach oben gerichtet ist, und $u_i = 0$, wenn das i-te magnetische Moment nach unten gerichtet ist. Verwenden Sie den Ausdruck (1) und die Bedingung, daß die Spins statistisch unabhängig sind, um die folgenden Ergebnisse nachzupüfen:

a) Beweisen Sie, daß $\overline{n} = N\overline{u}$.

b) Beweisen Sie, daß $\overline{(\Delta n)^2} = N\overline{(\Delta u)^2}$.

c) Nehmen Sie an, p ist die Wahrscheinlichkeit, daß das magnetische Moment nach oben, und $q = 1 - p$ die Wahrscheinlichkeit, daß es nach unten gerichtet ist, und berechnen Sie $\overline{u}$ und $\overline{(\Delta u)^2}$.

d) Berechnen Sie $\overline{n}$ und $\overline{(\Delta n)^2}$ und vergleichen Sie Ihre Ergebnisse mit den Beziehungen (2.66) und (2.67), die im Text auf weniger direkte Weise gewonnen wurden.

15. *Dichteschwankungen in einem Gas.* Ein aus N Molekülen bestehendes ideales Gas ist in einem Behälter des Volumens V_0 im Gleichgewicht. Mit n wird die Anzahl der in einem Teilvolumen V des Behälters befindlichen Moleküle bezeichnet. Die Wahrscheinlichkeit p, daß ein bestimmtes Molekül in diesem Teilvolumen V enthalten ist, ist dann $p = V/V_0$.

a) Bestimmen Sie die mittlere Anzahl $\overline{n}$ der in V enthaltenen Moleküle. Die Lösung ist durch N, V_0 und V auszudrücken.

Lösung: $N \frac{V}{V_0}$.

b) Berechnen Sie die Standardabweichung $\underset{\sim}{\Delta} n$ der Anzahl der in V enthaltenen Moleküle. Daraus ist dann $\underset{\sim}{\Delta} n/\overline{n}$ zu bestimmen, und wiederum durch N, V_0 sowie V auszudrücken.

Lösung: $N^{-(1/2)}\left(\frac{V_0}{V} - 1\right)^{1/2}$.

c) Wie sieht die Lösung von b) aus, wenn $V \ll V_0$?

d) Welchen Wert müßte die Standardabweichung $\underset{\sim}{\Delta} n$ annehmen, wenn $V \to V_0$? Ist der zu erwartende Wert in Übereinstimmung mit der Lösung von b)?

16. *Schroteffekt.* Elektronen der Ladung e werden von der Glühkathode einer Vakuumröhre emittiert. Wir können mit guter Näherung annehmen, daß die Emission eines Elektrons nicht die Emissionswahrscheinlichkeit für andere Elektronen beeinflußt. Wir betrachten ein beliebiges sehr kleines Zeitintervall Δt. Die Wahrscheinlichkeit, daß während dieser Zeitspanne ein Elektron von der Kathode emittiert wird, ist p (und $q = 1 - p$ ist die Wahrscheinlichkeit, daß während dieses Zeitintervalls kein Elektron emittiert wird). Da Δt sehr klein ist, ist auch die Emissionswahrscheinlichkeit für dieses Zeitintervall sehr gering (d.h. $p \ll 1$), und die Wahrscheinlichkeit, daß während der Zeitspanne Δt mehr als ein Elektron emittiert wird, ist verschwindend klein.

Untersuchen wir dieses Problem für eine Zeitspanne t, die sehr viel größer als Δt sein muß. Innerhalb dieser Zeitspanne gibt es also $N = t/\Delta t$ Zeitintervalle Δt, während derer ein Elektron emittiert werden kann. Die gesamte während der Zeit t emittierte Ladungsmenge kann als

$$Q = Q_1 + Q_2 + Q_3 + \ldots + Q_N$$

geschrieben werden, wobei Q_i die während des i-ten Intervalls Δt emittierte Ladung ist; es ist also $Q_i = e$, wenn ein Elektron emittiert wird, und $Q_i = 0$, wenn keines emittiert wird.

a) Wie groß ist die mittlere in der Zeit t emittierte Ladungsmenge $\overline{Q}$?

Lösung: $\frac{t}{\Delta t} pe$.

b) Bestimmen Sie die Streuung $\overline{(\Delta Q)^2}$ der während der Zeit t emittierten Ladung Q. Vereinfachen Sie die Lösung dieser Aufgabe mittels der Bedingung $p \ll 1$.

Lösung: $\frac{t}{\Delta t} pe^2$.

c) Der während der Zeit t fließende Strom I ist gleich Q/t. Setzen Sie die Streuung $\overline{(\Delta I)^2}$ des Stroms in Beziehung zum mittleren Strom $\overline{I}$, wobei sich

$$\overline{(\Delta I)^2} = \frac{e}{t}\overline{I}$$

ergeben sollte.

d) Die Tatsache, daß der während einer Zeitspanne t fließende Strom Schwankungen aufweist, die um so ausgeprägtet sind, je kürzer das Zeitintervall ist (d.h., je geringer die Anzahl der am Emissionsprozeß beteiligten Elektronen ist), nennt man *Schroteffekt*. Berechnen Sie die Standardabweichung $\underset{\sim}{\Delta} I$ des Stroms, wenn der mittlere Strom $\overline{I} = 1\ \mu A$ und die Meßzeit 1 s ist.

Lösung: $4 \cdot 10^{-12}$ A.

17. *Berechnung eines quadratischen Mittelwerts.* Eine Batterie, deren EMK gleich V ist, ist mit einem Widerstand R verbunden. Der Energieverlust in diesem Widerstand beträgt $P = V^2/R$. Die Batterie besteht aus N in Serie geschalteten Zellen; V ist somit die Summe der EMK aller einzelnen Zellen. Die Batterie ist jedoch schon gebraucht, nicht alle Zellen sind in gutem Zustand. Eine bestimmte Zelle hat daher nur mit einer gewissen Wahrscheinlichkeit p den normalen EMK-Wert v; mit einer Wahrscheinlichkeit (1 − p) ist die EMK einer Einzelzelle null, weil die betreffende Zelle in sich kurzgeschlossen ist. Die einzelnen Zellen sind statistisch unabhängig. Berechnen Sie mit diesen Angaben den *mittleren* Energieverlust P im Widerstand. Die Lösung ist durch N, v, p und R auszudrücken.

Lösung: $\frac{N^2v^2}{R}\, p^2 \left(1 + \frac{1-p}{Np}\right)$.

18. *Abschätzung von Meßfehlern.* Jemand will eine Strecke von 50 m abmessen, indem er 50 mal hintereinander einen Meterstab auflegt. Bei dieser Vorgangsweise ist ein gewisser Fehler natürlich nicht auszuschließen. Der Messende kann nicht garantieren, daß die Strecke zwischen den beiden Kreidemarken, mit denen er jedesmal die Enden des Meterstabes markiert, genau einem Meter entspricht. Er weiß jedoch, daß die Strecke zwischen den beiden Marken mit gleicher Wahrscheinlichkeit eine Länge hat, die irgendwo zwischen 99,8 und 100,2 cm liegt. Nachdem der Mann den Meßvorgang 50 mal wiederholt hat, hat er tatsächlich im Mittel eine Strecke von 50 m abgemessen. Um den Gesamtfehler abschätzen zu können, müssen wir die Standardabweichung der gemessenen Strecke berechnen.

Lösung: 0,82 cm.

19. *Diffusion eines Moleküls in einem Gas.* Ein Gasmolekül kann sich in drei Richtungen frei bewegen. Wir wollen mit **s** die Strecke bezeichnen, die zwischen den einzelnen Molekülzusammenstößen liegt. Diese Strecken, die ein Molekül zwischen aufeinanderfolgenden Zusammenstößen zurücklegt, sind in guter Näherung als statistisch unabhängig anzusehen. Da es keine bevorzugte Richtung im Raum gibt, bewegt sich das Molekül mit gleich großer Wahrscheinlichkeit in eine gegebene Richtung wie in die entgegengesetzte Richtung. Die mittlere von ihm zurückgelegte Strecke ist $\overline{\mathbf{s}} = 0$ (d. h., eine jede Komponente seines Weges verschwindet im Durchschnitt, es ist also $\overline{s_x} = \overline{s_y} = \overline{s_z} = 0$).

Der Gesamtweg **R** des Moleküls, der sich aus N Einzelstrecken zwischen den Zusammenstößen mit anderen Molekülen zusammensetzt, kann demnach als

$$\mathbf{R} = \mathbf{s}_1 + \mathbf{s}_2 + \mathbf{s}_3 + \ldots + \mathbf{s}_N$$

geschrieben werden, wobei $\mathbf{s}_i$ die i-te vom Molekül zurückgelegte Teilstrecke ist. Benutzen Sie zur Beantwortung der folgenden Fragen eine ähnliche Beweisführung wie in Abschnitt 2.5:

a) Wie groß ist der mittlere Weg $\overline{\mathbf{R}}$ des Moleküls, nachdem es N Teilstrecken zurückgelegt hat?

Lösung: 0.

b) Wie groß ist die Standardabweichung $\underset{\sim}{\Delta} R = \overline{(\mathbf{R} - \overline{\mathbf{R}})^2}$ dieses Weges nach N Zusammenstößen? Und wie groß ist $\underset{\sim}{\Delta} R$ für den speziellen Fall, in dem die Länge der zurückgelegten Strecke s immer gleich *l* ist?

Lösung: $N^{1/2}\, l$.

20. *Verteilung der Auslenkungen bei zufallsgesteuerten Oszillatoren.* Die Auslenkung x für einen klassischen, harmonischen Oszillator ist als Funktion der Zeit t durch

$$x = A \cos(\omega t + \varphi)$$

gegeben, wobei ω die Kreisfrequenz des Oszillators, A die Amplitude der Schwingung, und φ eine beliebige Konstante ist, die jeden Wert im Bereich $0 \leqslant \varphi < 2\pi$ annehmen kann. Betrachten wir ein Kollektiv von solchen Oszillatoren, die alle die gleiche Frequenz ω und die gleiche Amplitude A haben sollen, zwischen denen jedoch willkürliche Phasenbeziehungen gelten, so daß die Wahrscheinlichkeit dafür, daß φ in dem Bereich zwischen φ und $\varphi + d\varphi$ liegt, einfach durch $d\varphi/(2\pi)$ gegeben ist. Bestimmen Sie die Wahrscheinlichkeit $P(x)\,dx$ dafür, daß die Auslenkung eines Oszillators zu einem bestimmten Zeitpunkt t im Bereich zwischen x und x + dx liegt.

Lösung: $(A^2 - x^2)^{-1/2} \frac{dx}{\pi}$ für $-A \leqslant x \leqslant A$; ansonsten 0.

3. Statistische Beschreibung von Teilchensystemen

Der im letzten Kapitel gegebene Überblick über die Grundbegriffe der Wahrscheinlichkeitstheorie hat uns die nötigen Kenntnisse vermittelt, die qualitativen Betrachtungen des ersten Kapitels zu einer systematischen quantitativen Beschreibung von Vielteilchensystemen auszubauen. Wir werden bestrebt sein, die statistische Betrachtungsweise mit den Gesetzen der Mechanik zu verbinden, die für ein makroskopisches System von Teilchen gelten. Die Theorie dazu wird *statistische Mechanik* genannt. Zu ihrer Aufstellung werden nur die einfachsten Begriffe der Mechanik und der Wahrscheinlichkeitstheorie benötigt. Auch die Überlegungen, die zu dieser Theorie führen, sind keineswegs kompliziert; darin liegt gerade der Vorteil dieser Betrachtungsweise, die trotzdem erstaunlich allgemeingültige Resultate liefert und weitestgehende Vorhersagen ermöglicht.

Die bei der Untersuchung makroskopischer Systeme verwendeten Überlegungen sind tatsächlich analog denen, die wir bei der Diskussion des recht alltäglichen Versuchs über das Werfen von Münzen gebrauchten. Die wesentlichen Punkte bei der Analyse dieses Versuchs sind die folgenden:

a) Definition des Zustands eines Systems

In jedem Fall muß eine Methode zur Verfügung stehen, die möglichen Ergebnisse eines Versuchs an dem betreffenden System festzustellen bzw. vorauszusagen. Beispielsweise wird der Zustand eines Satzes von Münzen nach jedem Wurf definiert, indem wir angeben, welche Seite bei jeder einzelnen Münze oben liegt.

b) Das statistische Kollektiv

Wir besitzen niemals genügend Informationen über die genaue Art und Weise, wie die Münzen geworfen werden, um nur nach den Gesetzen der Mechanik eindeutige Vorhersagen über das Ergebnis eines Versuchs aufstellen zu können. Daher müssen wir die betreffende Situation statistisch beschreiben und statt des *einen* bestimmten Satzes von Münzen ein Kollektiv betrachten, das aus sehr *vielen* ähnlichen Sätzen von Münzen besteht, die alle dem *gleichen* Experiment unterworfen werden. Dann können wir die Wahrscheinlichkeit bestimmen, mit der ein bestimmtes Ergebnis auftritt. Diese Wahrscheinlichkeit erhalten wir, indem wir das Kollektiv untersuchen und feststellen, welcher Bruchteil seiner Systeme dieses bestimmte Ergebnis aufweist. Das Ziel einer Theorie ist es, solche Wahrscheinlichkeiten vorherzusagen.

c) Statistische Postulate

Um bei der Aufstellung einer Theorie Erfolg zu haben, muß man immer gewisse Postulate einführen. Für die homogenen Münzen ergibt sich aus den Gesetzen der Mechanik nicht, daß die Wahrscheinlichkeit für das Fallen einer Münze auf eine bestimmte Seite größer ist als für die andere Seite. Wir werden also das *Postulat* einführen, daß „a priori" (d.h., beruhend auf vorhergehenden, noch nicht experimentell nachgeprüften Vorstellungen) eine Münze mit gleicher Wahrscheinlichkeit auf die eine oder die andere Seite fällt. Dieses Postulat ist in jeder Weise vernünftig und widerspricht auch keinem einzigen Gesetz der Mechanik. Ob dieses Postulat nun tatsächlich erfüllt ist, kann nur nachgeprüft werden, indem wir eine theoretische Vorhersage darauf aufbauen und dann diese Vorhersage durch Versuchsergebnisse zu bestätigen versuchen. Die Gültigkeit eines solchen Postulats ist um so eher unwiderlegbar, je öfter die darauf beruhenden Voraussagen sich als richtig erweisen.

d) Wahrscheinlichkeitsberechnungen

Ist einmal dieses Grundpostulat eingeführt worden, dann können wir die Wahrscheinlichkeit berechnen, mit der ein bestimmtes Ergebnis in dem betrachteten Satz von Münzen auftreten wird. Wir können auch verschiedene interessante Mittelwerte bestimmen. Es können also alle Fragen, die in einer statistischen Theorie von Bedeutung sind, beantwortet werden.

Wenn wir Systeme untersuchen wollen, die aus sehr vielen Teilchen bestehen, dann wird unsere Betrachtungsweise in der Tat der beim Beispiel der Münzen verwendeten sehr ähnlich sein. Die nächsten vier Abschnitte sollen diese Analogie noch deutlicher machen.

3.1. Definition des Zustands eines Systems

Das Studium atomarer Teilchen zeigte, daß jedes aus solchen Partikeln zusammengesetzte System mit den Gesetzen der Quantenmechanik zu beschreiben ist. Diese Gesetze, deren Gültigkeit durch umfangreichstes Beweismaterial bestätigt wird, werden also die Begriffsgrundlage für unsere Diskussion bilden.

Bei einer quantenmechanischen Beschreibung ergibt jede so genau wie möglich durchgeführte Messung, daß sich das betreffende System in einem aus einer Anzahl von diskreten *Quantenzuständen*, die für dieses System charakteristisch sind, befindet. Der mikroskopische Zustand eines Systems wird demnach durch die Angabe des Quantenzustands, in dem sich das System gerade befindet, vollkommen beschrieben.

Jeder Quantenzustand eines isolierten Systems entspricht einem genau definierten Wert seiner Energie, dem *Energieniveau* dieses Systems (Bild 3.1)[1]. Es können aber auch mehrere Quantenzustände zu ein und demselben Energieniveau des Systems gehören. (Solche Quantenzustände werden als *entartet* bezeichnet.) Für jedes

[1]) Ein bekanntes Beispiel für ein System, das mit diskreten Energieniveaus beschrieben wird, ist das Wasserstoffatom. Geht das Atom in einen Zustand anderer Energie über, dann wird Energie in scharf begrenzten Spektrallinien emittiert. Eine auf Energieniveaus beruhende Beschreibung ist natürlich gleichermaßen auf jede Art von Atom, sowie auf Moleküle und auch aus vielen Atomen bestehende Systeme anwendbar.

System gibt es einen minimal möglichen Energiewert, dem üblicherweise nur ein möglicher Quantenzustand des Systems entspricht; dieser niedrigstmögliche Energiezustand des Systems wird *Grundzustand* genannt [1]). Außer diesem Zustand gibt es natürlich noch viele (eigentlich unendlich viele) mögliche Zustände höherer Energie, die als *angeregte* Zustände des Systems bezeichnet werden.

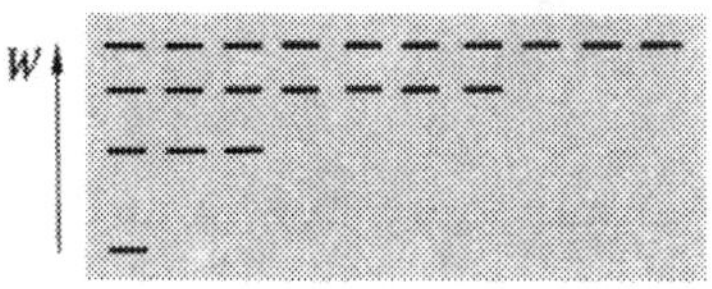

Bild 3.1. Stark schematisierte Darstellung der ersten Energieniveaus eines beliebigen Systems. Jeder kurve Strich symbolisiert einen möglichen Quantenzustand des Systems, während die Höhe, auf der sich ein Strich befindet, die Energie W des Systems in dem betreffenden Zustand darstellen soll. Es gibt also viele Zustände mit gleicher Energie.

Die folgenden Betrachtungen sind vollständig allgemein gehalten und auf jedes noch so komplizierte System anwendbar. Sie werden anhand einfacher Beispiele dargestellt, die von großem praktischen Interesse sind.

a) Ein einzelner Spin

Wir betrachten ein Teilchen an einem festen Ort mit einem Spin $\frac{1}{2}$ und einem entsprechenden magnetischen Moment μ_0. Wie bereits in Abschnitt 1.3 besprochen wurde, kann dieses Moment „nach oben" oder „nach unten" gerichtet sein (bzw. parallel oder antiparallel zu einer bestimmten Richtung). Dieses aus nur einem Spin bestehende System kann nur zwei Quantenzustände annehmen, die wir mit einer *Quantenzahl* σ bezeichnen. Ist das magnetische Moment des Teilchens nach oben orientiert, dann wird sein Zustand mit $\sigma = +1$ bezeichnet, ist es nach unten gerichtet, mit $\sigma = -1$ (Tabelle 3.1 und Bild 3.2).

Tabelle 3.1: Quantenzustände eines einzelnen Spins $\frac{1}{2}$, dessen magnetisches Moment gleich μ_0 ist, und der sich in einem Magnetfeld **B** befindet. Jeder Zustand des Systems kann durch einen Index r order durch eine Quantenzahl σ definiert werden. Das magnetische Moment in der Aufwärtsrichtung, die durch das Magnetfeld **B** gegeben ist, wird mit M die gesamte Energie des Systems mit W bezeichnet.

r	σ	M	W
1	+1	μ_0	$-\mu_0 B$
2	−1	$-\mu_0$	$+\mu_0 B$

1) Manchmal kann eine relativ kleine Anzahl von Quantenzuständen gleicher Energie der niedrigstmöglichen Energie des Systems entsprechen. In diesem Fall bezeichnet man den Grundzustand des Systems als *entartet*.

Befindet sich das Teilchen in einem äußeren Magnetfeld **B**, dann ist die Richtung dieses Feldes bei diesem Problem auch zugleich die physikalisch interessante Richtung. Die Energie W des Systems hat dann einen niedrigeren Wert, wenn das magnetische Moment parallel zu dieser Richtung ausgerichtet ist, als wenn es antiparallel zur Feldrichtung ist. Ein analoges Beispiel hierfür ist ein Stabmagnet, der sich in einem äußeren Magnetfeld befindet. Ist nämlich sein magnetisches Moment nach oben gerichtet, d.h. parallel zum Feld **B**, dann beträgt seine magnetische Energie nur $-\mu_0 B$. Ist jedoch sein Moment nach unten, also antiparallel zum Feld **B**, gerichtet, dann ist seine magnetische Energie einfach gleich $+\mu_0 B$. Die zwei Quantenzustände (oder Energieniveaus) des Systems entsprechen also verschiedenen Energien.

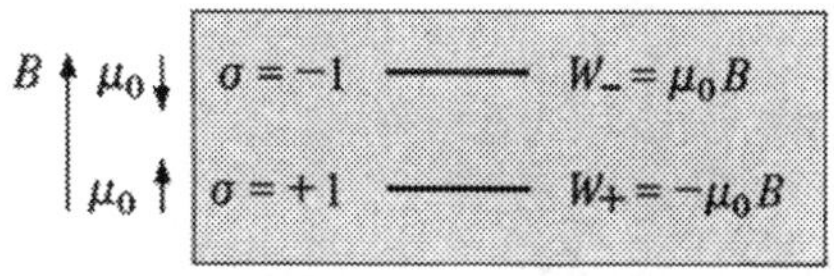

Bild 3.2. Diagramm der zwei Energieniveaus eines Spins $\frac{1}{2}$, dessen magnetisches Moment μ_0 ist, und der sich in einem äußeren Magnetfeld **B** befindet. Der Zustand, in dem das magnetische Moment „nach oben" gerichtet, also parallel zu **B** ist, ist mit $\sigma = +1$ (oder einfach +) bezeichnet, und der Zustand, in dem das magnetische Moment „nach unten" gerichtet ist, mit $\sigma = -1$ (oder einfach −).

b) Das ideale System von N Spins

Wir betrachten ein aus N Teilchen konstanter Lage bestehendes System, dessen Teilchen einen Spin $\frac{1}{2}$ und ein magnetisches Moment μ_0 besitzen. Ein äußeres Magnetfeld **B** wirkt auf dieses System ein. Die Wechselwirkung zwischen den Teilchen soll praktisch vernachlässigbar klein sein [1]).

Das magnetische Moment eines jeden Teilchens kann relativ zum Magnetfeld **B** entweder nach oben oder unten gerichtet sein. Die Richtung des i-ten Moments kann somit durch den Wert seiner Quantenzahl σ_i angegeben werden: $\sigma_i = +1$, wenn das Moment nach oben gerichtet ist, und $\sigma_i = -1$, wenn es nach unten gerichtet ist. Ein bestimmter Zustand des ganzen Systems wird dann dadurch charakterisiert, daß die Orientierung eines jeden der N Momente bestimmt wird, d.h., indem die Werte angegeben werden, die ein Satz von Quantenzahlen $\{\sigma_1, \sigma_2, \dots, \sigma_N\}$ annimmt. Wir können also alle möglichen Zustände des Systems zusammenstellen und mit einem Index r versehen, was in Tabelle 3.2 für den Fall N = 4 getan wurde. Das gesamte magnetische Moment des Systems ist gleich der Summe der magnetischen Momente der einzelnen Spins. Da die Wechselwirkung zwischen den Spins vernachlässigbar ist, ist auch die Gesamtenergie W des Systems einfach gleich der Summe der Energien der einzelnen Spins.

c) Ein Teilchen in einem eindimensionalen Kasten

Betrachten wir ein einzelnes Teilchen der Masse m, das sich in einer Dimension frei bewegen kann. Dieses Teilchen soll sich in einem Kasten der Länge l befinden; die Ortskoordinate x des Teilchens muß also in dem Bereich $0 \leqslant x \leqslant l$ liegen. Innerhalb dieses Kastens wirken keine Kräfte auf das Teilchen ein.

In einer quantenmechanischen Darstellung sind jedem Teilchen Welleneigenschaften zuzuordnen. Das in dem Kasten eingeschlos-

1) Diese Annahme besagt, daß wir das am Ort irgendeines Teilchens durch das magnetische Moment anderer Teilchen erzeugte Magnetfeld tatsächlich nicht berücksichtigen müssen.

Tabelle 3.2: Quantenzustände eines idealen Systems von 4 Spins mit dem Wert $\frac{1}{2}$ und einem entsprechenden magnetischen Moment μ_0, im Magnetfeld **B**. Die Quantenzustände des ganzen Systems wurden mit dem Index r bezeichnet, bzw. durch einen Satz von 4 Zahlen $\{\sigma_1, \sigma_2, \sigma_3, \sigma_4\}$. Zur Vereinfachung wurde der Fall $\sigma = +1$ nur mit + und der Fall $\sigma = -1$ nur mit – bezeichnet. Das gesamte magnetische Moment in der durch **B** definierten Aufwärtsrichtung ist mit M bezeichnet, und die Gesamtenergie des Systems mit W.

r	σ_1	σ_2	σ_3	σ_4	M	W
1	+	+	+	+	$4\mu_0$	$-4\mu_0 B$
2	+	+	+	−	$2\mu_0$	$-2\mu_0 B$
3	+	+	−	+	$2\mu_0$	$-2\mu_0 B$
4	+	−	+	+	$2\mu_0$	$-2\mu_0 B$
5	−	+	+	+	$2\mu_0$	$-2\mu_0 B$
6	+	+	−	−	0	0
7	+	−	+	−	0	0
8	+	−	−	+	0	0
9	−	+	+	−	0	0
10	−	+	−	+	0	0
11	−	−	+	+	0	0
12	+	−	−	−	$-2\mu_0$	$2\mu_0 B$
13	−	+	−	−	$-2\mu_0$	$2\mu_0 B$
14	−	−	+	−	$-2\mu_0$	$2\mu_0 B$
15	−	−	−	+	$-2\mu_0$	$2\mu_0 B$
16	−	−	−	−	$-4\mu_0$	$4\mu_0 B$

sene Teilchen, das sich in der Länge l hin- und zurückbewegt, kann also durch eine Wellenfunktion ψ als stehende Welle dargestellt werden, deren Amplitude an den Endpunkten des Behäters null ist (da ψ selbst außerhalb des Behälters null ist)[1].

Die Wellenfunktion wird also die folgende Form besitzen:

$$\psi(x) = A \sin kx \tag{3.1}$$

(A und k sind Konstanten) und die folgenden Randbedingungen befriedigen

$$\psi(0) = 0 \quad \text{und} \quad \psi(l) = 0. \tag{3.2}$$

Ausdruck (3.1) befriedigt offensichtlich die Bedingung $\psi(0) = 0$. Damit diese Beziehung aber auch der Bedingung $\psi(l) = 0$ genügt, muß die Konstante k die Form

$$kl = \pi n$$

oder

$$k = \frac{\pi}{l} n \tag{3.3}$$

[1]) Die physikalische Interpretation der Wellenfunktion besagt, daß $|\psi(x)|^2\, dx$ die Wahrscheinlichkeit dafür ist, daß sich das Teilchen in dem Bereich zwischen x und x + dx befindet.

haben, wobei n jede natürliche Zahlen sein kann:[1])

$$n = 1, 2, 3, 4, \ldots \tag{3.4}$$

Die Konstante k in Gl. (3.1) ist die dem Teilchen zugeordnete *Wellenzahl;* sie steht mit der Wellenlänge λ (der dem Teilchen zugeordneten sogenannten *de Broglie-Wellenlänge*) durch

$$k = \frac{2\pi}{\lambda} \tag{3.5}$$

in Beziehung. Gl. (3.3) ist daher auch in der äquivalenten Form

$$l = n \frac{\lambda}{2}$$

zu schreiben. Dies entspricht der bekannten Bedingung, daß eine stehende Welle dann entsteht, wenn die Länge des Behälters gleich einem ganzzahligen Vielfachen der halben Wellenlänge ist.

Der Impuls p des Teilchens ist mit k oder λ durch die berühmte de Broglie-Relation

$$p = \hbar k = \frac{h}{\lambda} \tag{3.6}$$

in Beziehung zu setzen. Hier ist $\hbar = h/2\pi$, wobei h das Plancksche Wirkungsquantum ist. Die Energie W des Teilchens ist einfach gleich seiner kinetischen Energie, da wegen des Fehlens von äußeren Kräften keine potentielle Energie vorhanden ist. W kann also durch die Geschwindigkeit v oder den Impuls p = mv des Teilchens ausgedrückt werden:

$$W = \frac{1}{2} mv^2 = \frac{1}{2} \frac{p^2}{m} = \frac{\hbar^2 k^2}{2m}. \tag{3.7}$$

Aus den möglichen Werten (3.3) von k ergeben sich die entsprechenden Energien

$$W = \frac{\hbar^2}{2m} \left(\frac{\pi}{l} n\right)^2 = \frac{\pi^2 \hbar^2}{2m} \frac{n^2}{l^2}. \tag{3.8}$$

Wir hätten natürlich auch dieses Problem von einem mehr mathematischen Standpunkt aus angreifen können, indem wir von der elementaren Schrödinger-Gleichung für die Wellenfunktion ψ ausgegangen wären. Für ein in einer Dimension frei bewegliches Teilchen lautet diese Gleichung

$$-\frac{\hbar^2}{2m} \frac{\partial^2 \psi}{\partial x^2} = W\psi.$$

Die Wellenfunktion (3.1) befriedigt diese Gleichung, vorausgesetzt, die Energie W hängt mit k durch die Beziehung (3.7) zusammen. Die Bedingung (3.2), daß die Wellenfunktion an den Grenzen des Behälters null wird, führt wiederum zu Gl. (3.3) und hieraus ergibt sich für die Energie der Ausdruck (3.8).

Die Beziehung (3.8) zeigt, daß der Energieunterschied zwischen aufeinanderfolgenden Quantenzuständen des Teilchens sehr klein

[1]) Der Wert n = 0 hat keine Bedeutung, da er $\psi = 0$ ergibt, d.h., in dem Behälter existiert keine Welle und somit auch kein Teilchen. Negative ganzzahlige Werte von n führen nicht zu eigenen neuen Wellenfunktionen, da eine Vorzeichenänderung von n und daher auch von k nur ein anderes Vorzeichen für ψ in Gl. (3.1) ergibt, wodurch sich natürlich die Wahrscheinlichkeit $|\psi|^2 dx$ nicht ändert. Also ergeben die positiven ganzzahligen Werte von n bereits alle möglichen Wellenfunktionen der Form (3.1). Physikalisch bedeutet dies, daß nur der ***Betrag*** $\hbar k$ des Teilchenmoments relevant ist, da dieses Moment wegen der aufeinanderfolgenden Reflexionen des Teilchens von den „Wänden" gleich oft positiv wie negativ sein wird.

ist, wenn die Länge l des Behälters von makroskopischer Größenordnung ist. Die niedrigstmögliche Energie eines Teilchens, die Energie seines Grundzustands, entspricht dem Zustand $n = 1$. Es ist zu beachten, daß die Energie des Grundzustands niemals null ist[1]).

d) Ein Teilchen in einem dreidimensionalen Kasten

Die Verallgemeinerung der eben besprochenen Situation auf ein Teilchen, das sich in drei Dimensionen frei bewegen kann, bereitet nicht die geringsten Schwierigkeiten. Das Teilchen befindet sich in einem quaderförmigen Behälter, dessen Kanten die Längen l_x, l_y und l_z haben (Bild 3.3). Wir nehmen weiter an, daß die Lagekoordinaten x, y, z des Teilchens in den Bereichen

$$0 \leqslant x \leqslant l_x, \quad 0 \leqslant y \leqslant l_y, \quad 0 \leqslant z \leqslant l_z$$

liegen. Das Teilchen hat die Masse m; innerhalb des Behälters wirken keinerlei Kräfte auf das Teilchen.

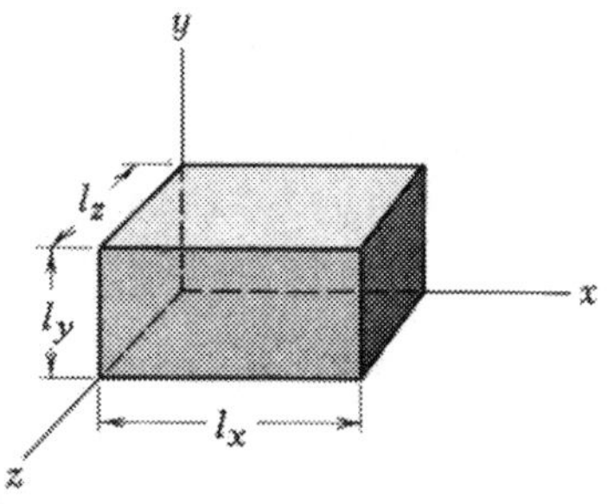

Bild 3.3. Ein quaderförmiger Behälter mit den Kantenlängen l_x, l_y, und l_z.

Die Wellenfunktion des Teilchens stellt nun eine dreidimensionale stehende Welle dar. Sie hat die Form

$$\psi = A(\sin k_x x)(\sin k_y y)(\sin k_z z), \tag{3.9}$$

wobei die Konstanten k_x, k_y, k_z als die drei Komponenten eines Vektors $\mathbf{k}$ anzusehen sind; dieser Vektor $\mathbf{k}$ ist der *Wellenvektor* des Teilchens. Nach der de Broglie-Relation ist der Impuls des Teilchens dann durch

$$\mathbf{p} = \hbar \mathbf{k} \tag{3.10}$$

gegeben, so daß die Beziehung zwischen dem Betrag von p und dem Betrag von k (oder der Wellenlänge λ) die gleiche bleibt wie in Gl. (3.6). Die Energie des Teilchens erhalten wir aus

$$W = \frac{p^2}{2m} = \frac{\hbar^2 k^2}{2m} = \frac{\hbar^2}{2m}(k_x^2 + k_y^2 + k_z^2). \tag{3.11}$$

Wir können uns aber auch sofort überzeugen, daß ψ in Gl. (3.9) tatsächlich eine Lösung der zeitunabhängigen Schrödinger-Gleichung für ein in drei Dimensionen bewegliches Teilchen darstellt:

$$-\frac{\hbar^2}{2m}\left(\frac{\partial^2\psi}{\partial x^2} + \frac{\partial^2\psi}{\partial y^2} + \frac{\partial^2\psi}{\partial z^2}\right) = W\psi$$

vorausgesetzt, W hängt mit $\mathbf{k}$ durch Gl. (3.11) zusammen.

---

1) Dieser Schluß ergibt sich logisch aus der Heisenbergschen Unschärferelation ($\Delta x \, \Delta p > \hbar$), die besagt, daß ein Teilchen, das sich nur in einer Dimension, entlang einer Strecke l bewegen kann ($\Delta x \sim l$), einen niedrigstmöglichen Impuls der Größenordnung $p \sim \hbar/l$ haben muß. Die niedrigstmögliche Energie, die dieses Teilchen besitzen kann, ist daher eine kinetische Energie der Größenordnung von $p^2/2m = \hbar^2/2ml^2$.

Die Bedingung, daß ψ an den Grenzen des Behälters null wird, zieht die folgenden weiteren Bedingungen nach sich: $\psi = 0$ in den Ebenen

$$\left.\begin{aligned} x &= 0, & y &= 0, & z &= 0, \\ x &= l_x, & y &= l_y, & z &= l_z. \end{aligned}\right\} \tag{3.12}$$

Wie zu erwarten, verschwindet der Ausdruck (3.9), wenn $x = 0$, $y = 0$ oder $z = 0$ ist. Damit er auch für $x = l_x$, $y = l_y$ oder $z = l_z$ verschwindet, müssen die Konstanten k_x, k_y, k_z die folgenden Bedingungen erfüllen:

$$k_x = \frac{\pi}{l_x} n_x, \quad k_y = \frac{\pi}{l_y} n_y, \quad k_z = \frac{\pi}{l_z} n_z, \tag{3.13}$$

wobei n_x, n_y und n_z einen beliebigen positiven ganzzahligen Wert

$$n_x, n_y, n_z = 1, 2, 3, 4, \ldots \tag{3.14}$$

annehmen können. Ein bestimmter Quantenzustand des Teilchens kann dann durch die Werte gekennzeichnet werden, die ein Satz von Quantenzahlen $\{n_x, n_y, n_z\}$ annimmt. Die entsprechenden Energiewerte ergeben sich aus den Gln. (3.11) und (3.13) zu

$$\boxed{W = \frac{\pi^2\hbar^2}{2m}\left(\frac{n_x^2}{l_x^2} + \frac{n_y^2}{l_y^2} + \frac{n_z^2}{l_z^2}\right).} \tag{3.15}$$

e) N Teilchen eines idealen Gases in einem Behälter

Betrachten wir nun ein aus N Teilchen der Masse m bestehendes System, die sich in einem Behälter wie im Beispiel d) befinden. Die Wechselwirkung der Teilchen ist praktisch vernachlässigbar gering, so daß die Teilchen ein ideales Gas darstellen. Die Gesamtenergie des Gases ist dann einfach gleich der Summe der Energien der einzelnen Teilchen:

$$W = W_1 + W_2 + W_3 + \ldots + W_N. \tag{3.16}$$

Mit W_i wird hier die Energie des i-ten Teilchens bezeichnet. Der Zustand eines jeden solchen Teilchens kann wie im letzten Beispiel durch die Werte seiner 3 Quantenzahlen n_{ix}, n_{iy}, n_{iz} definiert werden; die Energie des betreffenden Teilchens ergibt sich dann aus einer Gl. (3.15) analogen Beziehung. Jeder mögliche Quantenzustand des *gesamten* Gases kann somit durch die Werte charakterisiert werden, die die 3N Quantenzahlen

$$\{n_{1x}, n_{1y}, n_{1z}; \, n_{2x}, n_{2y}, n_{2z}; \ldots; n_{Nx}, n_{Ny}, n_{Nz}\}$$

annehmen. Die Energie des Gases erhalten wir dann aus Gl. (3.16), wobei jedes Summenglied die Form (3.15) hat.

Diese Beispiele sind für die quantenmechanische Darstellungsweise typisch, wir wollten mit ihnen die allgemeinen Bemerkungen vom Beginn dieses Abschnitts erläutern. Unsere Feststellungen können also wie folgt zusammengefaßt werden: Jeder mögliche Quantenzustand eines Systems kann durch einen Satz von f Quantenzahlen definiert werden. Diese Zahl f, die Anzahl der *Freiheitsgrade* des Systems, ist gleich der Anzahl der unabhängigen Koordinaten (einschließlich der Spin-Koordinaten), die zur Beschreibung eines Systems nötig sind[1]). Jeder Quantenzustand des untersuchten Systems wird durch alle seine Quantenzahlen charakterisiert. Der Einfachheit halber

---

1) Für N Teilchen ohne Spin zum Beispiel ist die Anzahl der Freiheitsgrade $f = 3N$.

werden die möglichen Zustände mit einem Index r = 1, 2, 3, 4, ... bezeichnet, damit sie leicht in einer Tabelle zusammengestellt werden können. Die folgende Feststellung beantwortet unsere Frage nach der präzisesten quantenmechanischen Beschreibung eines Systems:

> Der mikroskopische Zustand eines Systems kann durch die Angabe des betreffenden Quantenzustands r, in dem sich das System gerade befindet, beschrieben werden.

Eine präzise Beschreibung eines isolierten Systems von Teilchen müßte *alle* Wechselwirkungen zwischen den Teilchen berücksichtigen, und würde damit die Quantenzustände des Systems streng definieren. Befindet sich das System in einem solchen streng definierten Quantenzustand, dann könnte es diesen Zustand für immer beibehalten. In der Praxis wird jedoch kaum jeweils ein System so vollkommen isoliert sein, daß es überhaupt nicht mit seiner Umgebung in Wechselwirkung steht. Auch wäre es unmöglich und nicht sinnvoll, eine Beschreibung so präzisieren zu wollen, daß dabei alle Wechselwirkungen zwischen den Teilchen streng in Betracht gezogen werden. Die zur Beschreibung eines Systems verwendeten Quantenzustände sind in der Praxis also immer nur *angenäherte* Quantenzustände, bei deren Bestimmung zwar alle wichtigen dynamischen Eigenschaften der Teilchen berücksichtigt werden, während die übrigen geringen Wechselwirkungen vernachlässigt werden können. Ein System, das sich anfangs in einem seiner angenäherten Quantenzustände befindet, behält diesen Zustand nicht für immer bei, sondern es wird im Laufe der Zeit durch den Einfluß der übrigen geringen Wechselwirkungen in andere Quantenzustände übergehen (ausgenommen sind natürlich jene Quantenzustände, die das System nicht annehmen kann, ohne gewisse durch die Gesetze der Mechanik bedingte Einschränkungen zu verletzen).

Das Wasserstoffatom ist ein bekanntes Beispiel für die obigen Erläuterungen. Die zur Beschreibung dieses Atoms verwendeten Quantenzustände berücksichtigen nur die Coulombschen Anziehungskräfte zwischen dem Kern und den Elektronen. Die noch nicht berücksichtigte Wechselwirkung des Atoms mit dem umgebenden elektromagnetischen Feld verursacht dann die Übergänge zwischen diesen Quantenzuständen. Die Emission oder Absorption von elektromagnetischer Strahlung (deren Spektrallinien beobachtet werden können) ist die Folge solcher Übergänge.

Für uns ist vielleicht ein isoliertes ideales Spin-System oder ein isoliertes ideales Gas ein näherliegendes Beispiel. Würden die Teilchen eines solchen Systems überhaupt nicht miteinander in Wechselwirkung stehen, dann sind die in Beispiel b) oder e) dieses Abschnitts berechneten Quantenzustände exakte Quantenzustände, und es würden überhaupt keine Übergänge stattfinden. Das entspricht jedoch nicht der Wirklichkeit. Wir haben ja auch immer betont, daß, selbst wenn ein Spin-System oder ein Gas als ideal bezeichnet wird, die Wechselwirkung zwischen den Teilchen des Systems nur als *fast* angesehen werden kann, nicht aber als vollkommen vernachlässigbar. In einem Spin-System treten also kleine Wechselwirkungskräfte auf, da jedes magnetische Moment am Ort der benachbarten Momente ein schwaches Magnetfeld erzeugt. Ebenso treten geringe Wechselwirkungskräfte in einem Gas auf, wenn die Teilchen einander genügend nahe kommen (d.h. miteinander „kollidieren"), so daß die Kräfte aufeinander ausüben können. Werden diese Wechselwirkungen auch berücksichtigt, dann sind die in den Beispielen b) und e) berechneten Quantenzustände angenäherte Quantenzustände. Diese Wechselwirkungen verursachen somit Übergänge zwischen diesen Zuständen (je geringer die Wechselwirkungen, um so seltener treten solche Übergänge auf). Betrachten wir zum Beispiel das aus 4 Spins bestehende System, dessen Quantenzustände in Tabelle 3.2 angeführt sind. Dieses System befindet sich anfangs im Zustand $\{+-++\}$. Wegen der geringen Wechselwirkung der Spins wird sich dieses System mit einer von null verschiedenen Wahrscheinlichkeit zu einem späteren Zeitpunkt in einem anderen Zustand, etwa $\{++-+\}$, befinden, wobei dieser Übergang natürlich nicht dem Energieerhaltungssatz widersprechen darf.

Da für die Atome und Moleküle eines jeden Systems immer die Gesetze der Quantenmechanik gelten, bedienten wir uns bei der Definition eines Zustands eines Systems natürlich auch der Begriffe der Quantentheorie. Unter gewissen Bedingungen kann jedoch die Beschreibung eines Systems nach den Gesetzen der klassischen Mechanik eine bequeme Näherungsmethode darstellen. Die Anwendbarkeit und die Gültigkeit solcher Näherungsmethoden wird in Kapitel 6 besprochen werden.

3.2. Das statistische Kollektiv

Es ist prinzipiell möglich, die Eigenschaften eines Systems für einen beliebigen Zeitpunkt nach den Gesetzen der Mechanik bis ins Detail zu berechnen, vorausgesetzt, wir besitzen präzise und vollständige Informationen über den mikroskopischen Zustand dieses Systems zu einem bestimmten Zeitpunkt. Im allgemeinen jedoch wird uns eine so präzise Information über ein makroskopisches System nicht zur Verfügung stehen, auch sind wir an einer so übertrieben eingehenden Beschreibung gar nicht interessiert. Wir werden das betreffende System also nach Wahrscheinlichkeitsgesichtspunkten untersuchen und betrachten nicht mehr ein einziges makroskopisches System, sondern ein Kollektiv von einer großen Anzahl solcher Systeme, die alle die gleichen Bedingungen wie das eine zuerst betrachtete System befriedigen. Im Hinblick auf dieses Kollektiv können wir dann verschiedene Feststellungen über Wahrscheinlichkeiten in diesem einen System treffen.

Eine vollkommene makroskopische Beschreibung eines aus vielen Teilchen bestehenden Systems definiert den sogenannten *makroskopischen* Zustand oder *Makrozustand* des Systems. Da eine solche Beschreibung rein auf der Angabe von Größen beruht, die leicht durch makroskopische Messungen allein festgestellt werden können, gibt sie nur sehr wenig Informationen über die Teilchen des Systems, wie zum Beispiel:

a) Informationen über die äußeren Parameter des Systems

Gewisse Parameter eines Systems, die die Bewegungen der Teilchen beeinflussen, sind makroskopisch meßbar. Diese Parameter werden *äußere Parameter* des Systems genannt. Das System kann sich zum Beispiel in einem gegebenen äußeren Magnetfeld **B** oder einem ebensolchen elektrischen Feld **E** befinden. Da solche Felder die Bewegung der Teilchen des Systems beeinflussen, ist **B** oder **E** ein äußerer Parameter des Systems. Oder nehmen wir an, ein Gas ist in einem Kasten mit den Abmessungen l_x, l_y und l_z eingeschlossen. Jedes Molekül des Gases bewegt sich also gezwungenermaßen so, daß es innerhalb des Kastens bleibt. Daher sind die Abmessungen l_x, l_y, l_z äußere Parameter des Gases.

Da die äußeren Parameter einen Einfluß auf die Bewegungsgleichungen der Teilchen des Systems haben, werden sie sich auch auf die Energieniveaus dieser Teilchen auswirken. Die Energie eines jeden Quantenzustands eines Systems ist also gewöhnlich eine Funktion der äußeren Parameter des Systems. Für den Fall des Spin-Systems zeigt zum Beispiel Tabelle 3.1 explizit, daß die Energien der Quantenzustände vom Betrag des äußeren magnetischen Feldes B abhängen. Auch für das Beispiel eines Teilchens in einem Behälter beweist der Ausdruck (3.15) explizit, daß jeder durch die Quantenzahlen $\{n_x, n_y, n_z\}$ definierte Quantenzustand einer Energie entspricht, die von den Dimensionen l_x, l_y, l_z des Behälters abhängt.

Kennen wir also alle äußeren Parameter eines Systems, dann können wir die seinen Quantenzuständen tatsächlich entsprechenden Energiewerte berechnen.

b) Informationen über die Anfangszustände eines Systems

Aufgrund der Erhaltungssätze der Mechanik werden die Anfangszustände dem späteren Bewegungsablauf der Teilchen des Systems gewisse einschränkende Bedingungen auferlegen. Angenommen wir haben es mit einem isolierten System zu tun, das also nicht mit anderen Systemen in Wechselwirkung steht. Die Gesetze der Mechanik fordern dann, daß die gesamte Energie (d.h. die gesamte kinetische und potentielle Energie aller Teilchen des Systems) konstant bleibt. Das System besitzt zu dem Zeitpunkt, da es für eine Beobachtung vorbereitet wird, eine Gesamtenergie, deren Wert mit endlicher Genauigkeit bestimmt werden kann, d.h., er wird in einem kleinen Bereich zwischen W und W + δW liegen. Das Energieerhaltungsgesetz verlangt nun, daß die Gesamtenergie des Systems *immer* zwischen W und W + δW liegt; als Folge dieser einschränkenden Bedingung kann das System nur diejenigen Quantenzustände annehmen, deren Energiewerte in diesem Bereich liegen[1]).

Diejenigen Quantenzustände, die ein System annehmen kann, ohne irgendeine der Bedingungen zu verletzen, die sich aus den über das System zur Verfügung stehenden Informationen ergeben, nennen wir *realisierbare Quantenzustände.* Ein statistisches Kollektiv, das im Hinblick auf diese Informationen zusammengestellt wird, muß demnach aus Systemen bestehen, die sich sämtliche in realisierbaren Zuständen befinden. Wie bereits früher gezeigt wurde, wird durch die Definition des Makrozustandes eines Systems das System selbst nur in sehr begrenztem Maße beschrieben. Befindet sich also ein System in einem bestimmten *Makrozustand,* dann ist gewöhnlich die Anzahl der in diesem System realisierbaren Quantenzustände sehr hoch (da die Anzahl der Teilchen des Systems sehr groß ist). Im Falle des isolierten Systems, von dem wir nur wissen, daß seine Energie zwischen W und W + δW liegt, sind alle Quantenzustände, deren Energien in diesem Bereich liegen, in diesem System realisierbar.

Begriffsmäßig ist der Fall eines Systems, das in dem Sinn *isoliert* ist, daß es mit anderen Systemen nicht in Wechselwirkung steht und so Energie mit ihnen austauscht, natürlich am einfachsten zu behandeln[2]). Der Makrozustand eines solchen Systems ist definiert durch die Angabe der Werte seiner äußeren Parameter und des bestimmten kleinen Bereiches, in dem seine Energie liegt. Durch diese Information sind dann die Energien der verschiedenen Quantenzustände des Systems festgelegt, und auch die Untergruppe von Quantenzuständen, die in diesem System tatsächlich realisierbar sind.

---

1) In einigen Fällen erweist es sich vielleicht als erforderlich, auch andere einschränkende Bedingungen (etwa die, die aus dem Gesetz der Erhaltung des Gesamtimpulses folgen) in Betracht zu ziehen. Obwohl wir dies tatsächlich tun können, ist es aus dem folgenden Grund nicht interessant: Wir können annehmen, daß bei den meisten Laborversuchen das untersuchte System in einem Behälter eingeschlossen ist, der am Boden des Labors befestigt und dadurch auch mit der großen Masse der Erde selbst verbunden ist. Jeder Zusammenstoß der Teilchen des Systems in dem Behälter bewirkt dann eine praktisch vernachlässigbare Änderung der Erdgeschwindigkeit – obwohl die Erde einen noch so großen Impuls des Systems aufnehmen kann, ohne dabei mehr als vernachlässigbar geringe Energiebeträge zu absorbieren. (Die Situation ist ähnlich dem Fall eines von der Erde abprallenden Balles.) Unter diesen Umständen unterliegt der mögliche Impuls des Systems keinerlei einschränkenden Bedingungen, obwohl seine Energie konstant bleibt. Dieses System ist also, was Energieübertragungen betrifft, als ideal zu bezeichnen, nicht aber im Hinblick auf Impulsübertragungen.

2) Dann kann jedes *nicht* isolierte System als Teil eines größeren *isolierten* Systems angesehen werden.

Einige Beispiele über Systeme aus sehr wenigen Teilchen sind wohl am geeignetsten – weil einfach – das Wesentliche dieser Feststellungen zu erläutern.

Beispiel 1:

Auf ein System von vier Spins $\frac{1}{2}$ (jeder Spin besitzt ein entsprechendes magnetisches Moment μ_0) wirkt ein äußeres Magnetfeld **B** ein. In Tabelle 3.2 sind die möglichen Quantenzustände und die zugehörigen Energien des Systems angegeben. Das System soll isoliert sein und eine Gesamtenergie von $-2\mu_0 B$ besitzen. Das System kann dann jeden der folgenden realisierbaren Quantenzustände aufweisen:

$$\{+++-\}, \qquad \{++-+\},$$
$$\{+-++\}, \qquad \{-+++\}.$$

Beispiel 2:

Wir betrachten ein System A*, das sich aus zwei Teilsystemen A′ und A″ zusammensetzt, die in geringem Maße miteinander in Wechselwirkung stehen und so untereinander Energie austauschen können. System A′ besteht aus drei Spins $\frac{1}{2}$, wobei jeder Spin ein entsprechendes magnetisches Moment μ_0 besitzt. System A″ besteht aus zwei Spins $\frac{1}{2}$, wobei jeder Spin ein magnetisches Moment $2\mu_0$ besitzt. Das System A* befinde sich in einem äußeren Magnetfeld **B**. Wir bezeichnen mit M′ das gesamte magnetische Moment von A′ entlang der Richtung von **B**, und mit M″ das gesamte magnetische Moment von A″ in der gleichen Richtung. Die Wechselwirkung zwischen den Spins ist praktisch vernachlässigbar. Die Gesamtenergie W* des ganzen Systems A* ist dann durch

$$W^* = -(M' + M'')\,B$$

gegeben.

Das System A* besteht insgesamt aus 5 Spins, d.h., es besitzt $2^5 = 32$ mögliche Quantenzustände. Jeder dieser Quantenzustände kann durch fünf Quantenzahlen definiert werden, wobei die drei Zahlen $\sigma_1', \sigma_2', \sigma_3'$ die Richtung der drei magnetischen Momente von A′ angeben, und die zwei Quantenzahlen σ_1'', σ_2'' die Richtungen der zwei magnetischen Momente von A″ bestimmen. Das isolierte System **A*** hat eine Gesamtenergie von $W^* = -3\mu_0 B$. **A*** kann daher nur einen der fünf Quantenzustände (die in Tabelle 3.3 angeführt sind), die mit dieser Gesamtenergie vereinbar sind, annehmen.

Tabelle 3.3: Systematische Aufzählung aller Zustände (mit dem Index r bezeichnet), die für das System **A*** realisierbar sind, wenn dessen Gesamtenergie in einem magnetischen Feld **B** gleich $-3\mu_0$B ist. Das System **A*** besteht aus einem Teilsystem A′ mit drei Spins $\frac{1}{2}$ (deren magnetisches Moment μ_0 ist), und einem Teilsystem A″ mit zwei Spins $\frac{1}{2}$ (deren magnetisches Moment $2\mu_0$ ist).

r	σ_1'	σ_2'	σ_3'	σ_1''	σ_2''	M'	M''
1	+	+	+	+	−	$3\mu_0$	0
2	+	+	+	−	+	$3\mu_0$	0
3	+	−	−	+	+	$-\mu_0$	$4\mu_0$
4	−	+	−	+	+	$-\mu_0$	$4\mu_0$
5	−	−	+	+	+	$-\mu_0$	$4\mu_0$

Wir können nunmehr die statistische Beschreibung eines makroskopischen Systems präzise formulieren. In einem statistischen Kollektiv solcher Systeme muß sich jedes System in einem seiner realisierbaren Quantenzustände befinden. Wir suchen dann die Wahrscheinlichkeit vorherzubestimmen, mit der das System tatsächlich einen bestimmten dieser realisierbaren Zustände aufweist. Verschiedene makroskopische Parameter des Systems (z.B. sein gesamtes magnetisches Moment, oder der von ihm ausgeübte Druck) werden Werte haben, die von dem betreffenden Quantenzustand des Systems abhängen. Kennen wir die Wahrscheinlichkeit, mit der sich das System in einem bestimmten seiner realisierbaren Zustände befindet, dann sollten wir die folgenden physikalisch interessanten Fragen beantworten können: Wie groß ist die Wahrscheinlichkeit dafür, daß ein beliebiger Parameter des Systems einen bestimmten Wert annimmt? Wie groß ist der Mittelwert eines solchen Parameters? Wie groß ist seine Standardabweichung?

3.3. Statistische Postulate

Um theoretische Voraussagen über Wahrscheinlichkeiten und Mittelwerte aufstellen zu können, müssen wir verschiedene statistische Postulate einführen. Betrachten wir wiederum den einfachen Fall eines *isolierten* Systems, dessen Energie in einem bestimmten kleinen Bereich zwischen W und W + δW liegt; die äußeren Parameter sind gegeben. Wie bereits erwähnt, können sich solche Systeme in einem beliebigen einer großen Anzahl von realisierbaren Zuständen befinden. Was können wir, wenn wir uns mit einem statistischen Kollektiv solcher Systeme befassen, über die *Wahrscheinlichkeit* aussagen, mit der ein solches System einen bestimmten dieser realisierbaren Zustände aufweist?

Zur Erläuterung dieses Problems wollen wir uns einiger physikalischer Überlegungen bedienen, die denen in den Abschnitten 1.1 und 1.2 verwendeten ähnlich sind. In den erwähnten Abschnitten untersuchten wir den Fall eines idealen Gases und die Verteilung seiner Moleküle auf deren mögliche räumliche Positionen in einem Behälter. Ganz analog werden wir die hier verwendeten abstrakteren und allgemeineren Überlegungen über die Verteilung von Systemen eines Kollektivs auf ihre realisierbaren Zustände behandeln. So werden durch unsere Diskussion tatsächlich allgemeine Postulate formuliert werden, die als Grundlage einer statistischen Theorie dienen können.

Untersuchen wir zunächst einmal den einfachen Fall, daß die Wahrscheinlichkeit für alle realisierbaren Zustände des betrachteten Systems gleich groß ist. Anders ausgedrückt: Betrachten wir den Fall, daß die Systeme des statistischen Kollektivs gleichmäßig auf alle realisierbaren Quantenzustände verteilt sind. Was geschieht nun aber mit fortschreitender Zeit? Ein System, das sich in einem bestimmten Zustand befindet, verbleibt natürlich nicht immer in diesem; wie zu Ende von Abschnitt 3.1 gezeigt wurde, wird dieses System dauernd Übergänge zwischen seinen realisierbaren Zuständen ausführen. Die Situation ist also eine dynamische. Die Gesetze der Mechanik enthalten jedoch an sich nichts, das einen bestimmten realisierbaren Zustand eines Systems den anderen gegenüber irgendwie bevorzugt. Untersuchen wir also das zeitliche Verhalten des Kollektivs von Systemen, dann ist zu erwarten, daß die Anzahl der Systeme, die eine bestimmte Untergruppe von realisierbaren Zuständen aufweisen, sich nicht ändert [1]. Tatsächlich kann anhand der Gesetze der Mechanik nachgewiesen werden, daß die Systeme die anfangs gleichförmig auf ihre realisierbaren Zustände verteilt waren, diese Verteilung auch für immer beibehalten [2]. Eine solche einheitliche Verteilung ändert sich also nicht mit der Zeit.

Beispiel:

Ein sehr einfacher Fall zur Erläuterung des oben Gesagten ist Beispiel 1 aus Abschnitt 3.2, in dem wir ein isoliertes System von vier Spins und einer Gesamtenergie von $-2\mu_0 B$ untersuchten. Zu einem bestimmten Zeitpunkt ist das System mit gleich großer Wahrscheinlichkeit in einem beliebigen der realisierbaren Zustände

$$\{+ + + -\}, \quad \{+ + - +\},$$
$$\{+ - + +\}, \quad \{- + + +\}.$$

Wie wir schon früher argumentierten, wird durch die Gesetze der Mechanik an sich keiner dieser vier Zustände irgendwie bevorzugt. Wir erwarten also nicht, daß das System zu einem späteren Zeitpunkt einen bestimmten dieser Zustände, etwa den Zustand $\{+ + + -\}$, mit größerer Wahrscheinlichkeit aufweist als einen anderen realisierbaren Zustand. Die gegebene Situation wird sich also nicht mit der Zeit ändern, weshalb auch die Wahrscheinlichkeiten für das Auftreten der vier realisierbaren Zustände gleich groß bleiben.

Dieses Argument führt daher zu den folgenden Feststellungen über ein Kollektiv von isolierten Systemen: Sind die Systeme eines solchen Kollektivs gleichmäßig auf ihre realisierbaren Zustände verteilt, dann ist das Kollektiv zeitunabhängig. Bezüglich der Wahrscheinlichkeiten kann diese Feststellung folgendermaßen formuliert werden: Ist für ein isoliertes System die Wahrscheinlichkeit für alle seine realisierbaren Zustände gleich groß, dann ist diese Wahrscheinlichkeit zeitunabhängig.

Ein isoliertes System befindet sich der Definition nach dann im *Gleichgewicht,* wenn die Wahrscheinlichkeit für das Auftreten eines beliebigen seiner realisierbaren Zustände zeitunabhängig ist. Der Mittelwert eines jeden meßbaren makroskopischen Parameters ist dann natürlich ebenfalls zeitunabhängig [1]. Mit dieser Definition des Gleichgewichtszustands können wir die Feststellung vom Ende des letzten Absatzes folgendermaßen zusammenfassen:

Ist die Wahrscheinlichkeit für das Auftreten aller realisierbaren Zustände eines isolierten Systems gleich groß, dann befindet sich dieses System im Gleichgewicht.	(3.17)

Betrachten wir zunächst den allgemeinen Fall, daß das betreffende isolierte System zu einem bestimmten Ausgangszeitpunkt Zustände aufweist, die eine *Untergruppe* der tatsächlich realisierbaren Zustände bilden. Ein statistisches Kollektiv solcher Systeme würde dann zu diesem Zeitpunkt viele Systeme enthalten, die sich in einer Untergruppe von realisierbaren Zuständen befinden, während überhaupt keine Systeme die restlichen realisierbaren Zustände aufweisen. Was geschieht nun mit fortschreitender Zeit? Wie wir schon mehrmals erwähnten, wird durch die Gesetze der Mechanik an sich kein bestimmter der realisierbaren Zustände den anderen gegenüber irgendwie bevorzugt. Definitionsgemäß sind ja die realisierbaren Zustände solche, die das System einnehmen kann, ohne die Gesetze der Mechanik in irgendeiner Weise zu verletzen. Es ist daher höchst unwahrscheinlich, daß ein System des Kollektivs für immer die gleiche Untergruppe von Zuständen aufweist wie anfangs und die anderen gleichermaßen realisierbaren Zustände vermeidet [2]. Tatsächlich werden die zwischen den Teilchen des Systems auftretenden geringen Wechselwirkungskräfte bewirken, daß das System im Laufe der Zeit Übergänge zwischen allen seinen realisierbaren Zuständen ausführt. Folglich wird sich am Ende jedes System des Kollektivs in allen Zuständen befunden haben, die überhaupt für dieses System möglich sind. Im Endeffekt laufen diese dauernden Übergänge auf das gleiche hinaus, wie das wiederholte Mischen eines Kartenspiels.

---

[1] Dieses Argument stellt nur eine allgemeinere Form des in Abschnitt 1.1 verwendeten dar, wo wir ein ideales Gas untersuchten. Sind die Moleküle des Gases anfangs gleichförmig über den Behälter verteilt, dann wird man nicht erwarten, daß sie sich zu einem späteren Zeitpunkt in einem bestimmten Teil des Behälters konzentrieren, da die Gesetze der Mechanik in keiner Weise einen bestimmten Teil des Behälters irgendwie bevorzugen.

[2] Dieses Ergebnis folgt aus dem sogenannten „Liouville-Theorem". Beweise für dieses Theorem, das eine Kenntnis der höheren Mechanik in sehr viel weiterem Maße als dieses Buch erfordern, können bei *R. C. Tolman, The Principles of Statistical Mechanics* (Grundlagen der statistischen Mechanik), Kap. 3 und 9 (Oxford University Press, Oxford 1938) nachgeschlagen werden.

[1] Um experimentell nachzuprüfen, ob ein System im Gleichgewicht ist, werden wir also feststellen, ob *alle* beobachtbaren makroskopischen Parameter des Systems zeitunabhängig sind. Ist das der Fall, dann können wir voraussetzen, daß die Auftretenswahrscheinlichkeit für alle Zustände zeitunabhängig ist, das System sich also im Gleichgewicht befindet.

[2] Diese Darstellung nach Quantenzuständen und Übergängen zwischen Quantenzuständen stellt wiederum nur eine Verallgemeinerung der in Abschnitt 1.2 verwendeten Argumente dar, wo das ideale Gas untersucht wurde. Befinden sich anfangs alle Moleküle des Gases in der linken Hälfte des Behälters, dann werden sie sich, da dieser Zustand ein sehr unwahrscheinlicher ist, sofort über den gesamten Behälter verteilen.

Mischen wir die Karten lange genug, dann sind sie schließlich so ungeordnet, daß jede Karte mit gleicher Wahrscheinlichkeit an allen möglichen Plätzen des Pakets auftauchen kann, gleichgültig, wie die Karten anfangs geordnet waren. Ganz analog gilt das für ein Kollektiv von Systemen: Die Systeme werden schließlich gleichförmig (d.h. zufällig) auf alle ihre realisierbaren Zustände verteilt sein [1]). Ist einmal dieser Zustand erreicht, dann bleibt nach Gl. (3.17) die Verteilung auch weiterhin gleichförmig. Dieser Endzustand ist daher ein zeitunabhängiger Gleichgewichtszustand.

Zusammenfassend können wir den Schluß, der sich aus diesen Argumenten ergibt, wie folgt formulieren:

> Ist die Wahrscheinlichkeit für das Auftreten aller realisierbaren Zustände eines isolierten Systems *nicht gleich groß*, dann befindet sich das System *nicht* im Gleichgewicht. Sein Zustand ändert sich mit der Zeit, bis es schließlich den Gleichgewichtszustand erreicht hat, d.h. bis die Wahrscheinlichkeit aller seiner realisierbaren Zustände gleich groß geworden ist. (3.18)

Wir stellen fest, daß diese Aussage der Feststellung (1.7) aus Kapitel 1 analog ist. Hier wird nur genauer und präziser die Tatsache formuliert, daß ein isoliertes System immer den in höchstem Grade zufälligen Zustand anstrebt.

Beispiel:

Wiederum können wir diese Feststellungen anhand eines isolierten Systems von vier Spins erläutern. Dieses System sei für einen Versuch so vorbereitet worden, daß es anfangs den Zustand $\{+ + + -\}$ aufweist. Die Gesamtenergie des Systems ist dann $-2\,\mu_0 B$ und bleibt natürlich konstant. Es existieren jedoch noch drei andere Zustände

$$\{+ + - +\}, \quad \{+ - + +\}, \quad \{- + + +\},$$

die dem gleichen Energiewert entsprechen und für dieses System genauso realisierbar sind. Als Folge der kleinen Wechselwirkungen zwischen den magnetischen Momenten wird durch bestimmte Prozesse irgendein Moment seine Richtung von „hinauf" auf „hinunter" ändern, während bei einem anderen Moment genau das Gegenteil geschieht (die Gesamtenergie muß natürlich gleich bleiben). Durch einen solchen Prozeß geht also das System von dem anfänglichen realisierbaren Zustand auf einen anderen realisierbaren Zustand über. Nach vielen derartigen Übergängen wird schließlich die Wahrscheinlichkeit für alle vier realisierbaren Zustände

$$\{+ + + -\}, \quad \{+ + - +\},$$
$$\{+ - + +\}, \quad \{- + + +\}$$

gleich groß sein.

Die Bedingungen (3.17) und (3.18) sind die grundlegenden Postulate unserer statistischen Theorie. Beide Aussagen können aus den Gesetzen der Mechanik abgeleitet werden, (3.17) streng ohne, (3.18) mit Hilfe einiger Annahmen. Bedingung (3.18) ist besonders wichtig, da sie im wesentlichen zur folgenden Aussage führt:

> Befindet sich ein isoliertes System im Gleichgewicht, dann ist die Wahrscheinlichkeit für das Auftreten aller seiner realisierbaren Zustände gleich groß. (3.19)

Diese Aussage ist lediglich eine Umkehrung von der Aussage (3.17). Ihre Gültigkeit folgt unmittelbar aus Aussage (3.18). Ist nämlich der in (3.19) ausgedrückte Schluß falsch, dann besagt (3.18), daß die Prämisse von (3.19) verletzt wurde.

Die statistisch einfachste Situation ist natürlich durch einen zeitunabhängigen Zustand gegeben, d.h. durch ein im Gleichgewicht befindliches isoliertes System. In diesem Fall ist Aussage (3.19) eine eindeutige Aussage über die Wahrscheinlichkeit des Auftretens eines beliebigen der in dem betreffenden System realisierbaren Zustände. Aussage (3.19) ist daher das Grundpostulat, auf dem die gesamte Theorie makroskopischer, im Gleichgewicht befindlicher Systeme aufbaut. Dieses grundlegende Postulat der statistischen Mechanik des Gleichgewichts wird manchmal auch als *Postulat gleicher a-priori-Wahrscheinlichkeiten* bezeichnet. Dieses Postulat ist offensichtlich äußerst einfach. Es ist tatsächlich vollkommen analog dem einfachen Postulat (nach dem Kopf oder Zahl die gleichen Wahrscheinlichkeiten haben müssen), das wir im Laufe der Diskussion über den Wurf von Münzen aufstellten. Natürlich kann die Gültigkeit des Postulats (3.19) letztlich erst durch einen Vergleich der darauf beruhenden Voraussagen mit experimentellen Ergebnissen nachgewiesen werden. Da viele auf diesem Postulat aufgebaute Berechnungen Ergebnisse lieferten, die mit den Resultaten von Versuchen sehr gut übereinstimmten, können wir auf die Gültigkeit dieses Postulats vertrauen.

Die theoretischen Probleme werden natürlich sehr viel komplizierter, wenn wir uns mit einem statistischen Zustand befassen, der sich mit der Zeit *ändert*, bzw. mit einem System, das *nicht* im Gleichgewicht ist. In diesem Fall ist Aussage (3.18) die einzige allgemeine Aussage, die wir aufstellen können. Dieses Postulat enthält eine Aussage über die *Richtung* der zeitlichen Veränderung des Systems (die Richtung dieser zeitlichen Änderung wird immer derart sein, daß das System den Gleichgewichtszustand gleichförmiger statistischer Verteilung auf alle realisierbaren Zustände anstrebt). Dieses Postulat enthält jedoch *keinerlei* Aussage über die Zeit, die das System tatsächlich zur Erreichung des Gleichgewichtszustands braucht (d.h. die sogenannte *Relaxationszeit*). Diese Zeit-

1) Dies kann anhand einiger auf einer statistischen Beschreibung basierenden Annahmen nach den Gesetzen der Mechanik aus dem sogenannten *„H-Theorem"* abgeleitet werden. Einen einfachen Beweis und weitere Hinweise gibt *F. Reif, Fundamentals of Statistical and Thermal Physics,* Anhang A.12 (McGraw-Hill Book Company, New York 1965).

spanne kann eine Mikrosekunde oder länger als ein Jahrhundert dauern, je nach der Art der Wechselwirkungen zwischen den Teilchen des Systems und der davon bedingten Häufigkeit der Übergänge zwischen den realisierbaren Zuständen des Systems. Eine quantitative Beschreibung eines Nicht-Gleichgewichtszustands kann sich also als recht schwierig erweisen, da dazu eine detaillierte Analyse der zeitlichen Änderung der Auftretenswahrscheinlichkeit der einzelnen Zustände des Systems erforderlich ist. Eine Berechnung über ein im Gleichgewicht befindliches System hingegen muß lediglich das einfache Postulat (3.19) gleicher a-priori-Wahrscheinlichkeiten berücksichtigen.

Bemerkungen über die Anwendbarkeit von Gleichgewichtsargumenten

Wir müssen darauf hinweisen, daß der idealisierte Begriff „Gleichgewicht" nur relativ aufzufassen ist. Was in der Praxis allein von Bedeutung ist, ist der Vergleich zwischen der Relaxationszeit τ (die charakteristische Zeitspanne, die ein System zum Erreichen des Gleichgewichtszustands benötigt, wenn es sich anfangs nicht im Gleichgewicht befunden hat) und der Zeitspanne τ_e die bei einer Untersuchung experimentell von Interesse ist.

Nehmen wir zum Beispiel an: Der Kolben in Bild 3.4 wird plötzlich nach rechts gezogen, und der Gleichgewichtszustand ist nach 10^{-3} s erreicht. Dann ist das Gas gleichförmig über den gesamten Behälter verteilt. Daher ist $\tau \approx 10^{-3}$ s. Gehen wir aber nach Bild 3.5 vor, indem wir den Kolben sehr langsam nach rechts ziehen, so daß er erst nach $\tau_e = 100$ s seine Endstellung erreicht. Genaugenommen ist das Gas während dieser Zeit nicht im Gleichgewicht, da sich sein Volumen ändert. Da aber $\tau_e \gg \tau$, haben die Moleküle in jedem Augenblick genügend Zeit, sich gleichförmig über das ganze zu diesem Zeitpunkt zur Verfügung stehende Volumen zu verteilen. Der Zustand des Gases würde sich also tatsächlich nicht mehr ändern, nachdem die Kolbenbewegung zu einem beliebigen Zeitpunkt gestoppt wurde. Das Gas befindet sich daher praktisch die ganze Zeit im Gleichgewicht.

Ein Beispiel für den entgegengesetzten Grenzfall $\tau_e \ll \tau$: Ein Eisenstück verrostet sehr langsam. Nach einer Zeit von $\tau = 100$ a ist es vollkommen in Eisenoxid umgewandelt. Das ist nun wiederum streng genommen kein Gleichgewichtszustand. Angenommen,

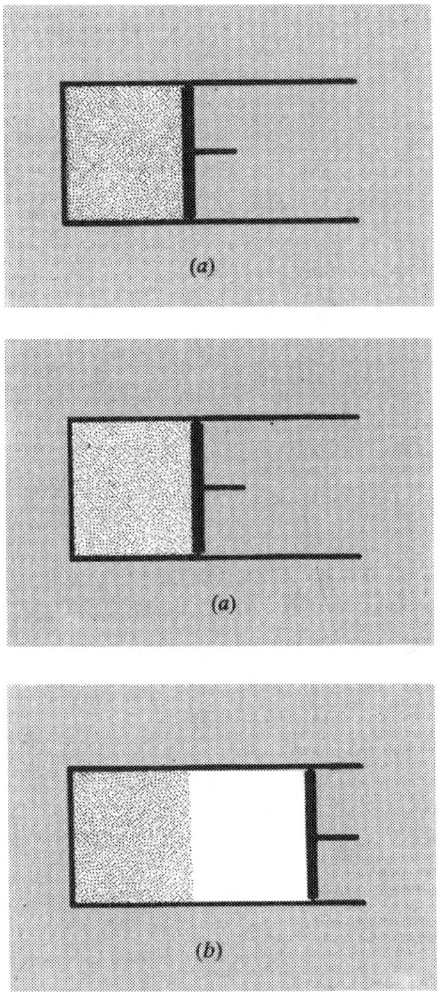

Bild 3.4. Plötzliche Expansion eines Gases
a) Anfangszustand,
b) Zustand unmittelbar nach Verschieben des Kolbens,
c) Endzustand

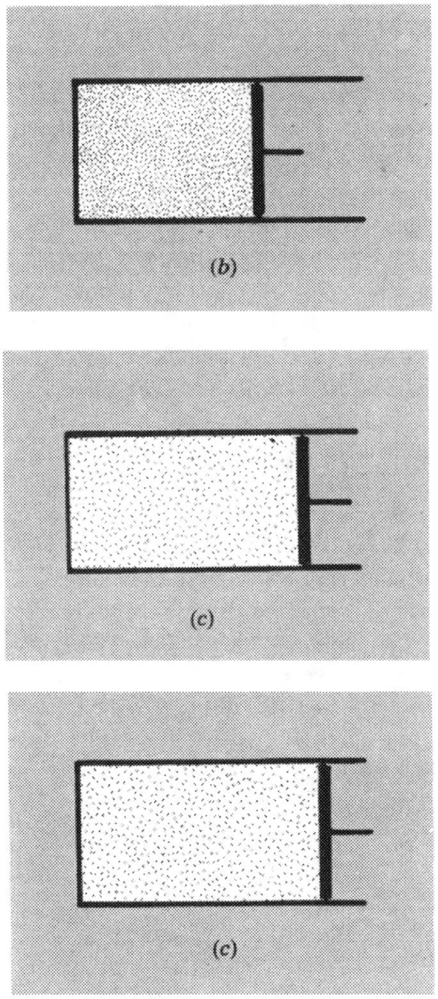

Bild 3.5. Sehr langsame (quasistatische) Expansion eines Gases.
a) Anfangszustand,
b) Zwischenzustand,
c) Endzustand

während einer für einen Versuch wichtigen Zeitspanne von $\tau_e = 2$ d werde nun jegliches Rosten verhindert (z.B. indem der ganze Sauerstoff aus der Umgebung entfernt wird). Dadurch wird sich der Zustand kaum wesentlich ändern, nur befindet sich während dieser Zeitspanne das Eisenstück wirklich im Gleichgewicht. In der Praxis kann man sich bei einer Untersuchung über dieses Eisenstück immer der Gleichgewichtsargumente bedienen.

Also wird nur in denjenigen Fällen, wo $\tau_e \approx \tau$ (d.h., die im Experiment interessierende Zeit ist ungefähr gleich der Zeit, die bis zum Erreichen des Gleichgewichtszustands vergeht), die Zeitabhängigkeit des Systems von wesentlicher Bedeutung sein. Die betreffende Untersuchung ist dann viel schwieriger und kann auch nicht dadurch vereinfacht werden, daß wir in einer Näherung den Gleichgewichtszustand als gegeben annehmen.

3.4. Wahrscheinlichkeitsberechnungen

Das grundlegende Postulat (3.19) gleicher a-priori-Wahrscheinlichkeiten ermöglicht die statistische Bestimmung aller zeitunabhängigen Eigenschaften eines im Gleichgewicht befindlichen Systems. Derartige Berechnungen sind tatsächlich sehr einfach. Betrachten wir ein isoliertes im Gleichgewicht befindliches System. Ω ist die Anzahl der insgesamt realisierbaren Zustände dieses Systems. Nach dem Postulat (3.19) ist die Wahrscheinlichkeit für das Auftreten aller realisierbaren Zustände des Systems gleich groß, in unserem Falle also gleich $1/\Omega$. (Die Wahrscheinlichkeit für das Auftreten eines nicht realisierbaren Zustands ist natürlich gleich null.) Wir sind nun an irgendeinem Parameter y des Systems interessiert; y kann zum Beispiel das magnetische Moment des Systems sein oder der von ihm ausgeübte Druck. Befindet sich das System in einem bestimmten Zustand, dann nimmt der Parameter y einen entsprechenden eindeutigen Wert an. Wir wollen die möglichen Werte von y mit $y_1, y_2, \dots, y_n$ bezeichnen, um die Werte, die y annehmen kann[1], der Reihe nach anführen zu können. Unter den Ω realisierbaren Zuständen des Systems wird es Ω_i Zustände geben, in denen der Parameter den betreffenden Wert y_i annimmt. Die Wahrscheinlichkeit P_i dafür, daß der Parameter diesen Wert y_i annimmt, ist dann einfach gleich der Wahrscheinlichkeit dafür, daß das System sich in einem der Ω_i Zustände befindet, die durch den Wert y_i charakterisiert sind. P_i erhält man also durch Summieren von $1/\Omega$ (das ist die Wahrscheinlichkeit für das Auftreten eines einzelnen der realisierbaren Zustände) über die Ω_i Zustände, in denen y den Wert y_i annimmt. Das heißt nichts anderes, als daß P_i einfach Ω_i mal größer ist als die Wahrscheinlichkeit $1/\Omega$ dafür, daß das System sich in einem bestimmten der realisierbaren Zustände befindet. Also ist[1])

$$\boxed{P_i = \frac{\Omega_i}{\Omega}\,.} \tag{3.20}$$

Der Mittelwert des Parameters y ist dann seiner Definition nach

$$\bar{y} = \sum_{i=1}^{n} P_i y_i = \frac{1}{\Omega} \sum_{i=1}^{n} \Omega_i y_i, \tag{3.21}$$

wobei die Summe über alle möglichen Werte von y gebildet wurde. Die Streuung von y kann auf ähnliche Weise berechnet werden. Alle statistischen Berechnungen sind also im Grunde genommen genau so einfach wie diejenigen, die wir in dem Beispiel über den Wurf von Münzen verwendeten.

Beispiel 1:

Wir betrachten wiederum ein System von vier Spins, deren mögliche Zustände in Tabelle 3.2 angeführt sind. Die Gesamtenergie des Systems ist $-2\mu_0 B$. Befindet sich das System im Gleichgewicht, dann ist die Wahrscheinlichkeit für das Auftreten der vier Zustände

$$\{+++-\},\quad \{++-+\},$$
$$\{+-++\},\quad \{-+++\},$$

gleich groß. Befassen wir uns mit einem dieser Spins, beispielsweise dem ersten, etwas näher. Wie groß ist die Wahrscheinlichkeit P_+ dafür, daß sein magnetisches Moment nach oben gerichtet ist? Da sein magnetisches Moment in drei der vier gleich wahrscheinlichen Zustände, die für das ganze System realisierbar sind, nach oben gerichtet ist, ist diese Wahrscheinlichkeit einfach

$$P_+ = \frac{3}{4}.$$

Wie groß ist das mittlere magnetische Moment dieses Spins in der Richtung eines äußeren Magnetfeldes **B**? Da das magnetische Moment in drei realisierbaren Zuständen gleich μ_0 ist, und in einem gleich $-\mu_0$, ist sein Mittelwert durch

$$\overline{M} = \frac{3\mu_0 + (-\mu_0)}{4} = \frac{1}{2}\mu_0$$

gegeben.

Es muß betont werden, daß das Moment eines bestimmten Spins in diesem System keineswegs mit gleicher Wahrscheinlichkeit hinauf wie hinunter zeigt; d.h., die Wahrscheinlichkeit ist für die zwei möglichen Zustände des Systems nicht gleich groß. Das widerspricht selbstverständlich nicht unserem grundlegenden statistischen Postulat, da ein einzelner Spin ja nicht isoliert ist,

[1]) Sind die möglichen Werte des Parameters nicht diskret sondern kontinuierlich, dann können wir wie in Abschnitt 2.6 vorgehen, und den Bereich der möglichen Werte von y in sehr kleine Intervalle der Größe δy unterteilen. Da diese Intervalle der Reihe nach aufgezählt und mit einem Index i versehen werden können, ist y_i einfach der Wert des Parameters, wenn er irgendwo im i-ten Intervall liegt; damit kann das ganze Problem vereinfacht werden, denn die möglichen Werte von y sind dann diskret und zählbar.

[1]) Das Ergebnis (3.20) ist so einfach, weil unser grundlegendes Postulat fordert, daß die Auftretenswahrscheinlichkeit für alle realisierbaren Zustände des Systems gleich groß ist. In einem Kollektiv von N Systemen ist die Anzahl N_i der Systeme, in denen $y = y_i$ ist, also einfach proportional der Anzahl Ω_i der realisierbaren Zustände, in denen $y = y_i$. Daher ist $P_i = N_i/N = \Omega_i/\Omega$.

sondern Teil eines größeren Systems ist, in dem er mit anderen Systemen in Wechselwirkung stehen und Energie austauschen kann.

Beispiel 2:

Betrachten wir das Spin-System, dessen Zustände in Tabelle 3.3 angeführt sind. Die Gesamtenergie dieses Systems beträgt $-3\mu_0 B$; es soll sich im Gleichgewicht befinden. In diesem Fall ist die Wahrscheinlichkeit für alle fünf realisierbaren Zustände des Systems gleich groß. Wir wollen uns mit einem Teilsystem A näher befassen, das aus drei Spins bestehen soll. M ist das gesamte magnetische Moment dieses Teilsystems in Richtung des äußeren Magnetfelds **B**. Wir werden feststellen, daß für M zwei Werte, $3\mu_0$ oder $-\mu_0$, möglich sind. Die Wahrscheinlichkeit P(M) dafür, daß M einen dieser beiden Werte annimmt, kann dann direkt aus der Tabelle abgelesen werden:

$$P(3\mu_0) = \frac{2}{5},$$

und

$$P(-\mu_0) = \frac{3}{5}.$$

Der Mittelwert von M ergibt sich dann aus

$$\overline{M} = \frac{2 \cdot 3\mu_0 + 3 \cdot (-\mu_0)}{5} = \frac{3}{5}\mu_0.$$

Diese beiden Beispiele sind deshalb so einfach, weil sie Systeme betreffen, die aus sehr wenigen Teilchen bestehen. Sie zeigen jedoch, wie im allgemeinen Wahrscheinlichkeiten und Mittelwerte für im Gleichgewicht befindliche Systeme berechnet werden, gleichgültig, wie kompliziert diese Systeme auch sein mögen. Der einzige Unterschied liegt darin, daß im Falle eines makroskopischen Systems, das aus sehr vielen Teilchen besteht, die Aufzählung der realisierbaren Zustände, die durch einen bestimmten Wert eines Parameters charakterisiert werden, langwieriger und komplizierter wird. Dadurch wird dann die eigentliche Berechnung erschwert.

3.5. Die Anzahl der in einem makroskopischen System realisierbaren Zustände

In den letzten vier Abschnitten wurden alle Grundbegriffe gebracht, die wir für eine quantitative statistische Theorie im Gleichgewicht befindlicher makroskopischer Systeme brauchen, sowie für eine qualitative Untersuchung der Annäherung makroskopischer Systeme an den Gleichgewichtszustand. Im restlichen Teil dieses Kapitels werden wir versuchen, uns über die Bedeutung dieser Begriffe klarzuwerden, und zeigen, wie anhand dieser Begriffe einige der in Kapitel 1 eingeführten qualitativen Vorstellungen präzise formuliert werden können. Dies soll als Vorbereitung für die weitere, systematische Ausarbeitung dieser Theorien im übrigen Teil dieses Buches dienen.

Wir haben festgestellt, daß die Eigenschaften eines im Gleichgewicht befindlichen Systems bestimmt werden können, indem die Anzahl der in diesem System unter verschiedenen Bedingungen realisierbaren Zustände bestimmt wird. Diese Zählung kann sich als recht schwierig erweisen; in der Praxis kann sie oft vermieden werden. Wie das in der Physik ja öfters der Fall ist, wird jeglicher Fortschritt erleichtert, wenn wir ein Problem zu begreifen suchen, anstatt nur blindlings daraufloszurechnen. In unserem Fall ist es besonders wichtig, die allgemeinen Eigenschaften zu verstehen, die eine Anzahl von Zuständen aufweist, die für ein beliebiges, aus sehr vielen Teilchen bestehendes System realisierbar sind. Zum Erreichen dieses Ziels brauchen wir nicht einmal sehr ins einzelne gehende Argumente zu verwenden, da eine qualitative Darstellung dieser Eigenschaften sowie näherungsweise Abschätzungen vollkommen hinreichend sind.

Wir betrachten ein makroskopisches System, dessen äußere Parameter gegeben sein sollen, damit wir seine möglichen Energieniveaus kennen. Die Gesamtenergie dieses Systems wird mit W bezeichnet. Um die Aufzählung der Zustände des Systems zu erleichtern, gruppieren wir sie nach den ihnen entsprechenden Energien, indem wir die Energieskala in gleichgroße enge Intervalle δW unterteilen. Aus *makroskopischer* Sicht soll δW sehr klein sein (d.h. sehr klein verglichen mit der Gesamtenergie des Systems, und klein gemessen an der Genauigkeit einer makroskopischen Messung seiner Energie). *Mikroskopisch* gesehen soll δW jedoch groß sein (sehr viel größer also als die Energie eines einzelnen Teilchens und somit auch sehr viel größer als die Energiedifferenz zwischen benachbarten Energieniveaus des Systems). Jedes Energieintervall enthält also sehr viele realisierbare Quantenzustände. Wir führen den Begriff $\Omega(W)$ ein.

$\Omega(W)$ = Anzahl der Zustände, deren Energien in dem Intervall zwischen W und $W + \delta W$ liegen. (3.22)

Die Anzahl der Zustände $\Omega(W)$ hängt von der für eine bestimmte Untersuchung gewählten Größe δW des Unterteilungsintervalls ab. Da δW makroskopisch gesehen sehr klein ist, wird $\Omega(W)$ einfach δW proportional sein, wir können also schreiben[1])

$$\Omega(W) = \rho(W)\,\delta W, \tag{3.23}$$

wobei die Größe $\rho(W)$ nicht von der Größe von δW abhängt. (Die Größe $\rho(W)$ wird als *Zustandsdichte* bezeichnet, da sie die Anzahl der Zustände pro Energiebereichseinheit bei der gegebenen Energie W angibt.) Da das Inter-

---

1) Hier haben wir mit einem ähnlichen Problem wie in Abschnitt 2.6 bei der Untersuchung der Wahrscheinlichkeitsverteilungen zu tun. Die Anzahl der Zustände $\Omega(W)$ verschwindet, wenn δW gegen null geht, und muß in Potenzen von δW als Taylorreihe geschrieben werden können. Ist δW klein genug, dann vereinfacht sich diese Reihe auf Gl. (3.23), da die Terme mit δW von höherer Ordnung in diesem Fall vernachlässigt werden können.

vall δW sehr viele Zustände enthält, ändert sich $\Omega(W)$ von einem Energieintervall zum nächsten nur um einen geringen Bruchteil. Wir können also $\Omega(W)$ als stetige Funktion der Energie W ansehen. Wir werden uns speziell für den Grad dieser Abhängigkeit zwischen $\Omega(W)$ und der Gesamtenergie W eines makroskopischen Systems interessieren.

Im übrigen sollte darauf hingewiesen werden, daß wir $\Omega(W)$ bestimmen können, wenn wir die Größe

$\Phi(W)$ = die Gesamtzahl der Zustände deren Energien *kleiner* als W sind. (3.24)

Die Anzahl $\Omega(W)$ der Zustände, deren Energien zwischen W und W + δW liegen, erhalten wir dann aus

$$\Omega(W) = \Phi(W + \delta W) - \Phi(W) = \frac{d\Phi}{dW}\,\delta W. \qquad (3.25)$$

Bevor wir die allgemeinen Eigenschaften von $\Omega(W)$ für den Fall eines makroskopischen Systems untersuchen, ist es aufschlußreich zu zeigen, wie die Anzahl der Zustände $\Omega(W)$ für einige sehr einfache Systeme bestimmt werden kann, die aus nur einem einzigen Teilchen bestehen.

Beispiel 1: Ein einzelnes Teilchen in einem eindimensionalen Kasten

Wir betrachten ein einzelnes Teilchen der Masse m, das sich in einem Kasten mit der Länge l lediglich in einer Dimension frei bewegen kann. Nach Gl. (3.8) sind die in diesem System möglichen Energieniveaus durch

$$W = \frac{\hbar}{2m}\frac{\pi^2}{l^2}\,n^2 \qquad (3.26)$$

gegeben, wobei n = 1, 2, 3, 4, ... (Bild 3.6). Der Koeffizient von n^2 ist sehr klein, wenn l von makroskopischer Größenordnung ist. Die Quantenzahl n für im Normalfall interessierende Energiewerte ist demnach sehr groß [1]. Nach Gl. (3.26) erhalten wir den Wert von n für eine gegebene Energie W aus

$$n = \frac{l}{\pi\hbar}(2\,mW)^{1/2}. \qquad (3.27)$$

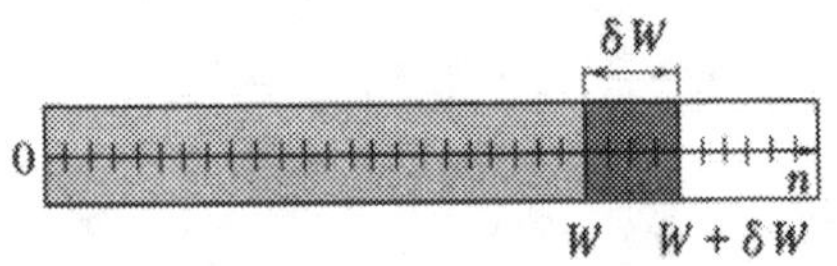

Bild 3.6. Auf der Geraden sind duch Striche die möglichen Werte n = 1, 2, 3, 4, ... der Quantenzahl n markiert, die den Zustand eines einzelnen Teilchens in einer Dimension charakterisiert. Die Werte von n, die den Energiewerten W und W + δW entsprechen, sind durch längere Striche gekennzeichnet. Der hellgraue Bereich umfaßt alle Werte von n, für die die Energie des Teilchens kleiner als W ist. Der dunkelgraue Bereich umfaßt alle Werte von n, für die die Energie des Teilchens zwischen W und W + Wδ liegt.

[1] Ist zum Beispiel l = 1 cm und m ≈ $5 \cdot 10^{23}$ g [das ist die Masse eines Stickstoffmoleküls, siehe (1.29)], dann ist dieser Koeffizient etwa von der Größenordnung 10^{-14} erg. Aus (3.26) ergibt sich daher für n ein charakteristischer Wert der Größenordnung 10^9.

Da die Quantenzahlen n benachbarter Zustände sich jeweils um eins unterscheiden, ist die Gesamtzahl $\Phi(W)$ der Quantenzustände, deren Energien geringer als W sind, oder deren Quantenzahl kleiner als n ist, einfach gleich (n/1) = n. Daher ist

$$\Phi(W) = n = \frac{l}{\pi\hbar}(2\,mW)^{1/2} \qquad (3.28)$$

und aus Gl. (3.25) ergibt sich dementsprechend [1])

$$\Omega(W) = \frac{l}{2\pi\hbar}(2\,m)^{1/2}W^{-1/2}\delta W. \qquad (3.29)$$

Beispiel 2: Ein einzelnes Teilchen in einem dreidimensionalen Kasten

Wir betrachten ein einzelnes Teilchen der Masse m, das sich in einem Kasten in allen drei Dimensionen frei bewegen kann. Der Einfachheit halber betrachten wir dazu einen Würfel mit der Kantenlänge l. Die in diesem System möglichen Energieniveaus sind dann durch Gl. (3.15) gegeben, wobei $l_x = l_y = l_z = l$ gilt; es ist also

$$W = \frac{\hbar^2}{2m}\frac{\pi^2}{l^2}(n_x^2 + n_y^2 + n_z^2), \qquad (3.30)$$

wobei n_x, n_y, n_z = 1, 2, 3, ... In dem „Zahlenraum", der durch die drei aufeinander senkrecht stehenden Achsen n_x, n_y, n_z definiert ist, liegen die möglichen Werte dieser drei Quantenzahlen im geometrischen Mittelpunkt von Würfeln, deren Kantenlänge einer Längeneinheit entspricht (Bild 3.7). Wie im Beispiel 1 sind diese Quantenzahlen für ein Molekül in einem makroskopischen Behälter wiederum gewöhnlich sehr groß. Aus Gl. (3.30) folgt aber, daß

$$n_x^2 + n_y^2 + n_z^2 = \left(\frac{l}{\pi\hbar}\right)^2(2\,mW) = R^2.$$

Für einen gegebenen Wert W liegen die Werte von n_x, n_y, n_z, die diese Gleichung befriedigen, auf der Oberfläche einer Kugel mit dem Radius R (Bild 3.7), wobei

$$R = \frac{l}{\pi\hbar}(2\,mW)^{1/2}.$$

Die Anzahl $\Phi(W)$ der Zustände, deren Energien geringer als W sind, ist dann gleich der Anzahl von Einheitswürfeln, die in dieser Kugel liegen und deren n_x, n_y und n_z positiv ist, d.h. gleich einem Achtel des Volumens der Kugel mit dem Radius R:

$$\Phi(W) = \frac{1}{8}\left(\frac{4}{3}\pi R^3\right) = \frac{\pi}{6}\left(\frac{l}{\pi\hbar}\right)^3(2\,mW)^{3/2}. \qquad (3.31)$$

Nach Gl. (3.25) ist dann die Anzahl der Zustände, deren Energien zwischen W und W + δW liegen, gleich

$$\Omega(W) = \frac{V}{4\pi^2\hbar^3}(2\,m)^{3/2}\,W^{1/2}\,\delta W, \qquad (3.32)$$

wobei $V = l^3$ das Volumen des Behälters ist.

Wir wollen nun abschätzen, wie die Anzahl der Zustände $\Omega(W)$ bzw. ebenso $\Phi(W)$ von der Energie W eines makroskopischen Systems von Teilchen ungefähr abhängt. Jedes

[1] Da n sehr groß ist, bedeutet eine Änderung von n um eins, daß die relative Änderung von n oder W vernachlässigbar klein ist. Die Tatsache, daß n und W nur diskrete Werte haben können, ist daher irrelevant, weshalb diese Variablen auch als kontinuierlich angesehen werden können. Beim Differenzieren muß lediglich berücksichtigt werden, daß eine Änderung von n gegenüber eins immer groß sein wird, daß also dn > 1, verglichen mit n jedoch sehr klein ist: dn ≪ n.

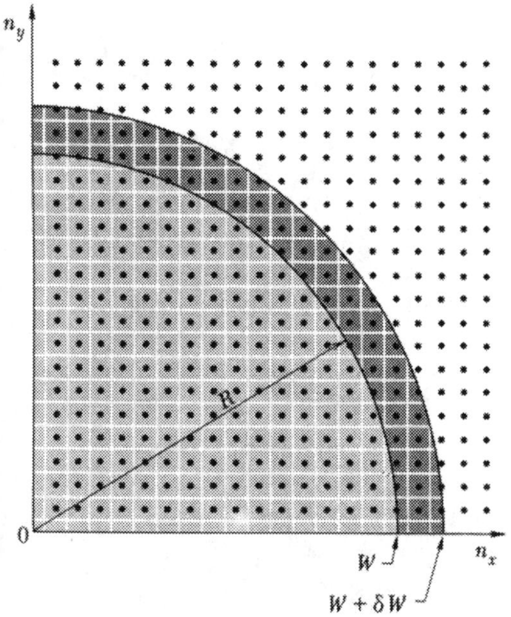

Bild 3.7. Die Punkte symbolisieren in zwei Dimensionen die möglichen Werte $n_x, n_y, n_z = 1, 2, 3, 4, \ldots$ der Quantenzahlen, die den Zustand eines einzelnen Teilchens in drei Dimensionen charakterisieren. (Die n_z-Achse ist aus der Bildebene heraus gerichtet.) Diejenigen Werte von n_x, n_y, n_z, die den Energiewerten W und W + δW entsprechen, liegen auf den beiden angedeuteten Kugelflächen. Der hellgraue Bereich umfaßt alle Werte von n, für die die Energie des Teilchens geringer als W ist. Der dunkelgraue Bereich umfaßt alle Werte von n, für die die Energie des Teilchens zwischen W und W + δW liegt.

derartige System kann durch einen Satz von f Quantenzahlen beschrieben werden, wobei f, die *Anzahl der Freiheitsgrade* des Systems, von der Größenordnung der Avogadroschen Zahl ist. Jeder dieser Quantenzahlen ist ein Teilbetrag ϵ der Gesamtenergie W des Systems zugeordnet. Mit $\varphi(\epsilon)$ wollen wir die Gesamtzahl der möglichen Werte dieser Quantenzahl bezeichnen, wenn ihr ein Energiewert zugeordnet ist, der *kleiner* als ϵ ist. Die Zahl φ ist dann gleich eins (oder von der Größenordnung eins), wenn ϵ seinen niedrigstmöglichen Wert ϵ_0 angenommen hat, und wird natürlich mit ϵ zunehmen (obwohl φ in Ausnahmefällen einen konstanten Wert anstreben kann)[1]). Normalerweise wird φ ungefähr proportional dem Energieintervall $(\epsilon - \epsilon_0)$ zunehmen. Wir können also für den Normalfall die Näherungsbeziehung

$$\varphi(\epsilon) \propto (\epsilon - \epsilon_0)^\alpha \qquad (\alpha \approx 1) \qquad (3.33)$$

[1]) Dieser Ausnahmefall ist dann gegeben, wenn ein System nur eine *endliche* Anzahl möglicher Zustände besitzt, seiner möglichen Energie also eine obere Grenze gesetzt ist. (Das kann nur der Fall sein, wenn die kinetischen Energien der Teilchen eines Systems nicht berücksichtigt werden, und man nur deren Spin untersucht.) Die Größe φ wird in diesem Fall also, nachdem sie zuerst als Funktion von $(\epsilon - \epsilon_0)$ zugenommen hat, einen endlichen Grenzwert anstreben.

einführen, wobei α eine Zahl der Größenordnung eins ist[1]).

Betrachten wir nun das gesamte System, das f Freiheitsgrade besitzt. Seine Gesamtenergie W (die Summe aus den kinetischen und potentiellen Energien aller in diesem System enthaltenen Teilchen) ist gleich der Summe der Energien, die allen seinen Freiheitsgraden zugeordnet sind. Seine Energie W (der Energiebetrag, der über die niedrigstmögliche Energie W_0 hinausgeht) sollte grob gesehen f mal so groß sein wie die mittlere Energie ϵ die auf einen Freiheitsgrad entfällt (wiederum relativ zu dem niedrigstmöglichen Wert ϵ_0). Also gilt

$$W - W_0 \approx f(\epsilon - \epsilon_0). \qquad (3.34)$$

Bei einer Gesamtenergie des Systems von W oder kleiner als W gibt es dann annähernd $\varphi(\epsilon)$ mögliche Werte, die die erste der Quantenzahlen des Systems annehmen kann, $\varphi(\epsilon)$ mögliche Werte, die die zweite Quantenzahl annehmen kann, ... , und $\varphi(\epsilon)$ mögliche Werte, die die f-te Quantenzahl annehmen kann. Die Gesamtzahl möglicher Kombinationen dieser Quantenzahlen, d.h. die Gesamtzahl $\Phi(W)$ von Zuständen mit Energien kleiner als W, erhalten wir dann, indem wir {die Anzahl der möglichen Werte der ersten Quantenzahl} mit {der Anzahl der möglichen Werte der zweiten Quantenzahl} und mit {der Anzahl der möglichen Werte der dritten Quantenzahl} usw. und schließlich mit {der Anzahl der möglichen Werte der f-ten Quantenzahl} multiplizieren. Also ist

$$\Phi(W) \approx [\varphi(\epsilon)]^f, \qquad (3.35)$$

wobei ϵ mit W durch Gl. (3.34) in Beziehung steht. Die Anzahl $\Omega(W)$ der Zustände, deren Energien zwischen W und W + δW liegen, ist dann aus Gl. (3.25) zu erhalten. Somit gilt

$$\Omega(W) = \frac{d\Phi}{dW}\delta W \approx f\varphi^{f-1}\frac{d\varphi}{dW}\delta W = \varphi^{f-1}\frac{d\varphi}{d\epsilon}\delta W, \qquad (3.36)$$

da nach Gl. (3.34)

$$\frac{d\varphi}{dW} = f^{-1}\frac{d\varphi}{d\epsilon}.$$

Diese Näherungsuntersuchungen genügen vollauf, um zu wichtigen Feststellungen zu gelangen, solange f sehr groß ist. Da wir es mit makroskopischen Systemen zu tun haben, ist f ja von der Größenordnung der Avogadroschen Zahl: $f \approx 10^{24}$. Zahlen dieser Größenordnung sind so ungeheuer, daß uns ihre speziellen Eigenschaften wohl kaum aus der täglichen Erfahrung bekannt sein können.

[1]) Für den Fall, daß die Quantenzahl die Bewegung eines einzelnen Teilchens in einer Dimension charakterisiert, ist zum Beispiel nach Gl. (3.28) $\varphi \propto \epsilon^{1/2}$. (Die niedrigstmögliche Energie ϵ_0 ist hier verglichen mit ϵ vernachlässigbar klein, praktisch also gleich null.)

Nimmt die Energie W des Systems zu, dann wird auch die auf einen Freiheitsgrad entfallende Energie ϵ größer (siehe Gl. (3.34)). Dementsprechend nimmt die Anzahl der Zustände $\varphi(\epsilon)$ pro Freiheitsgrad relativ langsam zu. Da aber die Exponenten in den Gln. (3.35) und (3.36) die gleiche Größenordnung wie f haben, also sehr groß sind, nimmt die Anzahl $\Phi(W)$ oder $\Omega(W)$ der Zustände des Systems mit f Freiheitsgraden extrem rasch zu. Wir können also zusammenfassend feststellen:

Die Anzahl $\Omega(W)$ der in einem gewöhnlichen makroskopischen System realisierbaren Zustände nimmt mit der Energie W des Systems extrem rasch zu.	(3.37)

Kombinieren wir die Gl. (3.36) mit den Gln. (3.33) und (3.34), dann erhalten wir für die Abhängigkeit des Ω von W die folgenden Näherungsbeziehungen:

$$\Omega(W) \propto (\epsilon - \epsilon_0)^{\alpha f - 1} \propto \left(\frac{W - W_0}{f}\right)^{\alpha f - 1}.$$

Dies besagt:

Für jedes gewöhnliche System gilt näherungsweise[1]) $\Omega(W) \propto (W - W_0)^f$	(3.38)

Hier haben wir 1 gegenüber f vernachlässigt und $\alpha = 1$ gesetzt, da Beziehung (3.38) ja nur als grobe Näherung für die Beziehung zwischen Ω und W gedacht ist. Es ist daher gleichgültig, ob der Exponent in Beziehung (3.38) gleich f, gleich f/2, oder gleich irgendeiner anderen Zahl der Größenordnung von f ist.

Wir können auch einiges über die Größenordnung von $\ln \Omega$ feststellen. Aus Gl. (3.36) folgt, daß

$$\ln \Omega(W) = (f - 1) \ln \varphi + \ln\left(\frac{d\varphi}{d\epsilon}\,\delta W\right). \tag{3.39}$$

Allgemein können wir feststellen, daß der Logarithmus einer so großen Zahl wie f immer etwa von der Größenordnung eins ist, und deshalb verglichen mit der Zahl selbst in jeder Weise vernachlässigbar ist. Ist zum Beispiel $f = 10^{24}$, dann ist $\ln f = 55$ und $\ln f \ll f$. Betrachten wir nun die Glieder auf der rechten Seite von Gl. (3.39). Der erste Term hat die gleiche Größenordnung wie f[1]). Die Größe $(d\varphi/d\epsilon)\,\delta W$ gibt die Anzahl der möglichen Werte einer einzigen Quantenzahl im Intervall δW an und hängt demnach von der Größe von δW ab. δW ist hier ein beliebiges Energieintervall, das jedoch verglichen mit dem Energiebetrag, um den sich die einzelnen Energieniveaus des Systems unterscheiden, groß sein muß. Unabhängig von der für δW gewählten Größe würde selbst die gröbste Abschätzung zu dem Ergebnis führen, daß diese Größe $(d\varphi/d\epsilon)\,\delta W$ zwischen 1 und 10^{100} liegt. Der natürliche Logarithmus dieser Zahl liegt dann aber zwischen 0 und 230 und ist verglichen mit f, das von der Größenordnung 10^{24} ist, vollkommen vernachlässigbar. Wir stellen also zusammenfassend fest:

In einem makroskopischen System gelten für die Anzahl $\Omega(W)$ seiner Zustände, deren Energien zwischen W und $W + \delta W$ liegen, in sehr guter Näherung die folgenden Bedingungen:

Für $W \not\approx W_0$:	
$\ln \Omega(W)$ ist unabhängig von δW;	(3.40)
$\ln \Omega(W) \approx f$.	(3.41)

In Worten ausgedrückt besagen die Bedingungen (3.40) und (3.41), daß einmal $\ln \Omega$, vorausgesetzt die Energie W ist nicht nur um weniges von ihrem Grundzustandswert verschieden, unabhängig von der für das Unterteilungsintervall δW gewählten Größe ist, und daß zum anderen $\ln \Omega$ von der Größenordnung der Anzahl der Freiheitsgrade des Systems ist.

3.6. Nebenbedingungen, Gleichgewicht, Irreversibilität

Fassen wir nun die allgemeinen Feststellungen, die wir erarbeitet haben, zusammen. Wir werden sie im folgenden öfters bei den verschiedensten Untersuchungen über makroskopische Systeme anwenden. Der Ausgangspunkt für alle unsere Betrachtungen ist ein isoliertes System[2]). Für ein solches System gelten bestimmte Bedingungen, die makroskopisch durch die Angabe des Wertes eines makroskopischen Parameters y des Systems beschrieben werden können (selbstverständlich können das auch die Werte von mehreren solchen Parametern sein). Diese Bedingungen, soge-

[1]) Die Einschränkung – *für jedes gewöhnliche System* – soll Ausnahmefälle (wie den in der Fußnote auf Seite 77, linke Spalte, erwähnten) ausschließen, bei denen die kinetische Energie der Teilchen eines Systems nicht berücksichtigt wird, und deren Spins genügend große magnetische Energien haben. (Die Spins allein in die Rechnung einzubeziehen ist dann eine gerechtfertigte Näherung, wenn die Translationsbewegung der Teilchen nur geringen Einfluß auf die Orientierung ihrer Spins hat. Die Spinorientierung und die Translationsbewegung der Teilchen können dann eigens behandelt werden.)

[1]) Das stimmt in jedem Fall, außer wenn sich die Energie W des Systems nicht sehr von der Energie W_0 seines Grundzustands unterscheidet, wenn für alle Freiheitsgrade $\varphi \approx 1$. Aus den allgemeinen Bemerkungen vom Beginn von Abschnitt 3.1 wissen wir ja, daß die Anzahl der in einem System realisierbaren Quantenzustände dann von der Größenordnung eins ist (d.h. $\Omega \approx 1$), wenn ein System die Energie seines Grundzustands anstrebt.

[2]) Jedes nicht isolierte System kann immer als Teil eines größeren Systems angesehen werden, das isoliert *ist*.

nannte Nebenbedingungen, schränken die Anzahl der Zustände, die das System einnehmen kann, auf jene Zustände ein, die diese Bedingungen befriedigen, d.h. auf die *realisierbaren Zustände* des Systems. Die Anzahl Ω dieser realisierbaren Zustände hängt somit von den Nebenbedingungen ab, denen das System unterliegt. Also ist $\Omega = \Omega(y)$ eine Funktion des gegebenen makroskopischen Parameters des Systems.

Beispiel:

Betrachten wir zur Erinnerung wieder ein schon bekanntes System (Bild 3.8a). Dieses System besteht aus einem Behälter dessen Teilvolumen V_i mit einem idealen Gas gefüllt ist. Der rechte Teil ist leer. Durch die Trennwand, die den Behälter in diese zwei Teile teilt, wird eine Nebenbedingung aufgestellt, die die realisierbaren Zustände des Gases auf jene beschränkt, bei denen alle seine Moleküle im linken Teil des Behälters sind. Die Anzahl Ω der realisierbaren Zustände des Gases hängt also vom Volumen V_i dieses linken Teils ab: $\Omega = \Omega(V_i)$.

Eine statistische Beschreibung des Systems muß Wahrscheinlichkeitsaussagen über ein *Kollektiv* solcher Systeme enthalten, wobei alle diese Systeme die gleichen gegebenen Nebenbedingungen befriedigen müssen. Ist das System im Gleichgewicht, dann ist die Wahrscheinlichkeit für das Auftreten der Ω realisierbaren Zustände gleich groß. Ist jedoch die Wahrscheinlichkeit nicht für alle seine Ω realisierbaren Zustände gleich groß, dann ist die statistische Situation nicht zeitunabhängig [1]). In diesem Fall ändert das System seinen Zustand, bis es schließlich das Gleichgewicht erreicht hat, und die Wahrscheinlichkeit für alle Ω realisierbaren Zustände gleich groß ist. Diese Feststellungen sind natürlich nur eine Wiederholung des Inhalts unserer grundlegenden Postulate (3.18) und (3.19).

Wir betrachten ein isoliertes System, das sich anfangs unter Bedingungen im Gleichgewicht befindet, nach denen Ω_i Zustände für dieses System realisierbar sind. Die Wahrscheinlichkeit ist somit für alle diese Zustände gleich groß. Nun wird aber eine der Nebenbedingungen, denen das System ursprünglich unterlag, aufgehoben. (In dem Beispiel in Bild 3.8 wird dazu die Trennwand entfernt.) Da das System nun weniger einschränkenden Bedingungen unterliegt als vorher, wird die Anzahl der jetzt in dem System realisierbaren Zustände sicherlich nicht kleiner sondern gewöhnlich sogar sehr viel größer sein. Bezeichnen wir mit Ω_f die Anzahl der nach den nun geltenden Nebenbedingungen realisierbaren Zustände, dann gilt

$$\Omega_f \geqslant \Omega_i. \tag{3.42}$$

Unmittelbar nach Aufhebung der ursprünglichen Nebenbedingungen wird die Wahrscheinlichkeit für irgendeinen Zustand des Systems ebenso groß sein wie zuvor. Da für das System anfangs die Wahrscheinlichkeit für alle Ω_i

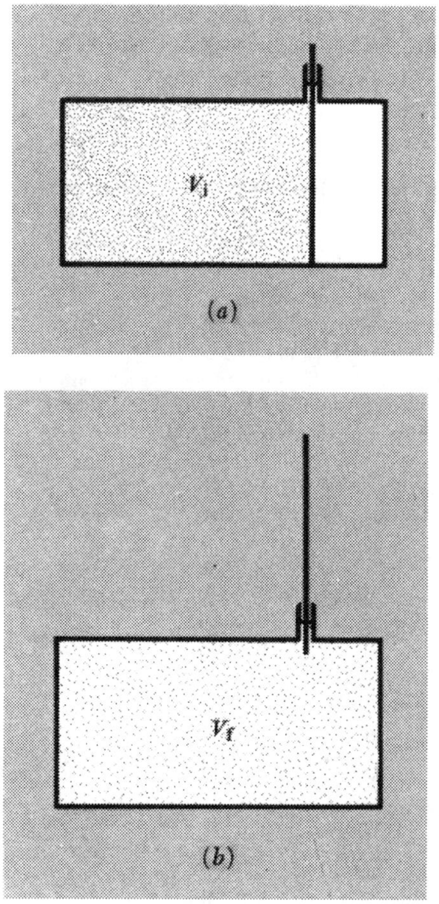

Bild 3.8. Ein ideales Gas in einem Behälter

a) Anfangszustand: Das Gas wird durch eine Trennwand im linken Teil V_i des Behälters gehalten.
b) Endzustand: lange nach Entfernen der Trennwand – dem Gas steht jetzt das ganze Volumen V_f des Behälters zu Verfügung, über das es nun gleichmäßig verteilt ist.

realisierbaren Zustände gleich groß war, wird dies auch noch unmittelbar nach dem Aufheben der ursprünglichen Nebenbedingungen gelten. Danach können zwei verschiedene Situationen entstehen:

a) Der Sonderfall $\Omega_f = \Omega_i$

Die Wahrscheinlichkeit für alle *nach* der Aufhebung der ursprünglichen Nebenbedingungen realisierbaren $\Omega_f = \Omega_i$ Zustände des Systems ist gleich groß. Das System verbleibt also weiterhin im Gleichgewichtszustand, obwohl die Nebenbedingungen aufgehoben wurden.

b) Der Normalfall $\Omega_f > \Omega_i$

Unmittelbar nach Aufhebung der ursprünglichen Nebenbedingungen ist die Wahrscheinlichkeit für alle Ω_i Anfangszustände des Systems gleich groß, die Wahrscheinlichkeit für die zusätzlich realisierbar gewordenen $(\Omega_f - \Omega_i)$ Zustände jedoch ist null. Diese ungleichförmige Wahrscheinlichkeitsverteilung entspricht *nicht* einem Gleichgewichtszustand, weshalb sich auch der Zustand des Systems zeit-

---

[1]) Anders ausgedrückt: In dem Kollektiv wird sich die Wahrscheinlichkeit zumindest einiger Zustände des Systems zeitlich ändern.

lich ändern wird. Durch diese Änderung erreicht das System schließlich den Gleichgewichtszustand, in dem die Wahrscheinlichkeit für alle nun realisierbaren Ω_f Zustände gleich groß ist.

Beispiel:

Angenommen, die Trennwand in Bild 3.8 wird entfernt. Dadurch ändert sich die Gesamtenergie des Gases nicht, jedoch wird die vorher geltende Nebenbedingung aufgehoben, die verhinderte, daß sich Gasmoleküle im rechten Teil des Behälters befinden. In dem Sonderfall, in dem das Gesamtvolumen V_f des Behälters gleich V_i ist (d.h., die Trennwand ist identisch mit der rechten Wand des Behälters), ändert eine Entfernung der Trennwand das dem Gas zur Verfügung stehende Volumen nicht. Es geschieht also eigentlich nichts, das Gleichgewicht des Gases wird nicht gestört. Im Normalfall ist $V_f > V_i$; hier wird das dem Gas zur Verfügung stehende Volumen durch die Entfernung der Trennwand um den Faktor V_f/V_i vergrößert. Da die Anzahl der für ein Molekül realisierbaren Zustände nach Gl. (3.32) dem Volumen proportional ist, das dieses Molekül einnehmen kann, wird also die Anzahl der für jedes einzelne Molekül realisierbaren Zustände ebenfalls um den Faktor V_f/V_i erhöht. Die Anzahl der für alle N Moleküle des idealen Gases realisierbaren Zustände erhöht sich somit um den Faktor

$$\underbrace{\left(\frac{V_f}{V_i}\right)\left(\frac{V_f}{V_i}\right)\cdots\left(\frac{V_f}{V_i}\right)}_{\text{N Glieder}}=\left(\frac{V_f}{V_i}\right)^N .$$

Die Anzahl Ω_f der Zustände, die nach der Entfernung der Trennwand in dem Gas realisierbar sind, ist also mit der ursprünglichen Anzahl der Zustände $\Omega_i = \Omega(V_i)$ durch die Gleichung

$$\Omega_f = \left(\frac{V_f}{V_i}\right)^N \Omega_i \qquad (3.43)$$

verknüpft. Sogar wenn V_f nur um sehr wenig größer als V_i ist, wird $\Omega_f \ggg \Omega_i$ sein, wenn N eine Zahl von der Größenordnung der Avogadroschen Zahl ist. ***Unmittelbar*** nach dem Entfernen der Trennwand befinden sich noch alle Moleküle im linken Teil des Behälters. Das ist jedoch bei fehlender Trennwand kein Gleichgewichtszustand mehr. Der Zustand des Systems ändert sich also mit der Zeit, bis schließlich der Gleichgewichtszustand erreicht ist, in dem die Wahrscheinlichkeit für alle Ω_f nun realisierbaren Zustände des Systems gleich groß ist; jedes Molekül kann sich also mit derselben Wahrscheinlichkeit irgendwo in dem Behälter des Volumens V_f befinden.

Nehmen wir an, der Gleichgewichtszustand wurde schließlich erreicht. Ist $\Omega_f > \Omega_i$, dann unterscheidet sich die Endverteilung der Systeme in dem Kollektiv deutlich von der Anfangsverteilung. Es ist auch darauf hinzuweisen, daß der anfängliche Zustand des Kollektivs von Systemen nicht einfach wiederhergestellt werden kann, indem wir die anfangs geltende Nebenbedingung wieder einführen und dabei das Gesamtsystem isoliert bleibt (wenn wir das Gesamtsystem hindern, mit anderen Kollektiven oder Systemen in Wechselwirkung zu treten und so Energie auszutauschen).

Im Falle eines *einzelnen* Systems des Kollektivs könnte natürlich der Anfangszustand wiederhergestellt werden, indem wir einfach das Auftreten einer entsprechenden spontanen Schwankung abwarten. Wenn das System aufgrund dieser Schwankung zu einem bestimmten Zeitpunkt nur die anfänglich realisierbaren Ω_i Zustände aufweist, dann können wir in diesem Augenblick die ursprüngliche Nebendingung wieder einsetzen und so den Anfangszustand des Systems wiederherstellen. Die Wahrscheinlichkeit für das Auftreten einer solchen Schwankung ist jedoch gewöhnlich äußerst gering. Untersuchen wir ein Kollektiv von Systemen, das nach Aufheben der Nebenbedingung das Gleichgewicht erlangt hat, dann ist die Wahrscheinlichkeit P_i dafür, daß sich in dem Kollektiv ein System befindet, das Ω_i von seinen Ω_f realisierbaren Zuständen aufweist, durch die Beziehung

$$P_i = \frac{\Omega_i}{\Omega_f} \qquad (3.44)$$

gegeben. Die Wahrscheinlichkeit, daß bei wiederholten Beobachtungen an einem einzelnen System eine solche Schwankung auftritt, ist dann ebenfalls durch Gl. (3.44) gegeben. Für den üblichen Fall $\Omega_f \ggg \Omega_i$, in dem sich der Endzustand des Kollektivs von Systemen wesentlich von seinem Anfangszustand unterscheidet, ist aus Gl. (3.44) zu ersehen, daß spontane Schwankungen, die die Wiederherstellung des Anfangszustands eines einzelnen Systems gestatten würden, höchst selten vorkommen.

Ein Prozeß wird dann als *irreversibel* bezeichnet, wenn ein *Kollektiv* von *isolierten* Systemen, in dem dieser Prozeß stattfand, nicht einfach durch die Aufstellung einer Nebenbedingung in den Anfangszustand zurückversetzt werden kann. Nach dieser Definition ist ein Prozeß, durch den ein isoliertes System nach Aufheben einer Nebenbedingung neuerlich den Gleichgewichtszustand erreicht (wodurch sich die Anzahl der realisierbaren Zustände von Ω_i auf Ω_f ändert), ein irreversibler Prozeß, wenn $\Omega_f > \Omega_i$. Ganz analog besagt diese Definition auch, daß ein Prozeß irreversibel ist, wenn die Wahrscheinlichkeit dafür, daß ein isoliertes System nach diesem Prozeß wieder seinen anfänglichen Makrozustand aufweist, kleiner als eins ist. In dem üblichen Fall, in dem $\Omega_f \ggg \Omega_i$ ist, ist diese Wahrscheinlichkeit verschwindend klein. Die obige Definition der Irreversibilität ist also lediglich eine präzisere Formulierung der Definition, die wir in Abschnitt 1.2 aufgrund der zeitlichen Schwankungen eines einzigen isolierten Systems aufstellten.

Wir können nun auch den in Kapitel 1 eingeführten Begriff der Zufälligkeit in quantitativer Hinsicht besser definieren. Als statistisches Maß für die Zufälligkeit eines Systems können wir die Anzahl der realisierbaren Zustände heranziehen, die in einem Kollektiv von solchen Systemen tatsächlich auftreten. Der Prozeß, durch den ein isoliertes System nach Aufhebung einer Nebenbedingung wiederum den Gleichgewichtszustand erreicht, resultiert also aus einer größeren Zufälligkeit des Systems, wenn $\Omega_f > \Omega_i$ ist; dieser Prozeß ist demnach irreversibel.

Beispiel:

Hat in unserem letzten Beispiel das Gas schließlich den Gleichgewichtszustand erreicht, so daß seine Moleküle im wesentlichen gleichförmig über das gesamte Volumen des Behälters verteilt sind, dann können wir den Anfangszustand eines Kollektivs von solchen Systemen nicht mehr herstellen, indem wir einfach die Trennwand wieder einsetzen. Die Moleküle, die sich nun in der rechten Hälfte des Behälters befinden, bleiben auch weiterhin dort. Der Prozeß, der nach Entfernen der Trennwand abläuft, ist also ein irreversibler Prozeß.

Befassen wir uns nun mit den möglichen Schwankungen, durch die der Anfangszustand in einem bestimmten Gasbehälter in dem Kollektiv wiederhergestellt werden könnte. Dazu ist es vor allem nötig, die Wahrscheinlichkeit P_i dafür zu bestimmen, daß sich alle Moleküle wieder links im Behälter befinden, und zwar nachdem der Gleichgewichtszustand erreicht wurde. Nach den Gln. (3.43) und (3.44) ist diese Wahrscheinlichkeit durch

$$P_i = \frac{\Omega_i}{\Omega_f} = \left(\frac{V_i}{V_f}\right)^N \tag{3.45}$$

gegeben. Sie ist also unvorstellbar klein, wenn $V_f > V_i$ und wenn N groß ist[1]). Das Entfernen der Trennwand ist ein Beispiel für einen typischen irreversiblen Prozeß, denn dadurch wird die Zufälligkeit des Gaszustandes erhöht.

Der in diesem Abschnitt dargelegte Standpunkt kann noch durch zwei weitere Beispiele sehr gut erläutert werden, die Musterbeispiele für die Wechselwirkung zwischen makroskopischen Systemen sind.

Beispiel 1:

Wir betrachten ein isoliertes System A^*, das sich aus zwei Teilsystemen A und A' zusammensetzt, deren äußere Parameter gegeben sind (Bild 3.9).(A kann zum Beispiel ein Stück Kupfer, A' ein Stück Eis sein.) Die beiden Teilsysteme A und A' sind nun räumlich voneinander getrennt, so daß sie untereinander nicht Energie austauschen können. Das System A^* unterliegt also einer Nebenbedingung, die besagt, daß die Energie W von A und die Energie W' von A' jede für sich konstant sein muß. Die für das Gesamtsystem A^* realisierbaren Zustände können dann natürlich nur solche sein, die dieser Bedingung (daß A eine bestimmte konstante Energie W_i hat, und A' eine bestimmte konstante Energie W_i') genügen. Gibt es Ω^* solche Zustände, die für A^* realisierbar sind, und befindet sich A^* im Gleichgewicht, dann ist die Wahrscheinlichkeit für alle diese Zustände gleich groß.

Werden aber die beiden Systeme A und A' in Kontakt gebracht, so daß sie Energie austauschen können, dann wird damit die ursprüngliche Nebenbedingung aufgehoben. Jetzt müssen nämlich die Energien von A und A' nicht länger für sich konstant sein, es muß lediglich ihre Summe (W + W'), das ist die ***Gesamtenergie*** des Gesamtsystems A^*, konstant bleiben. Dadurch, daß die Nebenbedingung aufgehoben wird, erhöht sich die Anzahl der in A^* realisierbaren Zustände gewöhnlich erheblich, etwa auf Ω^*. Falls nicht $\Omega_f^* = \Omega_i^*$, ist das System A^* unmittelbar nachdem A und A' in Kontakt gebracht wurden, nicht im Gleichgewicht. Die Energien der Teilsysteme A und A' ändern sich also solange (wobei Energie in Form von Wärme von einem Teilsystem auf das andere übergeht), bis A^* schließlich den Gleichgewichtszustand erreicht, in dem dann die Wahrscheinlichkeit für alle Ω_f^* nun realisierbaren Zustände gleich groß ist.

Nehmen wir nun an, daß die beiden Systeme A und A' neuerlich voneinander getrennt werden, so daß sie nicht länger untereinander Energie austauschen können. Obwohl dadurch die anfängliche Nebenbedingung wieder gültig ist, ist damit der Anfangszustand von A^* nicht wiederhergestellt worden (außer wenn $\Omega_f^* = \Omega_i^*$). In einem Kollektiv sind dann die mittleren Energien von A und A' nicht mehr gleich den Anfangsenergien W_i und W_i'. Der Prozeß des Wärmetransports zwischen den beiden Systemen ist also ein irreversibler Prozeß.

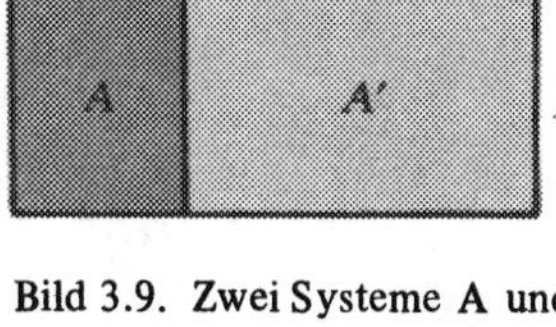

Bild 3.9. Zwei Systeme A und A' mit konstanten äußeren Parametern, die untereinander Energie austauschen können. Das Gesamtsystem A*, das sich aus A und A' zusammensetzt, ist isoliert.

Beispiel 2:

Wir betrachten ein isoliertes System A^*, das sich aus zwei Gasvolumen A und A' zusammensetzt, die durch einen in einer bestimmten Stellung fixierten Kolben getrennt sind (Bild 3.10). Dieser Kolben entspricht einer Nebenbedingung, die verlangt, daß nur jene Zustände für A^* realisierbar sind, die den daraus folgenden Bedingungen (daß sich alle Moleküle des Gases A innerhalb eines bestimmten Volumens V_i befinden, und daß sich alle Moleküle des Gases A' innerhalb eines bestimmten Volumens V_i' befinden) genügen. Gibt es Ω_i^* solche Zustände, die für A^* realisierbar sind, und befindet sich A^* im Gleichgewicht, dann ist die Wahrscheinlichkeit für alle diese Ω_i^* Zustände gleich groß.

Der Kolben wird nun gelöst, so daß er sich frei verschieben kann. Die Einzelvolumen der beiden Gasmengen A und A' müssen nun nicht länger jedes für sich konstant sein. Die Anzahl der für A^* realisierbaren Zustände wird dadurch normalerweise erheblich größer, beispielsweise gleich Ω_f^*. Falls nicht $\Omega_f^* = \Omega_i^*$, wird das System nach Lösen des Kolbens nicht im Gleichgewicht sein. Der Kolben wird sich daher verschieben, und die Volumina von A und A' ändert sich, bis schließlich der Gleichgewichtszustand erreicht ist, in dem die Wahrscheinlichkeit für alle Ω_f^* nun realisierbaren Zustände gleich groß ist. Wie zu erwarten (die Gründe werden in Kapitel 6 genauer besprochen werden), sind die Endvolumina der Gase A und A' so proportioniert, daß die mittleren Drücke gleich groß sind, daß sich also der Kolben tatsächlich auch im mechanischen Gleichgewicht befindet, wenn er in der Endstellung ist.

Ganz offensichtlich ist auch dieser Prozeß ein irreversibler, vorausgesetzt $\Omega_f^* > \Omega_i^*$. Bleibt A^* isoliert und wird einfach der Kolben wieder fixiert, dann ist dadurch *nicht* der Anfangszustand mit den ursprünglichen Volumen der Gase wiederhergestellt.

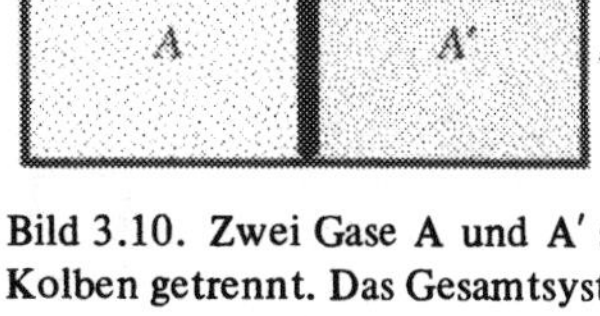

Bild 3.10. Zwei Gase A und A' sind durch einen beweglichen Kolben getrennt. Das Gesamtsystem A*, das sich aus A und A' zusammensetzt, ist isoliert.

---

1) In dem Sonderfall, wo der Behälter anfangs durch eine Trennwand in zwei gleiche Teile geteilt ist, also $V_f = 2V_i$ ist, gilt demnach $P_i = 2^{-N}$. Dies ist einfach das Ergebnis (1.1) das wir bereits in Kapitel 1 aus einfachen logischen Überlegungen erhielten.

3.7. Wechselwirkung zwischen Systemen

Die beiden letzten Beispiele illustrierten bestimmte Fälle, bei denen makroskopische Systeme miteinander in Wechselwirkung stehen. Da die Untersuchung solcher Wechselwirkungen sehr wichtig ist[1]), wollen wir dieses Kapitel abschließen, indem wir die verschiedenen Arten von Wechselwirkungen zwischen makroskopischen Systemen in allen Einzelheiten besprechen.

Betrachten wir zwei makroskopische Systeme A und A′, die miteinander in Wechselwirkung stehen, und daher untereinander Energie austauschen können (Bild 3.11). Das aus A und A′ zusammengesetzte Gesamtsystem A* ist ein isoliertes System, dessen Gesamtenergie also konstant bleiben muß. Um die Wechselwirkung zwischen A und A′ nach statistischen Gesichtspunkten beschreiben zu können, betrachten wir ein Kollektiv von sehr vielen solchen Systemen A*, die alle wieder aus je einem Paar von in Wechselwirkung stehenden Teilsystemen A und A′ bestehen. Der Wechselwirkungsprozeß zwischen A und A′

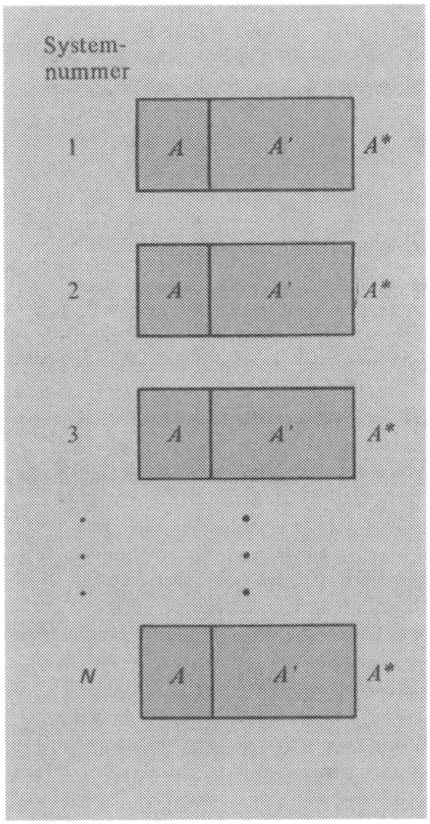

Bild 3.11. Ein Kollektiv von Systemen A*, die jeweils aus zwei Systemen A und A′ zusammengesetzt sind

[1]) Tatsächlich befaßt sich eine ganze Teildisziplin der Physik, die *Thermodynamik*, wie schon der Name besagt, mit der makroskopischen Analyse thermischer und mechanischer Wechselwirkungen und deren makroskopischen Auswirkungen.

wird gewöhnlich nicht in jedem solchen Systempaar des Kollektivs genau den gleichen Energietransport zwischen A und A′ bewirken. Es ist jedoch durchaus sinnvoll, die Wahrscheinlichkeit für den Transport eines bestimmten Energiebetrags durch den Wechselwirkungsprozeß zu bestimmen. Einfacher noch: Wir können die *mittlere* Energie bestimmen, die durch einen solchen Wechselwirkungsprozeß übertragen wird. In dem betrachteten Kollektiv von Systemen bezeichnen wir mit $\overline{W_i}$ und $\overline{W_i'}$ die mittleren Energien von A bzw. A′ vor dem Wechselwirkungsprozeß, und mit $\overline{W_f}$ und $\overline{W_f'}$ die entsprechenden Energien nach dem Wechselwirkungsprozeß. Da die Gesamtenergie des aus A und A′ bestehenden isolierten Systems A* konstant ist, folgt

$$\overline{W_f} + \overline{W_f'} = \overline{W_i} + \overline{W_i'}, \qquad (3.46)$$

d.h. der Energieerhaltungssatz besagt einfach, daß

$$\Delta\overline{W} + \Delta\overline{W'} = 0\,, \qquad (3.47)$$

wobei

$$\Delta\overline{W} = \overline{W_f} - \overline{W_i} \quad \text{und} \quad \Delta\overline{W'} = \overline{W_f'} - \overline{W_i'} \qquad (3.48)$$

die Beträge sind, um die sich die mittleren Energien der Systeme A und A′ ändern.

Wir können die Betrachtungen aus Abschnitt 1.5 präzisieren, indem wir systematisch die verschiedenen Arten der Wechselwirkung zwischen zwei makroskopischen Systemen A und A′ untersuchen. Zu diesem Zweck werden wir uns als nächstes dafür interessieren, was mit den äußeren Parametern eines Systems während eines Wechselwirkungsprozesses geschieht[1]).

3.7.1. Thermische Wechselwirkung

Die Wechselwirkung zwischen den Systemen ist dann besonders einfach darzustellen, wenn alle ihre äußeren Parameter konstant gehalten werden, d.h. die Energieniveaus der Systeme sich nicht ändern. Einen solchen Wechselwirkungsprozeß nennen wir *thermische Wechselwirkung* (siehe Beispiel 1 am Ende des Abschnitts 3.6). Der daraus resultierende (positive oder negative) Zuwachs der mittleren Energie eines Systems bezeichnen wir als die von dem System *absorbierte Wärmemenge* Q. Die Abnahme (positiv oder negativ) der mittleren Energie eines Systems ist dann entsprechenderweise die von dem System *abgegebene Wärmemenge* −Q. Es gilt also

$$Q = \Delta\overline{W} \quad \text{und} \quad Q' = \Delta\overline{W'} \qquad (3.49)$$

[1]) Wie wir zu Anfang von Abschnitt 3.2 erwähnten, ist ein äußerer Parameter eines Systems ein makroskopischer Parameter (wie etwa ein äußeres Magnetfeld **B** oder das Volumen V), der die Bewegung der Teilchen des Systems beeinflußt und somit also auch auf die Energieniveaus des Systems einwirkt. Die Energie W_r eines bestimmten Quantenzustands r des Systems hängt also gewöhnlich von sämtlichen äußeren Parametern des Systems ab.

für die vom System A absorbierte Wärmemenge Q und die vom System A′ absorbierte Wärmemenge Q′ [1]. Aus dem Energieerhaltungssatz ergibt sich dann

$$Q + Q' = 0 \tag{3.50}$$

bzw.

$$Q = -Q'.$$

Diese Beziehung besagt lediglich, daß die von A absorbierte Wärmemenge gleich der von A′ abgegebenen sein muß. In Übereinstimmung mit den bereits in Zusammenhang mit Gl. (1.15) eingeführten Definitionen ist das eine positive Wärmemenge absorbierende System das *kältere*, während das eine negative Wärmemenge absorbierende (bzw. eine positive Wärmemenge abgebende) System das *wärmere* oder *heißere* System ist.

Ein typisches Merkmal der thermischen Wechselwirkung, bei der alle äußeren Parameter konstant gehalten werden, ist die Tatsache, daß sich die *Energieniveaus der Systeme nicht ändern*, während im atomaren Bereich Energie von einem System auf das andere übertragen wird (Bild 3.12). Die mittlere Energie eines solchen Systems wird auf Kosten der anderen Systeme erhöht, und zwar *nicht* deshalb, weil sich etwa die Energien seiner möglichen Quantenzustände geändert hätten, sondern weil nach der Wechselwirkung das System sich mit höherer Wahrscheinlichkeit in einem Zustand höherer Energie befindet.

3.7.2. Wärmeisolierung und adiabatische Prozesse

Der Wärmeaustausch zwischen zwei Systemen kann verhindert werden, indem sie in geeigneter Weise voneinander getrennt werden. Zwei Systeme sind *wärmeisoliert* oder *abiadatisch* voneinander *getrennt*, wenn sie untereinander nicht Energie austauschen können, solange ihre äußeren Parameter konstant gehalten werden [2]. Wärmeisolierung kann durch entsprechende räumliche Trennung der Systeme erreicht werden, oder zumindest näherungsweise verwirklicht werden, indem die Systeme durch eine entsprechend dicke Trennwand aus geeignetem Material untereinander isoliert werden (Asbest oder Glaswolle zum Beispiel). Eine solche Trennwand ist *wärmeisolierend* oder *adiabatisch*, wenn zwei durch sie getrennte Systeme thermisch gegeneinander isoliert sind; d.h. wenn beliebige

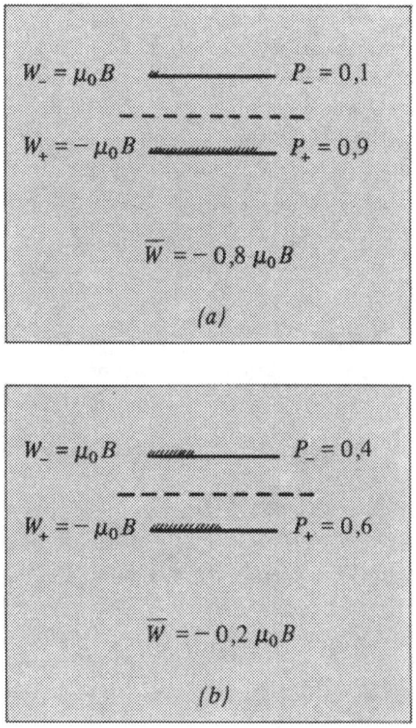

Bild 3.12. Die Auswirkung thermischer Wechselwirkung auf das sehr einfache System A, das aus einem einzigen Spin $\frac{1}{2}$ mit einem magnetischen Moment μ_0 besteht, und sich in einem äußeren Magnetfeld B befindet. Die Darstellung zeigt zwei mögliche Energieniveaus von A. Diese zwei Quantenzustände sind mit + und − bezeichnet, die ihnen entsprechenden Energien mit W_+ und W_-. Die Wahrscheinlichkeit, daß A einen gegebenen Zustand einnimmt, ist P_+ bzw. P_-. Graphisch ist der Betrag dieser Wahrscheinlichkeit durch die Länge eines grauen dicken Strichs angegeben. Die Energieniveaus ändern sich *nicht*, da das äußere Magnetfeld B (der einzige äußere Parameter dieses Systems) konstant sein soll. Im anfänglichen Gleichgewichtszustand (a) ist der Spin in einem festen Körper enthalten. Dieser feste Körper wird samt dem Spin in eine Flüssigkeit getaucht, und die Einstellung des Gleichgewichtszustands (b) wird abgewrtet. Dabei absorbiert in diesem Prozeß das Spin-System A Wärme von dem System A′, das aus dem festen Körper und der Flüssigkeit besteht. Ändern sich die Wahrscheinlichkeiten wie dargestellt, dann ist die von A absorbierte Wärme $Q = 0{,}6\ \mu_0 B$.

derartige Systeme, die sich anfangs im Gleichgewicht befanden, auch bei konstant gehaltenen äußeren Parametern weiterhin im Gleichgewicht bleiben [1]. Ein Prozeß wird, wenn er in einem gegenüber anderen Systemen thermisch isolierten System abläuft, als *adiabatischer Prozeß* bezeichnet.

3.7.3. Adiabatische Wechselwirkung

Sind zwei Systeme A und A′ gegeneinander wärmeisoliert, dann können sie doch immer noch in Wechselwirkung stehen und Energie untereinander austauschen,

[1] Beachten Sie, daß wir nun nach einer strengeren Auslegung der statistischen Begriffe als in Abschnitt 1.5 Wärmemengen als Unterschiede von mittleren Energien eines Systems definieren.

[2] Das Wort *adiabatisch* (wörtlich: „Wärme kann nicht durchgehen“) ist von dem griechischen *adiabatikos* abgeleitet (a = nicht, dia = durch, *bainein* = gehen). Wir werden diese Bezeichnung immer in diesem Sinn gebrauchen, obwohl sie manchmal in der Physik auch für einen anderen Begriff verwendet wird.

[1] Ist eine Trennwand *nicht* wärmeisolierend, dann ist sie *wärmeleitend*.

vorausgesetzt zumindest, einige ihrer äußeren Parameter ändern sich im Lauf dieses Prozesses. Einen solchen Wechselwirkungsprozeß nennen wir *adiabatische Wechselwirkung* (Bild 3.13). (Ein konkreter derartiger Fall ist in Beispiel 2 am Ende von Abschnitt 3.6 gegeben, wenn der Kolben aus wärmeisolierendem Material besteht.) Die (positive oder negative) Zunahme der mittleren Energie eines adiabatisch isolierten Systems ist *die an dem System verrichtete makroskopische Arbeit* [1], die wir mit W_A bezeichnen. Analog ist die (positive oder negative) Abnahme der mittleren Energie eines Systems *die von diesem System verrichtete makroskopische Arbeit*, die mit $-W_A$ bezeichnet wird. Also gilt

$$W_A = \Delta\overline{W} \quad \text{und} \quad W'_A = \Delta\overline{W'} \tag{3.51}$$

für die an dem System A bzw. an dem System A′ verrichtete Arbeit. Ist das Gesamtsystem A + A′ isoliert, dann bedingt der Energieerhaltungssatz (3.47), daß

$$W_A + W'_A = 0 \tag{3.52}$$

oder

$$W_A = -W'_A.$$

Diese Beziehung besagt lediglich, daß die an einem System verrichtete Arbeit gleich der vom anderen System verrichteten Arbeit sein muß.

Da sich bei einer adiabatischen Wechselwirkung zumindest einige der äußeren Parameter der Systeme ändern müssen, ändern sich im Laufe eines solchen Prozesses auch einige der Energieniveaus dieser Systeme. Die mittlere Energie eines solchen wechselwirkenden Systems ändert sich gewöhnlich, da sich sowohl die Energie seiner Zustände ändert, als auch die Wahrscheinlichkeit dafür, daß sich das System in einem solchen Zustand befindet [2].

3.7.4. Allgemeine Wechselwirkungsprozesse

Normalerweise wird die Wechselwirkung zwischen Systemen weder ein adiabatischer Prozeß sein, noch werden die äußeren Parameter konstant sein. Die gesamte mittlere Energieänderung eines Systems (z.B. System A) kann dann als Summe geschrieben werden:

$$\boxed{\Delta\overline{W} = W_A + Q.} \tag{3.53}$$

W_A ist hier die Änderung der mittleren Energie von A, die aus Änderungen der äußeren Parameter resultiert, und Q ist diejenige Änderung seiner mittleren Energie,

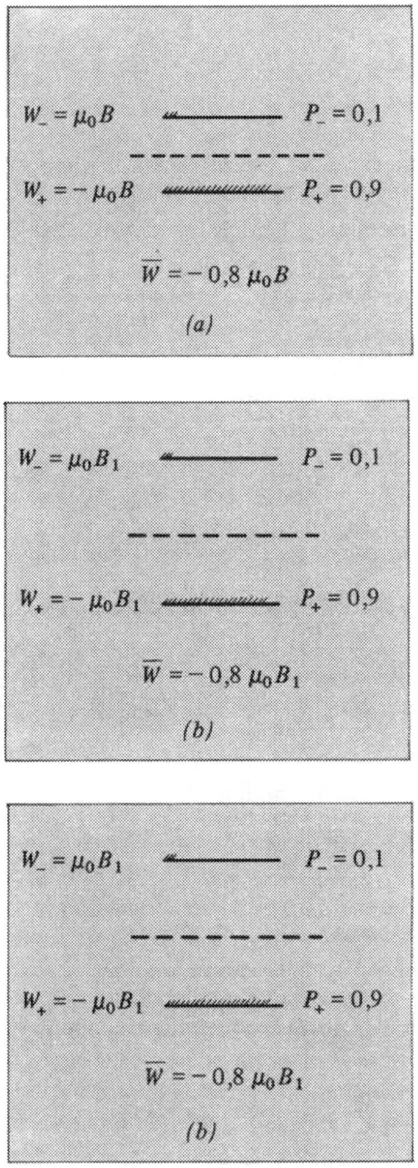

Bild 3.13. Die Auswirkung einer adiabatischen Wechselwirkung auf ein sehr einfaches System A, das aus einem einzigen Spin $\frac{1}{2}$ mit einem magnetischen Moment μ_0 besteht, und sich in einem äußeren Magnetfeld B befindet. Der Anfangszustand und die Legende sind die gleiche wie für Bild 3.12, der Spin ist jedoch adiabatisch isoliert. Das magnetische Feld B wird nun durch Verwendung eines Elektromagneten variiert. Der Betrag der verrichteten Arbeit hängt im allgemeinen nur von der Prozeßführung ab. Darstellung b) zeigt den schließlich erreichten Gleichgewichtszustand, wenn das magnetische Feld sich sehr langsam von B auf B_1 veränderte. Die an A verrichtete Arbeit W_A ist dann gleich $W_A = -0{,}8\,\mu_0(B_1 - B)$. Darstellung c) zeigt den schließlich erreichten Gleichgewichtszustand, der sich ergeben könnte, wenn das magnetische Feld beliebig von B auf B_1 gebracht wurde; für den hier dargestellten Fall ist die verrichtete Arbeit gleich $W_A = -0{,}4\,\mu_0 B_1 + 0{,}8\,\mu_0 B$.

---

[1] Die makroskopische Arbeit, die als *mittlere* Energiedifferenz definiert ist, ist eine statistische Größe, welche gleich dem Mittelwert der Arbeit ist, die an einem System des Kollektivs verrichtet wird. Solange Verwechselungen ausgeschlossen sind, werden wir unter *Arbeit* immer die solchermaßen definierte makroskopische Arbeit verstehen.

[2] Ein Sonderfall sollte erwähnt werden: Weist ein System einen bestimmten Quantenzustand auf, dessen Energie von einem äußeren Parameter abhängt, dann wird dieses System ganz einfach weiterhin in diesem Zustand verbleiben und seine Energie entsprechend ändern, wenn dieser äußere Parameter *genügend langsam* geändert wird.

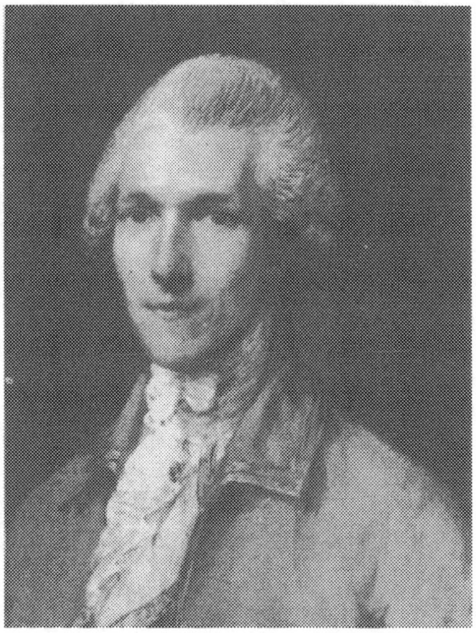

Bild 3.14. *Count Rumford* (*Benjamin Thompson*, 1753–1814). In Massachusetts geboren, ziemlich abenteuerlustig, royalistische Einstellung während der amerikanischen Revolution, verließ Amerika, um Kriegsminister des Kurfürsten von Bayern zu werden. Bei dieser Tätigkeit wurde seine Aufmerksamkeit auf den Temperaturanstieg gelenkt, der beim Bohren von Kanonenrohren auftritt. Diese Beobachtung regte die Vorstellung an, daß Wärme nur eine Form der Bewegung der Teilchen in einem Körper sei (1798). Obwohl diese Idee wertvolle Anregung geben konnte, war sie doch noch zu qualitativ abgefaßt, um einen nachhaltigeren Eindruck auf die zeitgenössischen Vorstellungen von Wärme zu machen, die auf einer Wärmesubstanz („phlogiston") basierten, die nicht verloren geht. (*Nach einem Portrait im Fogg Art Museum von T. Gainsborough, 1783, Wiedergabe mit Genehmigung der Harvard University.*)

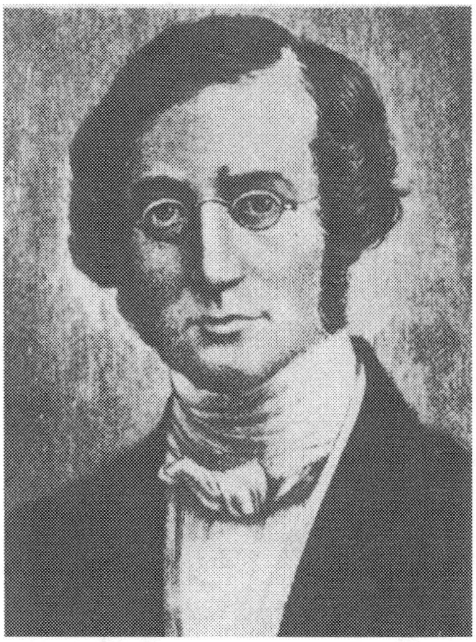

Bild 3.15. *Julius Robert Mayer* (1814–1878). *Mayer*, ein deutscher Arzt, forderte 1842 die Äquivalenz und die Erhaltung aller Energieformen, also auch der Wärme. Obwohl er auch quantitative Abschätzungen rechnete, sind seine Arbeiten doch zu philosophisch, um recht zu überzeugen, und wurden daher etwa zwanzig Jahre lang nicht anerkannt. (*Aus: G. Holton und D. Roller, "Foundations of Modern Physical Science", Addison-Wesley Publishing Co., Inc., Cambridge, Mass., 1958. Wiedergabe mit Genehmigung des Verlags*).

die nicht durch eine Änderung der äußeren Parameter verursacht wird. Die Aufspaltung (3.53) von $\Delta\overline{W}$ in die an dem System verrichtete Arbeit W_A und die vom System absorbierte Wärme Q ist dann sinnvoll, wenn diese Teilbeträge auch experimentell gesondert festgestellt werden können. Nehmen wir an, das System A steht gleichzeitig mit zwei anderen Systemen in Wechselwirkung: mit einem System A'_1, das von A durch eine thermisch isolierende Wand getrennt ist, und mit einem System A'_2, dessen Parameter konstant gehalten werden. Die Arbeit W_A in Gl. (3.53) ist dann gleich der von dem adiabatisch isolierten System A'_1 verrichteten Arbeit, bzw. gleich der Abnahme seiner mittleren Energie; analog ist die Wärme Q in Gl. (3.53) gleich der von dem System A'_2 (dessen äußere Parameter konstant sind) abgegebenen Wärme, bzw. gleich der Abnahme seiner mittleren Energie.

Die allgemeine Beziehung (3.53) wird aus historischen Gründen *Erster Hauptsatz der Thermodynamik* genannt. Dieser Hauptsatz besagt explizit, daß Arbeit und Wärme Energieformen sind, die nur auf verschiedene Weise übertragen werden. Da also Arbeit und Wärme Formen der Energie sind, haben sie auch die Einheit der Energie: Joule (J) oder Erg (erg)[1)] (Bilder 3.14 und 3.15).

3.7.5. Infinitesimale allgemeine Wechselwirkungsprozesse

Ein Wechselwirkungsprozeß ist besonders einfach darzustellen, wenn er ein *infinitesimaler Prozeß* ist, d.h., ein System wird von einem Anfangsmakrozustand in einen Endmakrozustand gebracht, der sich vom Anfangszustand nur infinitesimal unterscheidet. Die Energie und die äußeren Parameter des Systems unterscheiden sich im Endzustand nur um sehr wenig von ihren Anfangswerten. Der infinitesimale Zuwachs der mittleren Energie des Systems kann dann als Differential $d\overline{W}$ geschrieben werden. Außerdem werden wir statt W_A das Symbol $đW_A$ einführen, um den infinitesimalen Betrag der an dem System verrichteten Arbeit darzustellen; diese Bezeichnungsweise zeigt am einfachsten, daß die während des Prozesses verrichtete Arbeit infinitesimal klein ist. Es muß darauf hin-

---

1) In der älteren physikalischen Literatur und auch in einem Großteil der chemischen Literatur der Gegenwart wird die Wärme noch nach der alten Einheit *Kalorie* gemessen; diese Einheit wurde im achtzehnten Jahrhundert eingeführt, als man noch nicht wußte, daß Wärme eine Form der Energie ist. Die Kalorie ist heute so *definiert:* 1 cal = 4,184 J.

gewiesen werden, daß mit $đW_A$ *nicht* eine Differenz von Arbeitsbeträgen bezeichnet wird – das wäre sinnlos; $đW_A$ ist auch kein „echtes" Differential. Die verrichtete Arbeit ist eine Größe, die mit dem Wechselwirkungs*prozeß selbst* zusammenhängt; wir können also nicht von der Arbeit in dem System vor dem Prozeß bzw. nach dem Prozeß sprechen, und auch nicht von einer Differenz zwischen diesen Arbeitswerten oder von differentieller Arbeit. Ähnliches gilt für $đQ$, womit einzig die in einem Prozeß absorbierte infinitesimale Wärmemenge bezeichnet wird und *nicht* eine bedeutungslose Differenz von Wärme oder ein echtes Differential wie $d\overline{W}$. Wenn wir dies in Betracht ziehen, dann kann Beziehung (3.53) für einen infinitesimalen Prozeß in der Form

$$d\overline{W} = đW_A + đQ \tag{3.54}$$

geschrieben werden.

Bemerkung:

Ein infinitesimaler Prozeß kann besonders leicht beschrieben und nach statistischen Gesichtspunkten untersucht werden, wenn er *quasistatisch* abläuft, d.h. so langsam, daß das System *immer nahezu* im Gleichgewicht ist. P_r ist die Wahrscheinlichkeit dafür, daß das System A einen Zustand r der Energie W_r aufweist. Die mittlere Energie des Systems ist dann definitionsgemäß durch

$$\overline{W} = \sum_r P_r W_r \tag{3.55}$$

gegeben, wobei über alle möglichen Zustände r des Systems summiert wird. Bei einem infinitesimalen Prozeß ändern sich die Energien W_r aufgrund der Änderungen äußerer Parameter nur um geringe Beträge; wird der Prozeß außerdem sehr langsam durchgeführt, dann ändern sich auch die Wahrscheinlichkeiten P_r im Extremfall nur sehr wenig. Die durch den Prozeß herbeigeführte mittlere Energieänderung des Systems kann *dann* als Differential geschrieben werden:

$$d\overline{W} = \sum_r (P_r\, dW_r + W_r\, dP_r). \tag{3.56}$$

Die absorbierte Wärmemenge entspricht dem Zuwachs der mittleren Energie, wenn die äußeren Parameter konstant gehalten werden, d. h., wenn die Energieniveaus W_r konstant sind, so daß also $dW_r = 0$ ist. Dann gilt

$$đQ = \sum_r W_r\, dP_r. \tag{3.57}$$

Die an dem System verrichtete Arbeit ist demnach durch

$$đW_A = d\overline{W} - đQ = \sum_r P_r\, dW_r \tag{3.58}$$

gegeben. Diese infinitesimale Arbeit ergibt sich also allein aus der Änderung der mittleren Energie, die durch die Verschiebung der Energieniveaus bedingt wird, die ihrerseits durch die infinitesimale Änderung der äußeren Parameter verursacht wird. Die Wahrscheinlichkeiten P_r behalten ihre Anfangswerte bei, was eben für einen Gleichgewichtszustand charakteristisch ist.

3.8. Zusammenfassung der Definitionen

(Einige dieser Definitionen sind lediglich präzisere Formulierungen von bereits in vorangegangenen Kapiteln gebrachten Definitionen.)

Mikrozustand (oder einfach nur Zustand): ein bestimmter Quantenzustand eines Systems. Die Angabe des Quantenzustands stellt die eingehendste Beschreibung eines Systems nach quantenmechanischen Begriffen dar,die überhaupt möglich ist;

Makrozustand (oder makroskopischer Zustand): vollkommene Beschreibung eines Systems mittels makroskopisch meßbarer Parameter;

realisierbarer Zustand: irgendein Mikrozustand, den ein System einnehmen kann, ohne im Widerspruch mit den über das System bekannten makroskopischen Informationen zu stehen;

Anzahl der Freiheitsgrade: die Anzahl von verschiedenen Quantenzahlen, die nötig ist, um den Mikrozustand eines Systems vollkommen zu beschreiben. Die Anzahl der Freiheitsgrade ist auch gleich der Anzahl der unabhängigen Bewegungskoordinaten (inklusive Spinkoordinaten) aller Teilchen des Systems;

äußere Parameter: ein makroskopisch meßbarer Parameter, dessen Wert die Bewegung der Teilchen eines Systems und dadurch die Energien der möglichen Quantenzustände des Systems beeinflußt;

isoliertes System: ein System, das nicht mit anderen Systemen in Wechselwirkung steht und so Energie austauscht;

Gesamtenergie eines Systems: die Summe aus den potentiellen und kinetischen Energien aller Teilchen des Systems;

innere Energie eines Systems: diejenige Gesamtenergie des Systems, die in dem Bezugssystem gemessen wird, in dem der Schwerpunkt des Systems ruht („*Schwerpunktssystem*");

Gleichgewicht: ein isoliertes System befindet sich im Gleichgewicht, wenn die Wahrscheinlichkeit für das Auftreten irgendeines seiner realisierbaren Zustände zeitunabhängig ist. Die Mittelwerte aller makroskopischen Parameter des Systems sind dann ebenfalls zeitunabhängig;

Nebenbedingung: eine makroskopische Bedingung, der das System unterliegt;

irreversibler Prozeß: nach Ablaufen eines solchen Prozesses kann der Anfangszustand eines *Kollektivs* von *isolierten* Systemen *nicht* einfach durch die Aufstellung einer Nebenbedingung wieder hergestellt werden;

reversibler Prozeß: nach Ablaufen eines reversiblen Prozesses *kann* der Anfangszustand eines *Kollektivs* von *isolierten* Systemen einfach durch die Aufstellung einer Nebenbedingung wieder herbeigeführt werden;

thermische Wechselwirkung: ein Wechselwirkungsprozeß, bei dem die äußeren Parameter (also auch die Energieniveaus) der wechselwirkenden Systeme konstant bleiben;

adiabatische Isolierung (Wärmeisolierung): ein System ist adiabatisch isoliert oder wärmeisoliert, wenn es nicht in thermische Wechselwirkung mit einem anderen System treten kann;

adiabatische Wechselwirkung: eine Wechselwirkung, bei der die wechselwirkenden Systeme gegeneinander adiabatisch isoliert sind. Bei einem solchen Prozeß werden sich einige der äußeren Parameter der Systeme ändern;

von einem System absorbierte Wärme: Zunahme der mittleren Energie eines Systems, dessen äußere Parameter konstant gehalten werden;

an einem System verrichtete Arbeit: Zunahme der mittleren Energie eines adiabatisch isolierten Systems;

kalt: ein Vergleichsadjektiv, das für jenes System zutrifft, das im Verlauf einer thermischen Wechselwirkung mit einem anderen System eine positive Wärmemenge absorbiert;

warm (oder heiß): ein Vergleichsadjektiv, das für jenes System zutrifft, das im Verlauf einer thermischen Wechselwirkung mit einem anderen System eine positive Wärmemenge abgibt.

3.9. Wichtige Beziehungen

Beziehung zwischen mittlerer Energie, Arbeit und Wärme (*Erster Hauptsatz*):

$$\Delta\overline{W} = W_A + Q. \qquad (a)$$

3.10. Hinweise auf ergänzende Literatur

Rein makroskopische Abhandlungen über Wärme, Arbeit und Energie:

M. W. Zemansky, „Heat and Thermodynamics", 4. Aufl., Abschnitte 3.1 bis 3.5, 4.1 bis 4.6, McGraw-Hill Book Company, New York 1957.

H. B. Callen, „Thermodynamics", Abschnitt 1.1 bis 1.7, John Wiley & Sons, Inc., New York 1960.

Historische und biographische Werke:

G. Holton und *D. Roller*, „Foundations of Modern Physical Science", Addison-Wesley Publishing Company, Inc., Reading, Massachusetts 1958. Die Kapitel 19 und 20 enthalten einen historischen Bericht über die Entwicklung jener Theorien, die zu der Erkenntnis führten, daß Wärme eine Form der Energie ist.

S. G. Brush, "Kinetische Theorie", Bd. I, Vieweg, Braunschweig 1970. Von besonderem Interesse sind vielleicht die historische Einleitung des Autors und Wiedergaben der Originalarbeiten von *Mayer* (vgl. Bild 3.15) und *Joule*.

S. B. Brown, "Count Rumford, physicist extraordinary", Anchor Books, Doubleday & Company, Inc., Garden City, N.Y. 1962. Eine kurze Biographie des *Grafen Rumford* (vgl. Bild 3.14).

3.11. Übungen

1. *Ein einfaches Beispiel thermischer Wechselwirkung.* Betrachten wir das in Tabelle 3.3 beschriebene Spin-System. Das gesamte magnetische Moment von A wird experimentell zu $-3\,\mu_0$ und das gesamte magnetische Moment von A' zu $+4\,\mu_0$ bestimmt, wobei die Systeme A und A' anfangs voneinander getrennt sind. Dann werden die Systeme in thermischen Kontakt miteinander gebracht. Sie tauschen Energie aus, bis der Gleichgewichtszustand erreicht ist. Berechnen Sie für diese Angaben:

   a) Die Wahrscheinlichkeit P(M) dafür, daß das gesamte magnetische Moment von A einen seiner möglichen Werte annimmt.

      Lösung: $P(-3\,\mu_0) = \frac{1}{7}$; $P(\mu_0) = \frac{6}{7}$; $P(M) = 0$ sonst.

   b) Den Mittelwert $\overline{M}$ des gesamten magnetischen Moments von A.

      Lösung: $(\frac{3}{7})\,\mu_0$.

   c) Angenommen, die beiden Systeme werden wieder voneinander getrennt, so daß sie nicht mehr Energie austauschen können. Wie groß sind P(M) und $\overline{M}$ nach der Trennung?

      Lösung: die gleiche wie in a) und b).

2. *Ein Spin in thermischem Kontakt mit einem kleinen Spin-System.* Ein System A besteht aus einem Spin $\frac{1}{2}$ mit einem magnetischen Moment μ_0; ein zweites System besteht aus drei Spins $\frac{1}{2}$, jeder der Spins hat wiederum ein magnetisches Moment μ_0. Beide Systeme befinden sich im Wirkungsbereich des Magnetfelds **B**. Die beiden Systeme werden nun in Kontakt miteinander gebracht, so daß sie untereinander Energie austauschen können. Wenn das eine Moment von A nach oben gerichtet ist (wenn A im +-Zustand ist) sollen zwei Momente von A' nach oben, eines nach unten gerichtet sein. Bestimmen Sie die Gesamtanzahl der Zustände, die in dem zusammengesetzten System A + A' realisierbar sind, wenn das Moment von A nach oben gerichtet ist, bzw. wenn es nach unten gerichtet ist. Daraus ist das Verhältnis P_-/P_+ zu berechnen; P_- ist die Wahrscheinlichkeit dafür, daß das Moment von A nach unten zeigt, P_+ die Wahrscheinlichkeit dafür, daß es nach oben gerichtet ist. Das zusammengesetzte System A + A' ist isoliert.

   Lösung: $\frac{1}{3}$

3. *Ein Spin in thermischem Kontakt mit einem großen Spin-System.* Die Übung 2 soll nun dahingehend verallgemeinert werden, daß das System A' aus einer beliebig großen Anzahl N von Spins $\frac{1}{2}$ besteht; jeder Spin besitzt ein magnetisches Moment μ_0. Das System A besteht wiederum aus einem einzelnen Spin $\frac{1}{2}$ mit dem magnetischen Moment μ_0. Die beiden Systeme A und A' befinden sich wieder im Wirkungsbereich eines Magnetfelds **B**, und werden miteinander in Kontakt gebracht, so daß sie Energie austauschen können. Ist das Moment von A nach oben gerichtet, haben n der Momente von A' die gleiche Richtung, während die übrigen $n' = N - n$ Momente von A' nach unten gerichtet sind.

   a) Das Moment von A ist nach oben gerichtet. Bestimmen Sie die Anzahl der Zustände, die unter dieser Bedingung in dem zusammengesetzten System A + A' realisierbar sind. Diese Anzahl ist natürlich identisch mit der Anzahl der Möglichkeiten, die N Spins von A' so einzuteilen, daß n von ihnen nach oben, n' nach unten gerichtet sind.

      Lösung: $N!\,[n!\,(N-n)!]^{-1}$

   b) Das Moment von A ist nun nach unten gerichtet. Die Gesamtenergie des zusammengesetzten Systems hat sich natürlich nicht geändert. Wie viele Momente von A' sind jetzt nach oben, wie viele nach unten gerichtet? Bestimmen Sie danach die Anzahl der im zusammengesetzten System A + A' realisierbaren Zustände.

   c) Bestimmen Sie das Verhältnis P_-/P_+ (P_- ist die Wahrscheinlichkeit dafür, daß das Moment von A nach unten gerichtet ist, und P_+ die Wahrscheinlichkeit dafür, daß es nach oben gerichtet ist). Das Ergebnis kann vereinfacht werden, da $n \gg 1$ und $n' \gg 1$. Ist das Verhältnis P_-/P_+ größer oder kleiner als eins, wenn $n > n'$?

      Lösung: n'/n.

4. *Verallgemeinerung von Übung 3.* Es sind die gleichen Bedingungen gegeben wie in der obigen Aufgabe, nur soll das magnetische Moment von A jetzt den Wert $2\,\mu_0$ haben. Berechnen Sie wiederum das Verhältnis P_-/P_+ der Wahrscheinlichkeiten für ein nach oben bzw. nach unten gerichtetes Moment von A.

   Lösung: $(n'/n)^2$.

5. *Ein beliebiges System in thermischem Kontakt mit einem großen Spin-System.* Die Überlegungen der obigen Übungen können sehr einfach auf den folgenden allgemeinen Fall aus-

gedehnt werden. Wir betrachten ein beliebiges System A, das aus einem einzigen Atom bestehen oder ein makroskopisches System sein kann. Dieses System A wird in thermischen Kontakt mit einem System A' gebracht, mit dem es also Energie austauschen kann. Das System A' befindet sich in einem Magnetfeld **B** und besteht aus N Spins $\frac{1}{2}$, deren magnetisches Moment μ_0 ist. Verglichen mit der Anzahl der Freiheitsgrade des relativ viel kleineren Systems A soll die Zahl N sehr groß sein. Befindet sich das System A in dem Zustand niedrigster Energie W_0, dann sind n der Momente von A' nach oben, die restlichen $n' = N - n$ Momente nach unten gerichtet. Es gilt $n \gg 1$ und $n' \gg 1$, da alle Zahlen sehr groß sind.

a) Wieviele Zustände sind insgesamt in dem zusammengesetzten System A + A' realisierbar, wenn das System A sich in dem Zustand niedrigster Energie W_0 befindet?

Lösung: $N!\,[n!\,(N-n)!]^{-1}$.

b) Angenommen, das System A befindet sich in einem anderen Zustand r, in dem es eine Energie W_r besitzt, die höher als W_0 ist. Damit die Gesamtenergie des zusammengesetzten Systems A + A' konstant bleibt, werden dann $(n + \Delta n)$ Momente von A' nach oben, und $(n - \Delta n)$ Momente von A' nach unten gerichtet sein. Die Größe Δn ist durch die Energiedifferenz $(W_r - W_0)$ auszudrücken. Das Verhältnis P_r/P_0 ist zu bestimmen. Sie können $(W_r - W_0) \gg \mu_0 B$ annehmen.

Lösung: $(W_r - W_0)/2\,\mu_0 B$.

c) Die Gesamtanzahl der in dem zusammengesetzten System A + A' realisierbaren Zustände ist zu bestimmen; A befindet sich im Zustand r mit einer Energie W_r.

d) P_0 ist die Wahrscheinlichkeit dafür, daß sich das System A in einem Zustand der Energie W_0 befindet, und P_r die Wahrscheinlichkeit dafür, daß A in einem Zustand der Energie W_r ist. Das Verhältnis P_r/P_0 ist zu bestimmen. Die Näherungsannahmen $\Delta n \ll n$ und $\Delta n \ll n'$ sind zu berücksichtigen.

Lösung: $(n'/n)^{\Delta n}$.

e) Aufgrund der eben erhaltenen Ergebnisse ist zu beweisen, daß die Wahrscheinlichkeit P_r dafür, daß das System A einen Zustand r der Energie W_r annimmt, in der Form

$$P_r = Ce^{-\beta W_r}$$

geschrieben werden kann, wobei C eine Proportionalitätskonstante ist. Die Größe β ist durch das Verhältnis n/n' und durch $\mu_0 B$ auszudrücken.

Lösung: $\beta = \ln(n/n')/2\,\mu_0 B$.

f) Ist β positiv oder negativ, wenn $n > n'$? Angenommen, die durch eine Quantenzahl r charakterisierten Zustände des Systems A unterscheiden sich jeweils um einen Energiebetrag b. (A könnte zum Beispiel ein einfacher harmonischer Oszillator sein.) Es ist also $\epsilon_r = a + br$, wobei $r = 0, 1, 2, 3, \ldots$ und a eine Konstante ist. Die Wahrscheinlichkeit dafür, daß das System A einen dieser Zustände einnimmt, ist mit der Wahrscheinlichkeit für den Grundzustand $r = 0$ zu vergleichen.

6. *Der Druck eines idealen Gases (quantenmechanische Berechnung).* Ein einzelnes Teilchen der Masse m hält sich in einem Kasten auf, dessen Kantenlängen l_x, l_y, l_z sind. Dieses Teilchen befindet sich in einem bestimmten Quantenzustand r, der durch die Werte von den drei Quantenzahlen n_x, n_y, n_z definiert ist. Die Energie W_r dieses Zustands ist dann durch Gl. (3.15) gegeben.

Das Teilchen, das sich in dem bestimmten Zustand r befindet, übt auf die rechte Wand des Behälters (das ist die Wand $x = l_x$) in der x-Richtung eine Kraft F_r aus. Die Wand wirkt dann auf das Teilchen mit einer Kraft $-F_r$ (in der $-$x-Richtung). Wird die rechte Wand des Behälters langsam um den Betrag dl_x nach rechts bewegt, dann ist die an dem Teilchen in diesem Zustand verrichtete Arbeit gleich $-F_x dl_x$, und muß gleich dem Energiezuwachs dW_r des Teilchens in diesem Zustand sein. Also gilt

$$dW_r = -F_r dl_x. \qquad (1)$$

Die im Zustand r von einem Teilchen ausgeübte Kraft F_r ist also durch die folgende Beziehung von der Energie W_r des Teilchens in diesem Zustand abhängig:

$$F_r = -\frac{\partial W_r}{\partial l_x}. \qquad (2)$$

Bei der Herleitung des Ausdrucks (2) wurden die Größen l_y und l_z als konstant behandelt, weshalb Gl. (2) als partielle Ableitung geschrieben wurde.

a) Berechnen Sie unter Verwendung der Gln. (2) und (3.15), die Kraft F, die das Teilchen auf die rechte Wand ausübt, wenn es sich in einem Zustand befindet, der durch gegebene Werte von n_x, n_y, n_z definiert ist.

Lösung: $\frac{\pi^2\hbar^2}{2m}\cdot\frac{n_x^2}{l_x^2}\cdot\frac{2}{l_x}$.

b) Angenommen, das Teilchen ist nicht isoliert, sondern ist eines von vielen Gasteilchen in einem Behälter. Das Teilchen, das in geringem Ausmaß mit den anderen in Wechselwirkung steht, kann sich dann in einem von vielen möglichen Zuständen befinden, die durch verschiedene Werte von n_x, n_y und n_z charakterisiert sind. Die mittlere von den Teilchen ausgeübte Kraft $\overline{F}$ ist durch $\overline{n_x^2}$ auszudrücken. Zur Vereinfachung ist $l_x = l_y = l_z = l$ anzunehmen – der Behälter ist also kubisch; diese Symmetrie bedingt, daß $\overline{n_x^2} = \overline{n_y^2} = \overline{n_z^2}$. Damit kann $\overline{F}$ mit der mittleren Energie $\overline{W}$ des Teilchens in Beziehung gesetzt werden.

Lösung: $\overline{F} = \frac{2}{3}\cdot\frac{\overline{W}}{l}$.

c) Wenn das Gas N ähnliche Teilchen enthält, dann ist die mittlere von allen Teilchen ausgeübte Kraft einfach gleich $N\overline{F}$. Danach ist der mittlere Druck $\overline{p}$ des Gases (d.h. die mittlere, auf eine Flächeneinheit der Wand ausgeübte Kraft) durch

$$\overline{p} = \frac{2}{3}\cdot\frac{N}{V}\overline{W} \qquad (3)$$

gegeben, wobei $\overline{W}$ die mittlere Energie *eines* Gasteilchens ist. Beweisen Sie dies!

d) Wir stellen fest, daß das Ergebnis (3) mit dem in Gl. (1.21) mit Näherungsmethoden der klassischen Mechanik abgeleiteten übereinstimmt.

7. *Typische Anzahl von Zuständen, die für ein Gasmolekül realisierbar sind.* Das Ergebnis (3) der letzten Übung oder auch Gl. (1.21) ermöglicht es, die mittlere Energie eines Gasmoleküls, z.B. von Stickstoff N_2, bei Zimmertemperatur näherungsweise zu bestimmen. Sind Dichte und Druck eines solchen Gases bekannt, dann ergibt sich für die mittlere Energie $\overline{W}$ eines seiner Moleküle nach Gl. (1.28) $6\cdot 10^{-21}$ J = $6\cdot 10^{-14}$ erg.

a) Mit Gl. (3.31) ist die Anzahl der Zustände $\Phi(\overline{W})$, deren Energien kleiner als $\overline{W}$ sind, und die für ein solches Molekül in einem Behälter von einem Liter (10^3 cm^3) realisierbar sind, numerisch zu berechnen.

Lösung: $1{,}9 \cdot 10^{29}$.

b) Wir interessieren uns für ein kleines Energieintervall $\delta W = 10^{-31}$ J $= 10^{-24}$ erg, das sehr viel kleiner als $\overline{W}$ selbst ist. Bestimmen Sie die Anzahl der Zustände $\Omega(\overline{W})$, die für das Molekül in dem Bereich zwischen $\overline{W}$ und $\overline{W} + \delta W$ realisierbar sind.

Lösung: $4{,}5 \cdot 10^{18}$.

c) Zeigen Sie, daß diese Anzahl von Zuständen sehr groß ist, obwohl das gegebene Energieintervall δW sehr klein ist.

8. *Anzahl der Zustände eines idealen Gases.* N Teilchen eines idealen Gases befinden sich in einem Kasten mit den Kantenlängen l_x, l_y, l_z. N sei von der Größenordnung der Avogadroschen Zahl. Wenn Sie den Energiebeitrag jeder einzelnen Quantenzahl gesondert betrachten, und ähnliche Näherungsmethoden wie in Abschnitt 3.5 verwenden, dann können Sie zeigen, daß die Anzahl der Zustände $\Omega(W)$ in einem gegebenen Energieintervall zwischen W und $W + \delta W$ durch

$$\Omega(W) = CV^N W^{(3/2)N} \delta W$$

gegeben ist, wobei C eine Proportionalitätskonstante ist, und $V = l_x \cdot l_y \cdot l_z$ das Volumen des Kastens.

9. *Anzahl der Zustände eines Spin-Systems.* Ein System besteht aus N Spins $\frac{1}{2}$, deren magnetisches Moment jeweils μ_0 ist. Dieses System befindet sich im Wirkungsbereich eines äußeren Magnetfelds **B**. Das System hat makroskopische Dimensionen, N wird daher von der Größenordnung der Avogadroschen Zahl sein. Die Energie des Systems ist dann

$$W = -(n - n')\mu_0 B,$$

wobei n die Anzahl seiner magnetischen Momente ist, die nach oben gerichtet sind, und $n' = N - n$ die Anzahl der nach unten gerichteten.

a) Für dieses Spin-System ist die Anzahl der Zustände $\Omega(W)$ zu berechnen, deren Energien innerhalb des kleinen Energieintervalls zwischen W und $W + \delta W$ liegen. Hier ist δW verglichen mit der Energie einzelner Spins als groß anzusehen, d.h. $\delta W \gg \mu_0 B$.

Lösung: $N![n!(N-n)!]^{-1}(\delta W/2\mu_0 B)$.

b) Drücken Sie $\ln \Omega$ explizit als Funktion von W aus. Da sowohl n als auch n' sehr groß ist, kann das in (M.10) abgeleitete Ergebnis $\ln n! \approx n \ln n - n$ zur Berechnung von n! und n'! verwendet werden. Es ist also zu beweisen, daß mit sehr guter Näherung

$$\ln \Omega(W) = N \ln(2N) - \tfrac{1}{2}(N - W')\ln(N - W') - \tfrac{1}{2}(N - W')\ln(N + W')$$

wobei

$$W' = \frac{W}{\mu_0 B}.$$

c) Skizzieren Sie graphisch das Verhalten von $\ln \Omega$ als Funktion von W. Beachten Sie, daß $\Omega(W)$ nicht immer eine zunehmende Funktion von W ist. Der Grund hierfür liegt darin, daß ein Spin-System in dem Sinn anomal ist, als es nicht nur eine niedrigste mögliche Energie $W = -N\mu_0 B$, sondern auch eine höchste mögliche Energie $W = N\mu_0 B$ besitzt. Bei allen gewöhnlichen Systemen hingegen, bei denen man die kinetische Energie der Teilchen nicht vernachlässigt (wie bei der Untersuchung von Spins), gibt es keine obere Grenze für die kinetische Energie des Systems.

4. Thermische Wechselwirkung

Im letzten Kapitel wurden alle Postulate und wesentlichen theoretischen Grundlagen besprochen, die für eine quantitative Untersuchung makroskopischer Systeme unerläßlich sind. Wir können daher im folgenden die Gültigkeit unserer Theorien überprüfen, indem wir sie auf einige wichtigere physikalische Probleme anwenden.

Beginnen wir mit einer eingehenden Untersuchung der thermischen Wechselwirkung zwischen Systemen. Eine derartige Situation ist besonders leicht zu analysieren, da die äußeren Parameter und demnach auch die Energieniveaus des Systems konstant bleiben. Außerdem ist die thermische Wechselwirkung bzw. der Austausch von Wärme einer der häufigsten Prozesse überhaupt. Im besonderen werden wir uns mit den folgenden Problemen befassen: Unter welchen Bedingungen sind zwei in thermischer Wechselwirkung begriffene Systeme im Gleichgewicht? Was geschieht, wenn diese Bedingungen nicht erfüllt sind? Und schließlich, welche Wahrscheinlichkeitsaussagen können wir aufstellen? Die durchaus leicht zu findenden Lösungen dieser Probleme erweisen sich, wie wir feststellen werden, als bemerkenswert brauchbar und allgemeingültig. In diesem Kapitel wird dann auch der Begriff „Temperatur" näher erläutert, und die „absolute Temperatur" wird genau definiert. Weiter werden wir einige äußerst praktische Methoden ausarbeiten, mit denen die Eigenschaften eines beliebigen makroskopischen Systems lediglich aufgrund der Information über seine Bestandteile (Atome oder Moleküle) berechnet werden können. Diese Methoden werden wir schließlich bei der expliziten Bestimmung der makroskopischen Eigenschaften einiger spezieller Systeme anwenden.

4.1. Verteilung der Energie zwischen makroskopischen Systemen

Wir untersuchen zwei makroskopische Systeme: A und A′. Die Energien der beiden Systeme sind W bzw. W′. Um die Aufstellung der möglichen Zustände zu vereinfachen, wollen wir wie in Abschnitt 3.5 vorgehen und die Energiebereiche in sehr kleine Intervalle der Größe δW unterteilen. (δW muß natürlich groß genug angenommen werden, so daß viele Zustände in diesem Intervall liegen.) Mit $\Omega(W)$ bezeichnen wir die Anzahl der Zustände, die für A realisierbar sind, wenn die Energie dieses Systems einen Wert zwischen W und $W + \delta W$ angenommen hat, und mit $\Omega(W')$ die für A′ realisierbaren Zustände, wenn die Energie dieses Systems zwischen W′ und $W' + \delta W$ liegt. Die Zählung der Zustände kann sehr einfach werden, da wir mit ausgezeichneter Näherung annehmen können, daß die Energieniveaus nur diskrete Werte annehmen, die sich jeweils um δW unterscheiden. Das heißt, wir können alle Zustände von A, deren Energien in dem kleinen Intervall zwischen W und $W + \delta W$ liegen, zusammenfassen, indem wir sie behandeln, als hätten sie einfach die Energie W; es gibt also $\Omega(W)$ derartige Zustände. Ebenso können wir alle Zustände von A′, deren Energien zwischen W′ und $W' + \delta W$ liegen, zusammenfassen, und sie behandeln, als entsprächen sie einfach einer Energie W′. Die Anzahl dieser Zustände ist also $\Omega'(W')$. Wenn wir so vorgehen, dann besagt die Feststellung: A besitzt die Energie W, physikalisch gesehen nur, daß die Energie von A irgendwo zwischen W und $W + \delta W$ liegt. Ganz analog besagt die Feststellung: A′ besitzt eine Energie W′, in physikalischer Hinsicht, daß die Energie von A′ irgendwo zwischen W′ und $W' + \delta W$ liegt vgl. (Bild 4.1).

Die äußeren Parameter der Systeme A und A′ werden als konstant angenommen, die beiden Systeme sollen jedoch Energie austauschen können. (Jegliche Energieübertragung zwischen den beiden Systemen wird also definitionsgemäß in Form eines Wärmetransports vor sich gehen.) Obwohl unter diesen Bedingungen die Energien der beiden Systeme für sich nicht konstant bleiben können, muß die Gesamtenergie W^* des zusammengesetzten Systems A^* konstant sein, da dieses isoliert ist. Demnach[1]) gilt

$$W + W' = W^* = \text{const.} \tag{4.1}$$

Ist die Energie von A gleich W, dann ist die Energie von A′ ganz einfach aus

$$W' = W^* - W \tag{4.2}$$

zu erhalten.

Untersuchen wir nun den Fall, daß A und A′ miteinander in Gleichgewicht sind, bzw. daß sich das zusammengesetzte System A^* im Gleichgewicht befindet. Die Energie von A kann dann viele verschiedene Werte annehmen. Interessant ist jedoch folgendes Problem: Wie groß ist die Wahrscheinlichkeit P(W) dafür, daß die Energie von A gleich W ist (d. h., daß die Energie von A in dem Intervall zwischen W und $W + \delta W$ liegt)? Die Energie von A′ hat dann natürlich den durch Gl. (4.2) gegebenen entsprechenden Wert W′. Diese Frage können wir leicht beantworten, wenn wir uns mit dem zusammengesetzten, *isolierten* System A^* befassen: Das grundlegende Postulat (3.19) fordert ja, daß in einem solchen Fall die Wahrscheinlichkeit für das Auftreten aller realisierbaren Zustände des Systems gleichgroß ist. Wir müssen also bloß folgendes feststellen: Wie viele von den Ω^*_{ges} insgesamt in A^* realisierbaren Zuständen weisen im Teilsystem A eine Energie W auf? Wir bezeichnen die Anzahl der Zustände

[1]) In dieser Untersuchung ist W die Energie von A ohne Berücksichtigung des Systems A′, und W′ die Energie von A′ ohne Berücksichtigung des Systems A. Das heißt, daß in der als einfache Summe (4.1) angeschriebenen Gesamtenergie W^* irgendeine Wechselwirkungsenergie W_i, die von A *und* A′ abhängt, unberücksichtigt bleibt. Die Arbeit, die nötig ist, um die beiden Systeme in Kontakt zu bringen, wird also nicht in Betracht gezogen. Definitionsgemäß ist eine thermische Wechselwirkung so schwach, daß W_i vernachlässigbar klein ist, d. h., $W_i \ll W$ sowie $W_i \ll W'$.

des zusammengesetzten Systems A*, bei denen die Energie von A gleich W ist, mit $\Omega^*(W)$. Die allgemeinen Argumente, die Gl. (3.20) ergaben, liefern auch die gesuchte Wahrscheinlichkeit P(W):

$$P(W) = \frac{\Omega^*(W)}{\Omega^*_{ges}} = C\Omega^*(W); \qquad (4.3)$$

$C = (\Omega^*_{ges})^{-1}$ ist hier eine von W unabhängige Konstante.

Die Anzahl $\Omega^*(W)$ kann sehr leicht durch die Anzahl der in A bzw. in A′ realisierbaren Zustände ausgedrückt werden. Besitzt A die Energie W, dann weist dieses System einen seiner $\Omega(W)$ möglichen Zustände auf. Aufgrund des Energiesatzes muß dann A′ die durch Gl. (4.2) gegebene Energie W′ besitzen. A′ befindet sich also in einem der $\Omega'(W') = \Omega'(W^* - W)$ Zustände, die unter diesen Bedingungen für A′ realisierbar sind. Da jeder mögliche Zustand von A zusammen mit einem beliebigen möglichen Zustand von A′ einen möglichen Zustand von A*, dem zusammengesetzten System, liefert, ist die Anzahl der in A* realisierbaren Zustände (wenn A die Energie W besitzt) einfach durch das Produkt

$$\Omega^*(W) = \Omega(W)\,\Omega'(W^* - W) \qquad (4.4)$$

gegeben. Wir erhalten also die Wahrscheinlichkeit (4.3) dafür, daß das System A die Energie W besitzt, durch folgende einfache Beziehung:

$$\boxed{P(W) = C\Omega(W)\,\Omega'(W^* - W).} \qquad (4.5)$$

Beispiel:

Ein einfacher Fall, bei dem nur sehr kleine Zahlen angenommen werden, und der aus diesem Grunde für wirkliche makroskopische Systeme nicht repräsentativ ist, soll hier zur Erläuterung der vorangegangenen Feststellung dienen. Wir betrachten zwei bestimmte Systeme A und A′, für die $\Omega(W)$ und $\Omega'(W')$ von der Energie der Systeme, W bzw. W′, abhängen, wie Bild 4.1 für diesen speziellen Fall zeigt. Die Energien W und W′ sind hier in einer willkürlich gewählten Einheit dargestellt, und sind in Einheitsintervalle unterteilt. Nehmen wir an, die Gesamtenergie W* beider Systeme beträgt 13 Einheiten. Der Fall W = 3 ist dann möglich, doch muß dabei W′ = 10 sein. In diesem Fall gibt es für A zwei mögliche Zustände und für A′ 40 mögliche Zustände. Für das zusammengesetzte System A* ergibt das eine Gesamtzahl von $\Omega^* = 2 \cdot 40 = 80$ verschiedenen möglichen Zuständen, die für dieses zusammengesetzte System realisierbar sind. In Tabelle 4.1 sind systematisch alle jene Situationen angeführt, die mit einer gegebenen Gesamtenergie W* vereinbar sind. Wir stellen fest, daß in einem statistischen Kollektiv von solchen Systemen derjenige Zustand des zusammengesetzten Systems A* am wahrscheinlichsten ist, bei dem W = 5 und W′ = 8 ist. Eine solche Situation ist doppelt so wahrscheinlich wie der oben erwähnte Fall W = 3 und W′ = 10.

Untersuchen wir nun die Abhängigkeit der Wahrscheinlichkeit P(W) von der Energie W. Da für beide Systeme, A und A′, die Anzahl der Freiheitsgrade sehr groß ist, wissen wir aufgrund der Feststellung (3.37), daß sowohl $\Omega(W)$ als auch $\Omega'(W')$ sehr rasch ansteigende Funktionen der betreffenden Energie W bzw. W′ sind. Sehen wir

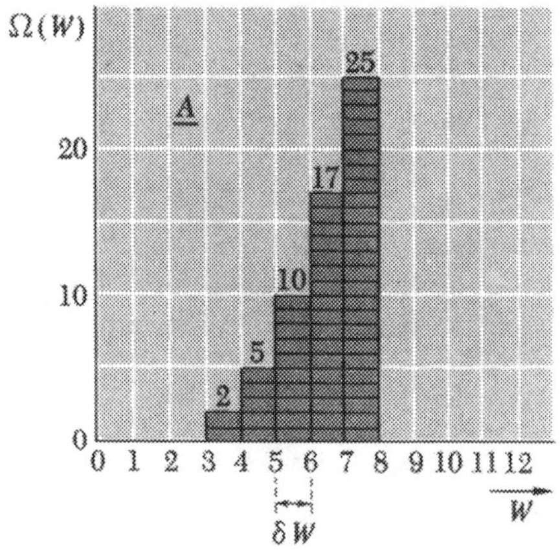

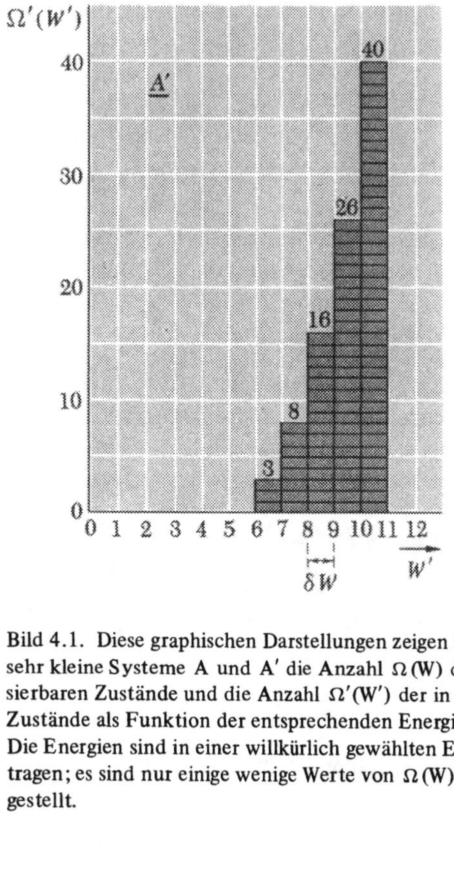

Bild 4.1. Diese graphischen Darstellungen zeigen für zwei spezielle, sehr kleine Systeme A und A′ die Anzahl $\Omega(W)$ der in A realisierbaren Zustände und die Anzahl $\Omega'(W')$ der in A′ realisierbaren Zustände als Funktion der entsprechenden Energien W und W′. Die Energien sind in einer willkürlich gewählten Einheit aufgetragen; es sind nur einige wenige Werte von $\Omega(W)$ und $\Omega'(W')$ dargestellt.

Tabelle 4.1: Tabelle der Anzahl der möglichen Zustände die mit einer gegebenen Gesamtenergie W* = 13 der in Bild 4.1 beschriebenen Systeme A und A′ vereinbar sind.

W	W′	Ω(W)	Ω′(W′)	Ω*(W)
3	10	2	40	80
4	9	5	26	130
5	8	10	16	160
6	7	17	8	136
7	6	25	3	75

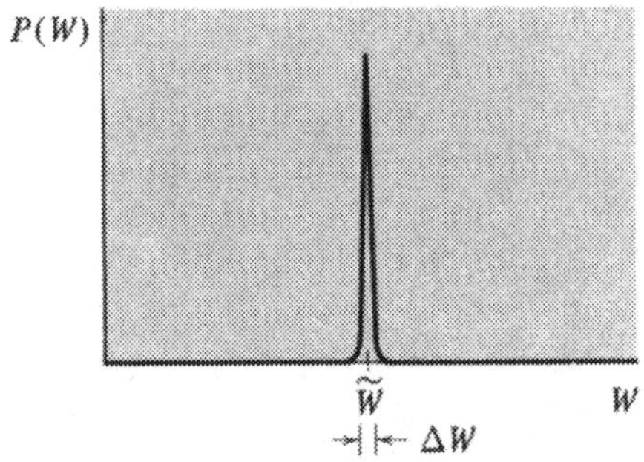

Bild 4.2. Schematische Darstellung der Abhängigkeit der Wahrscheinlichkeit P(W) von der Energie W.

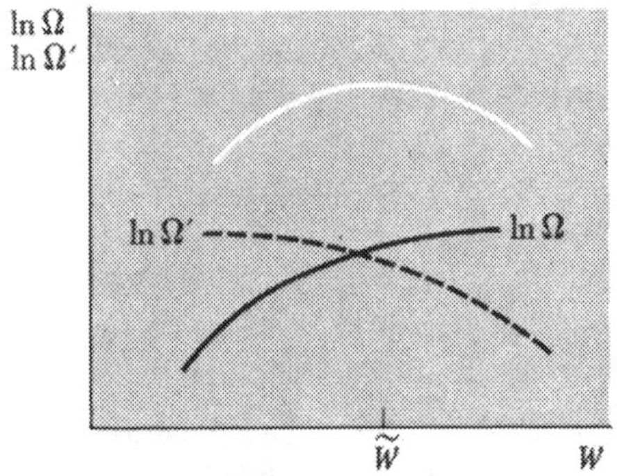

Bild 4.3. Schematische Skizze der Abhängigkeit von $\ln \Omega(W)$ und $\ln \Omega'(W') \equiv \ln \Omega'(W^* - W)$ von der Energie W. Nach Aussage (3.38) hat die Funktion zwischen der Energie und $\ln \Omega$ ungefähr die Form $\ln \Omega(W) \approx f \ln(W - W_0)$ + Konstante. Da diese Kurven konkav sind, ergibt ihre Addition (weiß eingezeichnet) ein einziges Maximum bei einem Wert $\tilde{W}$. Dieses schwach ausgeprägte Maximum des langsam variierenden Logarithmus von P(W), der durch Gl. (4.6) gegeben ist, entspricht somit einem äußerst scharf ausgeprägten Maximum von P(W) selbst.

Gl. (4.5) als Funktion der zunehmenden Energie W an, dann folgt daraus, daß der Faktor $\Omega(W)$ extrem rasch zunimmt, der Faktor $\Omega'(W^* - W)$ jedoch extrem rasch *abnimmt*. Das bedeutet, daß das Produkt dieser beiden Faktoren, also die Wahrscheinlichkeit P(W), bei einem bestimmten Wert $\tilde{W}$ der Energie W ein scharfes Maximum[1]) aufweist. Die Funktion P(W) wird also gewöhnlich die in Bild 4.2 graphisch dargestellte Form haben. Die Breite ΔW des Bereichs, in dem P(W) ein deutliches Maximum aufweist, unterliegt der Bedingung $\Delta W \lll \tilde{W}$.

Es erweist sich als einfacher, das Verhalten von ln P(W) statt von P(W) selbst zu untersuchen, da ln P(W) sich mit W sehr viel langsamer ändert als P(W). Außerdem besagt Gl. (4.5), daß dieser Logarithmus sich aus einer Summe und nicht aus einem Produkt der Zahlen Ω und Ω' ergibt:

$$\ln P(W) = \ln C + \ln \Omega(W) + \ln \Omega'(W'). \tag{4.6}$$

Hier ist $W' = W^* - W$. Der Wert $W = \tilde{W}$, bei dem das Maximum von ln P(W) liegt, ergibt sich aus der Bedingung[2])

$$\frac{\partial \ln P}{\partial W} = \frac{1}{P}\frac{\partial P}{\partial W} = 0 \tag{4.7}$$

und entspricht also auch einem Maximum von P(W) selbst. Nach den Gln. (4.6) und (4.2) ist Bedingung (4.7) auf die Form

$$\frac{\partial \ln \Omega(W)}{\partial W} + \frac{\partial \ln \Omega'(W')}{\partial W'}(-1) = 0$$

oder einfacher noch,

$$\boxed{\beta(W) = \beta'(W')} \tag{4.8}$$

zu bringen, wobei wir die Definition

$$\boxed{\beta(W) = \frac{\partial \ln \Omega}{\partial W} = \frac{1}{\Omega}\frac{\partial \Omega}{\partial W}} \tag{4.9}$$

und die entsprechende Definition für $\beta'(W')$ eingeführt haben. Die Beziehung (4.8) ist somit die Grundbedingung, aus der sich der spezielle Wert $\tilde{W}$ der Energie von A ableiten läßt (sowie der entsprechende Wert $\tilde{W}' = W^* - \tilde{W}$ der Energie von A'), der die höchste Wahrscheinlichkeit P(W) besitzt (Bild 4.3).

4.1.1. Wie scharf ist das Maximum von P(W) ausgeprägt?

Untersuchen wir das Verhalten von ln P(W) nahe seinem Maximum, dann können wir sehr leicht abschätzen, wie schnell P(W) abnimmt, wenn W sich stärker von $\tilde{W}$ unterscheidet. Anhang A.3 zeigt, daß P(W) gegenüber seinem Maximalwert vernachlässigbar klein wird, wenn W sich von $\tilde{W}$ um wesentlich mehr als ΔW unterscheidet. ΔW ist etwa von der Größenordnung

$$\Delta W \approx \frac{\tilde{W}}{\sqrt{f}}. \tag{4.10}$$

Hierin ist f die Anzahl der Freiheitsgrade des kleineren der beiden wechselwirkenden Systeme, und $\tilde{W}$ soll viel größer als die niedrigste (oder Grundzustands-) Energie von A sein. Bei einem typischen System, das aus einem Mol Atomen besteht, ist f von der Größenordnung der Avogadrosche Zahl: $f \approx 10^{24}$. Daher ist

$$\Delta W \approx 10^{-12}\, \tilde{W}. \tag{4.11}$$

Gewöhnlich wird also die Wahrscheinlichkeit P(W) ein extrem scharfes Maximum bei dem Energiewert $\tilde{W}$ besitzen und verschwindend klein werden, wenn W sich von $\tilde{W}$ nur um wenige 10^{-12} Teile unterscheidet. Die Energie von A wird sich also praktisch nie wesentlich von $\tilde{W}$ unterscheiden; das heißt, der Mittelwert $\overline{W}$ der Energie von A wird dann gleich $\tilde{W}$ sein: $\overline{W} = \tilde{W}$. Dies ist also wiederum ein Beispiel dafür, daß die relative Größe der Schwankungen einer Größe um einen Mittelwert äußerst gering wird, wenn man ein aus sehr vielen Teilchen bestehendes System betrachtet.

1) Es ist zu beachten, daß sich P(W) hier analog wie in dem obigen einfachen Beispiel verhält, mit der einen Ausnahme, daß das Maximum von P(W) im Falle makroskopischer Systeme, wobei ja $\Omega(W)$ und $\Omega'(W')$ *sehr rasch* variierende Funktionen sind, *unvorstellbar* viel schärfer ausgeprägt ist.

2) Diese Bedingung ist als partielle Ableitung geschrieben, um zu betonen, daß alle äußeren Parameter für die gesamte Untersuchung als konstant angenommen wurden.

4.1.2. Einge gebräuchliche Definitionen

Im Laufe der Diskussion haben wir festgestellt, daß die Größen $\ln \Omega$ und β des Systems A (und die entsprechenden Größen des Systems A') bei der Untersuchung thermischer Wechselwirkung äußerst wichtig sind. Es wird daher vorteilhaft sein, wenn wir für diese Größen gebräuchliche Symbole und Bezeichnungen einführen.

Der Parameter β hat, wie aus seiner Definition (4.9) zu sehen ist, die Dimension einer reziproken Energie. Oft wird es günstig sein, β^{-1} als Vielfaches einer positiven Konstante k auszudrücken, die dann die Dimension einer Energie hat. (Diese Konstante k ist die sogenannte *Boltzmannkonstante,* deren Größe ein für alle Mal bestimmt werden kann.) Der Parameter β^{-1} kann also in der Form

$$\boxed{\frac{1}{\beta} = kT} \tag{4.12}$$

geschrieben werden, wobei die durch diese Beziehung definierte Größe T ein Maß für die Energie in Einheiten von k darstellt. Dieser neue Parameter T ist die *absolute Temperatur* des betrachteten Systems, seine Größe wird üblicherweise in *Kelvin* (K) ausgedrückt.[1] Die physikalische Begründung für die Bezeichnung „Temperatur" wird in Abschnitt 4.3 näher besprochen.

Nach Gl. (4.9) kann die Definition von T durch $\ln \Omega$ nun auch in der Form

$$\frac{1}{T} = \frac{\partial S}{\partial W} \tag{4.13}$$

geschrieben werden, wobei wir eine neue Größe, S, einführen, die durch

$$\boxed{S = k \ln \Omega} \tag{4.14}$$

definiert ist. Diese Größe S ist die *Entropie* des betrachteten Systems. Die Entropie hat die Dimension einer Energie, da sie durch k definiert ist ($\ln \Omega$ ist dimensionslos). Nach ihrer Definition (4.14) ist die Entropie eines Systems einfach ein logarithmisches Maß für die Anzahl der in diesem System realisierbaren Zustände. In Übereinstimmung mit den Bemerkungen am Schluß von Abschnitt 3.6 bietet die Entropie also auch ein quantitatives Maß für den *Grad der Unordnung* („Zufälligkeit") eines Systems.[2]

[1] Eine absolute Temperatur von 5 K zum Beispiel entspricht der geringen Energie von 5 k.

[2] Es muß beachtet werden, daß die durch Gl. (4.14) definierte Entropie einen bestimmten Wert besitzt, der nach Aussage (3.40) im wesentlichen von der Größe des Energieintervalls δW in unserer Untersuchung unabhängig ist. Da außerdem δW ein gewähltes Intervall ist, dessen Größe von W unabhängig ist, wird die Ableitung (4.9), die T bzw. β definiert, natürlich ebenfalls unabhängig von δW sein.

Für die obigen Definitionen gilt nach Gl. (4.3) die Bedingung, daß die Wahrscheinlichkeit P(W) maximal sein muß, was gleichbedeutend mit der Feststellung ist, daß die Entropie $S^* = k \ln \Omega^*$ des Gesamtsystems bei der Energie W des Teilsystems A maximal ist. Nach Gl. (4.6) ist die Bedingung maximaler Wahrscheinlichkeit der Feststellung

$$S^* = S + S' = \text{maximal} \tag{4.15}$$

äquivalent. Diese Bedingung ist erfüllt, wenn Gl. (4.8) gilt, d. h., wenn

$$T = T'. \tag{4.16}$$

Diese Betrachtungen zeigen klar, daß die Energie W des Systems A immer einen Wert annehmen wird, für den die Entropie des isolierten Gesamtsystems A* den größtmöglichen Wert hat. Dann ist das System A* über die größtmögliche Anzahl von Zuständen verteilt, d. h., es befindet sich in dem in höchstem Grade ungeordneten (zufälligen) Makrozustand.

4.2. Die Annäherung an das thermische Gleichgewicht

Wir haben festgestellt, daß die Wahrscheinlichkeit P(W) bei der Energie $W = \widetilde{W}$ ein äußerst scharfes Maximum aufweist. Befinden sich A und A' in thermischem Kontakt, dann wird im Gleichgewichtszustand das System A fast immer eine Energie W besitzen, die fast genau gleich $\widetilde{W}$ ist, während das System A' eine Energie W' besitzen wird, die fast genau gleich $\widetilde{W}' = W^* - \widetilde{W}$ ist. Die mittleren Energien der Systeme sind dann mit sehr guter Näherung ebenfalls gleich diesen Energien:

$$\overline{E} = \widetilde{E} \quad \text{und} \quad \overline{E}' = \widetilde{E}'. \tag{4.17}$$

Untersuchen wir nun den Fall, in dem die beiden Systeme anfangs getrennt und für sich im Gleichgewicht sind. Die mittlere Energie der beiden Systeme ist $\overline{W}_i$, bzw. $\overline{W}_i'$. Dann werden A und A' in thermischen Kontakt gebracht, so daß sie untereinander Energie austauschen können. Die Situation unmittelbar danach ist sehr unwahrscheinlich, außer in dem Sonderfall, daß die Einzelenergien der beiden Systeme anfangs nahezu die Werte $\widetilde{W}$ bzw. $\widetilde{W}'$ hatten. In Übereinstimmung mit dem Postulat (3.18), werden die beiden Systeme Energie austauschen, bis sie endlich den Gleichgewichtszustand, den wir im vorigen Abschnitt besprochen haben, erreichen. In diesem Endzustand werden die mittleren Energien $\overline{W}_f$ und $\overline{W}_f'$ der beiden Systeme nach Gl. (4.17) gleich

$$\overline{W}_f = \widetilde{W} \qquad \text{und} \qquad \overline{W}_f' = \widetilde{W}' \tag{4.18}$$

sein, womit dann die Wahrscheinlichkeit P(W) ihren maximalen Wert erreicht hat. Die β-Parameter der Systeme sind daher gleich:

$$\beta_f = \beta_f', \tag{4.19}$$

wobei

$$\beta_f = \beta(\overline{W}_f) \qquad \text{und} \qquad \beta'_f = \beta(\overline{W}'_f)$$

gilt.

Die Annahme, daß die Systeme solange Energie austauschen, bis sie einen Zustand größter Wahrscheinlichkeit P(W) erreichen, ist nach Gl. (4.6) und aufgrund der Definition (4.14) der Feststellung gleichwertig, daß sie solange Energie austauschen, bis ihre Gesamtentropie ihren maximalen Wert erreicht hat. Die Wahrscheinlichkeit des Endzustands (bzw. die Entropie) kann daher niemals geringer sein als die des Anfangszustands:

$$S(\overline{W}_f) + S'(\overline{W}'_f) \geqslant S(\overline{W}_i) + S'(\overline{W}'_i)$$

oder

$$\boxed{\Delta S + \Delta S' \geqslant 0,} \tag{4.20}$$

wobei

$$\Delta S = S(\overline{W}_f) - S'(\overline{W}_i)$$

und

$$\Delta S' = S'(\overline{W}'_f) - S'(\overline{W}'_i)$$

die Entropieänderung von A bzw. A′ sind.

Beim Prozeß des Energieaustausches bleibt natürlich die Gesamtenergie der Systeme konstant. Nach den Gln. (3.49) und (3.50) folgt daher:

$$\boxed{Q + Q' = 0} \tag{4.21}$$

wobei mit Q und Q′ die von A bzw. A′ absorbierten Wärmemengen bezeichnet sind. In den Beziehungen (4.20) und (4.21) sind sämtliche Bedingungen enthalten, die bei einem thermischen Wechselwirkungsprozeß erfüllt sein müssen.

Unsere Untersuchung zeigte zwei verschiedene Möglichkeiten:

1. Die Anfangsenergien der beiden Systeme weisen solche Werte auf, daß $\beta_i = \beta'_i$, wobei $\beta_i = \beta(\overline{W}_i)$ und $\beta'_i = \beta(\overline{W}'_i)$. In diesem Falle befinden sich die Systeme bereits in dem Zustand höchstmöglicher Wahrscheinlichkeit, d. h., ihre Gesamtentropie hat bereits den größtmöglichen Wert erreicht. Die Systeme verbleiben daher weiter im Gleichgewichtszustand, es findet kein Nettowärmeaustausch zwischen ihnen statt.
2. Im allgemeinen werden die Anfangsenergien der beiden Systeme jedoch Werte aufweisen, für die $\beta_i \neq \beta'_i$. Dann befinden sich die Systeme in einem nicht sehr wahrscheinlichen Zustand, ihre Gesamtentropie hat nicht den maximalen Wert. Daher wird sich der Zustand der Systeme mit der Zeit ändern, wobei Energie in Form von Wärme zwischen ihnen ausgetauscht wird, bis schließlich der Gleichgewichtszustand erreicht ist, in dem die Gesamtentropie den Maximalwert aufweist und $\beta_f = \beta'_f$.

4.3. Temperatur

Im letzten Abschnitt haben wir festgestellt, daß der Parameter β (wie auch der Parameter $T = (k\beta)^{-1}$) die folgenden zwei Eigenschaften besitzt:

1. Sind zwei Systeme, die sich jedes für sich im Gleichgewicht befinden, durch den gleichen Wert dieses Parameters charakterisiert, dann bleibt der Gleichgewichtszustand erhalten, und es wird keine Wärme übertragen, wenn die Systeme in thermischen Kontakt miteinander gebracht werden.
2. Sind die beiden Systeme durch *verschiedene* Werte des Parameters charakterisiert, dann bleibt ihr Gleichgewichtszustand nicht erhalten, und es *wird* Wärme zwischen ihnen übertragen, sobald sie in thermischen Kontakt miteinander gebracht werden.

Aus diesen Feststellungen ergeben sich verschiedene wichtige Folgerungen. Im besonderen können wir damit die in Abschnitt 1.5 untersuchten qualitativen Begriffe auch in quantitativer Hinsicht präzis formulieren.

Drei Systeme A, B und C sollen sich jedes für sich im Gleichgewicht befinden. Angenommen, es wird keine Wärme übertragen, wenn C mit A in thermischen Kontakt gebracht wird, und es wird auch keine Wärme übertragen, wenn C in thermischen Kontakt mit B gebracht wird. Dann wissen wir, daß $\beta_C = \beta_A$ und $\beta_C = \beta_B$ ($\beta_A, \beta_B, \beta_C$ sind die β-Parameter von A, B und C). Diesen beiden Gleichungen ist jedoch auch zu entnehmen, daß $\beta_A = \beta_B$, daß also auch keine Wärme übertragen wird, wenn die beiden Systeme A und B miteinander in thermischen Kontakt gebracht werden. Daraus ergibt sich die allgemeine Schlußfolgerung:

Befinden sich zwei Systeme mit einem dritten in thermischem Gleichgewicht, dann sind diese beiden Systeme auch miteinander in thermischem Gleichgewicht.	(4.22)

Die Feststellung (4.22) ist der Satz über das *thermische Gleichgewicht,* auch *nullter Hauptsatz der Thermodynamik* genannt. Seine Gültigkeit macht erst die Anwendung von Prüfsystemen, also Meßinstrumenten, z. B. Thermometern, möglich, mit denen durch Messung bestimmt werden kann, ob zwischen zwei Systemen ein Austausch von Wärme stattfinden wird oder nicht, sobald sie in thermischen Kontakt miteinander gebracht werden. *Jedes* makroskopische System M kann als Thermometer dienen, vorausgesetzt es genügt den folgenden beiden Bedingungen:

a) Von den vielen makroskopischen Parametern, die das Prüfsystem M charakterisieren, muß einer (bezeichnen wir ihn mit ϑ) sich um einen wesentlichen Betrag ändern, wenn M durch thermische Wechselwirkung Energie abgibt oder aufnimmt. Der unter dieser Voraussetzung ausgewählte Parameter wird als *thermometrischer Parameter* von M bezeichnet.

b) Das System M muß gewöhnlich viel kleiner sein (d. h., sehr viel weniger Freiheitsgrade besitzen) als die Systeme, die damit geprüft werden sollen. Dadurch soll jegliche Energieübertragung auf diese Systeme möglichst gering gehalten werden, damit die Systeme nicht durch den Prüfvorgang gestört werden.

Beispiele für Thermometer:

Sehr viele unterschiedliche Systeme können als Thermometer dienen. Wir wollen nur einige der am häufigsten verwendeten erwähnen:

1. Eine Flüssigkeit, Quecksilber oder Alkohol, ist in einer Glaskapillare eingeschlossen. Diese oft verwendete Art von Thermometer wurde bereits in Abschnitt 1.5 beschrieben. Der thermometrische Parameter ϑ ist in diesem Fall die Höhe der Flüssigkeitssäule in der Kapillare.
2. In einer Hohlkugel ist Gas eingeschlossen, dessen Volumen konstant gehalten wird. Dies ist ein *Gasthermometer mit konstantem Volumen.* Sein thermometrischer Parameter ϑ ist der von dem Gas ausgeübte Druck (Bild 4.4a)

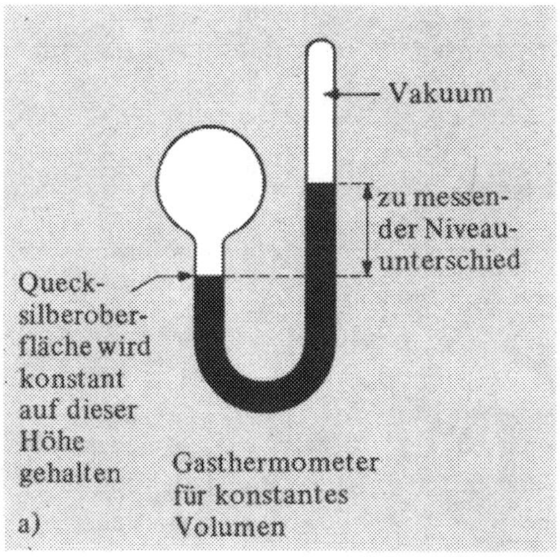

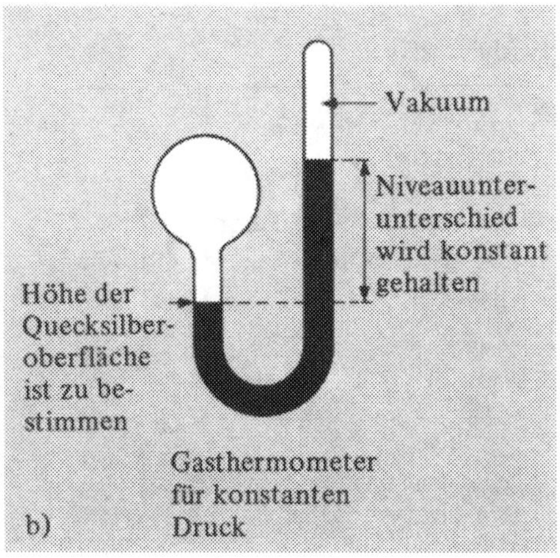

Bild 4.4. Gasthermometer für konstantes Volumen bzw. konstanten Druck

3. In einer Hohlkugel ist Gas eingeschlossen, dessen Druck konstant gehalten wird. Dies ist ein *Gasthermometer mit konstantem Druck.* Sein thermometrischer Parameter ϑ ist das Volumen, den das Gas einnimmt (Bild 4.4b).
4. Ein elektrischer Leiter (z. B. eine Platindrahtspule) wird unter konstantem Druck gehalten und von einem schwachen Strom durchflossen. Ein solches Thermometer nennt man *Widerstandsthermometer.* Der thermometrische Parameter ϑ ist hier der elektrische Widerstand des Leiters.
5. Ein paramagnetischer Stoff wird unter konstantem Druck gehalten. Der thermometrische Parameter ϑ ist hier die magnetische Suszeptibilität des Stoffes (d. h., das Verhältnis von mittlerem magnetischen Moment des Stoffes zum einwirkenden Magnetfeld). Diese Größe kann bestimmt werden, indem man zum Beipsiel die Selbstinduktion einer Spule mißt, deren Kern der betreffende Stoff ist.

Ein Thermometer M wird folgendermaßen angewendet: Es wird nacheinander mit den zu prüfenden Systemen, etwa A und B, in thermischen Kontakt gebracht, wobei jedesmal die Einstellung des Gleichgewichtszustands abzuwarten ist.

1. Angenommen, der thermometrische Parameter ϑ von M (z. B. die Länge der Flüssigkeitssäule in einem Quecksilber-Glas-Thermometer) nimmt in beiden Fällen den gleichen Wert an. Das bedeutet, daß M, wenn es einmal mit A im Gleichgewicht ist, weiterhin im Gleichgewicht bleibt, sobald es in thermischen Kontakt mit B gebracht wird. Aus dem Satz über thermisches Gleichgewicht ergibt sich die Folgerung, daß auch A und B im Gleichgewicht verbleiben werden, wenn sie miteinander in thermischen Kontakt gebracht werden.
2. Angenommen, der thermometrische Parameter ϑ von M nimmt in beiden Fällen *nicht* den gleichen Wert an. A und B bleiben daher *nicht* im Gleichgewicht, wenn sie miteinander in thermischen Kontakt gebracht werden. Um unseere Argumentation noch einleuchtender zu gestalten, wollen wir einmal annehmen, daß A und B – entgegen den obigen Folgerungen – *doch* im Gleichgewicht bleiben. – Nachdem sich zwischen M und A thermisches Gleichgewicht eingestellt hat, müßte M dann nach dem Satz über das thermische Gleichgewicht weiter im Gleichgewicht bleiben, wenn es in thermischen Kontakt mit B gebracht wird. Dann kann sich aber entgegen der Hypothese der Parameter ϑ nicht ändern, wenn M in thermischen Kontakt mit B gebracht wird.[1]

[1]) Alle vorherigen Messungen hätten mit irgend einem anderen Thermometer M′ ausgeführt werden können, dessen thermometrischer Parameter ϑ' sei. Gewöhnlich besteht eine eins-zu-eins-Beziehung zwischen einem Wert von ϑ und dem entsprechenden von ϑ'. Nur in Ausnahmefällen wird ein bestimmtes Thermometer so beschaffen sein, daß einem gegebenen Wert von ϑ ein mehrfacher Wert von ϑ' für fast jedes andere Thermometer M′ entspricht. Thermometer mit dieser sonderbaren Eigenschaft, die im interessierenden Versuchsbereich mehrwertig sind, sind kaum brauchbar. Wir werden auch nicht näher auf sie eingehen, zumindest nicht im Text (siehe Übung 1).

Betrachten wir ein *beliebiges* Thermometer M, dessen thermometrischer Parameter ein *beliebiger* seiner Parameter sein kann. Der Wert, den ϑ annimmt, wenn sich zwischen dem Thermometer M und einem anderen System A thermisches Gleichgewicht eingestellt hat, ist per definitionem die *Temperatur von A bezogen auf den betreffenden thermometrischen Parameter ϑ des betreffenden Thermometers M.* Nach dieser Definition kann die Temperatur eine Länge, ein Druck oder irgend eine ander Größe sein. Es sei darauf hingewiesen, daß zwei verschiedene Thermometer, auch wenn sie gleiche Parameter haben, gewöhnlich nicht den gleichen Temperaturwert für ein und denselben Körper anzeigen.[1]) Außerdem wird, wenn die Temperatur eines Körpers C zwischen den Temperaturen der Körper A und B liegt – nach Messungen mit ein und demselben Thermometer – dies nicht unbedingt für die mit einem anderen Thermometer erhaltenen Meßwerte gelten. Unsere Untersuchung hat jedoch gezeigt, daß der in diesem Zusammenhang definierte Temperaturbegriff die folgende nützliche Eigenschaft aufweist:

> Zwei Systeme bleiben, nachdem sie in thermischen Kontakt miteinander gebracht wurden, nur dann weiter im Gleichgewicht, wenn sie bezüglich ein und desselben Thermometers die gleiche Temperatur haben. (4.23)

Der in diesem Sinn definierte Temperaturbegriff ist wichtig und durchaus nützlich; die Information, die wir durch ihn gewinnen, ist jedoch ziemlich willkürlich, da die einem System zugeordnete Temperatur im wesentlichen von den Eigenschaften des Systems M abhängt, das als Thermometer verwendet wird. Wir können jedoch die Eigenschaften des Parameters β zur Definition einer viel aussagekräftigeren Temperatur heranziehen. Der Parameter β eines Thermometers M sei als Funktion des thermometrischen Parameters ϑ bekannt. Wird dieses Thermometer in thermischen Kontakt mit einem System A gebracht, dann muß im Gleichgewicht $\beta = \beta_A$ sein. Aufgrund von Gl. (4.9) wird demnach durch das Thermometer eine fundamentale Eigenschaft des Systems A bestimmt, nämlich der Bruchteil der Zunahme der Anzahl seiner Zustände mit der Energie. Für ein beliebiges anderes Thermometer M' sei wiederum der Parameter β' eine Funktion des thermometrischen Parameters ϑ' dieses Systems. Wird dieses Thermometer dann in thermischen Kontakt mit dem System A gebracht, dann muß im Gleichgewicht $\beta' = \beta_A$ sein. Daher ist $\beta' = \beta$. Wir fassen zusammen:

> Wird der Parameter β als thermometrischer Parameter eines Thermometers verwendet, dann ergibt *jedes* derartige Thermometer den *gleichen* Temperaturwert, wenn die Temperatur eines bestimmten Systems gemessen wird. Außerdem liefert diese Temperatur ein Maß für eine fundamentale Eigenschaft der Anzahl der Zustände des zu prüfenden Systems. (4.24)

Der Parameter β ist also ein in höchstem Grade nützlicher und grundlegender Temperaturparameter. Aus diesem Grunde wird der durch β definierte entsprechende Temperaturparameter $T = (k\beta)^{-1}$ *absolute Temperatur* genannt. Die zwei folgenden interessanten Punkte werden wir jedoch erst im nächsten Kapitel behandeln: 1. praktische Methoden zur Bestimmung der numerischen Werte von β oder T (durch geeignete Meßmethoden), und 2. der nach einem internationalen Übereinkommen festgesetzte numerische Wert von k.

Eigenschaften der absoluten Temperatur

Die absolute Temperatur ist gemäß ihrer Definition (4.9) durch

$$\frac{1}{kT} = \beta = \frac{\partial \ln \Omega}{\partial W} \qquad (4.25)$$

gegeben. Beziehung (3.37) zeigte, daß $\Omega(W)$ für jedes normale System eine extrem rasch zunehmende Funktion von dessen Energie W ist. Gl. (4.25) besagt daher, daß für jedes normale System

$$\beta > 0 \qquad \text{oder} \qquad T > 0. \qquad (4.26)$$

Mit anderen Worten heißt das:

> Die absolute Temperatur ist für alle normalen Systeme positiv.[1]) (4.27)

Die Größenordnung der absoluten Temperatur eines Systems ist leicht abzuschätzen. Eine Näherung für die Funktion $\Omega(W)$ wird gewöhnlich die in Gl. (3.38) gegebene Form haben (Bild 4.5):

$$\Omega(W) \propto (W - W_0)^f. \qquad (4.28)$$

---

[1]) Zwei Thermometer können zum Beispiel beide aus einer flüssigkeitsgefüllten Glaskapillare bestehen, so daß also in beiden Fällen die Länge der Flüssigkeitssäule der thermometrische Parameter ist. Die Flüssigkeit des einen Thermometers kann jedoch Quecksilber, die des anderen Alkohol sein.

[1]) Wie bereits in Zusammenhang mit der Aussage (3.38) betont wurde, will man durch die Einschränkung *für jedes normale System* speziell den Sonderfall ausschließen, für den die kinetische Energie der Teilchen eines Systems nicht berücksichtigt wird, und dem Spins eine genügend große kinetische Energie besitzen.

Hier ist f die Anzahl der Freiheitsgrade des Systems und W seine Energie, wenn W_0 die Grundzustandsenergie des Systems ist. Es ist daher

$$\ln \Omega \approx f \ln(W - W_0) + \text{const.},$$

d. h.,

$$\beta = \frac{\partial \ln \Omega}{\partial W} \approx \frac{f}{W - W_0}. \tag{4.29}$$

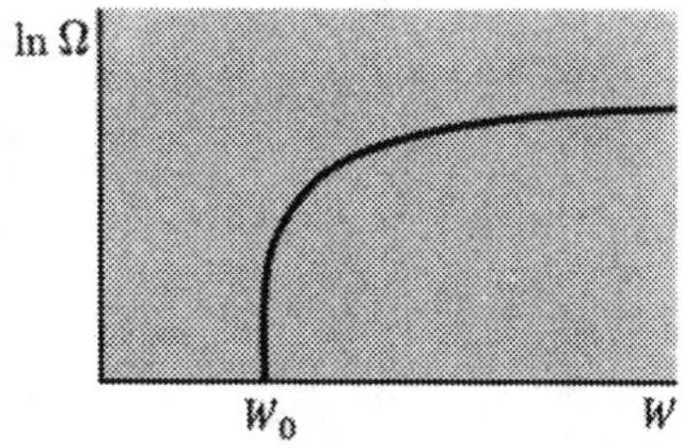

Bild 4.5. Schematische Darstellung von ln Ω als Funktion der Energie W. Die Steigung der Kurve gibt den Parameter der absoluten Temperatur β an.

Die Größe von T kann abgeschätzt werden, indem man hier $W = \overline{W}$, der mittleren Energie des Systems, setzt. Daraus folgt für jedes normale System

$$kT = \frac{1}{\beta} \approx \frac{\overline{W} - W_0}{f} \tag{4.30}$$

bzw. in Worten:

Für jedes normale System, das die absolute Temperatur T hat, ist die Größe kT ungefähr gleich der mittleren Energie (bezogen auf den Grundzustand) pro Freiheitsgrad des Systems.	(4.31)

Aus den Bedingungen (4.8) für das Gleichgewicht zwischen zwei in thermischem Kontakt befindlichen Systemen folgt dann, daß ihre beiden absoluten Temperaturen gleich sein müssen. Aufgrund von Satz (4.31) ist diese Bedingung annähernd gleichbedeutend mit der Feststellung, daß die Gesamtenergie der wechselwirkenden Systeme so auf die einzelnen Systeme aufgeteilt ist, daß die mittlere Energie pro Freiheitsgrad für beide Systeme gleich groß ist. In der qualitativen Untersuchung des Abschnitts 1.5 bedienten wir uns im wesentlichen dieser letzten Feststellung.

Wie ändert sich nun der Parameter β oder auch T mit der Energie eines Systems? Die Größe β gibt die Steigung der Kurve ln Ω in Abhängigkeit von W an. In der Legende zu Bild 4.3 wurde bereits festgestellt, daß diese Kurve konkav sein muß, damit die physikalische Bedingung erfüllt wird, daß ein Zustand einmaliger maximaler Wahrscheinlichkeit entsteht, wenn zwei Systeme miteinander in thermischen Kontakt gebracht werden. Daraus folgt, daß die Steigung der Kurve abnimmt, wenn W zunimmt; also gilt für *jedes* System

$$\frac{\partial \beta}{\partial W} < 0. \tag{4.32}$$

Für ein normales System kann dieses Ergebnis auch aus der Näherungsformel (4.28) abgeleitet werden. Differenzieren wir nämlich Gl. (4.29), dann erhalten wir das explizite Ergebnis

$$\frac{\partial \beta}{\partial W} \approx -\frac{f}{(W - W_0)^2} < 0. \tag{4.33}$$

Wir haben eben festgestellt, daß β abnimmt, wenn W zunimmt, außerdem nimmt die absolute Temperatur T zu, wenn β abnimmt (das ergibt sich aus ihrer Definition $T = (k\beta)^{-1}$). Aus der Beziehung (4.32) folgt daher:

Die absolute Temperatur jedes Systems ist eine zunehmende Funktion seiner Energie.	(4.34)

Mathematisch ausgedrückt lautet dieses Ergebnis

$$\frac{\partial T}{\partial W} = \frac{\partial}{\partial W}\left(\frac{1}{k\beta}\right) = -\frac{1}{k\beta^2}\frac{\partial \beta}{\partial W}$$

und damit ergibt sich aus der Beziehung (4.32)

$$\frac{\partial T}{\partial W} > 0. \tag{4.35}$$

Aufgrund dieser letzten Beziehung können wir einen Zusammenhang zwischen absoluter Temperatur und der Richtung des Wärmeflusses aufstellen. Zwei Systeme A und A′ sollen sich anfangs bei verschiedenen absoluten Temperaturen T_i und T_i' jedes für sich im Gleichgewicht befinden. Sie werden dann miteinander in thermischen Kontakt gebracht. Ein System absorbiert Wärme, das andere gibt Wärme ab, bis sie schließlich bei der gleichen absoluten Temperaur T_f das gemeinsame Gleichgewicht erreicht haben. Angenommen, das System A ist dasjenige, das Wärme absorbiert und somit Energie gewinnt; aus der Aussage (4.34) folgt dann, daß $T_f > T_i$. Das System A′ muß dann entsprechend Wärme abgeben, also Energie verlieren, somit $T_f < T_i'$. Für die Anfangs- und Endtemperaturen gilt daher

$$T_i < T_f < T_i'.$$

Das heißt nichts anderes, als daß das System A, das Wärme absorbiert, anfangs eine niedrigere absolute Temperatur T_i

besaß als das System A′ mit einer absoluten Temperatur T_i'. Wir fassen zusammen:

Wenn zwei normale Systeme miteinander in thermischen Kontakt gebracht werden, dann gibt das System mit der höheren absoluten Temperatur Wärme ab, die von dem System mit niedrigerer absoluter Temperatur absorbiert wird.[1]	(4.36)

Da wir das *wärmere* System als jenes definierten, das Wärme abgibt, und als das *kältere* System jenes, das Wärme aufnimmt, besagt der Satz (4.36) nichts anderes als daß *ein wärmeres System eine höhere absolute Temperatur besitzt als ein kälteres.*

4.4. Transport geringer Wärmemengen

Mit den letzten Abschnitten haben wir die allgemeinen Betrachtungen über die thermische Wechselwirkung zwischen makroskopischen Systemen abgeschlossen. Wir werden uns nun einigen besonders wichtigen Sonderfällen zuwenden.

Angenommen, ein System A wird in thermischen Kontakt mit einem anderen System gebracht, worauf es eine so geringe Wärmemenge Q absorbiert, daß

$$|Q| \ll \overline{W} - W_0, \tag{4.37}$$

d. h., die daraus resultierende Änderung der mittleren Energie, $\Delta\overline{W} = Q$, des Systems A ist klein verglichen mit seiner mittleren Energie $\overline{W}$ (bezogen auf den Grundzustand). Die absolute Temperatur des Systems A ändert sich dann um einen vernachlässigbar kleinen Betrag. Aus den Gln. (4.29) und (4.33) ergeben sich, wenn wir $W = \overline{W}$ setzen, die Näherungswerte

$$\Delta\beta = \frac{\partial\beta}{\partial W} Q \approx -\frac{f}{(\overline{W} - W_0)^2} Q \approx -\frac{\beta}{\overline{W} - W_0} Q.$$

Ungleichung (4.37) besagt daher, daß

$$|\Delta\beta| = \left| \frac{\partial\beta}{\partial W} Q \right| \ll \beta. \tag{4.38}$$

Da

$$T = (k\beta)^{-1} \quad \text{bzw.} \quad \ln T = -\ln\beta - \ln k,$$

folgt daraus

$$\frac{\Delta T}{T} = -\frac{\Delta\beta}{\beta},$$

so daß Beziehung (4.38) auch in der äquivalenten Form

$$|\Delta T| \ll T \tag{4.39}$$

geschrieben werden kann. Wir werden eine von einem System absorbierte Wärmemenge als *gering* bezeichnen, wenn Beziehung (4.38) gilt, d. h., wenn Q so klein ist, daß sich die absolute Temperatur des Systems im großen und ganzen nicht ändert.

Das System A möge nun eine solche geringe Wärmemenge Q absorbiert haben, dann wird seine Anfangs- und Endenergie mit großer Wahrscheinlichkeit dem betreffenden Mittelwert $\overline{W}$, bzw. $\overline{W} + Q$, entsprechen. Während dieses Wärmeaufnahmeprozesses hat sich auch die Anzahl $\Omega(W)$ der Zustände, die für A realisierbar sind, geändert. Bei Entwicklung in einer Taylorreihe ergibt sich

$$\ln\Omega(\overline{W} + Q) - \ln\Omega(\overline{W})$$
$$= \left(\frac{\partial \ln\Omega}{\partial W}\right) Q + \frac{1}{2}\left(\frac{\partial^2 \ln\Omega}{\partial W^2}\right) Q^2 + \ldots$$
$$= \beta Q + \frac{1}{2}\frac{\partial\beta}{\partial W} Q^2 + \ldots.$$

Da aber die absorbierte Wärmemenge Q klein sein soll, ändert sich die absolute Temperatur des Systems A so gut wie gar nicht. Ein Term, der $\partial\beta/\partial W$ enthält, kann vernachlässigt werden, wie aus Gl. (4.38) zu ersehen ist. Die Änderung der Größe $\ln\Omega$ ist daher einfach gleich

$$\Delta(\ln\Omega) = \frac{\partial \ln\Omega}{\partial W} Q = \beta Q. \tag{4.40}$$

Während die Wärmemenge Q absorbiert wird, ändert sich somit die Entropie $S = k\ln\Omega$ eines Systems der absoluten Temperatur $T = (k\beta)^{-1}$ um den Betrag ΔS, der durch

$$\boxed{\Delta S = \frac{Q}{T} \quad \text{(wenn Q klein ist)}} \tag{4.41}$$

gegeben ist.

Es sollte darauf hingewiesen werden, daß die Beziehung (4.41) auch gültig bleibt, wenn die Wärmemenge Q in absoluter Hinsicht groß ist, solange sie nur entsprechend den Ungleichungen (4.37) oder (4.39) relativ klein ist. Wenn die absorbierte Wärmemenge tatsächlich infinitesimal klein ist, dann können wir sie mit $đQ$ bezeichnen; die entsprechende infinitesimale Änderung der Entropie ist dann durch

$$\boxed{dS = \frac{đQ}{T}} \tag{4.42}$$

gegeben. $đQ$ ist, das muß beachtet werden, lediglich eine infinitesimale Größe. Die Größe dS ist jedoch ein echtes Differential, d. h. die infinitesimale *Differenz* der Entropien von A im Anfangs- und Endmakrozustand.

Im relativen Sinn – nach den Beziehungen (4.37) oder (4.39) – wird die von einem System A absorbierte Wärme-

[1]) Für den Sonderfall eines Spin-Systems müßte diese Feststellung entsprechend eingeschränkt werden, da $T \to \pm\infty$ wenn $\beta \to 0$ (siehe Übung 30).

menge Q immer dann sehr klein sein, wenn A in thermischem Kontakt mit einem anderen System B gebracht wird, das entsprechend viel kleiner als A ist. Die höchste Wärmemenge Q, die A in diesem Falle von B absorbieren kann, ist dann nämlich von der Größenordnung der Gesamtenergie von B (bezogen auf dessen Grundzustand) und ist daher sehr viel kleiner als die entsprechende Energie $\bar{W} - W_0$ von A. Ein System A wird mit Bezug auf eine Reihe anderer Systeme als *Wärmereservoir* bezeichnet, wenn es so groß ist, daß sich seine Temperatur durch thermische Wechselwirkung mit diesen anderen Systemen so gut wie gar nicht ändert. Gl. (4.41) ist also als Beziehung zwischen der Entropieänderung ΔS und der von einem Wärmereservoir absorbierten Wärmemenge Q in jedem Fall gültig.

4.5. Ein System in Kontakt mit einem Wärmereservoir

Die meisten Systeme, mit denen wir es in der Praxis zu tun haben, sind nicht isoliert: Sie können mit ihrer Umgebung Wärme austauschen. Da ein solches System verglichen mit seiner Umgebung gewöhnlich klein sein wird, können wir sagen, daß sich ein relativ kleines System in thermischem Kontakt mit einem Wärmereservoir (das aus Systemen der Umgebung besteht) befindet. (Irgend ein Gegenstand in einem Zimmer zum Beispiel, ein Tisch etwa, befindet sich in thermischem Kontakt mit dem Wärmereservoir, das sich aus dem Zimmer mit seinen Wänden und dem Fußboden, anderen Möbelstücken, und der darin enthaltenen Luft zusammensetzt.) In diesem Abschnitt werden wir uns also mit einem relativ kleinen System A befassen, das sich in Kontakt mit einem Wärmereservoir A′ befindet, und die folgende Frage über das kleine System A eingehend untersuchen: Wie groß ist unter Gleichgewichtsbedingungen die Wahrscheinlichkeit P_r dafür, daß das System A irgend *einen* bestimmten Zustand r der Energie W_r aufweist?

Dies ist eine in allgemeiner Hinsicht sehr interessante und wichtige Frage. Bedenken Sie, daß im vorliegenden Zusammenhang das System A durch irgend ein System dargestellt sein kann, das viel weniger Freiheitsgrade besitzt als das Wärmereservoir A′. Also kann auch A ein relativ kleines *makroskopisches* System sein. (Beispielsweise kann A ein Stück Kupfer sein, das in das Wasser eines Sees eingetaucht ist – der See ist hier das Wärmereservoir.) A könnte aber auch ein eindeutig unterscheidbares *mikroskopisches* System sein – d.h. es muß klar identifizierbar sein.[1]) (Es könnte zum Beispiel ein Atom eines festen Körpers sein, das sich an einem bestimmten Raumgitterpunkt befindet – hier ist der gesamte feste Körper das Wärmereservoir.)

Um die Anzahl der Zustände des Wärmereservoirs A′ leichter bestimmen zu können, wollen wir uns den Energiebereich wiederum in kleine Intervalle δW unterteilt denken. $\Omega'(W')$ ist die Anzahl der Zustände, die für A′ realisierbar sind, wenn seine Energie gleich W′ ist (bzw. wenn seine Energie zwischen W′ und $W' + \delta W$ liegt). (δW soll hier sehr klein verglichen mit dem Energiebetrag sein, um den sich die Energieniveaus von A unterscheiden, jedoch groß genug, um viele mögliche Zustände des Reservoirs A′ zu enthalten.) Die Wahrscheinlichkeit P_r für den Zustand r des Systems A kann dann ganz einfach und auf ähnlichem Wege wie in Abschnitt 4.1 bestimmt werden. Obwohl das Reservoir irgend eine Energie W′ besitzen kann, besagt der Energiesatz für das isolierte aus A und A′ bestehende System A*, daß die Energie von A* einen konstanten Wert, W*, haben muß. Befindet sich das System A im Zustand r der Energie W_r, dann muß das Reservoir A′ eine Energie

$$W' = W^* - W_r \tag{4.43}$$

haben. Hat aber A diesen *einen* bestimmten Zustand r, dann ist die Anzahl der für das Gesamtsystem A* realisierbaren Zustände gleich der Anzahl der Zustände $\Omega'(W^* - W_r)$, die für A′ realisierbar sind. Unser grundlegendes statistisches Postulat besagt jedoch, daß die Wahrscheinlichkeit für alle realisierbaren Zustände des isolierten Systems A* gleich groß sein muß. Die Wahrscheinlichkeit für das Auftreten einer Situation, bei der A sich im Zustand r befindet, ist daher proportional der für A* realisierbaren Anzahl der Zustände, wenn A sich im Zustand r befindet:

$$\boxed{P_r \propto \Omega'(W^* - W_r).} \tag{4.44}$$

Bisher waren unsere Argumente vollkommen allgemein gehalten. Nun wollen wir die Tatsache einbeziehen, daß A sehr viel kleiner als das Reservoir A′ ist, was bedeutet, daß für eine uns interessierende Energie W_r die Beziehung

$$W_r \lll W^* \tag{4.45}$$

gilt. Für die Beziehung (4.44) ergibt sich dann eine ausgezeichnete Näherung, wenn wir den lagsam veränderlichen Logarithmus von $\Omega'(W')$ an der Stelle $W' = W^*$ in eine Reihe entwickeln. Analog zu Gl. (4.40) erhalten wir damit für das Wärmereservoir A′

$$\begin{aligned} \ln \Omega'(W^* - W_r) &= \ln \Omega'(W^*) - \left[\frac{\partial \ln \Omega'}{\partial W'}\right] W_r \\ &= \ln \Omega'(W^*) - \beta(W_r). \end{aligned} \tag{4.46}$$

Hier wurde

$$\beta = \left[\frac{\partial \ln \Omega'}{\partial W'}\right] \tag{4.47}$$

[1]) Diese Einschränkung ist erforderlich, da es in einer quantenmechanischen Darstellung nicht immer möglich sein wird, ein bestimmtes Teilchen unter anderen Teilchen zu identifizieren, wenn alle Teilchen im Grunde genommen ununterscheidbar sind.

für die Ableitung gesetzt, die für die bestimmte Energie $W' = W^*$ berechnet wird. Also ist $\beta = (kT)^{-1}$ einfach der konstante Temperaturparameter des *Wärmereservoirs* A'.[1]) Gl. (4.46) liefert daher das Ergebnis

$$\Omega'(W^* - W_r) = \Omega'(W^*)\, e^{-\beta W_r} \tag{4.48}$$

Da $\Omega'(W^*)$ lediglich eine von r unabhängige Konstante ist, kann die Beziehung (4.44) zu

$$\boxed{P_r = C\, e^{-\beta W_r}} \tag{4.49}$$

vereinfacht werden, wobei C eine von r unabhängige Proportionalitätskonstante ist.

Untersuchen wir, was die Ergebnisse (4.44) und (4.49) physikalisch aussagen. Befindet sich A in einem bestimmten Zustand r, dann kann das Reservoir A' jeden von einer großen Anzahl $\Omega'(W^* - W_r)$ von Zuständen aufweisen, die unter diesen Bedingungen für A' realisierbar sind. Die Anzahl der für das Reservoir realisierbaren Zustände $\Omega'(W')$ ist jedoch gewöhnlich eine rasch zunehmende Funktion seiner Energie W' (d. h., β in Gl. (4.47) ist gewöhnlich positiv). Vergleichen wir nun die Wahrscheinlichkeiten zweier beliebiger Zustände von A, die verschiedenen Energien entsprechen. Befindet sich A im Zustand höherer Energie, dann bedingt die Erhaltung der Energie des gesamten Systems, daß die Energie des Reservoirs entsprechend niedriger ist; die Anzahl der für das Reservoir realisierbaren Zustände wird dadurch merklich verringert. Die Wahrscheinlichkeit für das Auftreten einer solchen Situation ist dementsprechend sehr viel geringer. Die exponentielle Abhängigkeit der Wahrscheinlichkeit P_r von der Energie W_r in Gl. (4.49) stellt dieses Ergebnis mathematisch dar.

Beispiel:

Wir wollen diese Bemerkungen anhand eines Beispiels verdeutlichen. Ein System A soll Energieniveaus aufweisen, von denen einige im oberen Teil von Bild 4.6 schematisch dargestellt sind. Außerdem ist das viel größere System A' gegeben, dessen Energieskala in Intervalle der Einheitsgröße $\delta W = 1$ unterteilt ist, und für das die Anzahl der Zustände $\Omega'(W')$ als Funktion seiner Energie W' im unteren Teil von Bild 4.6 dargestellt ist. Das System A befindet sich mit dem Wärmereservoir A' in thermischem Gleichgewicht; die Gesamtenergie W^* des zusammengesetzten Systems A^* hat den Wert $W^* = 2050$ Einheiten. A möge sich in einem Zustand r mit einer Energie $W_r = 10$ Einheiten befinden. Dann muß die Energie des Wärmereservoirs A' gleich $W' = 2040$ sein. A' kann jeden von $2 \cdot 10^6$ möglichen Zuständen annehmen. In einem Kollektiv von vielen isolierten Systemen A^*, die sich jeweils aus A und A' zusammensetzen, wird die Anzahl der Fälle, in denen A den Zustand r aufweist, proportional $2 \cdot 10^6$ sein. Nehmen wir jedoch an, daß A sich in einem Zustand s befindet, in dem seine Energie $W_s = 16$ Einheiten ist, dann muß die Energie des Reservoirs dementsprechend $W' = 2034$ sein; A' kann nun jeden von nur 10^6 Zuständen annehmen. In dem Kollektiv von Systemen wird die Anzahl der Fälle, in denen A den Zustand s aufweist, proportional zu 10^6 sein und demnach nur halb so groß wie die Anzahl der Fälle, bei denen sich A im Zustand r niedrigerer Energie befindet.

[1]) Der Einfachheit halber wird hier nicht β' sondern nur β geschrieben.

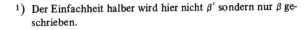

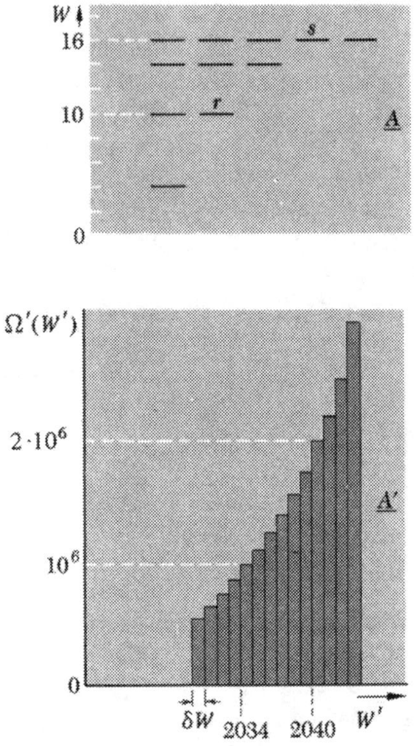

Bild 4.6. Schematische Darstellung der Zustände, die für ein bestimmtes System A und ein bestimmtes, relativ kleines System A' realisierbar sind. Im oberen Diagramm sind die Energieniveaus eingetragen, die verschiedenen Zustände von A zugeordnet sind. Das untere Diagramm zeigt für einige wenige Werte von W' die Anzahl $\Omega'(W')$ der für A' als Funktion seiner Energie W' realisierbaren Zustände. Die Energie ist dabei in willkürlichen Einheiten angegeben.

Die Wahrscheinlichkeit (4.49) ist ein sehr allgemeines Ergebnis, das in der statistischen Mechanik von grundlegender Wichtigkeit ist. Der Exponentialfaktor $e^{-\beta W_r}$ ist der sogenannte *Boltzmannfaktor,* und die entsprechende Wahrscheinlichkeitsverteilung (4.49) wird *kanonische Verteilung* genannt. Ein Kollektiv von Systemen, die sich alle in Kontakt mit einem Wärmereservoir gegebener Temperatur T befinden (d. h., die alle nach Gl. (4.49) über ihre Zustände verteilt sind), wird als *kanonisches Kollektiv* bezeichnet.

Die Proportionalitätskonstante in Gl. (4.49) kann leicht aufgrund der Normierungsbedingung bestimmt werden, nach der ein System sich mit der Wahrscheinlichkeit eins (Sicherheit) in irgend einem seiner Zustände befindet, d. h.,

$$\sum_r P_r = 1, \tag{4.50}$$

wobei ohne Rücksicht auf ihre Energie über alle möglichen Zustände von A summiert wird. Mit Gl. (4.49) besagt diese Bedingung, daß für C

$$C \sum_r e^{-\beta W_r} = 1$$

gelten muß. Gl. (4.49) kann also explizit in der Form

$$P_r = \frac{e^{-\beta W_r}}{\sum_r e^{-\beta W_r}} \qquad (4.51)$$

geschrieben werden.

Die Wahrscheinlichkeitsverteilung (4.49) gestattet uns auf einfache Weise, die Mittelwerte verschiedener Parameter des Systems A zu bestimmen, das sich im Kontakt mit einem Wärmereservoir der absoluten Temperatur $T = (k\beta)^{-1}$ befindet. Zum Beispiel ist y eine Größe, die den Wert y_r annimmt, wenn das System A sich im Zustand r befindet. Der Mittelwert von y ist dann durch

$$\bar{y} = \sum_r P_r y_r = \frac{\sum_r e^{-\beta W_r} y_r}{\sum_r e^{-\beta W_r}} \qquad (4.52)$$

gegeben, wobei über alle Zustände r des Systems A summiert wurde.

Bemerkungen für den Fall, daß A ein makroskopisches System ist:

Mit dem grundlegenden Ergebnis (4.49) kann die Wahrscheinlichkeit P_r dafür bestimmt werden, daß A irgend *einen* bestimmten Zustand r der Energie W_r aufweist. Die Wahrscheinlichkeit P(W) dafür, daß A eine in einem kleinen *Bereich* liegende Energie besitzt, etwa zwischen W und $W + \delta W$, ergibt sich dann ganz einfach, indem wir die Wahrscheinlichkeiten für alle Zustände r aufsummieren, deren Energien W_r in dem Bereich $W < W_r < (W + \delta W)$ liegen:

$$P(W) = \sum_r{}' P_r.$$

Der Strich am Summenzeichen besagt, daß die Summe sich nur über jene Zustände erstreckt, denen in diesem kleinen Bereich fast gleich große Energien zugeordnet sind. Die Wahrscheinlichkeit P_r ist jedoch nach Gl. (4.49) im wesentlichen für alle diese Zustände gleich groß und $e^{-\beta W}$ proportional. Die gesuchte Wahrscheinlichkeit P(W) erhalten wir daher, indem wir einfach {die Wahrscheinlichkeit, daß A einen dieser Zustände einnimmt} mit {der Anzahl der $\Omega(W)$ der Zustände von A in diesem Energiebereich} multiplizieren (Bild 4.7):

$$P(W) = C\Omega(W)\, e^{-\beta W}. \qquad (4.53)$$

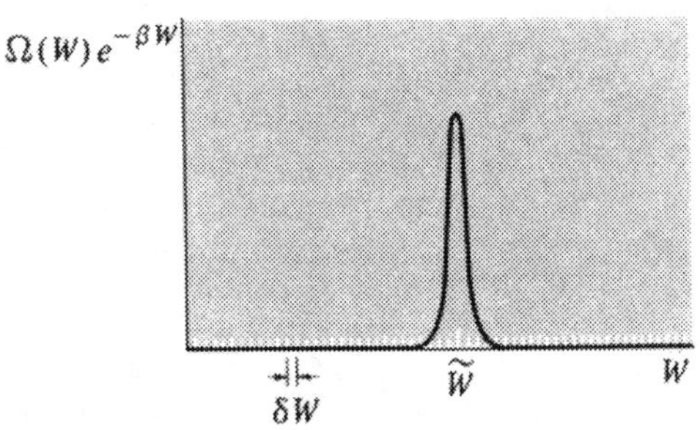

Bild 4.7. Schematische Darstellung der Abhängigkeit der Funktion $\Omega(W)\, e^{-\beta W}$ von der Energie W eines makroskopischen Systems, das sich in Kontakt mit einem Wärmereservoir befindet.

Je größer das System A ist (obwohl es immer sehr viel kleiner als A′ bleiben muß), um so rascher nimmt $\Omega(W)$ als Funktion von W *zu*. Durch das Vorhandensein des rasch abnehmenden Faktors $e^{-\beta W}$ in Gl. (4.53) ergibt sich ein Maximum in dem Produkt $\Omega(W)\, e^{-\beta W}$. Das Maximum bei P(W) ist um so schärfer ausgeprägt, je größer A ist bzw. je rascher $\Omega(W)$ mit W zunimmt. Wir gelangen somit zu den gleichen Ergebnissen wie in Abschn. 4.1 für den Fall makroskopischer Systeme.

Wenn ein System, das sich in Kontakt mit einem Wärmereservoir befindet, selbst makroskopisch ist, dann wird die relative Größe der Schwankungen seiner Energie W so verschwindend gering sein, daß seine Energie praktisch immer gleich ihrem Mittelwert $\bar{W}$ ist. Wird der Kontakt mit dem Wärmereservoir aufgehoben, und ist das System wärmeisoliert, dann könnte seine Energie überhaupt nicht schwanken. Der Unterschied zwischen diesem Fall und dem vorher erwähnten ist jedoch so gering, daß er als irrelevant angesehen werden kann. Die Mittelwerte aller physikalischen Parameter des Systems (z. B. sein mittlerer Druck oder sein mittleres magnetisches Moment) bleiben völlig unbeeinflußt. Daher ist es gleichgültig, ob diese Mittelwerte aufgrund der Annahme berechnet werden, daß das makroskopische System ein isoliertes System mit einer bestimmten Energie in einem kleinen Bereich zwischen W und $W + \delta W$ ist, oder unter der Annahme, daß das betreffende System sich in thermischem Kontakt mit einem Wärmereservoir der entsprechenden Temperatur befindet, so daß die mittlere Energie $\bar{W}$ des Systems gleich $\bar{W}$ ist. In letzterem Falle sind die Berechnungen jedoch viel einfacher, weil die kanonische Verteilung die Berechnung des Mittelwerts so vereinfacht, daß nur mehr die Summen (4.52) über ausnahmslos alle Zustände bestimmt zu werden brauchen; daher muß *nicht* mehr die Anzahl Ω der Zustände einer bestimmten Art bestimmt werden, die in einem *bestimmten* kleinen Energiebereich liegen. Darin lag ja die Hauptschwierigkeit der ersteren Berechnungsmethode.

4.6. Paramagnetismus

Die kanonische Verteilung kann bei der Untersuchung vieler physikalisch sehr interessanter Beispiele herangezogen werden. Als erste Anwendungsmöglichkeit wollen wir die magnetischen Eigenschaften eines Stoffes untersuchen, der pro Volumeneinheit N_0 magnetische Atome enthält, und auf den ein äußeres Magnetfeld **B** einwirken soll. In unserem Fall nehmen wir der Einfachheit halber an, daß jedes magnetische Atom einen Spin $\frac{1}{2}$ und ein entsprechendes magnetisches Moment μ_0 besitzt. Nach der quantenmechanischen Darstellungsweise kann dann das magnetische Moment eines Atoms entweder „nach oben" (also parallel zum äußeren Magnetfeld) oder „nach unten" (antiparallel zum Magnetfeld) gerichtet sein. Der Stoff wird als *paramagnetisch* bezeichnet, da seinen magnetischen Eigenschaften die Orientierung der einzelnen magnetischen Momente zugrundeliegt. Angenommen, der Stoff hat eine absolute Temperatur T. Wie groß ist dann $\bar{\mu}$, die *mittlere* Komponente des magnetischen Moments eines Atoms in Richtung des Magnetfeldes **B**?

Wir setzen voraus, daß jedes magnetische Atom mit allen anderen Atomen des Stoffes in nur schwacher Wechselwirkung steht. Genauer ausgedrückt: Wir nehmen an, daß die magnetischen Atome genügend weit voneinander entfernt sind, so daß das magnetische Feld, das am Ort eines

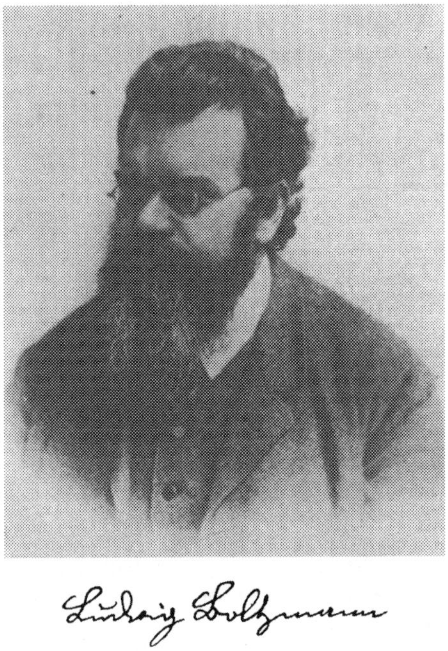

Bild 4.8. *Ludwig Boltzmann* (1844–1906). Dieser österreichische Physiker, der auf dem Gebiet der statistischen Physik Pionierarbeit leistete, trug weitestgehend zur Entwicklung der Atomtheorie der Gase bei, indem er ihr die moderne quantitative Form verlieh. Im Jahre 1872 führte seine Arbeit zu grundlegenden Erkenntnissen über die mikroskopischen Grundlagen der Irreversibilität. *Boltzmann* schuf auch die Grundlagen für die statistische Mechanik und stellte die elementare Beziehung $S = k \ln \Omega$ zwischen der Entropie und der Anzahl der realisierbaren Zustände auf. *Boltzmanns* Arbeit wurde von einer ganzen Schule und deren Hauptvertretern *Ernst Mach* (1838–1916) und *Wilhelm Ostwald* (1853–1932) heftig angegriffen: Physikalische Theorien sollten sich nur mit makroskopisch beobachtbaren Größen befassen, und solche rein hypothetischen Vorstellungen wie das Atom zurückweisen. Im Jahre 1968 schrieb *Boltzmann* entmutigt: „Es ist mir klar, daß ich ein Mensch bin, der nur müde gegen den Lauf der Zeit ankämpft." Seine immer stärker werdende Depressionsanfälligkeit war wohl die Ursache, daß er im Jahre 1906 Selbstmord beging – kurz bevor *Perrins* Versuch über die Brownsche Bewegung (1908) und *Millikans* Öltröpfchen-Versuch (1909) direkte Beweise für die atomare Struktur der Materie lieferten (*Photographie von Professor W. Thirring, Universität Wien, zur Verfügung gestellt*).

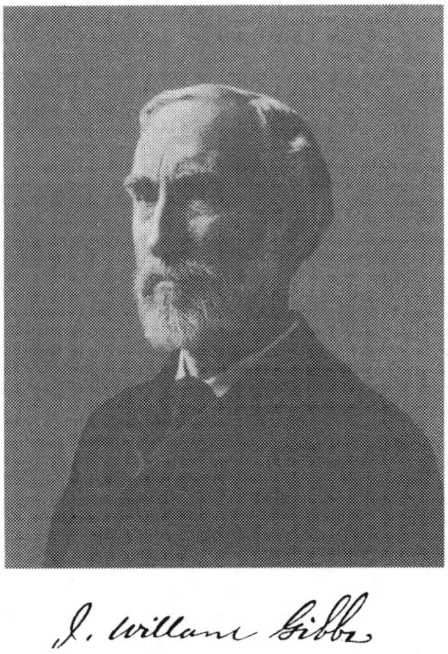

Bild 4.9. *Josiah Willard Gibbs* (1839–1903). Erster bedeutender theoretischer Physiker in Amerika; geboren in New Haven, wo er sein ganzes Leben lang als Professor an der Yale University arbeitete, und wo er 1903 starb. In den siebziger Jahren des vorigen Jahrhunderts leistete er wichtige Beiträge zur *Thermodynamik*, indem er der rein makroskopischen Argumentation dieses Wissenschaftszweiges eine aussagekräftige analytische Form verlieh, und damit dann viele wichtige Probleme der Physik und Chemie behandelte. Um die Jahrhundertwende entwickelte er für die statistische Mechanik einen weitgehend allgemeingültigen Formalismus, der auf dem Kollektiv beruht. Trotz der durch die Quantenmechanik eingeführten Neuerungen wurden die Grundlagen dieses Formalismus nicht umgestoßen – wir haben unsere systematische Untersuchung, die mit Kap. 3 beginnt, im wesentlichen darauf aufgebaut. *Gibbs* schuf auch den Begriff *kanonisches Kollektiv*. (*Photographie zur Verfügung gestellt von der Beinecke Rare Book and Manuscript Libarary, Yale University.*)

magnetischen Atoms durch ein benachbartes magnetisches Atom erzeugt wird, vernachlässigt werden kann. Unter dieser Bedingung können wir ein einzelnes magnetisches Atom als das zu untersuchende System ansehen, und alle übrigen Atome des Stoffes können als Wärmereservoir mit der betreffenden Temperatur T betrachtet werden.[1])

Für jedes Atom sind zwei Zustände möglich: der Zustand (+), wenn sein magnetisches Moment nach oben, und der Zustand (–), wenn sein magnetisches Moment nach unten gerichtet ist. Wir werden diese beiden Zustände nacheinander besprechen (Bild 4.10).

[1]) Hierbei wird angenommen, daß es möglich ist, ein einzelnes Atom eindeutig zu identifizieren, was dann gerechtfertigt ist, wenn sich die Atome in bestimmten Raumgitterpunkten eines festen Stoffes befinden, oder wenn sie Atome eines verdünnten Gases sind, und als solche weit voneinander entfernt sind. Bei einem genügend dichten Gas aus gleichartigen Atomen wird diese Annahme unhaltbar, da die Atome dann in einer quantenmechanischen Darstellung nicht zu unterscheiden sind. Dann müßten wir von der Annahme ausgehen (sie ist zwar erlaubt aber sehr viel komplizierter), daß das *gesamte* Gasvolumen mit allen Atomen ein kleines makroskopisches System darstellt, das sich mit einem Wärmereservoir in Kontakt befindet.

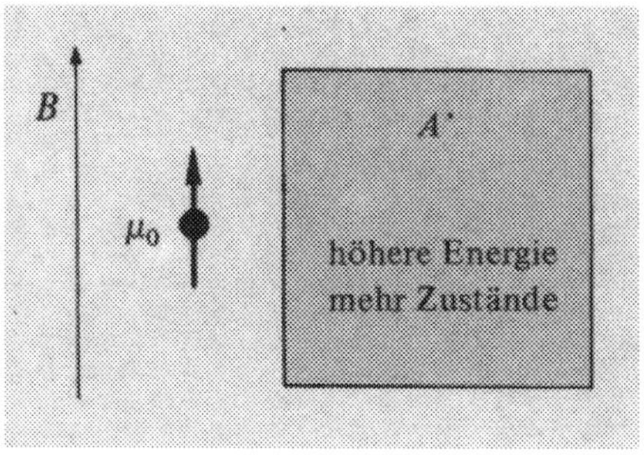

(+)

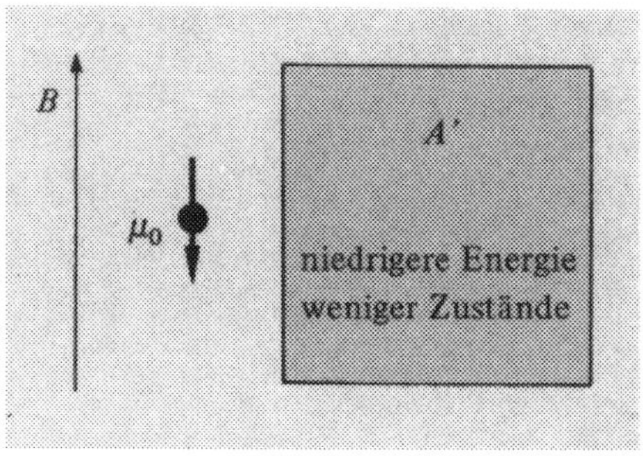

(–)

Bild 4.10. Ein Atom mit dem Spin $\frac{1}{2}$ befindet sich mit einem Wärmereservoir A' in thermischem Kontakt. Ist das magnetische Moment des Atoms nach oben gerichtet, dann ist seine Energie um einen Betrag $2\,\mu_0 B$ eringer als wenn es nach unten zeigt. Die Energie des Reservoirs wird also im ersteren Fall um $2\,\mu_0 B$ größer sein, das Reservoir kann dann viel mehr verschiedene Zustände annehmen. Der Zustand, in dem das Moment nach oben gerichtet ist, ist aus diesem Grunde wahrscheinlicher als der Zustand mit nach unten gerichtetem Moment.

Im Zustand (+) ist das magnetische Moment des Atoms parallel zum Magnetfeld gerichtet, so daß $\mu = \mu_0$. Die entsprechende magnetische Energie des Atoms ist dann gleich $\epsilon_+ = -\mu_0 B$. Nach der kanonischen Verteilung (4.49) ergibt sich für die Wahrscheinlichkeit P_+ dafür, daß sich das Atom in diesem Zustand befindet,

$$P_+ = C e^{-\beta\epsilon_+} = C e^{\beta\mu_0 B}, \qquad (4.54)$$

wobei C eine Proportionalitätskonstante ist, und $\beta = (kT)^{-1}$. Dies ist der Zustand niedrigerer Energie; darum ist die Wahrscheinlichkeit für ihn höher.

Im Zustand (–) ist das magnetische Moment des Atoms antiparallel zum Magnetfeld gerichtet, so daß $\mu = -\mu_0$. Die entsprechende Energie des Atoms ist dann gleich $\epsilon_- = +\mu_0 B$. Die Wahrscheinlichkeit P_- dafür, daß das Atom diesen Zustand annimmt, ist daher

$$P_- = C e^{-\beta\epsilon_-} = C e^{-\beta\mu_0 B}. \qquad (4.55)$$

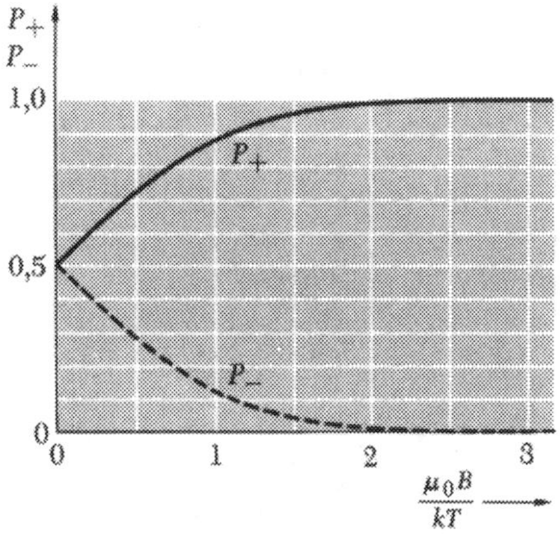

Bild 4.11. Graphische Darstellung der Wahrscheinlichkeit P_+ dafür, daß ein magnetisches Moment μ_0 parallel zu einem äußeren Magnetfeld gerichtet ist (und der Wahrscheinlichkeit P_- für ein antiparallel gerichtetes Moment), wenn die absolute Temperatur T ist.

Dieser Zustand ist der höherenergetische, die Wahrscheinlichkeit für ihn ist also geringer.

Die Proportionalitätskonstante ist sofort aus der Normierungsbedingung zu bestimmen: Die Summe der Wahrscheinlichkeiten für alle Zustände des Atoms muß gleich eins sein. Es gilt (Bild 4.11)

$$P_+ + P_- = C(e^{\beta\mu_0 B} + e^{-\beta\mu_0 B}) = 1$$

bzw.

$$C = \frac{1}{e^{\beta\mu_0 B} + e^{-\beta\mu_0 B}}. \qquad (4.56)$$

Da die Wahrscheinlichkeit für den Zustand (+) des Atoms höher ist, in dem sein magnetisches Moment parallel zum Feld B gerichtet ist, muß das *mittlere* magnetische Moment $\bar{\mu}$ in Richtung des Magnetfeldes **B** zeigen. Nach den Gln. (5.54) und (5.55) ist der für die Orientierung des magnetischen Moments charakteristische Parameter durch eine Größe

$$w = \beta\mu_0 B = \frac{\mu_0 B}{kT} \qquad (4.57)$$

gegeben, die das Verhältnis der magnetischen Energie $\mu_0 B$ zu der charakteristischen thermischen Energie kT darstellt. Ist T sehr groß (d. h., wenn $w \ll 1$), dann wird ganz offensichtlich die Wahrscheinlichkeit dafür, daß das magnetische Moment parallel zum Magnetfeld ist, praktisch ebenso groß wie die Wahrscheinlichkeit für ein antiparallel gerichtetes magnetisches Moment sein. In diesem Fall ist die Orientierung des magnetischen Moments praktisch gänzlich zufallsbedingt, so daß $\bar{\mu} \approx 0$. Ist jedoch andererseits T sehr klein (d. h., $w \gg 1$), dann ist es viel wahrscheinlicher, daß das magnetische Moment parallel zum Magnetfeld ist, als daß es antiparallel zu ihm ist. In diesem Fall gilt $\bar{\mu} \approx \mu_0$.

Alle diese qualitativen Feststellungen können ganz einfach auch quantitativ formuliert werden, wenn wir den Mittelwert $\bar{\mu}$ tatsächlich berechnen. Wir erhalten

$$\bar{\mu} = P_+(\mu_0) + P_-(-\mu_0) = \mu_0 \frac{e^{\beta\mu_0 B} - e^{-\beta\mu_0 B}}{e^{\beta\mu_0 B} + e^{-\beta\mu_0 B}}. \quad (4.58)$$

Dieses Ergebnis kann aber auch in der Form

$$\boxed{\bar{\mu} = \mu_0 \tanh\left(\frac{\mu_0 B}{kT}\right)} \quad (4.59)$$

geschrieben werden, wobei wir den hyperbolischen Tangens einführten, der folgendermaßen definiert ist:

$$\tanh w = \frac{e^w - e^{-w}}{e^w + e^{-w}}. \quad (4.60)$$

Das mittlere magnetische Moment pro Volumeneinheit des Stoffes (das ist seine *Magnetisierung*) zeigt dann in Richtung des magnetischen Feldes. Sein Betrag $\bar{M}_0$ ist einfach gleich

$$\bar{M}_0 = N_0 \bar{\mu}, \quad (4.61)$$

wenn der Stoff pro Volumeneinheit N_0 magnetische Atome enthält.

Es ist leicht nachzuprüfen, daß $\bar{\mu}$ sich tatsächlich so verhält, wie wir es oben bereits in qualitativer Hinsicht besprochen haben. Ist $w \ll 1$, dann ist $e^w = 1 + w + \ldots$ und $e^{-w} = 1 - w + \ldots$. Daher gilt,

$$\tanh w = \frac{(1 + w + \ldots) - (1 - w + \ldots)}{2} = w \quad \text{für} \quad w \ll 1.$$

Ist jedoch $w \gg 1$, dann ist $e^w \gg e^{-w}$, und daher gilt

$$\tanh w = 1 \quad \text{für} \quad w \gg 1.$$

Aus Beziehung (4.59) ist daher das folgende Verhalten in Grenzfällen abzuleiten:

$$\bar{\mu} = \mu_0 \left(\frac{\mu_0 B}{kT}\right) = \frac{\mu_0^2 B}{kT} \quad \text{für} \quad \mu_0 B \ll kT, \quad (4.62)$$

$$\bar{\mu} = \mu_0 \quad \text{für} \quad \mu_0 B \gg kT. \quad (4.63)$$

Ist $\mu_0 B \ll kt$, dann ist der Wert von $\bar{\mu}$ ziemlich klein. Nach Gl. (4.62) ist $\bar{\mu}$ nämlich in diesem Falle um den Faktor $(\mu_0 B/kT)$ kleiner als sein maximaler Wert μ_0. Beachten Sie, daß in diesem Grenzfall $\bar{\mu}$ dem Magnetfeld B gerade proportional und der absoluten Temperatur T umgekehrt proportional ist. Mit dem Gln. (4.61) und (4.62) ergibt sich die Magnetisierung

$$\bar{M}_0 = N_0 \bar{\mu} = \frac{N_0 \mu_0^2 B}{kT} = \chi B \quad \text{für} \quad \mu_0 B \ll kT, \quad (4.64)$$

wobei χ eine von B unabhängige Proportionalitätskonstante ist. Dieser Parameter χ ist die sogenannte *magnetische Suszeptibilität* des betreffenden Stoffs.[1]) Gl. (4.64) ergibt daher den folgenden expliziten Ausdruck für χ, und zwar in mikroskopischen Größen:

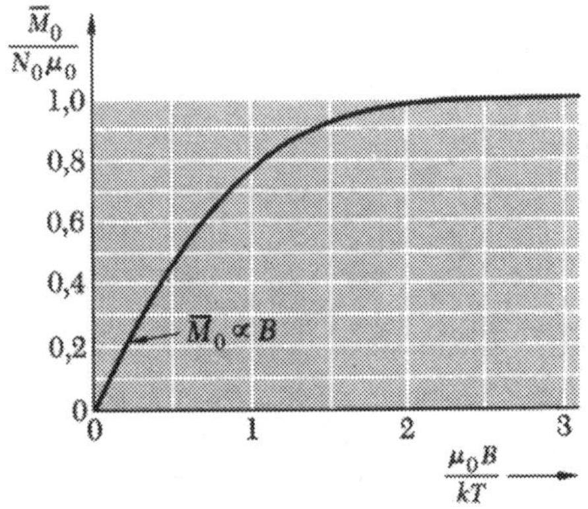

Bild 4.12. Abhängigkeit der Magnetisierung $\bar{M}_0$ von dem Magnetfeld B und der Temperatur T für magnetische Atome mit einem Spin $\frac{1}{2}$ und einem magnetischen Moment μ_0, die nur schwach miteinander in Wechselwirkung stehen.

$$\boxed{\chi = \frac{N_0 \mu_0^2}{kT}.} \quad (4.65)$$

Die Tatsache, daß χ der absoluten Temperatur umgekehrt proportional ist, wird *Curiesches Gesetz* genannt.

Wenn $\mu_0 B \gg kT$ ist, dann erreicht das mittlere magnetische Moment $\bar{\mu}$ seinen maximal möglichen Wert μ_0. Für die Magnetisierung ergibt sich dementsprechend

$$\bar{M}_0 = N_0 \mu_0 \quad \text{für} \quad \mu_0 B \gg kT, \quad (4.66)$$

das entspricht dem maximal möglichen (oder *Sättigungs*-) Wert der Magnetisierung, welcher von B und T unabhängig ist. Die Abhängigkeit der Magnetisierung $\bar{M}_0$ von der absoluten Temperatur T und dem Magnetfeld B ist in Bild 4.12 bis zum Sättigungsbereich graphisch dargestellt.

4.7. Die mittlere Energie eines idealen Gases

N gleichartige Moleküle eines Gases, die die Masse m besitzen, sind in einem quaderförmigen Behälter mit den Seitenlängen l_x, l_y und l_z enthalten. Das Gas soll soweit verdünnt sein, daß die Anzahl N der Moleküle in dem gegebenen Volumen $V = l_x l_y l_z$ gering und die mittlere Entfernung zwischen den einzelnen Molekülen entsprechend

[1]) Die magnetische Suszeptibilität wird üblicherweise durch die magnetische Feldstärke H definiert: $\chi = M_0/H$. Da aber die Konzentration N_0 der magnetischen Atome als niedrig angenommen wird, ist mit sehr guter Näherung H = B zu setzen.

groß ist. Die folgenden zwei vereinfachenden Bedingungen sind dann erfüllt:

1. Die mittlere potentielle Energie der Wechselwirkung zwischen den Teilchen ist verglichen mit der mittleren Energie der Teilchen sehr klein. (Das Gas wird als *ideal* bezeichnet.)
2. Man kann sich mit einem einzelnen Molekül als einem identifizierbaren Ganzen befassen, obwohl Moleküle an sich nicht unterscheidbar sind. (Das Gas wird als *nicht-entartet* bezeichnet.)[1]

Wir nehmen also an, das Gas sei genügend verdünnt, so daß beide Bedingungen erfüllt sind.[2]

Ein Gas befindet sich bei einer absoluten Temperatur T im Gleichgewicht. Gilt Bedingung 2, dann können wir uns auf ein bestimmtes Molekül des Gases beschränken, und es als ein kleines System ansehen, das mit einem Wärmereservoir der Temperatur T in thermischem Kontakt steht. Dieses Wärmereservoir besteht aus den übrigen Molekülen des Gases. Die Wahrscheinlichkeit, daß das Molekül einen bestimmten seiner Quantenzustände r mit einer Energie ϵ_r aufweist, ist dann durch die kanonische Verteilung (4.49) oder (4.51) gegeben:

$$P_r = \frac{e^{-\beta\epsilon_r}}{\sum_r e^{-\beta\epsilon_r}}, \quad \text{wobei} \quad \beta = \frac{1}{kT}. \tag{4.67}$$

Bei der Berechnung der Energie ϵ_r des Moleküls kann aufgrund von Bedingung 1 jegliche Wechselwirkungsenergie (aus einer Wechselwirkung des betreffenden Moleküls mit anderen Molekülen) vernachlässigt werden.

Betrachten wir zum Beispiel den besonders einfachen Fall eines *einatomigen* Gases [Helium (He) oder Argon (Ar) zum Beispiel], bei dem jedes Molekül aus nur einem Atom besteht. Die Energie eines solchen Moleküls ist dann einfach gleich seiner kinetischen Energie. Jeder mögliche Quantenzustand r des Moleküls ist dann durch bestimmte Werte der drei Quantenzahlen $\{n_x, n_y, n_z\}$ gekennzeichnet; die ihm zugeordnete Energie ist durch Gl. (3.15) gegeben. Daher ist

$$\epsilon_r = \frac{\pi^2\hbar^2}{2m}\left(\frac{n_x^2}{l_x^2} + \frac{n_y^2}{l_y^2} + \frac{n_z^2}{l_z^2}\right). \tag{4.68}$$

Gl. (4.67) gibt die Wahrscheinlichkeit dafür an, daß sich das Molekül in einem solchen Zustand befindet.

Anders sieht der Fall bei einem *mehratomigen* Gas [Sauerstoff (O_2), Stickstoff (N_2) oder Methan (CH_4) aus, wobei jedes Molekül aus zwei oder mehr Atomen besteht. Die Energie eines solchen Moleküls ist durch

$$\epsilon = \epsilon^{(k)} + \epsilon^{(i)} \tag{4.69}$$

gegeben. Hier ist $\epsilon^{(k)}$ die kinetische Energie der Translationsbewegung des Molekülschwerpunkts, $\epsilon^{(i)}$ die innermolekulare Energie der Rotation und Oszillation der Atome relativ zum Schwerpunkt. Da die Bewegung des Schwerpunkts wie die eines einfachen Teilchens mit der Molekülmasse behandelt werden kann, wird der durch die Translationsbewegung des Moleküls bestimmte Zustand wiederum durch einen Satz von drei Quantenzahlen $\{n_x, n_y, n_z\}$ beschrieben und die kinetische Energie der Translation $\epsilon^{(k)}$ ist wieder durch Gl. (4.68) gegeben. Der durch die innermolekulare Bewegung bestimmte Zustand wird durch eine oder mehrere andere Quantenzahlen beschrieben, die wir kollektiv mit n_i bezeichnen wollen. Diese Quantenzahlen beschreiben den Zustand, der durch Rotation und Oszillation der Atome im Molekül bedingt ist; die Energie $\epsilon^{(i)}$ hängt von n_i ab. Ein bestimmter Zustand r des Moleküls wird also durch bestimmte Werte der Quantenzahlen $\{n_x, n_z, n_y; n_i\}$ beschrieben, und die ihm zugeordnete Energie ϵ_r ist gleich

$$\epsilon_r = \epsilon^{(k)}(n_x, n_y, n_z) + \epsilon^{(i)}(n_i). \tag{4.70}$$

Die Translationsbewegung der Moleküle durch die Wände des Behälters ist bestimmten Einschränkungen unterworfen. $\epsilon^{(k)}$ hängt daher von den Dimensionen l_x, l_y, l_z des Behälters ab, wie Gl. (4.68) explizit ausdrückt. Die innermolekularen Bewegungen der Atome relativ zum Molekülschwerpunkt hingegen hängen *nicht* von den Dimensionen des Behälters ab, also ist auch $\epsilon^{(i)}$ von den Dimensionen des Behälters unabhängig:

$$\epsilon^{(i)} \text{ ist unabhängig von } l_x, l_y, l_z. \tag{4.71}$$

Berechnung der mittleren Energie

Befindet sich ein Molekül mit der Wahrscheinlichkeit P_r in einem Zustand r der Energie ϵ_r, dann erhalten wir mit Gl. (4.67), seine mittlere Energie ganz einfach aus

$$\bar{\epsilon} = \sum_r P_r \epsilon_r = \frac{\sum_r e^{-\beta\epsilon_r}\epsilon_r}{\sum_r e^{-\beta\epsilon_r}}. \tag{4.72}$$

---

[1] Diese Feststellung beruht auf der Tatsache, daß die mittlere Entfernung zwischen den Molekülen verglichen mit der typischen de Broglie-Wellenlänge eines Moleküls groß ist. Wenn das nicht zutrifft, dann kann (aufgrund einschränkender quantenmechanischer Bedingungen ein bestimmtes Molekül nicht mehr eindeutig zur Untersuchung herausgegriffen werden; eine strenge quantenmechanische Behandlung eines Systems nicht unterscheidbarer Teilchen wird erforderlich. (Das Gas wird dann als *entartet* bezeichnet und wird mit der sogenannten Bose-Einstein- oder der Fermi-Dirac-Statistik beschrieben.

[2] Bedingung 2 ist praktisch bei allen gewöhnlichen Gasen erfüllt. Ihr Gültigkeitsbereich wird am Ende von Abschnitt 6.3 quantitativ behandelt. Wird die Dichte eines Gases erhöht, dann wird Bedingung 1 lange vor Bedingung 2 verletzt. Ist die Wechselwirkung zwischen den Molekülen eines Gases jedoch sehr gering, dann kann dieses Gas zwar Bedingung 1 befriedigen – es ist also ideal – Bedingung 2 hingegen nicht erfüllen.

Hierbei wird über alle möglichen Zustände r des Moleküls summiert. Die Beziehung (4.72) kann erheblich vereinfacht werden, wenn wir – was möglich ist – die Summe im Zähler durch die Summe im Nenner ausdrücken:

$$\sum_r e^{-\beta\epsilon_r}\epsilon_r = -\sum_r \frac{\partial}{\partial\beta}(e^{-\beta\epsilon_r}) = -\frac{\partial}{\partial\beta}\Big(\sum_r e^{-\beta\epsilon_r}\Big),$$

wobei wir uns der Tatsache bedienen, daß die Ableitung einer Summe von Gliedern gleich der Summe der Ableitungen dieser Glieder ist. Führen wir weiter für den Zähler in Gl. (4.72) die Substitution

$$Z = \Sigma e^{-\beta\epsilon_r} \tag{4.73}$$

ein, dann erhalten wir die Beziehung (4.72) in der Form

$$\bar{\epsilon} = \frac{-\frac{\partial Z}{\partial\beta}}{Z} = -\frac{1}{Z}\frac{\partial Z}{\partial\beta}$$

oder

$$\boxed{\bar{\epsilon} = -\frac{\partial \ln Z}{\partial\beta}.} \tag{4.74}$$

Zur Bestimmung der mittleren Energie $\bar{\epsilon}$ ist also nur die Berechnung der Summe Z aus Gl. (4.73) erforderlich. (Die Summe Z über alle Zustände des Moleküls ist die sogenannte *Zustandssumme* des Moleküls.)

Für eine einatomiges Gas sind die Energieniveaus durch Gl. (4.68) gegeben, und die Summe Z in Gl. (4.73) hat dementsprechend die Form[1])

$$Z = \sum_{n_x}\sum_{n_y}\sum_{n_z} \exp\left[-\frac{\beta\pi^2\hbar^2}{2m}\left(\frac{n_x^2}{l_x^2} + \frac{n_y^2}{l_y^2} + \frac{n_z^2}{l_z^2}\right)\right] \tag{4.75}$$

wobei die dreifache Summierung sich über alle möglichen Werte von n_x, n_y, und n_z erstreckt (nach Gl. (3.14) schließt der Bereich für jede Quantenzahl alle ganzzahligen Werte von 1 bis ∞ ein). Die Exponentialfunktion kann nun aber in ein einfaches Produkt von Exponentialfaktoren zerlegt werden:

$$\exp\left[-\frac{\beta\pi^2\hbar}{2m}\left(\frac{n_x^2}{l_x^2} + \frac{n_y^2}{l_y^2} + \frac{n_z^2}{l_z^2}\right)\right] = \exp\left[-\frac{\beta\pi^2\hbar^2}{2m}\frac{n_x^2}{l_x^2}\right]$$

$$\exp\left[-\frac{\beta\pi^2\hbar}{2m}\frac{n_y^2}{l_y^2}\right]\exp\left[-\frac{\beta\pi^2\hbar^2}{2m}\frac{n_z^2}{l_z^2}\right].$$

Hier kommt n_x nur im ersten, n_y nur im zweiten und n_z nur im dritten Faktor vor. Die Summe (4.75) ist also in ein einfaches Produkt umzuformen:

$$Z = Z_x Z_y Z_z, \tag{4.76}$$

1) Dabei verwenden wir die übliche Schreibweise $\exp u = e^u$.

wobei

$$Z_x = \sum_{n_x=1}^{\infty} \exp\left[-\frac{\beta\pi^2\hbar^2}{2m}\frac{n_x^2}{l_x^2}\right], \tag{4.77a}$$

$$Z_y = \sum_{n_y=1}^{\infty} \exp\left[-\frac{\beta\pi^2\hbar^2}{2m}\frac{n_y^2}{l_y^2}\right], \tag{4.77b}$$

$$Z_z = \sum_{n_z=1}^{\infty} \exp\left[-\frac{\beta\pi^2\hbar^2}{2m}\frac{n_z^2}{l_z^2}\right]. \tag{4.77c}$$

Wir brauchen nur eine solche Summe, etwa Z_x, tatsächlich zu berechnen. Das ist leicht, wenn wir berücksichtigen, daß für jeden Behälter, bei dem l_x von makroskopischen Ausmaßen ist, der Koeffizient von n_x^2 in Gl. (4.77a) sehr klein ist, es sei denn, β ist sehr groß (bzw. T ist sehr niedrig). Da sich aufeinanderfolgende Glieder der Summe daher größenordnungsmäßig nur sehr wenig unterscheiden werden, können wir in guter Näherung die Summe durch ein Integral ersetzen. Betrachten wir ein Glied der Summe als Funktion von n_x (das wir als kontinuierliche Variable ansehen, die auch für nichtganzzahlige Werte definiert ist), dann erhalten wir für die Summe Z_x:

$$Z_x = \int_{1/2}^{\infty} \exp\left[-\frac{\beta\pi^2\hbar^2}{2m}\frac{n_x^2}{l_x^2}\right] dn_x$$

$$= \left(\frac{2m}{\beta}\right)^{1/2}\left(\frac{l_x}{\pi\hbar}\right)\int_0^{\infty} \exp[-u^2]\,du, \tag{4.78}$$

wobei

$$u = \left(\frac{\beta}{2m}\right)^{1/2}\left(\frac{\pi\hbar}{l_x}\right) n_x \tag{4.79}$$

bzw.

$$n_x = \left(\frac{2m}{\beta}\right)^{1/2}\left(\frac{l_x}{\pi\hbar}\right) u.$$

Die untere Grenze des letzten Integrals in Gl. (4.78) kann ohne nennenswerten Fehler gleich null gesetzt werden, da der Koeffizient von n_x in Gl. (4.79) sehr klein ist (Bild 4.13). Das letzte bestimmte Integral in Gl. (4.78) ist einfach gleich einer Konstanten, Gl. (4.78) erhält somit die Form

$$Z_x = b\,\frac{l_x}{\beta^{1/2}}. \tag{4.80}$$

Hier ist b eine Konstante, in der die Masse des Moleküls berücksichtigt wird.[1]) Die entsprechenden Ausdrücke für

1) Obwohl das hier an sich nicht von Bedeutung ist, soll doch erwähnt werden, daß das letzte Integral in Gl. (4.78) nach (M.21) den Wert $\sqrt{\pi}/2$ ergibt; es ist demnach $b = \left(\frac{m}{2\pi}\right)^{1/2}\hbar^{-1}$.

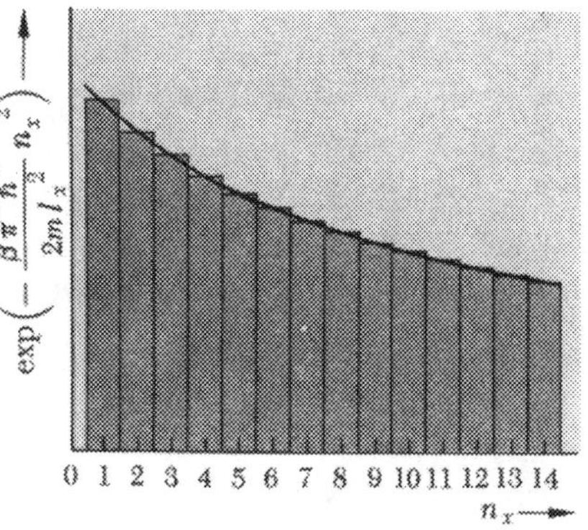

Bild 4.13. Diese schematische Darstellung zeigt, wie eine Summe über ganzzahlige Werte von n_x (die Summe ist gleich der Fläche aller Rechtecke) durch ein Integral über kontinuierlich variierende Werte von n_x (das Integral ist gleich der Fläche unter der Kurve) ersetzt werden kann.

Z_y und Z_z sind natürlich Gl. (4.80) analog. Aus Gl. (4.76) ergibt sich also

$$Z = \left(b\,\frac{l_x}{\beta^{1/2}}\right)\left(b\,\frac{l_y}{\beta^{1/2}}\right)\left(b\,\frac{l_z}{\beta^{1/2}}\right)$$

bzw.

$$Z = b^3\,\frac{V}{\beta^{3/2}} \quad \text{mit} \quad V = l_x l_y l_z \tag{4.81}$$

dem Volumen des Behälters. Wir erhalten daher

$$\boxed{\ln Z = \ln V - \frac{3}{2}\ln\beta + 3\ln b.} \tag{4.82}$$

Unsere Berechnung ist damit im wesentlichen abgeschlossen. Gl. (4.74) ergibt für die mittlere Energie $\bar{\epsilon}$ eines Moleküls

$$\bar{\epsilon} = -\frac{\partial \ln Z}{\partial\beta} = -\left(-\frac{3}{2}\frac{1}{\beta}\right) = \frac{3}{2}\left(\frac{1}{\beta}\right).$$

Wir sind also zu der wichtigen Aussage gelangt:

Für ein einatomiges Molekül gilt $\bar{\epsilon} = \frac{3}{2}\,kT$.	(4.83)

Die mittlere kinetische Energie eines Moleküls ist also von der Größe des Behälters unabhängig und der absoluten Temperatur T des Gases gerade proportional.

Sind die Moleküle des Gases nicht einatomig, dann ergibt der Zusatzausdruck (4.69) für die mittlere Energie eines Moleküls

$$\bar{\epsilon} = \overline{\epsilon^{(k)}} + \overline{\epsilon^{(i)}} = \frac{3}{2}\,kT + \overline{\epsilon^{(i)}}\,(T), \tag{4.84}$$

da die mittlere Energie $\overline{\epsilon^{(k)}}$ der Translationsbewegung des Schwerpunkts wiederum durch Gl. (4.83) gegeben ist.

Die mittlere innermolekulare Energie $\overline{\epsilon^{(i)}}$ ist nach Gl. (4.71) von den Dimensionen des Behälters unabhängig, und ist daher nur eine Funktion der absoluten Temperatur T.

Da das Gas ideal ist (d. h., die Wechselwirkung zwischen seinen Molekülen ist vernachlässigbar gering), ist die gesamte mittlere Energie $\overline{W}$ des Gases gleich der Summe der mittleren Energien aller N einzelnen Moleküle. Es gilt:

$$\overline{W} = N\bar{\epsilon}. \tag{4.85}$$

Ganz allgemein ist die mittlere Energie eines idealen Gases von den Dimensionen des Behälter unabhängig, und nur eine Funktion der Temperatur:

Für ein ideales Gas ist $\overline{W} = \overline{W}(T)$ von den Dimensionen des Behälters unabhängig.	(4.86)

Dieses Ergebnis ist physikalisch gesehen einleuchtend. Die kinetische Energie der Translation sowie die innermolekulare Energie eines Moleküls hängen nicht von der Entfernung der Moleküle voneinander ab. Ändern sich also die Dimensionen des Behälters bei konstanter Temperatur T, dann hat das keinen Einfluß auf diese Energien, so daß auch $\overline{W}$ unverändert bleibt. Dies gilt jedoch nicht mehr für ein nicht-ideales Gas. Ist nämlich das Gas dicht genug und die mittlere Entfernung zwischen den Molekülen sehr klein, dann muß die potentielle Energie der gegenseitigen Wechselwirkung sehr wohl berücksichtigt werden. Eine Änderung der Behälterdimensionen bei einer konstanten Temperatur T verursacht eine Änderung der Entfernung zwischen den Molekülen und beeinflußt daher die mittlere zwischenmolekulare *potentielle* Energie, die zu der gesamten mittleren Energie $\overline{W}$ des Gases beiträgt.

4.8. Der mittlere Druck eines idealen Gases

Der mittlere Druck (d. h. die mittlere Kraft pro Flächeneinheit), den ein Gas auf die Wände seines Behälters ausübt, kann experimentell sehr leicht bestimmt werden. Es ist also von besonderem Interesse den mittleren Druck eines idealen Gases zu berechnen. Wir bezeichnen mit F die Kraft, die ein einzelnes Molekül in der x-Richtung auf die rechte Wand ($x = l_x$) des quaderförmigen Gasbehälters ausübt (Bild 4.14). F_r ist der Wert dieser Kraft, wenn sich das betreffende Molekül in einem bestimmten Quantenzustand r befindet, in dem es die Energie ϵ_r besitzt. Die Beziehung zwischen der Kraft F_r und der Energie ϵ_r ist leicht aufzustellen. Angenommen, die rechte Wand des Behälters wird sehr langsam um eine Strecke dl_x nach rechts verschoben. In diesem Prozeß verrichtet

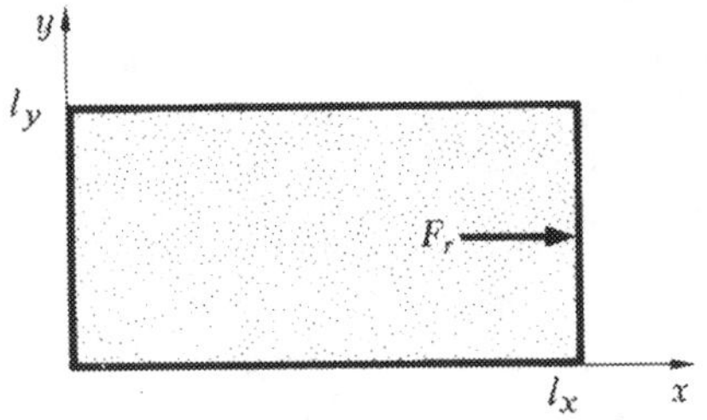

Bild 4.14. Ein mit einem idealen Gas gefüllter quaderförmiger Behälter. Ein in einem bestimmten Zustand r befindliches Molekül übt auf die rechte Wand des Behälters (in der + x-Richtung) die Kraft F_r aus.

das Molekül an der Wand die Arbeit $F_r dl_x$; dieser Betrag muß gleich der Abnahme $-d\epsilon_r$ der Energie des Moleküls sein:

$$F_r dl_x = -d\epsilon_r$$

oder

$$F_r = -\frac{\partial \epsilon_r}{\partial l_x}. \tag{4.87}$$

In der Argumentation, die zu Gl. (4.87) führte, wird angenommen, daß die anderen beiden Diemensionen konstant bleiben, weshalb Gl. (4.87) als partielle Ableitung geschrieben ist.

Die mittlere Kraft $\bar{F}$, die ein Molekül auf diese Wand ausübt, erhalten wird dann, indem wir die Kraft F_r über alle möglichen Zustände r des Moleküls mitteln:

$$\bar{F} = \sum_r P_r F_r = \frac{\sum_r e^{-\beta\epsilon_r}\left(-\frac{\partial \epsilon_r}{\partial l_x}\right)}{\sum_r e^{-\beta\epsilon_r}}. \tag{4.88}$$

Hier verwenden wir Ausdruck (4.67) für die Wahrscheinlichkeit P_r für einen beliebigen Zustand r des Moleküls. Die Beziehung (4.88) kann dann vereinfacht werden, denn die Summe im Zähler kann wieder durch die Summe im Nenner ausgedrückt werden. Der Zähler kann also in der Form

$$-\sum_r e^{-\beta\epsilon_r}\frac{\partial \epsilon_r}{\partial l_x} = -\sum_r \left(-\frac{1}{\beta}\right)\frac{\partial}{\partial l_x}(e^{-\beta\epsilon_r})$$

$$= \frac{1}{\beta}\frac{\partial}{\partial l_x}\left(\sum_r e^{-\beta\epsilon_r}\right)$$

geschrieben werden. Verwenden wir wieder die mit Gl. (4.73) eingeführte Substitution Z, dann ergibt sich für Gl. (4.88)

$$\bar{F} = \frac{\frac{1}{\beta}\frac{\partial Z}{\partial l_x}}{Z} = \frac{1}{\beta}\frac{1}{Z}\frac{\partial Z}{\partial l_x}$$

bzw.

$$\boxed{\bar{F} = \frac{1}{\beta}\frac{\partial \ln Z}{\partial l_x}.} \tag{4.89}$$

Diese allgemeine Beziehung kann nun auf das Ergebnis (4.82) angewendet werden, das wir für ln Z und einatomige Moleküle bereits abgeleitet haben. Mit $V = l_x l_y l_z$ ergibt die partielle Differentialgleichung

$$\bar{F} = \frac{1}{\beta}\frac{\partial \ln Z}{\partial l_x} = \frac{1}{\beta}\frac{\partial \ln V}{\partial l_x} = \frac{1}{\beta l_x}$$

bzw.

$$\boxed{\bar{F} = \frac{kT}{l_x}.} \tag{4.90}$$

Ist das Molekül nicht einatomig, dann verändert sich der Ausdruck (4.87) für die Kraft F_r nach Gl. (4.70) folgendermaßen:

$$F_r = -\frac{\partial}{\partial l_x}[\epsilon_r^{(k)} + \epsilon_r^{(i)}] = -\frac{\partial \epsilon_r^{(k)}}{\partial l_x}.$$

Hier haben wir die in Gl. (4.71) wiedergegebene Tatsache in Betracht gezogen: Die innermolekulare Energie $\epsilon^{(i)}$ hängt nicht von der Dimension l_x des Behälters ab. Die Kraft F_r kann also aus der Translationsenergie des Schwerpunkts allein berechnet werden. Die obige Berechnung, die nur diese Translationsenergie berücksichtigt, gilt also gleichermaßen für ein mehratomiges Molekül. Der Ausdruck (4.90) für $\bar{F}$ ist also ein vollkommen allgemeingültiges Ergebnis.

Da das Gas ideal ist, beeinflussen sich die Moleküle in ihrer Bewegung praktisch gar nicht. Die *gesamte* mittlere, senkrechte auf die rechte Wand wirkende Kraft (die Kraft in der + x-Richtung) aller Moleküle des Gases erhalten wir daher, indem wir einfach {die mittlere von einem Molekül ausgeübte Kraft F} mit {der Gesamtzahl N der Moleküle des Gases} multiplizieren. Dividieren wir dann noch durch die Fläche $l_y l_z$ der Wand, dann erhalten wir den, den auf diese Wand ausgeübten mittleren Druck $\bar{p}$. Die Beziehung (4.90) führt so zu dem Ergebnis

$$\bar{p} = \frac{N\bar{F}}{l_y l_z} = \frac{N}{l_y l_z}\frac{kT}{l_x} = \frac{N}{V}kT.$$

Daher ist

$$\boxed{\bar{p}V = NkT} \tag{4.91}$$

bzw.

$$\boxed{\bar{p} = nkT.} \tag{4.92}$$

Hier ist $V = l_x l_y l_z$ das Volumen des Behälters, und $n = N/V$ die Anzahl der Moleküle pro Volumeneinheit. Wir sehen, daß in Gl. (4.92) keinerlei Hinweis auf die in der Berechnung verwendete bestimmte Wand enthält. Das Ergebnis für den mittleren Druck $\bar{p}$ wird infolgedessen für *alle* Wände analog sein.[1] [2]

Diskussion

Die sehr wichtigen Beziehungen (4.91) und (4.92) können auch noch in anderer, aber äquivalenter Form ausgedrückt werden. Meist wird nämlich die Gesamtzahl N der Moleküle aus der Anzahl ν der Mole dieses Gases in dem Behälter abgeleitet, wobei ν durch makroskopische Messungen bestimmt wird. Da die Anzahl der Moleküle pro Mol als Avogadrosche Zahl N_A definiert ist, folgt, daß $N = \nu N_A$. Gl. (4.91) kann also in der Form

$$\bar{p}V = \nu RT \tag{4.93}$$

geschrieben werden, wobei wir eine neue Konstante einführten: die *Gaskonstante* R, die durch

$$R = N_A k \tag{4.94}$$

definiert ist.

Eine Gleichung, durch die Druck, Volumen und absolute Temperatur eines in Gleichgewicht befindlichen Stoffes in Beziehung gesetzt werden, nennt man *Zustandsgleichung* des betreffenden Stoffes. Die Gln. (4.91) bis (4.93) sind also verschiedene Formen der Zustandsgleichung eines idealen Gases. Anhand dieser Zustandsgleichung, die wir, gestützt auf unsere Theorie, abgeleitet haben, lassen sich verschiedene wichtige Voraussagen aufstellen:

1. Wird eine bestimmte Gasmenge (genügend verdünnt, damit das Gas als ideal bezeichnet werden kann) auf konstanter Temperatur gehalten, dann folgt aus Gl. (4.91) daß

   $$\bar{p}V = \text{const},$$

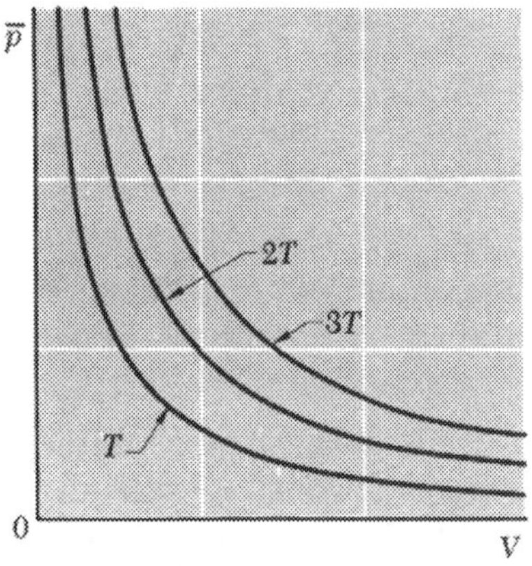

Bild 4.15. Abhängigkeit des mittleren Drucks $\bar{p}$ eines idealen Gases von dessen Volumen V, bei den absoluten Temperaturen T, 2T, und 3T.

   d. h., der Druck des Gases ist seinem Volumen umgekehrt proportional (Bild 4.15). Diese Beziehung wurde im Jahre 1662 (lange vor Entstehung der Atomtheorie) von *Boyle* experimentell entdeckt, und wird daher als *Boylesches Gesetz* (auch *Boyle-Mariottesches Gesetz*) bezeichnet.

2. Wird eine bestimmte Gasmenge (genügend verdünnt, so daß das Gas ideal ist) auf konstantem Volumen gehalten, muß sein mittlerer Druck seiner absoluten Temperatur proportional sein. Dies kann praktisch für die Messung der absoluten Temperatur verwendet werden, wie im nächsten Kapitel gezeigt wird.

3. Die Zustandsgleichung (4.91) hängt nur von der Anzahl der Moleküle, nicht aber von der Art dieser Moleküle ab. Diese Zustandsgleichung sollte daher für *jedes* Gas gelten (He, H_2, N_2, O_2, CH_4, usw.), solange dieses Gas nur genügend verdünnt ist, so daß es als ideal bezeichnet werden kann. Das kann experimentell nachgeprüft werden und ist auch bestens begründet.

4.9. Zusammenfassung der Definitionen

Absolute Temperatur: Die absolute Temperatur T eines makroskopischen Systems (bzw. der ihr verwandte Parameter $\beta = (kT)^{-1}$) ist durch

$$\frac{1}{kT} = \beta = \frac{\partial \ln \Omega}{\partial W}$$

definiert, wobei $\Omega(W)$ die Anzahl der Zustände ist, die in dem System in dem kleinen Energieintervall zwischen W und $W = \delta W$ realisierbar sind, und k die *Boltzmannkonstante* ist;

Entropie: Die Entropie S eines Systems ist definiert durch die folgende Beziehung zwischen k und Ω, der Anzahl der in dem System realisierbaren Zustände:

$$S = k \ln \Omega;$$

die Entropie ist also ein logarithmisches Maß für den Grad der Zufälligkeit des Systems;

---

[1] Eine einfache (und vollständig makroskopische) Analyse der Kräfte in einer sich in mechanischem Gleichgewicht befindlichen Flüssigkeit zeigt, daß in der Flüssigkeit der Druck auf jedes Flächenelement überall gleich ist (wenn wir die Schwerkraft außer Betracht lassen), und daß der Druck von der räumlichen Orientierung dieses Flächenelements unabhängig ist.

[2] *Bemerkung zu den Abschnitten 4.7 und 4.8:*
Obwohl unsere Berechnungen der mittleren Energie und des mittleren Drucks für ein Gas in einem einfachen quaderförmigen Behälter durchgeführt wurden, sind die Ergebnisse doch recht allgemein, jedenfalls aber von der Form des Behälters unabhängig. Physikalisch ist das folgendermaßen zu begründen: Im normalen Temperaturbereich ist der Impuls eines Moleküls so groß, daß seine de-Broglie Wellenlänge verglichen mit den Dimensionen eines makroskopischen Behälters vernachlässigbar klein ist. Praktisch ist jeder räumliche Bereich in dem Behälter dann viele Wellenlängen von den Wänden des Behälters entfernt. Die Arten der Wellenfunktionen, die in einem solchen Bereich möglich sind, sind also völlig von den genauen Randbedingungen unabhängig, die an den Wänden gelten, sowie von Details der Wandform.

Thermometer: ein relativ kleines makroskopisches System, das so beschaffen ist, daß sich nur einer seiner makroskopischen Parameter ändert, wenn das System durch einen thermischen Wechselwirkungsprozeß Energie gewinnt oder verliert;

thermometrischer Parameter: der variable makroskopische Parameter eines Thermometers;

Temperatur eines Systems in Bezug auf ein bestimmtes Thermometer: der Wert, den der thermometrische Parameter des Thermometers annimmt, wenn dieses sich in thermischem Gleichgewicht mit dem betreffenden System befindet;

Wärmereservoir: ein makroskopisches System, das verglichen mit einer Reihe anderer Systeme, die gerade untersucht werden, groß ist, so daß sich seine Temperatur durch eine thermische Wechselwirkung mit den anderen Systemen praktisch nicht ändert;

Boltzmannfaktor: Der Faktor $e^{-\beta W}$, wobei β mit der absoluten Temperatur T durch $\beta = (kT)^{-1}$ in Beziehung steht, und W eine Energie ist;

kanonische Verteilung: die Wahrscheinlichkeitsverteilung, nach der die Wahrscheinlichkeit P_r für einen Zustand r der Energie W_r durch

$$P_r \propto e^{-\beta W_r}$$

gegeben ist, wobei $\beta = (kT)^{-1}$ der Parameter der absoluten Temperatur des Wärmereservoirs ist, mit dem das System im Gleichgewicht ist;

ideales Gas: ein Gas, in dem die Energie der Wechselwirkung zwischen den Molekülen verglichen mit ihrer kinetischen Energie vernachlässigbar gering ist;

nichtentartetes Gas: ein soweit verdünntes Gas, daß die mittlere Entfernung zwischen den Molekülen verglichen mit der mittleren de-Broglie Wellenlänge eines Moleküls groß ist;

Zustandsgleichung: die Beziehung zwischen Volumen, mittlerem Druck und absoluter Temperatur eines gegebenen makroskopischen Systems.

4.10. Wichtige Beziehungen

Definition der absoluten Temperatur:

$$\frac{1}{kT} = \beta = \frac{\partial \ln \Omega}{\partial W}. \qquad (1)$$

Definition der Entropie:

$$S = k \ln \Omega. \qquad (2)$$

Entropiezuwachs eines Systems der absoluten Temperatur T durch Absorption der kleinen Wärmemenge $đQ$ durch das System:

$$dS = \frac{đQ}{T}. \qquad (3)$$

Kanonische Verteilung für ein System, das sich mit einem Wärmereservoir der absoluten Temperatur T in thermischem Gleichgewicht befindet:

$$P_r \propto e^{-\beta W_r}. \qquad (4)$$

Zustandsgleichung eines idealen, nichtentarteten Gases:

$$\bar{p} = nkT. \qquad (5)$$

4.11. Hinweise auf ergänzende Literatur

Die folgenden Werke geben Alternativmethoden für die Ableitung einiger Ergebnisse dieses Kapitels:

C. W. Sherwin, „Basic Concepts of Physics", Abschnitte 7.3 bis 7.5. Holt, Rinehart and Winston, Inc., New York, 1961.

G. S. Rushbrooke, „Introduction to Statistical Mechanics", Kap. 2 und 3. Oxford University Press, Oxford, 1949.

F. C. Andrews, „Equilibrium Statistical Mechanics", Abschnitte 6 bis 8. John Wiley & Sons, Inc., New York, 1963.

Historische und biographische Werke:

H. Thirring, „Ludwig Boltzmann," J. of Chemical Education, p. 298, (Juni 1952).

E. Broda, „Ludwig Bolzmann; Mensch, Physiker, Philosoph". Franz Deuticke, Wien, 1955.

L. Boltzmann, „ Lectures on Gas Theory", übersetzt ins Englische von S. G. *Brush.* University of California Press, Berkeley, 1964. In der Einleitung von *Brush* wird kurz die historische Entwicklung der Beschreibung der Materie nach atomaren Vorstellungen beschrieben.

A. B. Leerburger, „Josiah Willard Gibbs, American Theoretical Physicist". Franklin Watts, Inc., New York, 1963.

L. P. Wheeler, „Josiah Willard Gibbs, the History of a Great Mind." Yale University Press, New Haven, 1951, Taschenbuchausgabe 1962.

M. Rukeyser, Willard Gibbs, Doubleday & Company, Inc., Garden City, N. Y., 1942.

4.12. Übungen

1. *Beispiel für ein besonderes Thermometer.* Die Dichte von Alkohl nimmt wie bei den meisten Stoffen mit zunehmender absoluter Temperatur ab. Wasser hingegen hat in dieser Hinsicht besondere Eigenschaften. Steigt die absolute Temperatur nach Passieren des Schmelzpunkts (d. h. die Temperatur, bei der Eis schmilzt) weiter an, dann nimmt die Dichte des Wassers zuerst zu, bis ein Maximalwert erreicht ist, und sinkt erst dann.

   Ein gewöhnliches Flüssigkeitsthermometer (das aus einer Flüssigkeitssäule in einer Glaskapillare besteht) möge mit gefärbtem Wasser gefüllt sein statt wie üblich mit gefärbtem Alkohol oder Quecksilber. Die von einem solchen Thermometer angezeigte Temperatur ϑ wird natürlich wieder durch die Länge der Flüssigkeitssäule angegeben. Dieses Thermometer soll nun, nachdem es nacheinander mit den zwei Systemen A und B in Kontakt gebracht wurde, die Temperatur ϑ_A bzw. die Temperatur ϑ_B anzeigen.

   a) Die Temperatur ϑ_A des Systems A soll höher als die Temperatur ϑ_B des Systems B sein. Müssen wir daraus schließen, daß Wärme vom System A zum System B fließt, wenn die beiden Systeme in thermischen Kontakt gebracht werden?
   Lösung: Nein.

   b) Angenommen, die Temperaturen ϑ_A und ϑ_B der beiden Systeme sind gleich hoch. Müssen wir daraus schließen, daß zwischen den beiden Systemen kein Wärmetransport stattfindet, wenn sie in thermischen Kontakt gebracht werden?
   Lösung: Nein.

2. *Wert der Größe* kT *bei Zimmertemperatur.* Das Volumen eines Mols eines beliebigen Gases wird experimentell bei Zimmertemperatur und Normaldruck (10^6 dyn/cm^2) auf ungefähr 24 *l* ($24 \cdot 10^3$ cm^3) bestimmt. Mit dieser Angabe ist der Wert von kT für Zimmertemperatur zu berechnen. Die Lösung ist in erg sowie in Elektronvolt auszudrücken (1 eV = $1{,}60 \cdot 10^{-12}$ erg).
   Lösung: 0,025 eV

3. *Tatsächliche Änderung der Zustandsanzahl mit der Energie.* Gegeben ist ein beliebiges makroskopisches System bei Zimmertemperatur.
   a) Bestimmen Sie unter Verwendung der Definition der absoluten Temperatur die prozentuelle Änderung der Anzahl der in einem solchen System realisierbaren Zustände, wenn die Energie des Systems um 10^{-3} eV erhöht wird.
   Lösung: 4 %.
   b) Angenommen, das System absorbiert ein Photon sichtbaren Lichts (mit einer Wellenlänge von $5 \cdot 10^{-5}$ cm). Um welchen Faktor ändert sich dadurch die Anzahl der für das System realisierbaren Zustände?
   Lösung: $5 \cdot 10^{43}$.

4. *Polarisierung von Atomspins.* Eine Substanz enthält magnetische Atome des Spins $\frac{1}{2}$ mit einem magnetischen Moment μ_0. Da dieses Moment durch ein unpaariges Elektron verursacht wird, hat das Moment die Größenordnung eines Bohrschen Magnetons, $\mu_0 \approx 10^{-23}\,\mathrm{J\,T^{-1}} = 10^{-20}\,\mathrm{erg\,G^{-1}}$. Um Streuversuche mit Atomen durchführen zu können, deren Spins hauptsächlich in einer bevorzugten Richtung polarisiert sind, kann man den betreffenden Stoff in ein starkes Magnetfeld B bringen und auf eine genügend tiefe absolute Temperatur abkühlen, um eine beträchtliche Polarisation zu erreichen.
   Das stärkste Magnetfeld, das im Labor noch ohne allzu große Schwierigkeiten erzeugt werden kann, wird etwa 50000 G haben. Bestimmen Sie die absolute Temperatur, die erreicht werden muß, damit die parallel zum Magnetfeld orientierten atomaren Momente die entgegengesetzt gerichteten um einen Faktor von mindestens 3 überwiegen. Die Lösung ist durch das Verhältnis T/T_Z auszudrücken, wobei T_Z die Zimmertemperatur ist.
   Lösung: $1{,}1 \cdot 10^{-2}$

5. *Eine Methode zur Herstellung polarisierter Protonentargets.* In der Kernphysik und in der Elementarteilchenphysik sind Streuversuche höchst interessant, bei denen Targets verwendet werden, die aus Protonen bestehen, deren Spins größtenteils in einer gegebenen Richtung polarisiert sind. Jedes Proton hat einen Spin $\frac{1}{2}$ und ein magnetisches Moment

   $$\mu_0 = 1{,}4 \cdot 10^{-26}\,\mathrm{J\,T^{-1}} = 1{,}4 \cdot 10^{-23}\,\mathrm{erg\,G^{-1}}.$$

   Angenommen, wir wenden die Methode aus der letzten Aufgabe an, indem wir eine Probemenge Paraffin (das viele Protonen enthält) in ein Magnetfeld von 50000 G bringen, und die Probe auf eine sehr tiefe absolute Temperatur T abkühlen. Wie tief müßte diese Temperatur sein, damit nach Erreichen des Gleichgewichts die Anzahl der Protonmomente, die parallel zum Magnetfeld gerichtet sind, zumindest dreimal so groß wie die Anzahl der Protonen ist, deren Momente entgegengesetzt gerichtet sind? Die Lösung ist wiederum durch das Verhältnis T/T_Z auszudrücken, wobei T_Z die Zimmertemperatur ist.
   Lösung: $1{,}5 \cdot 10^{-5}$.

6. *Kernmagnetische Resonanzabsorption.* Eine Wasserprobe wird in ein äußeres Magnetfeld B gebracht. Jedes Proton in einem H_2O-Molekül hat einen Kernspin $\frac{1}{2}$ und ein geringes magnetisches Moment μ_0. Da jedes Proton also entweder „nach oben" oder „nach unten" gerichtet sein kann, sind zwei verschiedene Zustände für das Proton möglich: einer mit der Energie $-\mu_0 B$, der andere mit der Energie $+\mu_0 B$. Die Wasserprobe wird nun in ein Magnetfeld der Radiofrequenz ν gebracht, das die Resonanzbedingung $h\nu = 2\mu_0 B$ befriedigt, wobei $2\mu_0 B$ die Energiedifferenz der zwei Protonzustände und h das Plancksche Wirkungsquantum ist. Das Strahlungsfeld verursacht dann Übergänge zwischen diesen beiden Zuständen, wobei ein Proton von dem „nach oben"-Zustand in den „nach unten"-Zustand übergeht oder umgekehrt. Diese beiden Arten von Übergängen sind gleich wahrscheinlich. Die Energie, die die Protonen aus dem Strahlungsfeld absorbieren, ist dann der zahlenmäßigen *Differenz* der Protonen proportional, die sich in dem einen bzw. dem anderen Zustand befinden.
   Bei der absoluten Temperatur T des Wassers sollen sich die Protonen immer nahezu im Gleichgewicht befinden. Wie hängt die von ihnen absorbierte Energie von der Temperatur T ab? Für eine ausgezeichnete Näherungsbestimmung kann zugrundegelegt werden, daß μ_0 so klein ist, daß $\mu_0 B \ll kT$.
   Lösung: $W \propto T^{-1}$.

7. *Relative Anzahl der Atome bei einem Atomstrahlversuch.* Präzisionsmessungen des magnetischen Moments des Elektrons waren eine Grundlage, auf der die moderne Auslegung der Quantentheorie des elektromagnetischen Feldes aufbaute. Der erste derartige Präzisionsversuch, der von *Kusch* und *Foley* durchgeführt wurde (*Physical Review* **74**, 250 (1948)), befaßte sich mit einem Vergleich der gemessenen Werte des gesamten magnetischen Moments von Gallium (Ga)-Atomen in zwei verschiedenen Gruppen von Zuständen, die nach der üblichen spektroskopischen Bezeichnungsweise als $^2P_{1/2}$ und $^2P_{3/2}$ angegeben werden. Die $^2P_{1/2}$ Zustände sind die Zustände des Atoms mit der niedrigstmöglichen Energie. (Es gibt *zwei* solche Zustände mit der gleichen Energie; sie entsprechen einfach den zwei möglichen räumlichen Orientierungen des gesamten Drehimpulses des Atoms in dieser Gruppe von Zuständen.) Den $^2P_{3/2}$ Zuständen ist eine Energie zugeordnet, die um einen mit spektroskopischen Messungen genau bestimmten Betrag von 0,102 eV höher ist als die Energie der $^2P_{1/2}$ Zustände. (Es gibt *vier* solche Zustände mit der gleichen Energie; sie entsprechen wiederum einfach den vier möglichen räumlichen Orientierungen des gesamten Drehimpulses des Atoms in dieser Gruppe von Zuständen).
   Um diesen Vergleich tatsächlich ausführen zu können, muß man etwa gleich viele Atome in $^2P_{3/2}$ Zuständen zur Verfügung haben wie Atome in den $^2P_{1/2}$ Zuständen. Hierzu wird Gallium auf eine hohe absolute Temperatur T gebracht. Eine kleine Öffnung in der Wand des dazu verwendeten Schmelzofens läßt einige der Atome in das umgebende Vakuum ausströmen – es entsteht ein *Atomstrahl,* mit dem dann alle Messungen durchgeführt werden.
   a) Die absolute Temperatur des Ofens sei $3T_Z$, wobei T_Z wiederum die Zimmertemperatur ist. Wie hoch sind dann die Anteile der Galliumatome im Atomstrahl, die sich in $^2P_{1/2}$ Zuständen bzw. $^2P_{3/2}$ Zuständen befinden?
   Lösung: $N_{3/2}/N_{1/2} \approx 0{,}5$.
   b) Die höchste Temperatur, die im Labor ohne allzu große Schwierigkeiten in einem solchen Schmelzofen erreicht werden kann, beträgt etwa $6T_Z$. Wie hoch sind unter diesen Umständen die Anteile der Galliumatome, die sich

in $^2P_{1/2}$ Zuständen bzw. $^2P_{3/2}$ Zuständen befinden? Ist das Verhältnis dieser Anteile für eine erfolgreiche Durchführung des Versuchs geeignet?

Lösung: $N_{3/2}/N_{1/2} \approx 1$.

8. *Mittlere Energie eines Systems mit zwei diskreten Energiezuständen.* Ein System besteht aus N nur schwach wechselwirkenden Teilchen. Jedes dieser Teilchen kann einen von zwei Zuständen aufweisen, deren Energie ϵ_1 bzw. ϵ_2 ist, wobei $\epsilon_1 < \epsilon_2$.

a) Stellen Sie qualitativ die mittlere Energie $\overline{W}$ des Systems als Funktion seiner absoluten Temperatur T dar, und zwar ohne die Funktion zuerst explizit zu berechnen. Wie sehen die Grenzwerte von $\overline{W}$ bei sehr tiefen bzw. sehr hohen Temperaturen aus? Bei welcher Temperatur etwa geht W von dem Grenzwert für niedrige Temperaturen auf den Grenzwert für hohe Temperaturen über?

Lösung: Für $T \to 0$, $\overline{W} \to N\epsilon_1$; für $T \to \infty$, $\overline{W} \to \frac{1}{2} N(\epsilon_1 + \epsilon_2)$ Übergang wenn $kT \approx (\epsilon_2 - \epsilon_1)$.

b) Drücken Sie die mittlere Energie dieses Systems explizit aus. Prüfen Sie, ob dieser Ausdruck die in a) qualitativ ermittelte Temperaturabhängigkeit aufweist.

Lösung: $N[\epsilon_1 - \epsilon_2 e^{-\beta(\epsilon_2 - \epsilon_1)}][1 + e^{-\beta(\epsilon_2 - \epsilon_1)}]^{-1}$.

9. *Die elastischen Eigenschaften von Gummi.* Ein Gummistreifen, der sich konstant auf der absoluten Temperatur T befindet, wird an einem Ende an einem Haken befestigt, an das andere Ende wird ein Gewicht G gehängt. Wir stellen das folgende einfache mikroskopische Modell für das Gummiband auf: Es besteht aus einer Polymerkette von N Gliedern, die Ende an Ende verbunden sind; jedes solche „Kettenglied" hat eine Länge a, und soll entweder parallel oder antiparallel zur Schwerkraft gerichtet sein können. Die resultierende mittlere Länge des Gummibandes ist als Funktion G auszudrücken; (Die kinetische Energie bzw. die Masse der „Kettenglieder" selbst, sowie irgendeine Wechselwirkung zwischen diesen Gliedern braucht nicht in Betracht gezogen zu werden.)

Lösung: Na tanh(Ga/kT).

10. *Polarisation durch Fremdatome in einem Festkörper.* Im folgenden wird ein einfaches zweidimensionales Modell für ein Phänomen gegeben, das von praktischem physikalischen Interesse ist. Ein Festkörper mit einer absoluten Temperatur T enthält N_0 negativ geladene Fremdionen pro Volumeneinheit, wobei diese Ionen an Stelle gewöhnlicher Atome des Stoffes stehen. Der Körper als Ganzes ist natürlich elektrisch neutral. Das ist dadurch erklärlich, daß jedes negative Ion der Ladung – e durch ein in seiner Nähe befindliches positives Ion der Ladung + e kompensiert wird. Das positive Ion ist klein und kann sich daher frei zwischen den Gitterpunkten bewegen. Wirkt kein äußeres elektrisches Feld, dann wird sich ein solches negatives Ion mit gleich großer Wahrscheinlichkeit in irgendeinem der vier Punkte befinden, die alle von dem stationären positiven Ion gleich weit entfernt sind (Bild 4.16; der Gitterabstand ist a).

Wenn ein schwaches elektrisches Feld E in der x-Richtung einwirkt, wie groß ist dann die elektrische Polarisation, d. h. das mittlere elektrische Dipolmoment pro Volumeneinheit in der x-Richtung?

Lösung: $\frac{1}{2}$ Nea tanh(ea E/2 kT).

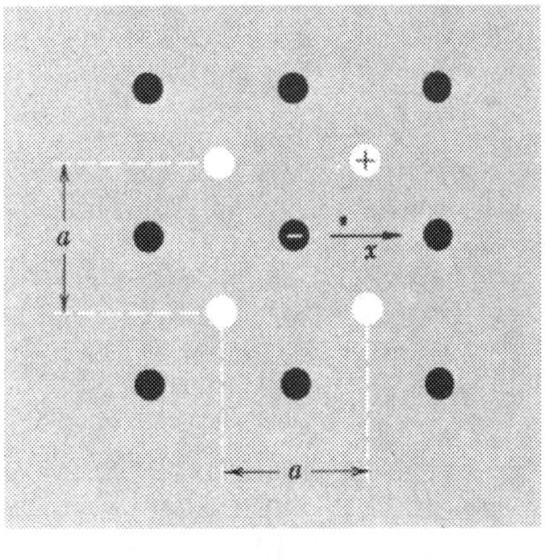

Bild 4.16. Fremdatome im Kristallgitter eines Festkörpers.

11. *Minimum der „freien Energie" für ein System, das mit einem Wärmereservoir in Kontakt ist.* Werden zwei Systeme A und A' in thermischen Kontakt miteinander gebracht, dann ändert sich ihre Gesamtentropie nach der Beziehung (4.20), d. h.

$$\Delta S + \Delta S' \geqslant 0. \qquad (1)$$

Der Gleichgewichtszustand, der schließlich, nachdem das System A eine Wärmemenge $Q = \Delta\overline{W}$ absorbiert hat, erreicht wird, entspricht also einem Zustand, für den die Gesamtentropie S + S' des zusammengesetzten Systems maximal ist. A soll verglichen mit A' klein sein – A' fungiert also als Wärmereservoir mit einer konstanten absoluten Temperatur T'. Die Entropieänderung ΔS' von A' kann dann sehr einfach durch $\Delta\overline{W}$ und T' ausgedrückt werden. Es soll gezeigt werden, daß (1) in diesem Fall besagt, daß die Größe $F = \overline{W} - T'S$ abnehmen wird, und im Gleichgewichtszustand ihren *kleinsten Wert* erreicht. (Die Funktion F wird als die *Helmholtzsche freie Energie* des Systems A bei der konstanten Temperatur T' bezeichnet.)

12. *Quasistatische Kompression eines Gases.* Teilchen eines thermisch isolierten idealen Gases sind in einem Behälter des Volumens V eingeschlossen. Das Gas hat anfangs die absolute Temperatur T. Nun wird das Volumen des Behälters langsam verringert, indem ein Kolben verschoben wird. Beantworten Sie die folgenden Fragen in qualitativer Hinsicht:

a) Was geschieht mit den Energieniveaus der einzelnen Teilchen?

Lösung: Unterschied zwischen Energieniveaus nimmt zu.

b) Nimmt die mittlere Energie eines Teilchens ab oder zu?

Lösung: Nimmt zu.

c) Ist die Arbeit, die durch die Volumenverringerung an dem Gas verrichtet wird, positiv oder negativ?

Lösung: Positiv.

d) Nimmt die mittlere Energie eines Teilchens, bezogen auf die Grundzustandsenergie, zu oder ab?

Lösung: Nimmt zu.

e) Steigt die absolute Temperatur des Gases oder sinkt sie?

Lösung: Nimmt zu.

13. *Quasistatische Magnetisierung eines magnetischen Stoffes.* Wir betrachten ein thermisch isoliertes System, das aus N Spins $\frac{1}{2}$ mit einem magnetischen Moment μ_0 besteht, und sich in einem äußeren Magnetfeld B befindet. Das System hat anfangs eine positive absolute Temperatur T. Das Magnetfeld wird nun langsam verstärkt. Beantworten Sie die folgenden Fragen in qualitativer Hinsicht:

a) Was geschieht mit den Energienineaus der einzelnen Spins?

Lösung: Unterschied zwischen Energieniveaus nimmt zu.

b) Nimmt die mittlere Energie eines Spins zu oder ab?

Lösung: Nimmt ab.

c) Ist die an dem System durch Verstärkung des Magnetfeldes verrichtete Arbeit positiv oder negativ?

Lösung: Negativ.

d) Nimmt die mittlere Energie eines Spins bezogen auf die Grundzustandsenergie zu oder ab?

Lösung: Nimmt zu.

e) Steigt die absolute Temperatur des Systems oder nimmt sie ab?

Lösung: Nimmt zu.

14. *Zustandsgleichung eines Gemisches von idealen Gasen.* Ein Behälter des Volumens V enthält N_1 Gasmoleküle einer Art und N_2 Gasmoleküle einer anderen Art. (Das können zum Beispiel O_2- und N_2-Moleküle sein.) Angenommen das Gas ist genügend verdünnt, so daß es als ideal behandelt werden kann, welchen mittleren Druck $\bar{p}$ übt dieses Gas aus, wenn seine absolute Temperatur T ist?

Lösung: $(N_1 + N_2)\,kT/V$

15. *Druck und Energiedichte eines idealen Gases.* Beweisen Sie anhand der in den Abschnitten 4.7 und 4.8 abgeleiteten Ausdrücke für den mittleren Druck $\bar{p}$ und die mittlere Energie $\bar{W}$, daß

$$\bar{p} = \frac{2}{3}\,\bar{u} \qquad (1)$$

gilt, wobei $\bar{u}$ die mittlere *kinetische* Energie einer Volumeneinheit des Gases ist. Vergleichen Sie dieses exakte Ergebnis (1) mit dem Ausdruck (1.21) den wir in Kapitel 1 mit Näherungsmethoden ableiteten, die auf klassischen Argumenten hinsichtlich der einzelnen Stöße der Gasmoleküle auf die Behälterwände basierten.

16. *Druck und Energiedichte eines idealen, nichtrelativistischen Gases.* Leiten Sie das Ergebnis der letzten Übung nochmals ab, um seine volle Allgemeingültigkeit sowie den Ursprung des Faktors 2/3 zu begreifen. Die Angaben hierfür sind die folgenden: N einatomige Teilchen eines idealen Gases sind in einem quaderförmigen Behälter mit den Kantenlängen l_x, l_y, und l_z enthalten. Sind die Teilchen nichtrelativistisch, dann ist ihre Energie ϵ mit ihrem Impuls $\hbar k$ (k ist die Wellenanzahl) durch die Beziehung

$$\epsilon = \frac{(\hbar k)^2}{2m} = \frac{\hbar}{2m}\,(k_x^2 + k_y^2 + k_z^2) \qquad (1)$$

verbunden. Die möglichen Werte von k_x, k_y, und k_z sind durch Gl. (3.13) gegeben.

a) Berechnen Sie unter Verwendung dieses Ausdrucks die Kraft F_r, die ein Teilchen auf die rechte Wand des Behälters ausübt, wenn es sich in einem durch die Quantenzahlen n_x, n_y, n_z bestimmten Zustand r befindet.

b) Durch einfache Mittelung gewinnen Sie einen Ausdruck für die mittlere Kraft $\bar{F}$ in Abhängigkeit von der mittleren Energie $\bar{\epsilon}$ eines Teilchens. Verwenden Sie die Symmetriebedingung, daß im Gleichgewichtszustand $\overline{k_x^2} = \overline{k_y^2} = \overline{k_z^2}$ ist.

c) Zeigen Sie damit schließlich, daß der mittlere Druck $\bar{p}$, den das Gas ausübt, durch

$$\bar{p} = \frac{2}{3}\,\bar{u} \qquad (2)$$

gegeben ist, wobei $\bar{u}$ die mittlere Energie pro Einheitsvolumen des Gases ist.

17. *Druck und Energiedichte elektromagnetischer Strahlung.* Elektromagnetische Strahlung (also ein Photonengas) ist in einem quaderförmigen Behälter der Kantenlängen l_x, l_y, und l_z eingeschlossen. Da sich ein Photon mit Lichtgeschwindigkeit c bewegt, ist es ein *relativistisches* Teilchen. Seine Energie ϵ ist daher mit seinem Impuls $\hbar k$ durch die Beziehung

$$\epsilon = c\hbar k = c\hbar(k_x^2 + k_y^2 + k_z^2)^{1/2} \qquad (1)$$

verbunden, wobei die möglichen Werte von k_x, k_y, und k_z wieder durch Gl. (3.13) gegeben sind.

a) Berechnen Sie unter Verwendung dieses Ausdrucks die Kraft F_r, die ein Photon auf die rechte Wand des Behälters ausübt, wenn sich das Photon in einem durch n_x, n_y, n_z bestimmten Zustand r befindet?

b) Einfaches Mitteln ergibt einen Ausdruck für die mittlere Kraft $\bar{F}$ in Abhängigkeit von der mittleren Energie $\bar{\epsilon}$ eines Photons. Verwenden Sie das Gleichgewichtsargument, daß $\overline{k_x^2} = \overline{k_y^2} = \overline{k_z^2}$ ist, wenn die Strahlung im Gleichgewicht mit den Behälterwänden ist.

c) Beweisen Sie dann damit, daß der mittlere Druck $\bar{p}$, den die Strahlung auf die Wände ausübt (*Strahlungsdruck*) durch

$$\bar{p} = \frac{1}{3}\,\bar{u} \qquad (2)$$

gegeben ist, wobei $\bar{u}$ die mittlere elektromagnetische Energie pro Volumeneinheit des mit Strahlung erfüllten Raums ist.

d) Warum ist die Proportionalitätskonstante in (2) gleich 1/3 und nicht gleich 2/3 wie in der letzten Aufgabe im Fall eines nichtrelativistischen Gases?

18. *Mittlere Energie als Funktion der Zustandssumme.* Ein beliebiges System, gleichgültig wie kompliziert es auch ist, befindet sich mit einem Wärmereservoir der absoluten Temperatur $T = (k\beta)^{-1}$ in thermischem Gleichgewicht (k ist die Boltzmannkonstante). Die Wahrscheinlichkeit für einen Zustand r des Systems mit einer Energie W_r ist dann durch die kanonische Verteilung (4.49) gegeben. Finden sie einen Ausdruck für die mittlere Energie $\bar{W}$ dieses Systems. Im besonderen ist zu beweisen, daß die in Abschnitt 4.7 verwendeten Argumente allgemein anwendbar sind; damit ist das sehr allgemeine Ergebnis

$$\bar{W} = -\frac{\partial \ln Z}{\partial \beta} \qquad (1)$$

abzuleiten.

Hier ist

$$Z = \sum_r e^{-\beta W_r} \qquad (2)$$

eine Summe über alle möglichen Zustände des Systems; Z wird daher als *Zustandssumme* des Systems bezeichnet.

19. *Mittlerer Druck als Funktion der Zustandssumme.* Gegeben ist wieder das in Übung 18 beschriebene System. Dieses System ist mit einem Wärmereservoir der absoluten Temperatur T in thermischem Gleichgewicht, kann jedoch in beliebigem Maße kompliziert sein (es kann durch ein Gas, eine Flüssigkeit oder einen festen Körper dargestellt sein). Der Einfachheit halber nehmen wir an, daß das System in einem quaderförmigen Behälter mit den Kantenlängen l_x, l_y, und l_z enthalten ist. Die Allgemeingültigkeit der in Abschnitt 4.8

verwendeten Argumente ist nachzuweisen, wobei die folgenden allgemeinen Ergebnisse abzuleiten sind:

a) Zeigen Sie, daß die mittlere Kraft $\bar{F}$, die das System auf seine rechte Begrenzungswand ausübt, immer als Funktion der Zustandsumme Z des Systems durch die folgende Beziehung dargestellt werden kann:

$$\bar{F} = \frac{1}{\beta} \frac{\partial \ln Z}{\partial l_x}. \tag{1}$$

Z ist durch die Beziehung (2) aus der letzten Übung definiert

b) Für jedes isotrope System ist die Zustandssumme Z nicht von den einzelnen Dimensionen l_x, l_y und l_z abhängig, sondern nur vom Volumen $V = l_x l_y l_z$ des Systems. Zeigen Sie, daß in diesem Fall die Beziehung (1) besagt, daß der von dem System ausgeübte mittlere Druck auch in der Form

$$\bar{p} = \frac{1}{\beta} \frac{\partial \ln Z}{\partial V} \tag{2}$$

geschrieben werden kann.

20. *Zustandssumme für die gesamte Gasmasse.* Wir betrachten ein ideales Gas mit N einatomigen Molekülen.

a) Suchen Sie einen Ausdruck für die Zustandssumme Z des gesamten Gases. Mit Hilfe der Eigenschaften der Exponentialfunktionen kann Z in der Form

$$Z = Z_0^N \tag{1}$$

geschrieben werden, wobei Z_0 die Zustandssumme für ein einziges Molekül ist (Z_0 wurde bereits in Abschnitt 4.7 berechnet). Beweisen Sie Gl. (1).

b) Berechnen Sie unter Verwendung von Gl. (1) und der in Übung 18 abgeleiteten allgemeinen Beziehung die mittlere Energie $\bar{W}$ des Gases. Zeigen Sie, daß aus der Form der Funktion (1) unmittelbar zu ersehen ist, daß $\bar{W}$ einfach N mal so groß wie die mittlere Energie pro Molekül ist.

c) Berechen Sie unter Verwendung von Gl. (1) und der in Übung 19 abgeleiteten allgemeinen Beziehung den mittleren Druck $\bar{p}$ des Gases. Wiederum ist zu zeigen, daß die Form der Funktion (1) besagt, daß $\bar{p}$ einfach N mal größer als der mittlere von einem Molekül ausgeübte Druck ist.

21. *Mittlere Energie eines magnetischen Moments.* Ein einzelner Spin $\frac{1}{2}$ befindet sich mit einem Wärmereservoir der absoluten Temperatur T in Kontakt. Der Spin besitzt ein magnetisches Moment μ_0 und liegt in einem äußeren Magnetfeld B.

a) Berechnen Sie die Zustandssumme Z dieses Spins.
Lösung: $e^{\beta\mu_0 B} + e^{-\beta\mu_0 B}$.

b) Mit diesem Ergebnis für Z und der allgemeinen Beziehung (1) aus Übung 18 ist die mittlere Energie $\bar{W}$ dieses Spins als Funktion von T und B auszudrücken.
Lösung: $-\mu_0 B \tanh(\beta\mu_0 B)$.

c) Prüfen sie nach, ob Ihr Ergebnis für $\bar{W}$ die Gleichung $\bar{W} = -\bar{\mu} B$ befriedigt. $\bar{\mu}$ ist hier die bereits mit Gl. (4.59) abgeleitete mittlere Komponente des magnetischen Moments.

22. *Mittlere Energie eines harmonischen Oszillators.* Ein harmonischer Oszillator besitzt eine Masse und eine Federkonstante, die die klassische Kreisfrequenz ω seiner Schwingung bestimmen. In der quantenmechanischen Darstellungsweise ist ein solcher Oszillator durch eine Gruppe diskreter Zustände charakterisiert, deren Energien W_n durch

$$W_n = \left(n + \frac{1}{2}\right) \hbar\omega \tag{1}$$

gegeben sind. Die diese Zustände bezeichnende Quantenzahl n kann alle ganzzahligen Werte

$$n = 0, 1, 2, 3, \ldots \tag{2}$$

annehmen. Ein spezifisches Beispiel für einen harmonischen Oszillator ist etwa ein Atom, das in einem Festkörper um die Gleichgewichtslage schwingt.

Ein solcher harmonischer Oszillator befindet sich mit einem Wärmereservoir der absoluten Temperatur T in thermischem Gleichgewicht. Die mittlere Energie dieses Oszillators kann folgendermaßen berechnet werden:

a) Berechnen Sie zuerst anhand der Definition (2) aus Übung 18 die Zustandssumme dieses Oszillators. (Bei der Berechnung der Summe bedenken Sie bitte, daß diese einfach eine geometrische Reihe ist.)
Lösung: $e^{-\beta\hbar\omega/2}[1 - e^{-\beta\hbar\omega}]^{-1}$.

b) Mit der allgemeinen Beziehung (1) aus Übung 18 ist die mittlere Energie des Oszillators zu berechen.
Lösung: $\hbar\omega \left[\frac{1}{2} + (e^{\beta\hbar\omega} - 1)^{-1}\right]$.

c) Skizzieren Sie qualitativ die Abhängigkeit der mittleren Energie $\bar{W}$ von der absoluten Temperatur T.

d) Angenommen die Temperatur T ist sehr niedrig, so daß $kT \ll \hbar\omega$ (k ist die Boltzmannkonstante). Was können Sie in diesem Fall ohne vorherige Berechnungen, nur anhand der Energieniveaus aus (1), über den Wert von $\bar{W}$ aussagen? Stimmt das in b) erhaltenen Ergebnis mit diesem Grenzfall überein – nähert sich $\bar{W}$ tatsächlich dem hier berechneten Grenzwert?
Lösung: $\frac{1}{2}\hbar\omega$.

e) Angenommen die Temperatur T ist sehr niedrig, so daß $kT \gg \hbar\,\omega$. Wie groß ist dann der Grenzwert der in b) berechneten Energie $\bar{W}$? Wie hängt der Grenzwert von T ab? Und wie von ω?
Lösung: kT.

*23. *Mittlere Rotationsenergie eines zweiatomigen Moleküls.* Die kinetische Energie eines zweiatomigen Moleküls, das um eine Achse rotiert, die senkrecht auf der Verbindungslinie der beiden Atome steht, wird in der klassischen Darstellungsweise durch

$$W = \frac{L^2}{2I} = \frac{L^2}{2I}$$

gegeben, wobei L der Drehimpuls und I das Trägheitsmoment des Moleküls ist. In der quantenmechanischen Darstellungsweise nimmt diese Energie die diskreten Werte

$$W_j = \frac{\hbar^2 j(j+1)}{2I} \tag{1}$$

an. Die Quantenzahl j, die den *Betrag* des Drehimpulses L angibt, kann die Werte

$$j = 0, 1, 2, 3, \ldots \tag{2}$$

annehmen. Für jeden Wert von j gibt es (2j + 1) verschiedene mögliche Quantenzustände, die jeweils den diskreten möglichen räumlichen Orientierungen des Drehimpulsvektors L entsprechen.

Ein zweiatomiges Molekül befindet sich in einem im Gleichgewicht befindlichen Gas der absoluten Temperatur T. Die mittlere Rotationsenergie dieses zweiatomigen Moleküls kann folgendermaßen berechnet werden.

a) Berechnen Sie zuerst mit der Definition (2) aus Übung 18 die Zustandssumme Z. (Bedenken Sie, daß diese Summe für *jeden* einzelnen Zustand ein Glied enthält!) Die Temperatur T soll hoch genug sein, so daß $kT \gg \hbar^2/2I$ ist – eine Bedingung, die bei den meisten zweiatomigen Molekülen bei Zimmertemperatur befriedigt ist. Zeigen Sie, daß die Summe Z dann durch ein Integral angenähert werden kann, wobei $u = j(j+1)$ die kontinuierliche Variable ist.

   Lösung: $\frac{2I}{\beta\hbar}$.

b) Berechnen Sie nun mit der allgemeinen Beziehung (1) aus Übung 18 die mittlere Rotationsenergie $\overline{W}$ des zweiatomigen Moleküls für diesen Temperaturbereich.

   Lösung: kT.

24. *Anzahl der Zwischengitteratome in einem Festkörper (angenäherte Analyse).* Ein einatomiger kristalliner Festkörper soll aus N Atomen bestehen und wird auf der absoluten Temperatur T gehalten. Gewöhnlich sitzen diese Atome an den normalen Gitterpunkten (in Bild 4.17a durch schwarze Scheibchen dargestellt). Ein Atom kann sich jedoch auch in *Zwischengitterpositionen* befinden (im Bild durch weiße Punkte dargestellt).

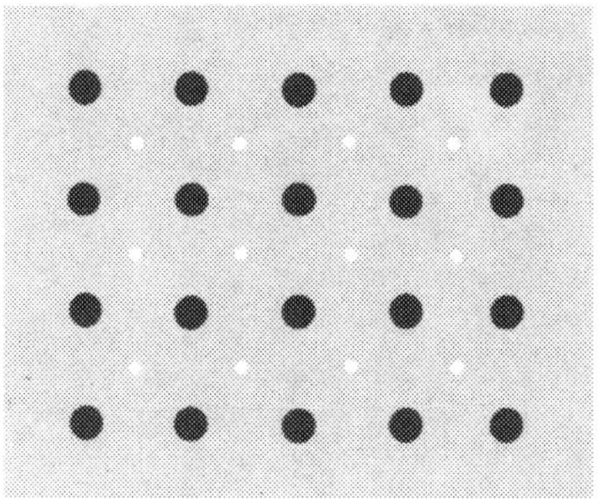

(a)

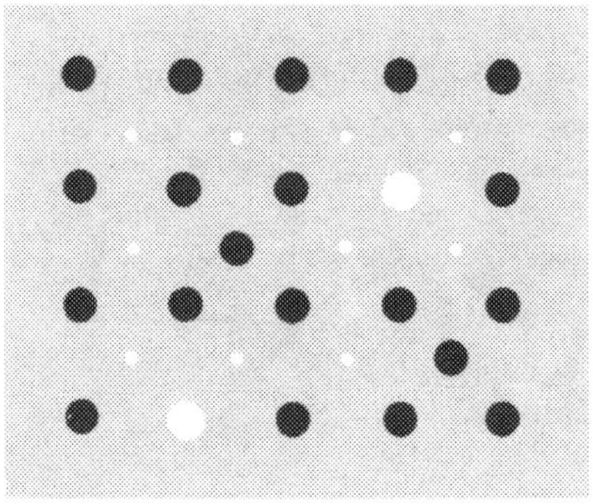

(b)

Bild 4.17

a) Alle Atome (dargestellt durch schwarze Scheiben) befinden sich in ihren normalen Positionen, die möglichen Zwischengitterpositionen (weiße Punkte) sind unbesetzt.

b) Bei höheren Temperaturen sind auch einige der Zwischengitterpositionen besetzt.

Ein Atom in einer solchen Zwischengitterposition hat eine um den Betrag ϵ höhere Energie als wenn es sich in einer normalen Gitterposition befindet. Ist die absolute Temperatur sehr niedrig, dann werden also alle Atome in den normalen Gitterpositionen sein. Bei wesentlich höheren absoluten Temperaturen T aber ist das nicht länger der Fall. Angenommen wir haben N Atome, die sich jeweils in N möglichen normalen Gitterpositionen und in N möglichen Zwischengitterpositionen befinden können. Interessant ist dann die folgende Frage: Wie groß ist für eine beliebige absolute Temperatur T die mittlere Anzahl $\overline{n}$ der Atome in Zwischengitterpositionen? Dieses Problem kann mit der folgenden Näherungsmethode gelöst werden:

a) Wir befassen uns zuerst mit einem einzelnen Atom, das sich, wie oben festgestellt, in zwei verschiedenen Positionen befinden kann: in der normalen Gitterposition und in der Zwischengitterposition. Für dieses System sind dann nur zwei verschiedene Konfiguationen möglich, A und B:

   A: das eine Atom in Normalposition, kein Atom in Zwischengitterposition;

   B: kein Atom in Normalpsotion, das eine Atom in Zwischengitterposition.

   Bestimmen Sie das Verhältnis P_B/P_A der Wahrscheinlichkeiten P_B und P_A für diese beiden Konfigurationen.

b) Nun erst befassen wir uns mit dem ganzen Körper. Es befinden sich $\overline{n}$ Atome in Zwischengitterpositionen. Das heißt natürlich, daß auch $\overline{n}$ Atome in den Normalpositionen fehlen. Da jede der $\overline{n}$ nichtbesetzten Normalpositionen mit jeder der $\overline{n}$ besetzten Zwischengitterpositionen kombiniert sein kann, gibt es $\overline{n}^2$ Möglichkeiten, eine B-Konfiguration zu realisieren. Die Wahrscheinlichkeit P_B dafür, daß ein einzelnes Atom des Körpers eine B-Konfiguration aufweist, muß daher einfach proportional $\overline{n}^2$ sein, wenn die nichtbesetzten Normalpositionen und die besetzten Zwischengitterpositionen zufallsverteilt sind. Also ist $P_B \propto \overline{n}^2$. Ein analoger Gedankengang führt zu $P_A \propto (N - \overline{n})^2$.

c) Mit den Ergebnissen von a) und b) kann dann gezeigt werden, daß

$$\frac{\overline{n}}{N} = e^{-(1/2)\beta\epsilon}, \quad (1)$$

   wenn der Normalfall $\overline{n} \ll N$ gegeben ist.

25. *Anzahl der Zwischengitteratome in einem festen Körper (exakte Analyse).* Die physikalischen Gegebenheiten sind die gleichen wie in Übung 24. Um dieses Problem exakt zu lösen, müssen wir die Wahrscheinlichkeit P(n) dafür bestimmen, daß genau n Zwischengitterpositionen von Atomen besetzt sind. Dann sind natürlich n Normalpositionen nicht mit Atomen besetzt.

a) Wie groß ist die Wahrscheinlichkeit für eine bestimmte Situation, bei der n Zwischengitteratome auf *eine* bestimmte Weise verteilt sind, und die n unbesetzten Normalpositionen ebenfalls auf *eine* bestimmte Weise verteilt sind?

   Lösung: $e^{-\beta n\epsilon}$.

b) Wieviele Möglichkeiten gibt es, die n Atome auf die N möglichen Zwischengitterpositionen zu verteilen? Wieviele Möglichkeiten gibt es, die n fehlenden Atome auf die N Normalpositionen zu verteilen?

   Lösung: $N![n!(N-n)!]^{-1}$ in jedem Fall.

c) Fassen Sie die Ergebnisse von a) und b) zusammen, und zeigen Sie, daß

$$P(n) \propto \left[\frac{N!}{n!\,(N-n)!}\right]^2 e^{-\beta n\epsilon}. \qquad (1)$$

d) Die Wahrscheinlichkeit P(n) hat bei einem bestimmten Wert $n = \tilde{n}$ ein scharfes Maximum. Diesen Wert $\tilde{n}$ finden Sie, wenn Sie $\ln P(n)$ untersuchen, und wenn die Bedingung $(\partial \ln P/\partial n) = 0$ erfüllt ist. Da alle Fakultäten groß sind, kann die Stirlingsche Näherung (M.10) angewendet werden. Zeigen Sie damit, daß sich für $\tilde{n} \ll N$,

$$\frac{\tilde{n}}{N} = e^{-(1/2)\beta\epsilon} \qquad (2)$$

ergibt.

*26. *Thermische Dissoziation eines Atoms.* Atome eines idealen Gases sind in einem quaderförmigen Behälter der Kantenlängen l_x, l_y, und l_z enthalten. Das ganze System ist bei einer absoluten Temperatur T im Gleichgewicht. Die Masse eines Atoms ist m. Ein Atom A kann in ein positives Ion A^+ und ein Elektron e^- dissoziieren (i. e. ionisiert werden):

$$A \rightleftharpoons A^+ + e^-.$$

Um die Bindung der Elektronen zu überwinden und die Ionisation herbeizuführen benötigt man die *Ionisationsenergie* u.

Befassen wir uns zuerst mit einem einzelnen Atom. Für dieses sind zwei verschiedene Konfigurationen möglich, U und D:

U: Das Atom ist nicht dissoziiert. Seine Energie W ist durch

$$W = \epsilon$$

gegeben. ϵ ist die kinetische Energie seines Schwerpunkts. Der Zustand der Translationsbewegung des Atoms kann wie gewöhnlich durch den Satz von Quantenzahlen $\{n_x n_y n_z\}$ charakterisiert werden.

D: Das Atom ist dissoziiert: in ein Elektron der Masse m_e und ein positives Ion mit einer Masse, die praktisch gleich m ist (da $m_e \ll m$). Die Wechselwirkung zwischen dem Ion und dem Elektron nach erfolgter Dissoziation kann vernachlässigt werden. Die gesamte Energie des dissoziierten Systems, das nun aus zwei Teilchen besteht, ist dann gleich

$$W = \epsilon^+ + \epsilon^- + u, \qquad (1)$$

wobei ϵ^+ die kinetische Energie des Ions und ϵ^- die kinetische Energie des Elektrons ist; u ist die Ionisationsenergie. Der Translationszustand dieses dissoziierten Systems kann dann durch sechs Quantenzahlen, durch den Satz von Quanten-Zahlen $\{n_x^+, n_y^+, n_z^+\}$ des Ions und den Satz von Quantenzahlen $\{n_x^-, n_y^-, n_z^-\}$ des Elektrons charakterisiert werden.

a) Bestimmen Sie anhand der kanonischen Verteilung bis auf eine Proportionalitätskonstante C genau die Wahrscheinlichkeit P_U dafür, daß das Atom einen Zustand, der nichtdissoziierten Konfiguration U annimmt.

Lösung: $C\left(\frac{m}{2\pi\beta}\right)^{3/2}\frac{V}{\hbar^3}$.

b) Bestimmen Sie anhand der kanonischen Verteilung bis auf die gleiche Proportionalitätskonstante genau die Wahrscheinlichkeit P_D dafür, daß das Atom einen Zustand der dissoziierten Konfiguration D annimmt. (Beachten Sie, daß die hier zu berechnende Summe über alle relevanten Zustände der Summe, die bei der Berechnung von Z in Gl. (4.81) bereits bestimmt wurde gleich ist.)

Lösung: $C\left[\left(\frac{m}{2\pi\beta}\right)^{3/2}\frac{V}{\hbar^3}\right]\left[\left(\frac{m_e}{2\pi\beta}\right)^{3/2}\frac{V}{\hbar^3}\right]e^{-\beta\mu}$.

c) Bestimmen Sie das Verhältnis P_D/P_U. Wie hängt dieses von der Temperatur T und dem Volumen V ab?

Lösung: $\left(\frac{mkT}{2\pi\hbar^2}\right)^{3/2} V e^{-u/kT}$.

d) Nun untersuchen wir das ganze N Atome enthaltende Gas. Im Mittel sollen $\tilde{n}$ dieser Atome dissoziiert sein. In dem Behälter gibt es dann $\bar{n}$ Ionen und $\bar{n}$ Elektronen, und $(N - \bar{n})$ nichtdissozierte Atome. Es gibt daher $\bar{n}\cdot\bar{n} = \bar{n}^2$ Möglichkeiten, eine dissoziierte Konfiguration eines Atomes zu realisieren, und $(N - \bar{n})$ Möglichkeiten für eine nichtdissoziierte Konfiguration. Durch eine ähnliche Näherung wie in Übung 24 gelangen Sie zu dem Ergebnis

$$\frac{P_D}{P_U} = \frac{\bar{n}^2}{N - \bar{n}} \approx \frac{\bar{n}^2}{N}$$

wenn $\bar{n} \ll N$. Drücken Sie $(\bar{n}/N)$ durch die absolute Temperatur T und die Dichte (N/V) des Gases aus.

Lösung: $\left(\frac{mkT}{2\pi\hbar^2}\right)^{3/4}\left(\frac{V}{N}\right)^{1/2} e^{-u/2kT}$.

e) Gewöhnlich ist $kT \ll u$. Sind unter diesen Bedingungen die meisten Atome dissoziiert oder nicht?

Lösung: nicht dissoziiert.

f) Angenommen, $kT \ll u$ ist zwar das Volumen des Behälters wird jedoch beliebig vergrößert, und die Temperatur T dabei konstant gehalten. Ist dann ein Großteil der Atome dissoziiert oder nicht? Geben Sie eine einfache physikalische Erklärung für dieses Ergebnis:

Lösung: dissoziiert.

g) Das Innere der Sonne besteht aus sehr heißen dichten Gasen, während der äußerste Teil, die Korona, sehr viel kälter und weniger dicht ist. Untersuchungen der Spektrallinien des Sonnenlichts zeigten, daß ein Atom in der Korona ionisiert sein kann, in sonnennäheren Gebieten, wo die absolute Temperatur sehr viel höher ist, jedoch nicht ionisiert ist. Wie können Sie das erklären?

*27. *Die thermische Erzeugung von Plasma.* Wird ein aus Atomen bestehendes Gas auf genügend hohe Temperatur gebracht, so entsteht ein *Plasma*, das größtenteils aus dissoziierten, also positiv und negativ geladenen Teilchen besteht. Um die praktische Seite eines solchen Vorgangs zu studieren, wollen wir die Ergebnisse von Übung 26 auf Cäsiumdampf anwenden. Das Cäsiumatom hat eine relativ niedrige Ionisationsenergie von u = 3,89 eV und das Atomgewicht 132,9.

a) Drücken Sie den Dissoziationsgrad $\bar{n}/N$ aus Übung 26 durch T und den mittleren Druck $\bar{p}$ des Gases aus.

Lösung: $\left(\frac{\bar{n}}{N}\right)^2 = \left(\frac{m}{2\pi}\right)^{3/2}\hbar^{-3}(kT)^{5/3}\,\bar{p}^{-1}\,e^{-u/kT}$.

b) Cäsiumdampf wird auf die vierfache Zimmertemperatur erhitzt und bei einem Druck von 10^3 dyn/cm² (d. h. einem Tausendstel des atmosphärischen Drucks) gehalten. Berechnen Sie den Prozentsatz des Dampfes, der unter diesen Bedingungen ionisiert ist.

Lösung: 0,4 %.

28. *Abhängigkeit der Energie eines idealen Gases von der Temperatur.* Die Anzahl $\Omega(W)$ der Zustände eines einatomigen idealen Gases, das aus N Molekülen (Atomen) besteht, hängt von der Gesamtenergie W des Gases ab, wie wir es in Übung 8 des Kapitels 3 bestimmt haben. Mit diesem Ergebnis und der Definition $\beta = \delta \ln \Omega / \delta W$ kann eine Beziehung abgeleitet werden, die die Energie W als Funktion der absoluten Temperatur $T = (k\beta)^{-1}$ ausdrückt. Vergleichen Sie Ihr Ergebnis mit dem in Abschnitt 4.7 abgeleiteten Ausdruck für $\overline{W}(T)$.

   Lösung: $\frac{3}{2} NkT$.

29. *Abhängigkeit der Energie eines Spin-Systems von der Temperatur.* Die Anzahl $\Omega(W)$ der Zustände eines Systems von N Spins $\frac{1}{2}$ mit einem magnetischen Moment μ_0, das sich in einem Magnetfeld B befindet, wurde in Übung 9 des Kapitels 3 bestimmt.

   a) Mit diesem Ergebnis und der Definition $\beta = (\delta \ln \Omega / \delta W)$ soll eine Beziehung abgeleitet werden, die die Energie W dieses Systems als Funktion der absoluten Temperatur $T = (k\beta)^{-1}$ darstellt.

   Lösung: $-N\mu_0 B \tanh \frac{\mu_0 B}{kT}$.

   b) Da zwischen dem gesamten magnetischen Moment M dieses Systems und seiner Gesamtenergie W eine einfache Beziehung besteht, kann mit der Lösung für a) M als Funktion von T und B ausgedrückt werden. Vergleichen Sie diesen Ausdruck mit dem in den Gln. (4.61) und (4.59) für $\overline{M}_0$ abgeleiteten Ergebnis.

   Lösung: $N\mu_0 \tanh \frac{\mu_0 B}{kT}$.

*30. *Negative absolute Temperatur und Wärmefluß in einem Spin-System.* Ein System besteht aus N Spins $\frac{1}{2}$, die ein magnetisches Moment μ_0 besitzen. Das System befindet sich in einem äußeren Magnetfeld B. Die Anzahl $\Omega(W)$ der Zustände dieses Systems wurde bereits in Übung 9 des Kapitels 3 als Funktion seiner Gesamtenergie W ausgedrückt.

   a) Skizzieren Sie näherungsweise das Verhalten von $\ln \Omega$ als Funktion von W. Beachten Sie, daß die niedrigste Energie des Systems gleich $W_0 = -N\mu_0 B$, seine höchste Energie gleich $+N\mu_0 B$ und die Funktionskurve um den Wert $W = 0$ symmetrisch ist.

   b) Skizzieren Sie unter Verwendung der Kurve aus a) näherungsweise das Verhalten von β als Funktion von W. Beachten Sie, daß $\beta = 0$ für $W = 0$.

   c) Skizzieren Sie unter Verwendung der Kurve aus b) näherungsweise das Verhalten der absoluten Temperatur T als Funktion von W. Was geschieht mit T nahe $W = 0$? Welches Vorzeichen hat T bei $W < 0$ und bei $W > 0$?

   d) Da T bei $W = 0$ eine Diskontinuität aufweist, ist es vorteilhafter, mit β zu arbeiten. Zeigen Sie, daß $\partial\beta/\partial W$ immer negativ ist. Danach ist zu beweisen, daß immer von dem System mit größerem β Wärme absorbiert wird, wenn zwei Systeme in thermischen Kontakt gebracht werden. Beachten Sie, daß diese letzte Feststellung gewöhnlich für alle Systeme gilt, gleichgültig ob ihre absolute Temperatur positiv oder negativ ist.

5. Mikroskopische Theorien und makroskopische Messungen

Wir haben bis jetzt die atomaren Bestandteile makroskopischer Systeme untersucht und gewannen dabei wesentliche Einblicke in die Eigenschaften und das Verhalten dieser Systeme. Im Laufe dieser Untersuchungen haben wir verschiedene nützliche Parameter eingeführt (wie Wärme, absolute Temperatur, Entropie), mit denen das *makroskopische* Verhalten von Vielteilchensystemen beschrieben werden kann. Obwohl diese Parameter anhand mikroskopischer Begriffe sorgfältigst definiert wurden, müssen sich doch durch *makroskopische* Messungen erfaßbar sein. Das gilt immer, gleichgültig ob die Voraussagen der Theorie Beziehungen zwischen rein makroskopischen Größen betreffen, oder ob sie mit den Zusammenhängen zwischen makroskopischen Größen und Eigenschaften im atomaren Bereich zu tun haben. Üblicherweise ist es die Aufgabe jeder physikalischen Theorie, signifikante Größen herauszugreifen, die gemessen werden müssen, und Methoden für solche Messungen vorzuschlagen und zu beschreiben. Das vorliegende Kapitel ist diesem Aspekt gewidmet. Wir werden uns also bemühen, zwischen den noch recht abstrakten atomaren und statistischen Begriffen einerseits und den tatsächlichen makroskopischen Messungen und Beobachtungen andererseits eine Verbindung herzustellen.

5.1. Bestimmung der absoluten Temperatur

Die absolute Temperatur ist ein sehr wichtiger Parameter, da sie in den meisten theoretischen Voraussagen explizit enthalten ist. Wir wollen daher einmal untersuchen, mit welchen Methoden die absolute Temperatur eines Systems tatsächlich gemessen werden kann. Prinzipiell kann eine solche Methode auf *jeder* theoretischen Beziehung aufgebaut sein, die β oder T enthält. Zum Beispiel ist Gl. (4.65) eine solche theoretische Beziehung, die die Abhängigkeit der Suszeptibilität χ eines paramagnetischen Stoffes von T zeigt. Durch Messung der Suszeptibilität einer geeigneten paramagnetischen Substanz sollte daher die absolute Temperatur bestimmt werden können. Eine andere theoretische Beziehung, die T enthält, ist die Zustandsgleichung (4.91) eines idealen Gases. Jedes Gas kann daher bei genügender Verdünnung, so daß es als ideal angesehen werden kann, zur Bestimmung der absoluten Temperatur herangezogen werden. In vielen Fällen erweist sich das tatsächlich als eine sehr praktische Methode.

Wollen wir die Zustandsgleichung (4.91) zur Bestimmung der absoluten Temperatur verwenden, können wir folgendermaßen vorgehen: Ein kleines Gasvolumen V wird in ein Glasgefäß gebracht, und es wird dafür gesorgt, daß dieses Volumen V immer konstant bleibt, gleichgültig welchen Druck das Gas auch hat.[1]) Dies ist dann ein Gasthermometer mit konstantem Volumen von der in Bild 4.4 dargestellten Art. Der thermometrische Parameter eines derartigen Thermometers ist der mittlere Druck $\bar{p}$ des Gases. Das konstante Volumen V des Gases und die Anzahl der Mol in dem Thermometergefäß müssen bekannt sein, damit wir die Anzahl N der vorhandenen Gasmoleküle bestimmen können. Eine Messung von $\bar{p}$ ergibt dann mit Hilfe von Gl. (4.91) den entsprechenden Wert kT oder β des Gases (also auch von anderen Systemen, mit denen das Gasthermometer in thermischem Gleichgewicht ist).

Damit sollen die Bemerkungen über die Messung von β, dem physikalisch wichtigen Parameter der absoluten Temperatur, abgeschlossen sein. Im weiteren werden wir uns in diesem Abschnitt ausschließlich mit einigen gebräuchlichen Definitionen befassen. Schreiben wir β in der Form $\beta^{-1} = kT$, und wird T selbst ein numerischer Wert zugeteilt, dann müssen wir für die Konstante k einen bestimmten Wert *wählen*. Der hierfür gewählte Wert wurde durch eine internationale Konvention festgesetzt, wobei davon ausgegangen wurde, daß es experimentell leichter ist, zwei verschiedene absolute Temperaturen zu vergleichen, als den Wert von β oder kT direkt zu messen. Es ist tatsächlich am einfachsten, zur Bestimmung numerischer Werte von T durch Temperaturvergleiche eine bestimmte Vorgangsweise festzusetzen, wobei der numerische Wert von k entsprechend bestimmt wird.

Um den gewünschten Temperaturvergleich ausführen zu können, wählen wir ein Bezugssystem in einem Bezugszustand (Makrozustand), und ordnen diesem Zustand per definitionem einen bestimmten Wert der absoluten Temperatur T zu. Einer internationalen Konvention zufolge ist das Bezugssystem reines Wasser, und sein Bezugszustand ist derjenige, in dem die feste, die flüssige und die gasförmige Phase des Wassers (also Eis, flüssiges Wasser und Wasserdampf) im Gleichgewicht gleichzeitig miteinander existieren können. Dieser Makrozustand wird *Tripelpunkt* des Wassers genannt. Der Grund für diese Wahl liegt darin, daß nur ein einziger Druckwert und ein einziger Temperaturwert eine Koexistenz dieser drei Phasen im Gleichgewicht gestatten. Experimentell kann leicht nachgeprüft werden, daß die Temperatur dieses Systems durch irgendwelche Änderungen in den Relativmengen von Eis, Wasser oder Gas, die unter diesen Bedingungen vorhanden sind, nicht beeinflußt wird. Der Tripelpunkt ist daher ein jederzeit reproduzierbarer Be-

---

[1]) Die Gasmasse in dem Thermometergefäß muß so klein sein, daß das Gas genügend verdünnt ist, um ideal zu sein. Das kann experimentell überprüft werden, indem man feststellt, ob eine Bestimmung der absoluten Temperatur mit einem noch weniger Gas enthaltenden Thermometer den gleichen Wert ergibt.

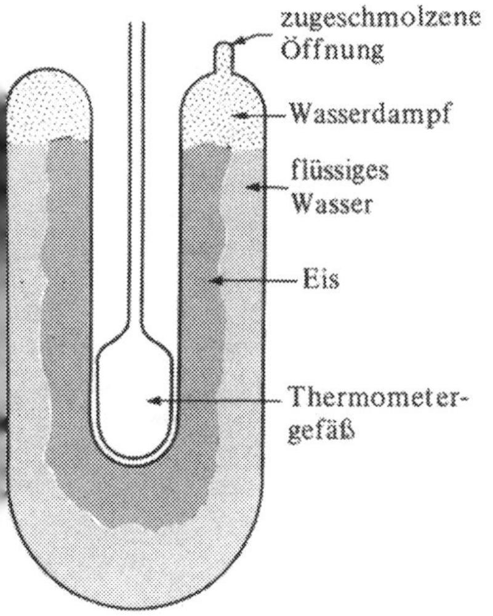

Bild 5.1. Schematische Darstellung einer Tripelpunktzelle zur Eichung eines Thermometers im Tripelpunkt von Wasser. Zuerst wird eine Kältemischung (z. B. eine Mischung von Aceton und Trockeneis – das ist festes CO_2) in den Hohlraum in der Mitte eingebracht, um einen Teil des Wassers in Eis umzuwandeln. Nach Entfernung der Kältemischung wird das Thermometer in den Hohlraum gegeben, und die Einstellung thermischen Gleichgewichts in diesem System wird abgewartet.

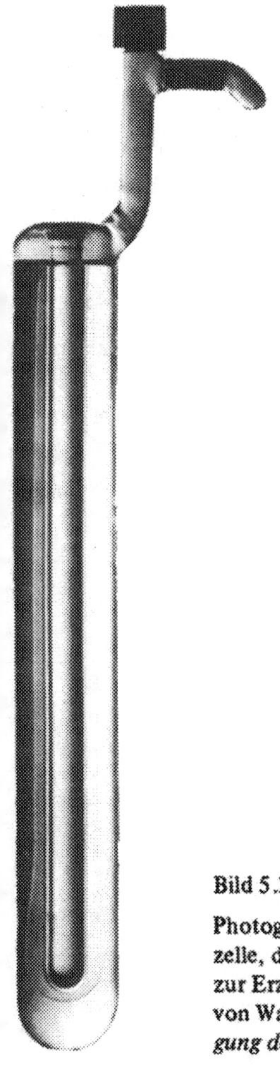

Bild 5.2.

Photographie einer typischen Tripelpunktzelle, die vom National Bureau of Standards zur Erzeugung der Tripelpunkttemperatur von Wasser verwendet wird. (*Mit Genehmigung des National Bureau of Standards.*)

zugspunkt für die Temperatur (Bilder 5.1 und 5.2). Nach der internationalen Konvention von 1954 ist die absolute Temperatur T_t von Wasser im Tripelpunkt durch den Wert

$$\boxed{T_t = 273{,}16 \textit{ genau}} \qquad (5.1)$$

gegeben. Dieser bestimmte Wert wurde gewählt, um zwischen den Werten von T, die sich nach der solchermaßen definierten modernen Temperaturskala ergeben, und den weniger genauen Werten, die nach einer älteren und komplizierteren Konvention erhalten werden, eine möglichst gute Übereinstimmung zu erzielen.

Der numerische Wert der absoluten Temperatur eines *beliebigen* Systems kann dann durch Vergleich mit der Temperatur T_t von Wasser im Tripelpunkt bestimmt werden. Ein nach der Definition (5.1) solchermaßen bestimmter numerischer Wert wird in *Kelvin*, abgekürzt „K" ausgedrückt (Bild 5.3). Der in der Definition (5.1)

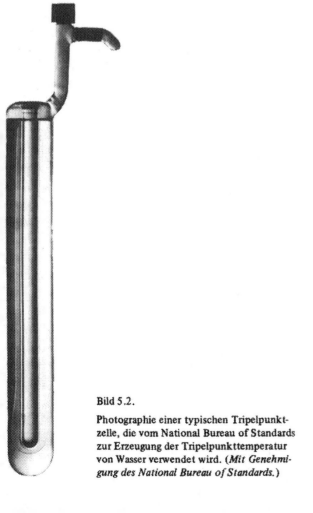

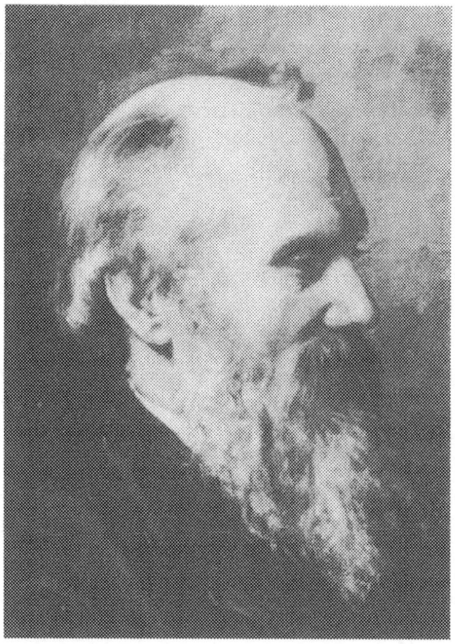

Bild 5.3. Lord *Kelvin* (*William Thomson*, 1824–1907). Thomson wurde in Schottland geboren; er lieferte schon frühzeitig Beweise seines brillianten Geistes. Bereits als Zweiundzwanzigjähriger erhielt er den Lehrstuhl für theoretische Physik an der Universität Glasgow, wo er mehr als fünfzig Jahre lang lebte und arbeitete. Er leistete auf den Gebieten des Elektromagnetismus und der Hydrodynamik wichtige Beiträge. Auf rein makroskopischen Argumenten aufbauend, formulierten er und der deutsche Physiker *E. Clausius* (1822–1888).den *Zweiten Hauptsatz der Thermodynamik*, durch den die Existenz und die grundlegenden Eigenschaften der Entropiefunktion aufgezeigt wurden. Seine Untersuchungen führten ihn auch zur Einführung des Begriffs der absoluten Temperatur. In Anerkennung seiner Arbeit wurde er geadelt; er nahm den Titel Lord *Kelvin* an. Die absolute Temperaturskala ist nach ihm benannt. (*Die Photographie, die von der National Portrait Gallery, London, zur Verfügung gestellt wurde, stammt von einem Portrait von Elizabeth Thomson King aus dem Jahre 1886*).

gewählte Wert ist also ein Fixpunkt oder Bezugspunkt der *Kelvin-Temperaturskala*, die damit definiert wird; durch die Festsetzung dieses Wertes wird auch der Wert von k fixiert. Also können wir mit irgendeinem Gerät, etwa einem Gasthermometer, mit dem wir den Wert von β oder kT im Tripelpunkt von Wasser (wo $T = T_t$) bestimmen können, den Wert von k unmittelbar ermitteln. Da die Größe $\beta^{-1} = kT$ eine Energie ist, die in Joule oder Erg gemessen wird, hat dann die Konstante k die Einheit J/K bzw. erg/K.

Wie können nun nach diesen Konventionen absolute Temperaturen mit einem Gasthermometer mit konstantem Volumen gemessen werden? Nach der Zustandsgleichung (4.91) ist der mit diesem Thermometer gemessene Gasdruck $\bar{p}$ der absoluten Temperatur des Gases direkt proportional. Mit diesem Thermometer kann also das *Verhältnis* absoluter Temperatur durch Messung des Verhältnisses von Drücken bestimmt werden. Angenommen, das Thermometer wird in thermischen Kontakt mit einem System A gebracht; nach Einstellung des Gleichgewichts hat der mittlere Druck des Thermometergases einen bestimmten Wert $\bar{p}_A$ angenommen. Wird dann das Thermometer in thermischen Kontakt mit einem zweiten System B gebracht, dann hat der mittlere Druck nach Erreichen des Gleichgewichts einen bestimmten Wert $\bar{p}_B$.[1] Aus der Zustandsgleichung (4.91) ergibt sich dann, daß die absoluten Temperaturen T_A und T_B von A bzw. B durch

$$\frac{T_A}{T_B} = \frac{\bar{p}_A}{\bar{p}_B} \tag{5.2}$$

gegeben sind. Besteht das System B aus Wasser im Tripelpunkt (so daß also $T_B = T_t$), und weist das mit diesem System im Gleichgewicht befindliche Gasthermometer einen Druck $\bar{p}_t$ auf, dann ergibt sich aus der Definition (5.1), daß die absolute Temperatur von A den Wert

$$T_A = 273{,}16 \frac{\bar{p}_A}{\bar{p}_t} \text{ K} \tag{5.3}$$

haben wird. Die absolute Temperatur irgendeines Systems kann also ganz einfach bestimmt werden, indem wir den Druck eines Gasthermometers bei konstantem Volumen messen. Diese Methode zur Bestimmung der absoluten Temperatur erweist sich als recht praktisch, solange die Temperatur nicht so niedrig oder so hoch ist, daß die Verwendung eines Gasthermometers nicht mehr günstig ist.

[1]) Wir setzen voraus, daß das Gasthermometer verglichen mit den Systemen A und B hinreichend klein ist, so daß die absolute Temperatur dieser Systeme durch den Meßvorgang nicht merklich (d. h., wenn diese in Kontakt mit dem Thermometer gebracht werden) beeinflußt wird.

Die absolute Temperaturskala ist also durch das spezielle Übereinkommen (5.1) definiert. Wir können nun mit der Zustandsgleichung für ideale Gase den numerischen Wert der Konstante k berechnen (oder auch den Wert der Konstante $R = N_A k$, wobei N_A die Avogadrosche Zahl ist). Gegeben sind ν Mol eines beliebigen idealen Gases bei der Tripelpunkttemperatur $T_t = 273{,}16$ K: Wir müssen dann nur das Volumen V des Gases und seinen entsprechenden mittleren Druck $\bar{p}$ messen. Aus diesen Angaben erhalten wir nach Gl. (4.93) die Konstante R. Genaue Messungen dieser Art ergeben für die *Gaskonstante* R den Wert[1])

$$\begin{aligned} R &= (8{,}314\ 34 \pm 0{,}000\ 35)\ \mathrm{J\,K^{-1}\,mol^{-1}} \\ &= (8{,}314\ 34 \pm 0{,}000\ 35) \cdot 10^7\ \mathrm{erg\,K^{-1}\,mol^{-1}} \end{aligned} \tag{5.4}$$

(1 Joule = 10^7 erg). Die Avogadrosche Zahl ist bekannt.[2]):

$$N_A = (6{,}022\ 52 \pm 0{,}000\ 09) \cdot 10^{23}\ \mathrm{mol^{-1}}. \tag{5.5}$$

Aus der Definition $R = N_A k$ der Gaskonstante ergibt sich daher für k der Wert

$$\begin{aligned} k &= (1{,}380\ 54 \pm 0{,}000\ 06) \cdot 10^{-23}\ \mathrm{J\,K^{-1}} \\ &= (1{,}380\ 54 \pm 0{,}000\ 06) \cdot 10^{-16}\ \mathrm{erg\,K^{-1}} \end{aligned} \tag{5.6}$$

Wie schon erwähnt ist k die sogenannte Boltzmannkonstante.[3])

In der Kelvin-Temperaturskala entspricht eine Energie von 1 eV einer Energie kT, mit $T \approx 11\,600$ K. Die Zimmertemperatur entspricht etwa 295 K, und die zugeordnete Energie kT ist etwa $\frac{1}{40}$ eV – das ist etwa die mittlere kinetische Energie eines Gasmoleküls bei Zimmertemperatur.

Eine weitere Temperaturskala ist die Celsius-Skala. Die Celsius-Temperatur ϑ_C wird durch die absolute Kelvin-Temperatur T folgendermaßen *definiert:*

$$\vartheta_C = (T - 273{,}15)\,^\circ\mathrm{C}. \tag{5.7}$$

[1]) In Kalorien ausgedrückt hat die Gaskonstante den Wert

$$R = (1{,}987\ 17 \pm 0{,}000\ 08)\ \mathrm{cal\,K^{-1}\,mol^{-1}}$$

Alle angegebenen Fehler sind Normalfehler.

[2]) Dieser Wert ist nach der modernen *vereinheitlichten* Atomgewichtstabelle berechnet, nach der das ^{12}C-Atom ein Atomgewicht von *genau* 12 besitzt. Die genauesten experimentellen Bestimmungen der Avogadroschen Zahl beruhen auf elektrischen Messungen jener Ladung, die erforderlich ist, um eine bestimmte Anzahl von Molekülen einer Verbindung (z. B. Wasser) elektrolytisch zu zerlegen, und auf atomaren Messungen der Elektronenladung.

[3]) Die numerischen Werte aller hier angegebenen physikalischen Konstanten stammen von *E. R. Cohen* und *J. W. M. DuMond*, „Rev.Mod.Phys." 37, 590 (1965). Siehe auch Tabelle der numerischen Konstanten am Ende des Buches.

In dieser Skala liegt der Gefrierpunkt von Wasser bei Normaldruck etwa bei 0 °C, der Siedepunkt ungefähr bei 100 °C.[1])

5.2. Hohe und niedrige absolute Temperaturen

Tabelle 5.1.: Einige typische Temperaturwerte

Oberflächentemperatur der Sonne	5500 K
Siedepunkt von Wolfram (W)	5800 K
Schmelzpunkt von Wolfram	3650 K
Siedepunkt von Gold (Au)	3090 K
Schmelzpunkt von Gold	1340 K
Siedepunkt von Blei (Pb)	2020 K
Schmelzpunkt von Blei	600 K
Siedepunkt von Wasser (H_2O)	373 K
Schmelzpunkt von Wasser	273 K
Temperatur des menschlichen Körpers	310 K
Zimmertemperatur (ungefähr)	295 K
Siedepunkt von Stickstoff (N_2)	77 K
Schmelzpunkt von Stickstoff	63 K
Siedepunkt von Wasserstoff (H_2)	20,3 K
Schmelzpunkt von Wasserstoff	13,8 K
Siedepunkt von Helium (He)	4,2 K

In Tabelle 5.1 sind einige typische absolute Temperaturen angegeben, damit wir die Bedeutung solcher Temperaturwerte gefühlmäßig abschätzen lernen. Der *Schmelzpunkt* eines Stoffes ist die Temperatur, bei der die flüssige und die feste Phase des Stoffes miteinander im Gleichgewicht existieren können (immer bei Normaldruck, also 1 atm ≈ 1 bar). Bei höheren Temperaturen ist der betreffende Stoff flüssig. Der *Siedepunkt* eines Stoffes ist die Temperatur, bei der die gasförmige und die flüssige Phase des Stoffes miteinander im Gleichgewicht existieren können (wiederum bei einem Druck von 1 atm ≈ 1 bar). Bei höheren Temperaturen ist der betreffende Stoff gasförmig. Beim Schmelzpunkt geht zum Beispiel Eis in Wasser über; beim Siedepunkt geht flüssiges Wasser in Wasserdampf, d. h. in ein Gas, über.

Betrachten wir nun ein beliebiges gewöhnliches makroskopisches System. Die absolute Temperatur T dieses Systems ist positiv[2]) und kT von der Größenordnung der mittleren Energie (bezogen auf die Grundzustandsenergie W_0) pro Freiheitsgrad des Systems. Nach Gl. (4.30) gilt somit

$$kT \approx \frac{\overline{W} - W_0}{f}. \tag{5.8}$$

1) Die Fahrenheit-Temperatur ϑ_F, die in den Vereinigten Staaten noch allgemein verwendet wird, wird durch ϑ_C folgendermaßen definiert:

$$\vartheta_F = (32 \pm 1{,}8)\,\vartheta_C \quad \text{Grad Fahrenheit.}$$

2) Der Sonderfall eines Spin-Systems, dessen Energie so hoch ist, daß seine absolute Temperatur *negativ* ist, wurde in Übung 29 des Kapitels 4 untersucht.

Da jedes System eine niedrigstmögliche Energie besitzt – die Energie W_0 seines Grundzustands – gibt es auch bei der absoluten Temperatur einen niedrigstmöglichen Wert T = 0, den das System anstrebt, wenn seine Energie gegen die seines Grundzustands geht. Wird die Energie des Systems größer als W_0, dann nimmt auch seine absolute Temperatur zu. Es gibt jedoch keine obere Grenze für die absolute Temperatur, weil ja auch keine obere Grenze für die kinetische Energie der Teilchen eines gewöhnlichen Systems existiert. Temperaturen der Größenordnung 10^7 K kommen zum Beispiel im Inneren von Sternen oder bei Kernfusionsexplosionen auf der Erde vor.

Die obigen Bemerkungen folgen aus der Definition der absoluten Temperatur

$$\frac{1}{kT} = \beta = \frac{\partial \ln \Omega}{\partial W} \tag{5.9}$$

und aus dem Verhalten von $\ln \Omega$ als Funktion von W (siehe Bild 4.5). Untersuchen wir den Grenzfall $W \to W_0$ näher (die Energie des Systems nähert sich ihrem niedrigstmöglichen Wert, dem Grundzustandswert). Die Anzahl $\Omega(W)$ von Zuständen, die in dem kleinen Energieintervall zwischen W und $W + \delta W$ für das System realisierbar sind, nähert sich dann einem sehr niedrigen Grenzwert Ω_0. Wie ja in Abschnitt 3.1 bereits dargelegt wurde, entspricht der niedrigstmöglichen Energie eines Systems meist nur ein Quantenzustand (oder höchstens eine sehr geringe Anzahl von Quantenzuständen). Auch wenn die Anzahl der Zustände des Systems in dem Energieintervall δW in der Nähe von W_0 von der gleichen Größenordnung wie f ist, ist $\ln \Omega_0$ doch nur von der Größenordnung $\ln f$, und daher vollkommen vernachlässigbar gegenüber den entsprechenden Werten bei höheren Energien, bei denen $\ln \Omega$ nach Gl. (4.41) von der Größenordnung von f ist. Die Entropie $S = k \ln \Omega$ des Systems in der Nähe der Grundzustandsenergie W_0 ist also verglichen mit ihren Werten bei höheren Energien verschwindend klein. Wir gelangen somit zu der folgenden Feststellung: Nähert sich die Energie eines Systems ihrem niedrigstmöglichen Wert, dann wird die Entropie des Systems verschwindend klein. Mathematisch geschrieben hat diese Feststellung die Form

$$S \to 0 \quad \text{wenn} \quad W \to W_0 \tag{5.10}$$

Nimmt die Energie des Systems ausgehend von der Grundzustandsenergie zu, dann erhöht sich die Anzahl der realisierbaren Zustände sehr rasch. Aus Gl. (4.29) ergibt sich näherungsweise

$$\beta = \frac{\partial \ln \Omega}{\partial W} \approx \frac{f}{W - W_0}.$$

Nähert sich die Energie W ihrem niedrigstmöglichen Wert W_0 dann wird β sehr groß und $T \approx \beta^{-1} \to 0$. Die Beziehung (5.10) für den Grenzfall, die für jedes System gilt, kann daher auch in der Form

$$\boxed{S \to 0 \quad \text{wenn} \quad T \to 0} \tag{5.11}$$

geschrieben werden.

Die Aussage (5.11) wird als *Dritter Hauptsatz der Thermodynamik* bezeichnet. Arbeiten wir mit Temperaturen nahe $T \approx 0$ (nahe dem absoluten Nullpunkt – nach der gebräuchlichen Terminologie) dann müssen wird dafür Sorge tragen, daß sich das untersuchte System tatsächlich im Gleichgewicht befindet, insbesondere weil die Einstellung des Gleichgewichts bei so tiefen Temperaturen sehr langsam vor sich gehen kann. Außerdem müssen wir genügend Informationen über das System besitzen, damit wir die Grenzwertaussage (5.11) in der richtigen Weise auslegen können, d. h. wie niedrig die Temperatur tatsächlich sein muß, damit in dem betreffenden Fall die Anwendung von Gl. (5.11) gerechtfertigt ist. Ein spezielles Beispiel ist im folgenden gegeben.

Bemerkung über die Kernspinentropie

Die magnetischen Momente von Atomkernen sind so extrem klein, daß erst bei Temperaturen unter 10^{-6} K (abgesehen von starken äußeren Magnetfeldern) die gegenseitige Wechselwirkung zwischen den Kernen zu nichtzufälligen Orientierungen ihrer Spins führen kann.[1]) Sogar bei einer so niedrigen Temperatur wie $T_0 = 10^{-3}$ K wären die Kernspins noch genau so zufällig orientiert wie bei beliebigen höheren Temperaturen. Nach Aussage (5.11) würde die Entropie S_0, die allen Freiheitsgraden *außer* jenen der Kernspins entspricht, bei der Temperatur T_0 tatsächlich verschwindend klein werden. Die *Gesamtentropie* jedoch hätte immer noch den hohen Wert $S_s = k \ln \Omega_s$, der sich aus der Gesamtzahl Ω_s der Zustände ergibt, die den möglichen Orientierungen der Kernspins entsprechen. Statt Aussage (5.11) erhält man für diesen Fall

$$\boxed{S_s \to S_0 \quad \text{wenn} \quad T \to 0_+.} \tag{5.12}$$

Hier ist $T \to 0_+$ ein Grenzwert der Temperatur (wie $T_0 = 10^{-3}$ K), der sehr niedrig ist, aber immer noch hoch genug, daß die Spins zufällig orientiert bleiben. Aussage (5.12) ist sehr nützlich, da S_0 eine bestimmte Konstante ist, die allein von der Art der Atomkerne in dem betreffenden System abhängt, nicht im geringsten jedoch von irgendwelchen Details der Energieniveaus des Systems. Kurzum, S_0 ist eine Konstante, die von der Struktur des Systems, d. h. von der räumlichen Anordnung seiner Atome, der Art ihrer chemischen Zusammensetzung und von den Wechselwirkungen zwischen ihnen, vollständig unabhängig ist. Betrachten wir zum Beispiel ein System A, das aus einem Mol des Metalls Blei (Pb) und einem Mol Schwefel (S) besteht; ein zweites System A′ ist ein Mol der Verbindung Bleisulfid (PbS). Die Eigenschaften dieser beiden Systeme sind sehr verschieden – sie bestehen jedoch aus der gleichen Anzahl und der gleichen Art von Atomen. Im Grenzfall $T \to 0_+$ sollten daher die Entropien der beiden Systeme gleich groß sein.

Die Untersuchung eines Systems bei niedrigen absoluten Temperaturen (Bilder 5.4 und 5.5) ist oft äußerst interessant, eben weil die Entropie der betreffenden Systeme dann sehr gering ist, und ein System aus diesem Grund nur eine relativ geringe Anzahl von Zuständen aufweisen kann. Das System ist also in weitaus größerem Maße geordnet (bzw. in geringerem Maße zufallsverteilt) als bei höheren Temperaturen. Wegen dieses hohen Grades der Ordnung weisen viele Stoffe bei sehr niedrigen

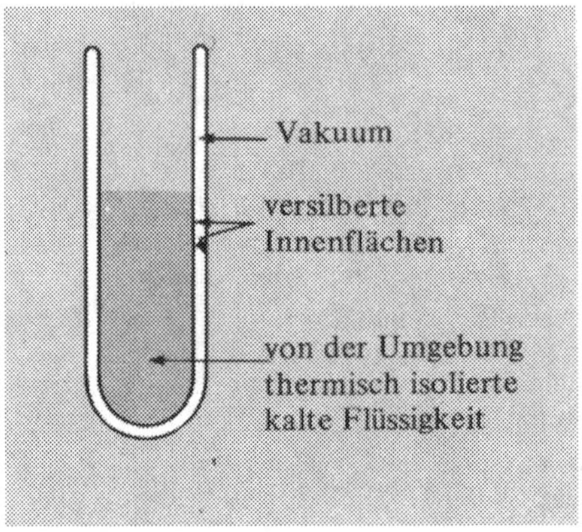

Bild 5.4. Ein *Dewar-Gefäß* wie es für Arbeiten bei sehr tiefen Temperaturen verwendet wird. Ein solches Dewar-Gefäß (benannt nach Sir *James Dewar* (1842–1923), der im Jahre 1898 erstmals Wasserstoff verflüssigte) ähnelt der im Haushalt verwendeten Theromosflasche. Es kann aus Glas oder Metall (z. B. rostfreiem Stahl) bestehen und dient zur Wärmeisolierung einer darin enthaltenen Flüssigkeit gegen die Umgebung. Die Isolierung wird durch den evakuierten Zwischenraum zwischen zwei Wänden bewirkt. Ist das Dewar-Gefäß aus Glas, dann ist es günstig, wenn das Glas mit einer reflektierenden Silberschicht versehen wird, damit ein Wärmetransport durch Strahlung möglichst gering gehalten wird.

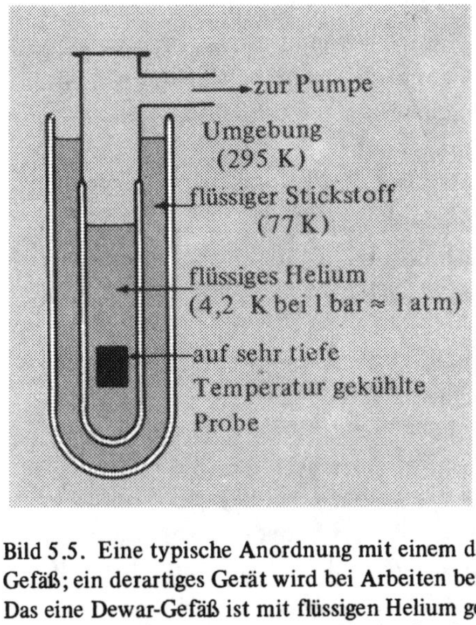

Bild 5.5. Eine typische Anordnung mit einem doppelten Dewar-Gefäß; ein derartiges Gerät wird bei Arbeiten bei 1 K verwendet. Das eine Dewar-Gefäß ist mit flüssigen Helium gefüllt, und ist in das zweite Dewar-Gefäß eingetaucht, das flüssigen Stickstoff enthält. Auf diese Weise kann der in das flüssige Helium gerichtete Wärmefluß sehr gering gehalten werden.

1) Siehe Übung 2.

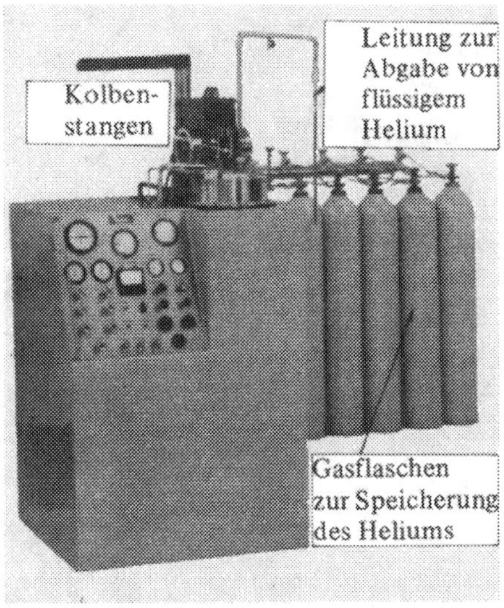

Bild 5.6. Photographie eines kommerziellen Gasverflüssigungsapparates, mit dem man, ausgehend von Heliumgas bei Zimmertemperatur, flüssiges Helium erzeugen kann. Mit den nötigen Zusatzgeräten, (einem Kompressor und einem Gasbehälter) können mit einem solchen Verflüssigungsapparat mehrere Liter flüssiges Helium pro Stunde hergestellt werden. Eine erste Kühlung des Gases wird erreicht, indem man das thermisch isolierte Gas an einigen Kolben mechanische Arbeit verrichten läßt (die Kolbenstangen sind oben am Apparat sichtbar); durch diesen Prozeß wird die mittlere Energie, und daher die absolute Temperatur des Gases entsprechend vermindert. Helium wurde erstmals von dem holländischen Physiker *Kamerlingh Onnes* im Jahre 1908 verflüssigt. (*Die Photographie wurde von Arthur D. Little, Inc., zur Verfügung gestellt.*)

Temperaturen bemerkenswerte Eigenschaften auf. Im folgenden zwei eindrucksvolle Beispiele: Die Elektronenspins einiger Stoffe können fast vollkommen polarisiert (d. h. in eine Richtung gebracht) werden – die betreffenden Stoffe werden dadurch zu Permanentmagneten. Die Leitungselektronen in vielen Metallen (in Blei oder Zinn zum Beispiel) können sich ohne die geringste Reibung bewegen, wenn das betreffende Metall unter eine genau definierte Temperatur (7,2 K im Fall von Blei) abgekühlt wird; in einem solchen Metall kann ein elektrischer Strom ohne elektrischen Widerstand fließen – es wird als *supraleitend* bezeichnet. Ähnlich ist es bei flüssigem Helium (Bild 5.6), das bei Normalsdruck auch in der Nähe des absoluten Nullpunkts ($T \rightarrow 0$) flüssig bleibt. Bei Temperaturen unter 2,18 K fließt Helium vollkommen reibungsfrei, und besitzt eine erstaunliche Fähigkeit, selbst durch Öffnungen mit einem Durchmesser von weniger als 10^{-6} cm leicht hindurchzufließen. Eine solche Flüssigkeit wird *suprafüssig* genannt. Untersuchungen im Bereich sehr niedriger Temperaturen erschließen also eine Fülle von interessanten Phänomenen. Da jedes System nahe $T = 0$ Zustände aufweist, die nahe dem Grundzustand sind, ist für eine Untersuchung der Eigenschaften solcher Systeme die Quantenmechanik ein wesentliches Hilfsmittel. Der Grad der Zufälligkeit ist bei so tiefen Temperaturen tatsächlich so gering, daß diskrete Quanteneffekte im *makroskopischen* Bereich beobachtet werden können. Die obigen Bemerkungen sollten genügen, die außerordentliche Bedeutung der *Tieftemperaturphysik* in der modernen Forschung zu rechtfertigen und zu erklären.

Die folgende interessante Frage ergibt sich ganz von selbst: Wie nahe können wir in der Praxis ein makroskopisches System an seinen Grundzustand heranbringen, bzw. auf welche niedrigste absolute Temperatur kann es abgekühlt werden? Mit modernen Methoden werden Temperaturen bis zu 1 K leicht erreicht, indem das zu untersuchende System in ein Bad von flüssigem Helium gebracht wird. Der Siedepunkt dieser Flüssigkeit kann bis auf etwa 1 K erniedrigt werden, indem der Dampfdruck über der Flüssigkeit mit einer geeigneten Pumpe vermindert wird.[1]) Wendet man diese Methode auf reines flüssiges Helium 3 an (es wird also nur das seltene Isotop ^{3}He eingesetzt und nicht das häufigste Isotop ^{4}He), dann kann man ohne übermäßige Schwierigkeiten auch Temperatur bis hinunter zu 0,3 K erreichen. Unter wesentlich größeren Schwierigkeiten kann die Temperatur auch auf 0,01 K, ja sogar auf 0,001 K gesenkt werden – mit Methoden nämlich, mit denen an einem thermisch isolierten Spin-System magnetische Arbeit verrichtet wird. Auf diese Weise konnten bereits Temperaturen von 10^{-6} K verrricht weden.

5.3. Arbeit, innere Energie und Wärme

Die Begriffe Wärme und Arbeit wurden bereits in Abschnitt 3.7 eingeführt. Die Ergebnisse dieses Abschnittes wurden in der grundlegenden Beziehung (3.53),

$$\Delta \overline{W} = W_A + Q \qquad (5.13)$$

zusammengefaßt, die den Zusammenhang zwischen dem Zuwachs der mittleren Energie $\overline{W}$ eines Systems und der an ihm verrichteten makroskopischen Arbeit W_A und der von ihm absorbierten Wärmemenge Q angibt. Auf dieser Beziehung beruhen die makroskopischen Messungen aller in ihr enthaltenen Größen. Dabei gehen wir folgendermaßen vor: Die makroskopische Arbeit ist eine aus der Mechanik bekannte Größe. Sie kann leicht bestimmt werden, da die Arbeit eigentlich nur ein Produkt einer makroskopischen Kraft und einer makroskopischen Wegstrecke ist. Wenn wir das System thermisch isolieren, wird in Gl. (5.13) $Q = 0$ sein – zur Bestimmung der

---

[1]) Bergwanderer, deren Begeisterung so weit reicht, daß sie bei einer Bergtour gekocht haben, kennen das Prinzip, das dieser Methode zugrunde liegt: Der Siedepunkt von Wasser ist auf einem Berggipfel niedriger als im Meeresniveau, weil der Luftdruck geringer ist.

mittleren Energie $\bar{W}$ des Systems ist dann lediglich eine Ermittlung der Arbeit erforderlich. Ist das System nicht thermisch isoliert, dann kann die von ihm absorbierte Wärmemenge Q aus Gl. (5.13) bestimmt werden, wenn seine mittlere Energie $\bar{W}$ vor dem Versuch bestimmt wurde, und dann die an dem System verrichte Arbeit W_A gemessen wird.

Nachdem wir nun die allgemeine Vorgangsweise besprochen haben, wollen wir uns eingehender mit der Bestimmung der verschiedenen Größen befassen und auch einige spezielle Beispiele anführen.

5.3.1. Arbeit

Nach ihrer Definition (3.51) ist die an einem System verrichtete makroskopische Arbeit durch die Zunahme seiner mittleren Energie gegeben, wenn das System thermisch isoliert ist und einer seiner Parameter verändert wird. Diese Zunahme der mittleren Energie kann dann anhand elementarer Begriffe der Mechanik berechnet werden: Die Energiezunahme kann letztlich auf das Produkt aus Kraft und Weg (über den die Kraft wirkt) zurückgeführt werden. Genauer gesagt: Die Berechnung der mittleren Energieänderung erfordert eine Bestimmung des Mittelwerts dieses Produktes für die Systeme eines statistischen Kollektivs. Haben wir es jedoch mit einem makroskopischen System zu tun, dann sind Kraft und Weg makroskopische Größen, die fast immer gleich ihren Mittelwerten sind, da die relativen Schwankungen dieser Größen vernachlässigbar gering sind. In der Praxis werden also Messungen an einem einzigen System für die Bestimmung der mittleren Energieänderung und der entsprechenden Arbeit ausreichen.

Die folgenden Beispiele sollen zur Erkäuterung einiger gebräuchlicher Methoden zur Bestimmung der Arbeit dienen.

Beispiel 1: Mechanische Arbeit

In Bild 5.7 ist ein System A dargestellt, das aus einem wassergefüllten Behälter, einem Thermometer und einem Schaufelrad besteht. Dieses System kann in Wechselwirkung mit einem relativ einfachen System A′ treten, das aus einem Gewichtsstück und der Erde selbst besteht, die auf das Gewichtsstück eine bekannte Anziehungskraft F_G ausübt. Die beiden Systeme können insofern in Wechselwirkung treten, als durch das fallende Gewichtsstück das Schaufelrad in Drehung versetzt wird und dadurch das Wasser in Bewegung bringt. Diese Wechselwirkung ist ein adiabatischer Prozeß, da die einzige Verbindung die Schnur ist, die jedoch praktisch keine Wärme weiterleitet. Der äußere Parameter, der das System A′ beschreibt, ist der Abstand s zwischen Gewichtsstück und Laufrad. Sinkt das Gewichtsstück ohne Geschwindigkeitsänderung um eine Strecke Δs ab, dann wird hierdurch die mittlere Energie des Systems A′ um den Betrag $F_G \Delta s$ vermindert, das ist die Abnahme der potentiellen Energie des Gewichtsstückes, die auf der Arbeit beruht, die die Schwerkraft an dem Gewichtsstück verrichtet.[1]) Da das zusammengesetzte System A + A′ isoliert ist, muß dann die mittlere Energie des Systems A in dem Prozeß um den Betrag $F_G \Delta s$ *zunehmen* – an dem adiabatisch isolierten System A wird also durch das fallende Gewichtsstück von A′ die Arbeit $F_G \Delta s$ verrichtet. Die Bestimmung der an A verrichteten Arbeit erfordert also lediglich eine Messung der Strecke Δs.

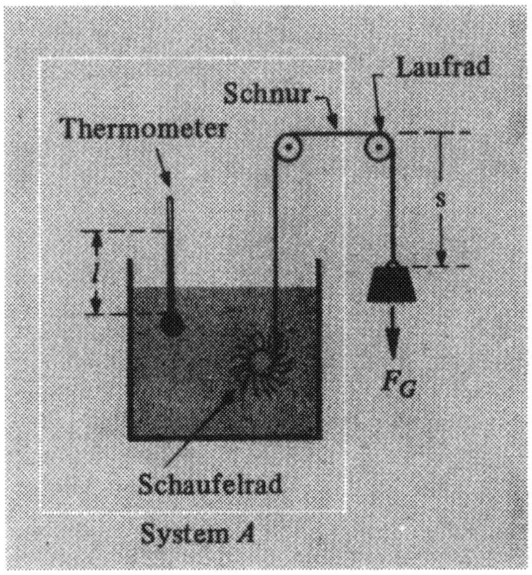

Bild 5.7. Das System A besteht aus einem wassergefüllten Behälter, einem Thermometer, und einem Schaufelrad. Durch ein fallendes Gewichtsstück kann an diesem System Arbeit verrichtet werden.

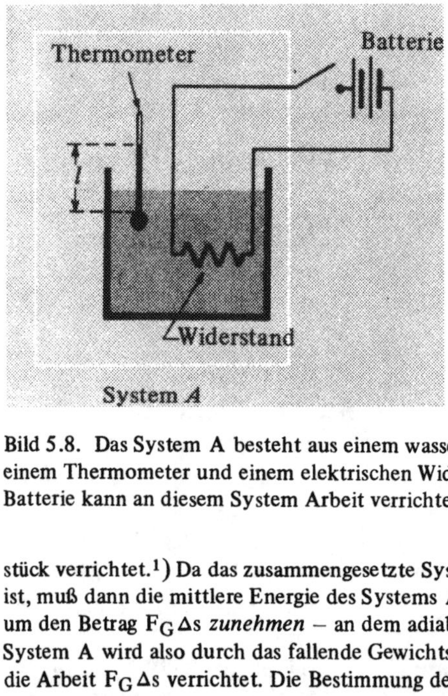

Bild 5.8. Das System A besteht aus einem wassergefüllten Behälter, einem Thermometer und einem elektrischen Widerstand. Eine Batterie kann an diesem System Arbeit verrichten.

Beispiel 2: Elektrische Arbeit

Gewöhnlich kann Arbeit am einfachsten mit Hilfe von Elektrizität verrrichtet werden und am genauesten auch mit elektrischen Methoden gemessen werden.[2]) Bild 5.8 zeigt eine

[1]) Das Gewichtsstück fällt meist mit konstanter Geschwindigkeit, da es seine Endgeschwindigkeit ziemlich rasch erreicht. Wäre die Geschwindigkeit des Gewichtsstückes nicht konstant, dann würde die Änderung der mittleren Energie von A′ durch die Änderung der Summe von potentieller und kinetischer Energie des Gewichtsstückes gegeben sein.

[2]) Die Arbeit ist dann natürlich immer noch eine mechanische, es werden jedoch elektrische Kräfte in den betreffenden Prozeß einbezogen.

derartige Versuchsanordnung, die im Grunde ganz analog der von Bild 5.7 ist. Das System A besteht nun aus einem wassergefüllten Behälter, einem Thermometer, und einem elektrischen Widerstand. Eine Batterie mit bekannter elektromotorischer Kraft $\mathcal{E}$ wird mit dem Widerstand durch Drähte verbunden, die so dünn sind, daß das System A gegenüber der Batterie thermisch isoliert bleibt. Die Ladung q der Batterie ist ihr äußerer Parameter. Liefert die Batterie eine Ladung Δq, die durch den Widerstand geht, dann ist die Arbeit, die die Batterie in diesem Prozeß an A verrichtet, einfach gleich $\mathcal{E}\,\Delta q$. Die Ladung Δq kann leicht gemessen werden, indem die Zeit Δt bestimmt wird, während der ein bestimmter Strom I durch die Batterie fließt: $\Delta q = I\,\Delta t$. Der Widerstand übernimmt hier die gleiche Aufgabe wie das Schaufelrad im vorigen Beispiel – beide sind Vorrichtungen, an denen einfach Arbeit verrichtet werden kann.

Die Untersuchung eines Prozesses gestaltet sich immer dann besonders einfach, wenn der betreffende Prozeß ein *quasistatischer* ist, d. h. ein genügend langsam ablaufender Prozeß, so daß das betrachtete System sich jederzeit nahe dem Gleichgewichtszustand befindet. Untersuchen wir nach diesen Gesichtspunkten einmal den Fall eines Mediums, das sich einmal im flüssigen, einmal im gasförmigen Zustand befinden kann. Für die an dieser Flüssigkeit in einem quasistatischen Prozeß verrichtete Arbeit wollen wir einen Ausdruck ableiten. Da sich das Medium dann immer praktisch im Gleichgewicht befindet, gibt es keine Dichteinhomogenitäten und andere bei rasch ablaufenden Prozessen auftretende Komplikationen: Die Flüssigkeit ist jederzeit durch einen eindeutig definierten mittleren Druck $\bar{p}$ charakterisiert, der gleichmäßig in der ganzen Flüssigkeit herrscht. Der Einfachheit halber wollen wir annehmen, daß sich die Flüssigkeit in einem Zylinder befindet, der durch einen Kolben der Fläche A abgeschlossen ist (Bild 5.9). Der äußere Parameter dieses Systems ist der Abstand s des Kolbens von der linken Wand oder das Volumen $V = As$ der Flüssigkeit. Da Druck als Quotient aus Kraft und Fläche definiert ist, ist die mittlere Kraft, die die Flüssigkeit nach rechts auf den Kolben ausübt, gleich $\bar{p}A$; dementsprechend ist die mittlere Kraft, die der Kolben nach rechts auf die Flüssigkeit ausübt, ebenfalls gleich $\bar{p}\,A$ (actio = reactio). Wird der Kolben nun sehr langsam um eine Strecke ds nach rechts verschoben (wodurch sich das Volumen der Flüssigkeit um den Betrag $dV = A\,ds$ ändert), dann ist die an der Flüssigkeit verrichtete Arbeit einfach gleich

$$\text{đ}W_A = (-\bar{p}A)\,ds = -\bar{p}(A\,ds)$$

bzw.

$$\boxed{\text{đ}W_A = -\bar{p}dV.} \qquad (5.14)$$

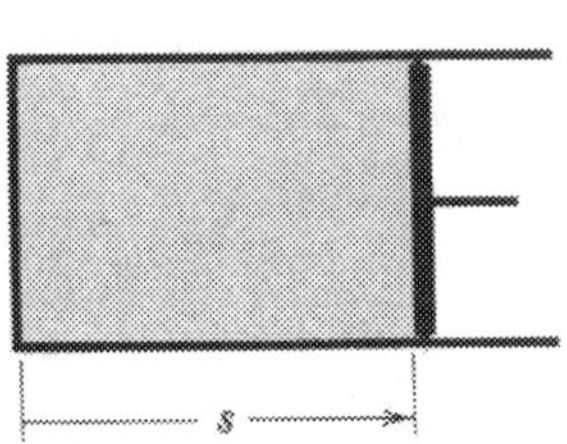

Bild 5.9
Ein Medium in einem Zylinder, der durch einen beweglichen Kolben der Fläche A abgeschlossen ist. Der Abstand des Kolbens von der linken Wand ist mit s bezeichnet.

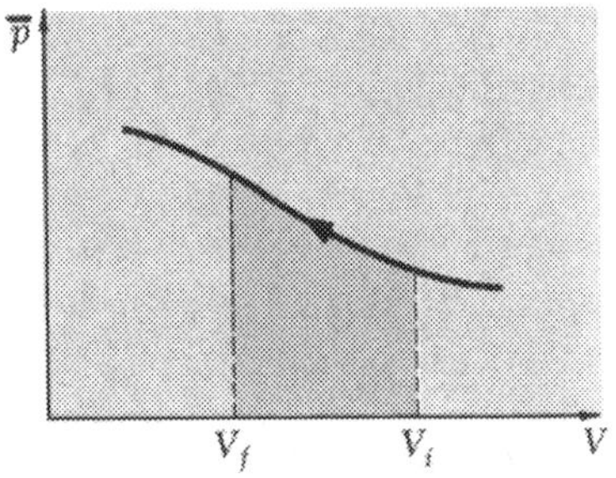

Bild 5.10. Abhängigkeit des mittleren Drucks $\bar{p}$ vom Volumen V eines bestimmten Systems. Die dunkler getönte Fläche unter der Kurve gibt die an dem System verrichtete Arbeit wieder, wenn das Volumen des Systems quasistatisch von V_i auf V_f gebracht wurde.

Das negative Vorzeichen muß hier verwendet werden, da die Verschiebung ds des Kolbens und die auf das Gas (das Medium befindet sich hier immer im gasförmigen Zustand) einwirkende Kraft $\bar{p}A$ entgegengesetzt gerichtet sind.[1]

Wird das Volumen des gasförmigen Mediums quasistatisch von einem Anfangsvolumen V_i auf ein Endvolumen V_f gebracht, dann ist in jedem Abschnitt dieses Prozesses ihr Druck $\bar{p}$ eine Funktion ihres Volumens und ihrer Temperatur. Die Gesamtarbeit W_A, die in diesem Prozeß an der Flüssigkeit verrichtet wird, erhält man dann ganz einfach, indem man alle infinitesimalen Arbeitsbeträge (5.14) addiert:

$$W_A = -\int_{V_i}^{V_f} \bar{p}\,dV = \int_{V_f}^{V_i} \bar{p}\,dV. \qquad (5.15)$$

Die *an* der Flüssigkeit verrichtete Arbeit ist positiv, wenn $V_f < V_i$, und negativ, wenn $V_f > V_i$. Nach Gl. (5.15) ist der Arbeitsbetrag gleich der dunklen Fläche unter der Kurve in Bild 5.10.

5.3.2. Innere Energie

Wenden wir uns nun der Bestimmung der *inneren Energie* W eines makroskopischen Systems zu. (Unter innerer Energie verstehen wir die Gesamtenergie aller Teilchen des Systems, und zwar in jenem Bezugssystem, in dem der Schwerpunkt des Systems ruht.)[2] Aus der

[1] Es kann leicht bewiesen werden, daß die Beziehung (5.14) allgemein für ein Medium in einem Behälter des Volumens V und *beliebiger Form* gilt. Siehe, z. B., *F. Reif*, „Fundamentals of Statistical and Thermal Physics", p. 77 (McGraw-Hill Book Company, New York, 1965).

[2] Die innere Energie ist natürlich einfach gleich der Gesamtenergie, wenn das System als Ganzes relativ zum Labor ruht. Bewegt sich jedoch das ganze System, dann unterscheidet sich seine Gesamtenergie von seiner inneren Energie einfach durch die kinetische Energie seines Schwerpunkts.

Mechanik ist uns bekannt, daß die Energie eines Systems (insbesondere seine potentielle Energie) bis auf eine beliebige Konstante definiert ist. Dasselbe gilt natürlich auch für die mittlere Energie $\bar{W}$ eines makroskopischen Systems. Der Wert $\bar{W}$ des Systems in einem bestimmten Makrozustand besitzt nur dann physikalische Bedeutung, wenn er relativ zu einem Bezugswert, den das System in einem Bezugsmakrozustand aufweist, gemessen wird. Also sind nur *Differenzen* von mittleren Energien physikalisch relevant. Solche Energiedifferenzen können immer über die verrichtete Arbeit bestimmt werden, wenn das System thermisch isoliert ist, bzw. der betreffende Prozeß ein adiabatischer ist. Das folgende Beispiel zeigt, wie wir dabei vorzugehen haben.

Beispiel 3: Elektrische Messung der inneren Energie

Betrachten wir das System A aus Bild 5.8. Der Makrozustand dieses Systems kann durch einen einzigen makroskopischen Parameter, seine Temperatur, charakterisiert werden, da alle anderen makroskopischen Parameter des Systems (z. B. sein Druck) konstant gehalten werden. Diese Temperatur muß *nicht* die absolute Temperatur des Systems sein. Wir nehmen einfach an, daß die Temperatur durch die Länge l der Flüssigkeitssäule eines beliebigen Thermometers gegeben ist, das mit der Flüssigkeit in thermischem Kontakt ist. Mit $\bar{W}$ bezeichnen wir die mittlere innere Energie des Systems, wenn es sich in einem Makrozustand im Gleichgewicht befindet, der durch den Temperaturwert l charakterisiert ist. $\bar{W}_a$ ist die mittlere innere Energie des Systems, wenn es sich in einem Bezugsmakrozustand a im Gleichgewicht befindet, der durch einen bestimmten Temperaturwert l_a charakterisiert ist. (Die Untersuchung verliert nicht an Allgemeingültigkeit, wenn der Wert von $\bar{W}_a$ gleich null gesetzt wird.) Interessant ist dann die folgende Frage: Wie groß ist der Wert der mittleren Energie $\bar{W} - \bar{W}_a$ des Systems relativ zum Bezugsmakrozustand a, wenn sich das System in einem anderen Makrozustand befindet, der durch den Temperaturwert l charakterisiert ist?

Bei der Untersuchung dieser Frage nehmen wir an, daß das System A, wie in Bild 5.8, thermisch isoliert ist. Anfangs befindet sich das System im Makrozustand a. Dann wird an ihm eine bestimmte Arbeit $W_A = V\,\Delta q$ verrichtet, dadurch daß eine gemessene Ladung Δq durch den Widerstand fließt. Nachdem das System den Gleichgewichtszustand erreicht hat, wird sein Temperaturparameter l abgelesen. Nach der Beziehung (5.13) und mit $Q = 0$ ergibt sich für die mittlere Energie W des Systems in dem neuen Makroszustand

$$\bar{W} - \bar{W}_a = W_A = V\,\Delta q.$$

Wir haben damit den Wert von $\bar{W}$ gefunden, der einer bestimmten Temperatur l entspricht.

Diesen Versuch können wir nun viele Male wiederholen, und jedesmal eine andere Arbeit an dem System verrichten. Auf ähnliche Weise erhalten wir auch Werte für Makroszustände, deren mittlere Energie $\bar{W}$ kleiner als $\bar{W}_a$ ist. Dazu brauchen wir bloß von einem solchen Makroszustand auszugehen, der durch einen Temperaturwert l charakterisiert ist, und die Arbeit bestimmen, die nötig ist, um das System auf seinen Bezugsmakrozustand der Temperatur l_a zu bringen. Aus diesen Versuchen gewinnen wir eine Reihe von Werten für $\bar{W}$, die verschiedenen Werten des Temperaturparameters l entsprechen. Diese Daten können wie in Bild 5.11 graphisch dargestellt werden. Wir haben damit unsere Aufgabe erfüllt: Befindet sich das System in einem Makrozustand im Gleichgewicht, der durch einen Temperaturwert l charakterisiert ist, dann kann die mittlere innere Energie (relativ zum Bezugsmakrozustand a) des Systems der graphischen Darstellung unmittelbar entnommen werden.

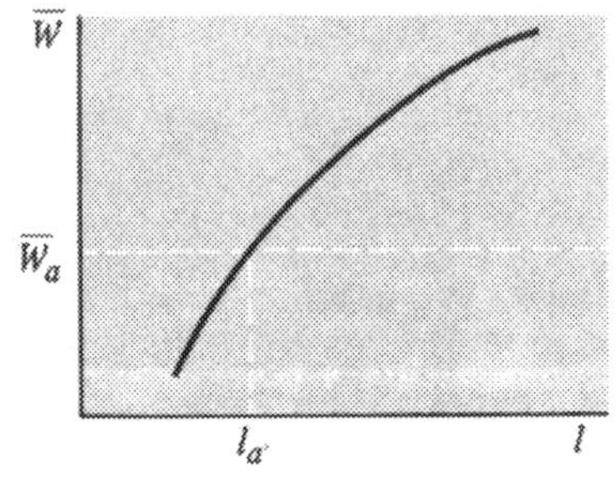

Bild 5.11. Schematisches Diagramm der Abhängigkeit zwischen der mittleren inneren Energie $\bar{W}$ des Systems A aus Bild 5.8 und dem Thermometerstand l.

5.3.3. Wärme

Die Messung von Wärmemengen (allgemein *Kalorimetrie* genannt) kann nach Gl. (5.13) auf die Bestimmung einer Arbeit zurückgeführt werden. Die von einem System absorbierte Wärmemenge Q kann also mit zwei etwas unterschiedlichen Methoden gemessen werden: durch direkte Messung über die Bestimmung der Arbeit und außerdem durch Vergleich mit der bekannten Änderung der inneren Energie eines anderen Systems, das die Wärmemenge Q abgibt. Die beiden Methoden werden in den folgenden Beispielen näher erläutert.

Beispiel 4: Direkte Messung der Wärme über Bestimmung der Arbeit

In Bild 5.12 ist ein System B dargestellt, das mit dem System A aus Bild 5.8 in thermischem Kontakt ist. B kann ein beliebiges makroskopisches System sein, z. B. ein Kupferbarren oder ein wassergefüllter Behälter. Die äußeren Parameter des Systems B sind konstant, das System kann also keine Arbeit verrichten. Die einzige Möglichkeit einer Wechselwirkung mit A besteht dann

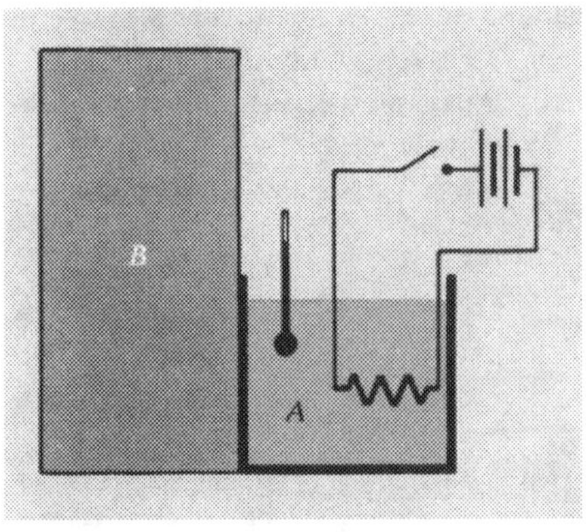

Bild 5.12. Direkte Messung der vom System B absorbierten Wärme Q_B durch Messung von Arbeit. In der Praxis ist das Hilfssystem A, das den Widerstand und das Thermometer enthält, gewöhnlich sehr viel kleiner als das System B, an dem die Messung durchgeführt wird.

darin, daß B von A eine Wärmemenge Q_B absorbiert. Wir gehen von einem Anfangsmakrozustand a aus, in dem das zusammengesetzte System A + B im Gleichgewicht ist, und das Thermometer den Wert l_a gibt. Nachdem die Batterie eine bestimmte Arbeit W_A verrichtet hat, stellt sich in dem zusammengesetzten System schließlich ein Gleichgewichtszustand b ein, in dem das Thermometer den Wert l_b anzeigt. Wie groß ist die von B in diesem Prozeß absorbierte Wärmemenge Q_B?

Das zusammengesetzte System A + B ist thermisch isoliert. Es folgt daher aus Gl. (5.13), daß die an diesem System verrichtete Arbeit W_A vollständig für eine Erhöhung der mittleren Energie des Systems verbraucht wird:

$$W_A = \Delta\overline{W}_A + \Delta\overline{W}_B. \tag{5.16}$$

Hier ist $\Delta\overline{W}_A$ die Zunahme der mittleren Energie von A und $\Delta\overline{W}_B$ die Zunahme der mittleren Energie von B. Da an B selbst jedoch keine Arbeit verrichtet wird, erhalten wir, wenn wir Gl. (5.13) auf B anwenden, die Beziehung

$$\Delta\overline{W}_B = Q_B, \tag{5.17}$$

d. h., die mittlere Energie von B nimmt einzig und allein aufgrund der von A absorbierten Wärme zu. Aus den Gln. (5.16) und (5.17) ergibtsich dann

$$Q_B = W_A - \Delta\overline{W}_A. \tag{5.18}$$

Die von der Batterie verrichtete Arbeit W_A kann direkt gemessen werden. In der Praxis ist das Hilfssystem A, das den Widerstand und das Thermometer enthält, meist kleiner verglichen mit dem zu untersuchenden System B. In diesem Fall ist die mittlere Energieänderung von A vernachlässigbar klein (d. h., $\Delta W_A \ll W_A$ oder $\Delta\overline{W}_A \ll Q_B$), und Gl. (5.18) nimmt die Form $Q_B \approx W_A$ an. Im allgemeineren Fall können wir die Ergebnisse bereits durchgeführter Messungen von A allein dazu verwenden, mit Hilfe der graphischen Darstellung in Bild 5.11 die einer Temperaturänderung von l_a und l_b entsprechende mittlere Energieänderung $\Delta\overline{W}_A$ zu bestimmen. Aus Gl. (5.18) ergibt sich dann die von B absorbierte Wärmemenge.

Halten wir also fest: Mit einer Reihe derartiger Messungen ist es möglich, die mittlere innere Energie $\overline{W}_B$ von B als Funktion der makroskopischen Parameter dieses Systems zu bestimmen.

Beispiel 5: Wärmemessung durch Vergleich

Die von einem beliebigen System C absorbierte Wärmemenge Q_C können wir auch bestimmen, indem wir die Wärmemenge Q_C einfach mit der Wärmemenge vergleichen, die ein anderes System B abgibt, dessen innere Energie bereits als Funktion seiner Temperatur gegeben ist (Bild 5.13). Das System C kann zum Beispiel ein Kupferbarren sein und das System B (das bereits im Beispiel 4 behandelt wurde) ein wassergefüllter Behälter und ein Thermometer. Nun werden die Systeme B und C in Kontakt gebracht, indem wir einfach den Kupferbarren in das Wasser tauchen. Ist das zusammengesetzte System B + C thermisch isoliert und sind alle seine äußeren Parameter konstant, dann gilt für die thermische Wechselwirkung zwischen B und C der Energieerhaltungssatz

$$Q_C + Q_B = 0, \tag{5.19}$$

wobei Q_C die von C absorbierte Wärmemenge und Q_B die von B absorbierte ist. Wir haben anfangs, als B noch nicht in Kontakt mit C war und sich im Gleichgewicht befand, das Thermometer abgelesen, und können das im Endzustand, in dem B und C miteinander im Gleichgewicht sind, wiederum tun. Aus diesen beiden Ablesungen ergibt sich die mittlere Energieänderung $\Delta\overline{W}_B$ von B während dieses Prozesses, und daraus die absorbierte Wärmemenge $Q_B = \Delta\overline{W}_B$. Die Beziehung (5.19) liefert also unmittelbar die von C absorbierte Wärme Q_C.

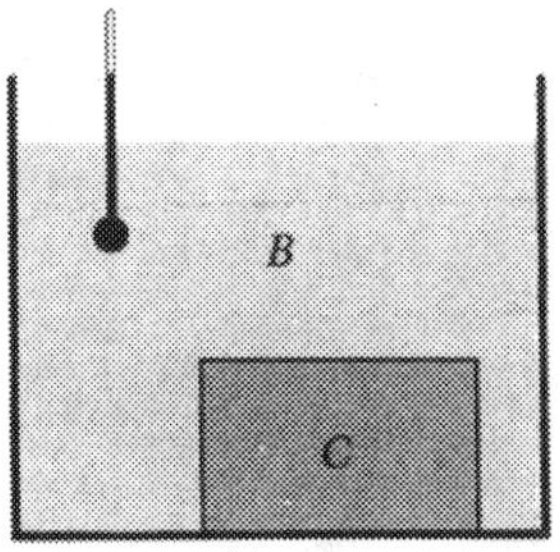

Bild 5.13
Die vom Kupferblock C absorbierte Wärme wird gemessen, indem man diese Wärmemenge mit der von einem bekannten System B abgegebenen Wärme vergleicht; das System B besteht aus einem wassergefüllten Behälter und einem Thermometer.

Zusammenfassed sollte betont werden, daß dieser ganze Abschnitt allein auf dem Energiesatz und auf der Gl. (5.13) beruht, die die Begriffe Wärme und Arbeit definiert. Die speziellen Versuchsmethoden und Vorgangsweisen, die wir anhand einiger Beispiele erläuterten, können wohl am besten durch die folgende nette Analogie von *H. B. Callen* zusammengefaßt werden:[1)]

Ein kleiner Teich wird durch einen Bach gespeist, ein zweiter Bach dient als Abfluß. Dem Teich wird auch noch durch Niederschläge Wasser zugeführt, und er verliert Wasser durch Verdunstung, die wir als „negativen Niederschlag" bezeichnen wollen. In der hier verfolgten Analogie ist der Teich das untersuchte System, sein Wasser die innere Energie des Systems, durch die beiden Bäche zu- oder abgeführtes Wasser ist Arbeit, und ein Wasserumsatz durch Niederschlag entspricht einem Wärmetransport.

Es ist ganz klar, daß wir zu keinem Zeitpunkt durch eine Untersuchung des Teichs festellen können, wieviel des darin enthaltenen Wassers durch den Bach und wieviel durch Niederschlag zugeführt wurde. Unter Niederschlag ist ja nur eine Art des Wassertransportes zu verstehen.

Nehmen wir nun an, der Besitzer des Teiches möchte die darin enthaltene Wassermenge bestimmen. Er kann sich Durchflußmesser anschaffen, mit denen er feststellen kann, wieviel Wasser dem Teich durch den einen Bach zugeführt wird, und wieviel durch den anderen Bach abfließt. Er kann jedoch nicht den Niederschlag bestimmen, der auf die ganze Fläche des Teichs fällt. Er kann aber den Teich beispielsweise mit Plastik abdecken, und ihn so durch eine regenundurchlässige Wand gegen jeden Niederschlag (d. h. gegen Wärmetransporte) isolieren (*adiabatische Wand*). Der Teichbesitzer setzt also einen Pegelstab in seinen Teich ein, deckt diesen mit Plastik ab, und hängt die Durchflußmesser in die beiden Bäche. Indem er zuerst einen, dann den anderen Bach staut, kann er die Wasserhöhe in seinem Teich beliebig variieren, und mit Hilfe der Durchflußmesser den Marken auf dem Pegel Werte für den gesamten Wasserinhalt ($\overline{W}$) des Teichs zuordnen. Er führt also sozusagen Prozesse an einem durch eine adiabatische Wand thermisch isolierten System durch, und kann bei jedem Wasserstand den gesamten Wasserinhalt des Teichs ablesen.

Unser Teichbesitzer entfernt nun auf unsere Bitte hin die Plastikabdeckung, so daß auch Niederschlag (bzw. Verdunstung) zum Wasserhaushalt des Teichs beitragen kann. Wir bitten ihn, die in seinen Teich fallende Niederschlagsmenge für einen bestimmten Tag festzustellen. Dazu wird er ganz einfach folgender-

---

1) *H. B. Callen*, "Thermodynamics", Seiten 19–20 (John Wiley & Sons, Inc., New York, 1960. Der obige Abschnitt wurde mit Genehmigung des Verlages zitiert.

maßen vorgehen: Er liest den Unterschied im Pegelstand ab, also den Unterschied im Wasserinhalt des Teichs, zieht von dieser Wassermenge den mit den Durchflußmessern bestimmten Nettozufluß ab, und erhält so einen quantitativen Wert für den Niederschlag.

5.4. Spezifische Wärme

Betrachten wir ein makroskopisches System, dessen Makrozustand durch seine absolute Temperatur sowie durch eine Reihe anderer makroskopischer Parameter charakterisiert werden kann, die wir kollektiv mit y bezeichnen wollen. y kann zum Beispiel das Volumen oder der mittlere Druck des Systems sein. Das System besitzt eine Ausgangstemperatur T. Nun führen wir ihm eine infinitesimale Wärmemenge $đQ$ zu, wobei wir die übrigen Parameter y konstant halten. Die Temperatur des Systems wird sich dadurch um einen infinitesimalen Betrag dT ändern, der von der Natur des Systems sowie gewöhnlich auch von den Parametern T und y abhängt, die den Anfangszustand des Systems charakterisieren. Das Verhältnis

$$C_y = \left(\frac{đQ}{dT}\right)_y \tag{5.20}$$

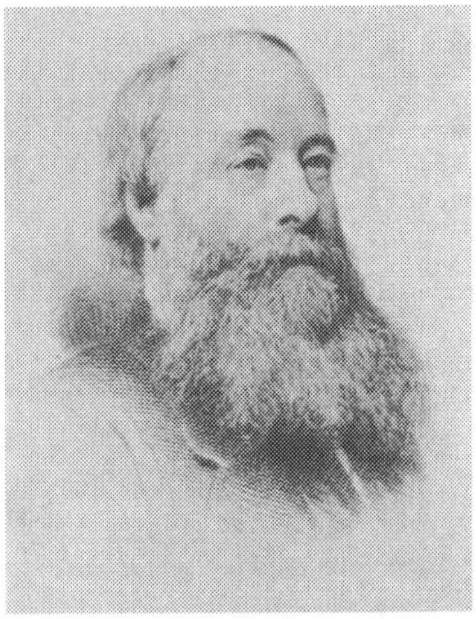

Bild 5.14. *James Prescott Joule* (1818–1889). *Joule* war Sohn eines englischen Brauereibesitzers, und übernahm später die Firma seines Vaters. Er untersuchte systematisch die Möglichkeit, Wärme durch die Messung von Arbeit zu bestimmen. In seinen Versuchen verwendete er zur Arbeitsverrichtung Schaufelräder und elektrische Widerstände, wie in den Beispielen 1 und 2 beschrieben wurde. Auf seinen sorgfältigen und genauen Messungen, die erstmals 1843 veröffentlicht wurden, und einen Zeitraum von etwa 25 Jahren umfaßten, beruht im wesentlichen die Vorstellung, daß Wärme eine Form von Energie ist, und daß der Energiehaltungssatz daher auch für sie gelten muß. Die Energieeinheit Joule wurde nach ihm benannt. (Aus *G. Holton* und *D. Roller*, „Foundations of Modern Physical Science," Addison-Wesley Publishing Co., Inc., Cambridge, Mass., 1958. Mit Genehmigung des Verlages.)

gibt es sogenannte *Wärmekapazität* des Systems an.[1] Der Index y soll hier nochmals hervorheben, daß die unter diesem Buchstaben zusammengefaßten Parameter während des Wärmezufuhr-Prozesses konstant gehalten werden. Die Wärmekapazität C_y eines Systems kann recht einfach gemessen werden. Sie hängt gewöhnlich nicht nur von der Natur des Systems, sondern auch von den Parametern T und y ab, die den Makrozustand des betreffenden System charakterisieren. Es gilt also im allgemeinen $C_y = C_y(T, y)$.

Die Wärmemenge $đQ$, die einem homogenen System zugeführt werden muß, um seine Temperatur um dT zu erhöhen, sollte der Gesamtanzahl der Teilchen in dem System proportional sein. Es ist also von Vorteil, eine der Wärmekapazität verwandte Größe, die *spezifische Wärme*, zu definieren. Die spezifische Wärme hängt nur von der Natur des untersuchten Systems ab, nicht aber von der Menge des Stoffes, aus dem dieses besteht. Man berechnet sie, indem man die Wärmekapazität C_y von ν Mol (bzw. m Gramm) des Stoffes durch die Anzahl der vorhandenen Mol bzw. Gramm dividiert. Die Wärmekapazität pro Mol oder die *spezifische Wärme pro Mol* (auch *Molwärme* genannt) ist demnach durch

$$c_y = \frac{1}{\nu} C_y = \frac{1}{\nu}\left(\frac{đQ}{dT}\right)_y \tag{5.21}$$

definiert. Analog hierzu ist *die spezifische Wärme pro Gramm* durch

$$c'_y = \frac{1}{m} C_y = \frac{1}{m}\left(\frac{đQ}{dT}\right)_y \tag{5.22}$$

definiert. Im CGS-System hat nach Gl. (5.21) die Molwärme also die Einheit erg $K^{-1}\,mol^{-1}$, in SI-Einheiten $J\,K^{-1}\,mol^{-1}$. Entsprechend ist nach Gl. (5.22) die Einheit der spezifischen Wärme erg $K^{-1}\,g^{-1}$ bzw. $J\,K^{-1}\,kg^{-1}$.

Die einfachste Situation ist natürlich dann gegeben, wenn während der Wärmezufuhr alle *äußeren* Parameter des Systems (wie etwa sein Volumen V) konstant gehalten werden. In diesem Fall wird an dem System keine Arbeit verrichtet, so daß $đQ = d\bar{W}$, d. h., die absorbierte Wärme wird nur zu einer Erhöhung der inneren Energie des Systems verbraucht. Bezeichnen wir die *äußeren* Parameter kollektiv mit dem Symbol x, dann können wir

$$C_x = \left(\frac{đQ}{dT}\right)_x = \left(\frac{\partial \bar{W}}{\partial T}\right)_x \tag{5.23}$$

ansetzen. Der Ausdruck auf der rechten Seite ist eine Ableitung, da $d\bar{W}$ ein echtes Differential ist; wir haben hier die *partielle* Ableitung verwendet, um anzuzeigen, daß alle äußeren Parameter als konstant angenommen wurden. Be-

[1] Es ist zu beachten, daß die rechte Seite der Gl. (5.20) normalerweise *keine* Ableitung, also *kein* Differentialquotient, ist, da die Wärmemenge $đQ$ im allgemeinen nicht eine infinitesimale Differenz zwischen zwei Größen darstellt.

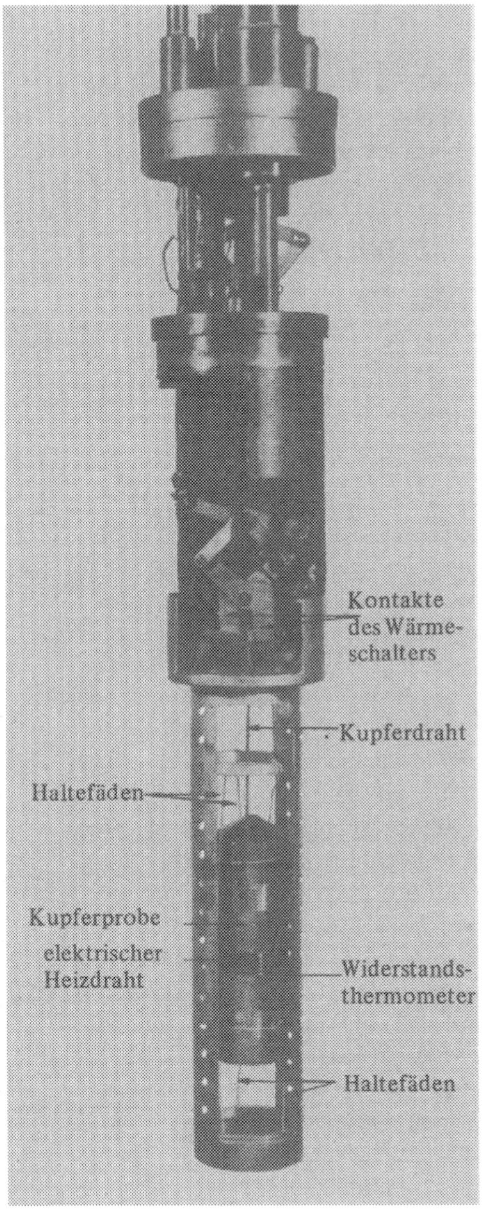

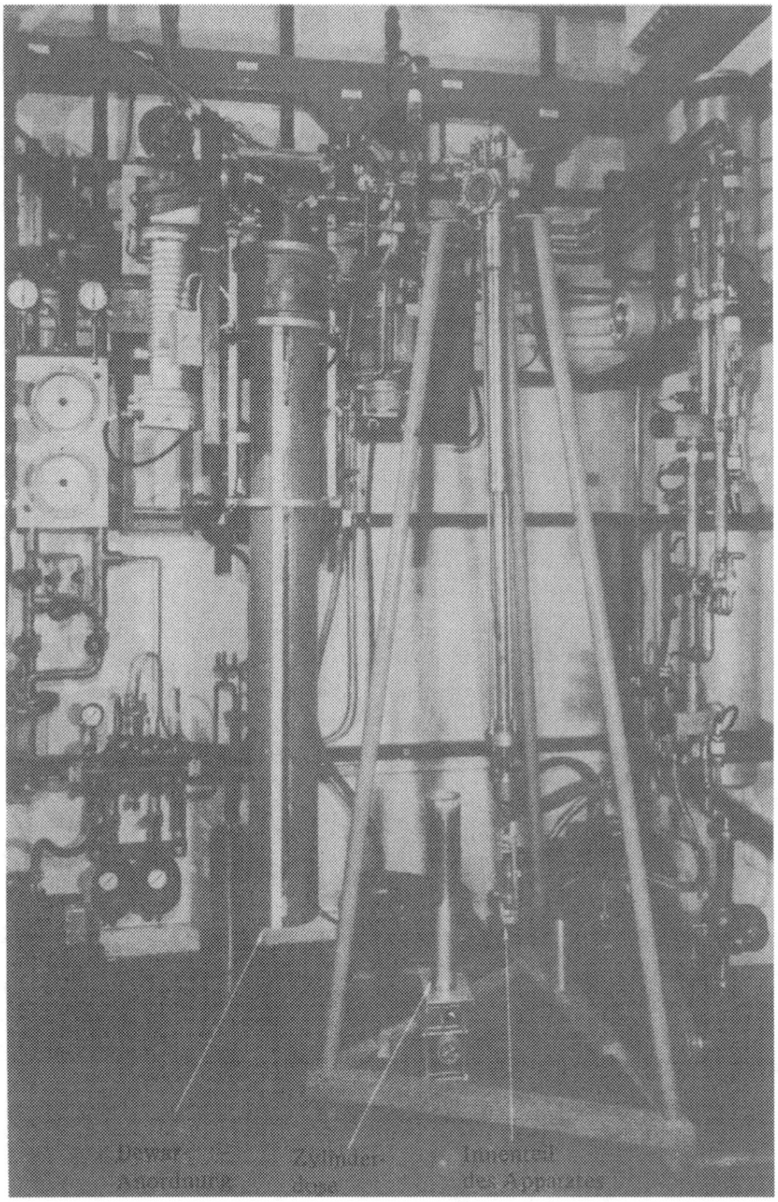

Bild 5.15. Die wichtigsten inneren Bestandteile eines Apparates, der zur Messung spezifischer Wärmen bis hinunter zu Temperaturen von 0,1 K verwendet wird. (Das Prinzip dieses Apparates ist der Anordnung Bild 5.12 ähnlich.) Das Kupferprobestück entspricht dem System B, dessen Wärmekapazität bestimmt werden soll. Das System B befindet sich in thermischem Kontakt mit einem Hilfs-System A, das einen elektrischen Widerstands-Heizdraht (einige Wicklungen Manganindraht) und ein elektrisches Widerstandsthermometer enthält. Das zusammengesetzte System A + B ist dadurch thermisch isoliert, daß es an dünnen Fäden aufgehängt ist, und von einem evakuierten Zylinder umgeben ist (siehe Bild 5.16). Die Probe wird auf die gewünschten niedrigen Temperaturen gebracht, indem die Kontakte des Wärmeschalters an dem von der Probe ausgehenden Kupferdraht befestigt werden. Dadurch wird der nötige thermische Kontakt mit dem im Oberteil des Gerätes enthaltenen Kühlmittel hergestellt. (*Die Photographie wurde von Professor Norman E. Phillips, University of California, Berkeley, zur Verfügung gestellt.*)

Bild 5.16. Die gesamte Apparatur zur Messung spezifischer Wärmen bis zu 0,1 K. Der innere Teil des Geräts (der in Bild 5.15 vergrößert dargestellt ist) hängt an Röhren aus rostfreiem Stahl, durch die der eigentliche Apparat mit Pumpen verbunden werden kann, und durch die die erforderlichen elektrischen Leitungen geführt sind. Die evakuierte Zylinderdose, die normalerweise den Apparat umgibt, ist hier separat gezeigt. Sind Messungen im Gange, dann ist der gesamte Apparat von der Anordnung von Dewar-Gefäßen umgeben, die links im Bild zu sehen ist. (*Die Photographie wurde von Professor Norman E. Phillips, University of California, Berkeley, zur Verfügung gestellt.*)

achten Sie, daß nach Gl. (4.35) die Wärmekapazität immer positiv sein muß, d. h.

$$\boxed{C_x > 0.} \tag{5.24}$$

Beispiel für typische Größenordnungen: Die spezifische Wärme von Wasser[1]) bei Zimmertemperatur wurde experimentell zu 4,18 J K^{-1} g^{-1} bestimmt (Bilder 5.15 und 5.16).

In Abschnitt 4.7 beschäfitgten wir uns mit Gasen, die genügend stark verdünnt sind, um als ideal und nicht entartet gelten zu können. Ist das Gas *einatomig*, dann ergibt sich aus den Gln. (4.83) und (4.85) für die mittlere Energie pro Mol eines solchen Gases

$$\overline{W} = \frac{3}{2} N_A kT = \frac{3}{2} RT, \tag{5.25}$$

wobei N_A wieder die Avogadrosche Zahl und $R = N_A k$ die Gaskonstante ist. Aus Gl. (5.23) folgt daher, daß die gesuchte Molwärme c_V bei konstantem Volumen

$$\boxed{\text{für ein einatomiges Gas} \quad c_V = \left(\frac{\partial \overline{W}}{\partial T}\right)_V = \frac{3}{2} R.} \tag{5.26}$$

sein müßte. Diese Größe ist, wie wir sehen, nicht vom Volumen, der Temperatur oder der Natur des Gases abhängig. Setzen wir für R den Zahlenwert (5.4) ein, dann erhalten wir nach Gl. (5.26)

$$c_V = 12{,}47 \text{ J K}^{-1} \text{mol}^{-1}. \tag{5.27}$$

Dieses Ergebnis stimmt bestens mit den Meßwerten überein, die man für die spezifischen Wärmen von einatomigen Gasen wie Helium oder Argon erhielt.

5.5. Entropie

Die Beziehung (4.42),

$$dS = \frac{đQ}{T} \tag{5.28}$$

deutet die Möglichkeit an, die Entropie S eines Systems durch entsprechende Messungen von Wärme und absoluter Temperatur zu bestimmen. Tatsächlich ist die Berechnung der Entropie keine langwierige Sache mehr, wenn die spezifische Wärme bzw. die Wärmekapazität des Systems als Funktion der Temperatur bekannt ist. Diese Behauptung kann durch folgende Überlegung gerechtfertigt werden: Wir betrachten ein System, dessen sämtlichen äußeren Parameter x konstant sein sollen. Das System befindet sich bei der absoluten Temperatur T im Gleichgewicht. Nun wird dem System eine infinitesimale Wärmemenge đQ zugeführt, indem wir es mit einem Wärmereservoir in Kontakt bringen, dessen Temperatur sich um einen infinitesimalen Betrag von T unterscheidet (das Gleichgewicht des Systems wird also geringfügig gestört, und die Temperatur des Systems bleibt eindeutig definiert.) die resultierende Entropieänderung ist nach Gl. (5.28):

$$dS = \frac{đQ}{T} = \frac{C_x(T)\, dT}{T}. \tag{5.29}$$

Hier wurde im letzten Schritt lediglich die Definition (5.23) der Wärmekapazität C_x verwendet.

Angenommen, wir wollten die Entropie des Systems für zwei verschiedene Makrozustände (bei denen die Werte der äußeren Parameter des Systems jedoch die selben sind) bestimmen und diese beiden Entropiewerte vergleichen. Die absolute Temperatur des Systems ist in dem einen Makrozustand gleich T_a, in dem anderen gleich T_b. Die Entropie des Systems ist daher für beide Makrozustände eindeutig definiert: $S_a = S(T_a)$ und $S_b = S(T_b)$. Es sollte dann möglich sein, die Entropiedifferenz $S_b - S_a$ zu berechnen, indem wir annehmen, daß das System von der Anfangstemperatur T_a in vielen aufeinanderfolgenden infinitesimalen Schritten auf die Endtemperatur T_b gebracht wird. Zu diesem Zweck stellen wir uns vor, daß das System sukzessiv mit einer Reihe von Wärmereservoirs in Kontakt gebracht wird, die sich jeweils durch eine infinitesimale Temperaturdifferenz unterscheiden. Bei allen diesen Einzelschritten befindet sich das System beliebig nahe dem Gleichgewichtszustand, seine Temperatur T ist also eindeutig definiert. Eine wiederholte Anwendung von Ergebnis (5.29) liefert dann die folgende Beziehung:

$$\boxed{S_b - S_a = \int_{T_a}^{T_b} \frac{đQ}{T} = \int_{T_a}^{T_b} \frac{C_x(T)}{T}\, dT.} \tag{5.30}$$

Ist die Wärmekapazität C_x von der Temperatur in dem Temperaturbereich von T_a bis T_b unabhängig, dann vereinfacht sich die Beziehung (5.30) zu

$$S_b - S_a = C_x(\ln T_b - \ln T_a) = C_x \ln \frac{T_b}{T_a}. \tag{5.31}$$

Die Beziehung (5.30) gestattet die Berechnung von Entropie*differenzen*. Um die absolute Größe der Entropie bestimmen zu können, brauchen wir bloß den Grenzfall $T_a \to 0$ zu betrachten, da ja dann die Entropie S_a nach Gl. (5.11) den Grenzwert $S_a = 0$ anstrebt (bzw. den Wert $S_a = S_0$, der nach Gl. (5.12) auf Kernspinorientierungen beruht).

---

[1]) Früher wurde die spezifische Wärme von Wasser durch den Wert von 1 cal $K^{-1} g^{-1}$ definiert. Aus diesem Grunde wird in der modernen Definition die Wärmeeinheit Kalorie 1 cal = 4,184 J gesetzt.

Aus der Beziehung (5.30) können wir auf eine interessante Eigenschaft der Wärmekapazität schließen. Wir stellen fest, daß die Entropiedifferenz auf der linken Seite von Gl. (5.30) immer eine endliche Zahl ergeben muß, da die Anzahl der realisierbaren Zustände ebenfalls immer endlich ist. Das Integral der rechten Seite kann daher nicht unendlich werden, wenn $T_a = 0$ ist. Um also zu garantieren, daß das Integral trotz des Faktors T im Nenner einen endlichen Wert ergibt, muß die Temperaturabhängigkeit der Wärmekapazität daher so beschaffen sein, daß

$$\boxed{C_x(T) \to 0 \quad \text{wenn} \quad T \to 0.} \tag{5.32}$$

Dies ist eine allgemeine Bedingung, die durch die Wärmekapazität aller Stoffe befriedigt werden muß.[1])

Die Beziehung (5.30) ist höchst interessant, da sie einen expliziten Zusammenhang zwischen zwei recht verschiedenen Arten von Information über das betrachtete System liefert. Einerseits enthält Gl. (5.30) nämlich die Wärmekapazität $C_x(T)$, die aus rein *makroskopischen* Messungen der Wärme und der Temperatur gewonnen werden kann. Andererseits enthält die Beziehung (5.30) die Entropie $S = k \ln \Omega$, eine Größe also, die aus *mikroskopischer* Information über die Quantenzustände des Systems gewonnen werden kann: Entweder kann sie aus den Grundlagen berechnet oder aus spektroskopischen Meßwerten ermittelt werden, mit denen die Energieniveaus des Systems bestimmt werden können.

Beispiel:

Wir betrachten ein System von N magnetischen Atomen, die jeweils einen Spin $\frac{1}{2}$ besitzen. Wir nehmen an, daß das System bei genügend tiefen Temperaturen *ferromagnetisch* wird. Das heißt, daß dann durch die Wechselwirkung der Spins diese sich parallel zueinander auszurichten suchen, so daß sie alle in die gleiche Richtung zeigen; der betreffende Stoff hat dann die Eigenschaften eines Permanentmagneten. Da $T \to 0$ geht, folgt daraus, daß das System sich in einem einzigen Zustand befindet, in dem alle seine Spins gleichgerichtet sind. Bei genügend hohen Temperaturen sind die Spins jedoch vollkommen zufällig orientiert. Dann gibt es pro Spin zwei mögliche Zustände (der Spin kann nach oben oder nach unten gerichtet sein) und $\Omega = 2^N$ mögliche Zustände für das gesamte System; daher ist $S = kN \ln 2$. Daraus folgt, daß den Spins dieses Systems eine Wärmekapazität C(T) zugeordnet ist; für die nach Gl. (5.30) gilt

$$\int_0^\infty \frac{C(T)dT}{T} = kN \ln 2.$$

Diese Beziehung muß *immer* gelten, gleichgültig, wie die Wechselwirkungen, die das ferromagnetische Verhalten verursachen, im einzelnen geartet sind, und ungeachtet der Details der Temperaturabhängigkeit von C(T).

[1]) Der Ausdruck (5.26) für die Wärmekapazität eines idealen Gases widerspricht dieser allgemeinen Bedingung nicht, da dieser auf der Annahme basierte, daß das Gas nichtentartet ist. Bei genügend niedrigen Temperaturen wird diese Annahme hinfällig, obwohl eine solche Temperatur äußerst niedrig sein müßte, wenn das Gas verdünnt ist.

5.6. Intensive und extensive Parameter

Bevor wir dieses Kapitel abschließen, sollten wir vielleicht noch zeigen, wie die verschiedenen untersuchten makroskopischen Parameter von der Größe des betrachteten Systems abhängen. Im großen und ganzen können diese Parameter in zwei Gruppen eingeteilt werden: 1. jene Parameter, die von der Größe des Systems nicht abhängen (man nennt sie *intensive* Parameter); und 2. die Parameter, die der Größe des Systems proportional sind (sie werden als *extensive* Parameter bezeichnet). Diese beiden Arten von Parametern können genauer charakterisiert werden, wenn wir ein homogenes makroskopisches System betrachten, das sich im Gleichgewicht befindet, und das wir uns in zwei Teile geteilt denken (etwa durch eine Trennwand) (Bild 5.17). Angenommen, der makroskopische Parameter y, der das ganze System charakterisiert, nimmt für die beiden Teilsysteme die Werte y_1 und y_2 an, dann gelten die folgenden Richtlinien:

1. Der Parameter y wird als *intensiv* bezeichnet, wenn

$$y = y_1 = y_2$$

2. Der Parameter y wird als *extensiv* bezeichnet, wenn

$$y = y_1 + y_2.$$

Zum Beispiel ist der mittlere Druck eines Systems ein intensiver Parameter, da beide Teile des Gesamtsystems nach der Unterteilung den gleichen mittleren Druck wie zuvor aufweisen. Ebenso ist die Temperatur eines Systems ein intensiver Parameter.

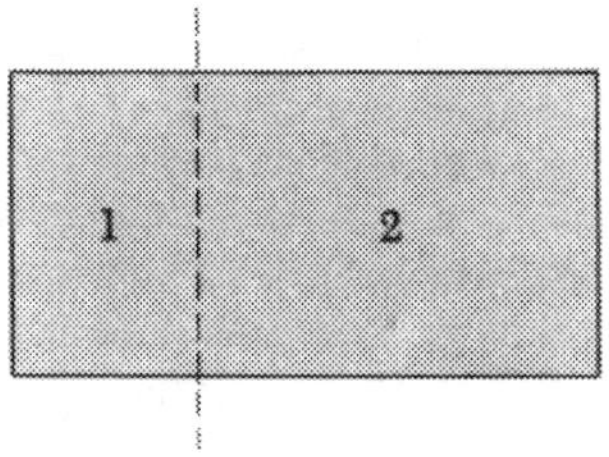

Bild 5.17
Unterteilung eines homogenen makroskopischen Systems in zwei Teile.

Andererseits ist jedoch das Volumen V eines Systems, ebenso wie seine Gesamtmasse m, ein extensiver Parameter. Die Dichte ρ des Systems aber, $\rho = m/V$, ist dann ein intensiver Parameter. Offensichtlich wird der Quotient aus zwei beliebigen extensiven Parametern immer ein intensiver Parameter sein.

Die innere Energie $\bar{W}$ eines Systems ist eine extensive Größe. Tatsächlich ist keinerlei Arbeit nötig, um das System in zwei Teile zu zerlegen. (*Vorausgesetzt*, man vernachlässigt die Arbeit, die zur Schaffung zweier weiterer Oberflächen erforderlich ist. Dies kann man im Falle großer Systeme tun, für die das Verhältnis zwischen der Anzahl der Moleküle im Bereich der Grenzfläche zu der Anzahl der übrigen Moleküle im Inneren des Systems außerordentlich klein ist.) Die Gesamtenergie des Systems hat also nach der Unterteilung den gleichen Wert wie zuvor: $\overline{W} = \overline{W}_1 + \overline{W}_2$.

Die Wärmekapazität C, die ja durch den Quotienten aus Energiezuwachs und einen bestimmten, kleinen Temperaturzuwachs definiert wird, ist gleichfalls eine extensive Größe, Andererseits ist jedoch die auf ein Mol bezogene spezifische Wärme ihrer Definition C/ν (ν ist hier die Anzahl der Mole in dem betreffenden System) zufolge offensichtlich eine intensive Größe.

Die Entropie S ist eine extensive Größe. Dies ist aus der Beziehung $\Delta S = \int đQ/T$ zu ersehen, da die absorbierte Wärmemenge $đQ = C\,dT$ eine extensive Größe ist. Dies folgt natürlich auch aus der statistischen Definition $S = k \ln \Omega$: Die Anzahl Ω der für das gesamte System realisierbaren Zustände ist nämlich im wesentlichen gleich dem Produkt $\Omega_1 \Omega_2$ aus der Anzahl der Zustände, die für jeweils einen der beiden Teile realisierbar sind.

Haben wir es mit einer extensiven Größe zu tun, dann ist es oft vorteilhaft, die Größe auf ein Mol zu beziehen, wodurch sich ein intensiver Parameter ergibt, der nicht mehr von der Größe des Systems abhängt. Das war beispielsweise auch der Grund für die Einführung der spezifischen Wärme.

5.7. Zusammenfassung der Definitionen

Tripelpunkt: jener Makrozustand eines reinen Stoffes, in dem die feste, flüssige und gasförmige Phase des Stoffes im Gleichgewicht nebeneinander existieren können;

Kelvintemperatur: die absolute Temperatur T in einer Temperaturskala, bei der der absoluten Temperatur des Tripelpunktes von Wasser der Wert 273,16 K zugeordnet ist;

absoluter Nullpunkt: Null Grad absoluter Temperatur;

Celsiustemperatur: Die Celsiustemperatur ϑ_C ist nach der absoluten Kelvintemperatur T folgendermaßen definiert:

$$\vartheta_C = T - 273{,}15;$$

quasistatischer Prozeß: ein Prozeß, der so langsam geführt wird, daß sich das betrachtete System zu jedem Zeitpunkt beliebig nahe dem Gleichgewichtszustand befindet;

Wärmekapazität: Wenn einem System die infinitesimale Wärmemenge $đQ$ zugeführt wird, und dies zu einer Erhöhung $đT$ seiner Temperatur führt, während alle anderen makroskopischen Parameter y konstant bleiben, dann ist die Wärmekapazität C_y des Systems (für konstante Werte von y) durch

$$C_y = \left(\frac{đQ}{dT}\right)_y$$

definiert;

spezifische Wärme pro Mol (Molwärme): die Wärmekapazität pro Mol des betrachteten Stoffes;

intensiver Parameter: ein makroskopischer Parameter, der ein im Gleichgewicht befindliches System beschreibt, und für jeden Teil des Systems den gleichen Wert aufweist;

extensiver Parameter: ein makroskopischer Parameter, der ein im Gleichgewicht befindliches System beschreibt, und dessen Wert gleich der Summe seiner Werte für die Einzelteile des Systems ist.

5.8. Wichtige Beziehungen

Grenzwert der Entropie:

$$S \to S_0 \quad \text{wenn} \quad T \to 0_+ \tag{1}$$

wobei S_0 eine Konstante ist, die nicht von der Struktur des Systems abhängt.

Grenzwert der Wärmekapazität und der spezifischen Wärmen

$$C \to 0 \quad \text{wenn} \quad T \to 0. \tag{2}$$

5.9. Hinweise auf ergänzende Literatur

M. W. Zemansky, "Temperatures Very Low and Very High", (Momentum Books, D. Van Nostrand Company, Inc., Princeton, N. J., 1964).

D. K. C. MacDonald, "Near Zero", (Anchor Books, Doubleday & Company, Inc., New York, 1961). Eine elementare Abhandlung über Phänomene bei tiefen Temperaturen.

K. Mendelssohn, "The Quest for Absolute Zero", (World University Library, McGraw-Hill Book Company, New York, (1966). Ein histroischer und reich illustrierter Bericht über die Tieftemperaturphysik bis zur Gegenwart.

N. Kurti, Physics Today, 13, 26–29 (October 1960). Eine einfacher Bericht über Methoden zur Erreichung von Temperaturen um 10^{-6} K.

Scientific American, Bd. 191 (September 1954). Diese Ausgabe des Magazins ist vollständig dem Begriff der Wärme gewidmet, und enthält mehrere Arbeiten über hohe Temperaturen.

M. W. Zemasky, "Heat and Thermodynamics", 4. Aufl., Kapitel 3 und 4 (McGraw-Hill Book Company, New York, 1957). Eine makroskopische Abhandlung über Arbeit, Wärme und innere Energie.

Historische und biographische Werke:

D. K. C. MacDonald, "Faraday, Maxwell and Kelvin" (Anchor Books, Doubleday & Company, Inc., New York, 1964). Im letzten Teil dieses Buches wird kurz über Lord Kelvins Leben und Werk berichtet.

A. P. Young, "Lord Kelvin", (Longmans, Green & Co., Ltd., London, 1948).

M. H. Shamos, "Great Experiments in Physics", Kapitel 12 (Holt, Rinehart and Winston, Inc., New York, 1962). Eine Beschreibung der Versuche von Joule nach dessen eigenen Angaben.

5.10. Übungen

1. *Die für Spinpolarisation erforderlichen Temperaturen.* Überlegen wir uns einmal die numerischen Werte der Polarisationsversuche, die bereits in den Übungen 4 und 5 des Kapitels 4 besprochen wurden. Ein Magnetfeld von 50000 G soll im Labor zur Verfügung stehen. Dieses Feld soll dazu verwendet werden, einen Probestoff, der Teilchen mit dem Spin $\frac{1}{2}$ enthält, zu polarisieren, so daß die Anzahl der in eine bestimmte Richtung zeigenden Spins mindestens 3 mal so groß wird wie die Anzahl der entgegengesetzt gerichteten Spins.

   a) Wie tief muß die absolute Temperatur der Probe sein, wenn die Spins Elektronenspins sind und ein magnetisches Moment $\mu_0 \approx 10^{-27}$ J/G besitzen?
   Lösung: 3 K.

b) Wie tief muß die absolute Temperatur der Probe sein, wenn die Teilchen Protonen sind und ein kernmagnetisches Moment $\mu_0 \approx 1{,}4 \cdot 10^{-30}$ J/G besitzen?
Lösung: $4 \cdot 10^{-3}$ K.

c) Sind diese beiden Versuche leicht und einfach durchzuführen?

2. *Bei welchen Temperaturen verschwindet die Entropie des Kernspins?* Betrachten wir einen Festkörper, zum Beispiel Silber, dessen Atomkerne einen Spin besitzen. Das magnetische Moment μ_0 jedes Kerns ist von der Größenordnung $5 \cdot 10^{-31}$ J/G, und die Entfernung r zwischen benachbarten Kernen ist größenordnungsmäßig gleich $2 \cdot 10^{-8}$ cm. Es wirkt keinerlei äußeres Magnetfeld ein. Benachbarte Kerne können jedoch in Wechselwirkung stehen, und zwar durch das innere Magnetfeld B_i, das am Ort des einen Kerns durch das magnetische Moment des Nachbarkerns erzeugt wird.

a) Die Größenordnung von B_i ist abzuschätzen. Verwenden Sie hierzu Ihr Wissen über das Magnetfeld, das ein Stabmagnet erzeugt.
Lösung: 0,62 G.

b) Wie niedrig muß die Temperatur T des Festkörpers sein, damit der Kernspin unter dem Einfluß des von den benachbarten Kernen erzeugten Magnetfeldes B_i, mit signifikant verschiedenen Wahrscheinlichkeiten entgegengesetzte Orientierungen aufweist?
Lösung: $2 \cdot 10^{-8}$ K.

c) Schätzen Sie zahlenmäßig die absolute Temperatur ab, unter der eine im wesentlichen nichtzufällige Orientierung der Kernspins zu erwarten ist.

3. *Arbeit bei isothermer Kompression eines Gases.* In einem durch einen Kolben verschlossenen Zylinder befinden sich ν Mole eines idealen Gases. Bestimmen Sie die Arbeit, die an dem Gas verrichtet werden muß, um es sehr langsam von einem Anfangsvolumen V_1 auf ein Endvolumen V_2 zu komprimieren, wobei die Temperatur des Gases konstant gehalten werden soll (dadurch, daß sich das Gas mit einem Wärmereservoir dieser Temperatur in Kontakt befindet).
Lösung: $\nu RT \ln(V_2/V_1)$.

4. *Arbeit bei einem adiabatischen Prozeß.* Die mittlere Energie $\overline{W}$ eines Gases ist eindeutig bestimmt, wenn das Volumen des Gases gleich V, sein mittlerer Druck $\overline{p}$ ist. Wird das Volumen des Gases quasistatisch geändert, dann ändern sich mittlerer Druck $\overline{p}$ und Energie $\overline{W}$ des Gases entsprechend. Angenommen, das Gas wird bei thermischer Isolierung sehr langsam von Punkt a nach Punkt b übergeführt (Bild 5.18).

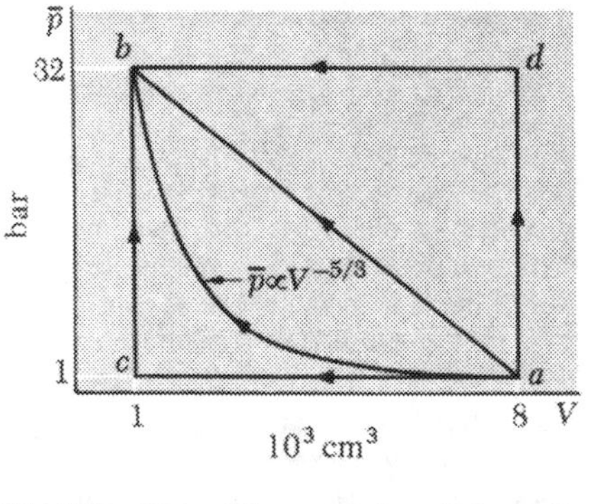

Bild 5.18. Dieses Diagramm des mittleren Drucks $\overline{p}$ gegen das Volumen V stellt verschiedene Prozesse dar.

Der mittlere Druck $\overline{p}$ hängt dann vom Volumen folgendermaßen ab:

$$\overline{p} \propto V^{-5/3}.$$

Bestimmen Sie die Arbeit, die durch diesen Prozeß an dem Gas verrichtet wird.
Lösung: $3{,}6 \cdot 10^3$ J = $3{,}6 \cdot 10^{10}$ erg.

5. *Arbeit bei alternativen Prozessen, die von demselben Makrozustand ausgehen und zum selben Makrozustand führen.* Es gibt noch viele andere Möglichkeiten, das Gas aus Übung 4 von a nach b überzuführen. Untersuchen Sie im besonderen die folgenden Prozesse, und berechnen Sie für jeden die insgesamt an dem System verrichtete Arbeit W_A und die vom System insgesamt aufgenommene Wärme Q, während es quasistatisch von a nach b geführt wird (Bild 5.18).

Prozeß a → c → b: Das System wird isobar vom Anfangsvolumen auf das Endvolumen komprimiert, wobei Wärme abgegeben wird, damit der Druck konstant bleiben kann. Dann wird das Volumen konstant gehalten, und Wärme zugeführt, um den mittleren Druck auf $32 \cdot 10^6$ dyn cm^{-2} = 32 bar zu erhöhen.
Lösung: $W_A = 7 \cdot 10^2$ J = $7 \cdot 10^9$ erg,
Q = $2{,}9 \cdot 10^3$ J = $-2{,}9 \cdot 10^{10}$ erg.

Prozeß a → d → b: Die zwei Schritte des ersten Prozesses erfolgen in umgekehrter Reihenfolge.
Lösung: $W_A = 2{,}1 \cdot 10^4$ J = $2{,}1 \cdot 10^{11}$ erg,
Q = $1{,}8 \cdot 10^4$ J = $1{,}8 \cdot 10^{11}$ erg.

Prozeß a → b: Das Volumen wird verringert, und soviel Wärme zugeführt, daß der mittlere Druck sich linear mit dem Volumen ändert.
Lösung: $W_A = 1{,}4 \cdot 10^4$ J = $1{,}4 \cdot 10^{11}$ erg,
Q = $1{,}1 \cdot 10^4$ J = $1{,}1 \cdot 10^{11}$ erg.

6. *Arbeit bei Kreisprozessen.* Ein gasförmiges System wird einem quasistatischen Prozeß unterworfen, der durch eine Kurve beschrieben werden kann, die aufeinanderfolgende Werte des Volumens V und des mittleren Drucks $\overline{p}$ miteinander verbindet (p, V-Diagramm). Der Prozeß ist so geartet, daß das System durch ihn wieder in den gleichen Makrozustand zurückgeführt wird, den es anfangs aufwies. Derartige Prozesse nennt man *Kreisprozesse.* Die diesen Prozeß beschreibende Kurve ist in sich geschlossen, wie aus Bild 5.19 zu ersehen ist. Beweisen Sie, daß die durch diesen Prozeß an dem System verrichtete Arbeit durch die von der Kurve eingeschlossene Fläche gegeben ist.

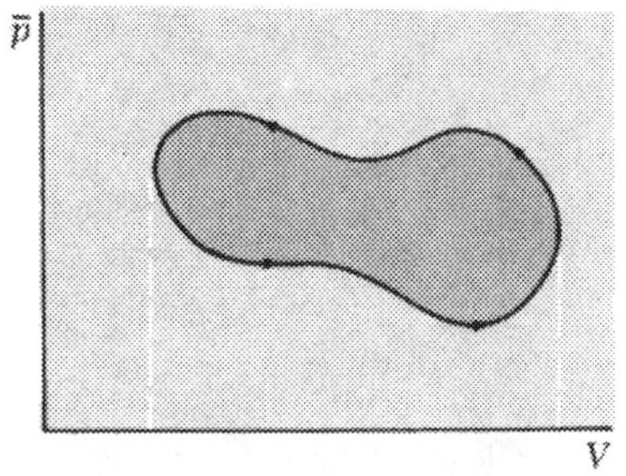

Bild 5.19
Ein Kreisprozeß

7. *Von einem System bei konstantem Druck absorbierte Wärme.* Wir betrachten ein System (ein Gas oder eine Flüssigkeit) dessen einziger äußerer Parameter sein Volumen V ist. Wird das Volumen konstant gehalten, und eine Wärmemenge Q zugeführt, dann wird keine Arbeit verrichtet:

$$Q = \Delta\overline{W}. \quad (1)$$

Hier ist $\Delta\overline{W}$ die Zunahme der mittleren Energie des Systems. Wird jedoch das System auf konstantem Druck p_0 gehalten (indem wir es in einen Zylinder wie in Bild 5.20 einschließen), dann kann sich das Volumen V des Gases frei einstellen – der Druck p_0 ist durch das Gewicht des Kolbens bestimmt. Wird *nun* dem System eine Wärmemenge Q zugeführt, dann gilt Beziehung (1) nicht mehr. Zeigen Sie, daß statt dessen die Beziehung

$$Q = \Delta H \qquad (2)$$

gilt, wobei ΔH die Änderung der Größe $H = \overline{W} + p_0 V$ des Systems darstellt. Die Größe H nennt man *Enthalpie* des Systems.

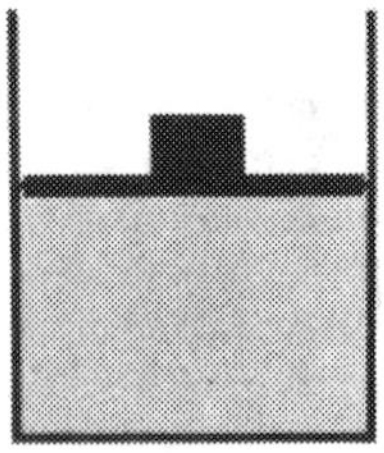

Bild 5.20

Ein von einem Zylinder umgebenes System, der durch einen beweglichen Kolben abgeschlossen ist.

8. *Ein mechanischer Prozeß bei einem idealen Gas.* Ein senkrecht stehender Zylinder enthält ν Mole eines einatomigen idealen Gases. Er ist durch einen Kolben der Masse m und der Fläche A verschlossen. Das ganze System soll thermisch isoliert sein. Die durch die Schwerkraft bewirkte, nach unten gerichtete Beschleunigung ist gleich g. Anfangs ist der Kolben fixiert: Dem Gas steht ein Volumen V_0 zur Verfügung, seine Temperatur ist T_0. Die Kolbenfixierung wird nun gelöst, und der Kolben kommt nach einigen Schwingungen in der endgültigen Gleichgewichtslage zur Ruhe, in der das dem Gas zur Verfügung stehende Volumen geringer, nämlich gleich V, sein soll, seine Temperatur ist gleich T. Jegliche Reibung, die eine freie Bewegung des Kolbens im Zylinder hindern würde, kann vernachlässigt werden. Ebenso ist die Wärmekapazität des Kolbens und des Zylinders zu vernachlässigen.

   a) Wie hoch wird der mittlere Druck des Gases im Endzustand sein?

   Lösung: $\dfrac{mg}{A}$.

   b) Unter Einbeziehung der am Gas verrichteten Arbeit und der Eigenschaften eines idealen, einatomigen Gases kann die Endtemperatur T und das Volumen V des Gases durch T_0, V_0, die Gaskonstante R, und die Größen ν, m, A, g ausgedrückt werden.

   Lösung: $T = \dfrac{3}{5} T_0 + \dfrac{2 mg V_0}{5 \nu R A}$

   $$V = \frac{2}{5} V_0 + \frac{3 \nu R A T_0}{5 mg}.$$

9. *Ein kalorimetrischer Versuch.* Ein Behälter ist teilweise mit Wasser gefüllt. In das Wasser ist ein elektrischer Widerstand und ein Quecksilberthermometer eingetaucht. Das ganze System ist thermisch isoliert. Ist das System anfangs bei Zimmertemperatur im Gleichgewicht, dann beträgt die Länge l der Quecksilbersäule im Thermometer 5 cm. Eine 12-V-Batterie wird durch einen Schalter mit dem Widerstand verbunden, worauf ein Strom von 5 A fließt.

   In einer ersten Versuchsreihe wird der Schalter für drei Minuten geschlossen, dann wieder geöffnet. Nach Einstellung des Gleichgewichts zeigt das Thermometer $l = 9{,}00$ cm an. Wieder wird der Schalter für drei Minuten geschlossen, dann neuerlich geöffnet. Nach Erreichen des Gleichgewichtszustands zeigt das Thermometer $l = 13{,}00$ cm an.

   In einer zweiten Versuchsreihe werden zusätzlich 100 g Wasser in den Behälter gebracht. Das Thermometer zeigt wiederum am Anfang $l = 5{,}00$ cm an. Der Schalter wird für drei Minuten geschlossen, dann geöffnet. Nach Einstellen des Gleichgewichts zeigt das Thermometer $l = 7{,}52$ cm an. Der Schalter wird dann nochmals für drei Minuten geschlossen und hierauf wieder geöffnet. Nach Erreichen des Gleichgewichtszustands zeigt das Thermometer $l = 10{,}04$ cm an.

   a) Tragen Sie die innere Energie von 100 g Wasser als Funktion des Thermometerstands auf.

   b) Wie groß ist in dem untersuchten Temperaturbereich die Änderung der inneren Energie von 1 g Wasser, wenn sich der Thermometerstand um 1 cm ändert?

   Lösung: 14,8 J/cm = $14{,}8 \cdot 10^7$ erg/cm.

10. *Ein auf Vergleich beruhender kalorimetrischer Versuch.* Ein Gefäß enthält 150 g Wasser und ein Thermometer der in Übung 9 beschriebenen Art (Quecksilber-Glas-Thermometer). Das ganze System ist thermisch isoliert. Anfangs entspricht die Temperatur dieses in Gleichgewicht befindlichen Systems einer Länge der Quecksilbersäule des Thermometers von $l = 6{,}00$ cm. Es werden nun 200 g Wasser einer Anfangstemperatur diesem System hinzugefügt, die einem Thermometerstand von $l = 13{,}00$ cm entspricht. Hat sich nach Zugabe des Wassers wieder Gleichgewicht eingestellt, dann zeigt das Thermometer $l = 9{,}66$ cm an.

    Nach diesem Versuch wird ein weiteres Experiment durchgeführt. Ein Kupferblock wird in das Wasser eingetaucht (das System befindet sich wieder im Anfangszustand, in dem das Gefäß 150 g Wasser und ein $l = 6{,}00$ cm anzeigendes Thermometer enthielt). Diesem System werden nun wiederum 200 g Wasser mit einer Anfangstemperatur hinzugefügt, die einem Thermometerstand von $l = 13{,}00$ cm entspricht. Nach Einstellen des Gleichgewichts zeigt das Thermometer $l = 8{,}92$ cm an.

    Beantworten Sie unter Verwendung der in Übung 9 gewonnenen Lösungen die folgenden Fragen:

    a) Berechnen Sie für den Vorversuch die Wärme, die das aus Gefäß, Wasser, und Thermometer bestehende System absorbiert.

    Lösung: $9{,}92 \cdot 10^3$ J.

    b) Wie groß ist in dem interessierenden Temperaturbereich die Änderung der inneren Energie von 1 g Kupfer, wenn seine Temperatur sich um einen Betrag ändert, der einer Änderung von 1 cm des Thermometerstands entspricht?

    Lösung: $1{,}35 \cdot 10^3$ J.

11. *Die Schottky-Anomalie der spezifischen Wärme.* Wir betrachten ein System aus N schwach wechselwirkenden Teilchen. Jedes Teilchen kann sich in einem von zwei verschiedenen Zuständen befinden, wobei die entsprechenden Energien mit ϵ_1 und ϵ_2 bezeichnet werden, und $\epsilon_1 < \epsilon_2$.

    a) Tragen Sie, ohne vorherige explizite Berechnungen, die mittlere Energie $\overline{W}$ des Systems als Funktion seiner absoluten Temperatur T auf. Verwenden Sie dieses bereits in Übung 8 des Kapitels 4 konstruierte Diagramm zur Konstruktion eines qualitativen Diagramms der spezifischen Wärme c dieses Systems in Abhängigkeit von T (alle äußeren Parameter werden als konstant angenommen). Zeigen Sie, daß diese Kurve ein Maximum aufweist, und schätzen Sie den zu diesem Maximum gehörenden Temperaturwert ab.

b) Berechnen Sie explizit die mittlere Energie $\overline{W}(T)$ und die Wärmekapazität $C(T)$ dieses Systems. Überprüfen Sie, ob die von Ihnen gewonnenen Ausdrücke die in Teil a) untersuchten qualitativen Eigenschaften aufweisen.

Solche Fälle, bei denen zwei verschiedene Energieniveaus eines Systems in einem bestimmten Temperaturbereich wichtig werden, kommen in der Praxis tatsächlich vor; das entsprechende Verhalten der Wärmekapazität bezeichnet man als *Schottky-Anomalie.*

Lösung:

$$\overline{W} = N\left[\epsilon_1 + \epsilon_2\, e^{-(\epsilon_2-\epsilon_1)/kT}\right]\left[1 + e^{-(\epsilon_2-\epsilon_1)/kT}\right]^{-1}$$

$$C = \frac{N}{kT^2}(\epsilon_2-\epsilon_1)^2\, e^{-(\epsilon_2-\epsilon_1)/kT}\left[1 + e^{-(\epsilon_2-\epsilon_1)/kT}\right]^{-2}$$

12. *Wärmekapazität eines Spinsystems.* Ein aus N Atomen mit dem Spin $\frac{1}{2}$ und einem magnetischen Moment μ_0 bestehendes System ist bei der absoluten Temperatur T im Gleichgewicht. Das System befindet sich in einem äußeren Magnetfeld **B**. Betrachten Sie nur die Spins, und beantworten Sie die folgenden Fragen:

a) Bestimmen Sie – ohne irgendwelche Berechnungen – den Grenzwert der mittleren Energie $\overline{W}(T)$ dieses Systems für $T \to 0$ und für $T \to \infty$.

Lösung: $-N\mu_0 B$; 0.

b) Bestimmen Sie – wieder ohne Berechnung – den Grenzwert der Wärmekapazität $C(T)$ bei konstantem Magnetfeld für $T \to 0$ und für $T \to \infty$.

Lösung: 0; 0.

c) Drücken Sie die mittlere Energie $\overline{W}(T)$ dieses Systems als Funktion der Temperatur T aus, und tragen sie in einer rohen Skizze $\overline{W}$ in Abhängigkeit von T auf.

Lösung: $-N\mu_0 B \tanh(\mu_0 B/kT)$.

d) Berechnen Sie die Wärmekapazität $C(T)$ dieses Systems. Tragen Sie in einer rohen Skizze C in Abhängigkeit von T auf.

Lösung: $Nk(\mu_0 B/kT)^2\,[\cosh(\mu_0 B/kT)]^{-2}$.

13. *Thermische Effekte, die auf nicht-sphärischen Kernen beruhen.* Die Atomkerne eines bestimmten kristallinen Festkörpers besitzen den Spin 1. In der Quantentheorie kann deshalb jeder Kern einen von drei Quantenzuständen annehmen, die durch die Quantenzahl m (m kann gleich 1, 0, oder –1 sein) bezeichnet sind. Diese Quantenzahl ist ein Maß für die Projektion des Kernspinvektors auf eine bestimmte Kristallachse des Festkörpers. Da jedoch die elektrische Ladung im Kern nicht sphärisch-symmetrisch, sondern ellipsoidal verteilt ist, hängt die Energie eines Kerns von dessen Spinorientierung ab, d. h. von der Orientierung des Kernspins relativ zu dem inhomogenen inneren elektrischen Feld, das am Ort des Kerns besteht. Ein Kern hat dann im Zustand $m = 1$ und im Zustand $m = -1$ die gleiche Energie $W = \epsilon$, im Zustand $m = 0$ jedoch die Energie $W = 0$.

a) Drücken Sie den Beitrag des Kerns zu der mittleren inneren Energie pro Mol des Festkörpers als Funktion der absoluten Temperatur T aus.

Lösung: $2N\epsilon\,(e^{\epsilon/kT} + 2)^{-1}$.

b) Konstruieren Sie ein qualitatives Diagramm, das die Temperaturabhängigkeit des Kernbeitrags zur Molwärme des Festkörpers darstellt. Wie sieht die Temperaturabhängigkeit für hohe T aus?

Lösung: $\dfrac{2N\epsilon^2}{kT^2}\, e^{\epsilon/kT}\,(e^{\epsilon/kT} + 2)^{-2}$; $\dfrac{2N\epsilon^2}{9kT^2}$ für große T.

Obwohl die hier diskutierten thermischen Effekte sehr schwach sind, können sie bei Messungen der spezifischen Wärme einiger Stoffe bei sehr niedrigen Temperaturen wichtig werden. Ein solcher Stoff ist zum Beispiel das Metall Indium, da der ^{115}In-Kern erheblich von der sphärischen Symmetrie abweicht.

14. *Thermische Wechselwirkung zwischen zwei Systemen.* Wir untersuchen ein System A (z. B. einen Kupferblock) und ein System B (z. B. ein wassergefülltes Gefäß), die sich anfangs bei der Temperatur T_A bzw. T_B für sich im Gleichgewicht befinden. In dem interessierenden Temperaturbereich sind die Volumina der beiden Systeme praktisch konstant, ihre Wärmekapazität C_A bzw. C_B ist im wesentlichen temperaturunabhängig. Die beiden Systeme werden nun miteinander in thermischen Kontakt gebracht, und die Einstellung des Gleichgewichtszustands bei einer Temperatur T wird abgewartet.

a) Bestimmen Sie die Endtemperatur T mit Hilfe des Energiesatzes. Die Lösung ist durch T_A, T_B, C_A, und C_B auszudrücken.

Lösung: $\dfrac{C_A T_A + C_B T_B}{C_A + C_B}$

b) Verwenden Sie Gl. (5.31) zur Bestimmung der Entropieänderung ΔS_A von A und der Entropieänderung ΔS_B von B. Mit diesen Ergebnissen können Sie die gesamte Entropieänderung $\Delta S = \Delta S_A + \Delta S_B$ des zusammengesetzten Systems berechnen: Es ist vom Anfangszustand auszugehen, in dem die beiden Systeme für sich im Gleichgewicht sind, und zum Endzustand überzugehen, in dem die beiden Systeme in thermischem Gleichgewicht miteinander sind. Die Entropieänderung bei diesem Übergang ist ΔS.

Lösung: $\Delta S = C_A \ln\left(\dfrac{T}{T_A}\right) + C_B \ln\left(\dfrac{T}{T_B}\right)$.

c) Zeigen Sie explizit, daß ΔS niemals negativ sein kann, und daß die Entropieänderung nur dann null ist, wenn $T_A = T_B$.

Anregung: Es mag von Vorteil sein, die Ungleichung $\ln x \leqslant x - 1$ zu verwenden, die in (M.15) abgeleitet wird, oder analog die Ungleichung $\ln(x^{-1}) \geqslant -x + 1$.

15. *Entropieänderung bei verschiedenen Methoden der Wärmezufuhr.* Die spezifische Wärme von Wasser beträgt $4{,}18\ \mathrm{J\,g^{-1}\,K^{-1}}$.

a) 1 kg Wasser von 0 °C wird mit einem großen Wärmereservoir von 100 °C in Kontakt gebracht. Wenn das Wasser schließlich ebenfalls die Temperatur 100 °C aufweist, um wieviel hat sich dann seine Entropie geändert? Wie groß ist die Entropieänderung des Wärmereservoirs? Und die des gesamten, aus Wasser und Wärmereservoir bestehenden Systems?

Lösung: $1{,}27 \cdot 10^3\ \mathrm{J\,K^{-1}}$; $-1{,}12 \cdot 10^3\ \mathrm{J\,K^{-1}}$; $1{,}5 \cdot 10^2\ \mathrm{J\,K^{-1}}$.

b) Wenn das Wasser von 0 °C auf 100 °C aufgeheizt wurde, indem man es zuerst mit einem Reservoir von 50 °C und dann erst mit einem Reservoir von 100 °C in Kontakt brachte, wie groß ist dann die Entropieänderung des gesamten Systems?

Lösung: $1{,}1 \cdot 10^2\ \mathrm{J\,K^{-1}}$.

c) Wie konnte das Wasser von 0 °C auf 100 °C aufgeheizt werden, ohne daß sich die Entropie des gesamten Systems ändert?

16. *Entropie beim Schmelzen.* Eis und Wasser können bei 0 °C (273 K) im Gleichgewicht nebeneinander existieren. Um ein Mol Eis dieser Temperatur zu schmelzen, ist eine Wärme von 6000 J erforderlich.
   a) Berechnen Sie die Entropiedifferenz zwischen 1 mol Wasser und 1 mol Eis bei dieser Temperatur.
   Lösung: 21,8 $J\,K^{-1}$.
   b) Bestimmen Sie das Verhältnis der Anzahl der Zustände, die bei dieser Temperatur für Wasser realisierbar sind, zu der Anzahl der für Eis realisierbaren Zustände.
   Lösung: $10^{6,8 \cdot 10^{24}}$.

17. *Eine kalorimetrische Aufgabe aus der Praxis.* Ein *Kalorimeter* (ein Gerät zur Messung von Wärme) besteht im wesentlichen aus einer 750-g-Kupferdose. Diese Dose enthält 200 g Wasser und befindet sich bei einer Temperatur von 200 °C im Gleichgewichtszustand. In einem Versuch werden nun 30 g Eis von 0 °C in das Kalorimeter eingebracht, und dieses mit einem wärmeisolierenden Mantel umgeben. Die spezifische Wärme von Wasser ist bekannt (4,18 $J\,g^{-1}K^{-1}$) und ebenso die spezifische Wärme von Kupfer: 0,418 $J\,g^{-1}K^{-1}$. Die Schmelzwärme von Eis (d. h. die Wärmemenge, die nötig ist, um bei 0 °C ein Gramm Eis in Wasser umzuwandeln) ist ebenfalls bekannt, sie beträgt 333 $J\,g^{-1}$.
   a) Welche Temperatur hat das Wasser, nachdem alles Eis geschmolzen und der Gleichgewichtszustand wieder erreicht ist?
   Lösung: 12,6 °C.
   b) Berechnen Sie die gesamte, durch den Prozeß aus Teil a) herbeigeführte Entropieänderung.
   Lösung: 12,8 $J\,K^{-1}$.
   c) Sämtliches Eis ist geschmolzen, der Gleichgewichtszustand hat sich eingestellt. Wieviel Arbeit in Joule müssen an dem System verrichtet werden (etwa durch Umrühren mit einem Stab), um das ganze Wasser wieder auf 20 °C zu bringen?
   Lösung: $9,4 \cdot 10^3$ J.

18. *Freie Expansion eines Gases.* In Bild 5.21 ist schematisch eine Versuchsanordnung dargestellt, die *Joule* verwendete, um die Abhängigkeit der inneren Energie $\overline{W}$ eines Gases von seinem Volumen zu untersuchen. Das System A besteht aus einem abgeschlossenen Behälter, der durch eine Trennwand unterteilt ist, und nur auf der einen Seite Gas enthält. Der Versuch besteht nun einfach darin, daß wir das Ventil öffnen und das Gas im gesamten Behälter ins Gleichgewicht kommen lassen. Wir nehmen an, daß das

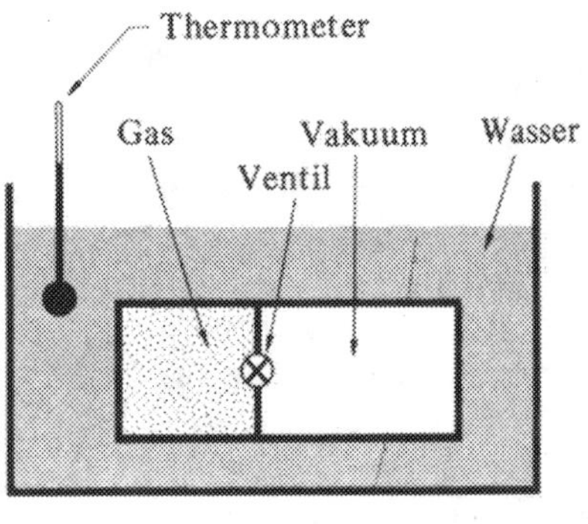

Bild 5.21. Gerät zur Untersuchung der freien Expansion eines Gases.

Thermometer anzeigt, daß die Temperatur des Wassers während dieses Prozesses konstant bleibt.
   a) Welche Arbeit wird in diesem Prozeß an dem System A verrichtet? (Die Behälterwände sind starr und nicht beweglich.)
   Lösung: 0
   b) Bestimmen Sie die Wärmemenge, die A während des Prozesses absorbiert.
   Lösung: 0
   c) Um wieviel ändert sich die innere Energie von A während des Prozesses?
   Lösung: 0
   d) Was können wir – da die Temperatur des Gases konstant ist – aus diesem Versuch bezüglich der Abhängigkeit der inneren Energie des Gases von seinem Volumen bei einer bestimmten Temperatur schließen?
   Lösung: unabhängig.

19. *Entropie und die Wärmekapazität eines supraleitenden Metalls.* Die Wärmekapazität eines gewöhnlichen Metalls bei sehr niedrigen absoluten Temperaturen kann durch $C_n = \gamma T$ angegeben werden, wobei γ für das betreffende Metall eine Materialkonstante ist. Wenn ein solches Metall unterhalb einer kritischen Temperatur T_k supraleitend ist, dann wird seine Wärmekapazität C_s in dem supraleitenden Zustand und dem Temperaturbereich $0 \leqslant T \leqslant T_k$ annähernd durch die Beziehung $C_s = \alpha T^3$ wiedergegeben, wobei α eine Konstante ist. Wird ein Metall bei der kritischen Temperatur T_k vom Normalzustand in den supraleitenden Zustand übergeführt, dann wird dabei weder Wärme absorbiert noch abgegeben. Daraus folgt, daß bei dieser Temperatur $S_n = S_s$ ist. Hier ist S_n die Entropie des Metalls im Normalzustand und S_s seine Entropie im Zustand der Supraleitfähigkeit.
   a) Was können Sie über die Grenzwerte von S_n und S_s bei $T \to 0$ aussagen?
   Lösung: $S_n = S_s$
   b) Verwenden Sie die Antwort aus Teil a) und die Beziehung zwischen Wärmekapazität und Entropie, um eine Beziehung zwischen C_s und C_n bei der kritischen Temperatur T_k aufzustellen.
   Lösung: $C_n = \frac{1}{3} C_s$.

20. *Wärmekapazität eines Kollektivs von harmonischen Oszillatoren.* Wir betrachten ein Kollektiv von N schwach wechselwirkenden einfachen harmonischen Oszillatoren bei einer absoluten Temperatur T. (Ein solches Kollektiv von Oszillatoren stellt ein Näherungsmodell für die Atome eines Festkörpers dar.) Die klassische Kreisfrequenz der Schwingung eines jeden Oszillators ist ω.
   a) Verwenden Sie das in Übung 22 des Kapitels 4 errechnete Ergebnis für die mittlere Energie, um die Wärmekapazität C (alle äußeren Parameter sind konstant) für dieses Kollektiv von Oszillatoren zu bestimmen.
   Lösung: $Nk\left(\frac{\hbar\omega}{kT}\right)^2 e^{\hbar\omega/kT}\left(e^{\hbar\omega/kT} - 1\right)^{-2}$.
   b) Stellen Sie die Abhängigkeit der Wärmekapazität C von der absoluten Temperatur T in einer Skizze graphisch dar.
   c) Wie groß ist die Wärmekapazität der Temperaturen, die hoch genug sind, so daß $kT \gg \hbar\omega$ gilt?
   Lösung: Nk.

*21. *Spezifische Wärme eines zweiatomigen Gases.* Gegeben ist ein ideales, zweiatomiges Gas (zum Beispiel N_2) bei einer absoluten Temperatur T im Bereich der Zimmertemperatur. Diese Temperatur ist einerseits tief genug, so daß sich ein Molekül immer in dem Schwingungszustand niedrigster Energie befindet, sie ist aber andererseits hoch genug, daß das Molekül sehr viele seiner möglichen Rotationszustände besitzen kann.

a) Verwenden Sie das Ergebnis von Übung 23 des Kapitels 4, um einen Ausdruck für die mittlere Energie eines zweiatomigen Moleküls dieses Gases aufzustellen. In dieser Energie sollte die Bewegungsenergie des Schwerpunkts und die Energie des Moleküls bezüglich seines Schwerpunkts inbegriffen sein.

Lösung: $\frac{5}{2}kT$.

b) Bestimmen Sie unter Verwendung der Lösung für Teil a) die Molwärme c_V eines idealen zweiatomigen Gases für konstantes Volumen. Berechnen Sie den Zahlenwert von c_V.

Lösung: $\frac{5}{2}R = 20{,}8\ \mathrm{J\,K^{-1}\,mol^{-1}}$.

*22. *Energieschwankungen eines Systems, das sich mit einem Wärmereservoir in Kontakt befindet.* Wir betrachten ein beliebiges System, das mit einem Wärmereservoir der Temperatur $T = (k\beta)^{-1}$ in Kontakt ist. Anhand der kanonischen Verteilung wurde bereits in Übung 18 des Kapitels 4 gezeigt, daß $\overline{W} = -(\partial \ln Z/\partial\beta)$ ist, wobei

$$Z = \sum_r e^{-\beta W_r} \tag{1}$$

die Summe über alle Zustände des Systems darstellt.

a) Drücken Sie $\overline{W^2}$ durch Z oder noch besser, durch ln Z aus.

Lösung: $\frac{\partial^2 \ln Z}{\partial\beta^2} + \left(\frac{\partial \ln Z}{\partial\beta}\right)^2$

b) Die Streuung der Energie $\overline{(\Delta W)^2} \equiv \overline{(W-\overline{W})^2}$ kann auch gleich $\overline{W^2} - \overline{W}^2$ geschrieben werden (siehe Übung 8 im Kapitel 2). Zeigen Sie mit dieser Beziehung und der Lösung zu Teil a), daß

$$\overline{(\Delta W)^2} = \frac{\partial^2 \ln Z}{\partial\beta^2} = -\frac{\partial\overline{W}}{\partial\beta}. \tag{2}$$

c) Zeigen Sie, daß die Standardabweichung $\underset{\sim}{\Delta} W$ der Energie ganz allgemein durch die Wärmekapazität C des Systems ausgedrückt werden kann (die äußeren Parameter sind konstant), und zwar durch die Beziehung

$$\underset{\sim}{\Delta} W = T(kC)^{1/3}. \tag{3}$$

d) Angenommen, das betrachtete System ist ein ideales, einatomiges Gas aus N Molekülen. Verwenden Sie das allgemeine Ergebnis (3) zur Aufstellung eines expliziten Ausdrucks für $(\underset{\sim}{\Delta} W/\overline{W})$ in Abhängigkeit von N.

Lösung: $\left(\frac{3}{2}N\right)^{-1/2}$

6. Die kanonische Verteilung in der klassischen Näherung

Die kanonische Verteilung (4.49) ist ein einfaches Ergebnis von grundlegender Bedeutung, das sich in der Praxis als äußerst brauchbar erweist. In Kapitel 4 haben wir gezeigt, wie über die kanonische Verteilung Gleichgewichtseigenschaften der verschiedensten Systeme direkt bestimmt werden. Speziell haben wir sie zur Ermittlung der magnetischen Eigenschaften eines Spin-Systems und zur Bestimmung des Drucks und der spezifischen Wärme eines idealen Gases verwendet. In den Übungen von Kapitel 4 wurden noch weitere interessante Anwendungsmöglichkeiten untersucht. Es würde jedoch zu weit führen, wollten wir die große Anzahl anderer wichtiger Anwendungsgebiete besprechen – dies wäre Stoff für mehrere Bücher. In diesem Kapitel wollen wir zeigen, welch einfache und brauchbare Ergebnisse unmittelbar aus der kanonischen Verteilung folgen, wenn die Näherungsmethoden der klassischen Mechanik angewendet werden können.

6.1. Die klassische Näherung

Wir wissen, daß die quantenmechanische Darstellung eines Teilchensystems unter bestimmten Umständen durch eine klassisch-mechanische Darstellung angenähert werden kann. In diesem Abschnitt wollen wir uns mit den folgenden beiden Problemen beschäftigen:

1. Unter welchen Bedingungen liefert eine auf klassischen Begriffen aufbauende statistische Theorie eine brauchbare Näherung?
2. Wie kann die statistische Theorie mit klassischen Begriffen formuliert werden, wenn diese Näherung zulässig ist?

6.1.1. Gültigkeit der klassischen Näherung

Die klassische Näherung wird sicherlich *nicht* gültig sein, wenn die absolute Temperatur genügend niedrig ist. Nehmen wir zum Beispiel an, daß die typische thermische Energie kT geringer als (oder etwa so groß wie) die durchschnittliche Energiedifferenz ΔW zwischen den einzelnen Energieniveaus des Systems ist. Dann ist es nämlich von größter Bedeutung, daß die möglichen Energien des Systems in Form von Quanten vorliegen, sich also um diskrete Energiebeträge unterscheiden. Die kanonische Verteilung (4.49) besagt dann, daß die Wahrscheinlichkeiten für einen Zustand der Energie W und die für den Zustand nächsthöherer möglicher Energie $W + \Delta W$ sehr verschieden sind. Ist jedoch $kT \gg \Delta W$, dann unterscheiden sich die Wahrscheinlichkeiten von Zustand zu Zustand nur sehr wenig. In diesem Fall wird die Tatsache, daß die möglichen Energien diskrete und nicht kontinuierliche Werte aufweisen, ziemlich unwichtig, und eine klassische Beschreibung rückt in den Bereich der Möglichkeit. Wir können definitiv zusammenfassen, daß

> eine klassische Näherung *nicht* anwendbar ist, wenn
>
> $kT \leqslant \Delta W.$ (6.1)

Andererseits ist eine klassische Näherung sicher anwendbar, wenn quantenmechanische Effekte vernachlässigt werden können. Der sinnvollen Anwendung klassischer Begriffe wird durch die Heisenbergsche Unschärferelation eine grundlegende quantenmechanische Grenze gesetzt. Die Unschärferelation besagt, daß es nicht möglich ist, zugleich die Ortskoordinate x und den dazu gehörigen Impuls p mit beliebig hoher Genauigkeit zu bestimmen. Eine Ermittlung dieser Größen wird immer minimale Unschärfen Δx und Δp enthalten. Es gilt:

$$\Delta x \, \Delta p \geqslant \hbar, \qquad (6.2)$$

wobei $\hbar = h/2\pi$ das durch 2π dividierte Plancksche Wirkungsquantum ist. Untersuchen wir nun das Aussehen der klassischen Beschreibung eines Systems bei einer bestimmten Temperatur. Sinnvollerweise muß diese klassische Beschreibung dazu geeignet sein, ein innerhalb einer typischen minimalen Strecke s_0 liegendes Teilchen des Systems zu betrachten. p_0 ist der für das Teilchen charakteristische Impuls. Sind s_0 und p_0 groß genug, so daß

$$s_0 p_0 \gg \hbar$$

gilt, werden die durch die Heisenbergsche Unschärferelation auferlegten Beschränkungen unwichtig und können vernachlässigt werden – eine klassische Darstellung wird möglich. Wir fassen also zusammen:

> Eine klassische Beschreibung sollte anwendbar sein
>
> wenn $\quad s_0 p_0 \gg \hbar,$ (6.3a)
>
> d.h., wenn $\quad s_0 \gg \lambda\!\!\!^{-}.$ (6.3b)

Hier wurde die typische Länge $\lambda\!\!\!^{-}_0$ eingeführt, die durch

$$\lambda\!\!\!^{-}_0 = \frac{\hbar}{p_0} = \frac{1}{2\pi}\frac{h}{p_0} \qquad (6.4)$$

definiert ist. Sie ist einfach gleich der de Broglie-Wellenlänge h/p_0 dividiert durch 2π. Die Bedingung (6.3b) besagt also lediglich, daß Quanteneffekte vernachlässigbar sein sollten, wenn die kleinste bedeutsame klassische Dimension s_0 verglichen mit der de Broglie-Wellenlänge des Teilchens groß ist. In diesem Fall werden die Welleneigenschaften des Teilchens offensichtlich unwichtig.

6.1.2. Die klassische Beschreibung

Wir nehmen an, daß die klassische Betrachtung eines Teilchensystems gerechtfertigt ist. Dann werden die zu untersuchenden grundlegenden Fragen genau denen gleich, die zu Anfang unsere quantentheoretischen Betrachtungen am Beginn von Kapitel 3 gestellt wurden. Die erste Frage ist die folgende: Wie kann der mikroskopische Zutand eines Systems mit den Begriffen der klassichen Mechanik beschrieben werden?

Beginnen wir mit einem einfachen Fall: Das zu untersuchende System besteht aus einem einzelnen Teilchen, das sich in einer Dimension bewegen kann. die Lage des Teilchens kann dann durch eine einzige Koordinate x beschrieben werden. Eine vollständige Beschreibung dieses Systems nach klassisch mechanischen Gesichtspunkten erfordert dann nur die Angabe der Koordinate x und des zugehörigen Impulses p.[1] (Eine gleichzeitige Angabe von x und p für irgend einen Zeitpunkt ist klassisch gesehen möglich. Dies ist auch eine Voraussetzung für eine vollständige Beschreibung, damit die Werte von x und p für einen anderen Zeitpunkt nach den Gesetzen der klassischen Mechanik eindeutig vorausbestimmt werden können.) Die vorliegende Situation kann mittels eines kartesischen Koordinatensystems geometrisch dargestellt werden. Die beiden kartesischen Achsen sind wie in Bild 6.1 mit p und x zu bezeichnen. Eine Angabe der Werte von x und p ist dann gleichbedeutend mit der Angabe der Koordinaten eines Punktes in diesem zweidimensionalen Raum, der allgemein als *Phasenraum* bezeichnet wird.

In einer Beschreibung dieser Situation sind also die kontinuierlichen Variablen x und p enthalten. Sollen nun die möglichen Zustände des Teilchens abzählbar sein, dann müssen wir so wie in Abschnitt 2.6 vorgehen: Wir unterteilen die Bereiche der Variablen x und p in beliebig kleine, diskrete Intervalle. Zum Beispiel können wir kleine Intervalle der Größe δx für die Unterteilung von x, und

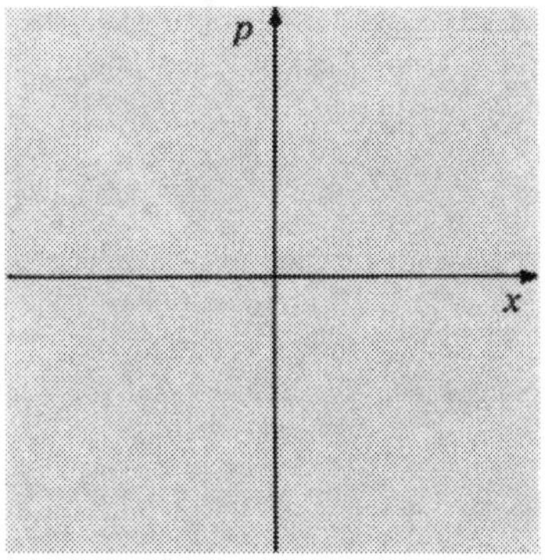

Bild 6.1. Klassischer Phasenraum für ein einzelnes Teilchen in einer Dimension.

[1]) Ist x eine gewöhnliche kartesische Koordinate, und ist kein Magnetfeld vorhanden, dann ist der Impuls p eines Teilchens mit der Geschwindigkeit v und der Masse m durch die Beziehung p = mv gegeben. Eine Beschreibung, die den Impuls p statt der Geschwindigkeit v verwendet, ist allgemein gültig und daher üblich.

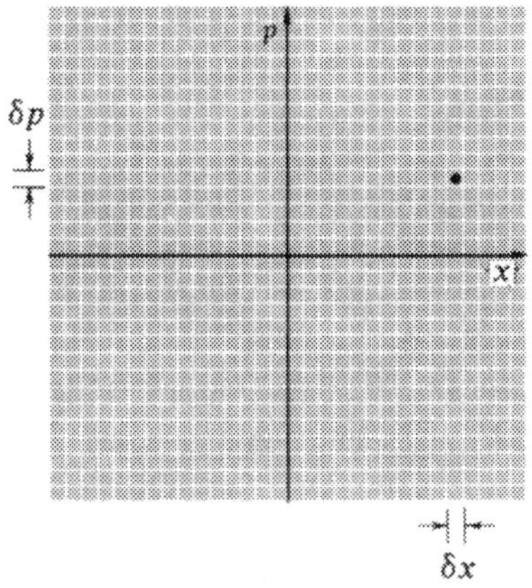

Bild 6.2. Der zweidimensionale Phasenraum aus Bild 6.1 ist hier in gleich große Zellen unterteilt, deren „Volumen" jeweils gleich $\delta x\, \delta p = h_0$ ist.

solche der Größe δp für die Unterteilung von p festsetzen. Der Phasenraum wird dadurch in kleine Zellen gleicher Größe und gleichen zweidimensionalen „Volumens" (d. h. gleicher Fläche) unterteilt (Bild 6.2):

$$\delta x\, \delta p = h_0\,,$$

wobei h_0 eine kleine Konstante mit der Dimension eines Drehimpulses ist. Der Zustand des Teilchens kann dann vollkommen beschrieben werden, indem wir angeben, daß eine Koordinate innerhalb eines bestimmten Intervalls zwischen x und $x + \delta x$ und sein Impuls in einem bestimmten Intervall zwischen p und $p + \delta p$ liegt, daß sich also das Zahlenpaar $\{x, p\}$ innerhalb eines bestimmten Bereichs befindet. In der geometrischen Darstellung besagt dies, daß der durch $\{x, p\}$ gegebene Punkt in einer bestimmten Zelle des Phasenraumes liegt.

Bemerkung über die Größe von h_0:

Die Angabe des Zustands des Systems wird natürlich um so genauer sein, je geringer die Größe der Zellen ist, in die der Phasenraum unterteilt wurde, bzw. je kleiner h_0 ist. Diese Konstante h_0 kann in einer klassischen Beschreibung beliebig klein gewählt werden. Eine strenge quantenmechanische Darstellung setzt jedoch der erreichbaren Genauigkeit bei der gleichzeitigen Bestimmung von x und dem zugehörigen Impuls p eine Grenze. x und p können tatsächlich nur innerhalb der Unschärfen Δx und Δp genau bestimmt werden, die der Größenordnung nach die Heisenbergsche Unschärferelation $\Delta x\, \Delta p > \hbar$ befriedigen. Eine Unterteilung des Phasenraums in Zellen mit einem geringeren Volumen als $\hbar$ ist daher physikalisch gesehen sinnlos. Wird nämlich $h_0 < \hbar$ gewählt, dann würde dies zu einer genaueren Bestimmung des Systems führen, als es die Quantentheorie zuläßt.

Eine Verallgemeinerung der obigen Bemerkungen auf den Fall beliebig komplizierter Systeme ergibt sich ganz einfach. Ein solches System kann durch einen Satz von f Koordinaten $x_1, \ldots, x_f$ und f zugehörigen Impulswerten $p_1, \ldots, p_f$ beschrieben werden, d. h. durch insgesamt 2 f Zahlen. (Wie üblich bezeichnet die Anzahl f der für die

Beschreibung des Systems nötigen unabhängigen Koordinaten die *Anzahl der Freiheitsgrade* des Systems). Um diese kontinuierlichen Variablen so darzustellen, daß die möglichen Zustände des Systems zählbar werden, ist es wiederum von Vorteil, den Bereich der möglichen Werte der i-ten Koordinate x_i in kleine Intervalle der festgesetzten Größe δx_i zu unterteilen, und den Bereich der möglichen Werte des i-ten Impulses p_i in kleine Intervalle der festgesetzten Größe δp_i zu unterteilen. Für jedes i können die Intervallgrößen so gewählt werden, daß das Produkt

$$\delta x_i \, \delta p_i = h_0, \tag{6.5}$$

wobei h_0 eine beliebig kleine Konstante von festgesetzter Größe ist, die nicht von i abhängt. Wir können dann den Zustand des Systems durch solche Koordinaten und Impulse beschreiben, deren Satz von Werten

$$\{x_1, x_2, \ldots, x_f;\ p_1, p_2', \ldots, p_f'\}$$

in einem bestimmten Satz von Intervallen liegt. Geometrisch kann dieser Satz von Werten wieder dahingehend interpretiert werden, daß er die Koordinaten eines „Punkts" in einem *Phasenraum* von 2f Dimensionen angibt. In diesem Phasenraum entspricht jeder kartesischen Achse eine bestimmte Koordinate oder ein bestimmter Impuls.[1)] Durch die Unterteilung in Intervalle wird also der Phasenraum in kleine, gleichgroße Zellen mit dem Volumen $(\delta q_1 \delta q_2 \ldots \delta q_f \delta p_1 \delta p_2 \ldots \delta p_f) = h_0^f$ eingeteilt. DerZustand des Systems kann dann durch die Angabe beschrieben werden, in welchem bestimmten Satz von Intervallen (d. h. in welcher Zelle des Phasenraums) die Koordinaten $x_1, x_2, \ldots, x_f$ und die Impulse $p_1, p_2, \ldots, p_f$ des Systems tatsächlich liegen. Der Einfachheit halber wird jeder solche Satz von Intervallen (bzw. jede Zelle des Phasenraums) mit einem Index r bezeichnet, so daß alle mögliche Zellen in einer geeigneten Reihenfolge r = 1, 2, 3, ... angeführt werden können. Wir fassen zusammen:

Der Zustand eines Systems kann in der klassischen Mechanik durch die Angabe der bestimmten Zelle r des Phasenraums beschrieben werden, in der die Koordinaten und die Impulse des Systems liegen.	(6.6)

Die Angabe des Zustands eines Systems ist also in der klassischen Mechanik ähnlich wie in der Quantenmechanik, da eine Zelle des Phasenraums in der klassischen Darstellung analog einem Quantenzustand in der quantenmechanischen Beschreibung ist. Ein Unterschied sollte jedoch erwähnt werden. Die klassische Feststellung ist in gewisser Weise willkürlich, da die Größe einer Zelle des Phasenraums (d. h. die Größe der Konstante h_0) beliebig gewählt werden kann. In der quantentheoretischen Beschreibung ist jedoch ein Quantenzustand eine eindeutig definierte Größe (im wesentlichen deshalb, weil die Quantentheorie das Plancksche Wirkungsquantum $\hbar$ enthält, das als Konstante einen eindeutig bestimmten Wert besitzt).

1) Da unsere gesamte Vorstellungswelt nur drei Dimensionen enthält, können wir uns einen derartigen Phasenraum sehr viel weniger gut vorstellen als den zweidimensionalen Phasenraum in Bild 6.2. Abgesehen davon sind die beiden Phasenräume jedoch ganz analog.

6.1.3. Die klassische statistische Mechanik

Die statistische Beschreibung eines Systems aus der Sicht der klassischen Mechanik wird nun vollkommen analog zu der quantenmechanischen Beschreibung. Der einzige Unterschied liegt in der Auslegung: Während der Mikroszustand eines Systems in der Quantentheorie durch einen bestimmten Quantenzustand des Systems gegeben ist, ist ihm in der klassischen Theorie eine bestimmte Zelle des Phasenraums zugeordnet. Wenn wir ein statistisches Kollektiv von Systemen betrachten, dann sind die in der klassischen Theorie eingeführten Grundpostulate den entsprechenden Postulaten (3.17) und (3.18) der Quantentheorie gleichwertig. Die Aussage (3.19) dieser Postulate besagt klassisch gesehen: *Befindet sich ein isoliertes System im Gleichgewicht, dann ist die Wahrscheinlichkeit für alle realisierbaren Zustände des Systems gleich groß, d. h., die Wahrscheinlichkeit ist für alle möglichen Zellen des Phasenraums gleich groß.*[1)]

Beispiel:

Um die klassischen Gedankengänge an einem einfachen Fall zu erläutern, wollen wir ein einzelnes Teilchen betrachten, das sich ohne Einwirkung von Kräften in einer Dimension bewegt, sich jedoch auf einen Kasten der Länge l beschränken muß (Bild 6.3). Wenn wir die Lagekoordinate dieses Teilchens mit x bezeichnen, dann sind die möglichen Lagen des Teilchens durch die Bedingung $0 < x < l$ beschränkt. Die Energie W des Teilchens der Masse m ergibt sich aus dessen kinetischer Energie allein. Daher ist

$$W = \frac{1}{2} mv^2 = \frac{1}{2} \frac{p^2}{m},$$

wobei v die Geschwindigkeit und p = mv der Impuls des Teilchens ist. Wir nehmen an, daß das Teilchen isoliert ist und daher eine konstante Energie innerhalb eines kleinen Bereichs zwischen W und W + dW aufweisen muß. Sein Impuls muß dann in einem

1) Die statistischen Postulate können mit gewissen Annahmen aus den Gesetzen der klassischen Mechanik abgeleitet werden, und zwar in der gleichen Weise wie die Postulate (3.17) und (3.18) auf die Gesetzte der Quantenmechanik zurückgeführt werden konnten. Die klassischen Grundlagen dieser Ableitung zeigen, daß eine auf Koordinaten und Impulsen beruhende Beschreibung im allgemeinsten Fall geeigneter ist als eine Beschreibung nach Koordinaten und Geschwindigkeiten. In all den einfachen Fällen, die in diesem Buch untersucht werden, ist dieser Unterschied jedoch trivial, da in diesen Fällen der Impuls **p** mit der Gewindigkeit v eines Teilchens der Masse m durch die einfache Proportionalitätsbeziehung **p** = m**v** verbunden ist.

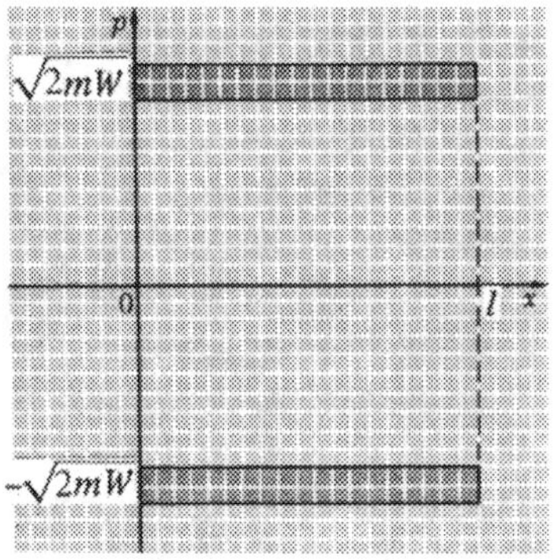

Bild 6.3. Klassischer Phasenraum für ein einzelnes Teilchen, das sich in einer Dimension innerhalb eines Kastens der Länge l frei bewegen kann. Das Teilchen, das durch eine Koordinate x und einen Impuls p gekennzeichnet ist, hat eine Energie, die in den Bereich zwischen W und W + δW fällt. Die für das Teilchen möglichen Zustände sind im Bild durch die dunkler getönten Zellen dargestellt.

kleinen Bereich dp um die möglichen Werte $p = \pm\sqrt{2mW}$ liegen. Der Bereich des Phasenraums, der für dieses Teilchen realisierbar ist, ist dann durch die dunkel getönten Flächen in Bild 6.3 gegeben. Wird der Phasenraum in kleine Zellen der Größe $\delta x \delta p = h_0$ unterteilt, dann enthält dieser realisierbare Bereich viele derartige Zellen. Diese Zellen stellen die realisierbaren Zustände dar, in denen sich das System befinden kann.

Angenommen, das Teilchen befindet sich im Gleichgewicht. Das statistische Postulat besagt dann, daß die Wahrscheinlichkeit für jede Koordinate x und den zugehörigen Impuls p jeder der gleich großen Zellen in den dunkler getönten Bereichen gleich groß ist: Das Teilchen besitzt also mit gleich großer Wahrscheinlichkeit einen Impuls im Bereich dp um $+\sqrt{2mW}$ wie einen Impuls im Bereich dp um $-\sqrt{2mW}$. Das heißt ferner, daß das Teilchen auch mit gleich großer Wahrscheinlichkeit alle innerhalb der Länge l des Kastens enthaltenen Werte der Ortskoordinate x aufweisen wird. Die Wahrscheinlichkeit dafür, daß das Teilchen sich im linken Drittel des Kastens befindet, ist zum Beispiel gleich $\frac{1}{3}$, da die Anzahl der möglichen Zellen, bei denen x im Bereich $0 < x < \frac{1}{3}l$ liegt, gleich einem Drittel der Gesamtanzahl der möglichen Zellen ist.

Die obigen Bemerkungen zeigen deutlich, daß jede allgemeine Argumentation, die auf den statistischen Postulaten und einer Bestimmung der Zahl der Zustände beruht, in der klassischen Darstellung gleichermaßen gültig bleiben muß. Im besonderen folgt daraus, daß die Ableitung der kanonischen Verteilung in Abschnitt 4.5 auch hier gerechtfertigt ist. Befindet sich ein klassisch beschriebenes System A in thermischem Kontakt mit einem Wärmereservoir der absoluten Temperatur $T = (k\beta)^{-1}$, dann ist die Wahrscheinlichkeit P_r dafür, daß sich das System in einem bestimmten Zustand r der Energie W_r befindet, durch Gl. (4.49) gegeben. Also gilt

$$P_r \propto e^{-\beta W_r}. \qquad (6.7)$$

Hier bezieht sich der Zustand r auf eine bestimmte Zelle des Phasenraums, in der die Koordinaten und Impulse von A bestimmte Werte $x_1, \ldots, x_f; p_1, \ldots, p_f$ aufweisen. Dementsprechend ist mit der Energie W_r von A jene Energie W des Systems gemeint, bei der die Koordinaten und Impulse des Systems eben diese Werte besitzen, d. h.,

$$W_r = W(x_1, \ldots, x_f; p_1, \ldots, p_f), \qquad (6.8)$$

da die Energie von A eine Funktion seiner Koordinaten und seiner Impulse ist.

Es ist von Vorteil, die kanonische Verteilung (6.7) als *Wahrscheinlichkeitsdichte* auszudrücken, indem wir im allgemeinen wie in Abschnitt 2.6 vorgehen. Wir suchen die Wahrscheinlichkeit

$P(x_1, \ldots, x_f; p_1, \ldots, p_f)\, dx_1 \ldots dx_f dp_1 \ldots dp_f$

= die Wahrscheinlichkeit dafür, daß für dieses mit dem Wärmereservoir in Kontakt befindliche System A die erste Koordinate im Bereich zwischen x_1 und $x_1 + dx_1, \ldots$, die f-te Koordinate im Bereich zwischen x_f und $x_f + dx_f$ liegt, und daß der erste Impuls im Bereich zwischen p_1 und $p_1 + dp_1, \ldots$, der f-te Impuls im Bereich zwischen p_f und $p_f + dp_f$ liegt. (6.9)

Die Bereiche dx_i und dp_i sollen hier in dem Sinne klein sein, daß sich die Energie W von A nicht wesentlich ändert, wenn sich x_i um einen Betrag dx_i, bzw. p_i um einen Betrag dp_i ändert. Diese Bereiche sollen jedoch groß sein verglichem mit den Intervallen, die zur Unterteilung des Phasenraums gewählt wurden. Es muß also $dx_i \gg \delta x_i$ und $dp_i \gg \delta p_i$ sein. Ein Volumenelement $(dx_1 \ldots dx_f\, dp_1 \ldots dp_f)$ des Phasenraums enthält also viele Zellen des Volumens $(\delta x_1 \ldots \delta x_f \delta p_1 \ldots \delta p_f) = h_0^f$ (Bild 6.4). Für jede dieser Zellen ist die Energie des Systems A, und daher auch die Wahrscheinlichkeit (6.7) für

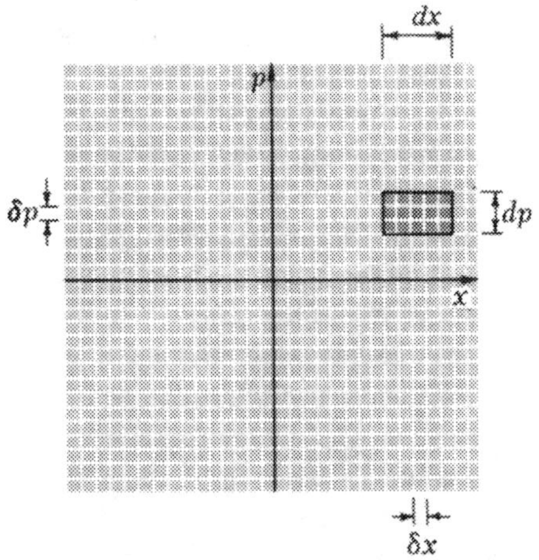

Bild 6.4. Ein Beispiel für einen zweidimensionalen Phasenraum, der in kleine Zellen gleichen „Volumens" $\delta x \delta p = h_0$ unterteilt ist. Der dunkler getönte Bereich stellt ein Volumenelement dar, das die Größe dxdp hat und viele Zellen enthält.

sie, nahezu gleich groß. Die gesuchte Wahrscheinlichkeit (6.9) erhalten wir also ganz einfach, indem wie die Wahrscheinlichkeit (6.7) dafür, daß der Zustand von A einer bestimmten Zelle des Phasenraums entspricht, mit der Gesamtanzahl $(dx_1 \dots dp_f)/h_0^f$ solcher Zellen multiplizieren, d. h.,

$$P(x_1, \dots, p_f)\, dx_1 \dots dp_f \propto e^{-\beta W_r} \frac{dx_1 \dots dp_f}{h_0^f}$$

bzw.

$$\boxed{\begin{aligned} &P(x_1, \dots, p_f)\, dx_1 \dots dp_f = \\ &= C e^{-\beta W(x_1, \dots, p_f)}\, dx_1 \dots dp_f, \end{aligned}} \qquad (6.10)$$

wobei C lediglich eine Proportionalitätskonstante ist, die die Konstante h_0^f enthält. Der Wert dieser Konstante ist natürlich durch die Normierungsbedingung bestimmt, daß die Summe der Wahrscheinlichkeit (6.10) über alle möglichen Koordinaten und Impulse des Systems A gleich eins sein muß;

$$\int P(x_1 \dots p_f)\, dx_1 \dots dp_f = 1.$$

Das Integral erstreckt sich über den gesamten möglichen Bereich des Phasenraums von A. Daraus ergibt sich sofort

$$C^{-1} = \int e^{-\beta W(x_1, \dots, p_f)}\, dx_1 \dots dp_f \qquad (6.11)$$

Auf diese allgemeinen Betrachtungen wird im folgenden Abschnitt noch näher eingegangen, indem wir sie auf einen einfachen und höchst wichtigen Fall anwenden: den eines einzelnen Moleküls, das sich in drei Dimensionen bewegt.

6.2. Die Maxwellsche Geschwindigkeitsverteilung

Ein Behälter mit dem Volumen V enthält ein ideales Gas, das bei der absoluten Temperatur T im Gleichgewicht ist. Dieses Gas kann aus Molekülen der verschiedensten Art bestehen. Wir nehmen an, daß eine klassische Untersuchung der Gasmoleküle möglich ist. Am Ende unserer Diskussion werden wir untersuchen, unter welchen Bedingungen eine solche klassische Behandlung als gültig angesehen werden kann. Wir bedienen uns also im folgenden klassischer Begriffe. In unserer Untersuchung greifen wir ein beliebiges Gasmolekül heraus. Dieses Molekül stellt dann ein unterscheidbares kleines System dar, das in thermischem Kontakt mit einem Wärmereservoir ist, das sich aus den übrigen Molekülen zusammensetzt und die Temperatur T hat. Also kann sofort die kanonische Verteilung angewendet werden. Nehmen wir vorerst an, daß das Molekül einatomig ist. Vernachlässigen wir alle äußeren Kraftfelder (Schwerkraft und andere), dann ist die Energie ϵ dieses Moleküls allein durch seine kinetische Energie gegeben:

$$\epsilon = \frac{1}{2} m v^2 = \frac{1}{2} \frac{p^2}{m}, \qquad (6.12)$$

wobei $\mathbf{v}$ die Geschwindigkeit und $\mathbf{p} = m\mathbf{v}$ der Impuls des Moleküls der Masse m ist. Wir haben hier vorausgesetzt, daß das Gas so weit verdünnt ist, daß es als ideal angesehen werden kann – die potentielle Energie der Wechselwirkung mit anderen Molekülen wird also als vernachlässigbar gering angenommen. Die Energie eines Moleküls an irgend einem Ort innerhalb des Behälters ist somit von Lagevektor $\mathbf{r}$ des Moleküls unabhängig.

In der klassischen Mechanik wird der Zustand des Moleküls durch seine drei Lagekoordinaten x, y, z, und die zugehörigen drei Impulskomponenten p_x, p_y, p_z, beschrieben. Wir können dann die Wahrscheinlichkeit dafür bestimmen, daß die Lage des Moleküls in den Bereich zwischen $\mathbf{r}$ und $\mathbf{r} + d\mathbf{r}$ fällt (d. h., seine x-Koordinate liegt zwischen x und x + dx, seine y-Koordinate zwischen y und y + dy und seine z-Koordinate zwischen z und z + dz) und daß gleichzeitig sein Impuls in dem Bereich zwischen $\mathbf{p}$ und $\mathbf{p} + d\mathbf{p}$ liegt (d. h., die x-Komponente seines Impulses liegt zwischen p_x und $p_x + dp_x$, die y-Komponente seines Impulses zwischen p_y und $p_y + dp_y$ und die z-Komponente seines Impulses zwischen p_z und $p_z + dp_z$). Dieser Bereich der Lage- und Impulsvariablen entspricht einem bestimmten „Volumen" im Phasenraum, das durch $(dx\, dy\, dz\, dp_x\, dp_y\, dp_z) = d^3\mathbf{r}\, d^3\mathbf{p}$ gegeben ist. Hier wurden die folgenden Abkürzungen eingeführt:

$$d^3\mathbf{r} = dx\, dy\, dz$$

und (6.13)

$$d^3\mathbf{p} = dp_x\, dp_y\, dp_z.$$

Damit ist jeweils ein Volumenelement des physikalischen Raums und ein Volumenelement des Impulsraums bezeichnet. Eine Anwendung der kanonischen Verteilung (6.10) ergibt unmittelbar die gesuchte Wahrscheinlichkeit $P(\mathbf{r}, \mathbf{p})\, d^3\mathbf{r}\, d^3\mathbf{p}$ dafür, daß die Lage des Moleküls in den Bereich zwischen $\mathbf{r}$ und $\mathbf{r} + d\mathbf{r}$ fällt, und der Impuls des Moleküls im Bereich zwischen $\mathbf{p}$ und $\mathbf{p} + d\mathbf{p}$ liegt:

$$P(\mathbf{r}, \mathbf{p})\, d^3\mathbf{r}\, d^3\mathbf{p} \propto e^{-\beta(p^2/2m)}\, d^3\mathbf{r}\, d^3\mathbf{p}, \qquad (6.14)$$

wobei $\beta = (kT)^{-1}$ ist. Wir haben hier den Ausdruck (6.12) für die Energie des Moleküls eingesetzt, und $p^2 = \mathbf{p}^2$ gesetzt. Dieses Ergebnis kann ganz analog auch mit der Geschwindigkeit $\mathbf{v} = \mathbf{p}/m$ des Moleküls ausgedrückt werden. Wir erhalten dann die Wahrscheinlichkeit $P'(\mathbf{r}, \mathbf{v})\, d^3\mathbf{r}\, d^3\mathbf{v}$ dafür, daß die Lage des Moleküls in den Bereich zwischen $\mathbf{r}$ und $\mathbf{r} + d\mathbf{r}$ fällt, und daß die Geschwindigkeit des Moleküls zwischen $\mathbf{v}$ und $\mathbf{v} + d\mathbf{v}$ liegt:

$$\boxed{P'(\mathbf{r}, \mathbf{v})\, d^3\mathbf{r}\, d^3\mathbf{v} \propto e^{-(1/2)\beta m v^2}\, d^3\mathbf{r}\, d^3\mathbf{v},} \qquad (6.15)$$

wobei $d^3\mathbf{v} = dv_x\, dv_y\, dv_z$ ist, und $v^2 = \mathbf{v}^2$ gesetzt wurde.

Das Ergebnis für die Wahrscheinlichkeit (6.15) ist sehr allgemein; es liefert detaillierte Informationen über die Lage und die Geschwindigkeit jedes Moleküls in dem Gas.

Wir können damit die verschiedensten speziellen Ergebnisse ableiten. Zum Beispiel ist es möglich, mit diesem Ergebnis zu untersuchen, wie viele Moleküle eine Geschwindigkeit besitzen, die in einem bestimmten Bereich liegt. Oder ein etwas allgemeinerer Fall: Wenn ein Gas aus verschiedenen Arten von Molekülen verschiedener Massen zusammengesetzt ist (z. B. aus Helium- und Argonmolekülen), dann können wir feststellen, wieviele Moleküle einer bestimmten Art eine Geschwindigkeit in einem bestimmten Bereich aufweisen. Interessieren wir uns also für eine bestimmte Sorte von Molekülen, dann sollten wir dadurch

$f(\mathbf{v})\, d^3\mathbf{v} =$ die mittlere Anzahl der Molküle (der interessierenden Art) *pro Volumeneinheit,* die eine Geschwindigkeit zwischen $\mathbf{v}$ und $\mathbf{v} + d\mathbf{v}$ besitzen, (6.16)

bestimmen können.

Da die N Moleküle des idealen Gases sich unabhängig voneinander und ohne nennenswerte Wechselwirkung bewegen, stellt das Gas ein statistisches Kollektiv von Molekülen dar, von denen ein Bruchteil, der durch die Wahrscheinlichkeit (6.15) gegeben ist, eine Lage zwischen $\mathbf{r}$ und $\mathbf{r} + d\mathbf{r}$ und eine Geschwindigkeit zwischen $\mathbf{v}$ und $\mathbf{v} + d\mathbf{v}$ besitzt. Die mittlere Anzahl $f(\mathbf{v})\, d^3\mathbf{v}$ aus Gl. (6.16) erhalten wir also, indem wir einfach die Wahrscheinlichkeit (6.15) mit der Gesamtanzahl N der Moleküle dieser Art multiplizieren und durch das Volumenelement $d^3\mathbf{r}$ dividieren:

$$f(\mathbf{v})\, d^3\mathbf{v} = \frac{N P'(\mathbf{r}, \mathbf{v})\, d^3\mathbf{r}\, d^3\mathbf{v}}{d^3\mathbf{r}}$$

bzw.

$$\boxed{f(\mathbf{v})\, d^3\mathbf{v} = C e^{-(1/2)\beta m v^2}\, d^3\mathbf{v},} \tag{6.17}$$

wobei C eine Proportionalitätskonstante ist, und $\beta = (kT)^{-1}$. Das Ergebnis (6.17) nennt man die *Maxwellsche Geschwindigkeitsverteilung,* da diese Beziehung erstmals von *Maxwell* (s. Bild 6.9) im Jahre 1859 abgeleitet wurde (*Maxwell* bediente sich aber weniger allgemeiner Argumente).

Es ist zu beachten, daß die Wahrscheinlichkeit P' aus Gl. (6.15) (bzw. die mittlere Anzahl f auf Gl. (6.17) nicht von der Lage $\mathbf{r}$ des Moleküls abhängt. Dies muß auch so sein, da ja in Abwesenheit äußere Felder ein Molekül aufgrund von Symmetriebedingungen keine Lage im Raum bevorzugt innehaben kann. Weiter sollte beachtet werden, daß P' (bzw. f)nur vom Betrag von $\mathbf{v}$ und nicht von seiner Richtung abhängt, d. h.,

$$f(\mathbf{v}) = f(v), \tag{6.18}$$

wobei $v = |\mathbf{v}|$ gilt. Das ist wiederum durch die Symmetriebedingung begründet, da es in einer Situation, bei der der Behälter (und somit auch der Schwerpunkt des ganzen Gases) in Ruhe ist, keinerlei bevorzugte Raumrichtung gibt.

Bestimmung der Konstante C

Die Konstante C kann aufgrund folgender Bedingung bestimmt werden: Die Summe von Gl. (6.17) über alle möglichen Geschwindigkeiten muß die mittlere Gesamtzahl n der Moleküle (der interessierenden Art) pro Volumeneinheit ergeben. Also ist

$$C \int e^{-(1/2)\beta m v^2}\, d^3v = n \tag{6.19}$$

bzw.

$$C \iiint e^{-(1/2)\beta m (v_x^2 + v_y^2 + v_z^2)}\, dv_x\, dv_y\, dv_z = n.$$

Daher ist

$$C \iiint e^{-(1/2)\beta m v_x^2}\, e^{-(1/2)\beta m v_y^2}\, e^{-(1/2)\beta m v_z^2}\, dv_x dv_y dv_z = n$$

bzw.

$$C \int_{-\infty}^{\infty} e^{-(1/2)\beta m v_x^2}\, dv_x \int_{-\infty}^{\infty} e^{-(1/2)\beta m v_y^2}\, dv_y$$

$$\int_{-\infty}^{\infty} e^{-(1/2)\beta m v_z^2}\, dv_z = n.$$

Jedes dieser Integrale ergibt nach (M.23) den gleichen Wert:

$$\int_{-\infty}^{\infty} e^{-(1/2)\beta m v_x^2}\, dv_x = \left(\frac{\pi}{\frac{1}{2}\beta m}\right)^{1/2} = \left(\frac{2\pi}{\beta m}\right)^{1/2}.$$

Daher ist

$$C = n \left(\frac{\beta m}{2\pi}\right)^{3/2} \tag{6.20}$$

und

$$\boxed{f(\mathbf{v})\, d^3v = n \left(\frac{\beta m}{2\pi}\right)^{3/2} e^{-(1/2)\beta m v^2}\, d^3v.} \tag{6.21}$$

Gültigkeit dieser Ergebnisse im Falle mehratomiger Moleküle

Angenommen, das betrachtete Gas besteht aus Molekülen, die nicht einatomig sind. Unter den Bedingungen, die in den letzten Absätzen besprochen wurden, kann die Bewegung des Schwerpunkts eines solchen Moleküls auch dann mit der klassischen Näherung behandelt werden, obwohl die innermolekularen Bewegungen wie Rotation und Schwingung um den Schwerpunkt gewöhnlich quantenmechanisch untersucht werden müssen. Der Zustand des Moleküls kann dann durch die Lage $\mathbf{r}$ und den Impuls $\mathbf{p}$ seines Schwerpunkts und durch die Angabe des bestimmten Quantenzustands s beschrieben werden, der der innermolekularen Bewegung Rechnung trägt. Die Energie des Moleküls ist dann durch

$$\epsilon = \frac{\mathbf{p}^2}{2m} + \epsilon_s^{(i)} \tag{6.22}$$

gegeben; das erste Glied auf der rechten Seite gibt die kinetische Energie des Schwerpunkts, das zweite Glied die innermolekulare Energie der Rotation und Schwingung im Zustand sa. Mit Hilfe der kanaonischen Verteilung können wir sofort die Wahrscheinlichkeit $P_s(\mathbf{r}, \mathbf{p})\, d^3\mathbf{r}\, d^3\mathbf{p}$ dafür bestimmen, daß das Molekül einen Zustand aufweist, in dem die Lage seines Schwerpunkts in den Bereich zwischen $\mathbf{r}$ und $\mathbf{r} + d\mathbf{r}$ fällt, und der Impuls seines Schwerpunkts zwischen $\mathbf{p}$ und $\mathbf{p} + d\mathbf{p}$ liegt, und seine innermolekulare Energie durch den Zustand s definiert ist. Also ist

$$P_s(\mathbf{r}, \mathbf{p})\, d^3r\, d^3p \propto e^{-\beta[p^2/2m + \epsilon_s^{(i)}]}\, d^3r\, d^3p$$
$$\propto e^{-\beta p^2/2m}\, d^3r\, d^3p\, e^{-\beta\epsilon_s^{(i)}}. \qquad (6.23)$$

Wenn wir die Wahrscheinlichkeit $P(\mathbf{r}, \mathbf{p})\, d^3r\, d^3p$ dafür bestimmen wollen, daß die Lage des Schwerpunkts in den Bereich zwischen $\mathbf{r}$ und $\mathbf{r} + d\mathbf{r}$ fällt, und der Impuls zwischen $\mathbf{p}$ und $\mathbf{p} + d\mathbf{p}$ liegt, *ohne* daß der Zustand des Moleküls aufgrund der innermolekularen Bewegung berücksichtigt wird, dann müssen wir lediglich von Gl. (6.23) die Summe über alle möglichen innermolekularen Zustände s bilden. Da der Ausdruck (6.23) ein Produkt aus zwei Faktoren ist, ergibt die Summe über alle möglichen Werte des zweiten Faktors einfach eine Konstante, mit der der erste Faktor multipliziert wird. Ergebnis (6.23) wird dadurch zu einem Ausdruck der Form (6.14) vereinfacht, der den Schwerpunkt des Moleküls beschreibt. Gl. (6.15) und die Maxwellsche Geschwindigkeitsverteilung (6.17) sind also sehr allgemeine Ergebnisse, die auch bei der Beschreibung der Schwerpunktsbewegung eines mehratomigen Moleküls eines Gases angewendet werden können.

6.3. Diskussion der Maxwellverteilung

Die Maxwellsche Geschwindigkeitsverteilung (6.17) ermöglicht es uns, verschiedene verwandte Geschwindigkeitsverteilungen abzuleiten, im besonderen die Verteilung der Molekulargeschwindigkeiten in einem Gas. Wie wir später sehen werden, können einige dieser Ergebnisse durch Versuche direkt überprüft werden. Untersuchen wir einige der Folgerungen, die sich aus der Maxwellverteilung ergeben, und prüfen wir, unter welchen Bedingungen die Maxwellverteilung als gültig angesehen werden kann.

6.3.1. Verteilung einer Geschwindigkeitskomponente

Wir wollen uns zuerst mit der Komponente der Geschwindigkeit eines Moleküls in einer bestimmten Richtung (etwa der x-Richtung) befassen. Wir werden dann die folgende Größe untersuchen, die eine bestimmte Art von Molekül beschreibt:

$g(v_x)\, dv_x$ = die mittlere Anzahl der Moleküle pro Volumeneinheit, deren Geschwindigkeitskomponente in der x-Richtung zwischen v_x und $v_x + dv_x$ liegt (ohne Berücksichtigung der Werte, die die anderen Komponenten der Geschwindigkeit aufweisen).

Diese Zahl erhalten wir, indem wir alle Moleküle, deren x-Komponente der Geschwindigkeit in diesem Bereich liegt, addieren:

$$g(v_x)\, dv_x = \int_{(v_y)}\int_{(v_x)} f(\mathbf{v})\, d^3v,$$

wobei sich die Summe (bzw. die Integrale) über alle möglichen y- und z-Komponenten der Geschwindigkeit der Moleküle erstrecken. Gl. (6.17) ergibt daher

$$g(v_x)\, dv_x = C \int_{(v_y)}\int_{(v_z)} e^{-(1/2)\beta m(v_x^2 + v_y^2 + v_z^2)}\, dv_x\, dv_y\, dv_z$$

$$= C\, e^{-(1/2)\beta m v_x^2}\, dv_x \int_{-\infty}^{\infty}\int_{-\infty}^{\infty} e^{-(1/2)\beta m(v_y^2 + v_z^2)}\, dv_y\, dv_z,$$

bzw.

$$\boxed{g(v_x)\, dv_x = C' e^{-(1/2)\beta m v_x^2}\, dv_x,} \qquad (6.24)$$

da die Integration über alle Werte von v_y und v_z nur eine Konstante ergibt, die im Rahmen einer neuen Proportionalitätskonstante C' berücksichtigt werden kann.[1] Die Konstante C' wiederum kann aufgrund der Bedingung bestimmt werden, die besagt, daß die mittlere Gesamtzahl der Moleküle pro Volumeneinheit gleich n sein muß, also durch die Bedingung

$$\int_{-\infty}^{\infty} g(v_x)\, d(v_x) = C' \int_{-\infty}^{\infty} e^{-(1/2)\beta m v_x^2}\, dv_x = n.$$

Damit ergibt sich

$$C' = n\left(\frac{\beta m}{2\pi}\right)^{1/2}. \qquad (6.25)$$

Das Ergebnis (6.24) zeigt, daß die Geschwindigkeitskomponente v_x symmetrisch um den Wert $v_x = 0$ verteilt ist (Bild 6.5). Der *Mittelwert* jeder Geschwindigkeitskomponente eines Moleküls wird daher verschwinden:

$$\bar{v}_x = 0. \qquad (6.26)$$

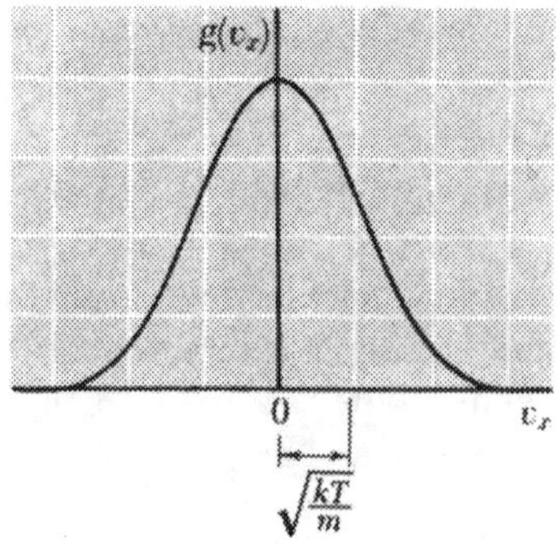

Bild 6.5. Maxwell-Verteilung, aus der die mittlere Anzahl $g(v_x)dv_x$ von Molekülen pro Volumeneinheit zu ersehen ist, die eine x-Komponente der Geschwindigkeit zwischen v_x und $v_x + dv_x$ aufweist.

[1]) Es sollte berücksichtigt werden, daß Gl. (6.24) eine einfache Gauß-Verteilung ist, wie sie in Anhang A.1 diskutiert wird.

Physikalisch ist dies selbstverständlich, da aus Symmetriegründen die x-Komponente der Geschwindigkeit eines Moleküls mit gleich großer Wahrscheinlichkeit positiv wie negativ ist. Mathematisch gesehen ergibt sich diese Resultat aus der Definition des Mittelwerts[1])

$$\bar{v}_x = \frac{1}{n} \int_{-\infty}^{\infty} g(v_x)\, v_x\, dv_x .$$

Der Integrand ist hier eine unsymmetrische Funktion von v_x (d. h., er ändert sein Vorzeichen, wenn v_x das Vorzeichen wechselt), weil $g(v_x)$ eine symmetrische Funktion von v_x ist (d. h., sein Vorzeichen bleibt bei dieser Rechenoperation unverändert, da es nur von v_x^2 abhängt). Die Beiträge von $+v_x$ und $-v_x$ zum Integrand heben sich also gegenseitig auf.

Wir stellen fest, daß $g(v_x)$ ein Maximum bei $v_x = 0$ aufweist und schnell mit zunehmendem $|x_x|$ abnimmt. Diese Funktion strebt vernachlässigbaren Werten zu, wenn $|\beta m v_x^2| \gg 1$ ist, d. h.,

$$g(v_x) \to 0 \qquad \text{wenn} \qquad |v_x| \gg (kT/m)^{1/2} \tag{6.27}$$

Das Maximum der Verteilungsfunktion $g(v_x)$ bei $v_x = 0$ ist um so schärfer ausgeprägt, je tiefer die absolute Temperatur T ist. Dies ist wieder nur ein Beweis dafür, daß die mittlere kinetische Energie verschwindend gering wird, wenn $T \to 0$ geht.

Es braucht wohl nicht eigens betont zu werden, daß genau die gleichen Ergebnisse für die Geschwindigkeitskomponenten v_y und v_z gelten, da alle Geschwindigkeitskomponenten aus Gründen der Symmetrie vollkommen gleichwertig sind.

6.3.2. Die Verteilung von Molekulargeschwindigkeitsbeträgen

Wir betrachten eine bestimmte Art von Molekülen, für die wir die Größe untersuchen

F(v) dv = die mittlere Anzahl der Moleküle pro Volumeneinheit, die eine Geschwindigkeit mit dem Betrag $v = |\mathbf{v}|$ besitzen, der in den Bereich zwischen v und v + dv fällt.

Diese Größe können wir durch Zusammenzählen aller Moleküle bestimmen, deren Geschwindigkeit in diesem Bereich liegt, unabhängig von der *Richtung* dieser Geschwindigkeit:

$$F(v)\, dv = \int' f(\mathbf{v})\, d^3\mathbf{v}, \tag{6.28}$$

[1]) Der Mittelwert kann hier gleich wie in Gl. (2.78) als Integral geschrieben werden.

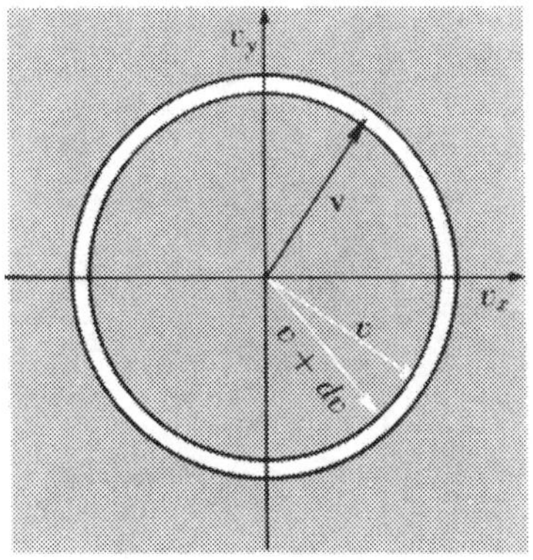

Bild 6.6. Zweidimensionaler Schnitt des Geschwindigkeitsraumes – die v_z-Achse zeigt aus der Bildebene heraus. Die Kugelschale enthält alle Moleküle für deren Geschwindigkeit **v** die Beziehung $v < |\mathbf{v}| < v + dv$ gilt.

wobei der Strich am Integral besagen soll, daß über alle Geschwindigkeiten integriert wird, deren Beträge die Bedingung

$$v < |\mathbf{v}| < v + dv$$

befriedigen, d. h. über alle Geschwindigkeitsvektoren, deren Ende im Geschwindigkeitsraum innerhalb einer Kugelschale liegt (Bild 6.6), deren innerer Radius gleich v und deren äußerer Radius gleich v + dv ist. Da dv eine infinitesimale Größe ist, und $f(\mathbf{v})$ nur vom Betrag von **v** abhängt, hat die Funktion $f(\mathbf{v})$ im gesamten Integrationsbereich von Gl. (6.28) praktisch den gleichen Wert f(v) und kann als Konstante vor das Integralzeichen gesetzt werden. Unter dem Integral verbleibt nur das Volumen, das im Geschwindigkeitsraum eine Kugelschale mit dem Radius v und der Dicke dv besitzt. Dieses Volumen ist gleich der Fläche $4\pi v^2$ der Kugelschale mal ihrer Dicke dv. Gl. (6.28) vereinfacht sich also zu

$$\boxed{F(v)\, dv = 4\pi f(v)\, v^2\, dv.} \tag{6.29}$$

Mit Gl. (6.17) gibt dies explizit

$$\boxed{F(v)\, dv = 4\pi C\, e^{-(1/2)\beta m v^2}\, v^2\, dv,} \tag{6.30}$$

wobei C durch Gl. (6.20) gegeben ist. Beziehung (6.30) ist die Maxwellsche Verteilung von Geschwindigkeitsbeträgen (Bild 6.7). Diese Funktion weist aus dem gleichen Grund ein Maximum wie die Funktionen auf, deren Maxima wir in unserer allgemeinen Diskussion der statistischen Mechanik besprochen haben. Wenn v zunimmt, dann wird der Exponentialfaktor *kleiner*, das Volumen des dem Molekül zur Verfügung stehenden Phasenraums ist jedoch v^2 proportional, und *nimmt* daher *zu*: Dies ergibt im Endeffekt ein schwächer ausgeprägtes Maximum.

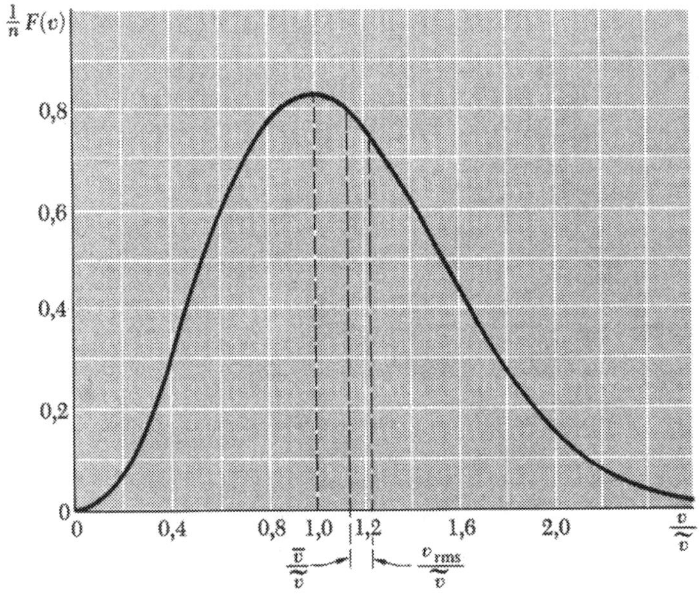

Bild 6.7. Maxwell-Verteilung, aus der die mittlere Anzahl F (v) dv von Molekülen pro Volumeneinheit zu ersehen ist, die eine Geschwindigkeit zwischen v und v + dv haben. Die Geschwindigkeit v ist hier durch die wahrscheinlichste Geschwindigkeit $\tilde{v} = (2kT/m)^{1/2}$ ausgedrückt. Die mittlere Geschwindigkeit $\bar{v}$ und die Wurzel aus dem mittleren Geschwindigkeitsquadrat $v_{rms} = (\overline{v^2})^{1/2}$ ist eingezeichnet.

Natürlich muß wiederum die Summe von F(v) dv über alle möglichen Geschwindigkeitsbeträge v = |v| die mittlere Gesamtzahl n der Moleküle in der Volumeneinheit ergeben:

$$\int_0^\infty F(v)\,dv = n. \tag{6.31}$$

Die untere Grenze des Integrals zeigt, daß der Betrag der Geschwindigkeit v = |v| eines Moleküls schon definitionsgemäß nie negativ sein kann.

Wird F(v) als Funktion des Geschwindigkeitsbetrages v graphisch dargestellt, dann ergibt sich Bild 6.7. Diejenige Geschwindigkeit $v = \tilde{v}$, bei der F(v) ein Maximum aufweist, wird als *wahrscheinlichste Geschwindigkeit* bezeichnet. Sie kann bestimmt werden, indem wir dF/dv = 0 setzen. Mit Gl. (6.30) ergibt diese Bedingung

$$(-\beta m v e^{-(1/2)\beta m v^2})\,v^2 + e^{-(1/2)\beta m v^2}\,(2v) = 0,$$

so daß

$$\tilde{v} = \sqrt{\frac{2}{\beta m}} = \sqrt{\frac{2kT}{m}}. \tag{6.32}$$

Untersuchen wir zum Beispiel Stickstoff (N_2) bei Zimmertemperatur (d. h. T ≈ 300 K) (Bild 6.8). Da das Molekulargewicht von N_2 gleich 28 und die Avogadrosche Zahl = $6 \cdot 10^{23}$ Moleküle/Mol ist, ergibt sich für die Masse eines N_2-Moleküls $m \approx [28/(6 \cdot 10^{23})]\,g \approx 4{,}6 \cdot 10^{-23}\,g$. Daher ist nach Gl. (6.32) die wahrscheinlichste Geschwindigkeit eines N_2-Moleküls unter diesen Bedingungen

$$\tilde{v} \approx 4{,}2 \cdot 10^4\ \text{cm/s} = 420\ \text{m/s}. \tag{6.33}$$

Das entspricht größenordnungsmäßig der Schallgeschwindigkeit in diesem Gas.

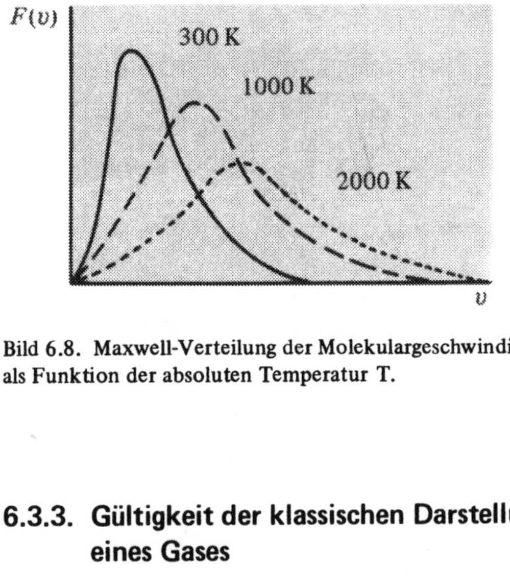

Bild 6.8. Maxwell-Verteilung der Molekulargeschwindigkeitsbeträge als Funktion der absoluten Temperatur T.

6.3.3. Gültigkeit der klassischen Darstellung eines Gases

Unter welchen Bedingungen können wir erwarten, daß die klassischen Methoden (und daher auch die Maxwellsche Geschwindigkeitsverteilung) bei der Untersuchung eines idealen Gases anwendbar sind? Unser Gültigkeitskriterium ist die Bedingung (6.3), die aus der Heisenbergschen Unschärferelation folgt. Ist die Bedingung (6.3) erfüllt, dann sollte die klassische Darstellung ausreichend sein, weil durch sie keinerlei Aussagen aufgestellt werden, die irgendwelche quantentheoretischen Beschränkungen verletzen könnten.

Da wir uns lediglich für typische Größenordnungen interessieren, können wir uns mit Näherungswerten für die Größen aus Gl. (6.3) zufriedengeben. Für ein Molekül der Masse m eines Gases der Temperatur T kann die typische Größenordnung p_0 seines Impulses aus der wahrscheinlichsten Geschwindigkeit $\tilde{v}$ dieses Moleküls bestimmt werden. Nach Gl. (6.32) ist also

$$p_0 \approx m\tilde{v} = \sqrt{2mkT}.$$

Die entsprechende typische de Broglie-Wellenlänge λ_0 des Moleküls ist dann durch

$$\lambda = \frac{\hbar}{p_0} \approx \frac{\hbar}{\sqrt{2mkT}} \qquad (6.34)$$

gegeben.

In der klassischen Beschreibung werden die Moleküle als unterscheidbare Teilchen angesehen, die sich entlang eindeutig definierbarer Bahnen bewegen. Gibt es keine quantenmechanischen Beschränkungen, die innerhalb einer Strecke, die nicht größer ist als die typische Entfernung s_0 zwischen zwei benachbarten Molekülen, eine genaue Bestimmung der Lage eines Moleküls unmöglich machen, dann müßte dies sicherlich stimmen. Dafür muß nach Gl. (6.3)

$$\boxed{s_0 \gg \lambda_0} \qquad (6.35)$$

sein. (Quantenmechanische Untersuchungen zeigen, daß Quanteneffekte *tatsächlich* von Bedeutung sind, wenn die Bedingung (6.35) verletzt ist, eben weil dann die eigentliche Nichtunterscheidbarkeit der Moleküle von größter Bedeutung ist.) Um die typische Entfernung s_0 zwischen benachbarten Molekülen abschätzen zu können, nehmen wir an, daß sich jedes Molekül im Mittelpunkt eines kleinen Würfels der Kantenlänge s_0 befindet. Diese Würfel füllen das Volumen V, das dem aus N Molekülen bestehenden Gas zu Verfügung steht, vollkommen aus. Also ist

$$s_0^3 N = V$$

oder

$$s_0 = \left(\frac{V}{N}\right)^{1/3} = n^{-1/3}, \qquad (6.36)$$

wobei $n = N/V$ die Anzahl der Moleküle pro Volumeneinheit ist. Die Bedingung (6.35) für die Anwendbarkeit bzw. Gültigkeit der klassischen Näherung erhält somit die Form

$$\frac{\lambda_0}{s_0} \approx h \frac{n^{1/3}}{\sqrt{2mkT}} \ll 1. \qquad (6.37)$$

Daraus ist zu ersehen, daß die klassische Näherung angewendet werden kann, wenn das Gas genügend verdünnt ist, so daß n klein ist, wenn die Temperatur T genügend hoch ist, und wenn die Masse m eines Moleküls nicht zu gering ist.

Abschätzung von Zahlenwerten

Um die typischen Größenordnungen numerisch abschätzen zu können, wollen wir zum Beispiel Helium (He) bei Zimmertemperatur und Normaldruck (760 mm Hg ≈ 101 mb) untersuchen. Die interessierenden Parameter sind dann:

der mittlere Druck $\bar{p}$ = 760 mm Hg ≈ 10^6 dyn/cm² = 10N/cm²;
die Temperatur T ≈ 300 K; daher ist $kT \approx 4{,}1 \cdot 10^{-14}$ erg = $= 4{,}1 \cdot 10^{-21}$ J;
die Molekülmasse $m = \frac{4}{6 \cdot 10^{23}}\,g \approx 6{,}6 \cdot 10^{-24}$ g.

Die Zustandsgleichung eines idealen Gases ergibt

$$n = \frac{\bar{p}}{kT} = 2{,}5 \cdot 10^{19}\ \text{Moleküle/cm}^3.$$

Die Gln. (6.34) und (6.36) liefern also die Näherungswerte

$$\lambda_0 \approx 0{,}14\ \text{Å} = 0{,}014\ \text{nm}$$

und

$$s_0 \approx 33\ \text{Å} = 3{,}3\ \text{nm}.$$

In diesem Fall ist die Bedingung (6.35) bestens befriedigt, und die klassische Näherung sollte sehr gut anwendbar sein. Die meisten Gase haben noch größere Molekulargewichte und deshalb kleinere de Broglie-Wellenlängen, die Bedingung (6.35) ist dann noch eher erfüllt.

Anders sieht es jedoch zum Beispiel mit den Leitungselektronen in einem typischen Metall wie etwa Kupfer aus. In erster Näherung können Wechselwirkungen zwischen diesen Elektronen vernachlässig werden, so daß wir sie als ideales Gas betrachten können. Die numerischen Werte der signifikanten Parameter sind in diesem Fall jedoch ganz anders. Ein Elektron hat eine sehr kleine Masse von nur 10^{-27}g; es ist also ungefähr 7300 mal leichter als ein Helium-

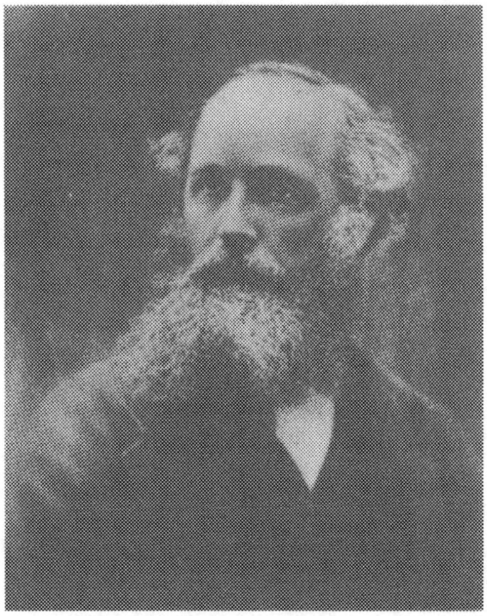

Bild 6.9. *James Clerk Maxwell* (1831–1879). Obwohl *Maxwell* am meisten durch seine Arbeiten auf dem Gebiet der elektromagnetischen Theorie bekannt wurde, sind seine Beiträge zur makroskopischen Thermodynamik und der Atomtheorie der Gase von großer Bedeutung. Im Jahre 1859 leitete er die nach ihm benannte molekulare Geschwindigkeitsverteilung ab. In der ersten Zeit seiner wissenschaftlichen Laufbahn arbeitete er an der Universität von Aberdeen, Schottland, bis er 1871 Professor an der Cambridge University wurde. (*Aus G. Holton und D. Roller, "Foundations of Modern Physical Science", Addison-Wesley Publishing Co., Inc., Cambridge, Mass., 1958. Zitiert mit Genehmigung des Verlags.*)

atom. Wegen dieser geringen Masse ist die de Broglie-Wellenlänge des Elektrons viel größer:

$$\lambda_0 \approx 0{,}14 \cdot \sqrt{7300}\ \text{Å} \approx 12\ \text{Å} = 1{,}2\ \text{nm}.$$

Da auf ein Atom des Metalls etwa ein Leistungselektron kommt, und der typische Abstand zweier Atome etwa 2 Å = 0,2 nm beträgt, ist außerdem

$$s_0 \approx 2\ \text{Å} = 0{,}2\ \text{nm}.$$

Die Entfernung zweier Teilchen ist also sehr viel geringer als in Helium: Die Elektronen in einem Metall sind als sehr dichtes Gas anzusehen. Die Elektronen eines Metalls werden deshalb die Bedingung (6.35) nicht befriedigen. Daher sind wir nicht berechtigt, solche Elektronen mit den Methoden der klassischen statistischen Mechanik zu beschreiben. In diesem Fall ist eine rein quantenmechanische Beschreibung unerläßlich, die das Pauli-Prinzip berücksichtigen muß, da für Elektronen dieses Prinzip gilt.

6.4. Effusion und Molekularstrahlen

Ein Gas in einem Behälter befindet sich im Gleichgewicht. In eine Wand dieses Behälters wird nun ein Loch mit dem Durchmesser d (oder ein schmaler Spalt der Breite d) gemacht. Ist dieses Loch ausreichend klein, dann stört es das Gleichgewicht des Gases nur in vernachlässigbarem Maße. Die wenigen Moleküle, die durch das Loch in das umgebende Vakuum ausströmen, stellen dann eine Probe dar, die für die Moleküle dieses Gases im Gleichgewichtszustand charakteristisch ist. Die ausgetretenen Moleküle können durch Kollimatorspalte zu einem scharf begrenzten Strahl gesammelt werden (Bild 6.10). Da es sich ja nur um wenige Moleküle handelt, ist ihre Wechselwirkung im Strahl unwesentlich. Die Moleküle in einem solchen Strahl können untersucht werden, wobei wir im wesentlichen die folgenden beiden Ziele verfolgen:

1. Es ist ein interessantes Problem, die Eigenschaften der Moleküle des im Behälter im Gleichgewicht befindlichen Gases zu studieren. Wir können zum Beispiel nachprüfen, ob für die Geschwindigkeit der Moleküle im Behälter die Maxwellsche Geschwindigkeitsverteilung gilt.
2. Es ist weiter interessant, die Eigenschaften von praktisch isolierten Molekülen oder Atomen zu untersuchen, um grundlegende Eigenschaften der Atome oder Atomkerne zu entdecken und zu studieren.

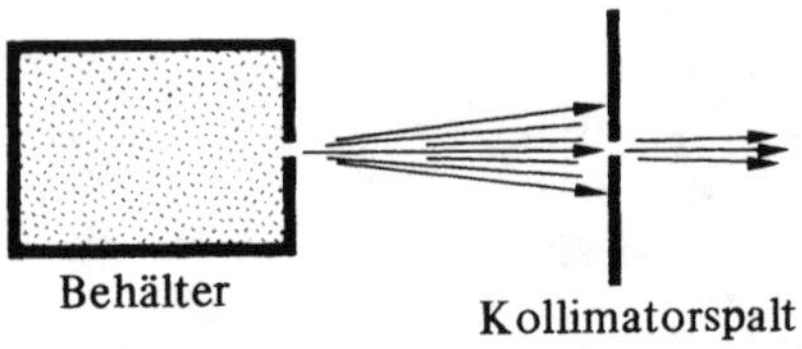

Bild 6.10. Bildung eines Molekularstrahls durch Moleküle, die durch eine kleine Öffnung eines Behälters austreten.

Mehrere Nobelpreise sind ein Beweis für den Erfolg dieser Methode. Wir brauchen nur an die grundlegenden Versuche von *Stern* und *Gerlach* zu denken, die zur Entdeckung des Elektronenspins und des entsprechenden magnetischen Moments führten, oder die von *Rabi* und seinen Mitarbeitern, durch die Präzisionsmessungen von kernmagnetischen Momenten möglich wurden, oder die Versuche von *Kusch* und *Lamb*, auf denen die moderne Auffassung der Quantentheorie elektromagnetischer Wechselwirkungen beruht.[1]

Wie groß muß nun der Durchmesser d des Lochs sein, damit das Gleichgewicht des Gases im Behälter nur in vernachlässigbarem Maße gestört wird? Das Loch muß jedenfalls so klein sein, daß die wenigen Moleküle, die sich in seiner Nähe befinden und infolgedessen ausströmen, die große Anzahl der Moleküle, die zurückbleiben, praktisch kaum beeinflussen. Dies ist dann der Fall, wenn ein Molekül, während es sich in der Nähe des Lochs befindet, praktisch keine Zusammenstöße mit anderen Molekülen erfährt. Ist die mittlere Geschwindigkeit eines Moleküls gleich $\bar{v}$, dann ist die Zeitspanne, die sich ein Molekül in der Nähe des Lochs aufhält, etwa gleich $d/\bar{v}$. Die Zeitspanne zwischen aufeinanderfolgenden Zusammenstößen von Molekülen ist etwa gleich $l/\bar{v}$, wobei l die mittlere freie Weglänge eines Moleküls in dem betreffenden Gas ist.[2] Die oben erwähnte Bedingung besagt also nichts anderes als daß

$$\frac{d}{\bar{v}} \ll \frac{l}{\bar{v}}$$

oder

$$d \ll l \tag{6.38}$$

sein muß. Ist diese Bedingung erfüllt, dann bleiben die Moleküle im Behälter im wesentlichen im Gleichgewicht, obwohl ihre Anzahl langsam abnimmt; das Austreten von Molekülen durch das Loch bezeichnen wir dann als *Effusion*.

Bemerkung:

Wesentlich anders sieht die Situation aus, wenn $d \gg l$ ist, so daß häufig Molekülzusammenstöße in der Nähe des Loches stattfinden. Treten dann einige Moleküle durch das Loch aus (siehe Bild 6.10), dann werden die Moleküle in ihrer Umgebung stärker beeinflußt. Sie können nämlich nicht mehr mit den Molekülen rechts von ihnen zusammenstoßen, da diese ja gerade durch das Loch ausgeströmt sind; sie stoßen daher häufiger mit den Molekülen links von ihnen zusammen. Durch diese Zusammenstöße erfahren die Moleküle eine Geschwindigkeitsänderung nach rechts, die durch nichts mehr kompensiert wird, sie erhalten also in Richtung des Lochs einen Geschwindigkeitsüberschuß. Die Bewegung aller Moleküle als Ganzes ähnelt dann dem Ausströmen von Wasser durch ein Loch in einem Wassertank. In diesem Fall sprechen wir nicht von Effusion, sondern von *hydrodynamischem Ausströmen.*

---

[1] Ein guter und leicht zu lesender Überblick über Molekularstrahlversuche wird in einer Arbeit von *O. R. Frisch* in "Sci. American", Bd. 212, S. 58 (Mai 1965), gegeben.

[2] Wie bereits in Abschnitt 1.6 besprochen wurde, definiert man die mittlere freie Weglänge als die Wegstrecke, die ein Gasmolekül noch zurücklegen kann, bevor es mit einem anderen Molekül zusammenstößt.

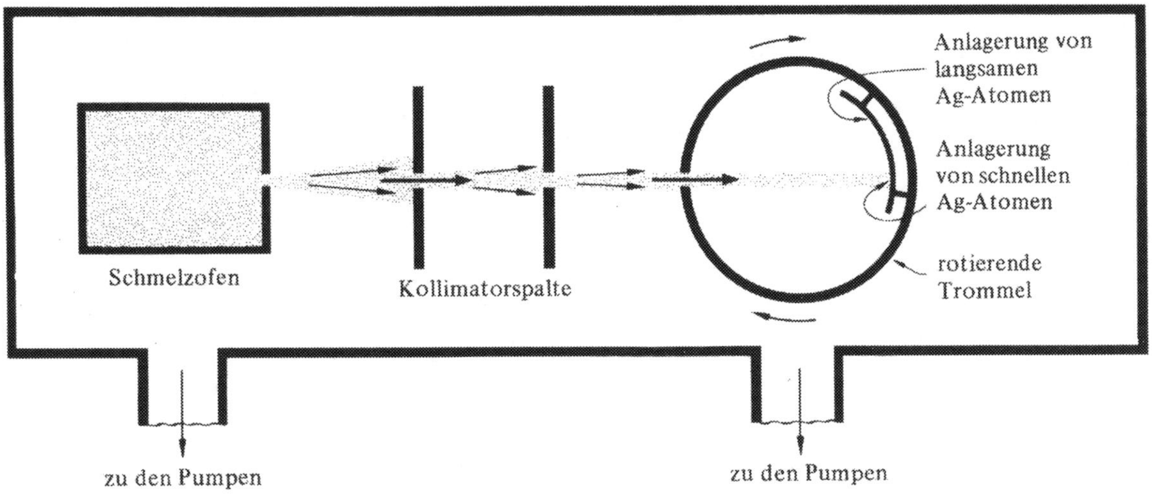

Bild 6.11. Ein Molekularstrahlapparat zur Untersuchung der Geschwindigkeitsverteilung bei Silberatomen (Ag). Die Ag-Atome bleiben nach dem Auftreffen auf der Trommel haften.

Ist das Loch so klein, daß die Bedingung (6.38) erfüllt ist, dann wird das Gleichgewicht des Gases durch das Vorhandensein des Lochs nicht wesentlich gestört. Deshalb wird auch die mittlere Anzahl $\mathfrak{F}_0$ der pro Zeiteinheit durch das Loch austretenden Moleküle gleich der mittleren Gesamtanzahl von Molekülen sein, die pro Zeiteinheit auf die vom Loch eingenommene Wandfläche auftreffen. Die Größe $\mathfrak{F}_0$ erhalten wir also ganz einfach aus dem in Abschnitt 1.6 abgeleiteten Näherungsaudruck (1.18):

$$\mathfrak{F}_0 \approx \frac{1}{6} n\bar{v}, \qquad (6.39)$$

wobei n die mittlere Anzahl von Molekülen pro Volumeneinheit, und $\bar{v}$ deren mittlere Geschwindigkeit ist.[1]) Wollen wir uns nur mit jenen Molekülen befassen, deren Geschwindigkeit zwischen v und v + dv liegt, dann ist die mittlere Anzahl $\mathfrak{F}(v)\,dv$ solcher pro Zeiteinheit durch das Loch austretenden Moleküle ganz analog zu der Näherung (6.39) durch die Näherungsbeziehung

$$\mathfrak{F}(v)\,dv \approx \frac{1}{6}[F(v)\,dv]\,v \qquad (6.40)$$

gegeben, wobei F(v) dv die mittlere Anzahl von Molekülen ist, deren Geschwindigkeit zwischen v und v + dv liegt. Mit der Maxwellschen Verteilung von Geschwindigkeitsbeträgen (6.30) erhalten wir die Proportionalität

$$\mathfrak{F}(v)\,dv \propto v^3\, e^{-(1/2)\beta m v^2}. \qquad (6.41)$$

Der letzte Faktor v in der Näherung (6.40) soll ausdrükken, daß ein schnelles Molekül mit höherer Wahrscheinlichkeit durch das Loch austreten wird als ein langsames.

Indem wir die relative Anzahl von Molekülen bestimmen, die eine bestimmte Geschwindigkeit in dem durch die Öffnung im Behälter austretenden Molekularstrahlen aufweisen, können wir die Feststellung (6.41) und dadurch die Maxwellsche Verteilung, auf der sie beruht, nachprüfen. Eine der Versuchsanordnungen, mit denen dies möglich ist, ist in Bild 6.11 dargestellt. Hier wird in einem Schmelzofen Silber erhitzt, bis es gasförmig wird. Wir erhalten also ein Gas aus Silberatomen (Ag), von denen einige durch einen schmalen Spalt austreten und einen Atomstrahl bilden. Im Weg des Strahls liegt ein Hohlzylinder, in dessen Mantel ein Schlitz ist, und der sehr schnell um seine Achse rotiert. Sind die Silberatome durch den Schlitz getreten dann kommt es nur auf ihre Geschwindigkeit an, welche Zeit sie brauchen, um die gegenüberliegende Seite der Zylindertrommel zu erreichen: Schnelle Atome werden sie natürlich früher erreichen als langsame. Da jedoch die Trommel rotiert, werden Moleküle mit verschiedenen Geschwindigkeiten auch verschiedene Stellen der Zylinderinnenseite treffen und an dieser Stelle hängenbleiben. Messen wir später die Dicke der abgelagerten Silberschicht als Funktion der Strecke auf der Trommelinnenfläche, dann erhalten wir daraus ein Maß für die Geschwindigkeitsverteilung bei diesen Atomen.

Eine genauere Bestimmung der Geschwindigkeitsverteilung erzielt man mit einem Gerät, durch das Moleküle einer bestimmten Geschwindigkeit herausgefiltert werden (Bilder 6.12 bis 6.14. Diese Methode ist analog der Zahnradmethode, mit der *Fizeau* die Lichtgeschwindigkeit bestimmte.) Der Molekularstrahl tritt durch ein Loch in den eigentlichen Apparat ein und wird am anderen Ende mittels eines Detektors nachgewiesen. Der sogenannte Geschwindigkeitsselektor zwischen Quelle und Detektor besteht im einfachsten Fall aus zwei Scheiben, die auf einer gemein-

---

[1]) Mit einer genauen Berechnung erhalten wir statt des Ausdrucks (6.39) das Ergebnis $\mathfrak{F} = \frac{1}{4} n\bar{v}$. Im Anhang A.4 wird die genaue Berechnung näher besprochen.

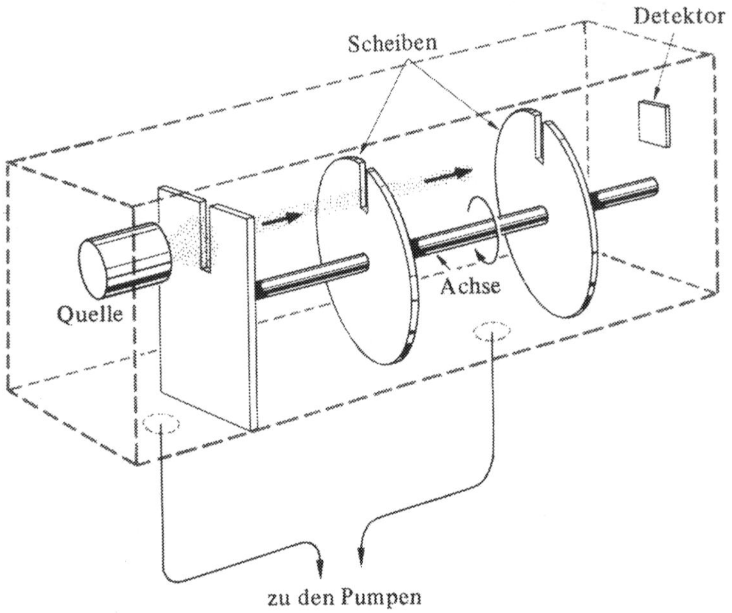

Bild 6.12

Ein Molekularstrahlapparat für die Untersuchung der molekularen Geschwindigkeitsverteilung mittels eines Geschwindigkeitsselektors. In der Zeit, die der Molekularstrahl braucht, um die zweite Scheibe zu erreichen, hat sich der Schlitz dieser Scheibe gewöhnlich um soviel weitergedreht, daß der Strahl die Scheibe nicht mehr passieren kann. Das ist nur dann möglich, wenn die Scheibe eine volle Umdrehung (bzw. ein ganzzahliges Vielfaches von Umdrehungen) in der Zeit ausgeführt hat, die die Moleküle benötigen, um die Strecke zwischen den beiden Scheiben zurücklegen. (Der Geschwindigkeitsselektor ist um so wirkungsvoller, je mehr gleichartige Scheiben auf der gemeinsamen Achse montiert sind.)

samen Achse montiert sind, die mit bekannter Winkelgeschwindigkeit in Rotation versetzt werden kann. Die beiden Scheiben sind vollkommen gleichartig, und beide haben an ihrem Rande einen Schlitz. Die beiden rotierenden Scheiben haben die gleiche Wirkung wie zwei Verschlüsse, die abwechselnd geschlossen und geöffnet werden. Sind beide Scheiben entsprechend ausgerichtet, und rotieren sie nicht, dann erreichen alle Moleküle nach Passieren der beiden Schlitze den Detektor. Rotieren die Scheiben jedoch, dann können Moleküle, die den Schlitz der ersten Scheibe passiert haben, nur dann auch den zweiten Schlitz passieren und dadurch den Detektor erreichen, wenn ihre Geschwindigkeit ihnen erlaubt, die Strecke zwischen den beiden Scheiben in einer Zeit zurückzulegen, die einer Umdrehung der Scheiben (oder einem ganzzahligen Vielfachen von Umdrehungen) entspricht.[1] Andernfalls treffen die Moleküle einen Teil der zweiten Scheibe und bleiben an ihr haften. Bei verschiedenen Winkelgeschwindigkeiten der Scheibenrotation können also jeweils Moleküle anderer Geschwindigkeit den Detektor erreichen. Eine Bestimmung der relativen Anzahl von Molekülen, die pro Zeiteinheit den Detektor treffen, ermöglicht also eine direkte Untersuchung der Verteilung der Molekulargeschwindigkeiten. Durch derartige Versuche wurde die Gültigkeit der Maxwellschen Verteilung bestens bewiesen.

Es gibt auch eine Reihe von praktischen Anwendungsmöglichkeiten für die Effusion, wenn wir von Molekularstrahlversuchen einmal absehen. Wie wir in der Beziehung (6.39) feststellten, könnten wir die Größen n und $\bar{v}$ berechnen, wenn die absolute Temperatur T und der mittlere Druck $\bar{p}$ des betreffenden Gases bekannt sind. Aus der Zustandsgleichung eines idealen Gases erhalten wir $n = \bar{p}/kT$. Weiter ist die mittlere Geschwindigkeit $\bar{v}$ eines Moleküls näherungsweise gleich seiner wahrscheinlichsten Geschwindigkeit (6.32); es gilt also $\bar{v} \propto (kT/m)^{1/2}$. Die Beziehung (6.39) ergibt dann

$$\mathcal{F}_0 \propto \frac{\bar{p}}{\sqrt{mT}}. \qquad (6.42)$$

Die Effusionsgeschwindigkeit $\mathcal{F}_0$ hängt also von der Masse der Moleküle ab, da ein leichteres Molekül eine höhere mittlere Geschwindigkeit als ein schwereres und daher auch eine höhere Effusionsgeschwindigkeit hat. Diese Eigenschaft wird praktisch zur Trennung von Isotopen verwendet. Ein Behälter sei durch eine Membran mit sehr kleinen Poren verschlossen, durch die die Moleküle diffundieren können. Ist dieser Behälter von Vakuum umgeben und anfangs mit einer Mischung zweier Isotope des Gases gefüllt, dann nimmt mit der Zeit die relative Konzentration des schwereren Isotops (des Isotops mit dem höheren Molekulargewicht) im Behälter zu. Das Gas, das in das umgebende Vakuum ausströmt, ist andererseits mit dem leichteren Isotop angereichert. Diese Methode der Isotopentrennung ist für die Gewinnung von Uran von praktischer Bedeutung, das mit ^{235}U angereichert ist. Das Isotop ^{235}U, dessen Kern leicht spaltbar ist, ist besonders für den Betrieb von Kernreaktoren zur Energiegewinnung wichtig. Gewöhnliches Uran besteht hauptsächlich aus dem Isotop ^{238}U. Indem man die chemische Verbindung Uranhexafluorid (UF_6) verwendet, die bei Zimmertemperatur gasförmig ist, kann man durch Effusion bzw. Diffusion die etwas leichteren $^{235}UF_6$-Moleküle von den sehr viel häufigeren und etwas schwereren $^{238}UF_6$-

[1] Bei den Versuchen ist es ganz einfach, die von verschiedenen ganzzahligen Vielfachen der Umdrehungszeit herrührenden Werte zu unterscheiden.

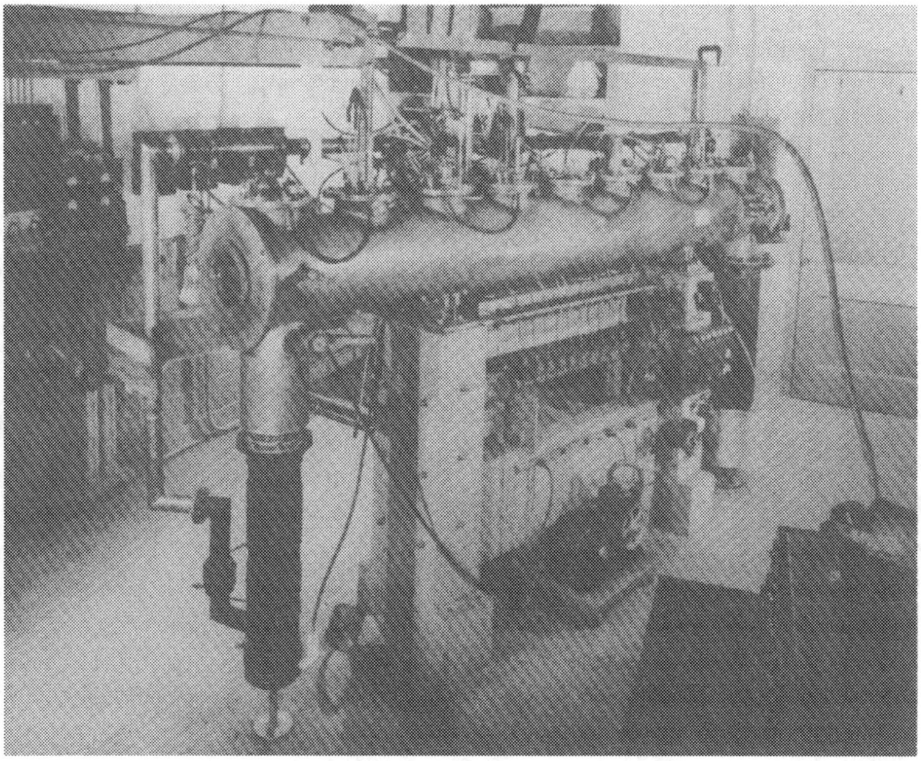

Bild 6.13

Photographie eines modernen Molekularstrahlapparates, mit dem die Eigenschaften von Wasserstoffmolekülen und -atomen untersucht werden. (*Die Photographie wurde von Professor Norman F. Ramsey, Harvard University, zur Verfügung gestellt.*)

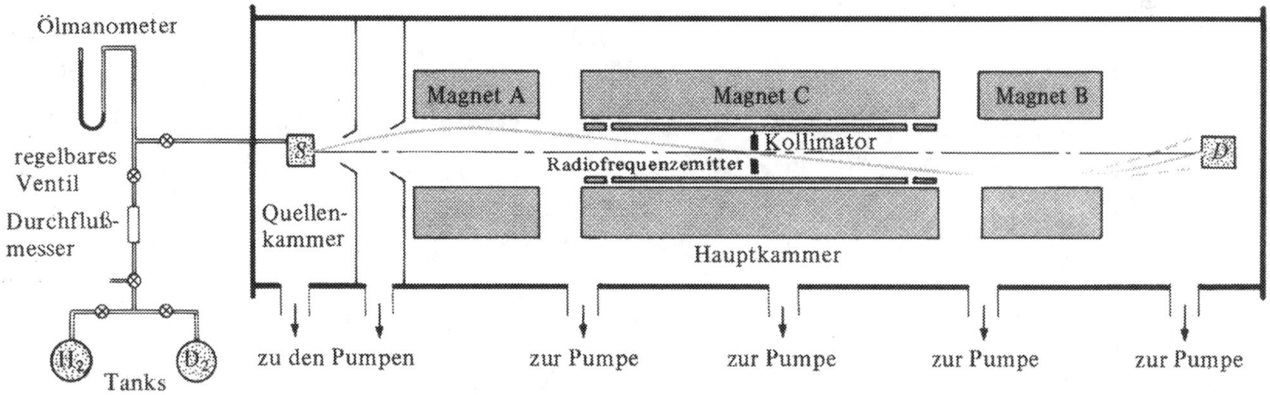

Bild 6.14. Schematische Darstellung der wesentlichen Teile des Molekularstrahlapparates des Bildes 6.13. Der Behälter S ist die Molekülquelle, während mit D ein Gerät bezeichnet ist, das als Detektor zum Nachweis der Moleküle am anderen Ende des Apparates dient. Die inhomogenen Magnetfelder, die durch die Magnetfelder, die durch die Magneten A und B erzeugt werden, üben Kräfte auf die sehr kleinen magnetischen Momente der Moleküle aus und lenken sie dadurch, wie in der Zeichnung angedeutet wird, ab. Mit diesen Versuchen wird der Effekt der Radiofrequenzstrahlung nachgewiesen, die im Versuchsbereich des Magneten C auf die Moleküle einwirkt.

Molekülen trennen. Da der Massenunterschied der beiden Molekülarten sehr gering ist, muß der Effusionsvorgang viele Male wiederholt werden, bis eine wesentliche Anreicherung mit dem Isotop ^{235}U erreicht wird.

6.5. Der Gleichverteilungssatz

Die kanonische Verteilung in der klassischen Form (6.10) ist eine Funktion von Koordinaten und Impulswerten, die beide kontinuierliche Variable sind. Alle Mittelwerte können also einfach durch die Berechnung von Integralen statt von diskreten Summen bestimmt werden. Unter bestimmten Bedingungen ist es dann möglich, die mittlere Energie eines Systems auf besonders einfache Weise zu ermitteln.

Untersuchen wir ein spezifisches Beispiel: Ein beliebiges System wird klassisch durch f Koordinaten

$x_1, \ldots, x_f$ und f entsprechende Impulswerte $p_1, \ldots, p_f$ beschrieben. Seine Energie W ist dann eine Funktion dieser Variablen, d. h., $W = W(x_1, \ldots, p_f)$. Die Energiefunktion hat oft die Form

$$W = \epsilon_i(p_i) + W'(x_1, \ldots, p_f), \tag{6.43}$$

wobei ϵ_i eine Funktion des einen Impulswertes p_i allein ist, und W' von allen Koordinaten und Impulsen *außer* p_i abhängen kann. (Die Funktionsform (6.43) ist häufig gegeben, weil die kinetische Energie eines Teilchens nur von seinen Impulskomponenten, die potentielle Energie aber nur von der Lage des Teilchens abhängt.) Angenommen, das untersuchte System befindet sich mit einem Wärmereservoir der absoluten Temperatur T im Gleichgewicht. Wie groß ist dann der Mittelwert des Energieteilbetrages ϵ_i in der Funktion (6.43)?

Die Wahrscheinlichkeit dafür, daß die Koordinaten und Impulswerte des Systems in einen Bereich um $\{x_1, \ldots, x_f, p_1, \ldots, p_f\}$ liegen, ist durch die kanonische Verteilung (6.10) gegeben, wobei die Konstante C durch Gl. (6.11) bestimmt ist. Den Mittelwert von ϵ_i erhalten wir seiner Definition gemäß, indem wir die entsprechende Summe über alle möglichen Zustände des Systems bilden (bzw. integrieren):

$$\bar{\epsilon}_i = \frac{\int e^{-\beta W(x_1, \ldots, p_f)} \epsilon_i \, dx_1 \ldots dp_f}{\int e^{-\beta W(x_1, \ldots, p_f)} dx_1 \ldots dp_f} . \tag{6.44}$$

Die Integrale umfassen alle möglichen Werte aller Koordinaten $x_1, \ldots, x_f$ und aller Impulswerte $p_1, \ldots, p_f$. Mit Gl. (6.43) erhält der Ausdruck (6.44) die Form

$$\bar{\epsilon}_i = \frac{\int e^{-\beta(\epsilon_i + W')} \epsilon_i \, dx_1 \ldots dp_f}{\int e^{-\beta(\epsilon_i - W')} dx_1 \ldots dp_f}$$

$$= \frac{\int e^{-\beta \epsilon_i} \epsilon_i dp_i \int' e^{-\beta W'} dx_1 \ldots dp_f}{\int e^{-\beta \epsilon_i} dp_i \int' e^{-\beta W'} dx_1 \ldots dp_f} ,$$

wobei wir die multiplikative Eigenschaft der Exponentialfunktion ausnutzten. Die Striche am letzten Integral im Zähler und im Nenner sollen andeuten, daß diese Integrale sich über alle Koordinaten x und alle Impulswerte p mit *Ausnahme* von p_i erstrecken. Da das gestrichene Integral im Nenner jedoch identisch mit dem im Zähler ist, können wir kürzen und erhalten die einfache Beziehung

$$\bar{\epsilon}_i = \frac{\int e^{-\beta \epsilon_i} \epsilon_i \, dp_i}{\int e^{-\beta \epsilon_i} dp_i} . \tag{6.45}$$

Dieses Ergebnis besagt nichts anderes als daß für die Berechnung des Mittelwertes von ϵ_i alle Variablen außer p_i irrelevant sind, da eben ϵ_i nur von p_i allein abhängt.

Der Ausdruck (6.45) kann weiter vereinfacht werden, indem wir das Integral im Zähler mit dem im Nenner in Beziehung setzen:

$$\bar{\epsilon}_i = \frac{-\frac{\partial}{\partial \beta}\left(\int e^{-\beta \epsilon_i} dp_i\right)}{\int e^{-\beta \epsilon_i} dp_i}$$

bzw.

$$\bar{\epsilon}_i = -\frac{\partial}{\partial \beta} \ln \left(\int_{-\infty}^{\infty} e^{-\beta \epsilon_i} dp_i \right). \tag{6.46}$$

Hier wurde ein bestimmtes Integral verwendet, um der Tatsache Rechnung zu tragen, daß der Impuls p_i alle möglichen Werte in den Grenzen $-\infty$ bis $+\infty$ annehmen kann.

Untersuchen wir nun folgenden Sonderfall: ϵ_i ist eine quadratische Funktion von p_i – das ist dann der Fall, wenn ϵ_i eine kinetische Energie ist. ϵ_i hat also die Form

$$\epsilon_i = b p_i^2 , \tag{6.47}$$

wobei b eine Konstante ist. Das Integral aus Gl. (6.46) erhält dann durch Einführung der Variablen $y = \beta^{1/2} p_i$ die Form

$$\int_{-\infty}^{\infty} e^{-\beta \epsilon_i} dp_i = \int_{-\infty}^{\infty} e^{-\beta b p_i^2} dp_i = \beta^{-(1/2)} \int_{-\infty}^{\infty} e^{-by^2} dy.$$

Daraus ergibt sich

$$\ln \left(\int_{-\infty}^{\infty} e^{-\beta \epsilon_i} dp_i \right) = -\frac{1}{2} \ln \beta + \ln \left(\int_{-\infty}^{\infty} e^{-by^2} dy \right) .$$

Das Integral auf der rechten Seite enthält jedoch β *überhaupt nicht;* die Differentiation von Gl. (6.46) ergibt also einfach

$$\bar{\epsilon}_i = -\frac{\partial}{\partial \beta} \left(-\frac{1}{2} \ln \beta \right) = \frac{1}{2\beta}$$

bzw.

$$\boxed{\bar{\epsilon}_i = \frac{1}{2} kT.} \tag{6.48}$$

Wir stellen fest, daß wir im Laufe unserer Berechnungen nicht ein einziges Integral tatsächlich bestimmen mußten, obwohl die Beziehung (6.44), von der wir ausgingen, eine ganze Reihe von Integralen enthielt.

Wenn nun die Funktionen (6.43) und (6.44) statt des Impulswertes p_i eine Koordinate x_i enthalten, ansonsten aber vollkommen die gleiche Form haben, dann würden die gleichen Rechengänge wie oben auch wieder zum Ergebnis (6.48) führen. Darauf basiert die folgende allgemeine Aussage, die als *Gleichverteilungssatz* bekannt ist:

Befindet sich ein System, das nach den Richtlinien der klassischen statistischen Mechanik beschrieben wird, bei der absoluten Temperatur T im Gleichgewicht, dann ist der Mittelwert für alle unabhängigen quadratischen Terme seiner Energiefunktion gleich kT/2.	(6.48a)

6.6. Anwendung des Gleichverteilungssatzes

6.6.1. Spezifische Wärme eines einatomigen idealen Gases

Die Energie eines derartigen Gasmoleküls ist durch seine kinetische Energie (6.12) allein gegeben, so daß

$$\epsilon = \frac{1}{2m}(p_x^2 + p_y^2 + p_z^2) \tag{6.49}$$

gilt. Nach dem Gleichverteilungssatz ist der Mittelwert eines jeden der drei Terme in diesem Ausdruck gleich kT/2. Daraus ergibt sich unmittelbar

$$\bar{\epsilon} = \frac{3}{2}kT. \tag{6.50}$$

Da in einem Mol eines Gases N_A Moleküle enthalten sind (N_A ist die Avogadrosche Zahl) ist die mittlere Energie des Gases pro Mol durch

$$\overline{W} = N_A\left(\frac{3}{2}kT\right) = \frac{3}{2}RT \tag{6.51}$$

gegeben, wobei $R = N_A k$ die Gaskonstante ist. Nach Gl. (5.23) erhalten wir die auf ein Mol bezogene spezifische Wärme bei konstantem Volumen, c_V, aus

$$c_V = \left(\frac{\partial \overline{W}}{\partial T}\right)_V = \frac{3}{2}R. \tag{6.52}$$

Dies stimmt mit dem schon in Gl. (5.26) abgeleiteten Ergebnis überein, das auf quantenmechanischen Überlegungen beruhte, und ein genügend verdünntes Gas voraussetzte, um als ideal und nicht entartet gelten zu können.[1])

[1]) Nach Gl. (6.37) sollten Quanteneffekte im Falle eines genügend verdünnten Gases tatsächlich unwesentlich sein, weshalb diese Übereinstimmung zwischen klassischen und quantenmechanischen Ergebnissen zu erwarten ist.

6.6.2. Kinetische Energie eines Moleküls in einem beliebigen Gas

Wir untersuchen nun irgend ein Gas, es muß nicht unbedingt ein ideales Gas sein. Die Energie eines Moleküls der Masse m kann dann durch die Beziehung

$$\epsilon = \epsilon^{(k)} + \epsilon'$$

dargestellt werden, wobei

$$\epsilon^{(k)} = \frac{1}{2m}(p_x^2 + p_y^2 + p_z^2).$$

Der erste Term gibt die kinetische Energie des Moleküls an und hängt von den Impulskomponenten p_x, p_y, p_z seines Schwerpunkts ab. Das Glied ϵ' kann die Lage des Schwerpunkts des Moleküls enthalten (das ist dann der Fall, wenn das Molekül sich in einem äußeren Kraftfeld befindet, oder wenn es in nennenswerter Wechselwirkung mit anderen Molekülen steht); ϵ' kann auch Koordinaten und Impulswerte enthalten, die die Rotation oder Schwingung der Atome des Moleküls relativ zu dessen Schwerpunkt beschreiben (falls das Molekül nicht einatomig ist); ϵ' enthält jedoch nicht den Impuls **p** des Schwerpunkts. Nach dem Gleichverteilungssatz können wir wiederum sofort feststellen, daß

$$\overline{\frac{1}{2m}p_x^2} = \overline{\frac{1}{2}mv_x^2} = \frac{1}{2}kT \tag{6.53}$$

bzw.

$$\overline{v_x^2} = \frac{kT}{m}. \tag{6.54}$$

Da aus Gründen der Symmetrie $\overline{v_x} = 0$ sein muß, wie bereits in Gl. (6.26) festgestellt wurde, liefert das Ergebnis (6.54) auch die Streuung $\overline{(\Delta v_x)^2}$ der Geschwindigkeitskomponente v_x. Die drei quadratischen Glieder der kinetischen Energie $\epsilon^{(k)}$ ergeben dann wie in Gl. (6.50) für den Mittelwert von

$$\overline{\epsilon^{(k)}} = \frac{3}{2}kT. \tag{6.55}$$

6.6.3. Die Brownsche Bewegung

Ein makroskopisches Teilchen der Masse m (Durchmesser etwa 1 μm) ist in einer Flüssigkeit oder einem Gas der absoluten Temperatur T suspendiert. Die Energie dieses Teilchens kann wiederum in der Form

$$\epsilon = \frac{1}{2m}(p_x^2 + p_y^2 + p_z^2) + \epsilon'$$

geschrieben werden. Das erste Glied stellt die kinetische Energie dar, die von der Geschwindigkeit **v** bzw. von dem Impuls **p** = m**v** aus der Schwerpunktsbewegung des Teilchens abhängt, während ϵ' die Energie ist, die aus der Bewegung aller Atome des Teilchens relativ zu dessen Schwerpunkt stammt. Der Gleichverteilungssatz führt wiederum zu den Ergebnissen (6.53) und (6.54), so daß

$$\overline{v_x^2} = \frac{kT}{m}. \tag{6.56}$$

Da der Mittelwert aus Symmetriegründen gleich null sein muß ($\overline{v}_x = 0$), liefert Gl. (6.56) sofort die Streuung der Geschwindigkeitskomponente v_x. Aus dem Ergebnis (6.56) ist dann unmittelbar ersichtlich, daß das Teilchen nicht in Ruhe bleibt, sondern dauernde Schwankungen seiner Geschwindigkeit erfährt. Das in Abschnitt 1.4 diskutierte Phänomen der Brownschen Bewegung ist also eine Konsequenz der obigen theoretischen Überlegungen. Die quantitative Beziehung (6.56) zeigt außerdem explizit, daß diese Schwankungen, wenn die Masse m des Teilchens groß genug ist, so gering werden, daß sie nicht mehr beobachtet werden können.

6.6.4. Der harmonische Oszillator

Ein Teilchen der Masse m führt eine einfache harmonische Schwingung in einer Dimension aus. Seine Energie ist in diesem Fall durch

$$\epsilon = \frac{1}{2m} p_x^2 + \frac{1}{2} \alpha x^2 \tag{6.57}$$

gegeben. Das erste Glied ist die kinetische Energie des Teilchens mit dem Impuls p_x. Das zweite Glied gibt die potentielle Energie des Teilchens an, wenn seine Entfernung x aus der Ruhelage eine rücktreibende Kraft $-\alpha x$ bewirkt; α ist eine Konstante, die man als *Federkonstante* oder *Richtkraft* bezeichnet. Dieser Oszillator ist mit einem Wärmereservoir der Temperatur T im Gleichgewicht, die hoch genug sein muß, daß Beschreibungsmethoden der klassischen Mechanik angewendet werden können. Auf jedes der quadratischen Glieder in Gl. (6.57) kann dann sofort der Gleichverteilungssatz angewendet werden. Für die mittlere Energie des Oszillators ergibt sich daraus

$$\overline{\epsilon} = \frac{1}{2} kT + \frac{1}{2} kT = kT. \tag{6.58}$$

6.7. Die spezifische Wärme von Festkörpern

Als letzte Anwendung des Gleichverteilungssatzes wollen wir die spezifische Wärme von Festkörpern behandeln. Wir setzen dabei immer Temperaturen voraus, die hoch genug sind um eine klassische Beschreibung zu gestatten. Betrachten wir also einen beliebigen Festkörper (z.B. Kupfer, Gold, Aluminium oder Diamant), der N Atome enthält. Er befindet sich dann in stabilem mechanischen Gleichgewicht der zwischenatomaren Kräfte, wenn seine Atome in bestimmten Punkten eines Kristallgitters angeordnet sind. Jedes Atom kann sich jedoch geringfügig aus seiner Ruhelage entfernen. Die Kraft, die die Nachbaratome auf ein solches Atom ausüben, um es wieder in die Ruhelage zurückzubringen, ist natürlich gleich null, wenn sich das betreffende Atom ohnehin in der Ruhelage befindet. Da die Entfernung eines Atoms aus der Ruhelage immer nur sehr gering ist, wird die rücktreibende Kraft in erster Näherung der Entfernung aus der Ruhelage einfach proportional sein. Diese gewöhnlich ausgezeichnete Näherung besagt also, daß das Atom eine einfache harmonische Bewegung um seine Ruhelage in drei Dimensionen ausführt.

Bei entsprechender Orientierung der x-, y-, und z-Achsen eines Koordinatensystems ist die Bewegung eines Atoms entlang einer dieser Achsen, zum Beispiel der x-Achse, eine einfache harmonische Bewegung; die entsprechende Energie ϵ_x hat dann die Form (6.57); es ist also

$$\epsilon_x = \frac{1}{2m} p_x^2 + \frac{1}{2} \alpha x^2. \tag{6.59}$$

Mit p_x ist hier die x-Komponente des Impulses des Atoms bezeichnet, und x ist die x-Komponente der Entfernung x des Atoms aus der Ruhelage. Wir haben in der Beziehung (6.59) angenommen, daß das Atom die Masse m hat und einer rücktreibenden Kraft unterliegt, die der Federkonstante α proportional ist. Die Frequenz (bzw. auch Kreisfrequenz) der Schwingung des Atoms in der x-Richtung ist dann entsprechend durch

$$\omega = \sqrt{\frac{\alpha}{m}} \tag{6.60}$$

gegeben. Für die Energien ϵ_y und ϵ_z, die der Bewegung des Atoms in der y- bzw. z-Richtung zugeordnet sind, können wir analoge Ausdrücke aufstellen. Die Gesamtenergie des Atoms ist dann durch

$$\epsilon = \epsilon_x + \epsilon_y + \epsilon_z \tag{6.61}$$

gegeben.

Befindet sich der Festkörper bei einer absoluten Temperatur T im Gleichgewicht, die hoch genug ist, daß Näherungsmethoden der klassischen statistischen Mechanik angewendet werden dürfen, dann kann der Gleichverteilungssatz sofort auf jedes der quadratischen Glieder in Gl. (6.59) angewendet werden. Der Mittelwert von ϵ_x ist also einfach gleich

$$\overline{\epsilon}_x = \frac{1}{2} kT + \frac{1}{2} kT = kT. \tag{6.62}$$

Ganz analog gilt $\overline{\epsilon}_y = \overline{\epsilon}_z = kT$. Mit Gl. (6.61) ergibt sich daher für die mittlere Energie eines Atoms

$$\overline{\epsilon} = 3kT.$$

Die mittlere Energie eines Mols des Festkörpers (also von N_A Atomen) ist dann gleich

$$\overline{W} = 3N_A kT = 3RT, \tag{6.63}$$

wobei $R = N_A k$ die Gaskonstante, und N_A die Avogadrosche Zahl ist. Nach Gl. (5.23) erhalten wir die auf ein Mol bezogene spezifische Wärme c_V bei konstantem Volumen für den Festkörper aus

$$c_V = \left(\frac{\partial \overline{W}}{\partial T}\right)_V$$

bzw.

$$\boxed{c_V = 3R.} \tag{6.64}$$

Setzen wir für R den Zahlenwert (5.4) ein, dann erhalten wir[1])

$$c_V = 25 \text{ J mol}^{-1}\text{K}^{-1}. \tag{6.65}$$

Das Ergebnis (6.64) ist in höchstem Maße allgemeingültig. Es hängt weder von der Masse der Atome noch von der Federkonstanten α ab. Das Ergebnis (6.64) gilt also auch für einen Festkörper, dessen Atome unterschiedliche Massen haben, und für die verschiedene Federkonstanten. Ist der Festkörper anisotrop, dann wird die auf ein Atom wirkende rücktreibende Kraft in verschiedenen Richtungen verschieden groß sein, die Federkonstante wird ebenfalls für die x-, y-, z-Richtung nicht gleich groß sein. Der Wert der mittleren Energie pro Atom ist aber auch dann gleich 3 kT, und die Beziehung (6.64) gilt auch in diesem Fall. Eine strenge Analyse der gleichzeitigen Schwingung aller Atome des Festkörpers zeigt, daß eine Beschreibung, die sich mit Einzelbewegungen individueller Atome befaßt, unzureichend ist; es stellt sich heraus, daß eigentlich ganze Atomgruppen[2]) verschiedener Größe eine harmonische Bewegung ausführen. Da die Beziehung (6.64) aber weder Masse noch Federkonstante enthält, gilt sie auch für diesen Fall. Die einzige Voraussetzung für die Gültigkeit von Gl. (6.64) besagt, daß die Temperatur hoch genug sein muß, damit die klassische Näherung gilt. Gl. (6.64) besagt also:

Bei genügend hohen Temperaturen haben alle Festkörper die gleiche, temperaturunabhängige Molwärme c_V gleich 3R.	(6.66)

Wir werden im weiteren sehen, daß für die meisten Festkörper (Diamant bildet eine besondere Ausnahme) etwa die Zimmertemperatur für die angenäherte Gültigkeit der klassischen Darstellung ausreicht.

Historisch gesehen wurde die Beziehung (6.66) zuerst empirisch festgestellt. Sie ist als *Dulong-Petitsches Gesetz* bekannt. In Tabelle 6.1 sind direkt gemessene Werte der Molwärme c_p bei konstantem *Druck* für einige Festkörper bei Zimmertemperatur angegeben. Die Werte der Molwärme c_V für konstantes *Volumen* kann mit Hilfe kleiner Korrekturen aus den entsprechenden Werten von c_p berechnet werden.[1]) Wir stellen fest, daß die Werte von c_V in der Tabelle im großen und ganzen recht gut mit dem nach der klassischen Theorie berechneten Wert (6.65) übereinstimmen. Wesentliche Diskrepanzen treten im Fall von Silicium und besonders von Kohlenstoff (Diamant) auf. Der Grund für diese schlechte Übereinstimmung liegt darin, daß bei diesen Stoffen quantenmechanische Effekte noch bei Temperaturen um 300 K von Bedeutung sind.

[1]) In Kalorien ist $c_V \approx 6$ cal mol^{-1}K^{-1}.

[2]) d. h., die *Normaltypen* des Festkörpers.

Tabelle 6.1: Werte der Molwärme c_p bei konstantem Druck und der Molwärme c_V bei konstantem Volumen für einige einfache Festkörper bei einer Temperatur T = 298 K. Die Werte von c_V wurden mit Hilfe kleiner Korrekturen aus den direkt gemessenen Werten von c_p berechnet. Alle Werte sind in J mol^{-1}K^{-1} angegeben. [Die Angaben stammen aus *Dwight E. Gray*, Hrsg., *American Institute of Physics Handbook*, 2. Aufl., S. 4–48 (McGraw-Hill Book Company, New York, 1963).]

Festkörper	c_p	c_V
Aluminium	24,4	23,4
Wismut	25,6	25,3
Cadmium	26,0	24,6
Kohlenstoff (Diamant)	6,1	6,1
Kupfer	24,5	23,8
Germanium	23,4	23,3
Gold	25,4	24,5
Blei	26,8	24,8
Platin	25,9	25,4
Silicium	19,8	19,8
Silber	25,5	24,4
Natrium	28,2	25,6
Zinn (metallisches)	26,4	25,4
Wolfram	24,4	24,4

6.7.1. Gültigkeit der klassischen Näherung

Wir untersuchen nun, unter welchen Umständen die gerade diskutierten klassischen Näherungen anwendbar sind. Bedingung (6.3) ist wiederum das Gültigkeitskriterium. Wir betrachten ein schwingendes Atom, dessen Bewegung in der x-Richtung die Energie ϵ_x zugeordnet ist. Wenden wir den Gleichverteilungssatz auf Gl. (6.59) an, dann gilt für den Impuls p_x des Atoms

$$\frac{1}{2m}\overline{p_x^2} = \frac{1}{2}kT.$$

[1]) Die Messung von spezifischen Wärmen von Festkörpern ist bei konstantem Druck (Normaldruck) sehr einfach. Das Volumen des Festkörpers kann sich dabei etwas ändern. Es ist jedoch sehr schwierig eine Versuchsanordnung zu entwerfen, die jegliche Volumenerhöhung des Festkörpers bei einer Erhöhung der Temperatur verhindert. Da das Volumen eines Festkörpers sich infolge einer Temperaturänderung nur wenig verändert, ist die Differenz von c_p und c_V recht gering. Sie kann aber leicht aus den Angaben gemessener makroskopischer Eigenschaften des betreffenden Festkörpers berechnet werden.

Der Impuls eines Atoms hat dann einen typischen Betrag p_0 von der Größenordnung

$$p_0 \approx \sqrt{\overline{p_x^2}} \approx \sqrt{mkT}. \qquad (6.67)$$

Damit die Gültigkeit der klassischen Beschreibung gesichert ist, dürfen Quanteneffekte nicht eine Bestimmung der Lage eines Atoms innerhalb einer typischen Strecke s_0 unmöglich machen. s_0 ist von der Größenordnung der mittleren Schwingungsamplitude dieses Atoms. Der auf Gl. (6.59) angewendete Gleichverteilungssatz ergibt jedoch

$$\frac{1}{2}\alpha\overline{x^2} = \frac{1}{2}kT.$$

Der typische Betrag s_0 der Auslenkung (bzw. Entfernung aus der Ruhelage) eines Atoms hat dann die Größenordnung

$$s_0 \approx \sqrt{\overline{x^2}} \approx \sqrt{\frac{kT}{\alpha}}. \qquad (6.68)$$

Die Bedingung (6.3), nach der die Heisenbergsche Unschärferelation von vernachlässigbarer Bedeutung sein muß, erhält dadurch die vereinfachte Form

$$s_0 p_0 \approx kT\sqrt{\frac{m}{\alpha}} \gg \hbar$$

bzw.

$$\boxed{kT \gg \hbar\omega,} \qquad (6.69)$$

wobei ω nach Gl. (6.60) die typische Kreisfrequenz der Schwingung eines Atoms im Festkörper ist. Das Kriterium (6.69) für die Gültigkeit der klassischen Näherung kann analog umgeformt werden:

$$T \gg \Theta \qquad \text{wobei} \qquad \Theta = \frac{\hbar\omega}{k} \qquad (6.70)$$

ein für den untersuchten Festkörper charakteristischer Temperaturparameter ist.

6.7.2. Abschätzung von Zahlenwerten

Die Frequenz ω der Schwingung eines Atoms kann näherungsweise aus den elastischen Eigenschaften des untersuchten Festkörpers bestimmt werden. Beispielsweise auf einem Festkörper ein geringer Druck Δp ausgeübt,[1]) was zur Folge hat, daß das Volumen V des Festkörpers um den geringen Betrag ΔV abnimmt. Die Größe κ die durch

$$\kappa = -\frac{1}{V}\frac{\Delta V}{\Delta p} \qquad (6.71)$$

definiert ist, ist die *Kompressibilität* des Festkörpers. (Das negative Vorzeichen zeigt an, daß eine Volumenabnahme auftritt.) Den Reziprokwert von κ nennt man *Kompressionsmodul.* κ kann leicht gemessen werden; es ist eine Größe, die einiges über die Kräfte zwischen den Atomen des Festkörpers aussagt.

1) Verwechslungen zwischen Druck p und Impuls p sollten vermieden werden.

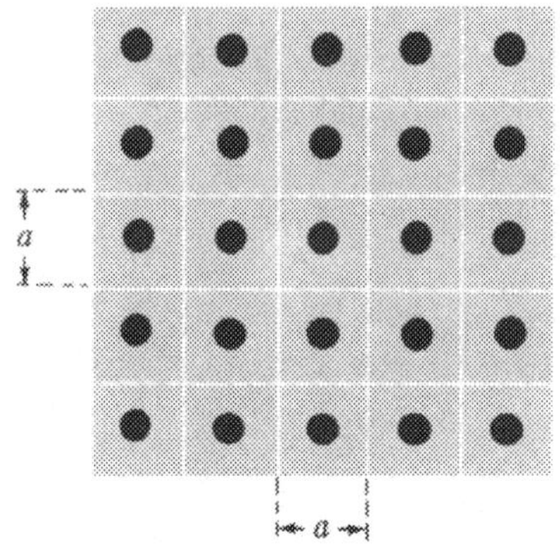

Bild 6.15
Oberflächenansicht eines Festkörpers, dessen Atome in einem einfachen kubischen Gitter angeordnet sind.

Aus der Kompressibilität κ wollen wir in grober Näherung die auf ein Atom wirkende Kraft F bestimmen, wenn es aus seiner Ruhelage entfernt ist. Der Einfachheit halber nehmen wir an, daß die Atome des Festkörpers im Mittelpunkt von Würfeln der Kantenlänge a liegen, so daß die Entfernung zweier benachbarter Atome ebenfalls gleich a ist. Ein auf eine Oberfläche des Festkörpers wirkender Überdruck Δp hat dann eine Kraft $F = a^2\,\Delta p$ zu Folge, die auf die einem Atom zugeordnete Fläche a^2 wirkt (Bild 6.15). Die durch den Überdruck Δp verursachte relative Volumenänderung des Festkörpers ist nun aber gleich der relativen Volumenänderung des einem Atom zugeordneten Volumens a^3:

$$\frac{\Delta V}{V} = \frac{\Delta(a^3)}{a^3} = \frac{3a^2\,\Delta a}{a^3} = \frac{3\,\Delta a}{a}.$$

Mit der Definition (6.71) der Kompressibilität ergibt sich für die Beziehung zwischen der auf ein Atom wirkenden Kraft F und Δa:

$$F = a^2\,\Delta p = a^2\left(-\frac{1}{\kappa}\frac{\Delta V}{V}\right) = -\frac{a^2}{\kappa}\frac{3\,\Delta a}{a}$$

bzw.

$$F = -\alpha\,\Delta a,$$

wobei α, die Proportionalitätskonstante in der Beziehung zwischen der Kraft F und der Entfernung Δa des Atoms aus der Ruhelage, durch

$$\alpha = \frac{3a}{\kappa} \qquad (6.72)$$

gegeben ist. Nach unserer einfachen Näherung, die auf der Annahme eines kubischen Atomgitters basiert, ergibt sich für die Frequenz der Schwingung (6.60) der Näherungswert

$$\omega = \sqrt{\frac{\alpha}{m}} \approx \sqrt{\frac{3a}{\kappa m}}. \qquad (6.73)$$

Um ein Gefühl für die typischen Größenordnungen zu bekommen, wollen wir ω für den Fall von Kupfer näherungsweise bestimmen. Die gemessenen Parameter dieses Metalls haben folgende Werte:[1])

Atomgewicht:	$\mu = 63{,}5$
Dichte:	$\rho = 8{,}95$ g cm^{-3}
Kompressibilität:	$\kappa = 7{,}3 \cdot 10^{-13}\,\mathrm{cm^2\,dyn^{-1}} = 7{,}3 \cdot 10^{-8}\,\mathrm{cm^2 N^{-1}}$

1) Die Werte sind aus *Dwight E. Gray*, Hrsg., *American Institute of Physics Handbook*, 2. Aufl., (McGraw-Hill Book Company, New York, 1963.)

Aus diesen Zahlenwerten berechnen wir die Masse des Kupferatoms:

$$m = \frac{\mu}{N_A} = \frac{63{,}5}{6{,}02 \cdot 10^{23}} g = 1{,}05 \cdot 10^{-22} g.$$

Da $\rho = m/a^3$, ergibt sich für die Entfernung zweier Atome

$$a = \left(\frac{m}{\rho}\right)^{1/3} = \left(\frac{1{,}05 \cdot 10^{-22}}{8{,}95}\right)^{1/3} cm = 2{,}34 \cdot 10^{-8}\ cm$$

Beziehung (6.73) liefert mit diesen Zahlenwerten die Kreisfrequenz der Schwingung

$$\omega \approx \left[\frac{3(2{,}34 \cdot 10^{-8})}{(7{,}3 \cdot 10^{-13})\,(1{,}05 \cdot 10^{-22})}\right]^{\frac{1}{2}} rad/s = 3{,}02 \cdot 10^{13}\ rad/s$$

Die entsprechende Frequenz ist gleich

$$\nu = \frac{\omega}{2\pi} \approx 4{,}8 \cdot 10^{12}\ Hz. \qquad (6.74)$$

Diese Frequenz liegt im infraroten Bereichen des elektromagnetischen Spektrums. Die in Gl. (6.70) definierte charakteristische Temperatur ist dann gleich

$$\Theta = \frac{\hbar\omega}{k} = \frac{(1{,}054 \cdot 10^{-27})\,(3{,}02 \cdot 10^{13})}{(1{,}38 \cdot 10^{-16})} K \approx 230\ K \qquad (6.75)$$

Das klassische Ergebnis $c_V = 3R$ gilt also im Fall von Kupfer nur, wenn $T \gg 230$ K, d. h., es sollte für Temperaturen von der Größenordnung der Zimmertemperatur und darüber recht gut stimmen.

Anders liegen die Dinge jedoch bei einem Festkörper wie Diamant. Das Atomgewicht eines Kohlenstoffatoms ist 12, seine Masse ist also nur ein Fünftel so groß wie die des Kupferatoms. Außerdem ist Diamant eine sehr harte Substanz, deren Kompressibilität auch dementsprechend geringer ist als die von Kupfer, etwa ein Drittel der von Kupfer. Die Kreisfrequenz ω der Schwingung eines Kohlenstoffatoms in Diamant ist daher nach Gl. (6.73) sehr viel höher als die eines Kupferatoms in metallischem Kupfer. Für Diamant (Dichte $\rho = 3{,}52$ g cm^{-3}) ist der Temperaturparameter $\Theta \approx 830$ K. Wir können also nicht erwarten, daß die klassische Näherung für Diamant bei Zimmertemperatur gilt; der niedrige Wert für c_V für Diamant in Tabelle 6.1 ist also keineswegs ein überraschendes Ergebnis.

Es versteht sich, daß das klassische Ergebnis $c_V = 3R$ bei tiefer Temperatur nicht mehr gelten kann, da dann die Bedingung (6.69) nicht erfüllt ist. Das allgemeine Ergebnis (5.32) besagt ja, daß die spezifische Wärme c_V bei Temperaturen unterhalb des Gültigkeitsbereichs von Bedingung (6.69) abnimmt und gegen null geht, wenn $T \to 0$. Jede korrekte quantenmechanische Berechnung muß diesen Grenzwert liefern. Nehmen wir an, daß jedes Atom im Festkörper mit der gleichen Frequenz ω schwingt, dann ist die quantenemechanische Berechnung der spezifischen Wärme c_V keineswegs schwer; sie liefert dann einen Näherungsausdruck für c_V, der bei *allen* Temperaturen gilt. Einzelheiten sind in Übung 21 gegeben.

6.8. Zusammenfassung der Definitionen

Phasenraum: ein mehrdimensionaler kartesischer Raum, dessen Achsen durch die Koordinaten und Impulswerte eines Systems bezeichnet sind, das nach Methoden der klassischen Mechanik beschrieben wird. Die Koordinaten eines Punkts in diesem Raum setzen sich aus allen Koordinaten und Impulswerten des betreffenden Systems zusammen;

Maxwellsche Geschwindigkeitsverteilung: der Audruck

$$f(v)\, d^3v \propto e^{-(1/2)\,\beta m v^2}\, d^3v,$$

der die mittlere Anzahl der Moleküle angibt, deren Geschwindigkeit in einem Gas der absoluten Temperatur T zwischen v und v + dv liegt. Dieser Ausdruck ist einfach ein Sonderfall der kanonischen Verteilung;

Effusion: das Austreten von Molekülen aus einem Behälter durch eine kleine Öffnung, deren Durchmesser sehr viel kleiner ist als die mittlere freie Weglänge.

6.9. Wichtige Beziehungen

Ist ein System nach der klassischen Beschreibung bei einer absoluten Temperatur T im Gleichgewicht, dann hat jeder unabhängige quadratische Term ϵ_i seiner Energie den Mittelwert

$$\bar{\epsilon}_i = \frac{1}{2} kT. \qquad (1)$$

6.10. Hinweise auf ergänzende Literatur

O. R. Frisch, "Molecular Beams", *Sci. American* **212**, 58 (Mai 1965). Eine gut geschriebene Abhandlung über die große Anzahl von grundlegenden physikalischen Versuchen, die durch Molekularstrahluntersuchungen ermöglicht wurden.

F. Reif, "Fundamentals of Statistical and Thermal physics", Kapitel 7 (McGraw-Hill Book Company, New York, 1965). Eine etwas eingehendere Behandlung der Themen des vorliegenden Kapitels.

F. W. Sears, "An Introduction to Thermodynamics, the Kinetic Theory of Gases, and Statistical Mechanics," 2. Aufl., Kapitel 11 und 12 (Addison-Wesley Publishing Company, Inc., Reading, Mass., 1953).

D. K. C. MacDonald, "Faraday, Maxwell, and Kelvin" (Anchor Books, Doubleday & Company, Inc., Garden City, N. Y., 1964). Dieses Werk enthält einen kurzen Bericht über *Maxwells* Leben und Arbeit auf wissenschaftlichem Gebiet.

6.11. Übungen

1. *Phasenraum eines klassischen harmonischen Oszillators.* Die Energie eines eindimensionalen harmonischen Oszillators mit der Lagekoordinate x und dem Impuls p ist durch

$$W = \frac{1}{2m} p^2 + \frac{1}{2} \alpha x^2$$

gegeben, wobei der erste Term seine kinetische, der zweite seine potentielle Energie darstellt. Mit m wird die Masse des schwingenden Teilchens bezeichnet, und α ist die Federkonstante für die auf das Teilchen wirkende rücktreibende Kraft.

Untersuchen Sie ein Kollektiv solcher Oszillatoren. Die Energie eines Oszillators soll im Bereich zwischen W und $W + \delta W$ liegen. Verwenden Sie die klassische Darstellungsweise, und geben Sie den Bereich von Zuständen an, der im zweidimensionalen Phasenraum xp für einen solchen Oszillator realisierbar ist.

2. *Ideals Gas im Schwerefeld.* Ein ideals Gas der absoluten Temperatur T befindet sich in einem Gravitationsfeld im Gleichgewicht. Das Feld wird durch die nach unten gerichtete Beschleunigung g (in x-Richtung) beschrieben. Die Masse eines Gasmoleküls ist m.

   a) Bestimmen Sie mit Hilfe der kanaonischen Verteilung in ihrer klassischen Form die Wahrscheinlichkeit $P(\mathbf{r}, \mathbf{p})\, d^3r\, d^3p$ dafür, daß die Lage des Moleküls in den

Bereich zwischen r und r + dr fällt und sein Impulswert zwischen p und p + dp liegt.

Lösung: $e^{-\beta[p^2/2m + mgz]}\, d^3r\, d^3p$.

b) Bestimmen Sie bis auf eine unwesentliche Proportionalitätskonstante die Wahrscheinlichkeit $P'(v)\, d^3v$ dafür, daß die Geschwindigkeit eines Moleküls in den Bereich zwischen v und v + dv fällt, gleichgültig, welche Lage es im Raum einnimmt. Vergleichen Sie dieses Ergebnis mit der entsprechenden Wahrscheinlichkeit beim Fehlen eines Schwerefeldes.

Lösung: $e^{-(1/2)\beta m v^2}\, d^3v$.

c) Bestimmen Sie bis auf eine unwesentliche Proportionalitätskonstante die Wahrscheinlichkeit $P''(z)\, dz$ dafür, daß ein Molekül sich in einer Höhe zwischen z und z + dz befindet, gleichgültig, welche Geschwindigkeit es hat, oder welche Lage es auf einer horizontalen Ebene besitzt.

Lösung: $e^{-\beta mgz}\, dz$.

3. *Makroskopische Untersuchung eines idealen Gases in einem Schwerefeld.* Das in der Übung 2 besprochene ideale Gas soll nun vom rein makroskopischen Standpunkt betrachtet werden. Verwenden Sie die Bedingung für mechanisches Gleichgewicht für die Gasschicht zwischen den Höhen z und z + dz, und die Zustandsgleichung (4.92) zur Ableitung eines Ausdrucks für n(z), die Anzahl der Moleküle pro Volumeneinheit in der Höhe z. Vergleichen Sie dieses Ergebnis mit dem in der letzten Übung für $P''(z)\, dz$ nach Gesichtspunkten der statistischen Mechanik abgeleiteten Ergebnis.

Lösung: $n \propto e^{-\beta mgz}$.

4. *Räumliche Verteilung von Elektronen in einem zylindrischen elektrischen Feld.* Ein Draht des Radius r_0 bildet die Achse eines Metallzylinders der Länge l und des Radius R. An dem Draht ist gegen den Zylinder eine positive Spannung V angelegt. Das ganze System hat eine hohe absolute Temperatur T. Als Folge dieser hohen Temperatur werden von dem heißen Metall Elektronen emittiert, die als verdünntes Gas den Zylinder erfüllen, und mit ihm im thermischen Gleichgewicht sind. Die Dichte dieses Elektronengases ist so niedrig, daß eine gegenseitige elektrostatische Wechselwirkung zwischen den Elektronen vernachlässigt werden kann.

a) Leiten Sie mit Hilfe des Gaußschen Theorems einen Ausdruck für das elektrostatische Feld ab, das in einer radialen Entfernung r vom Draht herrscht ($r_0 < r < R$). Die Länge des Zylinders l kann als sehr groß angenommen werden, damit jegliche End-Effekte unberücksichtigt bleiben können.

Lösung: $V[\ln(R/r_0)]^{-1} r^{-1}$.

b) Im thermischen Gleichgewicht bilden die Elektronen ein Gas variabler Dichte, das den gesamten Raum zwischen Draht und Zylinder ausfüllt. Untersuchen Sie mit Hilfe der Lösung aus Teil a) wie die Anzahl n der Elektronen pro Volumeneinheit von der radialen Entfernung r vom Draht abhängt.

Lösung: $n \propto (r/R)^{-\beta eV/\ln(R/r_0)}$.

c) Finden Sie ein Näherungskriterium, das angibt, wie tief die Temperatur T sein muß, damit die Elektronendichte gering genug ist, um die anfangs erwähnte Näherungsannahme – daß die gegenseitige elektrostatische Wechselwirkung der Elektronen vernachlässigbar sei – zu rechtfertigen.

Lösung: $kT \gg e^2 n^{1/3}$.

5. *Bestimmung von hohen Molekulargewichten mittels einer Ultrazentrifuge.* Ein Makromolekül (d. h. ein sehr großes Molekül mit einem Molekulargewicht von mehreren Millionen) ist in einer inkompressiblen Flüssigkeit der Dichte ρ und der absoluten Temperatur T suspendiert. Das Volumen V_m, das ein solches Molekül einnimmt, kann als gegeben vorausgesetzt werden, da das Volumen eines Mols solcher Makromoleküle bestimmt werden kann, indem man das Volumen von Lösungen von solchen Makromolekülen mißt. Eine verdünnte Lösung dieser Art wird nun in eine Ultrazentrifuge gegeben, die mit hoher Winkelgeschwindigkeit ω rotiert. In dem mit der Zentrifuge mitrotierenden Bezugssystem wirkt auf jedes Teilchen der Masse m, das in diesem Bezugssystem ruht, eine Zentrifugalkraft $m\omega^2 r$. r ist die Entfernung des betreffenden Teilchens von der Rotationsachse.

a) Wie groß ist die resultierende Kraft, die in diesem Bezugssystem auf ein Makromolekül der Masse m wirkt, wenn der durch die umgebende Flüssigkeit bewirkte Auftrieb berücksichtigt wird?

Lösung: $\omega^2 r(m - \rho V_m)$

b) Angenommen, relativ zu diesem Bezugssystem hat sich der Gleichgewichtszustand eingestellt, d. h., die in der Volumeneinheit vorhandene mittlere Anzahl n(r) dr von Makromolekülen in einer Entfernung zwischen r und r + dr von der Drehachse ist von der Zeit unabhängig. Mit Hilfe der kanonischen Verteilung ist die Anzahl n(r) dr als Funktion von r auf eine Proportionalitätskonstante genau zu bestimmen.

Lösung: $e^{-(1/2)\beta\omega^2 r^2 (m - \rho V_m)}\, dr$.

*6. *Räumliche Verteilung magnetischer Atome in einem inhomogenen Magnetfeld.* Eine wäßrige Lösung enthält bei Zimmertemperatur T magnetische Atome in geringer Konzentration. Jedes dieser Atome hat einen Spin $\frac{1}{2}$ und ein magnetisches Moment μ_0. Die Lösung wird nun in ein äußeres Magnetfeld gebracht. Der Betrag der Feldstärke ist in der Lösung nicht konstant, d. h., das Feld ist inhomogen. Genauer ausgedrückt, die z-Komponente B des Magnetfeldes ist eine gleichmäßig ansteigende Funktion von z; am Grund der Lösung wo $z = z_1$ ist, hat B den Wert B_1, an der Oberfläche der Lösung, wo $z = z_2$ ist, jedoch einen höheren Wert B_2.

a) Wir bezeichnen mit $n_+(z)\, dz$ die mittlere Anzahl der magnetischen Atome, deren magnetisches Moment in z-Richtung orientiert ist, und die sich in einer Höhe zwischen z und z + dz befinden. Bestimmen Sie das Verhältnis $n_+(z_2)/n_+(z_1)$.

Lösung: $e^{\beta\mu_0(B_2 - B_1)}$

b) Wir bezeichnen mit n(z) dz die mittlere *Gesamtzahl* von magnetischen Atomen (mit Spin-Orientierungen beider Richtungen), die sich zwischen z und z + dz befinden. Bestimmen Sie das Verhältnis $n(z_2)/n(z_1)$. Ist dieses Verhältnis kleiner, gleich oder größer als eins?

Lösung: $\cosh(\beta\mu_0 B_2)/\cosh(\beta\mu_0 B_1)$.

c) Die Lösung der obigen Übungen sind anhand von $\mu_0 B \ll kT$ zu vereinfachen.

Lösung: $1 + (\mu_0/kT)^2\, (B_2^2 - B_1^2)$.

d) Bestimmen Sie näherungsweise den Zahlenwert von $n(z_2)/n(z_1)$ für Zimmertemperatur, wenn $\mu_0 \approx 10^{-20}$ erg/G von der Größenordnung eines Bohrschen Magnetons ist, $B_1 = 0$ und $B_2 = 5 \cdot 10^4$ G.

Lösung: 1,000 15.

7. *Wahrscheinlichste Energie eines Gasmoleküls.* Bestimmen Sie die wahrscheinlichste kinetische Energie $\tilde{\epsilon}$ eines Moleküls, das der Maxwellschen Geschwindigkeitsverteilung unterliegt.

Ist diese Energie gleich $m\tilde{v}^2/2$, wobei $\tilde{v}$ die wahrscheinlichste Geschwindigkeit des Moleküls ist?

Lösung: $\frac{1}{2}$ kT, nein.

8. *Temperaturabhängigkeit der Effusion.* Moleküle eines Gases in einem Behälter diffundieren durch eine kleine Öffnung in das umgebende Vakuum. Nehmen wir an, die absolute Temperatur des Gases wird auf das Doppelte erhöht, der Druck des Gases jedoch konstant gehalten.
   a) Um welchen Faktor ändert sich die Anzahl der Moleküle, die pro Sekunde durch die Öffnung austreten?
   Lösung: $2^{-1/2}$.
   b) Um welchen Faktor ändert sich die Kraft, die der Molekularstrahl auf einen Schirm ausübt, der in einiger Entfernung von der Öffnung aufgestellt ist (Bild 6.16)?
   Lösung: unveränderlich.

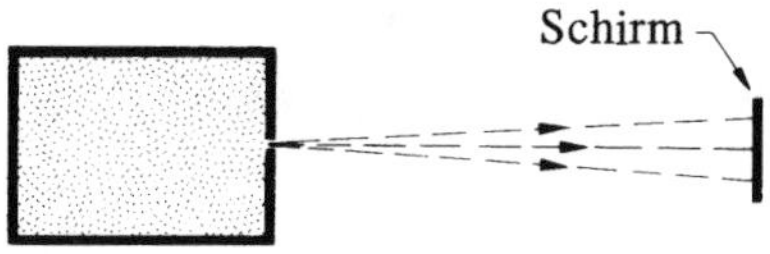

Bild 6.16. Ein Effusionstrahl trifft auf einen Schirm auf.

9. *Mittlere kinetische Energie eines Moleküls bei der Effusion.* Die Moleküle eines einatomigen idealen Gases diffundieren durch eine kleine Öffnung in der Wand des Behälters, der auf der absoluten Temperatur T gehalten wird. Würden Sie nur aufgrund von physikalischen Überlegungen, ohne eigentliche Berechnung, sagen, die *mittlere* kinetische Energie $\bar{\epsilon}_0$ eines Moleküls im austretenden Strahl sei gleich groß wie die mittlere kinetische Energie $\bar{\epsilon}_i$ eines Moleküls im Behälter, oder größer, oder kleiner als diese?
   Lösung: größer.

10. *Druckabfall in einem Gasbehälter mit einer kleinen Öffnung.* Ein dünnwandiges Gefäß des Volumens V, das auf konstanter Temperatur T gehalten wird, enthält ein Gas, das langsam durch ein kleines Loch der Fläche A ausströmt. Der Außendruck ist so gering, daß ein Rückströmen in das Gefäß vernachlässigt werden kann. Schätzen Sie die Zeitspanne ab, nach der der Druck auf die Hälfte seines Anfangswertes gesunken ist. Die Lösung ist durch A, V, und die mittlere Molekulargeschwindigkeit $\bar{v}$ auszudrücken.
    Lösung: $4V(\ln 2)/A\bar{v}$.

11. *Kryogen- (d. h. Tieftemperatur-) Pumpen.* Gase können aus einem Behälter entfernt werden, indem man die Temperatur von bestimmten Behälterwänden absenkt. Diese Methode wird allgemein zur Erzeugung der Hochvakua verwendet, die für viele physikalische Versuche unerläßlich sind. Das der Methode zugrundeliegende Prinzip wird am besten durch ein Beispiel erklärt: Eine Hohlkugel mit dem Radius 10 cm wird auf Zimmertemperatur (300 K) gehalten – bis auf eine Fläche von 1 cm², die auf die Temperatur flüssigen Stickstoffs (77 K) gebracht wird. Die Hohlkugel enthält Wasserdampf, der anfangs einen Druck von 0,1 mm Hg aufwies. Wenn wir annehmen, daß jedes Wassermolekül, das die kalte Fläche trifft, an ihr haften bleibt, wie lange dauert es dann, bis der Druck auf 10^{-6} mm Hg abgefallen ist?
    Lösung: annähernd 4 s.

12. *Isotopentrennung durch Effusion.* Ein Gefäß hat eine poröse Wand mit vielen kleinen Öffnungen. Die Effusion von Gasmolekülen durch diese Öffnung ist möglich. Danach werden die ausgetretenen Moleküle in einen Sammelbehälter abgepumpt. Das Gefäß ist mit einem idealen Gas gefüllt, dessen Moleküle verschiedene Massen, m_1 und m_2, aufweisen, da das Gas aus einem Gemisch von Isotopen des gleichen Atoms besteht. c_1 ist die Konzentration der Moleküle des ersten Isotops im Behälter, c_2 die Konzentration des zweiten Isotops. (Unter der Konzentration c_i versteht man das Verhältnis der Anzahl der Moleküle von der Art i zur Gesamtzahl der Moleküle.) Diese Konzentrationen können im Gefäß konstant gehalten werden, indem wir neues Gas zuströmen lassen, um das durch Effusion verlorene zu ersetzen.
    a) c_1' bzw. c_2' ist die Konzentration der beiden Molekülarten im Sammelbehälter. Bestimmen Sie das Verhältnis c_2'/c_1'.
    Lösung: $\frac{c_2}{c_1}\left(\frac{m_1}{m_2}\right)^{1/2}$.
    b) Indem man das Gas UF_6 verwendet, ist es möglich, ^{235}U von ^{238}U zu trennen, wobei das erste dieser Isotope das zur Einleitung von Kernreaktionen notwendige Uranisotop ist. Die beiden Molekülarten in dem Gefäß sind dann $^{235}U^{19}F_6$ und $^{238}U^{19}F_6$, wobei die Konzentrationen im Gefäß den in der Natur auftretenden gleich sind: $c_{235} = 0{,}7\ \%$, $c_{238} = 99{,}3\ \%$. Berechnen Sie das Verhältnis c'_{235}/c'_{238} für die nach der Effusion gesammelten Moleküle. Die Lösung ist durch die anfänglichen Konzentrationen, bzw. deren Verhältnis c_{235}/c_{238} auszudrücken.

13. *Änderung der Konzentration durch Effusion.* Eine Wand eines Behälters ist eine poröse Membran. Enthält das Gefäß Gas unter kleinem Druck $\bar{p}$, dann tritt das Gas durch Effusion in das umgebende Vakuum aus. Man hat festgestellt, daß der Druck nach einer Stunde auf $\bar{p}/2$ gefallen ist, wenn der Behälter mit Helium bei Zimmertemperatur und mit einem Druck $\bar{p}$ gefüllt ist.
    Nehmen wir nun an, der Behälter ist mit einem Gasgemisch aus Helium (He) und Neon (Ne) gefüllt, das bei Zimmertemperatur einen Gesamtdruck $\bar{p}$ haben soll. Die atomare Konzentration beider Gase ist 50 % (d. h., das Gasgemisch enthält 50 % He-Atome und 50 % Ne-Atome). Wie groß ist das Verhältnis n_{Ne}/n_{He} der atomaren Konzentration von He und Ne nach einer Stunde? Das Ergebnis ist durch die Atomgewichte μ_{Ne} von Neon und μ_{He} von Helium auszudrücken.
    Lösung: $2^{(1-\sqrt{\mu_{He}/\mu_{Ne}})}$.

14. *Berechnung der Mittelwerte für ein Molekül eines Gases.* Ein aus Molekülen der Masse m bestehendes Gas ist bei thermischem Gleichgewicht bei der absoluten Temperatur T in Ruhe. Wir setzen die Geschwindigkeit eines Moleküls mit **v**, die drei kartesischen Komponenten seiner Geschwindigkeit mit v_x, v_y und v_z und den Betrag seiner Geschwindigkeit mit v an. Bestimmen Sie die folgenden Mittelwerte:
    a) $\overline{v_x}$,
    Lösung: 0.
    b) $\overline{v_x^2}$,
    Lösung: $\frac{kT}{m}$.
    c) $\overline{v^2 v_x}$,
    Lösung: 0.
    d) $\overline{v_x^2 v_y}$,
    Lösung: 0.
    e) $\overline{(v_x + b v_y)^2}$, wobei b eine Konstante ist.
    Lösung: $\frac{kT}{m}(1 + b^2)$.

Anleitung: Symmetrieargumente und der Gleichverteilungssatz führen ohne umfangreiche Berechnungen zu einer Lösung für alle diese Aufgaben.

15. *Doppler-Verbreiterung von Spektrallinien.* Ein aus Atomen der Masse m bestehendes Gas wird in einem Behälter auf der absoluten Temperatur T gehalten. Die Atome emittieren Licht, das in der x-Richtung durch ein Fenster des Behälters fällt. Wir beobachten dann in einem Spektroskop eine Spektrallinie. Ein ruhendes Atom emittiert Licht einer scharf begrenzten Frequenz ν_0. Infolge des Dopplereffekts ist jedoch die Frequenz des Lichts, das ein Atom mit einer x-Komponente v_x der Geschwindigkeit emittiert, nicht einfach gleich der Frequenz ν_0; die Frequenz eines bewegten Atoms ist näherungsweise durch

$$\nu = \nu_0 \left(1 + \frac{v_x}{c}\right)$$

gegeben, wobei c die Lichtgeschwindigkeit ist. Demnach wird nicht alles Licht, das ins Spektroskop einfällt, die Frequenz ν_0 aufweisen, sondern dieses Licht wird durch eine Intensitätsverteilung $I(\nu)\,d\nu$ charakterisiert sein, die den Bruchteil der Lichtintensität angibt, die in den Frequenzbereich zwischen ν und $\nu + d\nu$ fällt.

a) Berechnen Sie die mittlere Frequenz $\bar{\nu}$ des ins Spektroskop einfallenden Lichts.

Lösung: ν_0.

b) Bestimmen Sie die Streuung $\overline{(\Delta\nu)^2} = \overline{(\nu - \bar{\nu})^2}$ der Frequenz des ins Spektroskop einfallenden Lichts.

Lösung: $\nu_0^2 \dfrac{kT}{mc^2}$.

c) Erklären Sie, warum eine Messung der Breite $\Delta\nu = [\overline{(\Delta\nu)^2}]^{1/2}$ einer Spektrallinie, die im Licht eines Sterns festgestellt wird, eine Bestimmung der Temperatur des betreffenden Sterns ermöglicht.

16. *Spezifische Wärme einer adsorbierten beweglichen monomolekularen Schicht.* Auf der Oberfläche eines Festkörpers, der sich in halbwegs gutem Vakuum befindet, kann sich eine einfache Schicht von Gasmolekülen anlagern (die Schicht ist einen Moleküldurchmesser dick). Man sagt dann, diese Moleküle seien von der Oberfläche *adsorbiert* worden. Die Moleküle werden an dieser Oberfläche durch Kräfte festgehalten, die die Atome des Festkörpers auf sie ausüben; sie können sich jedoch frei auf dieser Oberfläche bewegen, d. h. also in zwei Dimensionen. Mit ausgezeichneter Näherung können wir diese Moleküle als ein zweidimensionales klassisches Gas ansehen. Wenn die Moleküle einatomig sind, und die absolute Temperatur T ist, wie groß ist dann die spezifische Wärme pro Mol von einer bestimmten Fläche adsorbierter Moleküle?

Lösung: R.

17. *Temperaturabhängigkeit des elektrischen Widerstands eines Metalls.* Der elektrische Widerstand R eines Metalls ist der Wahrscheinlichkeit, daß ein Elektron durch schwingende Atome im Kristallgitter gestreut wird, proportional. Diese Wahrscheinlichkeit ist ihrerseits der mittleren quadratischen Schwingungsamplitude der Atome proportional. Wie hängt der elektrische Widerstand R des Metalls von seiner absoluten Temperatur ab, wenn diese Temperatur im Bereich der Zimmertemperatur oder darüber liegt. so daß die Schwingungen der Atome mit Methoden der klassischen statistischen Mechanik beschrieben werden können?

Lösung: $R \propto T$.

18. *Theoretische Grenzen der Genauigkeit einer Gewichtsbestimmung.* Eine sehr empfindliche Federwaage besteht aus einer Quarzfeder, die an einer festen Aufhängung befestigt ist. Die Federkonstante ist α, d. h., die rücktreibende Kraft der Feder ist $-\alpha x$, wenn die Feder um einen Betrag x gedehnt wurde. Die Waage hat eine absolute Temperatur T; die Schwerebeschleunigung am Ort der Waage ist g.

a) Wird ein sehr kleiner Körper der Masse m an die Feder gehängt, welche mittlere Längenänderung $\bar{x}$ der Feder verursacht dies?

Lösung: $\dfrac{mg}{\alpha}$.

b) Bestimmen Sie den Betrag $\overline{(\Delta x)^2} = \overline{(x - \bar{x})^2}$ der Wärmeschwingungen des Körpers um seine Ruhelage.

Lösung: $\dfrac{kT}{\alpha}$

c) Es wird sinnlos, die Masse eines Körpers bestimmen zu wollen, dessen Wärmeschwingungen so groß sind, daß $[\overline{(\Delta x)^2}]^{\frac{1}{2}} \gtrsim \bar{x}$. Welche kleinste Masse m kann mit dieser Waage noch bestimmt werden?

Lösung: $(\alpha kT)^{1/2}/g$.

19. *Spezifische Wärme eines anharmonischen Oszillators.* Betrachten wir einen eindimensionalen (*nicht* einfach harmonischen) Oszillator, der durch eine Lagekoordinate x und einen Impulswert p beschrieben ist, und dessen Energie durch

$$\epsilon = \frac{p^2}{2m} + bx^4 \qquad (1)$$

gegeben ist. Das erste Glied rechts ist die kinetische Energie, das zweite die potentielle Energie des Oszillators. m ist die Masse des Oszillators und b eine Konstante. Der Oszillator befindet sich im thermischen Gleichgewicht mit einem Wärmereservoir der Temperatur T, die hoch genug ist, so daß die klassisch-mechanische Näherung als gut bezeichnet werden kann.

a) Bestimmen Sie die mittlere kinetische Energie dieses Oszillators.

Lösung: $\dfrac{1}{2}$ kT.

b) Bestimmen Sie seine mittlere potentielle Energie.

Lösung: $\dfrac{1}{4}$ kT.

c) Wie groß ist seine mittlere Gesamtenergie?

Lösung: $\dfrac{3}{4}$ kT.

d) Untersuchen Sie ein Kollektiv von schwach wechselwirkenden Teilchen, die sämtliche in einer Dimension schwingen. Ihre Energie soll durch Gl. (1) gegeben sein. Wir groß ist die spezifische Wärme bei konstantem Volumen für ein Mol dieser Teilchen?

Lösung: $\dfrac{3}{4}$ R.

Anleitung: Bei der Beantwortung dieser Fragen muß nicht ein einziges Integral explizit berechnet werden.

20. *Spezifische Wärme eines stark anisotropen Festkörpers.* Ein Festkörper hat eine stark anisotrope kristalline Schichtstruktur. Jedes Atom in dieser Struktur führt einfache harmonische Schwingungen in drei Dimensionen aus. In zu der Schicht parallelen Richtungen ist die rücktreibende Kraft sehr hoch; die Eigenfrequenzen der Schwingungen in der x-Richtung

und in der y-Richtung, die beide in der Ebene einer Schicht liegen, werden daher beide den Wert $\omega_{\parallel}$ haben, der so hoch ist, daß $\hbar\omega_{\parallel} \gg 300k$ (das ist die thermische Energie bei Zimmertemperatur). Die rücktreibende Kraft senkrecht zu einer Schicht ist dagegen sehr gering; die Frequenz $\omega_{\perp}$ der Schwingung eines Atoms in der z-Richtung senkrecht zu einer Schicht wird daher so klein sein, daß $\hbar\omega_{\perp} \ll 300$ k. Berechnen Sie anhand dieses Modells die spezifische Wärme bei konstantem Volumen von einem Mol dieses Festkörpers bei 300 K.

Lösung: R

21. *Quantentheorie der spezifischen Wärme von Festkörpern.* Um die Schwingungen der Atome eines Festkörpers quantenmechanisch untersuchen zu können, führen wir ein vereinfachendes Näherungsmodell ein, bei dem angenommen wird, daß die Atome des Festkörpers alle unabhängig voneinander mit der gleichen Kreisfrequenz ω in jeder der drei Dimensionen schwingen. Der aus N Atomen bestehende Festkörper ist dann einem Kollektiv von 3N unabhängigen, eindimensionalen Oszillatoren gleichzusetzen, die alle die gleiche Frequenz ω haben. Den möglichen Quantenzuständen eines solchen Oszillators sind diskrete Energien zugeordnet, die durch

$$\epsilon_n = \left(n + \frac{1}{2}\right)\hbar\omega \qquad (1)$$

gegeben sind, wobei die Quantenzahl n die möglichen Werte $n = 0, 1, 2, 3, \ldots$ annehmen kann.

a) Angenommen, der Festkörper befindet sich bei der absoluten Temperatur T im Gleichgewicht. Mit den Energieniveaus (1) und der kanonischen Verteilung können wir auf die gleiche Weise wie in Aufgabe 4.22 die mittlere Energie $\bar{\epsilon}$ eines Oszillators und damit auch die gesamte mittlere Energie $\bar{W} = N\bar{\epsilon}$ der schwingenden Atome des Festkörpers bestimmen.

Lösung: $\bar{W} = 3N\hbar\omega\left[\frac{1}{2} + (e^{\hbar\omega/kT} - 1)^{-1}\right]$.

b) Mit dem Ergebnis von Teil a) können wir auf die gleiche Weise wie in Übung 20 des Kapitels 5 die spezifische Wärme c_V eines Mols des Festkörpers berechnen.

Lösung: $3R(\hbar\omega/kT)^2\, e^{\hbar\omega/kT}\, (e^{\hbar\omega/kT} - 1)^{-2}$.

c) Zeigen Sie, daß das Ergebnis von Teil b) in der Form

$$c_V = 3R\,\frac{w^2 e^w}{(e^w - 1)^2} \qquad (2)$$

geschrieben werden kann, wobei

$$w = \frac{\hbar\omega}{kT} = \frac{\Theta}{T}. \qquad (3)$$

$\Theta = \hbar\omega/k$ ist der schon in Gl. (6.70) definierte Temperaturparameter.

d) Zeigen Sie daß für $T \gg \Theta$ das Ergebnis (2) sich dem klassischen Wert $c_V = 3R$ nähert.

e) Zeigen Sie, daß der Ausdruck (2) für c_V wie zu erwarten gegen null geht, wenn $T \to 0$.

f) Finden Sie einen Näherungsausdruck für den Grenzwert von (2), wenn $T \ll \Theta$.

Lösung: $3R(\Theta/T)^2\, e^{-\Theta/T}$.

g) Skizzieren Sie grob c_V als Funktion der absoluten Temperatur T.

h) Wenden Sie das Kriterium (1) an, um die Temperatur zu bestimmen, unter der die klassische Näherung *nicht* anwendbar sein kann. Vergleichen Sie Ihr Ergebnis mit der Bedingung (6.69) für die Anwendbarkeit der klassischen Theorie der spezifischen Wärme.

Lösung: $\frac{\hbar\omega}{k}$.

(Mit Hilfe der hier verwendeten Näherungen leitete *Einstein* 1907 erstmals den Ausdruck (2) ab. Aufgrund der neuen Quantenvorstellungen konnte er dann das experimentell festgestellte Verhalten von spezifischen Wärmen erklären, für das die klassische Theorie keine Erklärung liefern konnte.)

7. Allgemeine thermodynamische Wechselwirkung

Thermische Wechselwirkungen waren bis jetzt das Hauptthema unserer Untersuchungen. Wir müssen jedoch noch die allgemeine Wechselwirkung zwischen makroskopischen Systemen behandeln, bevor unsere Feststellungen wirklich als allgemeingültig bezeichnet werden können. In den folgenden zwei Abschnitten werden wir daher versuchen, die Probleme aus Kapitel 4 allgemeiner zu behandeln, indem wir untersuchen, was bei Wechselwirkungen zwischen Systemen geschieht, deren äußere Parameter nicht mehr konstant gehalten werden. Bei derartigen Wechselwirkungen kann dann Arbeit verrichtet und auch Wärme ausgetauscht werden. Dieser allgemeine Fall liefert uns dann das letzte Glied unserer Gedankenkette; wir haben dann sämtliche grundlegenden Feststellungen, auf denen die Theorie der *statistischen Thermodynamik* aufbaut, selbst hergeleitet. Die Bedeutung dieser Theorie wird offenbar, wenn wir an die zahllosen Anwendungsmöglichkeiten in der Physik, Chemie, Biologie, sowie in der Technik denken. Zur Anwendung der Theorie können wir im Rahmen dieses Kapitels jedoch nur wenige Beispiele besprechen.

7.1. Abhängigkeit der Zustandsanzahl von den äußeren Parametern

Wir betrachten ein beliebiges makroskopisches System, das durch einen oder mehrere äußere Parameter, z. B. das Volumen V oder ein äußeres Magnetfeld B, charakterisiert ist. Der Einfachheit halber nehmen wir vorerst an, daß nur einer dieser äußeren Parameter – bezeichnen wir ihn mit x – variabel ist; eine Verallgemeinerung auf eine Situation mit mehreren variablen Parametern bereitet dann keine Schwierigkeiten mehr. Die Anzahl Ω der Quantenzustände dieses Systems in einem bestimmten Energieintervall zwischen W und $W + dW$ hängt dann nicht nur von der Energie W ab, sondern auch von dem Wert, den der äußere Parameter x gerade aufweist. Wir haben es also mit der Funktion $\Omega = \Omega(W, x)$ zu tun. Hauptsächlich werden wir uns aber für die Abhängigkeit des Ω von x interessieren.

Die Energie W_r eines Quantenzustands r hängt von dem Wert ab, den der äußere Parameter x annimmt: $W_r = W_r(x)$. Ändert sich dieser Wert des äußeren Parameters x um einen infinitesimalen Betrag dx, dann ändert sich dadurch die Energie W_r des Zustands r entsprechend um den Betrag

$$dW_r = \frac{\partial W_r}{\partial x}\, dx = X_r\, dx. \tag{7.1}$$

Hier wurde die abgekürzte Schreibweise

$$X_r = \frac{\partial W_r}{\partial x} \tag{7.2}$$

eingeführt. Eine bestimmte Änderung des äußeren Parameters, dx, resultiert bei verschiedenen Zuständen gewöhnlich in verschieden großen Energieänderungen. Der Wert von $\partial W_r/\partial x$ hängt also von dem gerade untersuchten Zustand r ab; X_r wird daher für verschiedene Zustände auch unterschiedliche Werte annehmen.

Die Situation wird vielleicht anschaulicher, wenn wir die möglichen Werte von X_r in kleine Intervalle der festgesetzten Größe δX unterteilen. Untersuchen wir nun die Gesamtanzahl $\Omega(W, x)$ von Zuständen, deren Energie zwischen W und $W + \delta W$ liegt, wenn der äußere Parameter den Wert x aufweist. Von diesen Zuständen wollen wir zuerst eine bestimmte Untergruppe i herausgreifen, in der X_r einen Wert aufweist, der in einem bestimmten Intervall zwischen $X^{(i)}$ und $X^{(i)} + \delta X$ liegt. Die Anzahl der Zustände in dieser Untergruppe bezeichnen wir mit $\Omega^{(i)}(W, x)$ (Bild 7.1). Alle diese Zustände haben folgende einfache Eigenschaft gemeinsam: Ihre Energien ändern sich um praktisch den gleichen Betrag $X^{(i)}dx$, wenn sich der äußere Parameter um dx ändert. Ist $X^{(i)}$ positiv, dann wird jeder dieser Zustände, die im Energiebereich $X^{(i)}dx$ unterhalb von W liegen, seine Energie von einem Wert kleiner als W auf einen Wert größer als W ändern (Bild 7.2). Da es pro Einheit des Energiebereichs $\Omega^{(i)}/\delta W$ solche

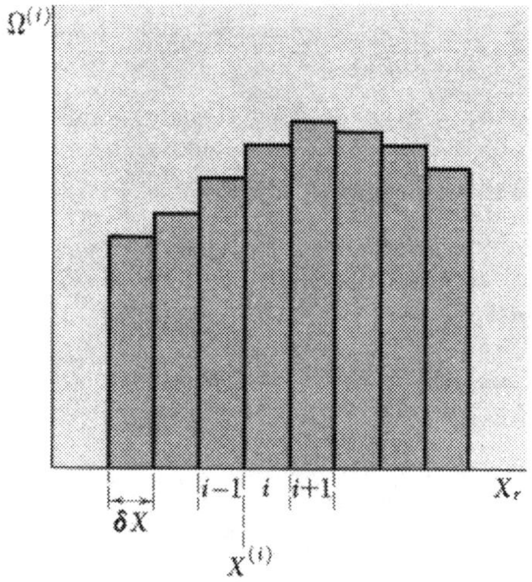

Bild 7.1. Die Anzahl $\Omega^{(i)}$ der Zustände, für die $X_r = \partial W_r/\partial x$ einen Wert im Intervall zwischen $X^{(i)}$ und $X^{(i)} + \delta X$ aufweist, ist hier schematisch als Funktion des Index i aufgetragen, mit dem die möglichen Intervalle bezeichnet sind. Summiert man $\Omega^{(i)}$ über alle möglichen Intervalle, dann erhält man die Gesamtanzahl $\Omega(W, x)$ der interessierenden Zustände, d. h. der Zustände, deren Energie zwischen W und $W + \delta W$ liegt, wenn der äußere Parameter den Wert x hat.

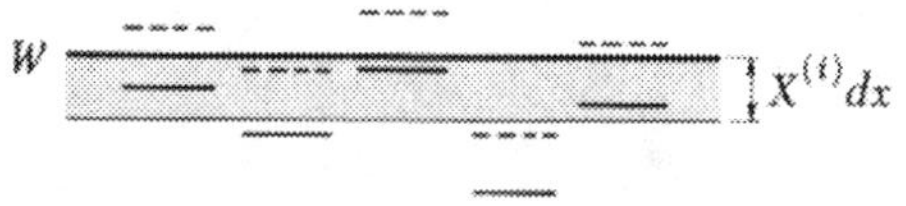

Bild 7.2. Schematische Darstellung der Energieniveaus. Sie sehen, daß durch eine Änderung dx des äußeren Parameters die Energie eines Zustands r sich um den Betrag $X^{(i)}dx$ ändert, d. h. von dem Anfangswert (durchgezogene Linie) auf einen neuen Wert (gestrichelte Linie) übergeht. Die Energie aller jener Zustände deren Anfangsenergie im Bereich $X^{(i)}dx$ unterhalb W liegt, ändert sich hierduch von einem Wert kleiner W auf einen Wert größer W.

Zustände gibt, ist die Anzahl der Zustände im Energiebereich $X^{(i)}dx$ gleich $(\Omega^{(i)}/\delta W)(X^{(i)}dx)$. Wir stellen also fest, daß die Größe

$\Gamma^{(i)}(W)$ = Die Anzahl der Zustände, die von den $\Omega^{(i)}(W, x)$ Zuständen der i-ten Untergruppe eine Energieänderung von einem Wert *kleiner* W auf einen Wert *größer* W aufweisen, wenn der äußere Parameter sich infinitesimal von x auf x + dx ändert, (7.3)

einfach gleich

$$\Gamma^{(i)}(W) = \frac{\Omega^{(i)}(W, x)}{\delta W} X^{(i)} dx \tag{7.4}$$

ist. Ist $X^{(i)}$ jedoch negativ, dann gilt zwar die Beziehung (7.4) weiterhin, $\Gamma^{(i)}$ hingegen ist negativ. In diesem Fall ändert sich also die Energie einer positiven Anzahl $-\Gamma^{(i)}$ von Zuständen von einem Wert *größer* W auf einen Wert *kleiner* W.[1])

Befassen wir uns nun mit *allen* jenen der $\Omega(W, x)$ Zustände, deren Energie zwischen W und $W + \delta W$ liegt, wenn der äußere Parameter den Wert x aufweist. Zur Bestimmung der Größe

$\Gamma(W)$ = der *Gesamtanzahl* der Zustände, die von *allen* $\Omega(W, x)$ Zuständen eine Energieänderung von einem Wert kleiner W auf einen Wert größer W erfahren, wenn der äußere Parameter sich von x auf x + dx ändert, (7.5)

brauchen wir bloß die Summe (7.4) über alle möglichen Untergruppen i von Zuständen zu bilden (d. h. über die Zustände mit allen möglichen Werten von $\partial W_r/\partial x$). Wir erhalten

$$\Gamma(W) = \sum_i \Gamma^{(i)}(W) = \left[\sum_i \Omega^{(i)}(W, x) X^{(i)}\right] \frac{dx}{\partial W}$$

bzw.

$$\boxed{\Gamma(W) = \frac{\Omega(W, x)}{\delta W} \bar{X} dx.} \tag{7.6}$$

Hier wurde die Definition

$$\bar{X} = \frac{1}{\Omega(W, x)} \sum_i \Omega^{(i)}(W, x) X^{(i)}. \tag{7.7}$$

verwendet. Gl. (7.7) gibt den Mittelwert von X_r für alle Zustände r, deren Energie im Intervall zwischen W und $W + \delta W$ liegt, wobei im Falle eines Gleichgewichtszustands die Wahrscheinlichkeit aller dieser Zustände gleich groß ist. Der durch Gl. (7.7) definierte Mittelwert $\bar{X}$ ist natürlich eine Funktion von W und x. Nach der Definition (7.2) ist

$$\bar{X} dx = \overline{\frac{\partial W_r}{\partial x}} dx = đ W_A \tag{7.8}$$

einfach die mittlere Zunahme der Energie des Systems, wenn die Wahrscheinlichkeiten für alle Zustände im anfänglich realisierbaren Energiebereich des Systems gleich groß sind. Anders ausgedrückt, dies ist die makroskopische Arbeit $đW_A$, die an dem System verrichtet wird, während der äußere Parameter quasistatisch geändert wird, das System also im Gleichgewicht bleibt.

Nachdem wir $\Gamma(W)$ bestimmt haben, können wir eine bestimmte Energie W als gegeben annehmen und untersuchen, wie sich $\Omega(W, x)$ ändert, wenn der äußere Parameter x sich um einen infinitesimalen Betrag ändert. Wir betrachten also die gesamte Anzahl $\Omega(W, x)$ von Zuständen, deren Energie in dem betreffenden Energieintervall zwischen W und $W + \delta W$ liegt (Bild 7.3). Ändert sich der äußere Parameter infinitesimal von x auf x + dx, dann bewirkt dies eine Änderung der Anzahl der Zustände in diesem Energiebereich um $[\partial\Omega(W, x)/\partial x]\, dx$ – diese Änderung ergibt sich aus {der Anzahl der Zustände, die in diesen Bereich hineinkommen, weil sich ihre Energie von einem Wert kleiner W auf einen Wert größer W ändert} minus {der Anzahl der Zustände, die diesen Bereich verlassen, weil ihre Energie sich von einem Wert kleiner $W + \delta W$ auf einen Wert größer $W + \delta W$ ändert}. Mathematisch können wir das folgendermaßen schreiben:

$$\frac{\partial\Omega(W, x)}{\partial x} dx = \Gamma(W) - \Gamma(W + \Delta W) = -\frac{\partial\Gamma}{\partial W} \delta W. \tag{7.9}$$

Setzen wir in Gl. (7.9) den Ausdruck (7.6) ein, dann können wir die festgesetzten Größen δW und dx kürzen, und es bleibt

$$\frac{\partial\Omega}{\partial x} = -\frac{\partial}{\partial W}(\Omega\bar{X}) \tag{7.10}$$

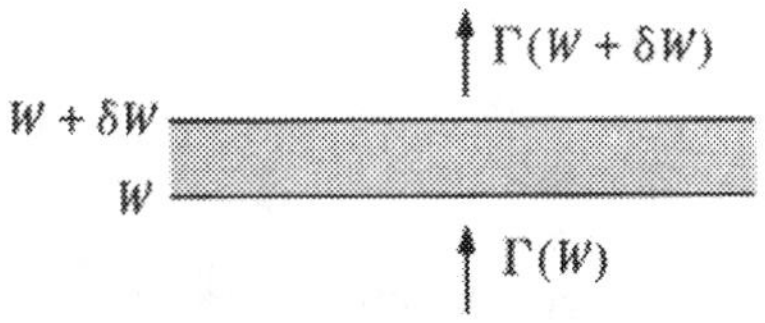

Bild 7.3. Bei einer Änderung des äußeren Parameters ändert sich auch die Anzahl der Zustände in dem gegebenen Energiebereich zwischen W und W + δW, da verschiedene Zustände hinsichtlich ihrer Energie in diesen Bereich neu eintreten bzw. ihn verlassen.

[1]) Beziehung (7.3) gibt einfach die Anzahl der Energieniveaus an, die den Wert W von unten her überschreiten. Die Gedankengänge, die zu Gl. (7.4) führten, sind also ähnlich denen in Abschnitt 1.6, wo die Anzahl der Moleküle eines Gases bestimmt wurde, die eine bestimmte Fläche treffen.

bzw.

$$\frac{\partial \Omega}{\partial x} = -\frac{\partial \Omega}{\partial W}\bar{X} - \Omega\frac{\partial \bar{X}}{\partial W}.$$

dividiert man beide Seiten durch Ω, ergibt dies

$$\frac{\partial \ln \Omega}{\partial x} = -\frac{\partial \ln \Omega}{\partial W}\bar{X} - \frac{\partial \bar{X}}{\partial W}. \qquad (7.11)$$

Nach Gl. (4.29) ist für ein makroskopisches System der erste Term rechts von der Größenordnung von $f\bar{X}/(W - W_0)$, wobei f die Anzahl der Freiheitsgrade eines Systems mit der Grundzustandsenergie W_0 ist. Der zweite Term rechts hat etwa die Größenordnung $\bar{X}/(W - W_0)$. Da f die gleiche Größenordnung besitzt wie die Avogadrosche Zahl ($f \approx 10^{24}$), ist der zweite Term auf der rechten Seite von Gl. (7.11) gegenüber dem ersten vollkommen vernachlässigbar. Gl. (7.11) vereinfacht sich also zu

$$\frac{\partial \ln \Omega}{\partial x} = -\frac{\partial \ln \Omega}{\partial W}\bar{X} \qquad (7.12)$$

bzw.

$$\boxed{\left(\frac{\partial \ln \Omega}{\partial x}\right)_W = -\beta\bar{X}.} \qquad (7.13)$$

Hier wurde die Definition (4.9) des Parameters β der absoluten Temperatur einbezogen. Die partielle Ableitung wurde mit dem Index W versehen, um zu betonen, daß bei dieser Ableitung die Energie W als konstant angesehen wurde. In Übereinstimmung mit der Definition (7.2) gilt

$$\bar{X} = \frac{\overline{\partial W_r}}{\partial x}. \qquad (7.14)$$

In dem Sonderfall, in dem der äußere Parameter x die Dimension einer Länge hat, hat die Größe $\bar{X}$ die Dimension einer Kraft. Allgemein betrachtet kann $\bar{X}$ jedoch irgendwelche Einheiten haben. $\bar{X}$ bezeichnet man als *die auf das System wirkende verallgemeinerte Kraft, die zu dem äußeren Parameter* x *konjugiert ist.*

Betrachten wir ein spezielles Beispiel: Es ist x = V, dem Volumen des Systems. Die Arbeit $đW_A$ die *an* dem System verrichtet wird, wenn sein Volumen quasistatisch um dV erhöht wird, ist dann durch $đW_A = -\bar{p}dV$ gegeben, wobei $\bar{p}$ der mittlere Druck ist, der *vom* System ausgeübt wird. Diese Arbeit ist also durch Gl. (7.8) gegeben, d. h.,

$$đW_A = \bar{X}dV = -\bar{p}dV,$$

so daß

$$\bar{X} = -\bar{p}.$$

Die mittlere verallgemeinerte Kraft $\bar{X}$ ist in diesem Fall einfach der mittlere Druck $-\bar{p}$, der *auf* das System wirkt. Gl. (7.13) ergibt dann die Beziehung

$$\left(\frac{\partial \ln \Omega}{\partial V}\right)_W = \beta\bar{p} = \frac{\bar{p}}{kT} \qquad (7.15)$$

bzw.

$$\left(\frac{\partial S}{\partial V}\right)_W = \frac{\bar{p}}{T}. \qquad (7.15a)$$

Hier ist $S = k \ln \Omega$ die Entropie des Systems. Wie wir sehen, gestattet diese Beziehung die Berechnung des mittleren Drucks, den ein System ausübt, wenn seine Entropie als Funktion seines Drucks gegeben ist.

Die Beziehung (7.13) wurde abgeleitet, indem wir untersuchten, wie die Energieniveaus des Systems in einen bestimmten Energiebereich eintreten oder ihn verlassen, wenn ein äußerer Parameter des Systems verändert wird. Die physikalischen Grundlagen dieser Überlegungen sind von höchster Bedeutung – was wir sofort erkennen, wenn wir das Wesentliche der obigen Überlegungen nochmals ins Auge fassen: Wir brauchen lediglich zu erfassen, daß die Beziehung (7.12) der Gleichung

$$\frac{\partial \ln \Omega}{\partial x}dx + \frac{\partial \ln \Omega}{\partial W}đW_A = 0 \qquad (7.16)$$

äquivalent ist. Hier verwendeten wir Gl. (7.8), um für die an dem System verrichtete quasistatische Arbeit $\bar{X}\,dx = đW_A$ einsetzen zu können. Die Beziehung (7.16) gibt also die infinitesimale Änderung der Größe $\ln \Omega$ bei einer gleichzeitigen Änderung der Energie W und des äußeren Parameters x des Systems. Gl. (7.16) ist damit der Feststellung

$$\ln \Omega(W + đW_A, x + dx) - \ln \Omega(W, x) =$$

$$= \frac{\partial \ln \Omega}{\partial W}đW_A + \frac{\partial \ln \Omega}{\partial x}dx = 0$$

bzw.

$$\ln \Omega(W + đW_A, x + dx) = \ln \Omega(W, x) \qquad (7.17)$$

äquivalent. In Worten besagen diese Feststellungen folgendes: Angenommen, der äußere Parameter eines adiabatisch isolierten Systems wird um einen kleinen Betrag geändert; infolgedessen ändern sich die Energien der verschiedenen Quantenzustände des Systems, und die Gesamtenergie des Systems ändert sich dementsprechend um einen Betrag $đW_A$, der gleich der am System verrichteten Arbeit ist. Erfolgt die Änderung des Parameters quasistatisch, dann wird das System über die Zustände verteilt bleiben, die es anfangs aufwies, und es ändert sich nur die Energie dieser Zustände. Nach dem Prozeß wird das System also auf die *gleiche* Anzahl von Zuständen verteilt sein wie anfangs (sein äußerer Parameter hat dann den Wert x + dx und seine Energie ist gleich $W + đW_A$, während der Parameter anfangs den Wert x aufwies, und die Energie gleich W war). Dies ist im wesentlichen der Inhalt von Gl. (7.17); diese Feststellung besagt, daß die Entropie $S = k \ln \Omega$ eines adiabatisch isolierten Systems unverändert bleibt, wenn sich seine äußeren Parameter quasistatisch um einen infinitesimalen Betrag ändern.

Wird die quasistatische Änderung der äußeren Parameter fortgesetzt, bis diese sich schließlich beträchtlich geändert haben, so verursacht diese Folge von infinitesimalen Prozessen ebenfalls keine Entropieänderung. Wir gelangen also zu dem höchst wichtigen Schluß, daß sich die Entropie nicht ändert, wenn die äußeren Parameter eines adiabatisch isolierten Systems quasistatisch um beliebige Beträge geändert werden:

> In einem quasistatischen adiabatischen Prozeß ist
>
> $\Delta S = 0.$ (7.18)

Obwohl also die Energie eines adiabatisch isolierten Systems verändert wird, indem quasistatisch Arbeit an ihm verrichtet wird, ändert sich die Entropie des Systems nicht.

Es muß nochmals betont werden, daß die Feststellung (7.18) nur dann gilt, wenn die Änderung der äußeren Parameter *quasistatisch* erfolgt. Ist dies nicht der Fall, dann wird, wie in den Überlegungen von Abschnitt 3.6 gezeigt wurde, die Entropie des adiabatisch isolierten Systems *zunehmen.* (Der in Beispiel 2 am Ende dieses Abschnitts beschriebene Prozeß macht dies deutlich.)

7.2. Allgemeine Beziehungen für den Gleichgewichtszustand

Wir sind nun soweit, daß wir die allgemeinste Art der Wechselwirkung zwischen Systemen besprechen können – den Fall, bei dem zwei makroskopische Systeme A und A′ sowohl durch Austausch von Wärme als auch durch gegenseitige Arbeitsverrichtung in Wechselwirkung treten können. (Ein spezielles Beispiel für so einen Fall ist in Bild 7.4 gegeben: Zwei Gase A und A′ sind durch einen Kolben getrennt, der nicht thermisch isoliert und frei beweglich ist.) Die Analyse einer derartigen Situation ist lediglich eine Verallgemeinerung der Überlegungen von Abschnitt 4.1. Ist die Energie W des Systems A gegeben, dann ist dadurch auch die Energie W′ von A′ festgesetzt, da die Gesamtenergie W* des aus A und A′ zusammengesetzten isolierten Systems A* konstant sein muß. Die Anzahl Ω^* der für A* realisierbaren Zustände oder auch dessen Entropie $S^* = k \ln \Omega^*$, ist dann eine

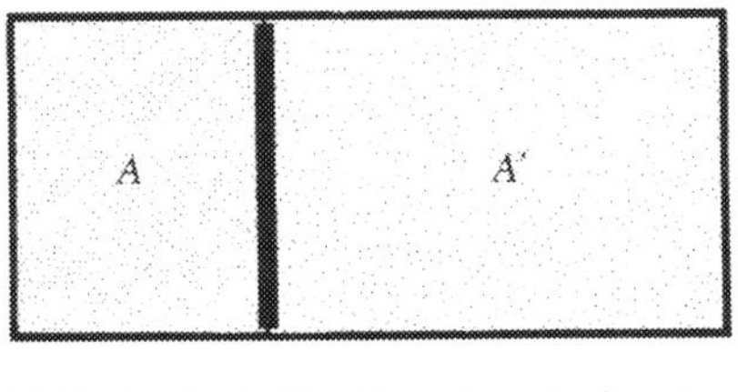

Bild 7.4. Die beiden Gase A und A′ sind durch einen thermisch leitenden, frei beweglichen Kolben getrennt.

Funktion der Energie W des Systems A und einer Reihe äußerer Parameter, $x_1, x_2, \ldots, x_n$; daß heißt, $\Omega^* = \Omega^*(W; x_1, \ldots, x_n)$. Diese Anzahl Ω^* der Zustände hat normalerweise ein äußerst scharf ausgeprägtes Maximum bei bestimmten Energiewerten $W = \widetilde{W}$ und bestimmten Werten der äußeren Parameter $x_\alpha = \widetilde{x}_\alpha$ (wobei $\alpha = 1, 2, \ldots, n$ ist). Im Gleichgewicht wird sich das zusammengesetzte System A* dann mit sehr großer Wahrscheinlichkeit in einem Zustand befinden, in dem die Energie von A den Wert $\widetilde{W}$ aufweist, und die äußeren Parameter die Werte $\widetilde{x}_\alpha$. Der Mittelwert von W ist dementsprechend $\overline{W} = \widetilde{W}$ und der Mittelwert der einzelnen äußeren Parameter ist durch $\overline{x}_\alpha = \widetilde{x}_\alpha$ gegeben.

7.2.1. Gleichgewichtsbedingungen

Betrachten wir, damit unseren Untersuchungen ein spezifisches Beispiel zugrundeliegt, zwei beliebige Systeme A und A′ (der in Bild 7.4 dargestellten Art); jedes der beiden Systeme ist durch einen einzigen äußeren Parameter, sein Volumen, charakterisiert. Der für das zusammengesetzte isolierte System geltende Energiesatz besagt daß

$$W + W' = W^* = \text{const.} \qquad (7.19)$$

Wird der Kolben bewegt, dann bewirkt eine Änderung des Volumens V des Systems A eine entsprechende Änderung des Volumens V′ von A′, so daß das Gesamtvolumen konstant bleibt. Also gilt

$$V + V' = V^* = \text{const.} \qquad (7.20)$$

$\Omega(W, V)$ ist die Anzahl der Zustände, die für das System A realisierbar sind, wenn seine Energie im Intervall zwischen W und $W + \delta W$ liegt und sein Volumen zwischen V und $V + \delta V$. $\Omega'(W', V')$ ist die entsprechende Anzahl der für das System A′ realisierbaren Zustände. Die Gesamtanzahl Ω^* der für das zusammengesetzte System A* realisierbaren Zustände erhalten wir dann wie in Gl. (4.4) durch das einfache Produkt

$$\Omega^* = \Omega(W, V)\, \Omega'(W', V'), \qquad (7.21)$$

wobei W′ und V′ mit W und V durch die Gln. (7.19) und (7.20) in Beziehung stehen. Ω^* ist daher eine Funktion der beiden unabhängigen Variablen W und V. Wenn wir Gl. (7.21) logarithmieren, ergibt sich

$$\ln \Omega^* = \ln \Omega + \ln \Omega' \qquad (7.22)$$

bzw.

$$S^* = S + S'$$

nach der Definition $S = k \ln \Omega$, die wir hier für alle Systeme einsetzten. Das grundlegende statistische Postulat (3.19) führt uns somit zu der folgenden Feststellung: Im Gleichgewichtszustand ist die wahrscheinlichste Situation dann gegeben, wenn die Parameter W und V jene Werte annehmen, für die sich Ω^* oder analog S^* als Maximum ergibt.

Die Lage dieses Maximums ist durch die Bedingung

$$d \ln \Omega^* = d \ln \Omega + d \ln \Omega' = 0 \tag{7.23}$$

gegeben, die für beliebig kleine Änderungen dV und dW des Volumens V oder der Energie W gilt. Rein mathematisch können wir schreiben

$$d \ln \Omega = \frac{\partial \ln \Omega}{\partial W} dW + \frac{\partial \ln \Omega}{\partial V} dV.$$

Mit der Definition von β und der Beziehung (7.15) erhält diese Gleichung die Form

$$d \ln \Omega = \beta \, dW + \beta \bar{p} dV, \tag{7.24}$$

wobei $\bar{p}$ der mittlere vom System A ausgeübte Druck ist. Für das System A' erhalten wir analog

$$d \ln \Omega' = \beta' dW' + \beta' \bar{p}' dV'$$

bzw.

$$d \ln \Omega' = -\beta' dW - \beta' \bar{p}' dV, \tag{7.25}$$

wenn wir die Bedingungen (7.19) und (7.20) heranziehen, die besagen, daß $dW' = -dW$ und $dV' = -dV$ ist. Die Bedingung (7.23) für die maximale Wahrscheinlichkeit im Gleichgewichtszustand ergibt damit

$$(\beta - \beta') \, dW + (\beta \bar{p} - \beta' \bar{p}') \, dV = 0. \tag{7.26}$$

Da diese Beziehung für alle *beliebigen* infinitesimalen Werte von dW und dV gelten muß, müssen die Koeffizienten beider Differentiale gleich null sein; d. h., für den Gleichgewichtszustand gilt

$$\beta - \beta' = 0$$

und

$$\beta \bar{p} - \beta' \bar{p}' = 0$$

bzw.

$$\boxed{\begin{aligned} \beta &= \beta' \\ \bar{p} &= \bar{p}'. \end{aligned}} \tag{7.27}$$

Im Gleichgewicht nehmen die Energien und Volumina der Systeme solche Werte an, daß die Bedingungen (7.27) erfüllt werden. Diese Bedingungen besagen ganz einfach, daß die Temperaturen der Systeme gleich sein müssen, damit diese in thermischem Gleichgewicht sind, und daß ihre mittleren Drücke gleich sein müssen, damit sich die Systeme in mechanischem Gleichgewicht befinden. Diese Gleichgewichtsbedingungen sind eigentlich so selbstverständlich, daß wir sie sofort und ohne Berechnungen hätten aufstellen können. Es ist jedoch erfreulich, daß sich diese Bedingungen automatisch aus der allgemeinen Bedingung ergeben: Die Gesamtentropie S^* im Gleichgewichtszustand muß maximal sein.

7.2.2. Infinitesimale quasistatische Prozesse

Wir betrachten einen ganz allgemeinen quasistatischen Prozeß, bei dem ein System A durch Wechselwirkung mit einem zweiten System A' vom Gleichgewichtszustand (der durch eine mittlere Energie $\bar{W}$ und die Mittelwerte der äußeren Parameter $\bar{x}_\alpha$ mit $\alpha = 1, 2, \ldots, n$, gekennzeichnet ist) in einen nur infinitesimal verschiedenen Gleichgewichtszustand gebracht wird, der durch $\bar{W} = d\bar{W}$ und $\bar{x}_\alpha + d\bar{x}_\alpha$ beschrieben ist. Während dieses infinitesimalen Prozesses kann das System A ganz allgemein Wärme aufnehmen und Arbeit verrichten. Untersuchen wir nun die aus diesem Prozeß resultierende Entropieänderung des Systems A.

Da $\Omega = \Omega(W; x_1, \ldots, x_n)$, können wir die Änderung der Größe $\ln \Omega$ in diesem Prozeß rein mathematisch durch

$$d \ln \Omega = \frac{\partial \ln \Omega}{\partial W} d\bar{W} + \sum_{\alpha=1}^{n} \frac{\partial \ln \Omega}{\partial x_\alpha} d\bar{x}_\alpha \tag{7.28}$$

angeben. Die Beziehung (7.13) wurde für die Änderung *eines* Parameters abgeleitet, während die übrigen äußeren Parameter als konstant angesehen wurden. Diese Beziehung kann daher auf jedes der partiellen Differentiale in Gl. (7.28) angewendet werden. Wir erhalten damit

$$\frac{\partial \ln \Omega}{\partial x_\alpha} = -\beta \bar{X}_\alpha = -\beta \frac{\overline{\partial W_r}}{\partial x_\alpha}. \tag{7.29}$$

Gl. (7.28) ergibt dann

$$d \ln \Omega = \beta \, d\bar{W} - \beta \sum_{\alpha=1}^{n} \bar{X}_\alpha \, d\bar{x}_\alpha. \tag{7.30}$$

Nun ist aber die Summe über alle Änderungen aller äußeren Parameter einfach gleich

$$\sum_{\alpha=1}^{n} \bar{X}_\alpha \, d\bar{x}_\alpha = \sum_{\alpha=1}^{n} \frac{\overline{\partial W_r}}{\partial x_\alpha} d\bar{x}_\alpha = đW_A,$$

der mittleren Energiezunahme des Systems, die aus der Änderung der äußeren Parameter resultiert, d. h. die Arbeit $đW_A$, die in dem infinitesimalen Prozeß an dem System verrichtet wird. Gl. (7.30) ergibt daher

$$d \ln \Omega = \beta (d\bar{W} - đW_A) = \beta đQ, \tag{7.31}$$

denn $(d\bar{W} - đW_A)$ ist ja die infinitesimale Wärmemenge $đQ$, die das System in diesem Prozeß absorbiert. Setzen wir $\beta = (kT)^{-1}$ und $S = k \ln \Omega$ ein, dann liefert Gl. (7.31) die Aussage:

> In einem beliebigen infinitesimalen quasistatischen Prozeß ist
>
> $$dS = \frac{đQ}{T}. \tag{7.32}$$

Eben diese Beziehung haben wir bereits in Gl. (4.42) für den Sonderfall abgeleitet, bei dem alle äußeren Parameter des Systems konstant sind. Jetzt haben wir jedoch dieses Ergebnis verallgemeinert und dadurch bewiesen, daß es für *jeden* quasistatischen Prozeß gilt, selbst wenn dabei Arbeit verrichtet wird. Wird keine Wärme dabei absorbiert, d. h. ist $đQ = 0$ (die Zunahme der mittleren Energie des Systems resultiert dann nur aus der am System verrichteten Arbeit), dann stellen wir fest, daß in Übereinstimmung mit dem früheren Ergebnis (7.18) die Entropieänderung $dS = 0$ ist.

Die Beziehung (7.32) bezeichnen wir als *Clausiussche Grundgleichung der Thermodynamik.* Sie ist eine höchst wichtige und nützliche Beziehung, die auf viele verschiedene Arten geschrieben werden kann, wie etwa

$$T\,dS = đQ = d\overline{W} - đW_A. \tag{7.33}$$

Wenn der einzige äußere Parameter von Bedeutung das Volumen V des Systems ist, dann ist die an dem System verrichtete Arbeit $đW_A = -\bar{p}\,dV$, wobei $\bar{p}$ dessen mittlerer Druck ist. Für diesen Fall lautet Gl. (7.33)

$$\boxed{T\,dS = d\overline{W} - \bar{p}\,dV.} \tag{7.34}$$

Beziehung (7.32) ermöglicht die Verallgemeinerung der Überlegung aus Abschnitt 5.5, da wir damit die Entropiedifferenz zwischen zwei *beliebigen* Makrozuständen eines Systems bestimmen können, wenn wir die von diesem System absorbierte Wärmemenge messen.[1] Nehmen wir also zwei beliebige Makrozustände a und b eines Systems an. Die Entropie des Systems hat dann einen bestimmten Wert S_a im Makrozustand a und einen bestimmten Wert S_b im Makrozustand b. Die Entropiedifferenz kann dann auf verschiedene Weise ganz einfach berechnet werden, wobei sich in jedem Fall $S_b - S_a$ ergibt. Wird das System von einem Makrozustand a durch einen *beliebigen* Prozeß in einen Makrozustand b übergeführt, dann wird, vorausgesetzt der Prozeß erfolgt *quasistatisch,* das System jederzeit beliebig nahe dem Gleichgewichtszustand sein, und Gl. (7.32) ist auf jedes Stadium des Prozesses anwendbar. Die gesuchte gesamte Energieänderung können wir daher als Summe bzw. Integral schreiben:

$$S_b - S_a = \int_a^b \frac{đQ}{T} \qquad \text{(quasistatisch).} \tag{7.35}$$

In der Klammer werden wir nochmals daran erinnert, daß das Integral nur für einen *quasistatischen* Prozeß gilt, der das betreffende System von a nach b überführt. Da die absolute Temperatur T dann einen eindeutig definierten, meßbaren Wert hat, und die absorbierte Wärmemenge $đQ$ ebenfalls gemessen werden kann, ermöglicht Gl. (7.35) die Bestimmung von Entropiedifferenzen durch entsprechende Messungen von Wärmen.

[1]) In Abschnitt 5.5 konnte dies nur für den Sonderfall berechnet werden, in dem die untersuchten Makrozustände durch die *gleichen* Werte der äußeren Parameter gekennzeichnet sind.

Da die linke Seite von Gl. (7.35) nur von dem Anfangs- und Endmakrozustand abhängt, muß der Wert des Integrals auf der rechten Seite von Gl. (7.35) von der Art des quasistatischen Prozesses unabhängig sein, mit dem das System vom Makrozustand a in den Makrozustand b übergeführt wird. Daher hat das Integral

$$\int_a^b \frac{đQ}{T} \quad \text{für jeden Prozeß } a \to b \text{ den \textit{gleichen} Wert.} \tag{7.36}$$

Andere in dem Prozeß auftretende Integrale hängen *sehr wohl* von der Art des Prozesses ab. Die Gesamtwärmemenge Q zum Beispiel, die das System in einem quasistatischen Prozeß absorbiert, während es von dem Makrozustand a in den Makrozustand b übergeführt wird, ist durch

$$Q = \int_a^b đQ$$

gegeben; der Wert dieses Integrals, also die gesuchte Wärmemenge Q, *hängt* gewöhnlich ganz wesentlich von der Art des Prozesses a → b *ab.* Im nächsten Abschnitt werden wir uns damit noch näher beschäftigen.

7.3. Anwendung auf ein ideales Gas

Um die Ergebnisse des letzten Abschnitts noch besser zu erfassen, wollen wir sie nun auf den einfachen Fall eines idealen Gases anwenden. Makroskopisch gesehen ist ein solches Gas – einatomig oder mehratomig spielt keine Rolle – durch die folgenden beiden Eigenschaften ausgezeichnet:

1. Die Zustandsgleichung (4.93), die den mittleren Druck $\bar{p}$ von ν Mol des Gases mit seinem Volumen V und seiner absoluten Temperatur T in Beziehung setzt:

$$\bar{p}V = \nu RT. \tag{7.37}$$

2. Bei einer bestimmten Temperatur ist die mittlere innere Energie $\overline{W}$ eines idealen Gases nach Gl. (4.86) von seinem Volumen unabhängig, d. h.,

$$\overline{W} = \overline{W}(T) \quad \text{ist unabhängig von V.} \tag{7.38}$$

Die mittlere innere Energie $\overline{W}$ kann ganz einfach mit der spezifischen Wärme c_V (bei konstantem Volumen) pro Mol des Gases in Beziehung gesetzt werden. Aus Gl. (5.23) folgt ja, daß

$$c_V = \frac{1}{\nu}\left(\frac{\partial \overline{W}}{\partial T}\right)_V \tag{7.39}$$

Der Index V besagt, daß bei der Bildung der Ableitung das Volumen V konstant gehalten werden muß. Nach Gl. (7.38) ist dann die spezifische Wärme c_V auch vom Volumen V des Gases unabhängig; sie kann jedoch von seiner Temperatur T abhängig sein. Wird das Volumen konstant gehalten, dann können wir mit Gl. (7.39) die folgende Beziehung für die mittlere Energieänderung $d\bar{W}$, die durch die Änderung dT der absoluten Temperatur verursacht wird, aufstellen:

$$d\bar{W} = \nu\, c_V\, dT. \tag{7.40}$$

Die Eigenschaft (7.38) eines idealen Gases besagt nun aber, daß jegliche Energieänderungen nur aus einer Temperaturänderung hervorgehen können, nicht aber aus irgendwelchen Veränderungen des Volumens. Die Beziehung (7.40) muß daher allgemeingültig sein, gleichgültig welche Volumenänderung dV aus der Temperaturänderung dT resultiert. Für einen Sonderfall besagt Gl. (7.40), daß

$$\bar{W} = \nu\, c_V\, T + \text{const}, \quad \text{wenn } c_V \text{ nicht von T abhängt.} \tag{7.41}$$

Nach den obigen Feststellungen fällt es uns nun nicht mehr schwer, einen allgemeinen Ausdruck für die Wärmemenge $đQ$ aufzustellen, die von einem idealen Gas in einem infinitesimalen quasistatischen Prozeß absorbiert wird, wenn sich die Temperatur in diesem Prozeß um dT, das Volumen um dV ändert. Verwenden wir den Ausdruck (5.14) für die an dem Gase verrichtete Arbeit, dann erhalten wir

$$đQ = d\bar{W} - đW_A = d\bar{W} + \bar{p}\, dV. \tag{7.42}$$

Mit den Gln. (7.40) und (7.37) ergibt dies

$$\boxed{đQ = \nu\, c_V\, dT + \frac{\nu R T}{V}\, dV.} \tag{7.43}$$

Die Entropieänderung des Gases in diesem infinitesimalen Prozeß ist dann nach Gl. (7.32) durch

$$dS = \frac{đQ}{T} = \nu\, c_V \frac{dT}{T} + \nu R \frac{dV}{V} \tag{7.44}$$

gegeben.

7.3.1. Entropie eines idealen Gases

Wir wollen nun untersuchen, welche Entropie S(T, V) das Gas in einem Makrozustand besitzt, in dem seine Temperatur gleich T und sein Volumen gleich V ist. Diese Entropie vergleichen wir mit der Entropie $S(T_0, V_0)$, die das Gas in einem zweiten Makrozustand hat, in dem seine Temperatur T_0 und sein Volumen V_0 ist. Dazu ist nur erforderlich, das Gas quasistatisch vom Anfangsmakrozustand (T_0, V_0) in den Endmakrozustand (T, V) überzuführen, und zwar über eine Folge von Makrozuständen, die praktisch Gleichgewichtszuständen entsprechen, in denen das Gas die Temperatur T′ und das Volumen V′ hat. Wir können zum Beispiel das Volumen beim Anfangswert V_0 konstant halten, und die Temperatur quasistatisch von T_0 auf T verändern, indem wir das Gas mit einer Reihe von Wärmereservoirs in Kontakt bringen, deren Temperaturen sich jeweils um einen infinitesimalen Betrag unterscheiden. In einem solchen Prozeß ändert sich die Entropie des Gases nach Gl. (7.44) um den Betrag

$$S(T, V_0) - S(T_0, V_0) = \nu \int_{T_0}^{T} \frac{c_V(T')}{T'}\, dT'. \tag{7.45}$$

Hierauf halten wir die Temperatur beim Wert T konstant, und bringen das Volumen des Gases sehr langsam vom Anfangswert V_0 auf den Endwert V (etwa durch Verschieben eines Kolbens). In diesem Prozeß ändert sich die Entropie des Gases nach Gl. (7.44) um den Betrag

$$S(T, V) - S(T, V_0) = \nu R \int_{V_0}^{V} \frac{dV'}{V'} = \nu R(\ln V - \ln V_0). \tag{7.46}$$

Addieren wir Gl. (7.45) und Gl. (7.46), dann ergibt sich für die gesamte Entropieänderung

$$\boxed{S(T, V) - S(T_0, V_0) = \nu \left[\int_{T_0}^{T} \frac{c_V(T')}{T'}\, dT' + R \ln \frac{V}{V_0} \right].} \tag{7.47}$$

Der Makrozustand (T_0, V_0) kann als ein Bezugszustand des Gases angesehen werden. In diesem Fall ist Gl. (7.47) ein Ausdruck für die Abhängigkeit der Entropie S von der Temperatur T und dem Volumen V bei einem beliebigen anderen Makrozustand des Gases. Diese Beziehung kann in der vereinfachten Form

$$S(T, V) = \nu \left[\int \frac{c_V(T)}{T}\, dT + R \ln V + \text{const} \right] \tag{7.48}$$

geschrieben werden. Die Konstante enthält die festgesetzten Parameter T_0 und V_0 des Bezugszustands. Das unbestimmte Integral ist eine Funktion von T. Natürlich ist der Ausdruck (7.48) einfach die integrierte Form von Gl. (7.44). Die Ergebnisse (7.47) und (7.48) zeigen wie erwartet, daß die Anzahl der für das Gas realisierbaren Zustände zunimmt, wenn die absolute Temperatur bzw. die Energie des Gases und das den Gasmolekülen zur Verfügung stehende Volumen zunimmt.

Die Situation ist in dem Sonderfall besonders einfach, wenn die spezifische Wärme c_V in dem interessierenden Temperaturbereich konstant ist, d. h. von der Temperatur unabhängig ist. (Für ein einatomiges Gas zum Beispiel wurde in Gl. (5.26) festgestellt, daß $c_V = 3R/2$ ist.) Dann kann c_V als Konstante vor das Integral gesetzt werden. Da $dT'/T' = d(\ln T')$, haben die Beziehungen (7.47) und (7.48), wenn c_V von T unabhängig ist, die Form

$$S(T, V) - S(T_0, V_0) = \nu \left[c_V \ln \frac{T}{T_0} + R \ln \frac{V}{V_0}\right] \quad (7.49)$$

bzw.

$$S(T, V) = \nu[c_V \ln T + R \ln V + \text{const.}] \quad (7.50)$$

Bemerkung:

Wir weisen darauf hin, daß die Ausdrücke (7.47) und (7.48) für die Entropieänderung wie zu erwarten nur von den Temperatur- und Volumenwerten abhängen, die den Anfangsmakrozustand a (T_0, V_0) und den Endmakrozustand b (T, V) beschreiben. Die absorbierte Gesamtwärmemenge Q hingegen hängt von der Art des Prozesses a → b ab. Betrachten wir zum Beispiel die folgenden beiden Prozesse, 1. und 2., die beide das System von dem Anfangsmakrozustand a in den Endmakrozustand b überführen (Bild 7.5).

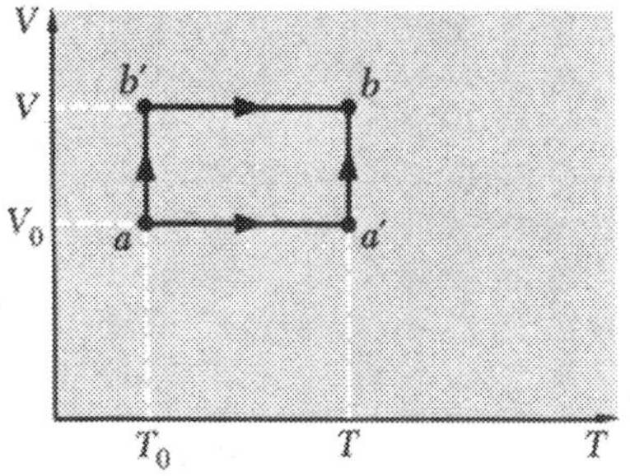

Bild 7.5. Alternativmöglichkeiten für quasistatische Prozesse, die ein System von einem Anfangsmakrozustand a (T_0, V_0) in einen Endmakrozustand b (T, V) überführen.

1. Zuerst wird das Volumen beim Wert V_0 konstant gehalten, während wir quasistatisch vom Anfangszustand $a(T_0, V_0)$ in einen Makrozustand $a'(T, V_0)$ übergehen. Nun wird die Temperatur beim Wert T konstant gehalten, während wir quasistatisch vom Makrozustand a' in den Endmakrozustand b(T, V) übergehen. Wenden wir Gl. (7.43) an und sehen wir die spezifische Wärme c_V als konstant an, dann ergibt sich für die in dem Prozeß a → a' → b absorbierte Gesamtwärmemenge $Q_{(1)}$:

$$Q_{(1)} = \nu c_V (T - T_0) + \nu RT \ln \frac{V}{V_0}, \quad (7.51)$$

wobei rechts der erste Term die Wärmemenge angibt, die im ersten Teil des Prozesses a → a' absorbiert wurde, und der zweite Term die Wärmemenge darstellt, die im zweiten Teil des Prozesses a' → b absorbiert wurde.

2. Zuerst wird die Temperatur beim Wert T_0 konstant gehalten, während wir quasistatisch vom Anfangsmakrozustand $a(T_0, V_0)$ auf den Makrozustand $b'(T_0, V)$ übergehen. Nun wird das Volumen beim Wert V konstant gehalten, während wir quasistatisch vom Makrozustand b' auf den Endmakrozustand b(T, V) übergehen. Gl. (7.43) ergibt dann für die in dem Prozeß a → b' → b absorbierte Wärmemenge $Q_{(2)}$:

$$Q_{(2)} = \nu RT_0 \ln \frac{V}{V_0} + \nu c_V (T - T_0), \quad (7.52)$$

wobei rechts der erste Term die Wärmemenge angibt, die im ersten Teil des Prozesses a → b' absorbiert wurde, und der zweite Term die Wärmemenge bezeichnet, die im zweiten Teilprozess b' → b absorbiert wurde. Wir sehen also, daß die Wärmemengen (7.51) und (7.52), die jeweils in diesen beiden Prozessen absorbiert werden, *nicht* gleich groß sind, da der Koeffizient von $\ln(V/V_0)$ im ersten Prozeß T enthält, im zweiten jedoch T_0. Die Entropieänderung (7.49) hingegen ist in Übereinstimmung mit der allgemeinen Feststellung (7.36) natürlich für beide Prozesse gleich groß.

7.3.2. Adiabatische Kompression und Expansion

Ein ideales Gas sei adiabatisch isoliert – es kann also keinerlei Wärme aufnehmen oder abgeben. Angenommen, das Volumen dieses Gases wird quasistatisch verändert: Temperatur und Druck des Gases werden sich dann ebenfalls entsprechend ändern. Die Beziehung (7.43) muß für jedes Stadium des quasistatischen Prozesses gelten, wenn wir $đQ = 0$ setzen, da keine Wärme ausgetauscht wird. Also ist

$$c_V\, dT + \frac{RT}{V}\, dV = 0.$$

Dividieren wir auf beiden Seiten durch RT, dann erhalten wir

$$\frac{c_V}{R}\frac{dT}{T} + \frac{dV}{V} = 0. \quad (7.53)$$

Wir nehmen die spezifische Wärme c_V als temperaturunabhängig an, zumindest in dem begrenzten Bereich, der durch die Temperaturänderung in dem betreffenden Prozeß definiert ist. Die Beziehung (7.53) kann dann integriert werden, es ergibt sich

$$\frac{c_V}{R} \ln T + \ln V = \text{const.}^{1)} \quad (7.54)$$

Daher ist

$$\ln T^{(c_V/R)} + \ln V = \text{const},$$

$$\ln[T^{(c_V/R)} V] = \text{const},$$

bzw.

$$\boxed{T^{(c_V/R)} V = \text{const.}} \quad (7.55)$$

1) Beachten Sie, daß Gl. (7.54) unmittelbar aus Gl. (7.50) folgt, wenn Sie das allgemeine Ergebnis (7.18) berücksichtigen, daß die Entropie eines adiabatisch isolierten Systems bei jedem quasistatischen Prozeß unverändert bleibt.

Aus dieser Beziehung ist zu ersehen, wie die Temperatur eines thermisch isolierten idealen Gases von dessen Volumen abhängt.

Möchten wir jedoch wissen, wie der Druck eines solchen Gases von seinem Volumen abhängt, dann müssen wir lediglich aus der Zustandsgleichung (7.37) die Tatsache entnehmen, daß $T \propto \bar{p}V$ ist, und dies in die Rechnung einsetzen. Gl. (7.55) ergibt dann

$$(\bar{p}V)^{(c_V/R)}\,V = \text{const.}$$

Werden beide Seiten zur Potenz (R/c_V) erhoben, dann erhalten wir

$$\boxed{\bar{p}V^{\gamma} = \text{const.},} \qquad (7.56)$$

wobei

$$\gamma = 1 + \frac{R}{c_V} = \frac{c_V + R}{c_V}. \qquad (7.57)$$

Die Beziehung (7.56), die sogenannte *Poissonsche Gleichung*, können wir nun mit der Beziehung vergleichen, die für einen quasistatischen Prozeß gilt, bei dem das Gas nicht thermisch isoliert ist, sondern auf einer konstanten Temperatur T gehalten wird, indem es in Kontakt mit einem Wärmereservoir dieser Temperatur gebracht wird. Dies ist dann kein adiabatischer Prozeß mehr, sondern ein *isothermer*, wofür Gl. (7.37) die Beziehung

$$\bar{p}V = \text{const.} \qquad (7.58)$$

liefert, die als *Boyle-Mariottesches Gesetz* bezeichnet wird. Ein Vergleich von Gl. (7.56) und Gl. (7.58) zeigt, daß der Druck des Gases mit zunehmendem Volumen schneller abnimmt, wenn das Gas thermisch isoliert ist, d. h. bei einem adiabatischen Prozeß, als wenn das Gas auf konstanter Temperatur gehalten wird, d. h. bei einem isothermen Prozeß.

Eine interessante Anwendungsmöglichkeit für Gl. (7.56) ist die Ausbreitung von Schall in einem Gas. Die Frequenz der Schallwelle ist ω, d. h. in der Zeit $\tau = 1/\omega$ erfolgt eine einmalige Kompression und Expansion einer kleinen Gasmenge. Die Schallfrequenz ω ist im hörbaren Bereich hoch genug, so daß die Zeitspanne τ zu kurz ist, als daß eine wesentliche Wärmemenge in dieser Zeitspanne τ zwischen einer solchen kleinen Gasmenge und dem umgebenden Gas ausgetauscht werden könnte. Die Kompressionen, die eine beliebige Gasmenge erfährt, können daher mit Recht als adiabatisch angesehen werden; die elastischen Eigenschaften einer solchen kleinen Gasmenge sind daher durch Gl. (7.56) gegeben. Die Schallgeschwindigkeit in einem Gas steht also durch die Konstante γ mit der spezifischen Wärme dieses Gases in Beziehung. Umgekehrt kann man aus Messungen der Schallgeschwindigkeit in einem Gas direkt die in Gl. (7.57) definierte Größe γ bestimmen.

7.4. Grundlegende Aussagen der statistischen Thermodynamik

Ausgehend von den statistischen Postulaten in Abschnitt 3.3 haben wir nun im wesentlichen unsere Untersuchungen über die thermischen und mechanischen Wechselwirkungen zwischen makroskopischen Systemen abgeschlossen. Im Laufe dieser Untersuchungen haben wir alle grundlegenden Aussagen der *statistischen Thermodynamik* theoretisch erarbeitet. Es wird vielleicht gut sein, wenn wir alle diese grundlegenden Aussagen einmal zusammenstellen.

Die ersten vier dieser Aussagen werden *Hauptsätze der Thermodynamik* genannt. Wir werden sie in der üblichen Reihenfolge anführen, und der gebräuchlichsten Terminologie folgend die Aufzählung mit null beginnen.[1]

Aussage 0

In Abschnitt 4.3 wurde das folgende einfache Ergebnis abgeleitet:

> *Nullter Hauptsatz der Thermodynamik*
> Sind zwei Systeme mit einem dritten System in thermischem Gleichgewicht, dann müssen sie auch untereinander in thermischem Gleichgewicht sein.

Diese Aussage ist von höchster Wichtigkeit, denn sie allein ermöglicht erst die Einführung von Thermometern, bzw. den Begriff eines Temperaturparameters, der den Makrozustand eines Systems charakterisiert.

Aussage 1

Im Abschnitt 3.7 wurden die verschiedensten Arten von Wechselwirkungen zwischen makroskopischen Systemen untersucht, und wir gelangten dabei zu der folgenden Aussage über die Energie eines Systems:

> *Erster Hauptsatz der Thermodynamik*
> Der Makrozustand eines in Gleichgewicht befindlichen Systems kann durch die Größe $\bar{W}$, die *innere Energie* des Systems, charakterisiert werden, wobei
>
> $$\bar{W} = \text{const.} \quad \text{für ein isoliertes System} \qquad (7.59)$$
>
> gilt. *Kann* das System jedoch in Wechselwirkung mit anderen treten und dadurch von einem Makrozustand in einen anderen übergehen, dann ist die daraus resultierende Änderung von $\bar{W}$ durch
>
> $$\Delta\bar{W} = W_A + Q \qquad (7.60)$$

[1] Das erste dieser Gesetzte wird allgemein als „Nullter Hauptsatz" bezeichnet, da seine Bedeutung erst erkannt wurde, als man die Aufzählung bereits mit dem ersten und zweiten Hauptsatz begonnen hatte.

gegeben. W_A ist die makroskopische Arbeit, die an dem System durch die Änderung seiner äußeren Parameter verrichtet wird. Die durch Gl. (7.60) definierte Größe Q bezeichnet *die vom System absorbierte Wärmemenge.*

Aussage (7.60) ist letztlich nichts anderes als der *Satz von der Erhaltung der Energie,* wenn Wärme als eine Energieform angesehen wird, bei deren Übertragung keine Änderung in den äußeren Parametern des betreffenden Systems auftritt. Der erste Hauptsatz der Thermodynamik (7.60) ist außerdem sehr wichtig, weil damit ein neuer den Makrozustand des Systems charakterisierender Begriff eingeführt wird, die innere Energie $\overline{W}$. Wir können mit dieser Beziehung die innere Energie bestimmen, sowie die absorbierte Wärme über die verrichtete makroskopische Arbeit messen (vgl. Abschnitt 5.3).

Aussage 2

Die Anzahl der für ein System realisierbaren Zustände (bzw. seine Entropie) ist eine für die Beschreibung eines Makrozustandes höchst wichtige Größe. In Abschnitt 7.2 wurde die Beziehung (7.32) zwischen der Entropieänderung eines Systems und der von diesem absorbierten Wärme besprochen. Weiter wurde in Abschnitt 3.6 gezeigt, daß ein *isoliertes* System immer einen Zustand größerer Wahrscheinlichkeit anstreben wird, in dem die Anzahl der realisierbaren Zustände (bzw. seine Entropie) größer ist als zu Anfang. (Ein Sonderfall ist dann gegeben, wenn das System sich bereits am Anfang im Zustand höchster Wahrscheinlichkeit befindet. Das System bleibt dann weiterhin im Gleichgewicht, seine Entropie ändert sich nicht.) Wir gelangen somit zu der folgenden Aussage:

Zweiter Hauptsatz der Thermodynamik
Der Makrozustand eines in Gleichgewicht befindlichen Systems kann durch eine Größe S, seine *Entropie*, charakterisiert werden. Die Entropie hat die folgenden Eigenschaften:

a) In einem beliebigen, infinitesimalen quasistatischen Prozeß, in dem das System die Wärmemenge $đQ$ absorbiert, ändert sich seine Entropie um den Betrag

$$dS = \frac{đQ}{T}, \tag{7.61}$$

wobei die *absolute Temperatur* T des Systems ein für den Makrozustand des Systems charakteristischer Parameter ist.

b) In einem beliebigen Prozeß, in dem das thermisch isolierte System von einem Makrozustand auf einen anderen übergeht, nimmt die Entropie des Systems zu:

$$\Delta S \geqslant 0. \tag{7.62}$$

Die Bedeutung der Beziehung (7.61) liegt darin, daß sie die Bestimmung von Entropie*differenzen* ermöglicht, wenn die absorbierten Wärmemengen bestimmt werden können. Außerdem wird durch diese Beziehung die absolute Temperatur T eines Systems charakterisiert. Beziehung (7.62) ist wichtig, denn sie definiert die Richtung, die eine Zustandsänderung aufweist, wenn das System nicht im Gleichgewicht ist.

Aussage 3

In Abschnitt 5.2 haben wir festgestellt, daß die Entropie eines Systems einen bestimmten Grenzwert anstrebt, wenn die absolute Temperatur des Systems gegen null geht. Die in Gleichung (5.12) enthaltene Aussage liefert den dritten Hauptsatz der Thermodynamik:

Dritter Hauptsatz der Thermodynamik
Für die Entropie S eines Systems gilt im Grenzfall

$$S \to S_0 \quad \text{wenn} \quad T \to 0_+. \tag{7.63}$$

S_0 ist eine Konstante, die von der Struktur des Systems unabhängig ist.

Für ein System, das aus einer bestimmten Anzahl von Teilchen einer bestimmten Art besteht, gibt es nahe $T = 0$ einen Bezugsmakrozustand, für den die Entropie einen eindeutigen Wert annimmt. Alle anderen Entropiewerte des Systems können dann auf diesen Wert bezogen werden; die nach Gl. (7.61) bestimmten Entropie*differenzen* werden also durch Beziehung (7.63) zu absoluten Messungen tatsächlicher Entropiewerte gemacht.

Aussage 4

Die Anzahl Ω der für ein System realisierbaren Zustände, bzw. dessen Entropie $S = k \ln \Omega$, kann als Funktion einer Gruppe von makroskopischen Parametern $(y_1, y_2, \ldots, y_n)$ angesehen werden. Ist das System isoliert und befindet es sich im Gleichgewicht, dann können wir anhand des grundlegenden statistischen Postulats mit der Beziehung (3.20) verschiedene Wahrscheinlichkeiten berechnen. Die Wahrscheinlichkeit P für einen Zustand des Systems, der durch bestimmte Werte der Parameter des Systems charakterisiert ist, ist daher ganz einfach proportional der Anzahl Ω von Zuständen, die für das System unter diesen Bedingungen realisierbar sind. Da $S = k \ln \Omega$, bzw. $\Omega = e^{S/k}$, ergibt sich folgende Aussage:

Statistische Beziehung (Boltzmann-Statistik)
Befindet sich ein isoliertes System im Gleichgewicht, dann ist die Wahrscheinlichkeit für den Makrozustand des Systems, der durch die Entropie S gekennzeichnet ist, durch

$$P \propto e^{S/k} \tag{7.64}$$

gegeben.

Diese Beziehung ist deshalb von großer Bedeutung, weil mit ihr Wahrscheinlichkeiten für das Auftreten bestimmter Situationen berechnet werden können. Im besonderen kann mit dieser Beziehung das Auftreten statistischer Schwankungen im Gleichgewichtszustand untersucht werden.

Aussage 5

Die statistische Definition der Entropie ist von höchster Bedeutung. Sie kann folgendermaßen ausgedrückt werden:

Verbindung zur mikroskopischen Physik
Die Entropie S eines Systems ist mit der Anzahl Ω der für das System realisierbaren Zustände durch folgende Beziehung verbunden (Boltzmann-Beziehung)

$$S = k \ln \Omega. \qquad (7.65)$$

Mit Hilfe dieser Beziehung ist es möglich, die Entropie aus mikroskopischen Informationen über die Quantenzustände des betreffenden Systems zu berechnen.

Diskussion

Wir stellen fest, daß die Aussagen 0 bis 4, d. h. die vier Hauptsätze der Thermodynamik und die statistische Beziehung, in hohem Maße allgemeingültig und als rein *makroskopische* Beziehungen einzustufen sind. Sie enthalten *keinerlei* explizite Aussagen über die Teilchen, Atome oder Moleküle, aus denen sich das betreffende System zusammensetzt. Sie hängen daher in keiner Weise von mikroskopischen Modellen ab, die für die Atome oder Moleküle in den untersuchten Systemen aufgestellt werden können. Der Vorteil dieser fünf Beziehungen liegt also im wesentlichen in ihrer Allgemeingültigkeit, da sie auch dann angewendet werden können, wenn nicht die geringsten Informationen über den atomaren Aufbau der zu untersuchenden Systeme vorliegen. Historisch gesehen wurden die Hauptsätze der Thermodynamik als rein makroskopische Postulate aufgestellt, bevor noch die Atomtheorie der Materie formuliert wurde. Aufgabe der *Thermodynamik* ist die rein makroskopische Diskussion dieser Gesetze und die Untersuchung ihrer Konsequenzen. Tatsächlich sind diese Konsequenzen und die sich daraus ergebenden Probleme so zahlreich und umfassend, daß genug Stoff für ein ganzes Teilgebiet der Physik besteht. Dieses Wissenschaftsgebiet kann erweitert werden, indem wir die statistische Beziehung (7.64) in seinen Rahmen aufnehmen. Wir sprechen dann von *statistischer Thermodynamik.* Diese Erweiterung beeinträchtigt weder die Allgemeingültigkeit der Beziehungen noch den rein makroskopischen Gesichtspunkt der Untersuchungen.

Natürlich können wir die statistischen Begriffe durch Informationen aus dem *mikroskopischen* Bereich der Atome oder Moleküle eines Systems ergänzen, und dadurch die Aussagekraft der Ergebnisse sowie das Verständnis der entsprechenden Prozesse weitgehendst vertiefen. In diesem Fall sprechen wir von *statistischer Mechanik,* einem Gebiet, das auch die Beziehung (7.65) einschließt. Die Entropie eines Systems kann dann aus allgemeinen Prinzipien berechnet werden; detaillierte Wahrscheinlichkeitsaussagen sind aufgrund von Gl. (7.64) oder anderen Beziehungen möglich, die sich aus Gl. (7.64) ergeben (wie zum Beispiel die kanonische Verteilung): Kurzum, wir sind dann in der Lage, die Eigenschaften makroskopischer Systeme aufgrund mikroskopischer Angaben zu berechnen. Die statistische Mechanik, der dieses gesamte Buch gewidmet ist, ist somit ein Wissenschaftsgebiet, das praktisch alles enthält, unter anderem als Spezialfall die Hauptsätze der Thermodynamik, die von irgendwelchen mikroskopischen Modellen für den atomaren Aufbau der untersuchten Systeme unabhängig sind.

7.5. Gleichgewichtsbedingungen

Die grundlegenden statistischen Postulate aus Abschnitt 3.3 betreffen im besonderen den Gleichgewichtszustand eines isolierten Systems bzw. die Annäherung eines solchen Systems an den Gleichgewichtszustand. Diese Postulate, die allen unseren Untersuchungen zugrundeliegen, wurden im Hinblick auf die Anzahl der für ein System realisierbaren Zustände bzw. auf die Entropie des betreffenden Systems formuliert. Nun wollen wir uns nochmals diesen Grundbedingungen zuwenden und versuchen, sie auf andere Weise zu formulieren. Im besonderen wollen wir uns mit den Formulierungen mit praktischen Anwendungsmöglichkeiten befassen.

7.5.1. Das isolierte System

Beschäftigen wir uns zuerst vielleicht nochmals mit den Konsequenzen dieser Postulate für isolierte Systeme. Die Gesamtenergie des Systems ist also konstant. Das System wird makroskopisch durch einen Parameter y oder mehrere solche Parameter beschrieben. (Der Parameter y kann zum Beispiel die Energie des Teilsystems A in Bild 3.9 oder die Stellung des Kolbens in Bild 3.10 sein.) Die Anzahl der für das System realisierbaren Zustände ist dann eine Funktion von y. Wir unterteilen den Bereich der möglichen Werte von y in kleine Intervalle der gleichen Größe δy. Mit $\Omega(y)$ ist dann die Anzahl der für das System realisierbaren Zustände bezeichnet, wenn der Parameter einen Wert in dem Intervall zwischen y und $y + \delta y$ aufweist. Der zugehörige Entropiewert des Systems ergibt sich definitionsgemäß aus $S = k \ln \Omega$. Das grundlegende Postulat (3.19) besagt, daß die Wahrscheinlichkeit für alle realisierbaren Zustände des Systems gleich groß sein muß, wenn das System im Gleichgewicht ist. Ist der Parameter y variabel, dann ist die Wahrscheinlichkeit P(y) für einen Zustand, bei dem der Parameter zwischen y und $y + \delta y$ liegt, durch

$$\boxed{P(y) \propto \Omega(y) = e^{S(y)/k} \quad \text{(im Gleichgewichtszustand)}} \qquad (7.66)$$

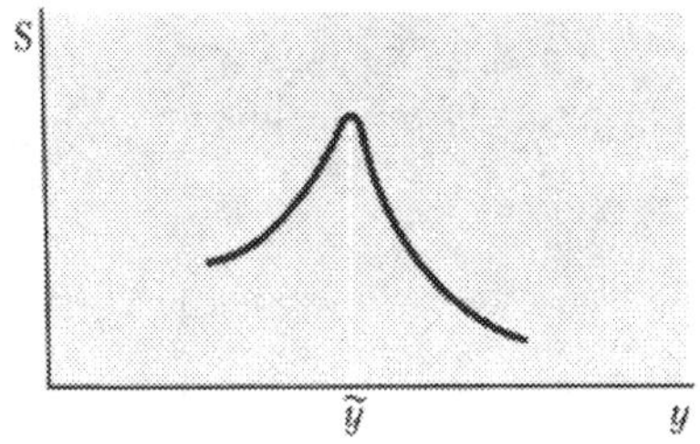

Bild 7.6. Schematisches Diagramm, aus dem die Abhängigkeit der Entropie S von einem makroskopischen Parameter y zu ersehen ist.

gegeben (Bild 7.6). Nimmt der Parameter y in einem makroskopischen Bezugszustand des Systems den Wert y_0 an, dann können wir mit Gl. (7.66) die Beziehung

$$\frac{P(y)}{P(y_0)} = \frac{e^{S(y)/k}}{e^{S(y_0)/k}}$$

bzw.

$$P(y) = P_0 \, e^{\Delta S/k} \tag{7.67}$$

aufstellen, wobei

$$\Delta S = S(y) - S(y_0)$$

und

$$P_0 = P(y_0)$$

ist. Wahrscheinlichkeitsverhältnisse bzw. relative Wahrscheinlichkeiten können wir also unmittelbar aus Entropie*differenzen* bestimmen.

Nach Gl. (7.66) wird der Parameter y mit größter Wahrscheinlichkeit die Werte annehmen, für die die Entropie S(y) des im Gleichgewicht befindlichen Systems ein Maximum aufweist. Selbst ein schwach ausgeprägtes Maximum von $S = k \ln \Omega$ entspricht einem sehr scharfen Maximum von Ω, also auch von der Wahrscheinlichkeit P. Wir sehen, daß y gewöhnlich mit außerordentlich hoher Wahrscheinlichkeit Werte in der Nähe von $\tilde{y}$ annimmt; $\tilde{y}$ ist derjenige Wert des Parameters, bei dem die Entropie S ein Maximum aufweist. Wir fassen zusammen:

Der Gleichgewichtszustand eines isolierten Systems ist durch solche Werte seiner Parameter charakterisiert, für die gilt S = Maximum.	(7.68)

Im Gleichgewichtszustand ist daher in einem Kollektiv von Systemen die Wahrscheinlichkeit P(y) für das Auftreten eines Wertes y, der sich wesentlich von $\tilde{y}$ unterscheidet, außerordentlich gering. Jedoch kann infolge äußerer Einwirkung oder entsprechender Präparation des Systems die Wahrscheinlichkeit für einen von $\tilde{y}$ sehr verschiedenen Wert y zu einem bestimmten Zeitpunkt t_0 groß sein. Ist das System nach diesem Zeitpunkt t_0 isoliert, und kann sich der Parameter y ändern, dann befindet sich das betreffende System *nicht* im Gleichgewicht. In Übereinstimmung mit dem Postulat (3.18) wird sein Zustand sich dann zeitlich ändern, bis die Gleichgewichtsverteilung (7.66) der Wahrscheinlichkeit erreicht ist. Die Richtung dieser Zustandsänderung ist derart, daß solche höheren Entropiewerten entsprechende Werte von y wahrscheinlicher werden, d. h., daß also die Entropie im Laufe dieser Zustandsänderung zunimmt. Für die gesamte Entropieänderung ΔS gilt dann die Ungleichung

$$\Delta S \geqslant 0. \tag{7.69}$$

Die Zustandsänderung dauert solange an, bis schließlich der Gleichgewichtszustand erreicht ist, d. h., bis die Wahrscheinlichkeit außerordentlich hoch ist, so daß der Parameter y einen Wert aufweist, der dem Maximum der Entropie S entspricht.

Bemerkung zum metastabilen Gleichgewicht:

Es ist möglich, daß die Entropie S mehr als ein Maximum aufweist (Bild 7.7). Ist das Maximum der Entropie S bei $\tilde{y}_b$ höher als das Maximum bei $\tilde{y}_a$, dann ist die Wahrscheinlichkeit P(y) von Gl. (7.66) wegen der exponentiellen Abhängigkeit von S bei $\tilde{y}_b$ sehr viel höher als bei $\tilde{y}_a$. Befindet sich das System im echten Gleichgewicht, dann weist sein Parameter praktisch immer einen Wert nahe $\tilde{y}_b$ auf.

Angenommen, das System hat infolge vorangegangener äußerer Einwirkung in einem bestimmten Anfangszeitpunkt einen Parameterwert nicht zu weit von $\tilde{y}_a$. Das System ändert dann seinen Zustand, bis sein Parameter praktisch gleich $\tilde{y}_a$ ist. Obwohl der Zustand mit einem Parameterwert um $\tilde{y}_b$ sehr viel *wahrscheinlicher* ist, kann das System ihn nur erreichen, wenn es vorher die sehr unwahrscheinlichen Zustände passiert hat, für die

$$\tilde{y}_a < y < \tilde{y}_b$$

gilt. Ohne äußere Einwirkung ist die Wahrscheinlichkeit dieser Zwischenzustände jedoch meist so gering, daß es sehr lange dauert, bis das System den eigentlichen echten Gleichgewichtszustand erreichen kann, in dem y nahe $\tilde{y}_b$ liegt. Während der für Versuche interessanten Zeitspanne sind dann die Zustände um $\tilde{y}_b$ für das System effektiv nicht realisierbar. Das System kann jedoch ohne Schwierigkeiten einen Gleichgewichtszustand erreichen, in dem die Wahrscheinlichkeit für alle seine realisierbaren Zustände ($y \approx \tilde{y}_a$) gleich groß ist. Bei einem solchen Zustand sprechen wir von einem

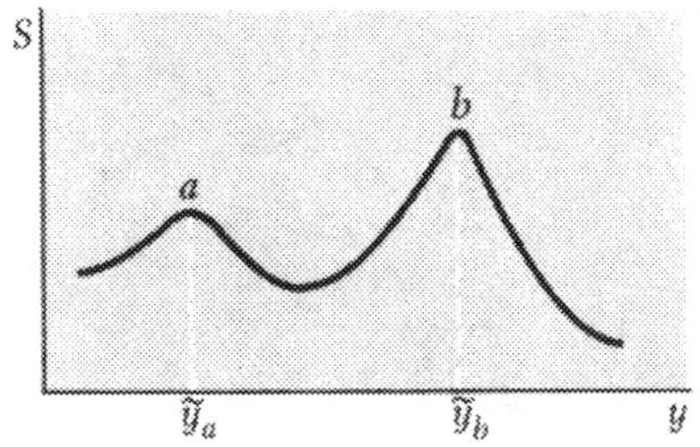

Bild 7.7. Schematisches Diagramm einer Entropiefunktion S, die bei zwei verschiedenen Werten eines makroskopischen Parameters y Maxima aufweist.

metastabilen Gleichgewicht. Wird auf irgend eine Weise der Übergang von den Zuständen ($y \approx \tilde{y}_a$) auf die Zustände ($y \approx \tilde{y}_b$) erleichtert, dann wird das System sehr schnell den metastabilen Gleichgewichtszustand verlassen und den Zustand echten Gleichgewichts anstreben, in dem sein Parameter y nahe $\tilde{y}_b$ liegt.

Hierfür gibt es recht interessante Beispiele: Befindet sich Wasser im echten Gleichgewichtszustand, dann wird es bei Temperaturen unter 0 °C zu Eis. Sehr reines Wasser, das sehr vorsichtig auf Temperaturen unter 0 °C abgekühlt wird, kann jedoch bis – 20 °C und niedriger flüssig bleiben – es ist dann in einem Zustand metastabilen Gleichgewichts. Wird aber ein einziges Staubkörnchen in das Wasser gebracht, dann dient dieser Fremdkörper als Sublimationskern, das Wasser gefriert plötzlich und nimmt den echten Gleichgewichtszustand an, d. h., es wird zu Eis.

7.5.2. Systeme in Kontakt mit einem Wärmereservoir

Das zu untersuchende System A soll nicht isoliert sein, sondern kann mit einem oder mehreren anderen Systemen, die wir kollektiv mit A' bezeichnen wollen, in Wechselwirkung treten. Das zusammengesetzte System A*, das aus A und A' besteht, ist wiederum isoliert. Die Gleichgewichtsbedingungen, die für A gelten müssen, lassen sich dann aus der Untersuchung des isolierten Systems A* ableiten. Der einfache Fall isolierter Systeme ist uns ja schon vertraut.

Die meisten Laborversuche werden bei konstanter Temperatur und konstantem Druck durchgeführt. Das zu untersuchende System A ist also meist in Kontakt mit einem Wärmereservoir (d. h. mit der umgebenden Luft oder mit einem sorgfältig kontrollierten Wasserbad), dessen Temperatur praktisch konstant ist. Weiter werden gewöhnlich keinerlei Vorkehrungen getroffen, um das Volumen des Systems A konstant zu halten, sondern man trachtet, seinen Druck konstant zu erhalten – meist auf dem Druck der umgebenden Luft. Untersuchen wir also die Gleichgewichtsbedingungen, denen das System A unterliegt, wenn es in Kontakt mit einem Reservoir der konstanten Temperatur T' ist und den konstanten Druck p' aufweist (Bild 7.8). Das System A kann mit dem Reservoir A' Wärme austauschen. Dieses Reservoir ist aber so groß, daß sich

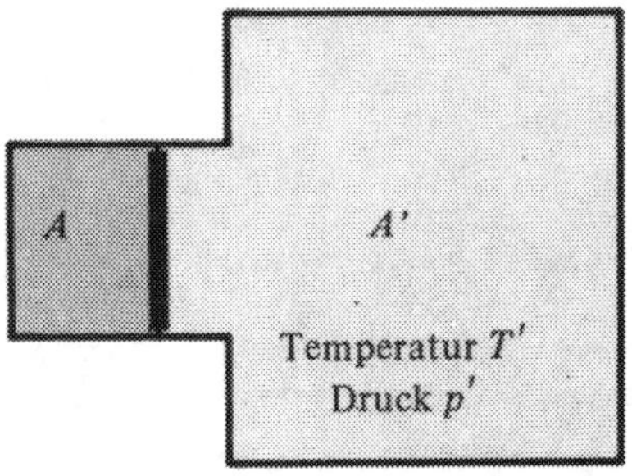

Bild 7.8. Ein System A befindet sich in Kontakt mit einem Reservoir A', das eine konstante Temperatur T' und einen konstanten Druck p' aufweist.

seine Temperatur T' dadurch praktisch nicht ändert. Auch kann das System A sein Volumen V auf Kosten des Reservoirs A' ändern, das heißt also, Arbeit im Reservoir verrichten; A' ist jedoch wiederum so groß, daß diese relativ kleine Volumenänderung nicht imstande ist, seinen Druck p' zu ändern.[1])

Das System A wird durch einen oder mehrere makroskopische Parameter y beschrieben. Hat dieser Parameter einen bestimmten Wert y, dann ist die Anzahl $\Omega^*(y)$ der unter diesen Gegebenheiten für das gesamte System A* realisierbaren Zustände gleich dem Produkt aus der Anzahl $\Omega(y)$ der für das System A realisierbaren Zustände und der Anzahl $\Omega'(y)$ der Zustände die für das Reservoir A' realisierbar sind:

$$\Omega^* = \Omega\Omega'.$$

Mit der Definition $S = k \ln \Omega$ ergibt sich dann hieraus

$$S^* = S + S', \tag{7.70}$$

wobei S* die Entropie des zusammengesetzten Systems A* ist, und S bzw. S' die Entropien der Einzelsysteme A und A' sind. Betrachten wir nun einen makroskopischen Bezugszustand, in dem der Parameter y den Wert y_0 annimmt. Wenden wir Gl. (7.67) auf das isolierte zusammengesetzte System A* an, dann erhalten wir für die Wahrscheinlichkeit P(y) dafür, daß der Parameter in diesem System einen Wert zwischen y und $y + \delta y$ annimmt, folgende Beziehung

$$P(y) = P_0\, e^{\Delta S^*/k}, \tag{7.71}$$

wobei

$$\Delta S^* = S^*(y) - S^*(y_0)$$

Nach Gl. (7.70) gilt aber

$$\Delta S^* = \Delta S + \Delta S', \tag{7.72}$$

wobei ΔS die Entropieänderung von A und $\Delta S'$ die von A' angibt, wenn der Parameter sich von y_0 auf y ändert. Wir werden nun versuchen, Gl. (7.72) zu vereinfachen, indem wir die Entropieänderung $\Delta S'$ des Reservoirs durch Größen ausdrücken, die sich auf das zu untersuchende System A beziehen.

Da das Reservoir so groß ist, daß es immer bei der konstanten Temperatur T' und dem konstanten Druck p' im Gleichgewicht bleibt, auch wenn es eine relativ kleine Wärmemenge Q' vom System A absorbiert, ist

[1]) Das System A' kann ein einzelnes Reservoir sein, mit dem A sowohl durch Wärmeaustausch als auch durch Druckarbeit in Wechselwirkung treten kann. A kann jedoch genausogut aus zwei Reservoirs bestehen, wobei das eine die Temperatur T' hat und mit A nur durch Wärmeaustausch in Wechselwirkung steht, das zweite einen Druck p' aufweist und mit A nur durch Druckarbeit in Wechselwirkung tritt.

seine Entropieänderung in diesem quasistatischen Prozeß durch Gl. (7.32) gegeben. Also ist

$$\Delta S' = \frac{Q'}{T'}. \tag{7.73}$$

Die vom Reservoir absorbierte Wärmemenge Q' bei einer Änderung des Parameters von y_0 auf y ist aber gleich

$$Q' = \Delta\overline{W}' - W'_A. \tag{7.74}$$

Hier ist $\Delta\overline{W}'$ die Änderung der mittleren Energie von A', und W'_A ist die an A' verrichtete Arbeit, wenn das Volumen von A sich um einen Betrag $\Delta V = V(y) - V(y_0)$ gegen den Druck p' des Reservoirs geändert hat. Das Volumen des Reservoirs hat sich dann um den Betrag $-\Delta V$ geändert; aus Gl. (5.14) folgt also, daß $W'_A = p'\Delta V$. Außerdem muß die Energie des zusammengesetzten Systems A^* konstant sein, da es isoliert ist. Also muß $\Delta\overline{W}' = -\Delta\overline{W}$ sein, wobei $\Delta\overline{W} = \overline{W}(y) - \overline{W}(y_0)$ die Änderung der mittleren Energie von A ist. Gl. (7.74) erhält dann die Form

$$Q' = -\Delta\overline{W} - p'\Delta V.$$

Mit den Gln. (7.72) und (7.73) ergibt sich somit

$$\Delta S^* = \Delta S - \frac{\Delta\overline{W} + p'\Delta V}{T'} = -\frac{-T'\Delta S + \Delta\overline{W} + p'\Delta V}{T'}. \tag{7.75}$$

Zur Vereinfachung des rechten Ausdrucks führen wir die Funktion

$$\boxed{G = \overline{W} - T'S + p'V} \tag{7.76}$$

ein, die außer den konstanten Werten T' und p' für das Reservoir nur die Funktionen $\overline{W}$, S und V für das System A enthält. Da T' und p' Konstanten sind, können wir

$$\Delta G = \Delta\overline{W} - T'\Delta S + p'\Delta V$$

schreiben, und Gl. (7.75) erhält dann die einfache Form

$$\boxed{\Delta S^* = -\frac{\Delta G}{T'},} \tag{7.77}$$

wobei $\Delta G = G(y) - G(y_0)$ ist. Die durch Gl. (7.76) definierte Funktion G hat, wie wir sehen, die Dimension einer Energie; man nennt G die *Gibbssche freie Energie* des Systems A bei gegebener konstanter Temperatur T' und konstantem Druck p'.

Das Ergebnis (7.77) zeigt, daß die Entropie S^* des Gesamtsystems A^* *zunimmt*, wenn die Gibbssche freie Energie des Teilsystems A *abnimmt*. Ein *Maximum* der Wahrscheinlichkeit (7.71) oder ein Maximum der *Entropie* S^* des zusammengesetzten isolierten Systems A^* entspricht also einem *Minimum* der Gibbsschen freien Energie G des Teilsystems A. In Übereinstimmung mit der für isolierte Systeme geltenden Feststellung (7.68) gelangen wir zu der zusammenfassenden Aussage:

Der Gleichgewichtszustand eines Systems, das sich mit einem Reservoir konstanter Temperatur und konstanten Drucks in Kontakt befindet, ist durch solche Werte seiner Parameter gekennzeichnet, für die gilt: G = Minimum	(7.78)

Nehmen wir an, die Bedingung (7.78) ist nicht erfüllt, das System A befindet sich also nicht im Gleichgewicht. Sein Zustand ändert sich dann so, daß die Entropie S^* des gesamten Systems A^* zunimmt, bis schließlich der Gleichgewichtszustand erreicht wird, in dem die Parameter von A mit außerordentlich hoher Wahrscheinlichkeit Werte aufweisen, die einem Maximum von S^* entsprechen. Diese Feststellung könnten wir noch einfacher mit der Gibbsschen freien Energie formulieren. Der Zustand des Systems A ändert sich dann so, daß die Gibbssche freie Energie G von A *abnimmt*, d.h.,

$$\Delta G \leqslant 0, \tag{7.79}$$

bis schließlich der Gleichgewichtszustand erreicht ist, in dem die Parameter von A mit außerordentlich hoher Wahrscheinlichkeit Werte aufweisen, die einem Minimum von G entsprechen.

Setzen wir Beziehung (7.77) in Gl. (7.71) ein, dann erhalten wir für die gesuchte Wahrscheinlichkeit das explizite Ergebnis

$$P = P_0\, e^{-\Delta G/kT'}. \tag{7.80}$$

Dieses kann genausogut durch die folgende Proportionalitätsbeziehung ausgedrückt werden, da $\Delta G = G(y) - G(y_0)$ einfach eine Konstante ist, die sich aus dem Bezugsmakrozustand ergibt:

Im Gleichgewichtszustand ist $P(y) \propto e^{-G(y)/kT}$.	(7.81)

Diese Beziehung und das Ergebnis (7.66) für ein isoliertes System sind analog. Die Aussage (7.81) zeigt explizit, daß die Wahrscheinlichkeit $P(y)$ ein Maximum hat, wenn $G(y)$ ein Minimum aufweist.

Da die meisten Systeme von physikalischem oder chemischem Interesse bei konstantem Druck und konstanter Temperatur untersucht werden, sind die Beziehungen (7.78) und (7.81) sehr brauchbare Formulierungen der Gleichgewichtsbedingungen. Sie sind daher der Ausgangspunkt der meisten Untersuchungen physikalischer oder chemischer Systeme. Im nächsten Abschnitt wird hierfür ein spezielles Beispiel gebracht.

7.6. Phasengleichgewicht

Jeder Stoff kann in eindeutig unterscheidbaren Formen oder *Phasen* auftreten, die verschiedenen Aggregatzuständen des Stoffes, d. h. verschiedenen Anordnungen seiner Moleküle entsprechen. Jeder Stoff kann als Festkörper, als Flüssigkeit oder als Gas vorkommen.[1] (Die gasförmige Phase wird unter bestimmten Bedingungen auch als *Dampf* bezeichnet) Wasser zum Beispiel kann als Eis, als flüssiges Wasser oder als Wasserdampf auftreten. Man hat festgestellt, daß verschiedene Phasen bestimmte Druck- und Temperaturbereiche bevorzugen. Bei bestimmten Drücken und bestimmten Temperaturen kann eine Phase in eine andere übergehen. Ein Festkörper z. B. *schmilzt* zu einer Flüssigkeit, eine Flüssigkeit *verdampft* zu einem Gas, oder ein Gas *sublimiert* zu einem Festkörper. Selbstverständlich können diese Prozesse auch in umgekehrter Richtung stattfinden: Eine Flüssigkeit *erstarrt* (bei Wasser: gefriert) zu einem Festkörper, und ein Gas *kondensiert* zu einer Flüssigkeit. In diesem Abschnitt werden wir die bisher besprochenen allgemeinen Theorien auf solche Phasenübergänge anwenden und versuchen, diese Prozesse dadurch besser zu verstehen.

Wir betrachten ein System, das aus zwei räumlich getrennten Phasen eines Stoffes besteht, der nur eine einzige Art von Molekülen enthält. Diese beiden Phasen können fest und flüssig, oder flüssig und gasförmig sein. Wir wollen sie ganz allgemein mit Phase 1 bzw. Phase 2 bezeichnen (Bild 7.9). Dieses System werden wir bei einer gegebenen konstanten Temperatur T und konstantem Druck p untersuchen, d. h., das System muß in Kontakt mit einen entsprechenden Reservoir sein, das diese Temperatur und

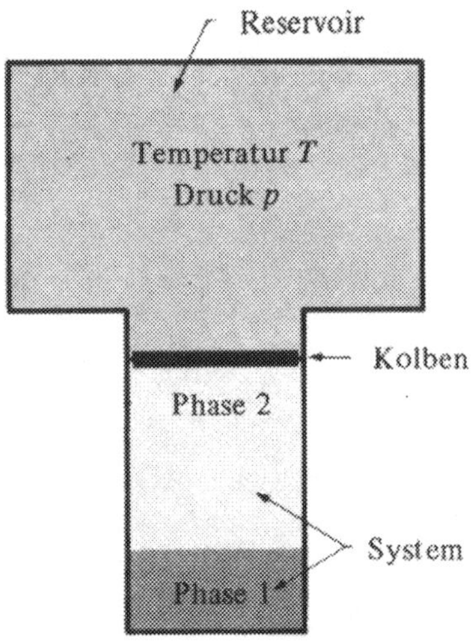

Bild 7.9. Ein System setzt sich aus zwei verschiedenen Phasen einer Substanz zusammen. Es wird durch Kontakt mit einem entsprechenden Reservoir auf konstanter Temperatur T und konstantem Druck p gehalten.

[1]) Beim Festkörper gibt es, entsprechend den verschiedenen Kristallstrukturen, ebenfalls verschiedene Formen.

diesen Druck aufweist. Abgesehen von kleinen Schwankungen (die uns in diesem Zusammenhang jedoch nicht weiter interessieren) werden dann beide Phasen des im Gleichgewicht befindlichen Stoffes immer die Temperatur T und den Druck p haben. N_1 ist die Anzahl der Moleküle des Stoffes in Phase 1, N_2 die Anzahl der Moleküle des Stoffes in Phase 2. Da die Materie erhalten bleiben muß, ist die Gesamtanzahl N der Moleküle konstant, unabhängig davon wie diese Moleküle auf die beiden Phasen verteilt sind:

$$N_1 + N_2 = N = \text{const.} \tag{7.82}$$

Wir werden uns dann für die folgenden Fragen interessieren: Wird in einem Gleichgewichtszustand mit gegebener Temperatur T und gegebenem Druck p die Phase 1 allein vorhanden sein, oder nur die Phase 2? Oder werden beide Phasen nebeneinander vorhanden sein (vgl. Bild 7.10)?

Da die Temperatur T und der Druck p konstant sind, brauchen wir uns bei der Beantwortung dieser Fragen nur mit der gesamten Gibbsschen freien Energie des Systems befassen. Diese freie Energie ist dann eine Funktion von N_1 und N_2. Die Gleichgewichtsbedingungen in der allgemeinen Form (7.78) besagen, daß die Parameter N_1 und N_2 solche Werte annehmen, für die G ein Minimum aufweist. G ist durch die Beziehung (7.76) definiert. Also gilt[1])

$$G = \overline{W} - TS + pV = \text{Minimum}. \tag{7.83}$$

Die gesamte mittlere Energie $\overline{W}$ des Systems ist hier einfach gleich der Summe der mittleren Energien der beiden Phasen; die Gesamtentropie S des Systems ist gleich der Summe der Entropien der beiden Phasen[2]), und das Gesamtvolumen V des Systems ist gleich der Summe aus den Volumen, die die beiden Phasen jeweils einnehmen. Daraus folgt

$$G = G_1 + G_2. \tag{7.84}$$

G_1 ist die Gibbssche freie Energie der Phase 1, G_2 die der Phase 2. Bei einer bestimmten Temperatur und einem bestimmten Druck sind jedoch die mittlere Energie, die Entropie und das Volumen einer bestimmten Phase jeweils der Menge des Stoffes proportional, die in dieser bestimmten Phase vorliegt. Jede dieser Größen ist also ein

[1]) In Gl. (7.76) hatten die Symbole T und p noch Striche, die jetzt in Gl. (7.83) entfallen, da nun Temperatur und Druck des Reservoirs einfach mit T bzw. p bezeichnet werden. Die Temperatur und der Druck des Systems sind ebenfalls gleich T bzw. p, da wir kleine Temperatur- und Druckschwankungen des Systems nicht berücksichtigen.

[2]) Dies ist nur eine andere Formulierung der Beziehung (7.70), in der festgestellt wurde, daß die Anzahl der für das gesamte System realisierbaren Zustände gleich dem Produkt aus den Anzahlen der für die Teilsysteme realisierbaren Zustände ist.

extensiver Parameter (siehe Abschnitt 5.6). Wir können also $G_1 = N_1 g_1$ und $G_2 = N_2 g_2$ ansetzen, wobei

$g_i(T, p) =$ die Gibbssche freie Energie pro Molekül der Phase i bei gegebener Temperatur T und gegebenem Druck p ist, (7.85)

und die spezifischen Eigenschaften der i-ten Phase charakterisiert und nicht von der in dieser Phase vorhandenen Menge des Stoffes abhängt. In die Gl. (7.84) eingesetzt, ergibt sich

$$G = N_1 g_1 + N_2 g_2 . \qquad (7.86)$$

g_1 und g_2 hängen von T und P, nicht aber von N_1 und N_2 ab.

Sind die beiden Phasen miteinander im Gleichgewicht, dann müssen N_1 und N_2 nach Gl. (7.83) solche Werte annehmen, daß G ein Minimum aufweist. G bleibt dann bei infinitesimalen Änderungen von N_1 und N_2 unverändert, so daß

$$dG = g_1 dN_1 + g_2 dN_2 = 0$$

bzw.

$$(g_1 - g_2) dN_1 = 0,$$

da das in Gl. (7.82) ausgedrückte Prinzip der Erhaltung der Materie besagt, daß $dN_2 = - dN_1$ gilt. Als Voraussetzung für die Koexistenz zweier Phasen im Gleichgewicht ergibt sich daher die folgende Bedingung:

bei Koexistenz im Gleichgewicht ist $g_1 = g_2$	(7.87)

Ist diese Bedingung erfüllt, dann wird beim Übergang eines Moleküls des Stoffes von der einen Phase in die andere der Wert von G in Gl. (7.86) ganz offensichtlich nicht verändert, so daß also G wie zu erwarten einen Extremwert aufweist.[1)]

Untersuchen wir nun die Gibbssche freie Energie (7.86) etwas eingehender. Ziehen wir in Betracht, daß die Gibbssche freie Energie $g_i(T, p)$ pro Molekül einer Phase eine wohldefinierte Funktion ist, die die betreffende Phase i bei der gegebenen Temperatur und dem gegebenen Druck charakterisiert, dann können wir feststellen:

Haben T und p solche Werte, daß $g_1 < g_2$, dann ist das Minimum von G in Gl. (7.86) realisiert, wenn alle N Moleküle des Stoffes in Phase 1 auftreten, so daß $G = Ng_1$. Im stabilen Gleichgewicht ist unter diesen Bedingungen nur Phase 1 allein möglich.

1) Bedingung (7.87) ist eigentlich nur eine der Bedingungen, die für ein Maximum nötig ist, sie ist allein nicht hinreichend, um zu garantieren, daß G ein Maximum und nicht ein Minimum ist. Die Bedingungen, mit denen eine Unterscheidung der Extrema möglich ist, sind in diesem Zusammenhang nicht von besonderem Interesse, so daß wir uns nicht damit befassen werden.

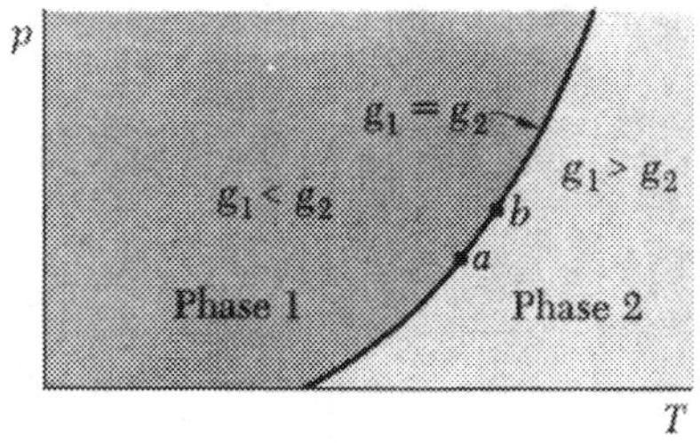

Bild 7.10. Der Druck p in Abhängigkeit von der Temperatur T. Die Phasengleichgewichtskurve trennt die Bereiche, in denen jeweils nur eine Phase im Gleichgewicht existieren kann, während entlang dieser Kurve beide Phasen im Gleichgewicht nebeneinander existieren können.

Haben T und p solche Werte, daß $g_1 > g_2$, dann hat G ein Minimum, wenn alle N Moleküle des Stoffes in Phase 2 auftreten, so daß $G = Ng_2$. Im stabilen Gleichgewicht ist unter diesen Bedingungen nur Phase 2 allein möglich.

Haben T und p jedoch solche Werte, daß $g_1 = g_2$, dann ist Bedingung (7.87) erfüllt, und eine beliebige Anzahl N_1 von Molekülen der Phase 1 kann im Gleichgewicht mit den restlichen $N_2 = N - N_1$ Molekülen der Phase 2 koexistieren. G ändert sich dann nicht, wenn N_1 sich ändert. Der geometrische Ort aller Punkte, für die p und T die Bedingung (7.87) befriedigen, ist durch die sogenannte *Phasengleichgewichtskurve* gegeben (Bild 7.10). Entlang dieser Kurve können die zwei Phasen im Gleichgewicht nebeneinander bestehen. Diese Kurve, für die $g_1 = g_2$ ist, teilt die p, T-Ebene in zwei Bereiche: In dem einen gilt $g_1 < g_2$, so daß dort die stabile Phase die Phase 1 ist, im anderen gilt $g_1 > g_2$, so daß die stabile Phase durch Phase 2 gegeben ist.

Die Phasengleichgewichtskurve kann durch eine Differentialgleichung dargestellt werden. Betrachten wir einen Punkt a, der auf der Phasengleichgewichtskurve liegt (Bild 7.10) und einer Temperatur T und einem Druck p entspricht. Nach Bedingung (7.87) gilt dann

$$g_1(T, p) = g_2(T, p). \qquad (7.88)$$

Betrachten wir nun einen benachbarten Punkt b, der ebenfalls auf der Gleichgewichtskurve liegt, und den Werten T + dT und p + dp entspricht. Nach Bedingung (7.87) gilt dann wieder

$$g_1(T + dT, p + dp) = g_2(T + dT, p + dp). \qquad (7.89)$$

Subtrahieren wir Gl. (7.88) von Gl. (7.89), dann erhalten wir

$$dg_1 = dg_2, \qquad (7.90)$$

wobei dg_i die Änderung der freien Energie pro Molekül der Phase i angibt, wenn diese Phase von der Temperatur T und dem Druck p von Punkt a auf die Temperatur T + dT und den Druck p + dp von Punkt b gebracht wird.

Nach ihrer Definition (7.83) ist aber die freie Energie pro Molekül der Phase i einfach gleich

$$g_i = \frac{G_i}{N_i} = \frac{\overline{W}_i - TS_i + pV_i}{N_i}$$

bzw.

$$g_i = \overline{\epsilon}_i - Ts_i + pv_i$$

wobei $\overline{\epsilon}_i = \overline{W}_i/N_i$ die mittlere Energie, $s_i = S_i/N_i$ die Entropie, und $v_i = V/N_i$ das Volumen pro Molekül der Phase i ist. Daher gilt

$$dg_i = d\overline{\epsilon}_i - Tds_i - s_i dT + pdv_i + v_i dp.$$

Mit der Grundgleichung der Thermodynamik (7.34) können wir die Entropieänderung ds_i mit der Wärmemenge in Beziehung setzen, die von dieser Phase in dem Prozeß $a \to b$ absorbiert wird.:

$$T\,ds_i = d\overline{\epsilon}_i + p\,dv_i.$$

Daraus erhalten wir die einfache Beziehung

$$dg_i = - s_i dT + v_i dp. \tag{7.91}$$

Wenden wir dieses Ergebnis auf jede der Phasen an, dann ergibt Gl. (7.90)

$$- s_1\, dT + v_1\, dp = - s_2\, dT + v_2\, dp$$

$$(s_2 - s_1)\, dT = (v_2 - v_1)\, dp$$

bzw.

$$\boxed{\frac{dp}{dT} = \frac{\Delta s}{\Delta v}}, \tag{7.92}$$

wobei $\Delta s = s_2 - s_1$ und $\Delta v = v_2 - v_1$ ist.

Beziehung (7.92) ist die sogenannte *Clausius-Clapeyronsche Gleichung.* Betrachten wir einen beliebigen Punkt der Phasengleichgewichtskurve, der einen Temperaturwert T und den entsprechenden Druckwert p darstellt. Durch Gleichung (7.92) wird dann die Steigung der Phasengleichgewichtskurve in diesem Punkt mit der Entropieänderung Δs und der Volumenänderung Δv pro Molekül in Beziehung gesetzt, die sich ergeben, wenn die Kurve in diesem Punkt überschritten wird, d. h., wenn bei dieser Temperatur und diesem Druck ein Phasenübergang stattfindet. Es sollte betont werden, daß auch für eine *beliebige* Menge des Stoffes, also bei einer beliebigen Anzahl N seiner Moleküle, die Entropieänderung und die Volumenänderung des Stoffes ganz einfach zu erhalten sind: $\Delta S = N\Delta s$, und $\Delta V = N\Delta v$; Gl. (7.92) kann daher ebensogut in der Form

$$\boxed{\frac{dp}{dT} = \frac{\Delta S}{\Delta V}} \tag{7.93}$$

geschrieben werden.

Da mit einem Phasenübergang eine Entropieänderung verbunden ist, muß Wärme absorbiert werden. Die *latente Übergangs- oder Umwandlungswärme* L_{12} ist als die Wärmemenge definiert, die absorbiert wird, wenn eine bestimmte Menge des Stoffs von Phase 1 in Phase 2 übergeht, und die beiden Phasen im Gleichgewicht miteinander sind. Da dieser Prozeß bei konstanter Temperatur T vor sich geht, steht die entsprechende Entropieänderung mit L_{12} durch Gl. (7.32) in Beziehung, so daß also

$$\Delta S = S_2 - S_1 = \frac{L_{12}}{T}. \tag{7.94}$$

L_{12} ist die latente Wärme bei dieser Temperatur. Die Clausius-Clapeyronsche Gleichung kann also auch in der Form

$$\boxed{\frac{dp}{dT} = \frac{L_{12}}{T\Delta V}} \tag{7.95}$$

geschrieben werden. Soll V das Molvolumen sein, dann ist L_{12} die latente Wärme pro Mol; ist V das Volumen pro Gramm des Stoffs, dann ist L_{12} die latente Wärme eines Gramms.

Befassen wir uns mit einigen wichtigen Anwendungen dieser Ergebnisse.

7.6.1. Phasenübergänge eines einfachen Stoffes

Wie bereits erwähnt können einfache Stoffe in drei verschiedenen Phasen vorkommen: fest, flüssig, und gasförmig. (Bei Festkörpern können wir je nach Kristallstruktur noch verschiedene feste Phasen unterscheiden.) Das Phasengleichgewicht zwischen diesen drei Phasen kann in einem p, T-Diagramm durch eine Kurve dargestellt werden (Bild 7.11). Die Kurven in einem solchen Diagramm trennen die Bereiche fest, flüssig und gasförmig. Da die drei Kurven sich nur so schneiden können, daß die p, T-Ebene dabei in nicht mehr als drei verschiedene Bereiche geteilt wird, müssen sie sich in einem Punkt schneiden. Dieser Punkt t

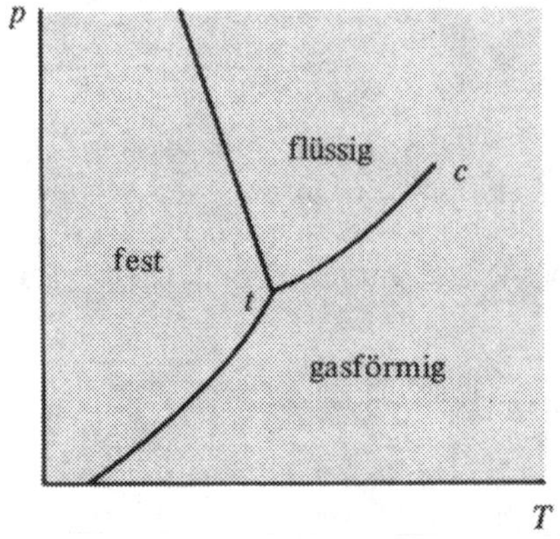

Bild 7.11. Phasendiagramm für eine Substanz wie Wasser. Punkt t ist der Tripelpunkt, Punkt c der kritische Punkt.

ist der sogenannte *Tripelpunkt.* Nur bei diesem Temperatur- und Druckwert können beliebige Mengen aller drei Phasen im Gleichgewicht nebeneinander bestehen. (Aus eben diesem Grunde ist der Tripelpunkt von Wasser ein so brauchbarer Bezugspunkt, da die entsprechende Temperatur so einfach reproduziert werden kann.) Beim Punkt c, dem sogenannten *kritischen Punkt,* endet die Gleichgewichtskurve der flüssigen und gasförmigen Phase. In diesem Punkt ist der Volumenunterschied ΔV zwischen einer bestimmten Menge Flüssigkeit und der entsprechenden Menge Gas (bzw. die Volumenänderung bei dem entsprechenden Phasenübergang) gleich null. Jenseits des Punktes c gibt es keinen derartigen Phasenübergang mehr, dann gibt es nur mehr die flüssige Phase. (Der Druck ist dann so hoch, daß das sehr dichte Gas nicht mehr von der Flüssigkeit unterschieden werden kann.)

Geht ein Stoff von der festen Phase (s) in die flüssige Phase (*l*) über, dann nimmt seine Entropie (bzw. der Grad der Ungeordnetheit) praktisch immer zu.[1] Die entsprechende latente Wärme L_{sl} ist dann positiv, d. h., beim Phasenübergang wird Wärme absorbiert. In den meisten Fällen dehnt sich der Festkörper beim Schmelzen aus, so daß $\Delta V > 0$ ist. In diesem Fall ist aus der Clausius-Clapeyronschen Gleichung (7.93) zu ersehen, daß die Steigung der *Schmelzkurve* (Phasengleichgewicht zwischen fest-flüssig) positiv ist. Es gibt jedoch einige Stoffe, zum Beispiel Wasser, die beim Schmelzen eine Volumenverringerung aufweisen, so daß $\Delta V < 0$ ist. Für diese Stoffe ist dann die Steigung der Schmelzkurve negativ (siehe Bild 7.11 für Wasser).

7.6.2. Näherungsbestimmung des Dampfdrucks

Mit Hilfe der Clausius-Clapeyronschen Gleichung kann ein Näherungsausdruck für den Dampfdruck abgeleitet werden, wenn dieser Dampf bei der Temperatur T mit der entsprechenden Flüssigkeit (oder dem festen Stoff) im Gleichgewicht ist. Dieser Druck ist der *Dampfdruck* der Flüssigkeit oder des Festkörpers bei dieser Temperatur. Gl. (7.95) ergibt für ein Mol des Stoffes

$$\frac{dp}{dT} = \frac{L}{T\Delta V}, \tag{7.96}$$

wobei $L = L_{12}$ die latente Verdampfungswärme pro Mol und V das Molvolumen ist. Mit 1 ist die flüssige (oder feste) Phase, mit 2 die gasförmige Phase bzw. der Dampf bezeichnet. Dann gilt

$$\Delta V = V_2 - V_1 \approx V_2,$$

da der Dampf eine sehr viel geringere Dichte als die Flüssigkeit (oder der Festkörper) hat, so daß also $V_2 \gg V_1$. Weiter nehmen wir an, daß der Dampf mit guter Näherung als ideales Gas angesehen werden kann, so daß die Zustandsgleichung für ein Mol durch

$$pV_2 = RT$$

gegeben ist. Dann gilt

$$\Delta V \approx V_2 = \frac{RT}{p},$$

Mit diesen Näherungsannahmen ergibt Gl. (7.96)

$$\frac{1}{p}\frac{dp}{dT} \approx \frac{L}{RT^2}. \tag{7.97}$$

Gewöhnlich ist L näherungsweise temperaturunabhängig. Gl. (7.97) kann dann sofort integriert werden und wir erhalten

$$\ln p \approx -\frac{L}{RT} + \text{const.}$$

bzw.

$$\boxed{p \approx p_0\, e^{-L/RT},} \tag{7.98}$$

wobei p_0 eine Konstante ist. Wir stellen also fest, daß die Temperaturabhängigkeit des Dampfdrucks der latenten Wärme proportional ist. Diese latente Wärme ist annähernd gleich jener Energie, die zur Dissoziierung eines Mols der Flüssigkeit (oder des Festkörpers) in einzelne, weit voneinander entfernte Moleküle erforderlich ist. Diese Wärmemenge muß also größer als die thermische Energie pro Mol sein, wenn die Flüssigkeit (oder der Festkörper) eine nicht dissoziierte Phase aufweisen soll. Ist nun $L \gg RT$, dann ist der durch Gl. (7.98) gegebene Dampfdruck eine sehr rasch zunehmende Funktion der Temperatur T.

Der Dampfdruck sollte eigentlich aus gewissen Grundangaben berechnet werden können. Tatsächlich ist es möglich, aus der mikroskopischen Struktur einer Phase die Anzahl der Zustände zu ermitteln, die für diese Phase realisierbar sind. Daraus erhalten wir dann die Entropie und die mittlere Energie dieser Phase. Wir können also die Gibbssche freie Energie pro Molekül als Funktion von T und p ausdrücken. Mit der grundlegenden Gleichgewichtsbedingung

$$g_1(T, p) = g_2(T, p)$$

steht uns eine Gleichung zur Verfügung, mit der wir p durch T ausdrücken, und damit eine Beziehung zwischen dem Dampfdruck und der Temperatur aufstellen können, in der keine unbekannte Konstante wie p_0 mehr vorkommt. Für einfache Fälle können derartige, auf mikroskopischen Angaben beruhende Berechnungen auch tatsächlich ausgeführt werden.

[1] Ein Sonderfall ist flüssiges ^3He bei sehr tiefen Temperaturen. Quantenmechanische Effekte verursachen dabei eine antiparallele Ausrichtung der Kernspins in der Flüssigkeit, während die Spins im Festkörper zufällig orientiert bleiben.

7.7. Übergänge von zufälligen in nichtzufällige oder geordnete Zustände

Jedes isolierte System strebt den Zustand höchster Zufälligkeit bzw. den Zustand maximaler Entropie an. Dies war der Hauptgrundsatz, der in den grundlegenden statistischen Postulaten und überhaupt in allen Überlegungen dieses Buches zum Ausdruck kam. Beispiele für diesen Grundsatz sind so zahlreich und praktisch allgegenwäritg, daß wir uns nur mit zwei speziellen Fällen näher beschäftigen wollen:

1. Wir betrachten ein System aus einem wassergefüllten Behälter, einem Schaufelrad und einem Gewichtsstück, das durch eine Schnur mit dem Schaufelrad verbunden ist (siehe Bild 5.7). Dieses isolierte System überlassen wir sich selbst. Das Gewichtsstück kann sich nach oben oder nach unten bewegen, wodurch es das Schaufelrad in Drehung versetzt und dadurch mit dem Wasser Energie austauscht. Bewegt sich das Gewichtsstück abwärts, dann wird ein bestimmter Teil seiner gravitationsbedingten potentiellen Energie (die seinem einzigen Freiheitsgrad, der Höhe über dem Boden, entspricht) in einen äquivalenten Betrag innerer Energie umgewandelt, die gleichförmig (d. h. zufällig) auf die Wassermoleküle verteilt wird. Bewegt sich das Gewichtsstück nach oben, wird die zufällig auf die Wassermoleküle verteilte Energie in potentielle Energie umgewandelt, die der nichtzufälligen Hebung des Gewichtsstücks entspricht. Tatsächlich wird mit außerordentlich hoher Wahrscheinlichkeit nur der erste Prozeß wirklich vorkommen, da die Entropie eines isolierten Systems zunehmen muß. Das Gewichtsstück wird sich daher abwärts bewegen und das System einen weniger geordneten, d. h. zufälligeren Zustand anstreben.
2. Diesmal ist unser System ein Lebewesen bzw. irgend ein biologischer Organismus. Obwohl dieser aus einfachen Atomen (Kohlenstoff, Wasserstoff, Sauerstoff, Stickstoff) zusammengesetzt ist, ist der ganze Organismus doch sehr kompliziert, da diese Atome nicht zufällig vermischt auftreten, sondern auf ganz bestimmte Weise angeordnet sind. Ein solcher Organismus ist also ein in höchstem Maße geordnetes System. Die Atome vereinigen sich zuerst zu bestimmten organischen Molekülen (z. B. zu einigen zwanzig verschiedenen Aminosäuren). Diese organischen Moleküle dienen dann als Bausteine für die sogenannten *Makromoleküle,* das sind in bestimmter Reihenfolge angeordnete Ketten aus organischen Molekülen. Je nach Art der „Bausteine" und ihrer Anordnung haben diese Makromoleküle ganz bestimmte Eigenschaften. (Die Aminosäuren zum Beispiel verbinden sich zu verschiedenen Proteinen.) Nehmen wir nun an, unser Lebewesen wird in einen Behälter eingeschlossen und dadurch vollständig isoliert. Die geordnete Struktur dieses Organismus kann unter diesen Umständen nicht aufrechterhalten werden. Nach dem Prinzip der zunehmenden Entropie kann das Versuchstier nicht überleben, seine komplizierte Anordnung von nicht weniger komplizierten Makromolekülen zerfällt nach und nach in eine sehr viel zufälligere Anordnung von einfachen organischen Molekülen.

Nach dem Grundsatz der zunehmenden Entropie müssen wir annehmen, daß das gesamte Universum einen in zunehmendem Maße zufälligen Zustand anstrebt. Auch wenn wir das nicht gerade vom gesamten Universum behaupten (da es vielleicht nicht strenggenommen als isoliertes System anzusehen ist), so ist es doch ganz offensichtlich, daß jeder Prozeß, der spontan in einem isolierten System abläuft, mit sehr hoher Wahrscheinlichkeit einen Übergang von einem geordneten in einen weniger geordneten, also in höherem Grade zufälligen Zustand darstellt. Dann ist bestimmt eine sehr interessante Frage, *inwieweit diese offensichtlich beovrzugte Richtung solcher Prozesse umkehrbar ist, ein System also von einem ungeordneten in einen geordneteren Zustand gebracht werden kann.* Wie interessant und wichtig diese Frage ist, erkennen wir vielleicht erst, wenn wir sie im Hinblick auf unsere beiden Beispiele formulieren.

1. In welchem Ausmaß kann die innere Energie, die gleichförmig, d. h. zufällig, auf viele Moleküle eines Stoffes (z. B. Wasser, Erdöl, Kohle) verteilt ist, in eine Energieform umgewandelt werden, die eine systematische Änderung eines äußeren Parameters (Bewegung eines Kolbens oder Rotation einer Welle) bewirkt, d. h. diese innere Energie also in Arbeit umzuwandeln, die zur Hebung von Gewichtsstücken oder zum Antrieb eines Fahrzeugs verwendet werden kann? Anders ausgedrückt, welcher maximale Wirkungsgrad kann bei der Konstruktion von Motoren und Maschinen, die Voraussetzung jeder Industrie sind, erreicht werden?
2. Inwieweit kann eine zufällige Anordnung einfacher Moleküle in die höchst komplizierten und geordneten Makromoleküle umgeformt werden, die ein Lebewesen oder eine Pflanze bilden? Anders ausgedrückt, welchen „Wirkungsgrad" hat ein lebender Organismus?

Wir sehen also, daß die oben gestellten Fragen keineswegs unbedeutend sind: Sie behandeln direkt solch elementaren Probleme wie die Möglichkeiten der Existenz von Leben oder der Entwicklung einer Industrie. Wir wollen nun diese Fragen möglichst allgemein formulieren und in einer Frage zusammenfassen: In welchem Ausmaß kann ein System A von einem zufälligen in einen weniger zufälligen Zustand gebracht werden? Oder quantitativ ausgedrückt, inwiefern ist es möglich, ein System A von einem Makrozustand a mit der Entropie S_a in einen Makrozustand b überzuführen, in dem die Entropie S_b des Systems niedriger ist, so daß $\Delta S = S_b - S_a < 0$?

Wir trachten nun, diese Frage auch möglichst allgemein zu beantworten. *Wenn* das System A isoliert ist, dann ist die Wahrscheinlichkeit außerordentlich hoch, daß seine Entropie zunimmt (oder bestenfalls gleich bleibt), so daß $\Delta S \geqslant 0$ ist. Der Grad der Zufälligkeit dieses Systems kann in diesem Fall einfach nicht abnehmen. Ist hingegen das System A *nicht* isoliert, sondern kann es mit einem anderen System A′ in Wechselwirkung treten, dann nimmt zwar wiederum die Entropie S* des isolierten zusammengesetzten Systems $(A + A') = A^*$ zu, so daß $\Delta S^* \geqslant 0$. Da aber

$$S^* = S + S',$$

wobei S′ die Entropie des Systems A′ ist, besagt die Feststellung, daß die Entropie des isolierten Systems A* zunehmen muß, nichts anderes als daß

$$\boxed{\Delta S^* = \Delta S + \Delta S' \geqslant 0.} \qquad (7.99)$$

Dies muß jedoch *nicht* bedeuten, daß $\Delta S \geqslant 0$. Es ist durchaus möglich, daß die Entropie S von A *abnimmt,* vorausgesetzt, die Entropie S′ von A′ nimmt um zumindest den gleichen Betrag *zu*, damit die Bedingung (7.99) für das *gesamte* System befriedigt ist. Der Grad der Zufälligkeit des Systems A nimmt dann auf Kosten des zweiten Systems A′, mit dem das betrachtete System A in Wechselwirkung steht, ab. Diese Aussagen können wir in der folgenden Feststellung zusammenfassen, die wir *„Prinzip der Entropiekompensation"* benennen könnten:

Die Entropie eines Systems kann nur dann abnehmen, wenn dieses System mit einem oder mehreren Hilfssystemen durch Prozesse wechselwirken kann, durch die ein gleicher Entropiebetrag auf diese Hilfssysteme übertragen wird, damit die Entropieabnahme des einen Systems durch die Entropiezunahme eines Hilfssystems kompensiert wird.	(7.100)

Diese Feststellung (7.100), die einfach Beziehung (7.99) in Worten ausdrückt, ist die allgemeine Antwort auf unsere Frage. Angenommen, es wird die Aufgabe gestellt, die Entropie eines bestimmten Systems zu vermindern. Das kann auf verschiedenste Weise mittels verschiedener Hilfssysteme und Prozesse erreicht werden. Die Feststellung (7.100) ist uns dann in folgender Hinsicht eine Hilfe:

1. Wir können damit sofort jene Methoden ausschließen, für die $\Delta S^* < 0$ ist, da sie nicht verwirklichbar sind.
2. Mit dieser Beziehung können wir aus verschiedenen Alternativen jene Methoden herausfinden, die das gewünschte Ergebnis wirkungsvoller herbeiführen als andere.

Der Feststellung (7.100) sind jedoch *keinerlei* Hinweise zu entnehmen, wie die Methoden oder Mechanismen tatsächlich aussehen, mit denen die Entropie eines Systems vermindert werden könnte. Dazu mußten erst geniale Erfinder mit ihren Dampfmaschinen, Benzin- und Dieselmotoren innere Energie auch in der Praxis in nutzbare Arbeit umwandeln. Ebenso wie diese Erfinder endlich brauchbare Maschinen entwickelten, sind durch die biologische Evolution in Milliarden Jahren schließlich jene biochemischen Reaktionen immer stärker hervorgetreten, die eine Synthese der Makromoleküle bewirken, die das Leben überhaupt ermöglichen.

Im folgenden wollen wir das allgemeine Prinzip (7.100) auf einige spezielle Fälle anwenden, um ein Beispiel für seine vielen Anwendungsmöglichkeiten zu geben.

7.7.1. Maschinen

Eine Maschine ist eine Vorrichtung, mit der ein Teil der inneren Energie eines Systems in Arbeit umgewandelt werden kann. Der eigentliche Mechanismus M (der aus verschiedensten Kolben, Zylindern usw. bestehen kann) darf sich während des Arbeitsprozesses nicht verändern. Das erreicht man dadurch, daß man den Mechanismus M einen sogenannten Arbeitszyklus durchlaufen läßt; am Ende eines solchen Zyklus hat der Mechanismus wieder den gleichen Makrozustand wie am Anfang. Läßt man die Maschine einen Arbeitszyklus viele Male hintereinander durchlaufen, dann arbeitet die Maschine kontinuierlich. Die Entropie des Mechanismus M selbst ändert sich in einem Arbeitszyklus nicht, da es sich dabei um einen Kreisprozeß handelt, der Mechanismus also immer wieder in den Anfangsmakrozustand zurückkehrt. Die von der Maschine verrichtet Arbeit w_A soll lediglich den äußeren Parameter eines Systems B verändern (z. B. ein Gewichtsstück heben, oder einen Kolben verschieben), die Entropie von B jedoch unverändert lassen. Die einzige Entropieänderung, die während eines Arbeitszyklus auftritt, findet dann im System A statt, dessen innere Energie $\overline{W}$ zum Teil in makroskopische Arbeit umgewandelt wird (Bild 7.12).

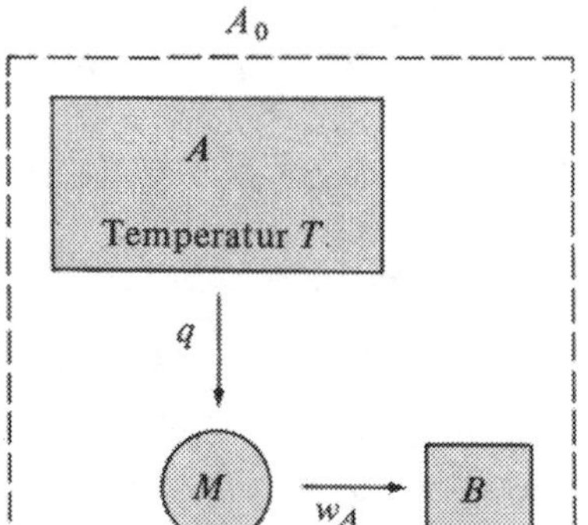

Bild 7.12. Eine ideale Maschine A_0, die aus dem Mechanismus M selbst, dem System B, an dem sie Arbeit verrichtet, und einem Wärmereservoir A besteht, dem die Maschine Wärme entzieht.

Der einfachste Fall ist gegeben, wenn das System ein Wärmereservoir mit konstanter absoluter Temperatur T ist. Eine idealisierte Maschine müßte dem Wärmereservoir A in einem Arbeitszyklus die Wärmemenge q entziehen – wodurch die innere Energie des Reservoirs um q vermindert wird – und mit dieser Wärme am System B die Arbeit w_A verrichten.[1] Der Energieerhaltungssatz bedingt $w_A = q$. Dies wäre dann eine „ideale Maschine“, wie sie schematisch in Bild 7.12 dargestellt ist. Es ist natürlich klar, daß eine solche ideale Maschine nicht verwirklicht werden kann, wie wünschenswert sie auch sein mag. Da das Reservoir A in einem Arbeitszyklus die Wärmemenge (– q) absorbiert, ändert sich seine Entropie um

$$\Delta S = -\frac{q}{T}. \tag{7.101}$$

Wie wir sehen, ist die Entropieänderung des Reservoirs also negativ. Gl. (7.101) gibt auch die Entropieänderung pro Arbeitszyklus des gesamten Systems A_0 aus Bild 7.12 an, da dies wie gesagt die einzige überhaupt vorkommende Entropieänderung im Gesamtsystem ist. Bei unseren allgemeinen Überlegungen haben wir festgestellt, daß solch eine ideale Maschine nicht funktionieren kann, da ihre einzige Wirkung darin besteht, dem Wärmereservoir Energie zu entziehen und dadurch den Grad seiner Zufälligkeit zu erhöhen.

Wollen wir tatsächlich einen Teil der inneren Energie des Reservoirs in Arbeit umwandeln, dann müssen wir zuerst das Problem der Entropieabnahme (7.101) mit Hilfe des Prinzips (7.100) der Entropiekompensation irgendwie lösen. Dazu führen wir ein Hilfs-System A′ ein, mit dem das System A_0 aus Bild 7.12 in Wechselwirkung treten kann. A′ ist in unserem Fall ein zweites Wärmereservoir mit der absoluten Temperatur T′. Dieses Reservor kann mit dem System A_0 wechselwirken, indem es von ihm in einem Arbeitszyklus die Wärmemenge q′ absorbiert. Die Entropie S′ von A′ nimmt dementsprechend um den Betrag

$$\Delta S' = \frac{q'}{T'} \tag{7.102}$$

zu. Um die gewünschte Entropiekompensation zu erreichen, muß die Entropie S* des gesamten isolierten Systems A*, das sich aus A_0 und A′ zusammensetzt, die Bedingung

$$\Delta S^* = \Delta S + \Delta S' \geqslant 0 \tag{7.103}$$

befriedigen. Diese Bedingung ist um so leichter zu erfüllen, je geringer die Entropieabnahme von A pro abgegebene Wärmemenge q ist, d. h., je höher die absolute Temperatur von A ist. Weiter sollte so wenig Energie wie möglich durch die an A′ abgegebene Wärmemenge q′ verloren

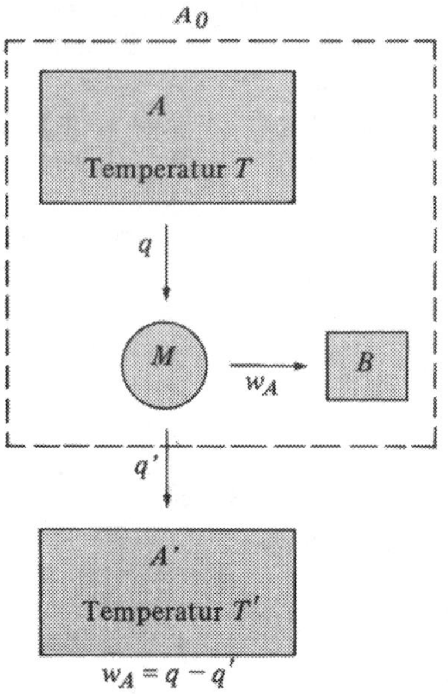

Bild 7.13. Eine in der Praxis zu verwirklichende Maschinenanordnung, die aus dem System A_0 aus Bild 7.12 besteht, das hier mit einem zusätzlichen Wärmereservor A′ verbunden ist, dessen absolute Temperatur niedriger ist als die des Wärmereservoirs A.

gehen, damit die kompensierende Entropiezunahme ΔS′ so groß wie möglich ist; die absolute Temperatur T′ des Hilfs-Reservoirs sollte daher so niedrig wie möglich sein.

Diese Anordnung würde einer Maschine entsprechen, die auch tatsächlich verwirklicht werden kann (Bild 7.13). Untersuchen wir ihre Eigenschaften: Als erstes werden wir feststellen, daß die Bedingung (7.103) unter Berücksichtigung der Gln. (7.101) und (7.102) die Form

$$\Delta S^* = -\frac{q}{T} + \frac{q'}{T'} \geqslant 0 \tag{7.104}$$

erhält. Weiter fordert der Erhaltungssatz der Energie, daß die von der Maschine in einem Arbeitszyklus verrichtete Arbeit w_A gleich

$$w_A = q - q' \tag{7.105}$$

sein muß. Damit der von der Maschine verrichtete Arbeitsbetrag w_A möglichst groß ist, sollte die an das Hilfs-Reservoir A′ abgegebene Wärme q′ möglichst gering sein, damit, wie schon erwähnt, die kompensierende Entropiezunahme ΔS′ möglichst groß sein kann. Nach Gl. (7.105) ist $q' = q - w_A$, so daß Gl. (7.104) dann folgende Beziehung ergibt:

$$-\frac{q}{T} + \frac{q - w_A}{T'} \geqslant 0,$$

$$\frac{w_A}{T} \leqslant q\left(\frac{1}{T'} - \frac{1}{T}\right)$$

[1] Mit den Kleinbuchstaben q und w_A sind hier Wärmemengen und Arbeitsbeträge bezeichnet, die an sich positiv sind.

bzw.

$$\boxed{\frac{w_A}{q} \leqslant 1 - \frac{T'}{T} = \frac{T - T'}{T}.} \tag{7.106}$$

Bei dem rein hypothetischen Fall einer idealen Maschine würde die ganze dem Wärmereservoir A entzogene Wärme in Arbeit umgewandelt werden: $w_A = q$. Für eine in der Praxis mögliche Maschine, wie wir sie eben besprochen haben, ist $w_A < q$, da eine bestimmte Wärmemenge q' an das Hilfs-Reservoir A' abgegeben werden muß. Das Verhältnis

$$\eta = \frac{w_A}{q} = \frac{q - q'}{q} \tag{7.107}$$

von verrichteter Arbeit zu verbrauchter Energie nennen wir den *Wirkungsgrad* der Maschine. Eine ideale Maschine hat einen Wirkungsgrad 1 (bzw. 100 %); für alle realisierbaren Maschinen ist der Wirkungsgrad kleiner als eins. Aus Gl. (7.106) ergibt sich dann ein Ausdruck für den größtmöglichen Wirkungsgrad einer Wärmekraftmaschine, die zwischen zwei Wärmereservoirs mit gegebenen absoluten Temperaturen arbeitet:

$$\eta \leqslant \frac{T - T'}{T}. \tag{7.108}$$

Der Wirkungsgrad ist um so höher, je größer die Temperaturdifferenz der beiden Reservoirs ist.

In der modernen hochindustrialisierten Gesellschaft gibt es Maschinen der verschiedensten Arten – keine dieser Maschinen ist jedoch ideal, d.h., jede Maschine gibt Wärme an ein Hilfs-Reservoir tieferer Temperatur (meist die umgebende Luft) ab. Dampfmaschinen beispielsweise haben einen Dampfkondensator, Benzinmotoren einen Auspuff zur Abgabe von Wärme. Durch den Ausdruck (7.108) ist dem möglichen Wirkungsgrad einer Maschine theoretisch eine obere Grenze gesetzt. Obwohl dieser größtmögliche theoretische Wirkungsgrad in der Praxis von keiner Maschine erreicht werden kann, sind die auf Beziehung (7.108) beruhenden theoretischen Überlegungen eine wertvolle Hilfe im Maschinenbau. Bei Dampfmaschinen zum Beispiel ist es vorteilhafter, überhitzten Dampf statt des normalen Dampfes von etwa 100 °C zu verwenden, da die höhere Temperaturdifferenz zwischen überhitztem Dampf und der Umgebung nach Beziehung (7.108) einen höheren Wirkungsgrad der betreffenden Dampfmaschinen zur Folge hat.

In theoretischer Hinsicht ist es vielleicht noch erwähnenswert, daß eine zwischen zwei Reservoirs bestimmter Temperatur arbeitende Maschine dann den größtmöglichen Wirkungsgrad erreicht, wenn in Beziehung (7.108) das Gleichheitszeichen gilt. Dies ist nur der Fall, wenn auch in Beziehung (7.103) das Gleichheitszeichen gilt, d.h., wenn der Prozeß quasistatisch abläuft, also zu keiner Entropieänderung führt. Beziehung (7.108) besagt dann,

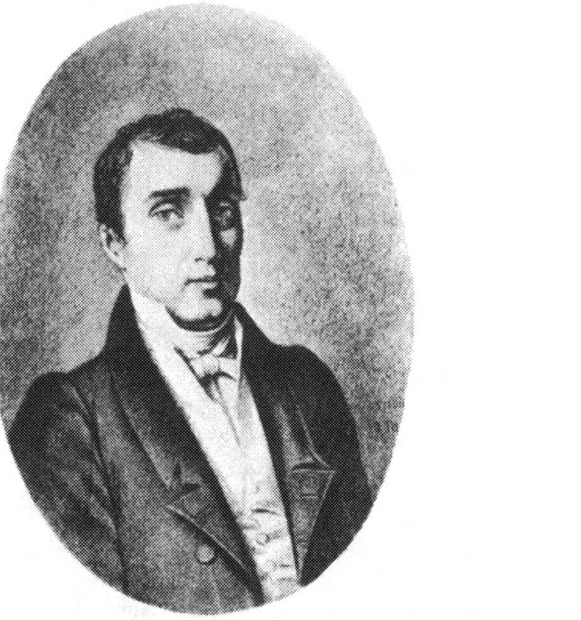

Bild 7.14. *N. L. Sadi Carnot* (1796–1832). Im Jahre 1824, noch bevor man Wärme allgemein als eine Form der Energie erkannt hatte, veröffentlichte der junge französische Ingenieur *Carnot* eine detaillierte theoretische Analyse von Wärmekraftmaschinen. Eine Weiterentwicklung seiner Ideen durch *Kelvin* und *Clausius* führten zu der makroskopischen Formulierung des zweiten Hauptsatzes der Thermodynamik. (*Aus Sadi Carnot, Reflections on the Motive Power of Fire, herausgegeben von E. Mendoza, Neudruck von Dover Publications, Inc., New York, 1960.*)

daß keine Maschine, die zwischen den beiden gegebenen Wärmereservoirs arbeitet, einen höheren Wirkungsgrad haben kann, als jene, die quasistatisch arbeitet. Weiter ist aus Beziehung (7.108) zu ersehen, daß *alle* Maschinen, die quasistatisch zwischen diesen beiden Reservoirs arbeiten, den *gleichen* Wirkungsgrad haben. Also gilt

$$\eta = \frac{T - T'}{T} \tag{7.109}$$

für jede quasistatisch arbeitende Maschine

7.7.2. Biochemische Synthese

Wir wollen noch ein einfaches Beispiel für biologische Prozesse besprechen, die bei der Synthese von Makromolekülen eine Rolle spielen. *Glucose* (Traubenzucker) ist ein Zuckermolekül mit einer ringförmigen Struktur aus sechs Kohlenstoffatomen. Glucose ist ein für den Stoffwechsel sehr wichtiger Stoff. Das Zuckermolekül *Fructose* (Fruchtzucker) hat ebenfalls eine aus sechs Kohlenstoffatomen bestehende Ringstruktur, die jedoch anders aussieht. Diese beiden Moleküle können sich zu dem komplizierteren Zuckermolekül *Saccharose* (Rübenzucker) verbinden, das aus den Kohlenstoffringen der Glucose und der Fructose zusammengesetzt ist. Die entsprechende chemische Reaktion kann folgendermaßen angeschrieben werden:

$$\text{Glucose} + \text{Fructose} \leftrightarrows \text{Saccharose} + H_2O. \tag{7.110}$$

Da praktisch alle wichtigen chemischen Reaktionen bei konstanter Temperatur und konstantem Druck ablaufen, können Entropieänderungen des *gesamten* isolierten Systems (einschließlich des Reservoirs, das konstante Temperatur und konstanten Druck aufrechterhält) einfach durch die Gibbssche freie Energie G des untersuchten Systems ausgedrückt werden. Aus Messungen an einem System, das aus den Molekülen in Ausdruck (7.110) besteht, ergibt sich, daß unter Normalbedingungen (d. h. bei einer Lösung = 1 Mol pro Liter von jedem Reagens) die Reaktion (7.110), wenn sie von links nach rechts abläuft, in einer Änderung der freien Energie von $\Delta G = +0{,}24$ eV resultiert. Unsere früheren Überlegungen in Abschnitt 7.5 ergaben jedoch, daß die Gibbssche freie Energie eines Systems bei konstanter Temperatur und konstantem Druck *abnehmen* müßte. Die Reaktion (7.110) wird daher von rechts nach links ablaufen müssen, d. h., die komplizierten Saccharose-Moleküle zerfallen zu einfacheren Glucose- und Fructose-Molekülen. Die Synthese von Saccharose kann daher nicht allein durch die Reaktion (7.110) herbeigeführt werden. Tatsächlich enthält eine Lösung von den Molekülen aus Reaktion (7.110) im Gleichgewicht hauptsächlich die einfacheren Moleküle Glucose und Fructose und nur sehr wenige der komplizierten Saccharose-Moleküle.

Zur Synthese von Saccharose ist es nach dem Prinzip der Entropiekompensation (7.100) erforderlich, die Reaktion (7.110) durch eine zweite Reaktion zu ergänzen, die durch eine Änderung $\Delta G'$ der freien Energie charakterisiert ist, die erstens negativ und zweitens groß genug sein muß, so daß die gesamte Änderung der freien Enrgie in *beiden* Reaktionen die Bedingung

$$\Delta G + \Delta G' \leq 0 \tag{7.111}$$

befriedigt. Die Reaktion, die in einem biologischen Organismus am häufigsten diesen negativen Wert $\Delta G'$ bewirkt, benötigt das Molekül ATP (Adenosin-Triphosphat), das sehr leicht eine seiner schwach gebundenen Phosphatgruppen abgibt und sich dadurch in das Molekül ADP (Adenosin-Diphosphat) umwandelt:

$$\text{ATP} + H_2O \rightarrow \text{ADP} + \text{Phosphat.} \tag{7.112}$$

Die Änderung der freien Energie unter Normalbedingungen beträgt bei dieser Reaktion $\Delta G' = -0{,}30$ eV. Dies genügt zur Kompensation der positiven Änderung ΔG der freien Energie durch die Reaktion (7.110); tatsächlich wird letztere sogar überkompensiert:

$$\Delta G + \Delta G' = (0{,}24 - 0{,}30)\text{ eV} = -0{,}06\text{ eV.} \tag{7.113}$$

Zur Synthese von Saccharose müssen wir also nur die beiden Reaktionen (7.110) und (7.112) gleichzeitig ablaufen lassen. Vorausgesetzt hierfür ist natürlich, daß wir die beiden Reaktionen auf geeignete Weise koppeln können. Dies wird durch ein häufiges Zwischenprodukt erreicht, das Molekül Glucose-1-Phosphat (eine Phosphatgruppe ist an ein Glucosemolekül angehängt). Mit entsprechenden Katalysatoren (Enzymen), die die Reaktion beschleunigen sollen, wird dann tatsächlich diese Systhese wie in einem biologischen Organismus ablaufen. Sie besteht aus den beiden aufeinanderfolgenden Reaktionen

ATP + Glucose → ADP + (Glucose-1-Phosphat),

(Glucose-1-Phosphat) + Fructose → Saccharose + Phosphat.

Die Summe dieser beiden Reaktionen ergibt netto die Reaktion

ATP + Glucose + Fructose → Saccharose + ADP + Phosphat.

Diese Reaktion ist, zumindest hinsichtlich der End- und Anfangsmakrozustände, einem gleichzeitigen Ablauf der Reaktionen (7.110) und (7.112) äquivalent. Die Synthese des komplizierteren Saccharose-Moleküls wird somit durch den Zerfall des ATP-Moleküls in das einfachere ADP-Molekül kompensiert.

Die Grundprinzipien, auf denen die Synthese von Proteinen aus Aminosäuren (oder die Synthese von DNA-Molekülen, den Trägern des genetischen Codes, aus Nukleinsäuren) beruht, sind im wesentlichen den Prinzipien ähnlich, die wir in unserem einfachen Beispiel besprochen haben. Bei eingehenderem Interesse für dieses Thema wird der Leser auf *A. L. Lehningers* Werk verwiesen (siehe Literaturhinweise 7.10).

7.8. Zusammenfassung der Definitionen

Verallgemeinerte Kraft: die verallgemeinerte Kraft X_r, die zu dem äußeren Prameter x eines Systems im Zustand r der Energie W_r konjugiert ist, ist durch $X_r = \partial W_r/\partial x$ definiert;

Gibbssche freie Energie: Wenn ein System in Kontakt mit einem Reservoir ist, das die konstante Temperatur T′ und den konstanten Druck p′ aufweist, dann ist seine Gibbssche freie Energie G durch

$$G = \overline{W} - T'S + p'V$$

definiert, wobei $\overline{W}$ seine mittlere Energie, S seine Entropie, und V sein Volumen ist;

Phase: ein bestimmter Aggregatzustand der Moleküle eines Stoffes;

latente Wärme: die Wärmemenge, die nötig ist, um eine bestimmte Menge eines Stoffes von der einen Phase in die entsprechende Menge der anderen Phase überzuführen, wenn die beiden Phasen miteinander im Gleichgewicht sind;

Dampfdruck: der Druck der gasförmigen Phase, wenn diese mit der entsprechenden Flüssigkeit (oder dem festen Stoff) bei einer bestimmten Temperatur im Gleichgewicht ist;

Phasengleichgewichtskurve: die Kurve, die durch alle die Temperatur- und Druckwerte dargestellt ist, bei denen die beiden Phasen in Gleichgewicht miteinander existieren können;

Clausius-Clapeyronsche Gleichung: Die Gleichung $dp/dT = \Delta S/\Delta V$, die die Steigung einer Phasengleichgewichtskurve mit der Entropieänderung ΔS und der Volumenänderung ΔV in Beziehung setzt, die sich für einen Phasenübergang bei der gegebenen Temperatur und dem gegebenen Druck ergeben;

Maschine: eine Vorrichtung zur Umwandlung der inneren Energie eines Systems in Arbeit.

7.9. Wichtige Beziehungen

Für jeden quasistatischen Prozeß gilt

$$dS = \frac{đQ}{T}. \tag{1}$$

Für ein isoliertes System im Gleichgewicht ist

$$S = \text{Maximum}, \tag{2}$$

$$P \propto e^{S/k}. \tag{3}$$

Für ein System, das mit einem Reservoir der konstanten Temperatur T′ mit dem konstanten Druck p′ im Gleichgewicht ist, gilt

$$G = \text{Minimum}, \tag{4}$$

$$P \propto e^{-G/kT}. \tag{5}$$

Für das Gleichgewicht zwischen zwei Phasen ist

$$g_1 = g_2, \tag{6}$$

und entlang einer Phasengleichgewichtskurve gilt

$$\frac{dp}{dT} = \frac{\Delta S}{\Delta V} = \frac{L}{T\Delta V}. \qquad (7)$$

7.10. Hinweise auf ergänzende Literatur

F. Reif, „Fundamentals of Statistical and Thermal Physics" (McGraw-Hill Book Company, New York, 1965). In Kapitel 5 werden die Anwendungen der Hauptsätze der Thermodynamik behandelt, in Kapitel 8 das Gleichgewicht zwischen den verschiedenen Phasen und das chemische Gleichgewicht zwischen verschiedenen Molekülen.

Rein makroskopische Abhandlungen aus der klassischen Thermodynamik

M. W. Zemansky, "Heat and Thermodynamics", 4. Auflage (McGraw-Hill Book Company, New York, 1957).

E. Fermi, "Thermodynamics" (Dover Publications, Inc., New York, 1957).

Anwendungsgebiete

J. F. Sandfort, "Heat Engines" (Anchor Books, Doubleday & Company, Inc., Garden City, N. Y., 1962). Eine Abhandlung über Wärme-Kraftmaschinen heute und früher.

A. L. Lehninger, "Bioenergetics", (W. A. Benjamin, Inc., New York, 1965). Die Kapitel 1 bis 4 sind besonders interessant, auch für Leser ohne irgendwelche biologischen Grundkenntnisse.

Historische und biographische Werke

S. Carnot, "Reflections on the Motive Power of Fire", herausgegeben von *E. Mendoza* (Dover Publications, Inc., New York, 1960). Neudruck und Übersetzung von Carnots Schriften. Kurze historische und biographische Einleitung des Herausgebers.

7.11. Übungen

1. *Eine andere Möglichkeit, die Zustandsgleichung eines idealen Gases abzuleiten.* Nach dem Ergebnis von Übung 8 des Kapitels 3 ist die Anzahl $\Omega(W)$ der Zustände, die für N Atome eines einatomigen idealen Gases realisierbar sind, wenn das Gas das Volumen V einnimmt und eine Energie zwischen W und $W + \delta W$ hat, durch die Proportionalitätsbeziehung

   $$\Omega \propto V^N W^{(3/2)N}$$

   gegeben. Berechnen Sie mit dieser Beziehung den mittleren Druck $\bar{p}$ dieses Gases aus der allgemeinen Beziehung (7.15). Sie sollten dadurch auf die bekannte Zustandsgleichung eines idealen Gases kommen.

2. *Adiabatische Kompression eines Gases.* Wir betrachten ein einatomiges ideales Gas, das thermisch isoliert ist. Dieses Gas wird nun langsam auf ein Drittel seines Anfangsvolumens komprimiert. Seine Temperatur beträgt anfangs 400 K, sein Druck 1 at.
   a) Bestimmen Sie den Enddruck des Gases.
   Lösung: 6,21 at.
   b) Bestimmen Sie die Endtemperatur des Gases.
   Lösung: 832 K.

3. *Arbeit bei einem quasistatischen adiabatischen Prozeß in einem idealen Gas.* Ein thermisch isoliertes ideales Gas hat eine Molwärme c_V (spezifische Wärme bei konstantem Volumen), die temperaturunabhängig ist. Das Gas wird quasistatisch komprimiert: Von einem Anfangsmakrozustand, bei dem sein Volumen V_i und sein mittlerer Druck $\bar{p}_i$ ist, auf einen Endmakrozustand, bei dem sein Volumen V_f und sein mittlerer Druck $\bar{p}_f$ ist.
   a) Berechnen Sie direkt die Arbeit, die in diesem Prozeß an dem Gas verrichtet wird. Die Lösung ist durch die Anfangs- und Endwerte von Druck und Volumen auszudrücken.
   Lösung: $\frac{c_V}{R}\left(\bar{p}_f V_f - \bar{p}_i V_i\right)$.
   b) Drücken Sie die Lösung von Teil a) durch die Anfangs- und Endwerte der absoluten Temperatur des Systems, T_i und T_f, aus. Zeigen Sie, daß dieses Ergebnis sich unmittelbar aus einer Bestimmung der Änderung der inneren Energie des Gases ergibt.
   Lösung: $\nu c_V (T_f - T_i)$.

4. *Die Differenz der spezifischen Wärmen $c_p - c_V$ eines idealen Gases.* Ein ideales Gas ist in einem vertikalen Zylinder eingeschlossen, der durch einen Kolben abgeschlossen ist. Der Kolben ist frei verschiebbar und trägt ein Gewichtsstück – das Gas hat also immer den gleichen Druck (der gleich dem Quotienten aus dem Gesamtgewicht des Kolbens und dessen Fläche ist), unabhängig vom Volumen.
   a) Wird das Gas auf konstantem Druck gehalten, dann können Sie mit Gl. (7.43) die Wärmemenge $đQ$ berechnen, die das Gas absorbiert, wenn sich seine Temperatur um den Betrag dT erhöht. Beweisen Sie anhand dieses Ergebnisses, daß die spezifische Wärme c_p pro Mol (bei konstantem Druck) mit der spezifischen Wärme c_V (bei konstantem Volumen) durch die Beziehung $c_p - c_V = R$ verbunden ist.
   Lösung: $\frac{5}{2}$ R = 20,8 J $K^{-1} mol^{-1}$.
   b) Bestimmen Sie c_p für ein einatomiges Gas wie Helium.
   c) Zeigen Sie, daß das Verhältnis c_p/c_V gleich der in Gl; (7.57) definierten Größe γ ist. Bestimmen Sie dieses Verhältnis γ für ein ideales einatomiges Gas.
   Lösung: $\frac{5}{3}$.

5. *Ein quasistatischer Prozeß in einem idealen Gas.* Ein Mol eines idealen einatomigen Gases hat bei der absoluten Temperatur T eine innere Energie $\bar{W} = \frac{5}{2}$ RT. Ein Mol dieses Gases wird nun quasistatisch zuerst von einem Makrozu-

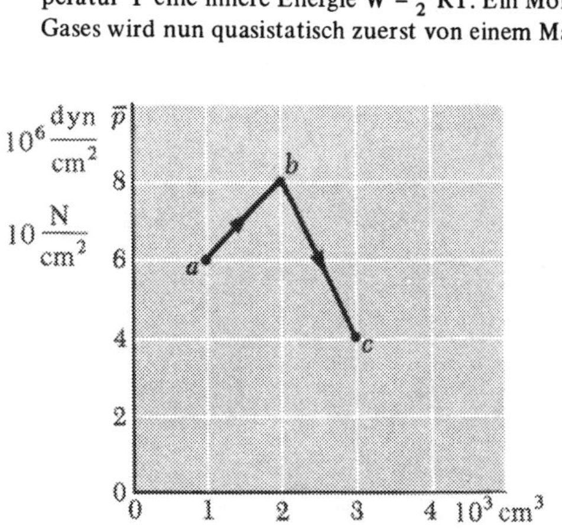

Bild 7.15. Darstellung eines Prozesses in einem p, V-Diagramm (mittlerer Druck $\bar{p}$ in Abhängigkeit vom Volumen V).

stand a in einen Makrozustand b, und dann vom Makrozustand b in einen Makrozustand c übergeführt, und zwar auf Geraden im p, V-Diagramm (Bild 7.15).

a) Bestimmen Sie die Molwärme dieses Gases bei konstantem Volumen.

Lösung: $\frac{5}{2}$ R.

b) Berechnen Sie die Arbeit, die das Gas im Prozeß a → b → c verrichtet.

Lösung: 1300 J.

c) Bestimmen Sie die Wärmemenge, die das Gas in diesem Prozeß absorbiert.

Lösung: 1500 J.

d) Bestimmen Sie in diesem Prozeß seine Entropieänderung

Lösung: 23,6 J K^{-1}.

6. *Entropieänderung bei einem irreversiblen Prozeß.* Wir untersuchen das in Übung 8 des Kapitels 5 beschriebene Gas. Die Endentropie S des Gases ist durch die Anfangsentropie S_0 auszudrücken, die das Gas bei festem Kolben hatte. Zeigen Sie, daß die Entropieänderung $\Delta S \equiv S - S_0$ positiv ist.

Lösung: $\frac{3}{2} R \ln \left[\frac{T}{T_0}\left(\frac{V}{V_0}\right)^{2/3}\right]$, wobei T und V durch die Antwort zur Übung 8 des Kapitels 5 gegeben sind.

7. *Gleichgewichtsbedingungen für ein System mit gegebenem Volumen, das in Kontakt mit einem Wärmereservoir ist.* Wir betrachten ein System A dessen einziger äußerer Parameter, sein Volumen V, konstant bleibt. Das System ist in Kontakt mit einem Wärmereservoir A′ der konstanten Temperatur T′.

a) Beweisen Sie mit ähnlichen Argumenten wie in Abschnitt 7.5, daß das Gleichgewicht von A dadurch charakterisiert ist, daß die Funktion

$$F = \bar{W} - T'S$$

für dieses System ein Minimum ist. $\bar{W}$ ist die mittlere Energie und S die Entropie von A. Die Funktion F bezeichnet man als die *Helmholtzsche freie Energie* oder als *Helmholtz-Funktion.*

b) Zeigen Sie, daß die Gibbssche freie Energie (7.76) eines Systems, das in Kontakt mit einem Wärmereservoir mit konstanter Temperatur T′ *und* konstantem Druck p′ ist, mit der Helmholtzschen freien Energie durch die Beziehung

$$G = F + p'V$$

verbunden ist.

8. *Tripelpunkt von Ammoniak.* Der Dampfdruck $\bar{p}$ (in mm Hg) von festem Ammoniak ist durch

$$\ln \bar{p} = 23{,}03 - \frac{3754}{T}$$

gegeben, der von flüssigem Ammoniak durch

$$\ln \bar{p} = 19{,}49 - \frac{3063}{T}.$$

Anhand dieser Angaben sind die folgenden Fragen zu beantworten:

a) Welcher Temperatur entspricht der Tripelpunkt von Ammoniak?

Lösung: 195 K.

b) Wie groß sind die latenten Wärmemengen der Sublimation und Verdampfung von Ammoniak im Tripelpunkt?

Lösung: $3{,}12 \cdot 10^4$ J mol^{-1} bei Sublimation,
$2{,}55 \cdot 10^4$ J mol^{-1} bei Verdampfung.

c) Bestimmen Sie die Schmelzwärme von Ammoniak im Tripelpunkt.

Lösung: $5{,}7 \cdot 10^3$ J mol^{-1}.

9. *Schmelzkurve von Helium in der Nähe des absoluten Nullpunkts.* Bei Normaldruck bleibt Helium bis zum absoluten Nullpunkt flüssig, bei genügend hohem Druck verfestigt es sich jedoch schon früher. Die Dichte von festem Helium ist wie gewöhnlich höher als die des flüssigen Heliums. Betrachten Sie die Phasengleichgewichtskurve zwischen Flüssigkeit und Festkörper. Wenn T dem Grenzwert 0 zustrebt, ist dann die Steigung dp/dT dieser Kurve positiv, null oder negativ?

Anleitung: Betrachten Sie das allgemeine Verhalten der Entropie bei T → 0.

Lösung: 0.

10. *Intensität eines Atomstrahls, der aus einem Dampf entsteht.* Ein Atomstrahl von Natriumatomen (Na) kann erzeugt werden, indem wir flüssiges Natrium in einem Behälter auf eine höhere Temperatur T bringen. Das Natrium wird dann auf dieser Temperatur gehalten, über dem flüssigen Natrium liegt Natriumdampf, aus dem einige Atome durch Effusion durch einen engen Spalt im Behälter austreten und so einen Atomstrahl der Intensität I erzeugen. (Die Intensität I ist definiert als die Anzahl der Atome, die in der Zeiteinheit durch eine Flächeneinheit des Strahlquerschnitts treten.) Damit ein Mol flüssiges Natrium zu einem Dampf von Natriumatomen verdampfen kann, ist eine latente Wärme L erforderlich. Wir wollen nun abschätzen, wie empfindlich die Strahlintensität auf Schwankungen der Temperatur des Behälters reagiert. Hierzu ist die relative Intensitätsänderung $I^{-1}(dI/dT)$ durch L und die absolute Temperatur T des Behälters auszudrücken.

Lösung: $\left[\frac{L}{RT} - \frac{1}{2}\right] T^{-1}$.

11. *Erreichen tiefer Temperaturen durch Abpumpen.* Flüssiges Helium siedet bei einer Temperatur T_0 (4,2 K), wenn sein Dampfdruck gleich p_0 ist und p_0 gleich 1 at bzw. 980,7 mb ist. Die latente Verdampfungswärme pro Mol Flüssigkeit ist gleich L, und kann näherungsweise als temperaturunabhängig angesehen werden. ($L \approx 85$ J mol^{-1}). Die Flüssigkeit befindet sich in einem Dewar-Gefäß, das zur thermischen Isolierung der Flüssigkeit von der Umgebung dient, die Zimmertemperatur hat. Da die Isolierung nicht vollkommen ist, kann pro Sekunde eine Wärmemenge Q auf die Flüssigkeit übergehen und einen Teil davon verdampfen. (Dieser Wärmezufluß Q ist praktisch konstant, und unabhängig davon, ob die Temperatur der Flüssigkeit gleich T_0 oder niedriger ist.) Um nun tiefe Temperaturen erreichen zu können, wird man den Dampfdruck des He-Dampfes über der Flüssigkeit vermindern, indem man den Heliumdampf mit einer Pumpe abpumpt, die sich auf Zimmertemperatur T_z befindet (d. h., der Heliumdampf hat sich, bis er die Pumpe erreicht hat, auf Zimmertemperatur erwärmt.) Die maximale Fördergeschwindigkeit der Pumpe ist vom Druck des Gases unabhängig: Pro Sekunde wird ein bestimmtes Gasvolumen V_g weggeschafft. (Das ist ein Charakteristikum aller Rotationspumpen: Ein Drehschieber entfernt einfach ein bestimmtes Gasvolumen pro Umdrehung.)

a) Berechnen Sie den niedrigsten Dampfdruck p_m, den eine solche Pumpe über der Flüssigkeitsoberfläche aufrechterhalten kann, wenn der Wärmezufluß gleich Q ist.

Lösung: $\frac{RT_r}{L}\frac{Q}{V_g}$.

b) Die Flüssigkeit wird also bei diesem Druck p_m im Gleichgewicht mit ihrem Dampf gehalten. Bestimmen Sie näherungsweise ihre Temperatur T_m.

Lösung: $\left[\frac{1}{T_0} - \frac{R}{L}\ln\left(\frac{RT_r}{Lp_0}\frac{Q}{V_g}\right)\right]^{-1}$

c) Welcher niedrigste Druck p_m bzw. welche neidrigste Temperatur T_m kann nun in der Praxis tatsächlich erreicht werden? Angenommen, es steht eine große Pumpe mit einer Förderungsrate V_g von 70 l/s zu Verfügung ($1\ l = 10^3\ cm^3$). Eine typische Größe für den Wärmezufluß würde etwa 50 cm^3 flüssiges Helium pro Stunde verdampfen (die Dichte flüssigen Heliums ist 0,145 g/cm^3). Bestimmen Sie näherungsweise die niedrigste Temperatur T_m, die mit einer solchen Versuchsanordnung erreicht werden kann.

Lösuung: 1,4 K.

12. *Gleichgewicht zwischen Phasen und chemisches Potential.* Wir betrachten ein System, das aus zwei Phasen 1 und 2 besteht, und durch Kontakt mit einem entsprechenden Reservoir auf konstanter Temperatur T und konstantem Druck p gehalten wird. Die gesamte Gibbssche freie Energie G dieses Systems bei diesem Druck und dieser Temperatur ist dann eine Funktion der Anzahl N_1 von Molekülen in Phase 1 und der Anzahl N_2 von Molekülen in Phase 2: $G = G(N_1 N_2)$.

a) In einer sehr einfachen Rechnung sollen Sie zeigen, daß die Änderung ΔG der freien Energie, die aus kleinen Änderungen ΔN_1 und ΔN_2 der Anzahl der Moleküle in den beiden Phasen resultiert, in der Form

$$\Delta G = \mu_1 \Delta N_1 + \mu_2 \Delta N_2 \qquad (1)$$

geschrieben werden kann, wenn Sie die verkürzte Schreibweise

$$\mu_i = \frac{\partial G}{\partial N_i} \qquad (2)$$

einführen. Die Größe μ_i ist das *chemische Potential* pro Molekül der i-ten Phase.

b) Da G ein Minimum sein muß, wenn die Phasen im Gleichgewicht sind, muß ΔG null werden, wenn ein Molekül von Phase 1 auf Phase 2 übergeht. Zeigen Sie, daß die Beziehung (1) demnach die Gleichgewichtsbedingung

$$\mu_1 = \mu_2 \qquad (3)$$

liefert.

c) Zeigen Sie anhand von Beziehung (7.86), daß $\mu_i = g_i$, wobei g_i die Gibbssche freie Energie pro Molekül der Phase i ist; das Ergebnis (3) stimmt dann mit Gl. (7.87) überein.

13. *Bedingung für chemisches Gleichgewicht.* Wir untersuchen eine chemische Reaktion wie z. B.:

$$2\,CO_2 \rightleftarrows 2\,CO + O_2.$$

Um die Schreibweise zu vereinfachen, wollen wir das CO_2-Molekül mit A_1, das CO-Molekül mit A_2, und das O_2-Molekül mit A_3 bezeichnen. Die obige chemische Reaktion sieht dann folgendermaßen aus:

$$2\,A_1 \rightleftarrows 2\,A_2 + A_3. \qquad (1)$$

Das System, das aus A_1-, A_2- und A_3-Molekülen besteht, soll auf konstanter Temperatur und konstantem Druck gehalten werden. Wenn wir mit N_i die Anzahl der Moleküle der Art i bezeichnen, dann ist die Gibbssche freie Energie dieses Systems eine Funktion dieser Zahlen:

$$G = G(N_1, N_2, N_3).$$

Da G im Gleichgewicht ein Minimum ist, wird ΔG null sein, wenn durch die Reaktion (1) zwei A_1-Moleküle in zwei A_2-Moleküle und ein A_3-Molekül umgewandelt werden. Mit ähnlichen Argumenten wie in der letzten Übung können Sie zeigen, daß diese Gleichgewichtsbedingung auch in der Form

$$2\,\mu_1 = 2\,\mu_2 + \mu_3 \qquad (2)$$

geschrieben werden kann, wobei

$$\mu_i = \frac{\partial G}{\partial N_i}$$

das *chemische Potential* eines Moleküls der Art i ist.

14. *Prinzip des Kühlschranks.* Ein Kühlschrank ist eine Vorrichtung, mit der einem System A Wärme entzogen und einem System A' zugeführt werden kann, dessen absolute Temperatur höher als die von A ist (Bild 7.16). Betrachten wir A als Wärmereservoir der Temperatur T, und A' als zweites Reservoir der Temperatur T'.

a) Zeigen Sie, daß die Übertragung von einer Wärmemenge q von A auf A' netto eine Entropieabnahme des gesamten Systems bewirkt, wenn T' > T ist, und aus diesem Grund nicht ohne Hilfssysteme möglich ist.

b) Wollen Sie A eine Wärmemenge q entziehen und dadurch seine Entropie vermindern, dann müssen Sie diese Entropieabnahme überkompensieren, indem Sie an A' eine Wärmemenge q' abführen, die größer als q ist, und so die Entropie von A' erhöht. Das kann dadurch erreicht werden, daß ein System B an dem zyklisch arbeitenden Mechanismus M die Arbeit w_A verrichtet. Wir verstehen nun, warum jeder Kühlschrank eine äußere Energiequelle benötigt. Entropieüberlegungen zeigen, daß

$$\frac{q}{q'} \leqslant \frac{T}{T'}.$$

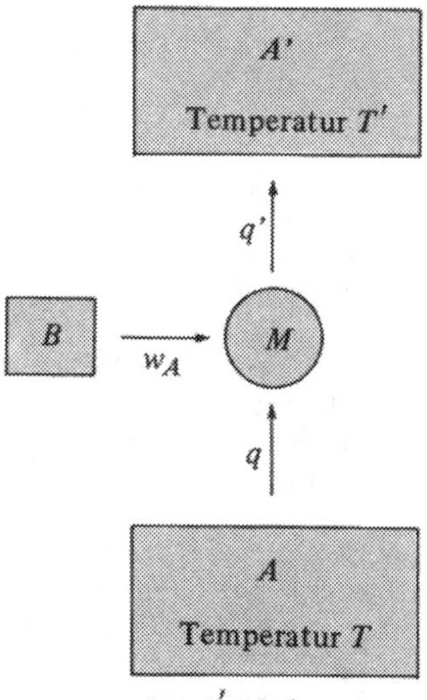

Bild 7.16

Schema der thermodynamischen Prozesse in einem Kühlschrank

15. *Wärmepumpen.* Ein Kühlkreislauf kann auch zur Heizung von Gebäuden herangezogen werden; wir müssen dazu eine Vorrichtung schaffen, die von der Umgebung des Hauses (Erdboden) und Luft) Wärme absorbiert, und mit dieser Wärme das Innere des Gebäudes auf höhere Temperatur bringt. Eine solche Vorrichtung bezeichnet man als *Wärmepumpe.*

a) Die absolute Temperatur der Umgebung ist T_0, die des Gebäudeinneren ist T_i. Ein Gerät wie oben beschrieben arbeitet zwischen diesen beiden Reservoirs. Wieviel Kilowattstunden Wärme könnten höchstens dem Geäube pro Kilowattstunde elektrischer Energie zugeführt werden, die zum Betrieb des Gerätes gebraucht wird?

Anleitung: Diese Aufgabe ist am besten mit Entropieüberlegungen zu lösen.

Lösung: $\frac{T_i}{T_i - T_0}$.

b) Eine numerische Lösung ist für den Fall zu finden, bei dem die Außentemperatur 0 °C und die Innentemperatur 25 °C ist.

Lösung: 11,9.

c) Vergleichen Sie die Kosten der Energie, die zum Betrieb dieser Wärmepumpe nötig ist, mit den Kosten, die sich ergeben, wenn dem Gebäude die gleiche Wärmemenge durch einen elektrischen Widerstandsheizkörper zugeführt werden soll.

16. *Maximale Arbeitsverrichtung zweier gleichartiger Systeme.* Wir betrachten zwei gleichartige Körper, A_1 und A_2, die beide durch die temperaturunabhängige Wärmekapazität C charakterisiert sind. Die beiden Körper haben anfangs eine Temperatur T_1 bzw. T_2, wobei $T_1 > T_2$ ist. Zwischen A_1 und A_2 soll nun eine Maschine installiert werden, die einen Teil der inneren Energie der beiden Körper in Arbeit umwandeln soll. Durch diese Arbeit erlangen die beiden Körper schließlich die gleiche Endtemperatur T_f.

a) Welche Arbeit W_A verrichtet die Maschine insgesamt? Die Lösung ist durch C, T_1, T_2, und T_f auszudrücken.

Lösung: $C(T_1 + T_2 - 2\,T_f)$.

b) Mittels Argumenten, die auf Entropieüberlegungen beruhen, kann eine Ungleichung abgeleitet werden, die T_f mit den Anfangstemperaturen T_1 und T_2 in Beziehung setzt.

Lösung: $T_f \geqslant (T_1 T_2)^{1/2}$.

c) Bestimmen Sie die maximale Arbeit dieser Maschine für gegebene Anfangstemperaturen T_1 und T_2.

Lösung: $C(T_1^{1/2} - T_2^{1/2})^2$.

*17. *Der Carnotsche Kreisprozeß in einem idealen Gas – Die Carnot-Maschine.* Wir wollen anhand eines Beispiels zeigen, daß es prinzipiell möglich ist, eine stark idealisierte Maschine zu konstruieren, die in einem Arbeitszyklus einem Wärmereservoir A der Temperatur T die Wärme q entziehen, an ein Wärmereservoir A′ niedrigerer absoluter Temperatur T′ die Wärme q′ abführen, und in dem Prozeß nutzbare Arbeit $w_A = q - q'$ verrichten kann. Die einfachste solche Maschine ist eine, die quasistatisch arbeitet. Eine deratige Maschine wurde erstmals im Jahre 1824 von *Sadi Carnot* entworfen. Ein Arbeitszyklus besteht aus vier Arbeitstakten, durch die die Maschine nach Durchlaufen der Zwischenmakrozutände b, c, d wieder in den Anfangsmakrozustand a zurückgeführt wird. Die Maschine besteht aus einem durch einen Kolben verschlossenen Zylinder, in dem sich ν Mole eines idealen Gases befinden. Das Volumen dieses Gases wird mit

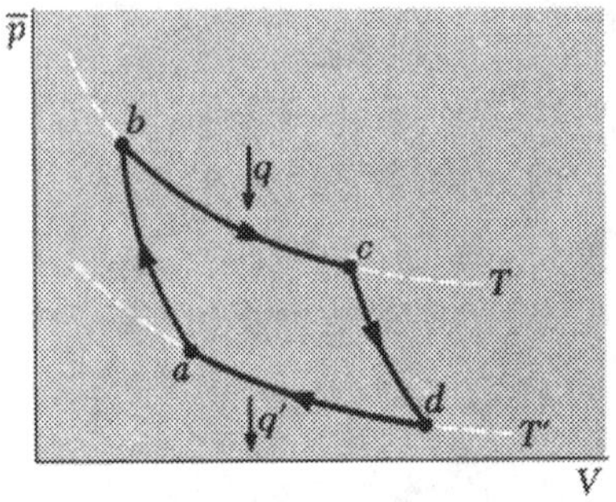

Bild 7.17. Der Carnotsche Kreisprozeß im p,V-Diagramm (mittlerer Druck $\bar{p}$ in Abhängigkeit vom Volumen V).

V, sein mittlerer Druck mit $\bar{p}$ bezeichnet. Die vier Arbeitstakte eines Zyklus sind dann die folgenden (Bild 7.17):

Takt 1. a → b: Die Maschine hat eine Anfangstemperatur T′ und ist thermisch isoliert. Das Volumen des Gases wird langsam vom Anfangswert V_a auf den niedrigeren Wert V_b gebracht, bei dem dann die Temperatur der Maschine gleich T ist *(adiabatische Kompression).*

Takt 2. b → c: Die Maschine wird in thermischen Kontakt mit einem Wärmereservoir A der Temperatur T gebracht. Das Volumen des Gases wird langsam vom Wert V_b auf den Wert V_c vergrößert, wobei die Maschine auf der Temperatur T bleibt, und von A die Wärme q absorbiert *(isotherme Expansion).*

Takt 3. c → d: Die Maschine wird wiederum thermisch isoliert. Das Gasvolumen wird langsam von V_c auf den höheren Wert V_d gebracht, bei dem die Maschine die Temperatur T′ annimmt *(adiabatische Expansion).*

Takt 4. d → a: Die Maschine wird in thermischen Kontakt mit dem Wärmereservoir A′ der Temperatur T′ gebracht. Das Gasvolumen wird langsam von V_d auf den Anfangswert V_a verringert. Die Maschine verbleibt dabei auf konstanter Temperatur T′ und gibt an A′ die Wärme q′ ab *(isotherme Kompression).*

Beantworten Sie die folgenden Fragen:

a) Bestimmen Sie die Wärmemenge q, die in Takt 2 absorbiert wird. Die Lösung ist durch V_b, V_c und T auszudrücken.

Lösung: $\nu RT \ln \frac{V_c}{V_b}$.

b) Bestimmen Sie die in Takt 4 abgeführte Wärme q′. Die Lösung ist durch V_d, V_a und T′ auszudrücken.

Lösung: $\nu RT \ln \frac{V_a}{V_d}$.

c) Berechnen Sie das Verhältnis V_b/V_a in Takt 1, und das Verhältnis V_d/V_c in Takt 3, und finden Sie die Beziehung, die zwischen V_b/V_a und V_d/V_c besteht.

Lösung: $\frac{V_a}{V_b} = \frac{V_d}{V_c}$.

d) Mit Hilfe dieses letzten Ergebnisses ist das Verhältnis q/q′ zu bestimmen und durch T und T′ auszudrücken.

Lösung: $\frac{q'}{q} = \frac{T'}{T}$.

e) Bestimmen Sie den Wirkungsgrad η dieser Maschine. Zeigen Sie, daß Ihr Ergebnis mit der allgemeinen Beziehung (7.109) übereinstimmt, die für jede quasistatisch arbeitende Maschine gilt.

*18. *Wirkungsgrad eines Benzinmotors.* Beim Benzinmotor wird ein Gasgemisch von Luft und Benzindampf in einen Zylinder gebracht, der durch einen beweglichen Kolben verschlossen ist. Das Gas wird dann einem Kreisprozeß unterworfen, der *näherungsweise* durch die in Bild 7.18 gezeigten Schritte oder Arbeitstakte dargestellt werden kann. a → b entspricht einer adiabatischen Kompression des Benzin-Luft-Gemisches, b → c entspricht einer Druckerhöhung bei konstantem Volumen (das Gasgemisch explodiert nämlich zu schnell, als daß sich der Kolben dabei bewegen könnte), c → d der adiabatischen Expansion des Gasgemisches, wodurch der Kolben bewegt und nutzbare Arbeit verrichtet wird und d → a schließlich entspricht der Abkühlung des Gases bei konstantem Volumen während des Auspufftaktes.

Für eine Näherungsanalyse wollen wir annehmen, daß der Arbeitszyklus quasistatisch abläuft, und eine konstante Gasmasse der Molwärme c_V an dem Prozeß beteiligt ist. Berechnen Sie mit diesen Angaben den Wirkungsgrad η dieses Motors (d. h. das Verhältnis von verrichteter Arbeit zu aufgenommener Wärme q_1). Die Lösung ist durch V_1, V_2 und die Größe $\gamma = 1 + R/c_V$ auszudrücken.

Lösung: $1 - \left(\frac{V_1}{V_2}\right)^{\gamma-1}$.

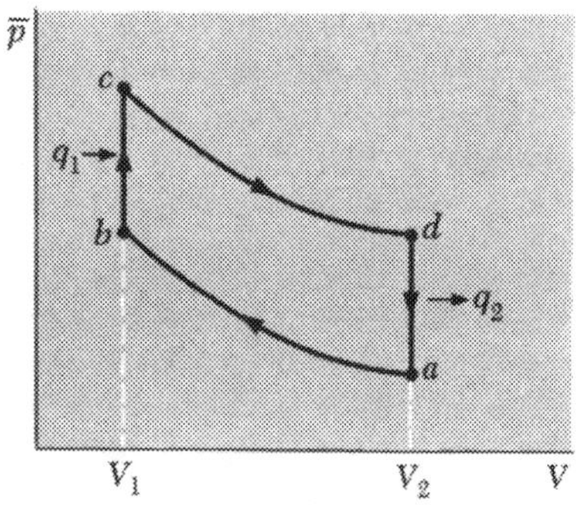

Bild 7.18. Schematische Näherungsdarstellung des Arbeitszyklus eines Benzinmotors im p, V-Diagramm (mittlerer Druck $\bar{p}$ in Abhängigkeit vom Volumen V).

8. Die kinetische Theorie von Transportprozessen

Wir haben uns bis jetzt fast ausschließlich mit Systemen im Gleichgewichtszustand befaßt. Die Grundlage unserer allgemeinen quantitativen Untersuchung dieser Systeme war das Postulat gleicher a-priori-Wahrscheinlichkeiten. Die Wechselwirkungen, durch die solche Gleichgewichtszustände herbeigeführt werden, brauchen nicht bis ins Detail besprochen zu werden, es genügt vollauf, von ihrer Existenz zu wissen. Obwohl Gleichgewichtssituationen von großer Bedeutung sind, stellen sie doch Sonderfälle dar, und tatsächlich sind bei vielen physikalisch höchst interessanten Problemen makroskopische Systeme Gegenstand der Untersuchung, die sich *nicht* im Gleichgewicht befinden. In diesem letzten Kapitel wollen wir daher kurz jene Theorie besprechen, die auf einfache Nichtgleichgewichtssituationen anzuwenden sind.

Wenn wir Systeme betrachten, die nicht im Gleichgewicht sind, dann müssen erst die Wechselwirkungen untersucht werden, durch die das betreffende System schließlich in den Gleichgewichtszustand gebracht wird. Die Behandlung von Nichtgleichgewichtsprozessen gestaltet sich daher schwieriger als die von Gleichgewichtssituationen. Im Falle verdünnter Gase vereinfacht sich die Untersuchung jedoch weitgehend. Wir werden uns aus diesem Grund hauptsächlich mit verdünnten Gasen befassen und bei diesen Untersuchungen die einfachsten Näherungsmethoden besprechen. Unsere Berechnungen können dann zwar nicht als streng quantitativ bezeichnet werden, aber wir werden trotzdem auf trivial einfache Weise zu Ergebnissen gelangen, durch die wir wertvollen Einblick in diesen Problemkreis gewinnen. Wir werden uns verschiedener einfacher Argumente bedienen, die sich in einer Vielfalt von Situationen als nützlich erweisen. Zum Beispiel können wir sie auch in anderem Zusammenhang anwenden, etwa bei der Untersuchung von Nichtgleichgewichtsprozessen in Festkörpern. Weiter verhelfen diese Argumente zu relativ guten numerischen Näherungswerten. Sie erlauben Aussagen über die Abhängigkeit dieser Werte von allen signifikanten Parametern (z. B. Temperatur oder Druck) auch in den Fällen, bei denen eine strenge Berechnung schwierig ist.

Die Moleküle eines Gases stehen durch Stöße untereinander in Wechselwirkung. Ist das Gas anfangs nicht im Gleichgewicht, dann sind es diese Stöße, die schließlich den Gleichgewichtszustand herbeiführen, in dem die Maxwellsche Geschwindigkeitsverteilung gilt. Eine Untersuchung der Prozesse in einem Gas ist besonders einfach, wenn das Gas so weit verdünnt ist, daß die folgenden Bedingungen erfüllt sind:

1. Jedes Molekül verbringt eine relativ lange Zeitspanne in einer solchen Entfernung von anderen Molekülen, daß es mit ihnen nicht wechselwirken kann. Die Zeitspanne *zwischen* aufeinanderfolgenden Stößen ist also sehr viel größer als die *Dauer* eines Stoßes.
2. Die Wahrscheinlichkeit, daß sich drei oder mehr Moleküle einander so weit nähern, daß sie *gleichzeitig* miteinander wechselwirken können, ist gegenüber der Wahrscheinlichkeit vernachlässigbar gering, daß nur zwei Moleküle einander genügend nahe kommen, um in Wechselwirkung zu treten. Dreier-Stöße sind also verglichen mit Zweierstößen sehr selten. Bei einer Analyse von Molekülstößen können wir uns daher auf das recht einfache mechanische Problem von *zwei* wechselwirkenden Teilchen beschränken.
3. Die mittlere Entfernung von Molekülen ist verglichen mit der typischen de-Broglie-Wellenlänge eines Moleküls groß. Das Verhalten eines Moleküls zwischen aufeinanderfolgenden Stößen kann daher durch die Bewegung eines Wellenpakets oder durch eine klassische Teilchenbahn beschrieben werden, auch wenn für den eigentlichen Zusammenstoß zweier Moleküle eine quantenmechanische Berechnung erforderlich ist.

8.1. Mittlere freie Weglänge

Untersuchen wir zunächst die Stöße zwischen Molekülen in einem verdünnten Gas. Wir wollen vorerst nur die bereits in Abschnitt 1.6 aufgestellten Behauptungen und Bemerkungen nochmals analysieren und erweitern. Der Zusammenstoß eines Moleküls mit anderen ist ein Zufallsprozeß. Die Wahrscheinlichkeit dafür, daß ein Molekül während eines beliebigen kleinen Zeitintervalls dt mit einem anderen zusammenstößt, ist dann von den vorangegangenen Stößen unabhängig. Konzentrieren wir unsere Untersuchung auf ein bestimmtes Molekül zu einem *beliebigen* Zeitpunkt. $P(t)$ sei die Wahrscheinlichkeit, daß dieses Molekül erst nach der Zeitspanne t mit einem anderen Molekül zusammenstößt. Die *mittlere* Zeit τ, die einem Molekül bis zum nächsten Zusammenstoß bleibt, wird als *Stoßzeit (mittlere Zeit zwischen zwei Stößen)* bezeichnet. (Da sich die Zukunft nicht irgendwie von der Vergangenheit unterscheidet, ist τ natürlich auch die mittlere Zeit, die seit dem letzten Zusammenstoß vergangen ist.) Die *mittlere* Wegstrecke l, die ein Molekül noch zurücklegen kann, bevor es wieder einen Zusammenstoß erfährt (bzw. die mittlere Wegstrecke, die es seit dem letzten Zusammenstoß zurückgelegt hat) wird dann analog als die *mittlere freie Weglänge* des Moleküls bezeichnet. Da wir in diesem Kapitel letztlich nur Näherungsargumente verwenden, brauchen wir uns nicht mit Einzelheiten der molekularen Geschwindigkeitsverteilung zu befassen. Also nehmen wir an, daß alle Moleküle die gleiche Geschwindigkeit, nämlich ihre mittlere Geschwindigkeit $\bar{v}$, haben; die Richtung dieser Geschwindigkeit ist zufallsbedingt. Mit diesen Näherungsannahmen können wir die mittlere freie Weglänge l und die mittlere Stoßzeit τ durch die einfache Beziehung

$$l = \bar{v}\tau \tag{8.1}$$

ausdrücken.

Die Größenordnung der mittleren freien Weglänge können wir leicht abschätzen, wenn wir wie in Abschnitt 1.6 die Molekularstöße genauer untersuchen. Betrachten wir ein bestimmtes Molekül A, das sich auf ein zweites Molekül A′ mit der *Relativgeschwindigkeit* $v_{rel.}$ so zubewegt, daß sich die Mittelpunkte der beiden Moleküle einander bis auf die Entfernung b nähern, falls sie nicht abgelenkt werden (Bild 8.1). Sind die zwischen den beiden Molekülen herrschenden Kräfte näherungsweise gleich den Kräften, die zwei feste Kugeln mit dem Radius a bzw. a′ aufeinander ausüben, dann werden die beiden Moleküle solange keine Kräfte aufeinander ausüben, wie die Entfernung R ihrer Mittlepunkte die Bedingung $R > (a + a')$ befriedigt; ist hingegen $R < (a + a')$, dann werden große Kräfte zwischen den beiden Molekülen wirken. Aus Bild 8.1 ist also ganz einfach zu ersehen, daß dann keinerlei Kräfte zwischen den beiden Molekülen wirken, solange $b > (a + a')$ ist, jedoch große Kräfte zwischen ihnen auftreten, wenn $b < (a + a')$ ist. Im letzteren Fall ändern sich die Geschwindigkeiten der beiden Moleküle durch den Stoß beträchtlich; wir sagen dann, die Moleküle wurden *gestreut* bzw. sie haben einen *Stoß erfahren.* Die Bedingung für einen Zusammenstoß ist sehr einfach zu verstehen, wenn man sich vorstellt, daß das Molekül A eine Scheibe des Radius $(a + a')$ mit sich führt, die konzentrisch mit diesem Molekül ist und senkrecht zur Richtung der Relativgeschwindigkeit $v_{rel.}$ steht. Ein Zusammenstoß der beiden Moleküle ist also nur dann möglich, wenn der Mittelpunkt des Moleküls A′ sich in dem Volumen befindet, das die von A mitgeführte, gedachte kreisförmige Scheibe der Fläche σ durchstreicht. Es ist

$$\sigma = \pi(a + a')^2 \tag{8.2}$$

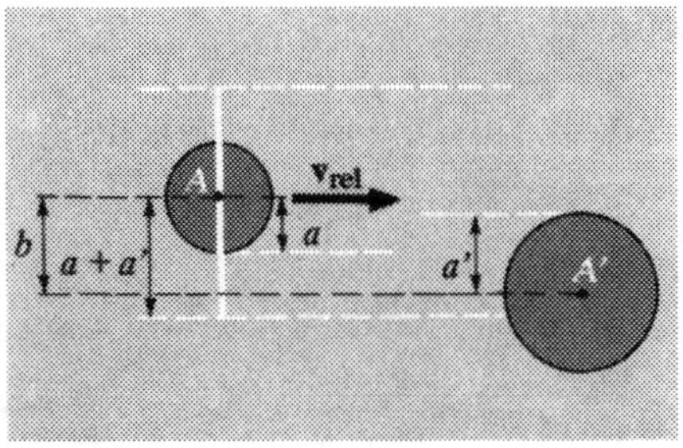

Bild 8.1. Schematische Darstellung eines Stoßes zwischen zwei festen Kugeln mit den Radien a und a′. Die durchgezogene weiße Linie stellt im Schnitt eine gedachte kreisförmige Scheibe dar, die von der Kugel mit dem Radius a mitgeführt wird und selbst einen Radius (a + a′) hat.

bzw., wenn $a' = a$, d. h., wenn die Moleküle gleich groß sind,

$$\sigma = \pi d^2 , \tag{8.3}$$

wobei $d = 2a$ der Durchmesser eines Moleküls ist. Die Fläche σ bezeichnen wir als den *Gesamtstreuquerschnitt,* der für den Zusammenstoß dieser beiden Moleküle charakteristisch ist.

Die Kräfte, die wirklich zwischen Molekülen herrschen, sind zwar ähnlich denen zwischen festen Kugeln, tatsächlich jedoch nicht so einfach. Eine Ähnlichkeit mit festen Kugeln ist insofern gegeben, als sich zwei echte Moleküle sehr stark abstoßen, wenn sie einander zu nahe kommen; andererseits besteht zwischen Molekülen auch eine schwache Anziehungskraft, wenn sie etwas weiter voneinander entfernt sind. Sind die zwischen den Molekülen wirkenden Kräfte bekannt, dann kann der Zusammenstoß zweier Moleküle trotzdem streng mit dem Wirkungsquerschnitt σ, dem Streuquerschnitt, beschrieben werden, da wir diesen aus quantenmechanischen Gesetzen berechnen können. Einfache Beziehungen der Form (8.2) oder (8.3) gelten dann jedoch nicht mehr, und der Wirkungsquerschnitt ist gewöhnlich auch eine Funktion der Relativgeschwindigkeit $v_{rel.}$ der Moleküle. Für Näherungsbestimmungen sind die Beziehungen (8.2) und (8.3) jedoch ausreichend, obwohl der Begriff des Molekülradius nicht streng definiert ist.

Wir wollen nun näherungsweise die mittlere Stoßzeit τ eines Moleküls in einem verdünnten Gas berechnen, das n gleichartige Moleküle pro Volumeneinheit aufweist. Der Gesamtstreuquerschnitt σ ist gegeben. Wir konzentrieren unsere Untersuchung auf ein bestimmtes Molekül A zu einem beliebigen Zeitpunkt. Dieses Molekül hat gegenüber einem anderen typischen Molekül A′, durch das es gestreut werden kann, eine mittlere Relativgeschwindigkeit $\bar{v}_{rel.}$. Die von dem Molekül A mitgeführte, gedachte Scheibe der Fläche σ bewegt sich mit A auf ein anderes Molekül A′ zu und durchstreicht in einer Zeit t das Volumen $\sigma(\bar{v}_{rel} t)$ (Bild 8.2). Wenn dieses Volumen

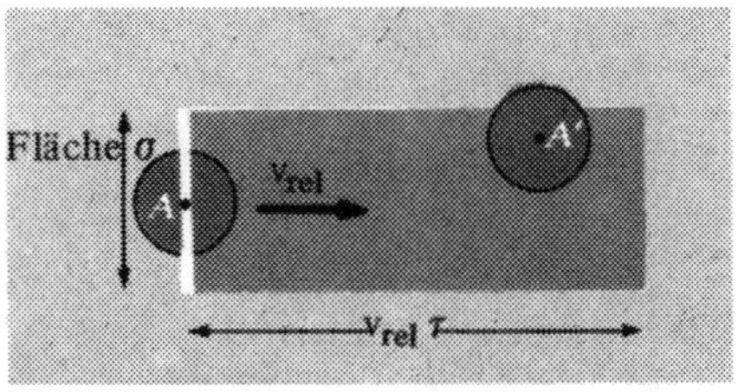

Bild 8.2. Schematische Darstellung eines Stoßes, den ein bestimmtes Molekül A erfährt, wenn es einem anderen Molekül begegnet, dessen Mittelpunkt innerhalb des Volumens liegt, das die von A mitgeführte gedachte Scheibe der Fläche σ überstreicht.

im Durchschnitt *ein* anderes Molekül enthält, dann ist diese Zeit t gleich der mittleren freien Zeitspanne, d. h., wenn

$$(\sigma\, \bar{v}_{rel}\, \tau)\, n = 1,$$

dann ist

$$\boxed{\tau = \frac{1}{n\sigma\bar{v}_{rel}}\,.} \tag{8.4}$$

Dieses Ergebnis ist eigentlich sehr selbstverständlich, denn es besagt ja nur, daß die mittlere Stoßzeit τ eines Moleküls klein ist (bzw. die *Stoßzahl* τ^{-1} groß ist), wenn die Anzahl der Moleküle pro Volumeneinheit groß ist, so daß eben einfach mehr Moleküle vorhanden sind, mit denen ein bestimmtes Molekül zusammenstoßen kann; die Stoßzahl wird auch groß sein, wenn der Moleküldurchmesser (bzw. σ) groß ist, so daß die Wahrscheinlichkeit eines Zusammenstoßes zwischen zwei Molekülen größer ist, und wenn die mittlere Relativgeschwindigkeit hoch ist, so daß Moleküle einfach öfter aufeinandertreffen können.

Nach Gl. (8.1) ist die mittlere freie Weglänge l durch

$$l = \bar{v}\tau = \frac{\bar{v}}{\bar{v}_{rel.}}\,\frac{1}{n\sigma} \tag{8.5}$$

gegeben. Da sich beide der kollidierenden Moleküle bewegen, ist ihre mittlere Relativgeschwindigkeit nicht ganz gleich der mittleren Geschwindigkeit $\bar{v}$ eines einzelnen Moleküls, d. h., $\bar{v}/\bar{v}_{rel.}$ ist ein wenig von eins verschieden. Um diese Differenz zu bestimmen, betrachten wir zwei Moleküle A und A′ mit der Geschwindigkeit $\mathbf{v}$ bzw. $\mathbf{v}'$. Die Geschwindigkeit $\mathbf{v}_{rel.}$ von A relativ zu A′ ist dann durch

$$\mathbf{v}_{rel.} = \mathbf{v} - \mathbf{v}'$$

gegeben. Daher ist

$$\mathbf{v}^2_{rel.} = \mathbf{v}^2 + \mathbf{v}'^2 - 2\mathbf{v}\cdot\mathbf{v}'. \tag{8.6}$$

Mitteln wir beide Seiten dieser Gleichung, dann ist $\overline{\mathbf{v}\cdot\mathbf{v}'} = 0$; denn der Kosinus des Winkels zwischen $\mathbf{v}$ und $\mathbf{v}'$ ist mit gleicher Wahrscheinlichkeit positiv wie negativ, da die Moleküle sich in zufallsbedingte Richtung bewegen. Also erhält Gl. (8.6) die Form

$$\overline{v^2_{rel.}} = \overline{v^2} + \overline{v'^2}.$$

Wenn wir den Unterschied zwischen dem Mittelwert eines Quadrats und dem Quadrat eines Mittelwerts (d. h. zwischen der Wurzel eines mittleren Quadrats und einem echten Mittelwert) außer acht lassen, dann ergibt diese Beziehung näherungsweise

$$\bar{v}^2_{rel.} \approx \bar{v}^2 + \bar{v}'^3. \tag{8.7}$$

Sind alle Moleküle gleichartig, dann ist $\bar{v} = \bar{v}'$ und Gl. (8.7) kann vereinfacht werden:

$$\bar{v}_{rel.} \approx \sqrt{2}\,\bar{v}. \tag{8.8}$$

Damit ergibt dann Gl. (8.5)[1]

$$\boxed{l \approx \frac{1}{\sqrt{2}n\sigma}\,.} \tag{8.9}$$

Mit der Zustandsgleichung eines idealen Gases können wir n durch den mittleren Druck $\bar{p}$ und die absolute Temperatur T des Gases ausdrücken. Es ist $\bar{p} = nkT$, und Beziehung (8.9) ergibt damit

$$l \approx \frac{kT}{\sqrt{2}\sigma\bar{p}}\,. \tag{8.10}$$

Bei gegebener Temperatur ist also die mittlere freie Weglänge dem Druck des Gases umgekehrt proportional.

Aus Gl. (8.10) können wir also die mittlere freie Weglänge eines Gases bei Zimmertemperatur ($T \approx 300$ K) und Normaldruck ($\bar{p} \approx 10$ N/cm^2) größenordnungsmäßig bestimmen. Setzen wir als typischen Molekülradius $a \approx 10^{-8}$ cm ein, dann erhalten wir für $\sigma \approx 12{,}10^{-16}\,\text{cm}^2$ und für

$$l \approx 2\cdot 10^{-5}\,\text{cm}. \tag{8.11}$$

Da die mittlere Geschwindigkeit $\bar{v}$ eines Moleküls nach Gl. (6.33) oder Gl. (1.30) größenordnungsmäßig $4\cdot 10^4$ cm/s ist, erhalten wir für die mittlere Stoßzeit eines Moleküls

$$\tau = \frac{l}{\bar{v}} \approx 5\cdot 10^{-10}\,\text{s}.$$

Die Stoßzahl für ein Molekül ist dann $\tau^{-1} \approx 10^9\ \text{s}^{-1}$, d. h., ein Molekül stößt pro Sekunde ungefähr 9 Milliarden mal mit anderen Molekülen zusammen. Dies ist eine Frequenz, die im elektromagnetischen Spektrum in den Mikrowellenbereich fällt. Aus Gl. (8.11) folgt auch, daß

$$l \gg d, \tag{8.12}$$

wobei $d \approx 10^{-8}$ cm der Moleküldurchmesser ist. Aus Beziehung (8.12) können wir also ersehen, daß Gase unter normalen Bedingungen tatsächlich so verdünnt sind, daß ein Molekül, verglichen mit seinem Durchmesser, eine relativ lange Wegstrecke zurücklegt, bevor es auf ein anderes Molekül trifft.

8.2. Viskosität und die Übertragung von Impuls

Ein makroskopisches Objekt befindet sich in einem Medium (Flüssigkeit oder Gas) in Ruhe, keinerlei äußere Kräfte sollen auf das Objekt einwirken. Ist das Objekt im Gleichgewicht, dann ist es auch in Ruhe. *Bewegt* sich das Objekt hingegen in dem Medium dann ist es nicht im Gleichgewicht. Die molekularen Wechselwir-

[1] Diese Beziehung ist genauer als die Näherungsbeziehung (1.30) und ist tatsächlich ein exaktes Ergebnis für ein Gas, das aus festen Kugelmolekülen mit Maxwellscher Geschwindigkeitsverteilung besteht.

kungen, durch die schließlich der Gleichgewichtszustand herbeigeführt wird, treten makroskopisch gesehen als eine Reibungskraft auf, die auf ein bewegtes Objekt bremsend wirkt. Diese Kraft ist ihrem Betrag nach mit guter Näherung der Geschwindigkeit des Objektes proportional; sie ist daher wie zu erwarten gleich null, wenn das Objekt in Ruhe ist. Der tatsächliche Betrag dieser Kraft hängt von einer Eigenschaft des Mediums, von dessen *Viskosität*, ab. Die Kraft, die auf ein und denselben Körper wirkt, ist daher in Sirup z. B. viel größer als in Wasser, d. h., Sirup hat eine höhere Viskosität als Wasser. Wir wollen nun diesen neuen Begriff der Viskosität etwas genauer definieren und versuchen, die mikroskopischen Voraussetzungen der Viskosität anhand des verdünnten Gases aufzuzeigen.

8.2.1. Definition des Viskositätskoeffizienten

In einem Medium (Flüssigkeit oder Gas) denken wir uns eine Ebene, deren Normale parallel zur z-Achse ist (Bild 8.3). Das Medium unterhalb dieser Ebene (d. h. bei kleineren Werten von z) übt eine mittlere Kraft pro Flächeneinheit (d. h. eine mittlere *Spannung*) $\mathbf{P}_z$ auf das Medium oberhalb der Ebene aus. Das dritte Newtonsche Gesetz (actio = reactio) besagt nun aber, daß dann das Medium oberhalb der Ebene eine mittlere Spannung $-\mathbf{P}_z$ auf das Medium unterhalb der Ebene ausübt. Die mittlere Spannung normal zu der Ebene, also die z-Komponente von $\mathbf{P}_z$ ist gleich dem mittleren Druck $\bar{p}$ in der Flüssigkeit: $P_{zz} = \bar{p}$. Ist das Medium im Gleichgewicht, also in Ruhe oder als Ganzes in *gleichförmiger* Bewegung, dann gibt es aus Symmetriegründen keine mittlere Spannungskomponente *parallel* zur Ebene. Also ist $P_{zx} = 0$. Bitte beachten Sie, daß die Größe P_{zx} durch zwei Indizes gekennzeichnet ist, wobei der erste zur Bezeichnung der Orientierung der Ebene dient, und der zweite die betreffende Komponente der Kraft bezeichnet, die auf diese Ebene wirkt.[1]

Betrachten wir eine einfache Nichtgleichgewichtssituation, bei der die mittlere Geschwindigkeit $\mathbf{u}$ des

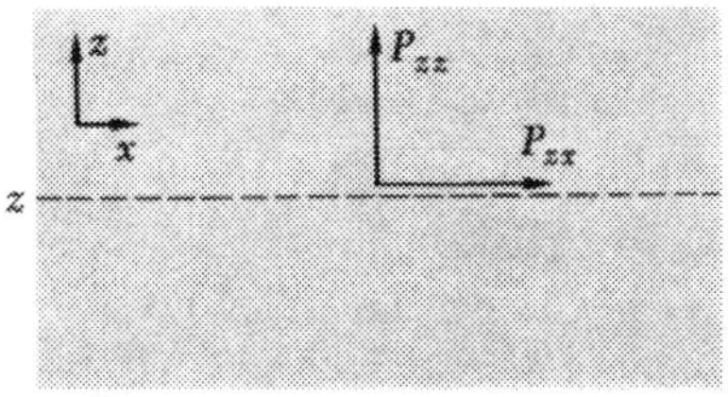

Bild 8.3. Eine Ebene z = const in einem Medium. Das Medium unterhalb der Ebene übt eine Kraft $\mathbf{P}_z$ auf das Medium darüber aus.

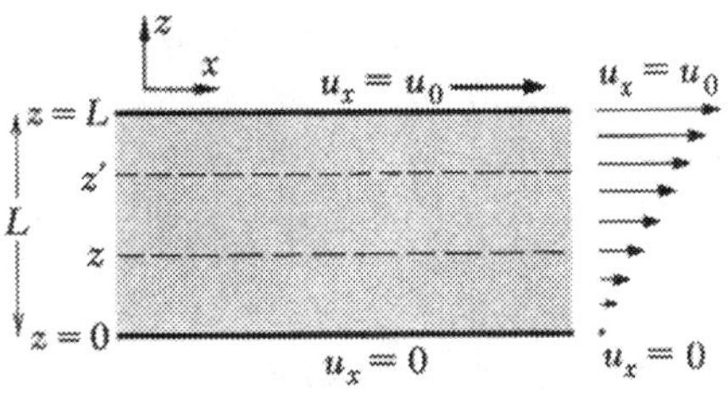

Bild 8.4. Ein Medium zwischen zwei Platten. Die untere Platte ist in Ruhe, die obere bewegt sich mit einer Geschwindigkeit u_0 in die x-Richtung; in dem Medium entsteht dann ein Geschwindigkeitsgradient $(\partial u_z/\partial z)$.

Mediums (d. h. seine makroskopische Strömungsgeschwindigkeit) nicht im ganzen Medium gleich groß ist. Genauer gesagt, soll das Medium eine zeitunabhängige mittlere Geschwindigkeit u_x in der x-Richtung aufweisen, wobei der Betrag von u_x von z abhängt: $u_x = u_x(z)$. Ein derartiges Geschwindigkeitsprofil können wir herstellen, wenn das Medium sich zwischen zwei Platten befindet, deren Entfernung L ist, und die Platte bei z = 0 in Ruhe ist, die Platte bei z = L jedoch mit konstanter Geschwindigkeit u_0 in der x-Richtung bewegt wird (Bild 8.4). Die unmittelbar an die Platten angrenzenden Schichten des Mediums nehmen mit guter Näherung die Geschwindigkeit der entsprechenden Platte an. Die verschiedenen Schichten des Mediums zwischen den beiden Platten haben dann unterschiedliche mittlere Geschwindigkeiten u_x, deren Betrag zwischen 0 und u_0 liegt. Das Medium übt eine Tangentialkraft auf die bewegte Platte aus und bremst sie ab, wodurch schließlich der Gleichgewichtszustand erreicht wird.

Allgemein ausgedrückt: Jede Schicht des Mediums übt unterhalb einer Ebene z = const eine Tangentialspannung P_{zx} auf das Medium darüber aus, d. h.,

P_{zx} = ist die mittlere Kraft, die das Medium unterhalb der Ebene auf das Medium oberhalb der Ebene in der x-Richtung pro Flächeneinheit der Ebene ausübt. (8.13)

Wie wir bereits festgestellt haben, ist im Gleichgewicht $P_{zx} = 0$, weil dann $u_x(z)$ *nicht* von z abhängt. In der vorliegenden Nichtgleichgewichtssituation, bei der $\partial u_x/\partial_z \neq 0$ ist, erwarten wir daher, daß P_{zx} eine Funktion von Ableitungen von u_x nach z ist, und daß diese Funktion gleich null wird, wenn u_x von z unabhängig ist. Wird aber $\partial u_x/\partial z$ als relativ klein angenommen, dann sollte, wenn wir P_{zx} in einer Taylorreihe entwickeln, deren Hauptglied als Näherung ausreichen, d. h., es sollte sich eine lineare Beziehung der Form

$$\boxed{P_{zx} = -\eta \frac{\partial u_x}{\partial z}} \qquad (8.14)$$

[1] Die Größe $P_{\alpha\gamma}$ (wobei α und γ für x, y, oder z stehen können) bezeichnet man als *Drucktensor*.

ergeben. Die Proportionalitätskonstante η in dieser Beziehung ist der sogenannte *Viskositätskoeffizient* des Mediums. Nimmt u_x mit zunehmendem z zu, dann wirkt das Medium unterhalb der Ebene bremsend auf das Medium oberhalb der Ebene, übt also eine Kraft in der $-$x-Richtung auf dieses aus. Wenn $(\partial u_x/\partial z) > 0$, dann ist damit $P_{zx} < 0$. Das Minuszeichen wurde also in Gl. (8.14) absichtlich eingeführt, damit der Koeffizient η positiv wird. Nach Gl. (8.14) hat der Koeffizient η die Einheit g cm^{-1} s^{-1}.[1]) Die Proportionalitätsbeziehung (8.14) zwischen der Spannung P_{zx} und dem Geschwindigkeitsgradienten $\partial u_x/\partial z$ wurde in Versuchen für die meisten Flüssigkeiten und Gase als gültig bestätigt, vorausgesetzt der Geschwindigkeitsgradient ist nicht zu hoch.

Bemerkung:

Betrachten wir die verschiedenen Kräfte, die bei der einfachen geometrischen Anordnung in Bild 8.4 in der x-Richtung wirken. Das Medium unterhalb der durch z bezeichneten Ebene übt pro Flächeneinheit eine Kraft P_{zx} auf das Medium darüber aus. Da das Medium zwischen dieser Ebene und einer zweiten, mit z' bezeichneten Ebene, in gleichförmiger Bewegung begriffen ist, d. h. nicht beschleunigt ist, muß das Medium oberhalb von z' pro Flächeneinheit eine Kraft $-P_{zx}$ auf das Medium unterhalb von z' ausüben. Nach dem dritten Newtonschen Gesetz übt also auch das Medium unterhalb von z' pro Flächeneinheit eine Kraft P_{zx} auf das Medium oberhalb von z' aus. Pro Flächeneinheit wirkt also die gleiche Kraft P_{zx} auf das Medium oberhalb jeder Ebene sowie auf die obere Platte. Da P_{zx} eine von z unabhängige Konstante ist, folgt auch aus Gl. (8.14), daß $\partial u_x/\partial z$ = const, so daß

$$\frac{\partial u_x}{\partial z} = \frac{u_0}{L}$$

und

$$P_{zx} = -\eta \frac{u_0}{L}.$$

8.2.2. Berechnung des Viskositätskoeffizienten für ein verdünntes Gas

In dem einfachen Fall eines verdünnten Gases können wir den Viskositätskoeffizienten recht einfach anhand mikroskopischer Überlegungen bestimmen. Das Gas hat eine mittlere Geschwindigkeitskomponente u_x (die verglichen mit der mittleren thermischen Geschwindigkeit der Moleküle klein sein soll), wobei u_x eine Funktion von z ist. Nun nehmen wir eine Ebene z = const an. Auf welchen mikroskopischen Voraussetzungen beruht die auf diese Ebene wirkende Spannung P_{zx}? Qualitativ können wir feststellen, daß die Moleküle oberhalb der Ebene z in Bild 8.4 eine etwas größere x-Komponente des Impulses besitzen als die Moleküle unterhalb dieser Ebene. Wenn Moleküle sich durch diese Ebene hin- und herbewegen, dann führen sie diese x-Komponente des Impulses sozusagen mit sich. Das Gas unterhalb der Ebene *gewinnt* dann an Impuls in der x-Richtung, weil die Moleküle, die von oberhalb der Ebene kommen, eine größere x-Komponente des Impulses mit sich tragen. Das Gas oberhalb der Ebene hingegen *verliert* in der x-Richtung an Impuls, da die Moleküle von unterhalb der Ebene eine kleinere x-Komponente des Impulses besitzen. Nach dem zweiten Newtonschen Gesetz ist aber die Kraft, die auf ein System wirkt, gleich der Änderung seines Impulses in der Zeiteinheit. Also ist {die Kraft, die auf das Gas oberhalb einer Ebene von dem Gas darunter ausgeübt wird} einfach gleich {der Impulszunahme pro Zeiteinheit im Gas über der Ebene auf Kosten des Gases unterhalb der Ebene}. Die Kraft P_{zx} aus Gl. (8.13) ist also folgendermaßen definiert:

P_{zx} = die mittlere Zunahme der x-Komponente des Impulses pro Zeit- und Flächeneinheit im Gas oberhalb der Ebene, der sich aus dem Impulstransport der Moleküle ergibt, die sich durch diese Ebene hindurchbewegen. (8.15)

Erläuterung:

Daß die Impulsübertragung Viskosität erzeugt, kann vielleicht am besten durch eine Analogie erklärt werden. Angenommen, zwei Eisenbahnzüge fahren nebeneinander auf parallelen Schienen. Die Geschwindigkeit des einen Zuges ist größer als die des anderen. Wir können uns nun vorstellen, daß von dem einen Zug Sandsäcke hinüber auf den anderen geworfen werden und umgekehrt. Dadurch wird zwischen den beiden Zügen Impuls übertragen, und der langsamere Zug gewinnt dadurch an Geschwindigkeit, der schnellere wird abgebremst.

Um die angenäherte Rechnung des Viskositätskoeffizienten möglichst einfach zu gestalten, nehmen wir an, daß sich alle Moleküle mit gleicher Geschwindigkeit, nämlich mit ihrer mittleren Geschwindigkeit $\bar{v}$, bewegen. Bei n Molekülen pro Volumeneinheit haben n/3 Moleküle Geschwindigkeiten, deren Richtung im wesentlichen mit der z-Richtung zusammenfällt; die Hälfte davon, also n/6 Moleküle pro Volumeneinheit, haben eine Geschwindigkeit $\bar{v}$ in der +z-Richtung, die andere Hälfte der Moleküle hat eine Geschwindigkeit $\bar{v}$ in der $-$z-Richtung. Nun denken wir uns eine Ebene in der Höhe z. Pro Zeiteinheit treten dann $\frac{1}{6}\, n\bar{v}$ Moleküle von unten her durch eine Flächeneinheit der Ebene, und analog passieren $\frac{1}{6}\, n\bar{v}$ Moleküle pro Zeiteinheit eine Flächeneinheit der Ebene von oben her. Aus der Definition der mittleren freien Weglänge ergibt sich aber, daß die Moleküle, die von unten her durch die Ebene treten, im Durchschnitt den letzten Stoß in einer Entfernung l unterhalb der Ebene erfahren haben. Da die mittlere Geschwindigkeit $u_x = u_x(z)$ eine Funktion von z ist, hatten die Moleküle in der Höhe $(z - l)$ im Durchschnitt eine mittlere x-Kom-

[1]) Diese Einheiten werden unter der Einheitsbezeichnung *Poise* zusammengefaßt, d. h., die Viskosität hat nach dem Physiker *Poiseuille* die Einheit Poise.

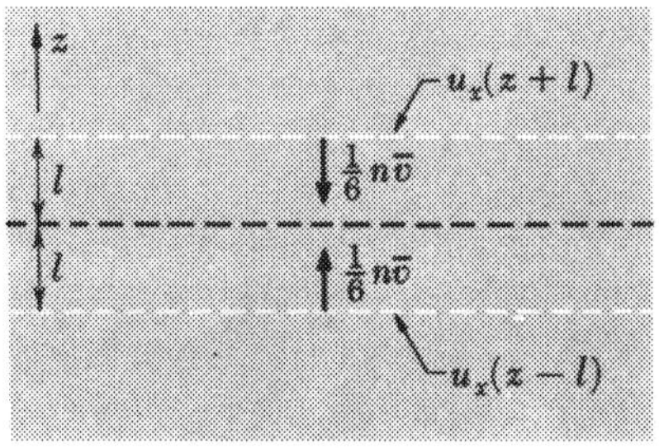

Bild 8.5. Impulsübertragung durch Moleküle, die sich durch eine Ebene hindurchbewegen.

ponente der Geschwindigkeit $u_x(z-l)$ (Bild 8.5). Jedes Molekül der Masse m überträgt also durch die Ebene eine mittlere x-Komponente des Impulses $mu_x(z-l)$. Wir können daraus schließen, daß[1])

[die mittlere x-Komponente des Impulses, der pro Zeiteinheit und Flächeneinheit durch diese Ebene *nach oben* übertragen wird, gleich] $= \left(\frac{1}{6}\, n\bar{v}\right)[mu_x(z-l)]$ (8.16)

Ganz analog liegt der Fall bei Molekülen, die von oben her durch die Ebene treten, und den letzten Stoß bei $(z+l)$ erfahren haben:

[Die mittlere x-Komponente des Impulses, der pro Zeiteinheit und Flächeneinheit durch die Ebene *nach unten* übertragen wird ist gleich] $= \left(\frac{1}{6}\, n\bar{v}\right)[mu_x(z+l)]$ (8.17)

Subtrahieren wir Gl. (8.17) von Gl. (8.16), dann erhalten wir die Nettoübertragung der mittleren x-Komponente des molekularen Impulses pro Zeit- und Flächeneinheit durch die Ebene z von unten nach oben, d. h. die in Gl. (8.15) oder in Gl. (8.13) definierte Kraft P_{zx}:

$$P_{zx} = \left(\frac{1}{6}\, n\bar{v}\right)[mu_x(z-l)] - \left(\frac{1}{6}\, n\bar{v}\right)[mu_x(z+l)]$$

bzw.

$$P_{zx} = \frac{1}{6}\, n\bar{v}m[u_x(z-l) - u_x(z-l)]. \qquad (8.18)$$

Da aber die mittlere freie Weglänge verglichen mit Strecken, über die der Geschwindigkeitsgradient $\partial u_x/\partial z$ sich nennenswert ändert, sehr klein ist, können wir mit sehr guter Näherung

$$u_x(z+l) = u_x(z) + \frac{\partial u_x}{\partial z}\, l$$

und

$$u_x(z-l) = u_x(z) - \frac{\partial u_x}{\partial z}\, l$$

setzen. Daher ist

$$P_{zx} = \frac{1}{6}\, n\bar{v}m\left(-2\,\frac{\partial u_x}{\partial z}\, l\right) = -\eta\,\frac{\partial u_x}{\partial z}, \qquad (8.19)$$

wobei

$$\boxed{\eta = \frac{1}{3}\, n\bar{v}ml.} \qquad (8.20)$$

Beziehung (8.19) zeigt, daß P_{zx} tatsächlich dem Geschwindigkeitsgradienten $\partial u_x/\partial z$ proportional ist, wie schon in Gl. (8.14) angedeutet wurde; Gl. (8.20) ist ein expliziter Näherungsausdruck, der den Viskositätskoeffizienten η mit den mikroskopischen Parametern in Beziehung setzt, die die Moleküle des Gases chrakterisieren.

Die obige Rechnung ist sehr vereinfacht; wir versuchten dabei nicht, die entsprechenden Mittelwerte der verschiedenen Größen genau zu bestimmen. Dem Faktor 1/3 in Gl. (8.20) ist aus diesem Grunde nicht zu hohe Genauigkeit zuzusprechen, eine genauere Berechnung wird vermutlich einen etwas anderen Proportionalitätsfaktor ergeben. Die eigentliche Abhängigkeit zwischen η und den Parametern n, $\bar{v}$, m und l sollte jedoch stimmen.

8.2.3. Diskussion

Anhand des Ergebnisses (8.20) lassen sich einige interessante Voraussagen aufstellen. Nach Gl. (8.9) ist

$$l = \frac{1}{\sqrt{2}\, n\sigma}. \qquad (8.21)$$

Der Parameter n kann dann in Gl. (8.20) gekürzt werden, und es bleibt

$$\eta = \frac{1}{3\sqrt{2}}\,\frac{m}{\sigma}\,\bar{v}. \qquad (8.22)$$

Aus dem Gleichverteilungssatz können wir ein hinreichend genaues Ergebnis für die mittlere Geschwindigkeit $\bar{v}$ erhalten:

$$\frac{1}{2}\, m\overline{v_x^2} = \frac{1}{2}\, kT \quad \text{oder} \quad \overline{v_x^2} = \frac{kT}{m}.$$

[1]) Beachten Sie, daß $u_x(z-l)$ den Wert der mittleren Geschwindigkeit u_x in der Höhe $(z-l)$ angibt und nicht ein Produkt darstellt!

Daher ist

$$\overline{v^2} = \overline{v_x^2} + \overline{v_y^2} + \overline{v_z^2} = 3\,\overline{v_x^2} = \frac{3kT}{m},$$

da aus Symmetriegründen $\overline{v_x^2} = \overline{v_y^2} = \overline{v_z^2}$ sein muß. Im Rahmen der Näherungsberechnungen dieses Kapitels müssen wir nicht zwischen der mittleren Geschwindigkeit $\bar{v}$ und der Wurzel aus der mittleren quadratischen Geschwindigkeit $(\overline{v^2})^{1/2}$ unterscheiden. Daher ist mit ausreichender Genauigkeit

$$\bar{v} \approx \sqrt{\frac{3kT}{m}}. \tag{8.23}$$

Gleichgültig welchen genauen Wert die Proportionalitätskonstante in Gl. (8.23) auch hat, wird die mittlere Geschwindigkeit eines Moleküls nur von der Temperatur, nicht aber von n, der Anzahl der Moleküle pro Volumeneinheit, abhängen. Der Viskositätskoeffizient (8.22) ist dann auch von n unabhängig, und bei einer gegebenen Temperatur T auch vom Druck $\bar{p} = nkT$ des Gases unabhängig.

Dieses Ergebnis ist wirklich bemerkenswert: Es besagt, daß in der Situation aus Bild 8.4, die viskose bremsende Kraft, die das Gas auf die bewegte obere Platte ausübt, bei bestimmter Temperatur immer gleich groß ist, gleichgültig, ob der Druck des Gases zwischen den beiden Platten nun 1 Torr oder 1000 Torr beträgt. Auf den ersten Blick erscheint eine solche Feststellung wohl befremdend, denn gefühlsmäßig möchte man doch erwarten, daß die durch das Gas übertragene Tangentialkraft der Anzahl der vorhandenen Gasmoleküle proportional ist. Dieses scheinbare Paradoxon läßt sich aber recht einfach erklären. Man hat beobachtet, daß bei einer Verdopplung der Gasmoleküle zwar doppelt so viele Moleküle vorhanden sind, um Impuls von einer Platte auf die andere zu übertragen, daß aber die mittlere freie Weglänge eines Moleküls unter diesen Umständen nur mehr halb so groß ist, so daß das betreffende Molekül einen bestimmten Impuls nur mehr halb so weit wie zuvor transportieren kann. Der Nettobetrag der Impulsübertragung bleibt also konstant. Die Tatsache, daß die Viskosität η eines Gases bei gegebener Temperatur nicht von dessen Dichte abhängt, wurde erstmals von *Maxwell* im Jahre 1860 erkannt und auch experimentell bewiesen.

Es ist jedoch selbstverständlich, daß dieses Ergebnis nicht für einen beliebig großen Bereich von Gasdichten gelten kann. Bei der Ableitung der Beziehung (8.20) hatten wir nämlich zwei Annahmen zugrundegelegt:

1. Wir haben angenommen, daß das Gas genügend verdünnt ist, so daß die Wahrscheinlichkeit vernachlässigbar gering ist, daß drei oder mehr Moleküle einander zu gleicher Zeit so nahe kommen, daß sie in nennenswerter Weise wechselwirken können. Wir beschränkten uns daher nur auf Zweiteilchenstöße. Diese Annahme ist gerechtfertigt, wenn die die Dichte n des Gases so gering ist, daß

$$l \gg d \tag{8.24}$$

gilt, wobei $d \approx \sigma^{1/2}$ ein Maß für den Moleküldurchmesser ist.

2. Weiter haben wir angenommen, daß das Gas trotzdem dicht genug ist, daß die Moleküle vor allem mit anderen Molekülen und weniger mit den Wänden des Behälters zusammenstoßen. n muß also groß genug sein, daß

$$l \ll L \tag{8.25}$$

gilt, wobei L die kleinste lineare Dimension des Behälters ist (in Bild 8.4 zum Beispiel ist L die Entfernung der beiden Platten).

Für $n \to 0$, d. h. für Vakuum, muß der Grenzwert der Tangentialkraft, die auf die bewegte Platte in Bild 8.4 wirkt, gleich null sein, da dann kein Gas zur Übertragung der Kraft vorhanden ist. Wird n so klein, daß die Bedingung (8.25) nicht mehr erfüllt ist, dann nimmt die Viskosität η ab und geht gegen null. Wird die mittlere freie Weglänge (8.21) größer als die Dimension L des Behälters, dann stößt ein Molekül hauptsächlich mit den Behälterwänden zusammen und weniger mit anderen Molekülen. Die effektive mittlere freie Weglänge des Moleküls ist dann angenähert gleich L (hängt also nicht mehr von der Anzahl der übrigen Moleküle ab), und η in Gl. (8.22) ist dann n proportional.

Der Bereich von Gasdichten, in dem beide Bedingungen (8.24) und (8.25) befriedigt sind, ist jedoch ziemlich groß, da bei gewöhnlichen makroskopischen Versuchen $L \gg d$ ist. Der Viskositätskoeffizient eines Gases ist also in einem recht weiten Druckbereich vom Gasdruck unabhängig.

Untersuchen wir nun die Temperaturabhängigkeit von η. Kann die Streuung der Moleküle durch die Streuung fester Kugeln angenähert werden, dann ist der durch Gl. (8.2) gegebenen Querschnitt σ einfach eine von T unabhängige Zahl. Aus Gl. (8.22) folgt damit, daß η in gleicher Weise von der Temperatur abhängt wie $\bar{v}$, d. h.,

$$\eta \propto T^{1/2}. \tag{8.26}$$

Allgemein ausgedrückt hängt σ von der mittleren Relativgeschwindigkeit $\bar{v}_{rel}$ der Moleküle ab. Da $\bar{v}_{rel} \propto T^{1/2}$, ist auch σ temperaturabhängig. Tatsächlich ändert sich η mit der Temperatur stärker als in Beziehung (8.26), nämlich ungefähr mit $T^{0,7}$. Qualitativ können wir das dadurch erklären, daß zusätzlich zu einer starken Abstoßung zwischen nahen Molekülen auch noch bei etwas größerer gegenseitiger Entfernung eine schwache Anziehung zwischen Molekülen auftritt. Letztere erhöht die Streuwahrscheinlichkeit für ein Molekül, wird aber bei höheren Temperaturen schwächer, weil die Moleküle dann höhere Geschwindigkeiten haben und deshalb schwerer abzulenken sind. Der Streuquerschnitt σ

nimmt daher mit zunehmender Temperatur *ab*. Wenn T zunimmt, dann nimmt die Viskosität $\eta \propto T^{1/2}/\sigma$ mit der Temperatur stärker als mit $T^{1/2}$ zu.

Wir stellen also fest, daß die Viskosität eines *Gases* mit steigender Temperatur *zunimmt*. Ganz anders verhält es sich jedoch mit der Viskosität einer *Flüssigkeit;* diese nimmt im allgemeinen mit zunehmender Temperatur stark *ab*. Der Grund hierfür liegt darin, daß bei einer Flüssigkeit die Moleküle viel näher beieinander sind. Eine Impulsübertragung durch eine Ebene in einer Flüssigkeit resultiert einerseits aus einer direkten Kraftübertragung zwischen den Molekülen unmittelbar an der Ebene, und andererseits durch Molekularbewegung durch die Ebene hindurch.

Berechnen wir nun näherungsweise die Viskosität η eines typischen Gases bei Zimmertemperatur. Nach Gl. (8.22) ist η von der Größenordnung des mittleren Impulses $m\bar{v}$ eines Moleküls dividiert durch eine typische Molekülfläche. Für Stickstoff (N_2) ist

$$m = [28/(6 \cdot 10^{23})]\,g = 4{,}7 \cdot 10^{-23}\,g,$$

der mittlere Impuls eines Moleküls bei T = 300 K ist also

$$m\bar{v} \approx \sqrt{3mkT} = 2{,}4 \cdot 10^{-18}\,g\,cm\,s^{-1}.$$

Wenn der Moleküldurchmesser von der Größenordnung $d \approx 2 \cdot 10^{-8}$ cm ist, dann ergibt sich für $\sigma \approx \pi d^2 \approx \approx 1{,}2 \cdot 10^{-15}$. Gl. (8.22) liefert damit

$$\eta = \frac{1}{3\sqrt{2}}\,\frac{m\bar{v}}{\sigma} \approx 5 \cdot 10^{-4}\,g\,cm^{-1}\,s^{-1}.$$

Als Vergleich sei der gemessene Viskositätskoeffizient η für N_2 bei 300 K angegeben: $\eta = 1{,}78 \cdot 10^{-4}\,g\,cm^{-1}\,s^{-1}$.

Kombinieren wir Gl. (8.22) und Gl. (8.23), so erhalten wir für den Viskositätskoeffizienten den Näherungsausdruck

$$\eta \approx \frac{1}{\sqrt{6}}\,\frac{\sqrt{mkT}}{\sigma}. \tag{8.27}$$

8.3. Wärmeleitfähigkeit und die Übertragung von Energie

8.3.1. Definition des Koeffizienten der Wärmeleitfähigkeit

Betrachten wir einen Stoff, in dem die Temperatur *nicht* überall gleich hoch ist. Nehmen wir an, die Temperatur T ist eine Funktion der z-Koordinate: T = T(z) (Bild 8.6). Der Stoff ist dann selbstverständlich nicht im Gleichgewicht. Da aber immer der Gleichgewichtszustand angestrebt wird, ändert sich der Zustand des Stoffes insofern, als von den Bereichen höherer zu den Bereichen niedrigerer absoluter Temperatur Wärme fließt. Nehmen

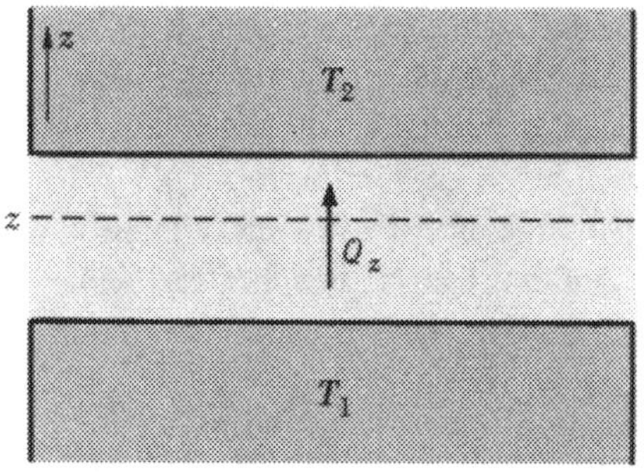

$T_2 > T_1,\quad Q_z < 0$

Bild 8.6. Ein Stoff ist in thermischem Kontakt mit zwei Körpern, deren absolute Temperatur T_1 bzw. T_2 ist. Wenn $T_2 > T_1$, dann fließt Wärme in der -z-Richtung von dem Bereich höherer in den Bereich niedrigerer Geschwindigkeit, und Q_z ist dann negativ.

wir eine Ebene z = const an. Wir interessieren uns dann für die Größe

Q_z = Die Wärmemenge, die pro Zeiteinheit in der +z-Richtung durch eine Flächeneinheit der Ebene tritt. (8.28)

Die Größe Q_z ist die sogenannte *Wärmeflußdichte* in der z-Richtung. Ist die Temperatur gleichförmig verteilt, dann ist $Q_z = 0$. Ist die Temperatur nicht überall gleich, dann führen ähnliche Argumente wie im Fall der Viskosität zu der Feststellung, daß Q_z in guter Näherung dem Temperaturgradienten $\partial T/\partial z$ proportional sein müßte, vorausgesetzt, dieser ist nicht zu groß. Wir können also

$$\boxed{Q_z = -\kappa\,\frac{\partial T}{\partial z}} \tag{8.29}$$

setzen. Die Proportionalitätskonstante κ ist die *Wärmeleitfähigkeit* des betreffenden Stoffes. Da Wärme immer von einem Bereich höherer zu einem Bereich niedrigerer absoluter Temperatur fließt, ist $Q_z < 0$, wenn $\partial T/\partial z > 0$ ist. Das Minuszeichen wurde in Gl. (8.29) gesetzt, damit κ positiv wird. Die Beziehung (8.29) gilt für praktisch alle Gase, Flüssigkeiten und isotrope Festkörper.

8.3.2. Berechnung der Wärmeleitfähigkeit eines verdünnten Gases

Im einfachen Fall eines verdünnten Gases kann die Wärmeleitfähigkeit mit ähnlichen Argumenten berechnet werden, wie sie bei der Untersuchung der Viskosität eines Gases verwendet wurden. In einem Gas ist eine Ebene z = const gegeben, und T = T(z). Wärme wird nun dadurch übertragen, daß Moleküle von oberhalb und unterhalb durch diese Ebene treten. Ist $\partial T/\partial z > 0$, dann hat ein von oberhalb der Ebene kommendes Molekül eine mittlere Energie $\bar{\epsilon}(T)$, die größer ist als die eines Moleküls von unterhalb der Ebene. Daraus resultiert ein Energietransport von dem Bereich oberhalb der Ebene in den darunter liegenden. Quantitativ betrachtet stellen wir fest, daß wieder ungefähr $\frac{1}{6}$ $n\bar{v}$ Moleküle pro Zeiteinheit von oben her durch eine Flächeneinheit der Ebene treten, und ebensoviele werden von unten her hindurchtreten.[1]) n ist die mittlere Anzahl der Moleküle pro Volumeneinheit in der Höhe der Ebene z, und $\bar{v}$ ist die mittlere Geschwindigkeit der Moleküle. Moleküle, die von unten her durch die Ebene treten, haben im Durchschnitt den letzten Stoß in einer Entfernung einer mittleren freien Weglänge l von der Ebene erfahren. Da aber die Temperatur eine Funktion von z ist, und da die mittlere Energie $\bar{\epsilon}$ eines Moleküls von T abhängt, muß die mittlere Energie $\bar{\epsilon}$ eines Moleküls auch von der Höhe z abhängen, in der der letzte Zusammenstoß stattfand: $\bar{\epsilon} = \bar{\epsilon}(z)$. Die von unten her durch die Ebene tretenden Moleküle besitzen also eine mittlere Energie $\bar{\epsilon}(z-l)$, die sie beim letzten Zusammenstoß in der Höhe $(z-l)$ annahmen (Bild 8.7). Also ist

$$\left[\begin{array}{l}\text{die mittlere Energie,}\\ \text{die pro Zeiteinheit}\\ \text{von unten her durch}\\ \text{eine Flächeneinheit}\\ \text{der Ebene transpor-}\\ \text{tiert wird,}\end{array}\right] = \frac{1}{6}\, n\bar{v}\bar{\epsilon}(z-l). \tag{8.30}$$

Ganz analog haben die Moleküle, die von oben her durch die Ebene treten, ihren letzten Zusammenstoß in der Höhe $(z+l)$ erfahren. Hier ist dann

$$\left[\begin{array}{l}\text{die mittlere Energie,}\\ \text{die pro Zeiteinheit}\\ \text{von oben her durch}\\ \text{eine Flächeneinheit}\\ \text{der Ebene transpor-}\\ \text{tiert wird}\end{array}\right] = \frac{1}{6}\, n\bar{v}\bar{\epsilon}(z+l). \tag{8.31}$$

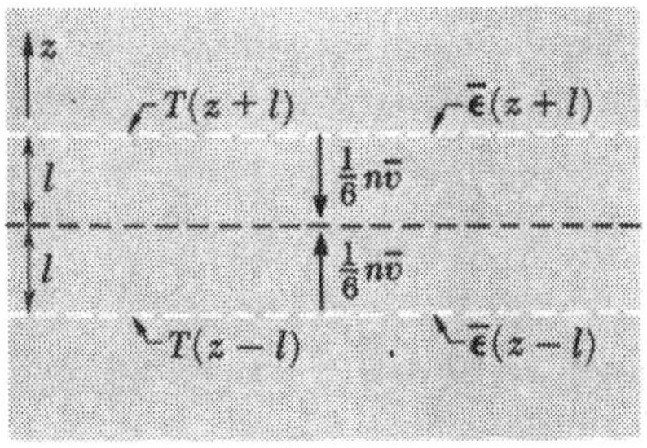

Bild 8.7. Energietransport durch Moleküle, die sich durch eine Ebene hindurchbewegen.

---

[1]) Da die Wärmeleitfähigkeit eines Gases gemessen wird, wenn das Gas sich in stationärem Zustand befindet, also keine Konvektion in dem Gas auftritt, muß die Anzahl der Moleküle, die pro Sekunde von einer Seite durch eine Flächeneinheit einer Ebene treten, gleich der Anzahl der Moleküle sein, die pro Sekunde von der anderen Seite her durch diese Fläche treten. In unserer vereinfachten Berechnung können wir dann das Produkt $n\bar{v}$ als konstant ansehen und die Tatsache außer acht lassen, daß der Temperaturgradient leicht unterschiedliche Werte für n und $\bar{v}$ oberhalb und unterhalb der Ebene bewirkt.

Subtrahieren wir Gl. (8.31) von Gl. (8.30), dann erhalten wir den *Nettoenergiefluß* Q_z, der die Ebene in der +z-Richtung von unten her durchsetzt. Also ist

$$Q_z = \frac{1}{6}\, n\bar{v}[\bar{\epsilon}(z-l) - \bar{\epsilon}(z+l)$$

$$= \frac{1}{6}\, n\bar{v}\left[\left\{\bar{\epsilon}(z) - l\,\frac{\partial\bar{\epsilon}}{\partial z}\right\} - \left\{\bar{\epsilon}(z) + l\,\frac{\partial\bar{\epsilon}}{\partial z}\right\}\right]$$

bzw.

$$Q_z = \frac{1}{6}\, n\bar{v}\left[-2l\,\frac{\partial\bar{\epsilon}}{\partial z}\right] = -\frac{1}{3}\, n\bar{v}l\,\frac{\partial\bar{\epsilon}}{\partial T}\,\frac{\partial T}{\partial z}, \tag{8.32}$$

da $\bar{\epsilon}$ durch die Temperatur T mit z in Beziehung steht. Führen wir die verkürzte Schreibweise

$$c = \frac{\partial\bar{\epsilon}}{\partial T} \tag{8.33}$$

ein – c ist die Wärmekapazität bei konstantem Volumen pro *Molekül* – dann ergibt Gl. (8.32) die Beziehung

$$Q_z = -\kappa\,\frac{\partial T}{\partial z}, \tag{8.34}$$

wobei

$$\boxed{\kappa = \frac{1}{3}\, n\bar{v}cl.} \tag{8.35}$$

Die Beziehung (8.34) zeigt, daß Q_z tatsächlich, wie in Gl. (8.29) angedeutet von dem Temperaturgradienten abhängig ist. Die Beziehung (8.35) führt die Wärmeleitfähigkeit κ eines Gases auf grundlegende molekulare Größen zurück.

8.3.3. Diskussion

Wiederum kann der Faktor 1/3, den wir in Gl. (8.35) erhielten, nicht als allzu genau bezeichnet werden. Die Abhängigkeit des κ von all den signifikanten Parametern ist in Gl. (8.35) jedoch korrekt wiedergegeben. Da $l \propto n^{-1}$, kürzt sich die Dichte n auch hier. Mit Gl. (8.21) erhalten wir dann für die Wärmeleitfähigkeit (8.35)

$$\kappa = \frac{1}{3\sqrt{2}}\,\frac{c}{\sigma}\,\bar{v}. \tag{8.36}$$

Bei gegebener Temperatur ist also die Wärmeleitfähigkeit κ vom Druck des Gases *unabhängig*. Dies ist genauso zu begründen wie die gleiche Eigenschaft der Viskosität η und ist für einen Druckbereich gültig, in dem die mittlere freie Weglänge l die Bedingung $d \ll l \ll L$ befriedigt (d ist der Moleküldurchmesser und L die kleinste Dimension des Behälters).

Für ein einatomiges Gas ergibt sich aus dem Gleichverteilungssatz $\bar{\epsilon} = \frac{3}{2}\,kT$. Die Wärmekapazität pro Molekül ist dann einfach gleich $c = \frac{3}{2}\,k$.

Da $\bar{v} \propto T^{1/2}$ ist und c gewöhnlich temperaturunabhängig ist, liefert Gl. (8.36), wenn sie auf Moleküle angewendet wird, die ähnlich wie feste Kugeln wechselwirken, die Temperaturabhängigkeit

$$\kappa \propto T^{1/2}. \qquad (8.37)$$

Ganz allgemein: σ ist ebenfalls temperaturabhängig, und zwar in der bei der Viskosität diskutierten Art. κ nimmt dadurch mit steigender Temperatur stärker zu, als es Gl. (8.37) ausdrückt.

Wir können die Größenordnung von κ für ein Gas bei Zimmertemperatur leicht bestimmen, indem wir die entsprechenden Zahlenwerte in Gl. (8.36) einsetzen. Ein typischer Wert ist zum Beispiel die gemessene Wärmeleitfähigkeit von Argon bei 273 K: $\kappa = 1{,}65 \cdot 10^{-4}\,\mathrm{W\,cm^{-1}\,K^{-1}}$.

Wenn wir für $\bar{v}$ das Ergebnis (8.23) einsetzen, dann liefert Beziehung (8.35) für die Wärmeleitfähigkeit den Näherungsausdruck

$$\kappa \approx \frac{1}{\sqrt{6}} \frac{c}{\sigma} \sqrt{\frac{kT}{m}} \qquad (8.38)$$

Ein Vergleich der Ausdrücke (8.35) für die Wärmeleitfähigkeit κ und (8.20) für die Viskosität η zeigt schließlich, daß sie hinsichtlich der Form recht ähnlich sind. Tatsächlich ergibt das Verhältnis

$$\frac{\kappa}{\eta} = \frac{c}{m}. \qquad (8.39)$$

Multiplizieren wir in Gl. (8.39) Zähler und Nenner mit der Avogadroschen Zahl N_A, dann ergibt sich

$$\frac{\kappa}{\eta} = \frac{c_V}{\mu},$$

wobei $c_V = N_A c$ die Molwärme des Gases bei konstantem Volumen und $\mu = N_A m$ das Molekulargewicht ist. Zwischen den beiden Transportkoeffizienten κ und η besteht also eine einfache Beziehung, die experimentell sehr leicht nachzuprüfen ist. Dabei stellt sich heraus, daß das Verhältnis $(\kappa/\eta)\,(c/m)^{-1}$ Werte im Bereich zwischen 1,3 und 2,5 ergibt, und nicht gleich eins ist, wie nach Gl. (8.39) zu erwarten wäre. Angesichts der Einfachheit der Argumente, die zu den Ausdrücken für κ und η führten, können wir uns eher über den Grad dieser Übereinstimmung freuen als über die Diskrepanz der beiden Beziehungen erstaunt sein. Teilweise können diese Diskrepanzen dadurch erklärt werden, daß wir bei unserer Berechnung ja keinerlei Effekte in Betracht gezogen haben, die auf der Verteilung der Molekulargeschwindigkeiten beruhen, Schnellere Moleküle werden zum Beispiel öfter durch eine bestimmte Ebene treten als langsamere. Im Fall der Wärmeleitfähigkeit übertragen diese schnelleren Moleküle auch mehr kinetische Energie, bei der Viskosität hingegen haben schnellere Moleküle keine größere mittlere x-Komponente des Impulses. Wir sehen also, daß das Verhältnis κ/η tatsächlich etwas größere Werte liefern muß als nach Gl. (8.39) zu erwarten wäre.

8.4. Selbstdiffusion und der Transport von Masse (d. h. Molekülen)

8.4.1. Definition des Selbstdiffusionskoeffizienten

Ein Stoff besteht aus gleichartigen Molekülen. Eine bestimmte Anzahl dieser Moleküle soll auf irgend eine Weise gekennzeichnet sein. Einige der Moleküle können zum Beispiel dadurch charakterisiert sein, daß ihre Kerne radioaktiv sind. Mit n_1 ist die Anzahl der gekennzeichneten Moleküle pro Volumeneinheit bezeichnet. Im Gleichgewichtszustand sind die gekennzeichneten Moleküle gleichförmig über das gesamte zur Verfügung stehende Volumen verteilt, n_1 ist dann ortsunabhängig. Sind diese Moleküle jedoch *nicht* gleichförmig verteilt, dann *ist* n_1 ortsabhängig, d. h., n_1 hängt von z ab: $n_1 = n_1(z)$. (Die *Gesamtanzahl* n der Moleküle pro Volumeneinheit wird aber als konstant angenommen, damit die Moleküle des Stoffes insgesamt keine resultierende Bewegung haben.) In diesem Fall herrscht kein Gleichgewicht. Die gekennzeichneten Moleküle werden sich also derart bewegen, daß schließlich der Gleichgewichtszustand erreicht wird, in dem sie gleichförmig verteilt sind. Betrachten wir eine Ebene z = const, dann ist die Flußdichte der gekennzeichneten Moleküle gleich

J_z = der mittleren Anzahl von gekennzeichneten Molekülen, die pro Zeiteinheit in der +z-Richtung durch eine Flächeneinheit der Ebene treten. (8.40)

Ist die Dichte n_1 homogen, dann ist $J_z = 0$. Ist n_1 nicht homogen, dann sollte J_z mit guter Näherung dem Konzentrationsgradienten $\partial n_1/\partial z$ der gekennzeichneten Moleküle proportional sein. Wir können also

$$\boxed{J_z = -D\,\frac{\partial n_1}{\partial z}} \qquad (8.41)$$

ansetzen, wobei die Proportionalitätskonstante D der sogenannte *Selbstdiffusionskoeffizient* des betreffenden Stoffes ist. Ist $\partial n_1/\partial z > 0$, dann ist der Strom gekennzeichneter Teilchen in −z-Richtung gerichtet, damit die Konzentrationsunterschiede ausgeglichen werden, d. h., $J_z < 0$. Das Minuszeichen wurde in Gl. (8.41) eingeführt, um D positiv zu machen. Die Beziehung (8.41) stellt eine recht gute Beschreibung der Selbstdiffusion von Molekülen in Gasen, Flüssigkeiten, und isotropen Festkörpern dar.[1])

---

1) Von *Selbstdiffusion* spricht man, wenn die diffundierenden Moleküle, abgesehen von ihrer Kennzeichnung, von der gleichen Art sind wie die übrigen Moleküle des Stoffes. Ein allgemeinerer und etwas komplizierter Fall ist der der *Fremddiffusion*, bei der die Moleküle verschiedenartig sind (z. B. Diffusion von Heliummolekülen in Argon).

8.4.2. Die Diffusionsgleichung

Es muß darauf hingewiesen werden, daß für die Größe n_1 nach Beziehung (8.41) eine einfache Differentialgleichung gilt. Betrachten wir das Problem in einer Dimension. $n_1(z, t)$ ist die Anzahl der gekennzeichneten Moleküle pro Volumeneinheit, die sich zur Zeit t in der Position z befinden. Stellen wir uns eine Schicht des betreffenden Stoffes der Dicke dz und der Fläche A vor (Bild 8.8). Da die Gesamtanzahl der gekennzeichneten Moleküle konstant ist, können wir feststellen, daß {die Zunahme der Anzahl der gekennzeichneten Moleküle pro Zeiteinheit in dieser Schicht} gleich sein muß {der Anzahl von gekennzeichnenten Molekülen, die in die Schicht pro Zeiteinheit durch deren Fläche bei z eintreten} minus {der Anzahl der gekennzeichneten Moleküle, die die Schicht pro Zeiteinheit durch die Fläche bei (z + dz) verlassen}. Mathematisch können wir das wie folgt schreiben:

$$\frac{\partial}{\partial t}(n_1 A dz) = A J_z(z) - A J_z(z + dz).$$

Daher ist

$$\frac{\partial n_1}{\partial t} dz = J_z(z) - \left[J_z(z) + \frac{\partial J_z}{\partial z} dz\right]$$

bzw.

$$\frac{\partial n_1}{\partial t} = -\frac{\partial J_z}{\partial z}. \tag{8.42}$$

Diese Gleichung besagt eigentlich nichts anderes als daß die Anzahl der gekennzeichneten Moleküle gleichbleibt. Mit Beziehung (8.41) erhalten wir dann

$$\frac{\partial n_1}{\partial t} = D \frac{\partial^2 n_1}{\partial z^2} \tag{8.43}$$

Dies ist die gesuchte Differentialgleichung, die *Diffusionsgleichung,* der $n_1(z, t)$ genügt.

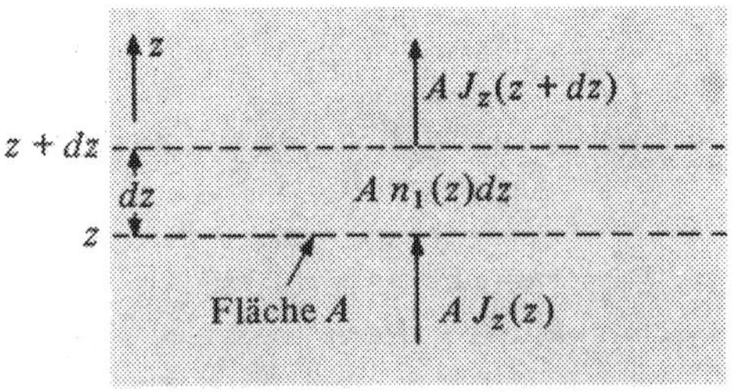

Bild 8.8. Die Anzahl der gekennzeichneten Moleküle bleibt bei der Diffusion erhalten.

8.4.3. Berechnung des Selbstdiffusionskoeffizienten für ein verdünntes Gas

Im einfachen Fall eines verdünnten Gases können wir den Selbstdiffusionskoeffizienten einfach über die mittlere freie Weglänge berechnen, wobei wir uns im wesentlichen der Argumente der letzten beiden Abschnitte bedienen. In dem Gas ist eine Ebene z = const gegeben (Bild 8.9). Da $n_1 = n_1(z)$, ist die mittlere Anzahl der gekennzeichneten Moleküle, die pro Zeiteinheit von oben her durch eine

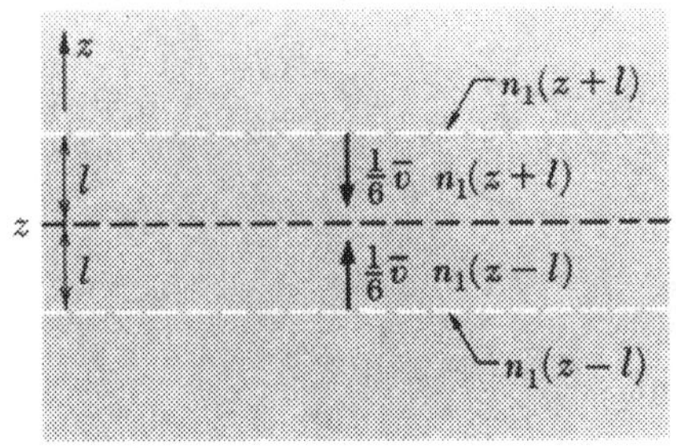

Bild 8.9. Transport gekennzeichneter Moleküle durch eine Ebene.

Flächeneinheit dieser Ebene treten, gleich $\frac{1}{6}\,\bar{v} n_1(z + l)$; die mittlere Anzahl der gekennzeichneten Moleküle, die pro Zeiteinheit von unten her durch eine Flächeneinheit dieser Ebene treten, ist gleich $\frac{1}{6}\,\bar{v} n_1(z - l)$. Für den Fluß gekennzeichneter Moleküle, die von unten her, in der +z-Richtung, netto durch eine Flächeneinheit der Ebene treten, erhalten wir also

$$J_z = \frac{1}{6}\,\bar{v} n_1(z - l) - \frac{1}{6}\,\bar{v} n_1(z + l)$$

$$= \frac{1}{6}\,\bar{v}[n_1(z - l) - n_1(z + l)] = \frac{1}{6}\,\bar{v}\left[-2\frac{\partial n_1}{\partial z} l\right]$$

bzw.

$$J_z = -D\frac{\partial n_1}{\partial z}, \tag{8.44}$$

wobei

$$\boxed{D = \frac{1}{3}\,\bar{v}\,l} \tag{8.45}$$

Gl. (8.44) zeigt explizit, daß J_z dem Konzentrationsgradienten proportional ist, wie schon aus der allgemeinen Beziehung (8.41) zu ersehen war; Gl. (8.45) ist ein Näherungsausdruck für den Selbstdiffusionskoeffizienten, der diesen in Beziehung zu elementaren molekularen Größen setzt.

Um D noch expliziter ausdrücken zu können, brauchen wir nur die Beziehungen (8.10) und (8.23) heranziehen. Es ist

$$l = \frac{1}{\sqrt{2} n \sigma} = \frac{1}{\sqrt{2}\sigma}\frac{kT}{\bar{p}}$$

und

$$\bar{v} \approx \sqrt{\frac{3kT}{m}}.$$

Daher ist

$$D \approx \frac{1}{\sqrt{6}}\frac{1}{\bar{p}\sigma}\sqrt{\frac{(kT)^3}{m}}. \tag{8.46}$$

Der Selbstdiffusionskoeffizient D *hängt* also vom Druck des Gases ab. Bei gegebener Temperatur T ist

$$D \propto \frac{1}{n} \propto \frac{1}{p} \tag{8.47}$$

und bei einem bestimmten Druck ist

$$D \propto T^{3/2}, \tag{8.48}$$

wenn die Moleküle wie feste Kugeln streuen, d. h. σ eine von T unabhängige Konstante ist.

Mit Gl. (8.45) können wir D für Zimmertemperatur und Normaldruck größenordnungsmäßig berechnen:

$$\frac{1}{3}\,\bar{v}\,l \approx \frac{1}{3}\,(5 \cdot 10^4)\,(3 \cdot 10^{-5})\ \mathrm{cm^2\,s^{-1}} \approx 0{,}5\ \mathrm{cm^2\,s^{-1}}.$$

Der experimentell gemessene Wert von D für N_2 ist bei 273 K und 1 atm gleich 0,185 $\mathrm{cm^2\,s^{-1}}$.

Vergleichen wir Gl. (8.45) und den Viskositätskoeffizienten η in Gl. (8.20), dann können wir die folgende Beziehung aufstellen:

$$\frac{D}{\eta} = \frac{1}{nm} = \frac{1}{\rho} \tag{8.49}$$

Hier ist ρ die Dichte des Gases [die bisher als Dichte bezeichnete Größe n ist die sogenannte numerische Dichte (Teilchendichte), während ρ die Masse pro Volumeneinheit angibt]. Experimentell wurde festgestellt, daß das Verhältnis $(D\rho/\eta)$ Werte im Bereich zwischen 1,3 und 1,5 liefert, und nicht, wie nach Gl. (8.49) zu erwarten wäre, gleich eins ist. Angesichts der Tatsache, daß unsere einfachen Berechnungen ja nur Näherungen darstellen, können wir mit dieser Übereinstimmung zwischen Theorie und Versuchsergebnissen eigentlich zufrieden sein.

8.4.4. Diffusion als eine Zufallsbewegung

Angenommen, es werden zu einem bestimmten Anfangszeitpunkt t = 0 in die Ebene z = 0 N_1 gekennzeichnete Moleküle eingebracht. Mit der Zeit diffundieren diese Moleküle von der Ebene weg und verteilen sich im Raum (Bild 8.10). Die Anzahl $n_1(z, t)$ von Molekülen pro Volumeneinheit zu einer Zeit t und in einer Höhe z erhalten wir dann aus der Diffusionsgleichung (8.43). Wir können den Diffusionsprozeß aber auch als eine Zufallsbewegung der gekennzeichneten Moleküle behandeln. In diesem Fall wenden wir die Überlegungen aus Kapitel 2 an, um die wesentlichen Eigenschaften eines Diffusionsprozesses zu untersuchen. Wir nehmen an, daß die Verschiebungen, die ein gekennzeichnetes Molekül zwischen aufeinanderfolgenden Stößen erfährt, statistisch unabhängig sind. Mit s_i ist die z-Komponente der i-ten Verschiebung des Moleküls bezeichnet. Befindet sich das Molekül anfangs in z = 0, dann ist die z-Komponente seines Lagevektors nach N Verschiebungen durch

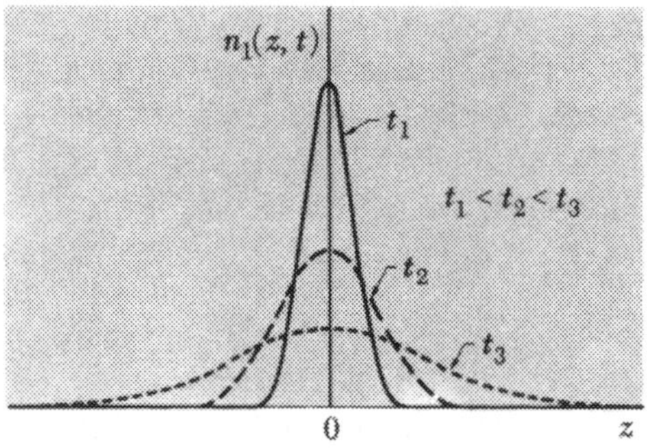

Bild 8.10. Die Anzahl $n_1(z, t)$ gekennzeichneter Moleküle pro Volumeneinheit als Funktion von z zu verschiedenen Zeitpunkten t. t = 0 ist der Anfangszeitpunkt, zu dem diese Moleküle bei der Ebene z = 0 in das System eingebracht wurden. Die Flächen unter den Kurven sind gleich. Sie entsprechen der Gesamtzahl N_1 der gekennzeichneten Moleküle.

$$z = \sum_{i=1}^{N} s_i \tag{8.50}$$

gegeben. Nachdem die Richtung einer jeden Verschiebung vollkommen zufällig ist, wird der Mittelwert jeder Verschiebung gleich null sein, d. h., $\bar{s}_i = 0$. Der Mittelwert der Summe ist dann ebenfalls gleich null, so daß $\bar{z} = 0$. Die Kurven in Bild 8.10 sind deshalb um den Wert z = 0 symmetrisch. Analog zu Gl. (2.49) ergibt sich aus Beziehung (8.50) dann für die Streuung von z

$$\overline{z^2} = \sum_i \overline{s_i^2} + \sum_i \sum_{\substack{j \\ i \neq j}} \overline{s_i s_j}. \tag{8.51}$$

Da die Verschiebungen aber statistisch unabhängig sind, gilt $\overline{s_i s_j} = \bar{s}_i \bar{s}_j = 0$. Gl. (8.51) vereinfacht sich damit zu

$$\overline{z^2} = N\,\overline{s^2}. \tag{8.52}$$

Ist die Geschwindigkeit eines Moleküls **v**, dann wird die z-Komponente seiner Verschiebung in der Zeitspanne t′ gleich $s = v_z t'$ sein. Die mittlere quadratische Verschiebung während der mittleren freien Zeitspanne τ, die für eine Verschiebung zur Verfügung steht, ist dann näherungsweise

$$\overline{s^2} \approx \overline{v_z^2}\,\tau^2 = \frac{1}{3}\,\overline{v^2}\,\tau^2, \tag{8.53}$$

wobei wir

$$\overline{v^2} = \overline{v_x^2} + \overline{v_y^2} + \overline{v_z^2} = 3\,\overline{v_z^2}$$

setzten, da

$$\overline{v_x^2} = \overline{v_y^2} = \overline{v_z^2}$$

aus Symmetriegründen gilt. Die Gesamtanzahl N molekularer Verschiebungen während der Gesamtzeit t muß dann annähernd gleich t/τ sein. Gl. (8.52) ergibt also für die mittlere quadratische z-Komponente der Verschiebung eines gekennzeichneten Moleküls während der Zeit t den Näherungsausdruck

$$\overline{z^2} \approx \frac{t}{\tau}\left(\frac{1}{3}\overline{v^2}\tau^2\right) = \left(\frac{1}{3}\overline{v^2}\tau\right) t. \tag{8.54}$$

Die Breite der Kurven in Bild 8.10 ist durch die Quadratwurzel von $\overline{z^2}$ dargestellt, d. h. durch die Standardabweichung

$$\underset{\sim}{\Delta} z = (\overline{z^2})^{1/2} \propto t^{1/2}.$$

Das Ausmaß der Verteilung der gekennzeichneten Moleküle, das durch die Breite der Kurven in Bild 8.10 angegeben ist, nimmt also mit der Zeit zu und zwar proportional zu $N^{1/2}$ oder $t^{1/2}$. Durch dieses Ergebnis wird die statistische Natur des Diffusionsprozesses aufgezeigt. Wir können zeigen, daß die Beziehung (8.54) mit den Voraussagen übereinstimmt, die auf der Diffusionsgleichung (8.43) und der durch Gl. (8.45) gegebenen Diffusionskonstante basieren.

8.5. Elektrische Leitfähigkeit und der Transport von Ladung

Betrachten wir ein System (Flüssigkeit, Festkörper oder Gas), das frei bewegliche geladene Teilchen enthält. In einem schwachen homogenen elektrischen Feld E, das in x-Richtung wirkt, stellt sich eine Nichtgleichgewichtssituation ein, bei der eine elektrische Stromdichte j_z in dieser Richtung besteht. Mit einer Ebene z = const, ist die Stromdichte durch

j_z = die elektrische Ladung, die im Mittel pro Zeiteinheit in +z-Richtung durch eine Flächeneinheit dieser Ebene tritt (8.55)

definiert. Natürlich ist die Stromdichte gleich null wenn im Gleichgewicht E = 0, d. h., wenn keine Kräfte auf die geladenen Teilchen einwirken. Ist das elektrische Feld E schwach genug, dann sollte für j_z die lineare Beziehung

$$\boxed{j_z = \gamma E} \tag{8.56}$$

gelten. Die Proportionalitätskonstante ist die *elektrische Leitfähigkeit* des Systems. Die Beziehung (8.56) ist eine Form des *Ohmschen Gesetzes.*

Betrachten wir nun ein verdünntes Gas von Teilchen, die die Masse m und die Ladung Q haben. Dieses System soll mit einem zweiten Teilchensystem in Wechselwirkung stehen, dessen Teilchen die geladenen Teilchen streuen können. Ein einfaches Beispiel für diesen Fall ist durch eine relativ kleine Anzahl von Ionen (oder Elektronen) in einem Gas gegeben, wobei die Ionen im wesentlichen durch Zusammenstöße mit den neutralen Gasmolekülen gestreut werden sollen. Ein anderes Beispiel sind Elektronen in einem Metall, wobei die Elektronen durch die schwingenden Atome des Festkörpers oder durch Fremdatome im Festkörper gestreut werden.[1]) Wirkt ein elektrisches Feld E in der z-Richtung, dann besitzen die geladenen Teilchen eine mittlere Geschwindigkeitskomponente $\bar{v}_z$. Die mittlere Anzahl der Teilchen, die durch eine Flächeneinheit senkrecht zur z-Richtung pro Zeiteinheit hindurchtreten, ist dann durch $n\bar{v}_z$ gegeben, wenn n die numerische Dichte der geladenen Teilchen ist. Da jedes Teilchen die Ladung Q mit sich führt, erhalten wir

$$j_z = nQ\bar{v}_z \tag{8.57}$$

Wir brauchen nun nur noch $\bar{v}_z$ zu berechnen. Der Anfangszeitpunkt unmittelbar nach dem letzten Stoß des Teilchens ist t = 0. Die Bewegungsgleichung für das Teilchen zwischen diesem Stoß und dem folgenden lautet

$$m\frac{dv_z}{dt} = QE.$$

Daher ist

$$v_z = \frac{QE}{m}t + v_z(0). \tag{8.58}$$

Zur Bestimmung des Mittelwerts $\bar{v}_z$ müssen wir zuerst Gl. (8.58) über alle möglichen Geschwindigkeiten $v_z(0)$ unmittelbar nach einem Stoß mitteln und hierauf Gl. (8.58) über alle möglichen Zeiten t mitteln, die das Teilchen unterwegs sein kann, bevor es den nächsten Zusammenstoß erfährt. Wir nehmen an, daß das Teilchen unmittelbar nach einem Stoß wieder in thermisches Gleichgewicht zurückkehrt; die Geschwindigkeit **v**(0) unmittelbar nach einem Stoß ist dann zufällig gerichtet, d. h., $\bar{v}_z = 0$, gleichgültig, was mit dem Teilchen vor diesem Zusammenstoß geschah.[2]) Da die mittlere Zeitdauer bis zum nächsten Stoß als Stoßzeit τ definiert ist, ergibt eine Mittelung von Gl. (8.58) einfach

$$\bar{v}_z = \frac{QE}{m}\tau. \tag{8.59}$$

Der Ausdruck (8.57) für die Stromdichte erhält dann die Form

$$j_z = \gamma E, \tag{8.60}$$

[1]) Dieses Beispiel, Elektronen in Metall, beinhaltet jedoch einige Feinheiten, da für diese Elektronen nicht die klassische Maxwellsche Verteilung der Geschwindigkeiten gilt (dies wurde am Ende des Abschnitts 6.3 diskutiert), sondern die sogenannte *Fermi-Dirac-Verteilung*, die sich aus einer strengen quantenmechanischen Untersuchung des Elektronengases ergibt.

[2]) Man kann das als sehr gute Näherung bezeichnen, wenn das geladene Teilchen mit Teilchen sehr viel größerer Masse zusammenstößt. Ansonsten bleibt dem geladenen Teilchen nach jedem Zusammenstoß ein Teil der z-Komponente der Geschwindigkeit erhalten. Wir werden Korrekturen für solche Geschwindigkeits-Rest-Effekte hier jedoch nicht in Betracht ziehen.

wobei

$$\boxed{\gamma = \frac{nQ^2}{m}\,\tau.} \tag{8.61}$$

Also ist j_z tatsächlich E proportional, wie nach Gl. (8.56) zu erwarten war; Gl. (8.61) ist ein expliziter Ausdruck für die elektrische Leitfähigkeit γ in Abhängigkeit von mikroskopischen Parametern, die für das betreffende Gas charakteristisch sind. Die Beziehung (8.61) gilt ganz allgemein, auch für Elektronen in Metallen.

Beruht die Leitfähigkeit eines Gases auf einer kleinen Anzahl von Ionen, dann sind die Stöße, die die mittlere freie Weglänge eines Ions beschränken, hauptsächlich Zusammenstöße mit neutralen Gasmolekülen.[1] σ ist der Gesamtstreuquerschnitt eines Ions bei Streuung durch Moleküle, und n_1 ist die Anzahl der Moleküle der Masse $m_1 \gg m$ pro Volumeneinheit. Die thermische Geschwindigkeit der Ionen ist dann viel größer als die der Moleküle, und die mittlere Relativgeschwindigkeit bei einem Ion-Molekül-Stoß ist dann einfach gleich der mittleren Ionengeschwindigkeit $\bar{v}$. Die mittlere freie Zeitspanne τ eines Ions ist dann nach Gl. (8.4) einfach gleich

$$\tau = \frac{1}{n_1 \sigma \bar{v}}.$$

Wenn wir für $\bar{v}$ den Ausdruck (8.23) einsetzen, dann ergibt Gl. (8.61) den Näherungsausdruck

$$\gamma = \frac{nQ^2}{n_1 m\sigma\bar{v}} = \frac{1}{\sqrt{3}}\,\frac{nQ^2}{n_1\sigma\sqrt{mkT}}. \tag{8.62}$$

8.6. Zusammenfassung der Definitionen

Stoßzeit: die mittlere Zeit, die einem Molekül bis zum nächsten Stoß verbleibt;

mittlere freie Weglänge: die mittlere Strecke, die ein Molekül noch zurücklegen kann, bevor es den nächsten Stoß erfährt;

Gesamtstreuquerschnitt: der Wirkungsquerschnitt eines Moleküls, von dem die Wahrscheinlichkeit dafür abhängt, daß dieses Molekül bei der Begegnung mit einem zweiten Molekül von diesem gestreut wird;

Spannung: Kraft pro Flächeneinheit;

Viskosität: Der Viskositätskoeffizient η ist durch die Gleichung

$$P_{zx} = -\eta\,\frac{\partial u_z}{\partial z}$$

definiert, in der die Spannung P_{zx}, die an einer Fläche in einem Medium angreift, mit dem Gradienten der mittleren Geschwindigkeit u_x des Mediums in Beziehung gesetzt wird;

Wärmeleitfähigkeit: Die Wärmeleitzahl κ ist durch die Gleichung

$$Q_z = -\kappa\,\frac{\partial T}{\partial z}$$

definiert, wobei die Wärmeflußdichte Q_z mit dem Gradienten der Temperatur T in Beziehung gesetzt wird;

Selbstdiffusion: Der Selbstdiffusionskoeffizient D ist durch die Gleichung

$$J_z = -D\,\frac{\partial n_1}{\partial z}$$

definiert, die die Flußdichte J_z der gekennzeichneten Teilchen mit dem Gradienten ihrer numerischen Dichte n_1 in Beziehung setzt;

elektrische Leitfähigkeit: Der Koeffizient der elektrischen Leitfähigkeit γ ist durch die Gleichung

$$j_z = \gamma E$$

definiert, die die Stromdichte j_z mit dem elektrischen Feld E (d. h. mit dem Gradienten des elektrischen Potentials) in Beziehung setzt.

8.6. Wichtige Beziehungen

Mittlere freie Weglänge:

$$l \approx \frac{1}{\sqrt{2}n\sigma}$$

8.7. Hinweise auf ergänzende Literatur

Die Diskussion der Transportprozesse in diesem Kapitel bildet nur eine sehr kurzgefaßte Einführung in ein sehr umfangreiches und wichtiges Gebiet. Die Theorie der Transportprozesse kann weiter verfeinert werden, wenn man Methoden heranzieht, die quantitativ genauere Ergebnisse liefern. Das Gebiet der Anwendungsmöglichkeiten der Theorie ist sehr weitgesteckt, insbesondere im Hinblick auf geladene Teilchen, zum Beispiel Elektronen in Metallen oder in einem Plasma. (Typische Probleme von großem Interesse sind etwa die Abhängigkeit der elektrischen Leitfähigkeit von der Temperatur, die Dielektrizitätskonstante und der dielektrische Verlustfaktor als Funktion der Frequenz, thermoelektrische Effekte, bei denen durch Temperaturdifferenzen elektrische Felder entstehen usw.) In den folgenden Werken wird die Theorie der Transportprozesse viel eingehender behandelt, als wir es im Rahmen dieses Kapitels tun konnten. Außerdem finden Sie darin auch noch Hinweise auf weitere einschlägige Werke.

F. Reif, "Fundamentals of Statistical and Thermal Physics" (McGraw-Hill Book Company, New York, 1965). In Kapitel 12 werden die Grundlagen der Theorie behandelt, In Kapitel 13 und 14 wird die Theorie auf etwas höherer Ebene diskutiert.

R. D. Present, "Kinetic Theory of Gases" (McGraw-Hill Book Company, New York, 1958). In Kapitel 3 werden die Grundlagen der Theorie behandelt, Kapitel 8 und 11 bringen Diskussion auf höherer Ebene.

8.8. Übungen

1. *Werfen einer Münze.* Beim Werfen einer Münze ist die Wahrscheinlichkeit 1/2, daß die Münze mit einer bestimmten

[1] Stöße zwischen gleichartigen Ionen würden nämlich keinen Einfluß auf die elektrische Leitfähigkeit haben, selbst wenn solche Stöße häufig vorkämen. Der Grund hierfür liegt darin, daß bei jedem solchen Zusammenstoß die Summe der Impulse der beiden kollidierenden Ionen erhalten bleibt. Sind die Ionen nun gleichartig, haben also die gleiche Masse, dann ändert sich die Vektorsumme ihrer Geschwindigkeit bei einem solchen Stoß nicht. Da die beiden Ionen die gleiche Ladung besitzen, tauschen sie einfach nur ihre Rollen als Ladungsträger.

Fläche nach oben zu liegen kommt. Wir interessieren uns für eine solche Münze nach irgend einem Wurf.

a) Wie oft muß die Münze im Mittel geworfen werden, bis sie wiederum „Kopf" zeigt?
Lösung: 2 mal.

b) Wie oft wurde die Münze im Mittel geworfen, seitdem sie das letzte Mal „Kopf" zeigte?
Lösung: 2 mal.

c) Angenommen, beim letzten Wurf ergab sich „Kopf". Welchen Einfluß hätte diese Angabe auf die Antwort von Teil a)?
Lösung: keinen Einfluß.

2. *Die Analogie zwischen der Stoßzeit und dem Problem der letzten Aufgabe.* Die Dichte eines Gases habe einen solchen Wert, daß die Stoßzeit eines Moleküls gleich τ ist. Wir betrachten ein bestimmtes Molekül zu einem beliebigen Zeitpunkt.

a) Bestimmen Sie die mittlere Zeitspanne, die dem Molekül bis zum nächsten Stoß bleibt.
Lösung: τ.

b) Bestimmen Sie die mittlere Zeit, die seit dem letzten Stoß verging.
Lösung: τ.

c) Angenommen, das Molekül hat eben einen Stoß erlitten. Welchen Einfluß hätte, diese Angabe auf die Antwort von Teil a)?
Lösung: keinen Einfluß.

3. *Die Stoßzeit und die Zeit zwischen den Stößen.* Auf ein Ion eines Gases mit der Ladung Q und der Masse m wirkt in z-Richtung ein elektrisches Feld E. Der Einfachheit halber stellen wir folgendes Modell auf: Ein Ion bewegt sich in der z-Richtung; nach jedem Stoß befindet es sich momentan in der Ruhelage, wird dann eine bestimmte Zeit t_c lang mit $a = QE/m$ beschleunigt, worauf es durch den nächsten Stoß wiederum zur Ruhe gebracht wird, und der Prozeß von vorne beginnt. Tragen wir die Geschwindigkeit v eines Ions in Abhängigkeit von der Zeit auf, dann ergibt sich eine Funktion der Art wie in Bild 8.11.

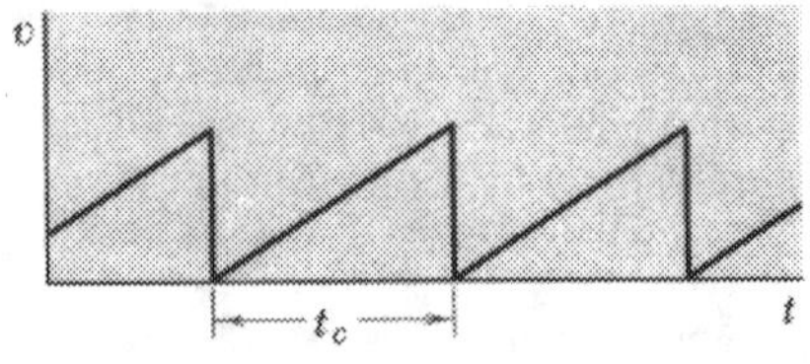

Bild 8.11. Die Geschwindigkeit v als Funktion der Zeit t für ein einfaches Modell eines Ions in einem Gas.

a) Betrachten Sie ein Kollektiv solcher Ionen zu einem beliebigen Zeitpunkt. Bestimmen Sie die mittlere Zeitspanne τ (Stoßzeit), die dem Ion bis zum nächsten Zusammenstoß bleibt. Die Lösung ist durch die Zeit t_c auszudrücken, die zwischen zwei Stößen vergeht.
Lösung: $\frac{1}{2}\, t_c$.

b) Bestimmen Sie die mittlere Zeitspanne, die seit dem letzten Stoß verstrichen ist. Die Lösung ist durch t_c auszudrücken.
Lösung: $\frac{1}{2}\, t_c$.

c) Bestimmen Sie die maximale Geschwindigkeit, die ein solches Ion jemals erreicht. Wie groß ist seine mittlere Geschwindigkeit $\bar{v}$? Die Lösung ist durch t_c und durch die mittltere Zeitspanne τ aus Teil a) auszudrücken. Vergleichen Sie Ihre Lösung mit Gl. (8.59)
Lösung: $at_c, \frac{1}{2}\, at_c = a\tau$.

d) Welche Strecke s legt ein aus der Ruhelage startendes Ion in der Zeit t_c zurück? Wenn die mittlere Geschwindigkeit $\bar{v}$ des Ions durch $\bar{v} = s/t_c$ gegeben ist, wie groß ist dann der so berechnete Wert von $\bar{v}$? Die Lösung ist durch t_c und durch τ auszudrücken. Vergleichen Sie das Ergebnis mit der Lösung von Teil c).
Lösung: $\frac{1}{2}\, at_c^2, \quad \frac{1}{2}\, at_c = a\tau$

4. *Der Millikansche Öltröpfchenversuch.* Im Millikanschen Öltröpfchenversuch (der erste Versuch, mit dem die Ladung des Elektrons gemessen wurde) wird die auf ein geladenes Öltröpfchen wirkende elektrische Kraft mit der Kraft verglichen, die durch die Gravitation auf das Tröpfchen ausgeübt wird. Sie müssen dafür also das Gewicht des Tropfens kennen. Dieses Gewicht können Sie bestimmen, indem Sie die konstante Endgeschwindigkeit des Tropfens feststellen, die dann auftritt, wenn die an dem Tropfen angreifende Schwerkraft durch die Reibungskraft aufgehoben wird, die auf der Viskosität der umgebenden Luft beruht. (Die Luft hat Normaldruck, die mittlere freie Weglänge der Moleküle ist daher viel kleiner als der Durchmesser eines Öltröpfchens.)

Die Endgeschwindigkeit beim kräftefreien Fall des Tropfens ist der Viskosität der Luft umgekehrt proportional. Angenommen, die Luftemperatur nimmt zu. Ist dann die Endgeschwindigkeit des Tropfens höher, nimmt sie ab, oder bleibt sie gleich? Was geschieht, wenn der Luftdruck zunimmt?
Lösung: nimmt ab, unverändert.

5. *Drehzylinderviskosimeter.* Der Viskositätskoeffizient η von Luft soll bei Zimmertemperatur gemessen werden, da dieser Parameter für die Bestimmung der Elektronenladung mit dem Millikanschen Öltröpfchenversuch nötig wird. Die Messung wird mittels eines Viskosimeters ausgeführt. Es besteht aus einem ruhenden inneren Zylinder (Radius R und Länge l), der an einem Torsionsfaden aufgehängt ist, und aus einem äußeren Zylinder, dessen innerer Radius $(R + \delta)$ etwas größer ist, und der langsam mit der Winkelgeschwindigkeit ω rotiert. Der ringförmige Zwischenraum der Dicke δ (wobei $\delta \ll R$) ist luftgefüllt. Das am inneren Zylinder angreifende Drehmoment T wird gemessen (Bild 8.12)

a) Das Drehmoment T ist durch η und die Parameter dieses Viskosimeters auszudrücken.
Lösung: $2\pi\eta R^3 l\omega/\delta$.

b) Wir wollen feststellen, was für eine Art Quarzfaser wir als Torsionsfaden benützen müssen. Dazu berechnen wir die Viskosität der Luft größenordnungsmäßig aus bestimmten Grundangaben und schätzen damit die Größe des Drehmoments ab, das mit dem derartigen Apparat gemessen werden soll. Gegeben ist $R = 2$ cm, $\delta = 0{,}1$ cm, $l = 15$ cm, und $\omega = 2\pi$ rad/s.
Lösung: annähernd 25 dyn cm = 0,25 mN cm.

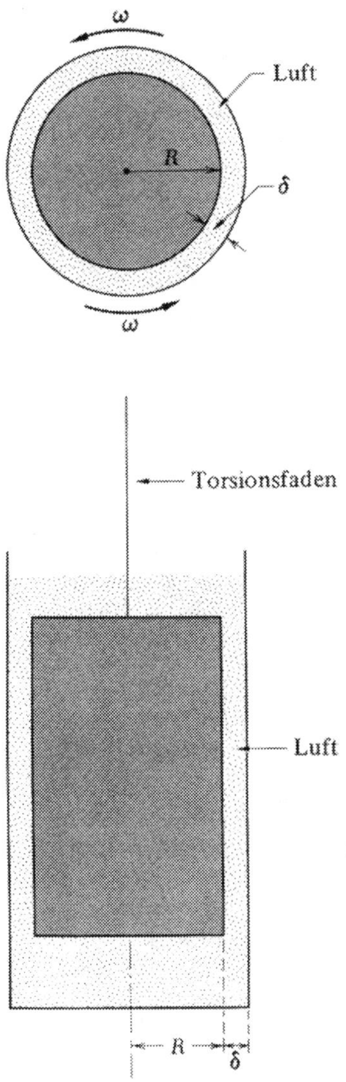

Bild 8.12

Aufsicht und Schnitt eines Drehzylinderviskosimeters

6. *Näherungsbestimmung des Viskositätskoeffizienten von Argon.* Der Viskositätskoeffizient η von Argon (Ar) bei 25 °C und einem Druck von 1 atm = 760 Torr ist zu bestimmen. Um die Größe eines Argonatoms abschätzen zu können, sehen wir die Atome als feste Kugeln an, die sich im festen Argon bei tiefen Temperaturen berühren. Röntgen-Beugungsuntersuchungen zeigten, daß die Kristallstruktur von festem Argon flächenzentrierte Würfel zeigt, d. h., die Argonatome sitzen an den Ecken und den Mittelpunkten der Flächen regelmäßig angeordneter Würfel. Die Dichte von festem Argon ist 1,65 g/cm^3, das Atomgewicht von Ar ist 39,9. Vergleichen Sie Ihr Näherungsergebnis mit dem experimentell bestimmten Wert von $\eta = 2{,}27 \cdot 10^{-4} g\ cm^{-1} s^{-1}$.

   Lösung: $1{,}4 \cdot 10^{-4} g\ cm^{-1} s^{-1}$.

7. *Effekt eines geschwindigkeitsabhängigen Streuquerschnittes.* Angenommen, die Moleküle eines Gases stehen miteinander durch eine Zentralkraft F in Wechselwirkung, die von dem gegenseitigen Abstand R der Moleküle abhängt: $F = CR^{-s}$, wobei s eine positive ganze Zahl und C eine Konstante ist.

   a) Zeigen Sie mittels einer Dimensionsanalyse, wie der Gesamtstreuquerschnitt σ der Moleküle von ihrer Relativgeschwindigkeit $v_{rel.}$ abhängt. Führen Sie die Berechnung klassisch durch, d. h., σ kann nur von $v_{rel.}$ der Molekülmasse m und der Kraftkonstante C abhängen.

   Lösung: $\sigma \propto v_{rel.}^{-4/(s-1)}$.

   b) Wie hängt der Viskositätskoeffizient η dieses Gases von seiner absoluten Temperatur T ab?

   Lösung: $\eta \propto T^{(s+3)/2(s-1)}$.

8. *Welches Vakuum bewirkt Wärmeisolation?* Wir untersuchen ein zylindrisches Dewar-Gefäß der üblichen Doppelwandkonstruktion (Bild 5.4). Der äußere Durchmesser der inneren Wand beträgt 10 cm, der innere Durchmesser der äußeren Wand ist 10,6 cm. Das Dewargefäß ist mit einer Mischung von Eis und Wasser gefüllt, die Umgebung des Dewargefäßes hat Zimmertemperatur, d. h. etwa 25 °C.

   a) Der Zwischenraum zwischen den beiden Wänden ist mit Helium (He) von Normaldruck gefüllt. Bestimmen Sie den nach innen gerichteten Wärmefluß (in Watt pro cm Höhe des Gefäßes), der auf der Wärmeleitfähigkeit des Gases beruht. (Ein guter Näherungswert für den Radius eines Heliumatoms ist 10^{-8} cm.)

   Lösung: 1,4 W/cm.

   b) Schätzen sie ungefähr ab, auf welchen Wert (in mm Hg = Torr) der Druck des Gases zwischen den beiden Wänden reduziert werden muß, damit der Wärmezufluß durch Leitung auf ein Zehntel des in Teil a) berechneten Wertes absinkt.

   Lösung: $4 \cdot 10^{-3}$ mm Hg = $4 \cdot 10^{-3}$ Torr.

9. *Vergleich von Transportkoeffizienten.* Der Viskositätskoeffizient von Helium bei T = 273 K und 1 atm = 760 Torr ist η_1, der von Argon η_2. Die Atomgewichte dieser einatomigen Gase sind μ_1 und μ_2.

   a) Bestimmen Sie das Verhältnis σ_2/σ_1 des gesamten Ar-Ar Streuquerschnitt σ_2 zu dem gesamten He-He Streuquerschnitt σ_1.

   Lösung: $\dfrac{\eta_1}{\eta_2}\left(\dfrac{\mu_2}{\mu_1}\right)^{1/2}$.

   b) Bestimmen Sie das Verhältnis κ_2/κ_1 der Wärmeleitzahl κ_2 von Ar und der Wärmeleitzahl κ_1 von He für T = 273 K.

   Lösung: $\dfrac{\eta_2}{\eta_1}\dfrac{\mu_1}{\mu_2}$.

   c) Bestimmen Sie das Verhältnis D_2/D_1 der Diffusionskoeffizienten dieser Gase für T = 273 K.

   Lösung: $\dfrac{\eta_2}{\eta_1}\dfrac{\mu_1}{\mu_2}$

   d) Das Atomgewicht von He ist $\mu_1 = 4$, das von Ar $\mu_2 = 40$. Die gemessenen Viskositäten bei 273 K betragen

   $$\eta_1 = 1{,}87 \cdot 10^{-4} g\ cm^{-1} s^{-1}$$

   bzw.

   $$\eta_2 = 2{,}105 \cdot 10^{-4} g\ cm^{-1} s^{-1}.$$

   Bestimmen Sie mit diesen Angaben Näherungswerte der Querschnitte σ_1 und σ_2.

   e) Wenn die Atome wie feste Kugeln streuen, welchen Durchmesser d_1 hat dann angenähert eine He-Atom und welchen Durchmesser d_2 hat ein Ar-Atom?

   Lösung: $d_1 \approx 1{,}9 \cdot 10^{-8}$ cm, $d_2 \approx 3{,}1 \cdot 10^{-8}$ cm.

10. *Isotopenvermischung durch Diffusion.* Es soll ein Versuch mit einem Isotopengemisch von Stickstoff (N_2) durchgeführt werden. Dazu wird in einen kugelförmigen Behälter, von 1 m Durchmesser, der $^{14}N_2$Gas bei Zimmertemperatur und Normaldruck enthält, durch ein Ventil eine kleine Menge $^{15}N_2$-Gas eingebracht. Findet in dem Gas keine Konvektion statt, dann kann die Zeit *grob* abgeschätzt werden,

die vergehen muß, bis die $^{14}N_2$- und $^{15}N_2$-Moleküle gleichförmig über den gesamten Behälter verteilt sind.

Lösung: annähernd 10 h.

11. *Einfluß des interplanetaren Gases auf ein Raumfahrzeug.* Ein Raumfahrzeug, das die Form eines Würfels der Kantenlänge l aufweist, bewegt sich mit einer Geschwindigkeit v parallel zu einer seiner Kanten durch den Weltraum. Die Gasmoleküle im Raum haben die Masse m; die Temperatur dieses sehr verdünnten Gases ist T; die Anzahl n der Moleküle pro Volumeneinheit ist so gering, daß die mittlere freie Weglänge viel größer als l ist. Die Zusammenstöße der Moleküle mit der Außenwand des Raumschiffs sind elastisch. Die mittlere bremsende Kraft, die durch diese Stöße der interplanetarischen Gasmoleküle auf das Raumschiff ausgeübt wird, ist abzuschätzen. v ist verglichen mit der mittleren Geschwindigkeit der Gasmoleküle klein; die Verteilung der Geschwindigkeiten der Gasmoleküle braucht nicht in Betracht gezogen werden. Ist die Masse des Raumschiffes M und wirken keinerlei andere Kräfte auf dieses Schiff, nach welcher Zeit ist dann seine Geschwindigkeit auf die Hälfte abgesunken?

Lösung: annähernd $\frac{3}{2}(\ln 2)\frac{M}{m}(n\bar{v}l^2)^{-1}$.

12. *Wahrscheinlichkeit dafür, daß ein Molekül in der Zeit* t *keinen Zusammenstoß erfährt.* Wir betrachten ein bestimmtes Molekül in einem Gas zu einem beliebigen Zeitpunkt. Es ist.

w dt = die Wahrscheinlichkeit dafür, daß das Molekül während eines Zeitintervalls dt einen Stoß erfährt.

Im Gegensatz dazu definieren wir:

P(t) = die Wahrscheinlichkeit dafür, daß das Molekül während einer Zeitspanne t einen Stoß erfährt.

Natürlich wird $P(0) = 1$ sein, da es sicher ist, daß ein Molekül eine verschwindend kurze Zeitspanne ohne Stoß überdauert; ebenso wird $P(t) \to 0$ gehen, wenn $t \to \infty$, da das Molekül ja früher oder später einen Stoß erfahren muß. Die Wahrscheinlichkeit P(t) daß das Molekül eine Zeit t ohne Stoß überdauert, muß mit der Stoßwahrscheinlichkeit w dt in Beziehung stehen. Tatsächlich muß die Wahrscheinlichkeit $P(t + dt)$ dafür, daß ein Molekül eine Zeit $(t + dt)$ ohne Zusammenstoß überdauert, gleich sein der Wahrscheinlichkeit P(t), daß es die Zeit t ohne Stoß überdauert, mal der Wahrscheinlichkeit $(1 - w\,dt)$, daß es in dem folgenden Zeitintervall zwischen t und t + dt keinen Stoß erfährt. Schreiben Sie diese Beziehung mathematisch, dann können Sie damit eine Differentialgleichung für P(t) aufstellen. Lösen Sie diese Gleichung mit $P(0) = 1$, und zeigen Sie dadurch, daß $P(t) = e^{-wt}$ ist.

13. *Berechnung der mittleren freien Zeitspanne* τ *(Stoßzeit).* Die Wahrscheinlichkeit $\mathcal{P}(t)\,dt$ dafür, daß ein Molekül, nachdem es eine Zeit t ohne Stoß überdauert hat, in der Zeit zwischen t und t + dt dann einen Stoß erfährt, ist ganz einfach gleich P(t) w dt.

a) Zeigen Sie, daß diese Wahrscheinlichkeit für die Normierungsbedingung gilt, so daß

$$\int_0^\infty \mathcal{P}(t)\,dt = 1$$

ist, das heißt einfach, die Wahrscheinlichkeit dafür, daß das Molekül *irgendwann* einen Stoß erfährt, gleich eines ist.

b) Zeigen Sie mittels dieser Wahrscheinlichkeit $\mathcal{P}(t)\,dt$, daß die mittlere Zeitspanne $\bar{t} = \tau$, die einem Molekül bis zum nächsten Stoß bleibt, durch $\tau = 1/w$ gegeben ist.

c) Drücken Sie die mittlere quadratische Zeitspanne $\overline{t^2}$ durch τ aus.

Lösung: $2\tau^2$.

14. *Differentialgleichung für die Wärmeleitung.* Es ist eine allgemeine Situation zu untersuchen, bei der die Temperatur T eines Stoffes eine Funktion der Zeit t und der räumlichen Koordinate z ist. Die Dichte des Stoffes ist ρ, und die spezifische Wärme pro *Masseneinheit* ist c, die Wärmeleitzahl ist gleich κ. Makroskopische Überlegungen, die denen ähnlich sind, die wir bei der Ableitung der Diffusionsgleichung (8.43) verwendeten, führen zu einer allgemeinen partiellen Differentialgleichung, die für die Temperatur T(z, t) gelten muß.

Lösung: $\frac{\partial T}{\partial t} = \frac{\kappa}{\rho c}\frac{\partial^2 T}{\partial z^2}$.

*15. *Ein Gerät zu Messung der Wärmeleitfähigkeit eines Gases.* Ein Draht in der Form eines langgestreckten Zylinders mit dem Radius a und einem elektrischen Widerstand R pro Längeneinheit ist entlang der Achse eines langen, zylindrischen Behälters des Radius b ausgespannt. Der Behälter wird auf der konstanten Temperatur T_0 gehalten und ist mit einem Gas gefüllt, dessen Wärmeleitzahl κ ist. Berechnen Sie die Temperaturdifferenz ΔT zwischen dem Draht und den Behälterwänden, wenn ein schwacher konstanter elektrischer Strom I durch den Draht fließt. Zeigen Sie, daß man durch eine Messung von ΔT die Wärmeleitfähigkeit des Gases messen kann. Das ganze System soll einen stationären Zustand erreicht haben, in dem die Temperatur T in jedem Punkt zeitunabhängig ist.

Anleitung: Überlegen Sie sich die Bedingung, die für jede zylindrische Gasschicht zwischen dem Radius r und dem Radius r + dr gelten muß.

Lösung: $\Delta T = \frac{I^2 R}{2\pi b\kappa}\ln\frac{b}{a}$

*16. *Viskose Strömung in Röhren.* Ein Medium der Viskosität η fließt durch eine Röhre mit der Länge l und dem Radius a; diese Strömung wird durch eine Druckdifferenz verursacht: Der Druck an einem Ende der Röhre ist p_1, am anderen Ende gleich p_2. Stellen Sie die Bedingungen auf, die gelten müssen, damit ein zylindrisches Volumen (mit dem Radius r) des Mediums sich unter dem Einfluß der Druckdifferenz und der auf der Viskosität des Mediums beruhenden Scherkraft beschleunigungsfrei bewegt. Weiter ist ein Ausdruck für die Masse m des Mediums abzuleiten, die jeweils in den folgenden beiden Fällen pro Sekunde durch die Röhre fließt:

a) Das Medium ist eine inkompressible Flüssigkeit der Dichte ρ

Lösung: $\frac{\pi}{8}\frac{\rho a^4}{\eta l}(p_1 - p_2)$.

b) Das Medium ist ein ideales Gas mit einem Molekulargewicht μ und einer absoluten Temperatur T. (Das Ergebnis ist als *Poiseuillesches Gesetz* bekannt.) Die Schicht des Mediums, die in unmittelbarer Berührung mit den Wänden der Röhre ist, hat die Geschwindigkeit null. Beachten Sie ferner, daß pro Zeiteinheit immer die gleiche Menge des Mediums durch den Querschnitt der Röhre fießen muß *(Kontinuitätsgleichung).*

Lösung: $\frac{\pi}{16}\frac{\mu a^4}{\eta RT l}(p_1^2 - p_2^2)$.

Anhang

A.1. Die Gaußverteilung

Diskutieren wir die Binomialverteilung (2.14)

$$P(n) = \frac{N!}{n!(N-n)!}\, p^n q^{N-n}, \qquad (A.1)$$

wobei $q = 1 - p$ ist. Bei großen N scheint die Berechnung der Wahrscheinlichkeit P(n) recht schwierig zu werden, da Fakultäten großer Zahlen bestimmt werden müssen. In diesem Fall können jedoch gewisse Näherungsmethoden herangezogen werden, mit denen der Ausdruck (A.1) stark vereinfacht werden kann.

Eine Vereinfachung ist möglich, weil die Wahrscheinlichkeit P(n) ein Maximum aufweist, das um so schärfer ausgeprägt ist, je größer N wird (vgl. Abschnitt 2.3). Die Wahrscheinlichkeit P(n) wird somit vernachlässigbar klein, wenn n erheblich von dem einen Wert $n = \tilde{n}$ abweicht, bei dem P(n) das Maximum aufweist. Der im allgemeinen interessante Bereich, in dem die Wahrscheinlichkeit P(n) *nicht* vernachlässigbar gering ist, ist also durch die Werte von n definiert, die sich nicht stark von $\tilde{n}$ unterscheiden. Für diesen relativ kleinen Bereich können wir leicht eine Näherungsbeziehung für P(n) aufstellen. Dieser Ausdruck kann bei allen Werten von n angewendet werden, bei denen die Wahrscheinlichkeit P nicht vernachlässigbar gering ist, d. h. in dem Bereich, in dem die Wahrscheinlichkeit P überhaupt interessant ist.

Es genügt also, wenn wir das Verhalten von P(n) im Bereich seines Maximums $\tilde{n}$ untersuchen. Halten wir fest: Solange nicht $p \approx 0$ oder $q \approx 0$ ist, liegt $\tilde{n}$ weder nahe bei 0 noch nahe bei N; ist also N eine große Zahl, dann gilt das auch für $\tilde{n}$ selbst. Die Werte von n in dem interessanten Bereich um $\tilde{n}$ sind also ebenfalls groß. Ist nun aber n groß, dann ändert sich P(n) bei einer Änderung von n um 1 nur sehr gering:

$$|P(n+1) - P(n)| \ll P(n),$$

d. h., P ist eine langsam variierende Funktion von n. Daher können wir mit guter Näherung P als stetige Funktion einer kontinuierlichen Variablen n ansehen, auch wenn nur ganzzahlige Werte von n physikalisch sinnvoll sind. Weiter stellen wir fest, daß der Logarithmus von P eine noch viel langsamer variierende Funktion von n ist als P selbst. Wir werden uns daher nicht mehr direkt mit P befassen, sondern mit ln P, und versuchen, für ln P eine gute Näherung für einen großen Bereich der Variablen n zu finden.

Wenn wir Gl. (A.1) logarithmieren, dann erhalten wir

$$\ln P = \ln N! - \ln n! - \ln(N-n)! + n \ln p + (N-n)\ln q. \qquad (A.2)$$

Der spezielle Wert $n = \tilde{n}$, bei dem P sein Maximum hat, ist durch die Bedingung

$$\frac{dP}{dn} = 0$$

gegeben oder analog durch die Bedingung, daß ln P ein Maximum aufweist:

$$\frac{d\ln P}{dn} = \frac{1}{P}\frac{dP}{dn} = 0. \qquad (A.3)$$

Bei der Differentiation des Ausdrucks (A.2) stellen wir fest, daß alle als Fakultäten auftretenden Zahlen gegenüber eins sehr klein sind; wir können daher auf jede dieser Zahlen die Näherung (M.7) anwenden. Diese besagt, daß für jede Zahl $m \gg 1$

$$\frac{d\ln m!}{dm} \approx \ln m \qquad (A.4)$$

gilt. Wenn wir nun Gl. (A.2) nach n ableiten, dann ergibt sich mit guter Näherung

$$\frac{d\ln P}{dn} = -\ln n + \ln(N-n) + \ln p - \ln q. \qquad (A.5)$$

Um das Maximum von P zu erhalten, setzen wir Gl. (A.5) gleich null, wie es Bedingung (A.3) fordert. Also ist

$$\ln\left[\frac{(N-n)}{n}\frac{p}{q}\right] = 0$$

bzw.

$$\frac{(N-n)}{n}\frac{p}{q} = 1.$$

Daher ist

$$(N-n)\,p = nq,$$

bzw.

$$Np = n(p+q).$$

Da $p + q = 1$ ist, erhalten wir den Wert $n = \tilde{n}$, bei dem P ein Maximum ist, aus

$$\boxed{\tilde{n} = Np.} \qquad (A.6)$$

Wollen wir das Verhalten von ln P im Bereich seines Maximums untersuchen, dann brauchen wir ln P nur in eine Taylorreihe um den Wert $\tilde{n}$ zu entwickeln:

$$\ln P(n) = \ln P(\tilde{n}) + \left[\frac{d\ln P}{dn}\right] y + \frac{1}{2!}\left[\frac{d\ln P}{dn^2}\right] y^2 + \frac{1}{3!}\left[\frac{d^3\ln P}{dn^3}\right] y^3 + \ldots \qquad (A.7)$$

wobei

$$y = n - \tilde{n}. \qquad (A.8)$$

Die eckigen Klammern besagen, daß die Ableitung darin an der Stelle $n = \tilde{n}$ berechnet werden sollen. Die erste Ableitung muß gleich null werden, da wir um ein Maximum entwickeln, für das Bedingung (A.3) gilt. Die weiteren Ableitungen gewinnen wir durch wiederholtes Differenzieren von Gl. (A.5). Dann ist zum Beispiel

$$\frac{d^2 \ln P}{dn^2} = -\frac{1}{n} - \frac{1}{N-n} = -\frac{N}{n(N-n)}.$$

Berechnen wir diese Ableitung für $n = \tilde{n}$, d. h. für $n = Np$ und $N - n = N(1 - p) = Nq$, dann ergibt sich

$$\left[\frac{d^2 \ln P}{dn^2}\right] = -\frac{1}{Npq},$$

und aus Gl. (A.7) erhalten wir

$$\ln P(n) = \ln P(\tilde{n}) - \frac{y^2}{2Npq} + \ldots$$

bzw.

$$P(n) = \tilde{P}e^{-y^2/2Npq} \ldots = \tilde{P}e^{-(n-\tilde{n})^2/2Npq} \ldots, \qquad (A.9)$$

wobei wir $\tilde{P} = P(\tilde{n})$ setzten.

Wir stellen fest, daß die Wahrscheinlichkeit $P(n)$ in Gl. (A.9) verglichen mit ihrem Maximum $\tilde{P}$ vernachlässigbar klein wird, wenn y so groß wird, daß $y^2/(Npq) \gg 1$ oder $|y| \gg (Npq)^{1/2}$ gilt, da der Exponent dann sehr viel kleiner als eins ist. Die Wahrscheinlichkeit $P(n)$ ist also nur in dem Bereich groß, für den $|y| \lesssim (Npq)^{1/2}$ gilt. In diesem Bereich ist y selbst gewöhnlich jedoch so gering, daß der Term mit y^3 und Terme höherer Ordnung von y in Gl. (A.7) verglichen mit dem Hauptterm, der y^2 enthält, vernachlässigbar sind. Daher haben wir nur diesen Term weiter verwendet.[1] Wir können also annehmen, daß Gl. (A.9) mit guter Näherung die Wahrscheinlichkeit $P(n)$ in dem ganzen Bereich angibt, in dem diese Wahrscheinlichkeit nennenswert groß ist.

Die Konstante $\tilde{P}$ in Gl. (A.9) kann mit Hilfe der Normierungsbedingung direkt durch p und q ausgedrückt werden:

$$\sum_n P(n) = 1, \qquad (A.10)$$

wobei über alle möglichen Werte von n summiert wird. Da $P(n)$ sich von einem ganzzahligen Wert von n zum nächsten praktisch kaum ändert, kann die Summe durch ein Integral ersetzt werden. Ein Bereich dn (sehr viel größer als eins) von n enthält dn mögliche Werte von $P(n)$. Bedingung (A.10) ergibt damit

$$\int P(n)\, dn = \int_{-\infty}^{\infty} \tilde{P}e^{-(n-\tilde{n})^2/2Npq} dn$$
$$= P \int_{-\infty}^{\infty} e^{-y^2/2Npq} dy = 1. \qquad (A.11)$$

[1] Diese Feststellung gilt in dem gleichen Ausmaß, wie $(Npq)^{1/2} \gg 1$. Siehe Übung P.3.

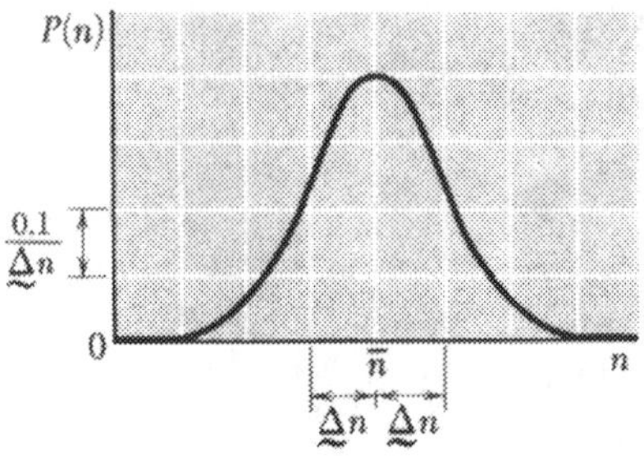

Bild A.1. Eine Gaußverteilung. Diese Kurve gibt die Werte der Wahrscheinlichkeit $P(n)$ als Funktion von n an. Die Wahrscheinlichkeit $W(x)$, daß n einen Wert zwischen $\bar{n} - x$ und $\bar{n} + x$ annimmt, ist durch die Fläche unter der Kurve innerhalb dieser Grenzen gegeben. Wenn Δn die Standardabweichung von n ist, dann ergibt eine Berechnung

$W(\Delta n) = 0{,}683,$

$W(2\Delta n) = 0{,}954,$

$W(3\Delta n) = 0{,}997,$

Hier wurde zur Vereinfachung der Integrationsbereich von $-\infty$ bis $+\infty$ definiert. Das können wir mit sehr guter Näherung tun, weil $P(n)$ bei ausreichend großem $|n - \tilde{n}|$ ohnehin vernachlässigbar gering wird. Nach der Beziehung (M.23) ergibt das Integral in Gl. (A.11) einfach

$$\tilde{P}\sqrt{2\pi Npq} = 1.$$

Daher ist

$$\tilde{P} = \frac{1}{\sqrt{2\pi Npq}}. \qquad (A.12)$$

Mit diesem Ergebnis und dem Wert $\tilde{n} = Np$, der durch Gl. (A.6) gegeben ist, erhält der Ausdruck (A.9) für die Wahrscheinlichkeit $P(n)$ die Form (Bild A.1)

$$\boxed{\dot{P}(N) = \frac{1}{\sqrt{2\pi Npq}} e^{-(n-Np)^2/2Npq}.} \qquad (A.13)$$

Dieser Ausdruck ist natürlich sehr viel leichter auszuwerten als Gl. (A.1), weil wir hier keine Fakultäten mehr berechnen müssen.

Wenn eine Wahrscheinlichkeitsverteilung eine Funktion der Art wie auf der rechten Seite von Gl. (A.9) oder Gl. (A.13) ist, dann bezeichnet man sie als *Gaußverteilung*. Die Entwicklung eines Logarithmus in einer Potentialreihe, die zu dieser Verteilungsfunktion führt, wird auch bei anderen Problemen verwendet. Es ist also keineswegs erstaunlich, daß bei statistischen Untersuchungen häufig Gaußverteilungen auftreten, wenn die betreffenden Zahlen groß sind.

Den Ausdruck (A.13) für $P(n)$ können wir zur Berechnung verschiedener Mittelwerte von n heranziehen. Statt Summen berechnen zu müssen, brauchen wir nur mehr die entsprechenden Integrale auszuwerten, ähnlich wie wir das bei der Berechnung der Normierungsbedingung (A.10) durch (A.11) getan haben. Dann ist

$$\bar{n} = \sum_n P(n)\, n$$

$$= (2\pi Npq)^{-1/2} \int_{-\infty}^{\infty} e^{-(n-Np)^2/2Npq}\, n\, dn$$

$$= (2\pi Npq)^{-1/2} \int_{-\infty}^{\infty} e^{-y^2/2Npq} (\tilde{n} + y)\, dy$$

$$= \tilde{n} (2\pi Npq)^{-1/2} \int_{-\infty}^{\infty} e^{-y^2/2Npq} dy +$$

$$+ (2\pi Npq)^{-1/2} \int_{-\infty}^{\infty} e^{-y^2/2Npq} y\, dy.$$

Hier ist das erste Integral mit dem in Gl. (A.11) identisch und hat den Wert $(2\pi Npq)^{1/2}$. Das zweite Integral ist aus Symmetriegründen gleich null, da sein Integrand unsymmetrisch ist (d. h., er ist für $+y$ negativ und für $-y$ positiv), so daß sich die Beiträge zum Integral bei $+y$ und $-y$ aufheben. Also bleibt

$$\bar{n} = \tilde{n} = Np. \tag{A.14}$$

Wir sehen also, daß der Mittelwert von n gleich dem Wert $\tilde{n} = Np$ ist, bei dem P ein Maximum ist.

Für die Streuung von n ergibt sich analog

$$\overline{(\Delta n)^2} = \overline{(n - \bar{n})^2} = \sum_n P(n)\, (n - Np)^2$$

$$= (2\pi Npq)^{-1/2} \int_{-\infty}^{\infty} e^{-(n-Np)^2/2Npq} (n - Np)^2\, dn$$

$$= (2\pi Npq)^{-1/2} \int_{-\infty}^{\infty} e^{-y^2/2Npq} y^2\, dy.$$

Mit Gl. (M.26) ergibt das Integral

$$\overline{(\Delta n)^2} = Npq. \tag{A.15}$$

Die Standardabweichung von n ist dann[1])

$$\underset{\sim}{\Delta} n = \sqrt{Npq}. \tag{A.16}$$

Die Gaußverteilung (A.13) kann also allein mit den beiden Parametern $\bar{n}$ und $\underset{\sim}{\Delta} n$ aus den Gln (A.14) und (A.16) ausgedrückt werden:

$$P(n) = \frac{1}{\sqrt{2\pi}\,\underset{\sim}{\Delta} n} \exp\left[-\frac{1}{2}\left(\frac{n - \bar{n}}{\underset{\sim}{\Delta} n}\right)^2\right]. \tag{A.17}$$

[1]) Beachten Sie, daß die Gln (A.14) und (A.15) tatsächlich mit den Ergebnissen (2.66) und (2.67) übereinstimmen, die im Text mit sehr allgemeinen Bedingungen für beliebige N abgeleitet wurden.

Wir führen nun die Variable

$$z = \frac{n - \bar{n}}{\underset{\sim}{\Delta} n}$$

ein, d. h.,

$$n = \bar{n} + (\underset{\sim}{\Delta} n)\; z.$$

Gl. (A.17) kann damit einfacher geschrieben werden:

$$P(n)\, \underset{\sim}{\Delta} n = \frac{1}{\sqrt{2\pi}}\, e^{-(1/2)\, z^2}.$$

Wir stellen fest, daß die Gaußverteilung um den Mittelwert symmetrisch ist, d. h., P(n) hat für z und für $-z$ den gleichen Wert.

A.2. Die Poissonverteilung

Diskutieren wir die in Gl. (2.14) abgeleitete Binomialverteilung

$$P(n) = \frac{N!}{n!(N-n)!}\, p^n (1-p)^{N-n}. \tag{A.18}$$

Im letzten Abschnitt wurde gezeigt, daß der Ausdruck (A.18) bei $N \gg 1$ im gesamten Bereich, in dem die Wahrscheinlichkeit P(n) ausreichend groß ist (d. h. im Bereich um das Maximum der Wahrscheinlichkeit), durch die Gaußverteilung angenähert werden kann. Wir wollen nun eine Näherung für Gl. (A.18) untersuchen, die für einen anderen Bereich gilt. Diese Näherung wird dann interessant, wenn die Wahrscheinlichkeit p so klein ist, daß

$$p \ll 1 \tag{A.19}$$

gilt, und wenn die interessierende Zahl n so klein ist, daß

$$n \ll N. \tag{A.20}$$

Hier kann nun die Zahl n beliebig klein sein, was im Falle der Gaußverteilung nicht möglich war.

Diskutieren wir nun die Näherungen, die durch die Bedingungen (A.19) und (A.20) ermöglicht werden. Wir stellen als erstes fest, daß

$$\frac{N!}{(N-n)!} = N(N-1)(N-2)\ldots(N-n+1).$$

Da $n \ll N$, ist jeder der n Faktoren rechts praktisch gleich N. Damit ergibt sich die Näherungsbeziehung

$$\frac{N!}{(N-n)!} \approx N^n. \tag{A.21}$$

Als nächstes wollen wir den Faktor

$$y = (1-p)^{N-n}$$

bzw. seinen Logarithmus untersuchen

$$\ln y = (N-n)\ln(1-p).$$

Da $n \ll N$ ist, können wir $N - n \approx N$ setzen. Weiter ermöglicht die Bedingung $p \ll 1$ eine Näherungsbestimmung

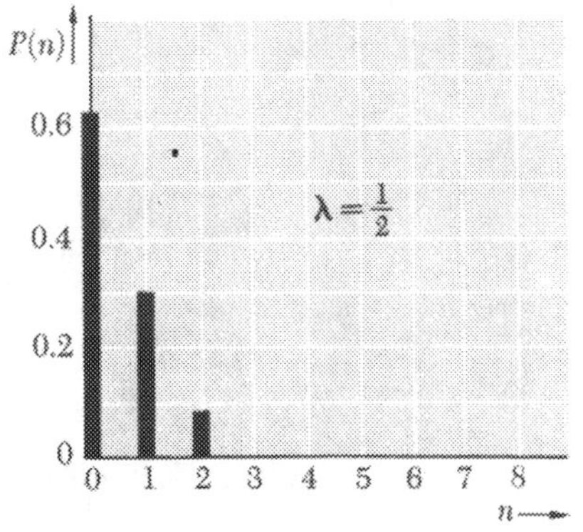

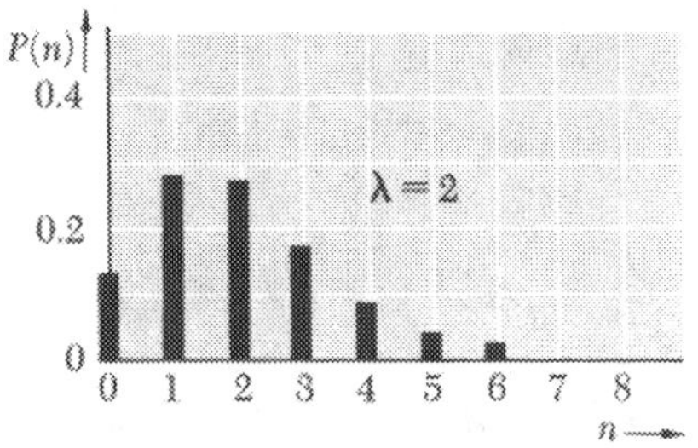

Bild A.2. Die Poissonverteilung P(n) aus Gl. (A.23) als Funktion von n. Die beiden hier dargestellten Beispiele entsprechen einem Mittelwert $\bar{n} = \lambda$ für $\lambda = 1/2$ und $\lambda = 2$.

des Logarithmus durch den ersten Term einer Taylorentwicklung, d. h., wir können $\ln(1-p) \approx -p$ setzen. Daher ist

$$\ln y \approx -Np$$

bzw.

$$y = (1-p)^{N-n} \approx e^{-Np}. \tag{A.22}$$

Setzen wir die Näherungsausdrücke (A.21) und (A.22) in den Ausdruck (A.18) ein, ergibt sich (Bild A.2)

$$P(n) = \frac{N^n}{n!} p^n e^{-Np}$$

bzw.

$$\boxed{P(n) = \frac{\lambda^n}{n!} e^{-\lambda},} \tag{A.23}$$

wobei

$$\lambda = Np. \tag{A.24}$$

Aus dieser Definition von λ ersehen wir, daß die Bedingung (A.19)

$$\lambda \ll N \tag{A.25}$$

äquivalent ist.

Die Beziehung (A.23) ist als *Poissonverteilung* bekannt. Der Faktor n! im Nenner bewirkt, daß P(n) bei ausreichend großen Werten von n sehr rasch abnimmt. Wenn nämlich $\lambda < 1$, dann ist λ^n selbst eine abnehmende Funktion von n, so daß P(n) als Funktion von n monoton abnimmt. Ist $\lambda > 1$, dann ist λ^n eine zunehmende Funktion von n, so daß der Faktor $\lambda^n/n!$, also auch P(n), ein Maximum bei $n \approx \lambda$ aufweist, bevor er für größere Werte von n abnimmt.[1] In jedem Fall wird die Wahrscheinlichkeit P(n) vernachlässigbar klein, wenn $n \gg \lambda$. In dem gesamten Bereich, in dem $n \lesssim \lambda$ ist und P(n) daher nicht verschwindend klein ist, ergibt sich aus Bedingung (A.25), daß $n \lesssim \lambda \ll N$. Die Voraussetzung (A.20), auf der die Ableitung der Poissonverteilung beruht, ist also automatisch immer erfüllt, wenn die Wahrscheinlichkeit P(n) nennenswert groß ist.

Der in Gl. (A.24) definierte Parameter λ ist nach Gl. (2.66) gleich dem Mittelwert $\bar{n}$ von n:

$$\lambda = \bar{n}. \tag{A.26}$$

Nebenbei sei gesagt, daß dann für einen *gegebenen* Wert von λ oder $\bar{n}$ die Bedingung (A.25) oder (A.20), in der vorausgesetzt wird, daß $p \ll 1$, in immer höherem Maße erfüllt ist, je größer N wird, d. h. für $N \to \infty$. In diesem Grenzfall kann die Poissonverteilung also immer angewendet werden.

Expliziter Nachweis für $\lambda = \bar{n}$

Die Beziehung (A.26) ergibt sich auch direkt aus der Poissonverteilung (A.23). Nach der Definition des Mittelwertes gilt

$$\bar{n} = \sum_{n=0}^{N} P(n)\, n = e^{-\lambda} \sum_{n=0}^{N} \frac{\lambda^n}{n!} n.$$

Der Fehler, den wir machen, wenn wir diese Summe auf den Bereich unendlich ausdehnen, ist verschwindend klein, da ja P(n) für große Werte von n vernachlässigbar klein wird. Da der Term mit n = 0 verschwindet, erhalten wir, mit k = n − 1,

$$\bar{n} = e^{-\lambda} \sum_{n=1}^{\infty} \frac{\lambda^n}{(n-1)!} = e^{-\lambda} \sum_{k=0}^{\infty} \frac{\lambda^{k+1}}{k!}$$

$$= e^{-\lambda} \lambda \sum_{k=0}^{\infty} \frac{\lambda^k}{k!} = e^{-\lambda} \lambda e^{\lambda},$$

da die letzte Summe einfach eine Reihenentwicklung der Exponentialfunktion darstellt. Daher ist

$$\bar{n} = \lambda. \tag{A.27}$$

A.3. Die Größe von Energieschwankungen

Wir betrachten zwei makroskopische Systeme A und A′, die thermisch miteinander wechselwirken, Dazu verwenden wir wieder die Bezeichnungen aus Abschnitt 4.1 und untersuchen die Wahrscheinlichkeit P(W) dafür, daß

[1] Ist N groß und $\lambda \gg 1$, dann kann die Poissonverteilung (A.23) wie zu erwarten auf eine Gaußverteilung für n-Werte zurückgeführt werden, die sich nicht zu stark von λ unterscheiden.

A eine Energie zwischen W und W + δW aufweist. Im besonderen wird uns das Verhalten von P(W) in der Nähe des Energiewertes $W = \widetilde{W}$ interessieren, bei dem die Wahrscheinlichkeit ein Maximum hat.

Wir werden hierfür den langsam variierenden Logarithmus von P(W) diskutieren, der durch Gl. (4.6) definiert ist:

$$\ln P(W) = \ln C + \ln \Omega(W) + \ln \Omega'(W'). \tag{A.28}$$

Dann entwickeln wir ln P(W) in einer Taylorreihe um den Wert $\widetilde{W}$. Wir definieren die Energiedifferenz

$$\epsilon = W - \widetilde{W}, \tag{A.29}$$

womit dann die Taylorreihe für ln Ω(W) die Form

$$\ln \Omega(W) = \ln \Omega(\widetilde{W}) + \left[\frac{\partial \ln \Omega}{\partial W}\right] \epsilon + \frac{1}{2} \left[\frac{\partial^2 \ln \Omega}{\partial W^2}\right] \epsilon^2 \tag{A.30}$$

erhält. Die Ableitungen in den eckigen Klammern sind für $W = \widetilde{W}$ zu berechnen. Terme von ε höher als zweiter Ordnung wurden dabei vernachlässigt. Wir führen die verkürzte Schreibweise

$$\beta = \left[\frac{\partial \ln \Omega}{\partial W}\right] \tag{A.31}$$

und

$$\gamma = -\left[\frac{\partial^2 \ln \Omega}{\partial W^2}\right] = -\left[\frac{\partial \beta}{\partial W}\right] \tag{A.32}$$

ein. Gl. (A.30) kann in der einfachen Form

$$\ln \Omega(W) = \ln \Omega(\widetilde{W}) + \beta\epsilon - \frac{1}{2}\gamma\epsilon^2 \tag{A.33}$$

geschrieben werden. In der Definition (A.32) wurde das Minuszeichen eingeführt, damit der Parameter γ positiv wird (in Übereinstimmung mit Gl. (4.32)).

Eine ähnliche Taylorreihe kann für ln Ω′(W′) aufgestellt werden, wobei $W' = W^* - W$ ist. Entwickeln wir um den Wert $\widetilde{W}' = W^* - \widetilde{W}$, dann ergibt sich

$$W' - \widetilde{W}' = -(W - \widetilde{W}) = -\epsilon.$$

Wir erhalten also analog zu Gl. (A.30)

$$\ln \Omega'(W') = \ln \Omega'(\widetilde{W}') + \beta'(-\epsilon) - \frac{1}{2}\gamma'(-\epsilon)^2, \tag{A.34}$$

wobei

$$\beta' = \left[\frac{\partial \ln \Omega'}{\partial W'}\right]$$

und

$$\gamma' = -\left[\frac{\partial^2 \ln \Omega'}{\partial W'^2}\right] = -\left[\frac{\partial \beta'}{\partial W'}\right]$$

analog zu den Gln (A.31) und (A.32) durch die für $W' = \widetilde{W}'$ ausgewerteten Ableitungen definiert ist. Addieren wir die Gln (A.33) und (A.34), dann ergibt sich

$$\ln\{\Omega(W)\,\Omega'(W')\} = \ln\{\Omega(\widetilde{W})\,\Omega'(\widetilde{W}')\} + (\beta - \beta')\,\epsilon - \frac{1}{2}(\gamma + \gamma')\,\epsilon^2. \tag{A.35}$$

Aus Gl. (4.8) ersehen wir, daß für den Wert $W = \widetilde{W}$, bei dem $P(W) = C\Omega(W)\,\Omega'(W')$ ein Maximum ist, $\beta = \beta'$ sein muß; der Term erster Ordnung von ε wird daher wie erwartet null. Gl. (A.28) kann dann in der Form

$$\ln P(W) = \ln P(\widetilde{W}) - \frac{1}{2}\gamma_0\epsilon^2$$

oder

$$\boxed{P(W) = P(\widetilde{W})\,e^{-(1/2)\gamma_0(W - \widetilde{W})^2}} \tag{A.36}$$

geschrieben werden, wobei[1]

$$\gamma_0 = \gamma + \gamma'. \tag{A.37}$$

Aus dem Ergebnis (A.36) geht hervor, daß der Wert von γ_0 positiv sein muß, damit die Wahrscheinlichkeit P(W) ein Maximum und nicht ein Minimum bei $W = \widetilde{W}$ aufweist. Dieses Ergebnis zeigt ja explizit, daß P(W) seinem Maximalwert gegenüber vernachlässigbar klein wird, wenn $\frac{1}{2}\gamma_0(W - \widetilde{W})^2 \gg 1$ wird, d. h., wenn $|W - \widetilde{W}| \gg \gamma_0^{-1/2}$. Mit anderen Worten: Es ist sehr wahrscheinlich, daß die Energie von A je einen Wert weit außerhalb des Bereichs $\widetilde{W} \pm \Delta W$ aufweist, in dem[2]

$$\Delta W = \gamma_0^{-1/2} \tag{A.38}$$

gilt.

Die Größenordnung von ΔW kann leicht abgeschätzt werden, wenn wir die Definition (A.32) von γ und den Näherungsausdruck (3.38) für Ω(W) heranziehen. Für ein gewöhnliches System mit der Grundzustandsenergie W_0 können wir dann

$$\ln \Omega \approx f(W - W_0) + \text{const}$$

ansetzen. Aus den Definitionen (A.31) und (A.32) erhalten wir daher, mit $W = \widetilde{W} = \overline{W}$, die Ausdrücke

$$\beta = \left[\frac{\partial \ln \Omega}{\partial W}\right] \approx \frac{f}{\overline{W} - W_0}$$

[1] Wir stellen fest, daß die hier verwendeten Argumente denen von Anhang A.1 ähnlich sind, und daß Gl. (A.36) in der Tat eine Gaußverteilung darstellt.

[2] Da Gl. (A.36) nur von dem Absolutwert $|W - \widetilde{W}|$ abhängt, und daher um den Wert $\widetilde{W}$ symmetrisch ist, muß der Mittelwert der Energie gleich $\widetilde{W}$ sein: $\overline{W} = \widetilde{W}$. Dieses Ergebnis ist mit Gl. (A.17) identisch, die für jede Gaußverteilung gilt. Analog folgt aus Gl. (A.17), daß ΔW in Gl. (A.38) nichts anderes ist als die Standardabweichung der Energie W.

und

$$\gamma = -\left[\frac{\partial\beta}{\partial W}\right] \approx \frac{f}{(\overline{W}-W_0)^2} \approx \frac{\beta^2}{f}\,. \qquad (A.39)$$

Die letzte Beziehung zeigt explizit, daß γ positiv ist. Weiter ist daraus zu ersehen, daß bei einem gegebenen Wert von β, bei dem die beiden Systeme miteinander im Gleichgewicht sind, das kleinere System (d. h. das System mit der kleineren Anzahl von Freiheitsgraden) die größeren Werte von γ hat. Die Größe von γ_0 in Gl. (A.37) wird daher im wesentlichen durch das *kleinere* System bestimmt. Ist zum Beispiel A sehr viel kleiner als A', so daß $\gamma \gg \gamma'$ und $\gamma_0 \approx \gamma$, dann folgt aus Gl. (A.38) und (A.39), daß

$$\Delta W \approx \frac{\overline{W}-W_0}{\sqrt{f}} \qquad (A.40)$$

Da f im Fall eines makroskopischen Systems eine sehr große Zahl ist, ist die Größe *relativer* Energieschwankungen $\Delta W/(\overline{W}-W_0)$, wie Gl. (A.40) ersichtlich macht, sehr klein. In Abschnitt 4.1 wurde dieses Ergebnis viel eingehender diskutiert (Gl. (4.10) beruht auf Gl. (A.40)).

A.4. Molekülstöße und Gasdruck

Wir wollen ein verdünntes Gas im Gleichgewicht betrachten. Die Anzahl der Moleküle, die auf eine kleine Fläche dA der Gefäßwand auftreffen, kann leicht berechnet werden. Wie Bild A.3 zeigt, wählen wir die z-Achse in der Richtung der nach außen zeigenden Normalen der Fläche dA. Wir richten unsere Aufmerksamkeit zuerst auf diejenigen Moleküle in Wandnähe, deren Geschwindigkeit zwischen **v** und **v** + d**v** liegt. Diese Moleküle legen während einer infinitesimalen Zeit dt eine Strecke vdt zurück. Deshalb treffen alle Moleküle, die innerhalb des infinitesimalen Zylinders vom Querschnitt

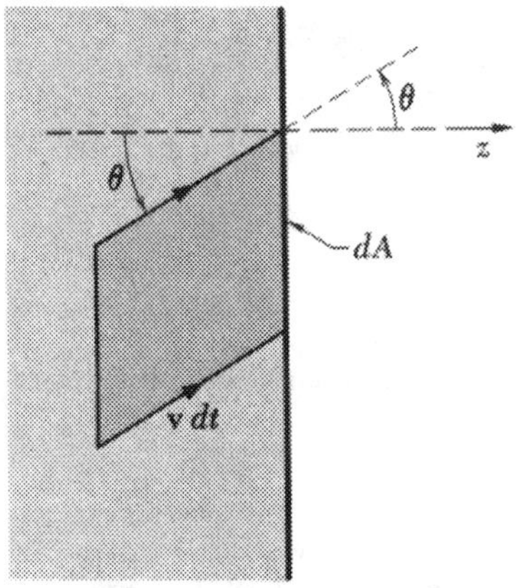

Bild A.3. Moleküle mit Geschwindigkeiten zwischen **v** und **v** + d**v** kollidieren mit einem Flächenelement dA einer Wand. (Die Höhe des Zylinders wird null, wenn dt → 0.)

dA und der Länge vdt liegen, innerhalb des Zeitintervalls dt auf die Wand; dies gilt nicht für die Moleküle außerhalb dieses Zylinders.[1])

Wenn wir mit θ den Winkel zwischen **v** und der z-Richtung bezeichnen, so ist das Volumen dieses Zylinders

$$dA\,v\,dt\cos\theta = dA\,v_z\,dt,$$

wobei $v_z = v\cos\theta$ die z-Komponente der Geschwindigkeit **v** ist. Die durchschnittliche Anzahl von Molekülen, die Geschwindigkeiten zwischen **v** und **v** + d**v** haben und in diesem Zylinder enthalten sind, ist demnach durch

$$[f(\mathbf{v})\,d^3\mathbf{v}]\,[dA v_z dt] \qquad (A.41)$$

gegeben, wobei $f(\mathbf{v})\,d^3\mathbf{v}$ die durchschnittliche Anzahl der Moleküle mit einer Geschwindigkeit zwischen **v** und **v** + d**v** pro Volumeneinheit ist.

Da der Ausdruck (A.41) die Anzahl der auf der Fläche dA in der Zeit dt auftreffenden Moleküle darstellt, ist

$\mathcal{F}(\mathbf{v})\,d^3\mathbf{v}$ = die durchschnittliche Anzahl von Molekülen mit der Geschwindigkeit zwischen **v** und **v** + d**v**, die auf einer Flächeneinheit der Wand pro Zeiteinheit auftreffen. (A.42)

Dies erhalten wir recht einfach, indem wir (A.41) durch die Fläche dA und die Zeit dt dividieren. Demnach gilt

$$\boxed{\mathcal{F}(\mathbf{v})\,d^3\mathbf{v} = f(\mathbf{v})\,v_z\,d^3\mathbf{v}.} \qquad (A.43)$$

Hier ist $f(\mathbf{v})$ durch die Maxwellverteilung (6.21) gegeben.

Die durchschnittliche Gesamtzahl $\mathcal{F}_0$ von Molekülen, die auf die Flächeneinheit der Wand in der Zeiteinheit auftreffen, erhalten wir durch Summation (nämlich Integration) von Gl. (A.42) über alle möglichen Geschwindigkeiten derjenigen Moleküle, die auf die Wand auftreffen, d. h. über alle Geschwindigkeiten, für die v_z positiv ist, so daß die Moleküle sich auf die Wand zubewegen und somit mit ihr zusammenstoßen. Somit[2])

$$\mathcal{F}_0 = \int_{v_z>0} f(\mathbf{v})\,v_z\,d^3\mathbf{v} \qquad (A.44)$$

[1]) Da die Zylinderhöhe vdt als beliebig klein angesehen werden muß, gilt dies nur für Moleküle in unmittelbarer Wandnähe. Deshalb kann vdt viel kleiner als die mittlere freie Weglänge gemacht werden, so daß Zusammenstöße zwischen den Molekülen nicht in Betracht gezogen werden müssen, d. h., jedes Molkül innerhalb des Zylinders, das sich auf die Wand zubewegt, wird wirklich die Wand treffen, ohne vorher durch einen Zusammenstoß abgelenkt zu werden.

[2]) Bei Integration über alle Winkel kann Gl. (A.44) auch in der Form $\mathcal{F} = \frac{1}{4}\,n\bar{v}$ geschrieben werden, wobei n durchschnittliche Anzahl von Molekülen pro Volumeneinheit darstellt und $\bar{v}$ ihre mittlere Geschwindigkeit ist.

Das Ergebnis (A.43) gestattet auch die Berechnung der durchschnittlichen Kraft pro Flächeneinheit (also des Drucks) der von den Gasmolekülen ausgeübt wird. Das ist lediglich eine exakte Formulierung der bereits im Abschnitt 1.6 gemachten Aussage. Ein Molekül der Geschwindigkeit $\mathbf{v}$ hat eine z-Komponente des Impulses gleich mv_z. Folglich ist die mittlere z-Komponente des Impulses, der von allen sich auf die Wand zubewegenden Molekülen pro Flächeneinheit und Zeiteinheit zur Wand transportiert wird, durch das Produkt der Anzahl $\mathfrak{F}(\mathbf{v})\, d^3\mathbf{v}$ der Moleküle nach Gl. (A.32) mit mv_z und durch Summierung über alle sich zur Wand bewegenden Moleküle gegeben, d. h., der mittlere Impuls ist durch

$$\int_{v_z>0} \mathfrak{F}(\mathbf{v})\, d^3\mathbf{v}(mv_z) = m \int_{v_z>0} f(\mathbf{v})\, v_z^2\, d^3\mathbf{v} \tag{A.45}$$

gegeben. Da bei Gleichgewicht im Gas keine Richtung bevorzugt ist, muß die durchschnittliche z-Komponente des Impulses der von der Wand reflektierten Moleküle gleich und entgegengesetzt der z-Komponente des Impulses (A.45) der Moleküle, die auf die Wand auftreffen, sein. Die effektive z-Komponente des pro Zeiteinheit an die Flächeneinheit der Wand abgegebenen Impulses ist demgemäß das Doppelte von Gl. (A.45), d. h., in Übereinstimmung mit dem 2. Newtonschen Gesetz ist die Kraft pro Flächeneinheit (der Druck) an der Wand durch

$$\bar{p} = 2m \int_{v_z>0} f(\mathbf{v})\, v_z^2\, d^3\mathbf{v} \tag{A.46}$$

gegeben. $f(\mathbf{v})$ aber hängt ausschließlich von $|\mathbf{v}|$ ab, so daß der Integrand für $+v_z$ und $-v_z$ gleich ist. Daher hat das Integral gerade die Hälfte des Werts, den es hätte, wenn wir ohne Einschränkung über alle Werte von $\mathbf{v}$ integrieren würden. So können wir schreiben

$$\bar{p} = m \int f(\mathbf{v})\, v_z^2\, d^3\mathbf{v} = mn\, \overline{v_z^2} \tag{A.47}$$

wobei

$$\overline{v_z^2} = \frac{1}{n} \int f(\mathbf{v})\, v_z^2\, d^3\mathbf{v}$$

per definitionem der Mittelwert von $\overline{v_z^2}$ ist. Doch gibt aus Symmetriegründen

$$\overline{v_x^2} = \overline{v_y^2} = \overline{v_z^2},$$

so daß

$$\overline{v^2} = \overline{v_x^2} + \overline{v_y^2} + \overline{v_z^2} = 3\, \overline{v_z^2}.$$

Daher geht Gl. (A.47) in

$$\boxed{\bar{p} = \frac{1}{3}\, nm\overline{v^2} = \frac{2}{3}\, n\overline{\epsilon^{(k)}}} \tag{A.48}$$

über, wobei $\overline{\epsilon^{(k)}} = \frac{1}{2}\, m\overline{v^2}$ die mittlere kinetische Energie eines Moleküls ist. Die Beziehung (A.48) weicht vom Ergebnis (1.19) unserer früheren groben Berechnungen nur dadurch ab, daß sie $\overline{v^2}$ anstatt $\bar{v}^2$ enthält. Da nach dem Gleichverteilungssatz (Äquipartionstheorem) $\overline{\epsilon^{(k)}} = \frac{3}{2}\, kT$ ist, ergibt Gl. (A.48)

$$\bar{p} = nkT, \tag{A.49}$$

d. h. die bekannte Zustandsgleichung für ein ideales Gas.

M.1. Die Summenschreibweise

x ist eine Variable, die die diskreten Werte $x_1, x_2, \ldots, x_m$ annehmen kann. Die Summe

$$x_1 + x_2 + \ldots + x_m = \sum_{i=1}^{m} x_i \qquad \text{(M.1)}$$

kann dann abgekürzt geschrieben werden, und zwar auf die Art wie hier rechts vom Gleichheitszeichen. Es muß darauf hingewiesen werden, daß die Wahl des Index i zur Identifikation der einzelnen diskreten Werte der Variablen vollkommen willkürlich ist. Genausogut könnten wir das Symbol k verwenden; dann hätte Gl. (M.1) die Form

$$\sum_{i=1}^{m} x_i = \sum_{k=1}^{m} x_k .$$

Nach dieser Schreibweise ist auch das Schreiben von Doppelsummen nicht mehr kompliziert. Ist zum Beispiel y eine Variable, die die diskreten Werte $y_1, y_2, \ldots, y_n$ annimmt, dann ist die Summe der Produkte $x_i y_j$ über alle möglichen Werte von x und y durch die folgende Gleichung gegeben:

$$\begin{aligned}\sum_{i=1}^{m} \sum_{j=1}^{n} x_i y_j &= x_1 (y_1 + y_2 + \ldots + y_n) \\ &\quad + x_2 (y_1 + y_2 + \ldots + y_n) \\ &\quad + \ldots \\ &\quad + x_m (y_1 + y_2 + \ldots + y_n) \\ &= (x_1 + x_2 + \ldots + x_m)(y_1 + y_2 + \ldots + y_n)\end{aligned}$$

bzw.

$$\boxed{\sum_{i=1}^{m} \sum_{j=1}^{n} x_i y_j = \left(\sum_{i=1}^{m} x_i\right)\left(\sum_{j=1}^{n} y_j\right)} . \qquad \text{(M.2)}$$

M.2. Die Summe einer geometrischen Reihe

Wir haben die Summe

$$S_n = a + af + af^2 + \ldots + af^n . \qquad \text{(M.3)}$$

Die Glieder der rechten Seite stellen eine geometrische Reihe dar. Jedes Glied unterscheidet sich von dem vorhergehenden durch den Faktor f. Dieser Faktor f kann reell oder komplex sein. Zur Berechnung der Summe multiplizieren wir beide Seiten mit f und erhalten

$$fS_n = af + af^2 + \ldots + af^n + af^{n+1} . \qquad \text{(M.4)}$$

Subtrahieren wir nun Gl. (M.4) von Gl. (M.3), dann ergibt sich

$$(1 - f) S_n = a - af^{n+1}$$

bzw.

$$\boxed{S_n = a \frac{1 - f^{n+1}}{1 - f} .} \qquad \text{(M.5)}$$

Ist $|f| < 1$ und damit die geometrische Reihe (M3) unendlich, so daß $n \to \infty$, dann ist diese Reihe konvergierend. In diesem Fall gilt nämlich $f^{n+1} \to 0$, so daß Gl. (M.3) für $n \to \infty$

$$\boxed{S_\infty = \frac{a}{1 - f}} \qquad \text{(M.6)}$$

ergibt.

M.3. Ableitung von ln n! für großes n

Wir diskutieren ln n!, wobei n eine große ganze Zahl sein soll. Da sich ln n! dann nur um einen Bruchteil seines ganzen Wertes ändert, wenn n sich um eine kleine ganze Zahl ändert, können wir ln n! als praktisch kontinuierliche Funktion von n ansehen. Erhöht sich n um eins, dann ergibt sich damit

$$\frac{d \ln n!}{dn} \approx \frac{\ln (n+1)! - \ln n!}{1} = \ln \left[\frac{(n+1)!}{n!}\right] = \ln (n+1) .$$

Da $n \gg 1$ ist, gilt $n + 1 \approx n$. Wir erhalten damit das allgemeine Ergebnis

$$\boxed{\frac{d \ln n!}{dn} \approx \ln n,} \quad \text{wenn } n \gg 1 \text{ ist.} \qquad \text{(M.7)}$$

Bemerkung:

Die Ableitung von ln n! kann allgemeiner durch die kleine ganzzahlige Zunahme m von n ausgedrückt werden:

$$\frac{d \ln n!}{dn} = \frac{\ln (n+m)! - \ln n!}{m} .$$

Daher ist

$$\begin{aligned}\frac{d \ln n!}{dn} &= \frac{1}{m} \ln \left[\frac{(n+m)!}{n!}\right] \\ &= \frac{1}{m} \ln [(n+m)(n+m-1) \ldots (n+1)] .\end{aligned}$$

Da $m \ll n$, erhalten wir damit

$$\frac{d \ln n!}{dn} \approx \frac{1}{m} \ln [n^m] = \ln n,$$

was mit Gl. (M.7) übereinstimmt.

M.4. Wert von ln n! für großes n

Da die Berechnung von n! für großes n sehr schwierig wird, ist es vorteilhaft, für diesen Fall eine Näherungsmethode für die Berechnung von n! zu finden. Definitionsgemäß gilt

$$n! = 1 \cdot 2 \cdot 3 \cdot \ldots \cdot (n-1) \cdot n .$$

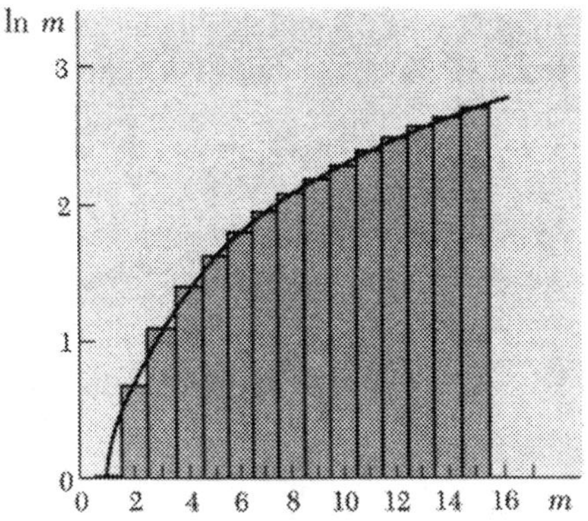

Bild M.1. Verhalten von ln m als Funktion von m.

Daher ist

$$\ln n! = \ln 1 + \ln 2 + \ldots + \ln n = \sum_{m=1}^{n} \ln m \qquad \text{(M.8)}$$

Ist n groß, dann entsprechen alle Glieder in der Summe (M.8) (mit Ausnahme der ersten paar Glieder, die aber auch die kleinsten sind) Werten von m, die groß genug sind, daß ln m sich nur wenig ändert, wenn m selbst sich um eins ändert. Die Summe (M.8) (deren Wert durch die Fläche aller Rechtecke in Bild M.1 wiedergegeben ist) kann dann mit nur geringem Fehler durch ein Integral angenähert werden, dessen Wert durch die Fläche unter der kontinuierlichen Kurve in Bild M.1 gegeben ist. Mit dieser Näherung ergibt Gl. (M.8)

$$\ln n! \approx \int_1^n \ln x \, dx = \Big[x \ln x - x \Big]_1^n . \qquad \text{(M.9)}$$

Daher gilt,

$$\boxed{\ln n! \approx n \ln n - n} \qquad \text{wenn } n \gg 1, \qquad \text{(M.10)}$$

da der Beitrag der unteren Grenze in Gl. (M.9) dann vernachlässigt werden kann.

Eine bessere Näherungsformel für n! ist die sogenannte *Stirling-Formel.* Der Fehler beträgt selbst für so kleine Werte von n wie etwa 10 weniger als 1 %:

$$\ln n! = n \ln n - n + \frac{1}{2} \ln(2\pi n). \qquad \text{(M.11)}$$

Ist n sehr groß, dann gilt $n \gg \ln n$, und die Stirling-Formel kann auf die einfachere Form (M.10) zurückgeführt werden.

Weiter ist zu bemerken, daß Gl. (M.10) das Ergebnis

$$\frac{d \ln n!}{dn} = \ln n + n \left(\frac{1}{n}\right) - 1 = \ln n$$

liefert, was mit Gl. (M.7) übereinstimmt.

M.5. Die Ungleichung $\ln x \leqslant x - 1$

Wir möchten ln x mit x selbst vergleichen, und zwar für positive Werte von x. Diskutieren wir die Differenzfunktion (Bild M.2):

$$f(x) = x - \ln x \qquad \text{(M.12)}$$

$$\left.\begin{array}{ll} \text{Für } x \to 0, & \text{geht } \ln x \to -\infty; \\ & \text{daher gilt } f(x) \to \infty. \\ \text{Für } x \to \infty, & \text{gilt } \ln x \ll x; \\ & \text{daher gilt } f(x) \to \infty. \end{array}\right\} \qquad \text{(M.13)}$$

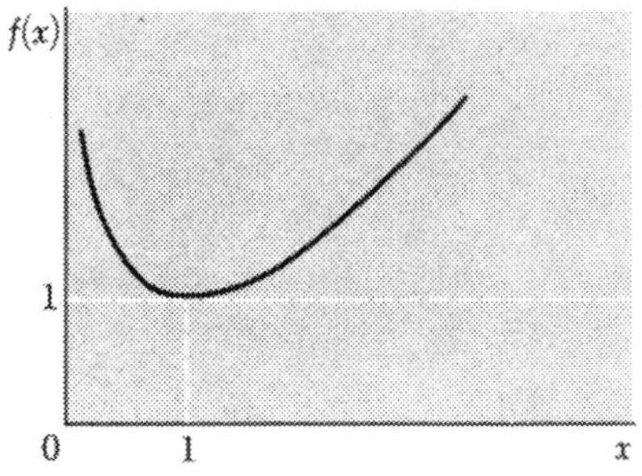

Bild M.2. Die Funktion $f(x) = x - \ln x$ als Funktion von x.

Wenn wir das Verhalten von f(x) zwischen diesen beiden Grenzen untersuchen wollen, können wir feststellen, daß

$$\frac{df}{dx} = 1 - \frac{1}{x} = 0 \qquad \text{für } x = 1. \qquad \text{(M.14)}$$

Da f(x) eine kontinuierliche Funktion von x ist, für die Gl. (M.13) gilt, und die einen einzigen Extremwert bei x = 1 aufweist, folgt, daß f(x) die in Bild M.2 dargestellte Form haben muß und ein Minimum bei x = 1 hat. Daher ist

$$f(x) \geqslant f(1) \qquad \text{(das Gleichheitzzeichen gilt wenn } x = 1)$$

oder nach Gl. (M.12)

$$x - \ln x \geqslant 1.$$

Daher ist

$$\ln x \leqslant x - 1 \qquad \text{(das Gleichheitzzeichen gilt wenn } x = 1). \qquad \text{(M.15)}$$

M.6. Die Berechnung des Integrals $\int_{-\infty}^{\infty} e^{-x^2} dx$

Das *unbestimmte* Integral $\int e^{-x^2} dx$ kann nicht durch elementare Funktionen ausgedrückt werden. Wir bezeichnen mit I das gesuchte *bestimmte* Integral

$$I = \int_{-\infty}^{\infty} e^{-x^2} dx. \qquad \text{(M.16)}$$

Dieses Integral können wir berechnen, indem wir die Eigenschaften der Exponentialfunktion ausnutzen. Wir können Gl. (M.16) dann ebensogut mit einer anderen Integrationsvariablen schreiben:

$$I = \int_{-\infty}^{\infty} e^{-y^2} dy. \tag{M.17}$$

Die Multiplikation von Gl. (M.16) mit Gl. (M.17) ergibt dann

$$I^2 = \int_{-\infty}^{\infty} e^{-x^2} dx \int_{-\infty}^{\infty} e^{-y^2} dy$$

$$= \int_{-\infty}^{\infty} \int_{-\infty}^{\infty} e^{-x^2} e^{-y^2} dx\, dy$$

bzw.

$$I^2 = \int_{-\infty}^{\infty} \int_{-\infty}^{\infty} e^{-(x^2+y^2)} dx\, dy. \tag{M.18}$$

Dieses doppelte Integral erstreckt sich über die gesamte x, y-Ebene.

Die Integration über diese Ebene können wir auch mit den Polarkoordinaten r und φ darstellen (Bild M.3). Dann ist einfach $x^2 + y^2 = r^2$, und ein Flächenelement ist in diesen Koordinaten durch (r dr dφ) gegeben. Um die ganze Ebene zu erfassen, müssen die Variablen φ und r die Bedingungen $0 < \varphi < 2\pi$ und $0 < r < \infty$ befriedigen. Gl. (M.18) ergibt dann

$$I^2 = \int_0^{\infty} \int_0^{2\pi} e^{-r^2} r\, dr\, d\varphi = 2\pi \int_0^{\infty} e^{-r^2} r\, dr, \tag{M.19}$$

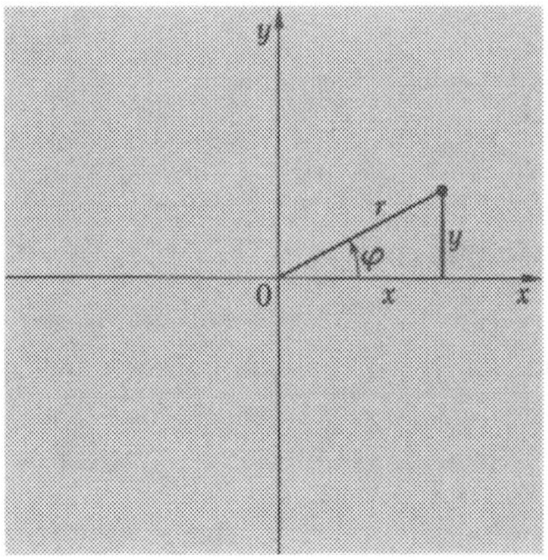

Bild M.3. Die Polarkoordinaten r und φ, mit denen das Integral (M.18) berechnet wurde.

da über φ sofort integriert werden kann. Der Faktor r in dem Integranden vereinfacht die Berechnung dieses letzten Integrals ganz besonders:

$$I^2 = 2\pi \int_0^{\infty} \left(-\frac{1}{2}\right) d(e^{-r^2}) = -\pi \left[e^{-r^2}\right]_0^{\infty} = -\pi(0-1) = \pi$$

bzw.

$$I = \sqrt{\pi}.$$

Daher ist

$$\boxed{\int_{-\infty}^{\infty} e^{-x^2} dx = \sqrt{\pi}.} \tag{M.20}$$

Da e^{-x^2} sowohl für x als auch für $-x$ den gleichen Wert liefert, gilt

$$\int_{-\infty}^{\infty} e^{-x^2} dx = 2 \int_0^{\infty} e^{-x^2} dx.$$

Daher ist

$$\int_0^{\infty} e^{-x^2} dx = \frac{1}{2}\sqrt{\pi}. \tag{M.21}$$

M.7. Berechnung eines Integrals der Form

$$\int_0^{\infty} e^{-\alpha x^2} x^n dx$$

Wir bezeichnen das gesuchte Integral mit I_n:

$$I_n = \int_0^{\infty} e^{-\alpha x^2} x^n dx. \tag{M.22}$$

Setzen wir $x = \alpha^{-1/2} y$, dann ergibt das Integral für n = 0

$$I_0 = \alpha^{-1/2} \int_0^{\infty} e^{-y^2} dy = \frac{\sqrt{\pi}}{2} \alpha^{-1/2}, \tag{M.23}$$

wobei wir das Ergebnis (M.21) anwendeten. Analog gilt

$$I_1 = \alpha^{-1} \int_0^{\infty} e^{-y^2} y\, dy = \alpha^{-1} \left[-\frac{1}{2} e^{-y^2}\right]_0^{\infty} = \frac{1}{2}\alpha^{-1}. \tag{M.24}$$

Alle übrigen derartigen Integrale, bei denen n eine beliebige ganze Zahl sein kann, für die $n \geqslant 2$ gilt, können dann in

Ausdrücken von I_0 oder I_1 berechnet werden, indem wir sukzessive integrieren. Zum Beispiel

$$\int_0^\infty e^{-\alpha x^2} x^n dx = -\frac{1}{2\alpha}\int_0^\infty d(e^{-\alpha x^2})\, x^{n-1}$$

$$= -\frac{1}{2\alpha}\left[e^{-\alpha x^2} x^{n-1}\right]_0^\infty + \frac{n-1}{2\alpha}\int_0^\infty e^{-\alpha x^2} x^{n-2} dx.$$

Da der integrierte Ausdruck bei beiden Grenzen null wird, erhalten wir

$$\boxed{I_n = \left(\frac{n-1}{2\alpha}\right) I_{n-2}.} \qquad \text{(M.25)}$$

Dann ist zum Beispiel

$$I_2 = \frac{I_0}{2\alpha} = \frac{\sqrt{\pi}}{4}\,\alpha^{-3/2}. \qquad \text{(M.26)}$$

Ergänzende Übungen

1. *Eine einfache Anwendung der Gaußschen Näherung.* Eine Münze wird 400 mal geworfen. Mit welcher Wahrscheinlichkeit zeigt sie 215 mal „Kopf"?

   Lösung: 0,013.

2. *Die Gaußsche Wahrscheinlichkeitsdichte.* Wir betrachten ein ideales System von N Spins $\frac{1}{2}$, in dem jeder Spin ein magnetisches Moment μ_0 hat, das mit der Wahrscheinlichkeit p nach oben und mit der Wahrscheinlichkeit q nach unten gerichtet ist. Mit der Beziehung (2.74) und der für große N geltenden Gaußschen Näherungsformel (A.13) sollen Sie eine Gaußsche Näherung für die Wahrscheinlichkeit $P(M)\,dM$ dafür finden, daß das gesamte magnetische Moment des Systems einen Wert zwischen M und M + dM aufweist.

   Lösung:
   $(2\mu_0)^{-1}(2\pi Npq)^{-1/2}\exp\{-[M-N(p-q)\mu_0]^2/8Npq\mu_0^2\}$.

3. *Exaktheit der Gaußschen Näherung.* Wenn wir untersuchen wollen, inwieweit die Gaußsche Näherung (A.13) gilt, dann müssen wir den Ausdruck bis zu Termen dritter Ordnung von y bestimmen.

   a) Zeigen Sie, daß Gl. (A.9) dann in der Form

   $$\widetilde{P}(n) = \widetilde{P}e^{-(1/2)x^2}\exp\left[-\frac{p-q}{6(Npq)^{1/2}}z^3\right] \qquad (1)$$

   geschrieben werden kann, wobei

   $$z = \frac{y}{\sqrt{Npq}} = \frac{n-Np}{\sqrt{Npq}}. \qquad (2)$$

   b) Der erste Exponentialfaktor bewirkt, daß die Wahrscheinlichkeit P vernachlässigbar klein wird, wenn $|z| \gg 1$ gilt. Also kann P nur bei $|z| \lesssim 1$ nennenswert hoch sein; in diesem Bereich ist das Argument des zweiten Exponentialfaktors in Gl. (1) viel kleiner als eins, wenn $\sqrt{Npq} \gg 1$. Dieser Exponentialfaktor kann daher in eine Potenzreihe entwickelt werden. Zeigen Sie also, daß P in der Form

   $$P(n) = \frac{1}{\sqrt{2\pi Npq}}\,e^{-(1/2)z^2}\left[1-\frac{p-q}{6(Npq)^{1/2}}z^3+\ldots\right]. \qquad (3)$$

   geschrieben werden kann.

   c) Zeigen Sie, daß der relative Fehler der einfachen Gaußschen Näherung nur von der Größenordnung $(Npq)^{-1/2}$ ist, und daß dieser Ausdruck um so kleiner wird, je größer N ist und für $Npq \gg 1$ vernachlässigbar gering wird. Zeigen Sie weiter, daß in dem symmetrischen Fall p = q der Korrekturterm in Gl. (3) verschwindet und der relative Fehler nur von der Größenordnung $(Npq)^{-1}$ ist.

4. *Eigenschaften der Poissonverteilung.* Betrachten wir die Poissonverteilung (A.23).

   a) Überzeugen Sie sich, daß diese Verteilung in dem Sinne normiert ist, daß $\sum_n P(n) = 1$ gilt.

   b) Berechnen Sie die Streuung von n und zeigen Sie, daß sie gleich λ ist.

5. *Häufigkeit von Druckfehlern.* Wir nehmen an, daß Setzfehler bzw. Druckfehler vollkommen zufällig auftreten. Ein Buch von 600 Seiten enthält beispielsweise 600 Druckfehler. Bestimmen Sie mit der Poissonverteilung die Wahrscheinlichkeit

   a) daß eine Seite keine Druckfehler aufweist,

   Lösung: 0,37

   b) daß auf einer Seite mindestens drei Druckfehler sind,

   Lösung: 0,08.

6. *Radioaktiver Zerfall.* Von einer radioaktiven Quelle werden während eines Zeitintervalls t Alphateilchen emittiert. Denken Sie sich dieses Zeitintervall in viele kleine Intervalle der Dauer Δt unterteilt. Da die Alphateilchen zu ganz zufälligen Zeitpunkten emittiert werden, ist die Wahrscheinlichkeit dafür, daß während eines solchen Intervalls Δt *ein* radioaktiver Zerfall stattfindet, vollkommen unabhängig von den Zerfällen, die zu anderen Zeitpunkten stattfinden. Weiter kann Δt so klein gewählt werden, daß die Wahrscheinlichkeit für mehr als einen Zerfall vernachlässigabr klein wird. Wir haben dann eine Wahrscheinlichkeit p, daß ein Zerfall während der Zeit Δt stattfindet, (wobei $p \gg 1$, da Δt klein genug gewählt wurde), und eine Wahrscheinlichkeit $(1-p)$, daß während dieser Zeit kein Zerfall stattfindet, Jedes solche Zeitintervall Δt kann dann als unabhängiger Fall angesehen werden, wobei es in einer Zeit t dann $N = (t/\Delta t)$ solcher unabhängiger Fälle gibt.

   a) Zeigen Sie, daß die Wahrscheinlichkeit P(n) dafür, daß n solche Zerfälle während einer Zeit t auftreten, durch eine Poissonverteilung gegeben ist.

   b) Angenommen, der betreffende Stoff ist so radioaktiv, daß im Mittel pro Minute 24 Zerfälle stattfinden. Wie groß ist die Wahrscheinlichkeit einer Zählrate von n Impulsen in einem Zeitintervall von 10 s? Berechnen Sie Näherungswerte für alle ganzzahligen Werte von n von 0 bis 8.

7. *Molekulare Stöße in einem Gas.* Denken Sie sich die Zeit in viele kleine Intervalle der Dauer Δt unterteilt. Die Wahrscheinlichkeit p dafür, daß ein Gasmolekül während dieses Zeitintervalls einen Stoß erfährt, ist dann sehr gering.

   a) Zeigen Sie anhand einer Poissonverteilung, daß die Wahrscheinlichkeit P_N dafür, daß ein Molekül N aufeinanderfolgende Zeitintervalle Δt ohne Stoß überdauert. einfach gleich $P_N = e^{-Np}$ ist.

   b) Wir setzen $p = w\Delta t$ (wobei w die Wahrscheinlichkeit pro Zeiteinheit für einen Stoß ist) und drücken N durch die verstrichene Zeit t aus. Die Wahrscheinlichkeit P(t), daß ein Molekül in der Zeit t keinen Stoß erfährt, ist dann durch $P(t) = e^{-wt}$ gegeben. Beweisen Sie dies, und vergleichen Sie dieses Ergebnis mit dem von Übung 12 des Kapitels 8, das auf anderen Überlegungen beruht.

8. *Dickeschwankungen einer dünnen Schicht.* Von einem Glühfaden wird Metall ins Vakuum verdampft. Die dadurch separierten Metallatome treffen auf eine Quarzplatte in einiger Entfernung auf und bilden auf ihr eine dünne Metallschicht. Diese Quarzplatte wird auf niedriger Temperatur gehalten, damit die Metallatome am Auftreffpunkt haften bleiben und sich nicht weiterbewegen können. Die Auftreffeahrscheinlichkeit für die Metallatome ist für alle Flächenelemente der Quarzplatte gleich groß.

   Betrachten wir ein Flächenelement der Größe b^2 (wobei b von der Größenordnung eines Metallatom-Durchmessers ist). Zeigen Sie, daß die Anzahl der Metallatome, die auf dieses Flächenelement aufgetroffen sind, annähernd nach einer Poissonverteilung verteilt sein sollte, Angenommen, es wird genug Metall verdampft, um eine Schicht einer mittleren Dicke zu bilden, die 6 Atomdurchmessern entspricht. Welcher Burchteil der Quarzfläche ist dann überhaupt nicht mit Metallatomen bedeckt? Welcher Bruchteil der Fläche ist mit einer Schicht bedeckt, die eine Dicke von 3 Atomdurchmessern bzw. 6 Atomdurchmessern hat?

   Lösung: 0,0025; 0,090; 0,162.

9. *Exaktheit der Poissonverteilung.* Wenn wir untersuchen wollen, welchen Gültigkeitsgrad die Poissonverteilung besitzt, dann

müssen wir die Näherungen in Abschnitt A.2 auf die nächsthöhere Ordnung ausdehnen.

a) Wenn Sie den expliziten Ausdruck für $N!/(N-n)!$ anschreiben und dessen Logarithmus entwickeln, dann können Sie zeigen, daß

$$\frac{N}{(N-n)!} \approx N^n \exp\left[-\frac{n(n-1)}{2N}\right].$$

b) Entwickeln Sie $\ln(1-p)$ bis auf Terme mit p^2 und stellen Sie damit eine bessere Näherung für $(1-p)^{N-n}$ auf.

c) Zeigen Sie dann, daß die Binomialverteilung durch

$$P(n) \approx \frac{\lambda^n}{n!} e^{-\lambda} \exp\left[\frac{n-(n-\lambda)^2}{2N}\right]$$

angenähert werden kann.

d) Zeigen Sie mit diesem Ergebnis, daß die Poissonverteilung im gleichen Ausmaß gültig ist, als $\lambda \ll N^{1/2}$ und $n \ll N^{1/2}$ ist, wobei der relative Fehler kleiner als (oder von der Größenordnung) $(\lambda^2 + n^2)/N$ ist.

10. *Energieschwankungen in Systemen, die miteinander in thermischem Kontakt sind.* Wir betrachten zwei makroskopische Systeme A und A', die bei der absoluten Temperatur T in thermischem Gleichgewicht sind. C und C' sind ihre Wärmekapazitäten (mit konstantgehaltenen äußeren Parametern).

a) Zeigen Sie mit den Ergebnissen (A.32) und (A.37), daß die Standardabweichung der Energie W des Systems A gleich

$$\underset{\sim}{\Delta} W = kT \left[\frac{CC'}{k(C+C')}\right]^{1/2}$$

ist.

b) Bestimmen Sie $\underset{\sim}{\Delta} W$ für $C' \gg C$.

Lösung: $T(kC)^{1/2}$.

c) Angenommen, A und A' sind beides einatomige ideale Gase mit N bzw. N' Molekülen. Berechnen Sie den relativen Betrag $\underset{\sim}{\Delta} W/\overline{W}$ von Energieschwankungen. $\overline{W}$ ist die mittlere Energie des Systems A.

Lösung: $\left[\frac{2}{3} N'/N(N+N')\right]^{1/2}$.

d) Diskutieren Sie den Ausdruck von Teil c) für die beiden Grenzfälle $N' \gg N$ und $N' \ll N$. Stimmt Ihr Ergebnis mit dem Grenzwert überein, den Sie für $\underset{\sim}{\Delta} W$ bei $N' \to 0$ erwarten?

Lösung: $\left(\frac{2}{3} N\right)^{1/2}$, wenn $N \ll N'$,

$N^{-1}\left(\frac{2N'}{3}\right)^{1/2}$, wenn $N \gg N'$.

Sachwortverzeichnis

Berkeley Physik Kurs

Wohl alle ein- und mehrbändigen Lehrbücher der Physik sind aufgrund der Vorlesungspraxis entstanden. Aber sicher ist keines vor seiner ersten Auflage so intensiv bearbeitet, getestet und wieder bearbeitet worden wie der „Berkeley Physik Kurs".

Der „Berkeley Physik Kurs" ist in erster Linie für Studenten mit naturwissenschaftlichen und technischen Hauptfächern bestimmt. Den Autoren ist es ausgezeichnet gelungen, die Physik aus der Sicht des Physikers darzustellen, der auf dem jeweiligen Gebiet forschend arbeitet. Die Grundsätze der Physik werden klar und deutlich herausgestellt. Der Student wird frühzeitig mit den Ideen der speziellen Relativitätstheorie, der Quantenmechanik und der statistischen Physik vertraut gemacht, und zwar so, daß auf seinen in der Sekundarstufe II erworbenen Physikkenntnissen aufgebaut wird.

Neben dem reinen Stoff vermittelnden Text enthält der Kurs viele durchgerechnete Beispiele. Sie sind für das Verständnis der folgenden Schritte besonders wichtig und damit integrierender Bestandteil des Buches. Besonders wichtig für das physikalische Verständnis sind auch die historischen Anmerkungen, die einigen Kapiteln beigefügt sind. Sie bestehen zum Teil aus gekürzten Wiedergaben der großen Originalarbeiten aus einem bestimmten Teilgebiet der Physik.

Der Kurs, der eine sehr große Stoffmenge enthält, ist sowohl als Begleitlektüre neben der Vorlesung als auch zum Selbststudium hervorragend geeignet. Der „Berkeley Physik Kurs" verschweigt nicht die Schwierigkeiten, welche sich beim Studium der Physik ergeben, aber er zeigt auch erprobte Wege, diese Schwierigkeiten zu überwinden. Daher gehört dieses Werk in die Hand jedes Physikstudenten.

Band 1: Mechanik

von Charles Kittel, Walter D. Knight u. Malvin A. Ruderman

(Mechanics, dt.) (Aus. d. Engl. übers. von R. Pestel.) 2., durchgesehene Auflage 1975. XV, 316 S. mit 530 Abb. Gebunden.

Inhalt: Einleitung – Vektoren – Galilei-Invarianz – Einfache Probleme der nichtrelativistischen Dynamik – Erhaltung der Energie – Die Einführung des linearen und des Drehimpulses – Der harmonische Oszillator – Elementare Dynamik starrer Körper – $(1/r^2)$-Kraftgesetz – Die Lichtgeschwindigkeit – Die Lorentz-Transformation der Länge und der Zeit – Relativistische Dynamik: Impuls und Energie – Einfache Probleme der relativistischen Dynamik – Das Äquivalenzprinzip – Die moderne Elementarteilchenphysik.

Band 2: Elektrizität und Magnetismus

von Edward M. Purcell

(Electricity and Magnetism., dt.) (Aus dem Engl. übers. von H. Martin.) 1976. XV, 304 S. mit 324 Abb. Gebunden.

Inhalt: Elektrostatik: Ladungen und Felder – Das elektrische Potential – Elektrische Felder um Leiter – Elektrische Ströme – Die Felder bewegter Ladungen – Das magnetische Feld – Elektromagnetische Induktion und Maxwellsche Gleichungen – Wechselstromkreise – Elektrische Felder in Materie – Magnetische Felder in Materie – Anhang.

Band 3: Schwingungen und Wellen

von Frank S. Crawford, Jr.

(Waves, dt.) (Aus d. Engl. übers. von F. Cap und Mitarbeitern.) 1974. XVI, 344 S. mit 141 Abb. und optischem Experimentiermaterial. Gebunden.

Inhalt: Freie Schwingungen einfacher Systeme – Freie Schwingungen von Systemen mit vielen Freiheitsgraden – Erzwungene Schwingungen – Laufende Wellen – Reflexion – Modulation, Impulse und Wellenpakete – Zwei und dreidimensionale Wellen – Polarisation – Interferenz und Beugung – Ergänzung – Anhang.

Band 4: Quantenphysik

von Eyvind H. Wichmann

(Quantum Physics, dt.) (Aus d. Engl. übers. von F. Cap und Y. Cap.) 1975. XIV, 259 S. mit 216 Abb. Gebunden.

Inhalt: Einführung – Physikalische Größen in der Quantenphysik – Energieniveaus – Photonen – Materieteilchen – Das Unschärfeprinzip und die Meßtheorie – Die Wellenmechanik Schrödingers – Theorie der stationären Zustände – Die Elementarteilchen und ihre Wechselwirkungen – Anhang.